ABCET MOE-CHINA 教育部高等学校化工类专业教学指导委员会推荐教材

一流 国家级一流课程建设成果教材

石油和化工行业"十四五"规划教材

北京高等学校优质本科教材

化工工艺学

第二版

刘晓林　刘　伟　主编　　胡永琪　副主编

卢春喜　主审

化学工业出版社

·北京·

内容简介

《化工工艺学》（第二版）共 7 章，内容包括：绪论、典型无机化工产品生产工艺、石油炼制产品生产工艺、基本有机化工典型产品生产工艺、典型聚合物产品生产工艺、煤化工产品生产工艺、合成气及其产品生产工艺。

本书可作为化学工程与工艺及相近专业的本科教材，也可作为化工领域生产、设计和研究等人员的参考书。

图书在版编目（CIP）数据

化工工艺学 / 刘晓林，刘伟主编；胡永琪副主编
. -- 2 版. -- 北京 ： 化学工业出版社，2024.7
ISBN 978-7-122-45544-4

Ⅰ．①化… Ⅱ．①刘… ②刘… ③胡… Ⅲ．①化工过程-工艺学-高等学校-教材 Ⅳ．①TQ02

中国国家版本馆 CIP 数据核字（2024）第 089383 号

责任编辑：徐雅妮　　　　　　　　　文字编辑：黄福芝
责任校对：张茜越　　　　　　　　　装帧设计：关　飞

出版发行：化学工业出版社
　　　　　（北京市东城区青年湖南街 13 号　邮政编码 100011）
印　　装：河北鑫兆源印刷有限公司
787mm×1092mm　1/16　印张 20½　字数 522 千字
2025 年 1 月北京第 2 版第 1 次印刷

购书咨询：010-64518888　　　　　　售后服务：010-64518899
网　　址：http://www.cip.com.cn
凡购买本书，如有缺损质量问题，本社销售中心负责调换。

定　　价：59.00 元　　　　　　　　　版权所有　违者必究

序

化工是工程学科的一个分支，是研究如何运用化学、物理、数学和经济学原理，对化学品、材料、生物质、能源等资源进行有效利用、生产、转化和运输的学科。化学工业是美好生活的缔造者，是支撑国民经济发展的基础性产业，在全球经济中扮演着重要角色。化学工业处在制造业的前端，为制造业提供基础材料，是所有技术进步的"物质基础"，几乎所有的行业都依赖于化工行业提供的产品支撑。化学工业由于规模体量大、产业链条长、资本技术密集、带动作用广、与人民生活息息相关等特征，受到世界各国的高度重视。化学工业的发达程度已经成为衡量国家工业化和现代化的重要标志。

我国于 2010 年成为世界第一化工大国，主要基础大宗产品产量长期位居世界首位或前列。近些年，科技发生了深刻的变化，经济、社会、产业正在经历巨大的调整和变革，我国化工行业发展正面临高端化、智能化、绿色化等多方面的挑战，提升科技创新能力，推动高质量发展迫在眉睫。

党的二十大报告提出要坚持教育优先发展、科技自立自强、人才引领驱动，加快建设教育强国、科技强国、人才强国，坚持为党育人、为国育才。建设教育强国，龙头是高等教育。高等教育是社会可持续发展的强大动力。培养经济社会发展需要的拔尖创新人才是高等教育的使命和战略任务。建设教育强国，要加强教材建设和管理，牢牢把握正确政治方向和价值导向，用心打造培根铸魂、启智增慧的精品教材。教材建设是国家事权，是事关未来的战略工程、基础工程，是教育教学的关键要素、立德树人的基本载体，直接关系到党的教育方针的有效落实和教育目标的全面实现。为推动我国化学工业高质量发展，通过技术创新提升国际竞争力，化工高等教育必须进一步深化专业改革、全面提高课程和教材质量、提升人才自主培养能力。

教育部高等学校化工类专业教学指导委员会（简称"化工教指委"）主要职责是以人才培养为本，开展高等学校本科化工类专业教学的研究、咨询、指导、评估、服务等工作。高等学校本科化工类专业包括化学工程与工艺、资源循环科学与工程、能源化学工程、化学工程与工业生物工程、精细化工等，培养化工、能源、信息、材料、环保、生物、轻工、制药、食品、冶金和军工等领域从事科学研究、技术开发、工程设计和生产管理等方面的专业人才，对国民经济的发展具有重要的支撑作用。

2008 年起"化工教指委"与化学工业出版社共同组织编写出版面向应用型人才培养、突出工程特色的"教育部高等学校化学工程与工艺专业教学指导分委员会推荐教材"，包括国家级精品课程、省级精品课程的配套教材，出版后被全国高校广泛选用，并获得中国石油和化学工业优秀教材一等奖。

2018 年以来，新一届"化工教指委"组织学校与作者根据新时代学科发展与教学改革，持续对教材品种与内容进行完善、更新，全面准确阐述学科的基本理论、基础知识、基本方法和学术体系，全面反映化工学科领域最新发展与重大成果，有机融入课程思政元素，对接国家战略需求，厚植家国情怀，培养责任意识和工匠精神，并充分运用信息技术创新教材呈现形式，使教材更富有启发性、拓展性，激发学生学习兴趣与创新潜能。

希望"教育部高等学校化工类专业教学指导委员会推荐教材"能够为培养理论基础扎实、工程意识完备、综合素质高、创新能力强的化工类人才，发挥培根铸魂、启智增慧的作用。

教育部高等学校化工类专业教学指导委员会

前言

本书为化学工程与工艺专业核心课程"化工工艺学"的配套教材，为课程提供了丰富的教学资源，提升了人才培养质量，推进了专业建设。北京化工大学化工工艺学课程于 2023 年入选国家级线下一流课程。本教材的内容既包括传统化工又包括现代化工，涵盖当今大化工行业大宗产品的先进生产工艺与技术，产品覆盖无机化工、石油化工、有机化工、聚合物化工、现代煤化工与合成气及其衍生物化工等，体现了现代化工企业综合化、大型化、一体化及经济性等特点。本书自 2015 年第一版出版以来，被多所院校选作教材，得到了众多同行和读者的好评，荣获了中国石油和化学工业优秀教材一等奖（2017 年）和北京高等学校优质本科教材课件奖（2021 年）。在使用过程中，用书单位和读者也对本书提出了有益的建议。为满足"新工科"建设对化工人才培养的需求，及时反映化工行业不同分支的新发展方向、技术和工艺，有必要对本书内容进行更新。

本次修订延续了第一版的基本理念，依然以产品为导向，在内容和结构上具有以下特点：1. 适用面广，产品覆盖大化工各领域；2. 内容与时俱进，充分支撑化工类专业建设；3. 专业性与普适性相结合，注重先修课基本概念与知识的综合运用，突出理论与实践相结合；4. "新技术""安全环保""资源可持续发展理念"和"育人理念"等贯穿始终；5. 内容翔实，逻辑严谨，配套资源丰富。

为了更好地体现产品的系统性，本版中将"典型聚合物产品生产工艺"一章移至第 4 章"基本有机化工典型产品生产工艺"之后，第一版第 5 章和第 6 章则顺延为本版的第 6 章和第 7 章，主要介绍以煤为原料的产品及衍生物。本版对各章的基本框架、产品、原理、工艺流程及思考题等内容进行了部分调整与更新，特别在产品工艺流程部分，尽量介绍我国自有工艺流程，便于读者熟悉我国的工业生产环境，并希望通过对我国自主创新技术的介绍增强学生的民族自豪感与家国情怀。本版还对原书文字表述、图、表与公式等进行了优化和校正。

本书第 1 章和第 4 章（除 4.6 节）由北京化工大学刘晓林编写，第 2 章和 4.6 节由北京化工大学刘伟编写，第 3 章由河北科技大学王建英和赵风云编写，第 5 章由河北科技大学胡永琪编写，第 6 章由河北科技大学顾春雷编写，第 7 章由河北科技大学张志昆编写。全书由刘晓林、刘伟和胡永琪统稿，由中国石油大学（北京）卢春喜教授主审。

本书编写时参考了国内外相关专著、期刊等文献，分别列在每章后的参考文献中，在此对相关作者表示感谢。

由于编者水平有限，书中难免有疏漏之处，恳请读者批评指正。

编者
2024 年 3 月 1 日

目录

第1章

绪论

1.1 现代化学工业概述

化学工业是指物质转化和分离的过程工业。从 19 世纪初开始形成，经后期的快速发展，已经成为世界各国的基础产业和支柱产业。化学工业既是原材料工业，又是加工工业；既有生产资料的生产，也有生活资料的生产，所以化学工业的范围很广，在不同时代和不同国家分类也有较大差异。早期，我国化学工业按照产品进行分类，主要分为无机化学工业和有机化学工业两大类，前者的主要产品包括酸、碱、盐、化肥、硅酸盐、稀有元素、电化学产品等；后者的主要产品包括石油炼制产品（汽油、煤油、柴油等）、基本有机化工产品（"三烯三苯"等）、有机合成产品（塑料、合成橡胶、合成纤维等）、农药等。近年来，随着化学工业的快速发展，新的领域和行业中跨门类部分越来越多，2017 年我国颁布了国民经济行业分类标准（GB/T 4754—2017），该标准根据原料、产品及用途将化学工业划分在制造业门类的"石油、煤炭及其他燃料加工业""化学原料和化学制品制造业""医药制造业"与"化学纤维制造业"等类别中。通常，为了方便，人们按照产品的用途与类别大致将化学工业划分为燃料化工、基本有机化工、无机化工、高分子化工、精细化工、生物化工等六个主要分支工业。

用作化工产品生产的原料称为化工原料，其可以是自然资源，也可以是化工生产的阶段产品。例如，原油、油页岩、煤炭、其他生物质及矿物等是自然资源，也是重要的化工原料，通过它们可生产的产品包括液态或气态燃料、焦炭、合成气、煤制品、生物质燃料、基础化学原料（无机酸、无机碱、无机盐、基本有机化工产品等）、肥料（氮肥、磷肥、钾肥及复合肥料）、日用化学品、化学药品和合成材料原料等。这些产品中大多数又可以作为阶段产品（即后续产品的原料）进一步生产其他化学品，例如利用通过自然资源生产的无机产品（如硫酸、盐酸、烧碱、合成氨和工业气体等）及基本有机化工产品（如乙烯、丙烯、丁二烯、苯、甲苯、二甲苯、乙苯和乙炔等）作为阶段产品，经过各种反应途径可生产出成千上万种无机或基本有机化工产品、高分子化工产品和医药与农药产品等。除利用一般无机和有机反应外，工业上还可以通过生化反应来生产化工产品，例如利用生物质转化反应生产生物柴油、生物甲烷、生物乙醇、生物丁醇和生物制氢等生物燃料，以及利用微生物发酵和生物酶催化制得丙酮、丁醇、柠檬酸、谷氨酸、丙烯酸铵、各类抗生物药物、人造蛋白质、油脂、调味剂（如味精等）、食品添加剂和加酶洗涤剂等，这些生物化工产品涉及医药卫生、农林牧渔、轻工食品、化工能源及环境等领域，且随着环保要求越来越高，生物化工产品愈加受到青睐。

现代化学工业生产的产品种类多、数量大、用途广，已渗透到国民经济生产和人类生活的各个领域，与国民经济各部门存在密切的关系，并在国民经济建设中占有十分重要的地位。众所周知，世界上已将乙烯产量作为衡量一个国家石油化工发展水平的重要标志之一，据中国石油和化学工业联合会 2023 年 4 月统计显示，截至 2022 年底，我国乙烯产能达到4675 万吨/年，首次超过美国，成为世界乙烯产能第一大国。不仅如此，我国乙烯产能仍处于扩能高峰期，预计到"十四五"末，乙烯产能将达到 7000 万吨/年，世界第一大乙烯生产和消费国地位进一步稳固。另 2023 年 2 月数据显示，我国炼油总产能已达 9.2 亿吨/年，超过美国，已成为世界第一炼油大国。

1.2 化工工艺学的研究对象与研究内容

由原料到化工产品的转化工艺称为化工工艺。化工工艺学以技术先进、工艺合理和安全环保为原则，是研究从化工原料加工成化工产品的生产过程中所涉及的基本原理、方法、工艺流程及装备的一门工程科学，是建立在化学、物理、机械、电工电子以及工业经济等学科基础之上的、与生产和生活实际紧密相关的、体现当代技术水平的一门综合学科，是化学理论与化工生产实践结合的产物，与化学工业的发展密切相关。

化工工艺学的研究对象为具体化工产品的生产，从许多产品的生产实践中提炼出共性和凸显其个性的问题，以指导新工艺的开发。因此，化工工艺学本质上是研究产品生产的"工艺方法""技术"和"过程"等，主要研究内容包括三个方面：①产品生产的工艺流程；②产品生产的工艺操作条件和技术管理；③安全和环境保护措施。首先，化工产品生产要有一个工艺合理、技术先进、经济效益较高的"工艺流程"，旨在保证从原料进入流程直到产品产出的整个过程顺畅，经济上合理，原料利用率高，能耗和物料损耗较少，整个流程通过一系列设备和装置的串联或并联，组成一个有机的流水线。其次，要有一套合理的、先进的、经济上有利的"工艺操作条件与控制手段"和"质量保证体系"，它包括原料和原料准备、反应的温度和压力、催化剂、投料配比、反应时间、生产周期、分离水平和条件、后处理与加工包装等，以及对这些操作参数监控和调节的手段。除此之外，在整个产品生产过程中，为保证人身安全和设备设施的安全运行，需要制定安全冗余措施，并对生产过程产生的污染进行综合治理，满足绿色低碳的导向要求。

1.3 组织化工产品生产工艺流程的原则

化工生产早期以经验为依据，在生产实践和科学理论的长期发展中，逐渐由手工技术向以科学理论为基础的现代生产技术转变。化学工业的各个部门都有其各自的工艺，同一个化工产品可以用不同的起始原料生产，用同一种原料生产某一化工产品可以采用不同的生产工艺技术。目前，化工产品的生产工艺超过上万个，这些生产工艺给人类生活带来了革命性的变化。但是，绝大部分化工产品的生产过程存在着不同程度的污染问题，并具有高温、高压、低温、易燃、易爆、有毒等特点，因此，在生产有用产品的同时也对环境带来一定的影响。为此，对工艺技术、机械设备、设备材料、仪表与控制等都应严格管控，同时还需要考虑资源与能量的合理利用、环境保护、污染治理等问题。

原则上，组织化工产品生产的工艺大体分为四个步骤：第一步是原材料、能源的准备和预处理过程；第二步是化学反应过程，在这一步骤中得到目的产物，同时还会联产副产品和其他非目的产物；第三步是分离与精制目的产物，将非目的产物排出系统外进行合理利用；第四步是进行产品包装和储运。

化学工业的生产技术和许多深度加工的产品更新换代快，要求化学工业必须不断发展并采用先进科学技术，从而提高生产效率和经济效益。不断寻求和探索技术上最先进和经济上最合理的方法、原理、流程和设备是化学工业工艺创新的具体途径。化工新技术开发程序是一套科学的程序，它是以市场为导向、以创新为宗旨、以工业化和商业化为目的的创新过程。世界上经济发达的国家化学工业的研究开发费用、科研人员以及专利和文献的数量等方面都位居各工业部门的前列。

1.4 化工产品生产工艺流程的组成单元与评价方法

1.4.1 工艺流程的基本组成

每一个化工产品的生产都有其特有的工艺流程。对同一个产品，由于选定的工艺路线不同，工艺流程中各个单元过程的具体内容和相互关联的方式也不同。此外，工艺流程的组织与实施工业化的时间、地点、资源条件、技术条件等有密切关系。但是，当对一般化工产品的生产工艺流程进行分析和比较之后，发现组成一个流程的各个单元（单元过程）或工序所起的作用有许多共同之处，即组成流程的各个单元的基本功能存在一定规律性，这种规律性可以用图 1-1 的一般化工产品生产工艺流程的主要组成单元来表述。

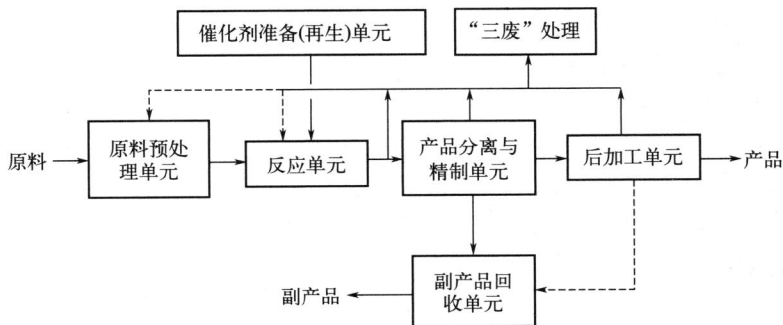

图 1-1 一般化工产品生产工艺流程中的主要组成单元

① 原料预处理单元（生产准备） 包括反应所需的主要原料、氧化剂、氯化剂、溶剂、水等各种辅助原料的储存、净化、干燥等。

② 催化剂准备（再生）单元 包括反应时用的催化剂和各种助剂的制备、溶解、储存、配制以及催化剂再生等。

③ 反应单元（反应过程） 是化学反应进行的场所，整个流程的核心。以反应过程为主，附设必要的加热、冷却、反应产物输送以及反应控制等。

④ 产品分离与精制单元（分离过程） 将反应产物从反应系统分离出来，进行精制和提

纯，以得到目的产品。并将未反应的原料、溶剂以及随反应物带出的催化剂、副反应产物等分离出来，尽可能实现原料和溶剂等物料循环利用。

⑤ 副产品回收单元　对反应产生的一些副产物，或不循环利用的一些少量未反应的原料、溶剂以及催化剂等物料，进行必要的精制处理以回收使用，需要设置一系列分离、提纯操作，如精馏、吸收等。

⑥ 后加工单元　将分离过程获得的目的产物按产品质量要求的规格、形状进行必要的加工制作，以及储存和包装出厂。

⑦ 辅助过程　除了上述六个主要生产过程外，在一般流程中还有为回收过程中产生的能量而设置的过程，如废热回收与利用；为稳定生产而设置的其他过程，如缓冲、稳压、中间储存；为治理"三废"（废气、废液和废渣）而设置的过程，如废气焚烧；以及产品储存过程等。这些辅助过程将在后续讲述具体产品生产工艺时进行说明。

1.4.2　工艺流程的评价方法

对化工产品生产的工艺流程进行评价，旨在根据工艺流程的组织原则衡量被考察的工艺流程是否达到最优效果。对新设计的工艺流程，通过评价可以不断改进和完善，使之成为一个优化组合的流程；对于现有的工艺流程，通过评价还可以清楚该工艺流程有哪些特点，还存在哪些不合理或可以改进的地方，与国内外类似工艺过程相比又有哪些值得借鉴之处等，由此找到改进工艺流程的措施和方案，使其得到不断优化。

化工生产中评价工艺流程的标准是：技术上先进、经济上合理、安全上可靠、环境保护制度完善、符合国情且切实可行。具体的，在组织工艺流程时应遵循以下原则。

(1) 物料及能量的充分利用

① 尽量提高原料的转化率和主反应的选择性。因而应采取先进的技术、合理的单元、有效的设备，选用最适宜的工艺条件和高效的催化剂。

② 充分利用原料，对未转化的原料应采用分离、回收等措施以提高总转化率。副产物也应当加工成副产品，对采用的溶剂、助剂等应建立回收系统，减少废物的产生和排放。对"三废"应尽量考虑综合利用，以避免污染环境。

③ 认真研究换热流程及换热方案，最大限度地回收热量。如尽可能采用交叉换热、逆流换热，注意安排好换热顺序，提高传热速率等。

④ 注意设备位置的相对高低，充分利用位能输送物料。如高压设备的物料可自动进入低压设备，减压设备可以靠负压自动抽进物料，高位槽与加压设备的顶部设置平衡管可利于进料等。

(2) 工艺流程的连续化和自动化

对大批量生产的产品，工艺流程宜采用连续操作、大型化设备和仪表自动化控制，以提高产品产量并降低生产成本，如果条件具备还可采用计算机控制；对精细化工产品以及小批量多品种产品的生产，工艺流程应该具有一定的灵活性和多功能性，以便改变产量和更改产品品种。

(3) 易燃易爆品的安全措施

对一些因原料组成或反应特性等因素潜在的易燃、易爆等危险品，在组织流程时要采取必要的安全措施。如在设备结构上或适当的管路上考虑防爆装置，增设阻火器、保安氮气等。工艺条件也要作相应的严格规定，尽可能安装自动报警及联锁装置，以确保生产安全。

（4）适宜的单元操作及设备类型

确定每一个单元操作中的流程方案及所需设备的类型，合理安排各单元操作中设备的先后顺序。应考虑全流程的操作弹性和各个设备的利用率，并通过调查研究和生产实践来确定弹性的适应幅度，尽可能使各台设备的生产能力相匹配，以免造成浪费。

根据上述工艺流程的评价标准和组织原则，可以对某一工艺流程进行综合评价。主要内容是根据实际情况讨论该流程哪些地方采用了先进的技术，并确认流程的合理性及确保安全生产的工艺条件；论证流程中有哪些物料和热量得到充分利用以及利用的措施和可行性。此外，也要说明因条件所限还存在哪些有待改进的问题。

1.5　现代化学工业的特点和发展方向

现代化学工业的特点：原料路线、生产方法和产品品种的多方案性与复杂性；装置规模化、大型化，生产过程综合化，化工产品高附加值与高性能化；技术与资金密集，经济效益好；注重能量高效利用，积极采用先进的节能减排技术；安全生产、环保要求日益严格；等。

预测到 2030 年中国的化学品产量可占到全球的半数以上，同时面对自然资源的日益匮乏、气候变化影响渐增以及新兴技术更替迭代等挑战，提升创新发展水平、加快绿色低碳发展并构建智能化生产系统等成为行业当今重要趋势。

思考题

1-1　化工工艺学的研究对象和主要内容分别是什么？

1-2　化工工艺流程一般由哪些主要单元组成？

1-3　如何评价某一化工工艺流程？

1-4　现代化学工业的特点是什么？

参考文献

[1]　朱志庆.化工工艺学.2版.北京：化学工业出版社，2017.

[2]　欧洲化学工业理事会.化学工业 2050 年愿景：欧洲化学工业应对世纪挑战之道.庞广廉，译.北京：化学工业出版社，2020.

第2章

典型无机化工产品生产工艺

2.1 硫酸

2.1.1 概述

1. 硫酸用途和主要性质

硫酸是一种重要的基本化工原料，主要用于无机化学工业产品的生产，以及石油、钢铁、有色冶金、化学纤维、塑料和染料等工业生产中。硫酸的主要用途是生产化肥，如生产磷铵、过磷酸钙和硫酸铵等，硫酸在化肥工业上的消耗占总产量60%以上。另外，硫酸还用于汽油、润滑油的精制及烯烃的烷基化反应等石油化工产品加工过程；钢铁生产加工中的预处理过程，除去钢铁表面的氧化铁皮；湿法冶炼过程中铜矿、钡矿浸取液和某些贵金属的溶解液；染料中间体的生产过程；在国防工业中与硝酸一起制取硝化纤维和三硝基甲苯；在能源工业中用于浓缩铀等。

硫酸（H_2SO_4）是一种无色透明油状液体，分子量为98.08，20℃下100%硫酸的密度为1830.5kg/m^3，常压下沸点为279.6℃。硫酸浓度通常以含H_2SO_4质量分数表示，将浓度小于75%的硫酸称为稀硫酸，浓度大于75%的硫酸称为浓硫酸。浓硫酸具有脱水性、强氧化性和稳定性；稀硫酸则不具有脱水性和强氧化性，但它是强酸，具有酸的化学性质。发烟硫酸是SO_3和H_2SO_4的溶液，SO_3与H_2O的摩尔比大于1，也是无色油状液体，因其暴露于空气中，逸出的SO_3与空气中的水分结合形成白色烟雾，故称为发烟硫酸。

2. 生产硫酸的原料

硫酸生产所采用的原料是能够产生二氧化硫的含硫物质，通常有硫黄、硫化物矿、含硫化氢的冶炼烟气、硫酸盐等。不同地域含硫资源不同，相对而言，从世界范围看，硫铁矿和硫黄资源较为丰富，故硫酸生产以硫铁矿和硫黄为主要原料。

硫铁矿是硫元素在地壳中存在的主要形态之一，是硫化铁矿物的总称，主要形态为黄铁矿（FeS_2），因纯度和含杂质不同，其颜色有灰色、褐绿色、浅黄色等。还有一种矿石近似黄铁矿，具有强磁性，称为磁黄铁矿或磁硫铁矿，以Fe_nS_{n+1}表示（$5 \leqslant n \leqslant 16$）。

硫铁矿根据来源不同分为普通硫铁矿（也称原硫铁矿或块状硫铁矿）、浮选硫铁矿和含煤硫铁矿。

① 普通硫铁矿　是指直接或在开采硫化铜时取得的，除主要成分 FeS_2 以外，还含有铜、铅、锌、锰、钙、砷、镍、钴、硒和碲等杂质。

② 浮选硫铁矿　是指对共存的硫铁矿与有色金属硫化矿进行浮选分离，其中一部分为硫铁矿与废石混合物，称为尾砂。若尾砂中硫的质量分数为 $30\%\sim45\%$，一般该尾砂可直接作为制酸原料；否则对尾砂需要进行二次浮选，将废石分出，获得的精矿为硫精砂。

③ 含煤硫铁矿　是指采煤时一并采出的块状与煤共生矿，故也称黑矿。一般采出后需要分离或与其他原料配合使用。

3. 硫酸的生产方法

硫酸最早于 8 世纪由阿拉伯人干馏绿矾（$FeSO_4 \cdot 7H_2O$）时得到，1740 年英国人 J. Ward 在玻璃器皿中燃烧硫黄和硝石混合物，将产生的气体与水反应制得硫酸，即为硝化法制硫酸。后经英国人在铅室内生产出浓度为 33.4% 的硫酸，即铅室法。20 世纪初，用塔代替铅室生产硫酸，即塔式法，硫酸浓度提高到 75% 以上，硫酸的生产能力得到大幅度提高。

硝化法的反应式：

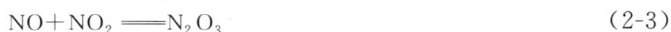

$$SO_2 + N_2O_3 + H_2O \Longrightarrow H_2SO_4 + 2NO \tag{2-1}$$

$$2NO + O_2 \Longrightarrow 2NO_2 \tag{2-2}$$

$$NO + NO_2 \Longrightarrow N_2O_3 \tag{2-3}$$

1831 年英国人 P. Philps 提出接触法制硫酸，它是用铂作催化剂，将二氧化硫氧化为三氧化硫，用水吸收三氧化硫制成硫酸。其反应式为

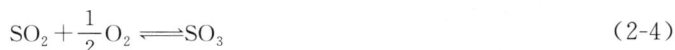

$$SO_2 + \frac{1}{2}O_2 \Longrightarrow SO_3 \tag{2-4}$$

接触法制硫酸的催化剂铂，其价格高且易中毒。1915 年德国 BASF 公司用价格便宜的钒催化剂替代铂催化剂提高催化剂对一些毒物和有害物质的抵抗力，从而使得接触法得到迅速推广。接触法制得的硫酸浓度高，杂质含量低，无氮氧化物污染。该法还可生产发烟硫酸，使得硫酸产品用途更加广泛。20 世纪 50 年代以来，接触法成为世界上生产硫酸的主要方法。

接触法生产硫酸通常包括以下几个基本工序。

① 炉气制取工序　将含硫原料通过焙烧制取二氧化硫气体，获得原料气。

② 炉气净化工序　除去焙烧制得的粗二氧化硫气体中的杂质。

③ 转化工序　将二氧化硫转化为三氧化硫。

④ 吸收工序　将转化的三氧化硫气体用硫酸吸收，实现三氧化硫与水结合制得硫酸。

尽管生产硫酸的原料不同，但上述工序必不可少。由于原料不同，工业上具体实现生产过程还需其他的辅助工序。如硫铁矿进入焙烧前需要将其破碎并浮选，使它达到工艺要求，浮选后的铁矿因含水分较多，为了防止储存和运输过程中结块，进入焙烧炉前还要进行干燥。工厂所用矿石由于供应、品位、杂质成分不一，对多种矿石需要进行搭配，即配矿。另外，硫酸生产过程产生"三废"，故需要对"三废"进行治理和综合利用。

2.1.2　硫铁矿制二氧化硫炉气

1. 焙烧原理

硫铁矿的焙烧反应，条件不同，反应产物不同。其主要反应是二硫化铁与空气中氧气反应生成二氧化硫炉气。通常认为，焙烧反应可分两步进行，首先是硫铁矿在高温下受热分解为硫化亚铁和硫。

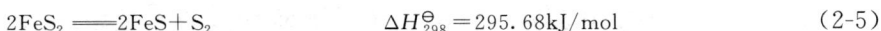

$$2FeS_2 \Longrightarrow 2FeS + S_2 \qquad \Delta H_{298}^{\ominus} = 295.68kJ/mol \qquad (2\text{-}5)$$

此反应在400℃以上即可进行，当500℃时，反应十分明显，反应速率随温度升高而加快。然后是分解产物硫蒸气的燃烧和硫化亚铁的氧化反应。

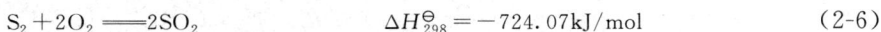

$$S_2 + 2O_2 \Longrightarrow 2SO_2 \qquad \Delta H_{298}^{\ominus} = -724.07kJ/mol \qquad (2\text{-}6)$$

该反应瞬间发生。当空气过量多时，硫化亚铁继续焙烧，生成固态三氧化二铁：

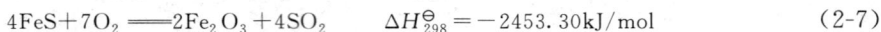

$$4FeS + 7O_2 \Longrightarrow 2Fe_2O_3 + 4SO_2 \qquad \Delta H_{298}^{\ominus} = -2453.30kJ/mol \qquad (2\text{-}7)$$

当空气过量少时，生成固态四氧化三铁：

$$3FeS + 5O_2 \Longrightarrow Fe_3O_4 + 3SO_2 \qquad \Delta H_{298}^{\ominus} = -1723.79kJ/mol \qquad (2\text{-}8)$$

因而，当空气过量多时，硫铁矿焙烧总反应为

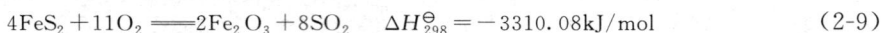

$$4FeS_2 + 11O_2 \Longrightarrow 2Fe_2O_3 + 8SO_2 \qquad \Delta H_{298}^{\ominus} = -3310.08kJ/mol \qquad (2\text{-}9)$$

当空气过量少时，硫铁矿焙烧总反应为

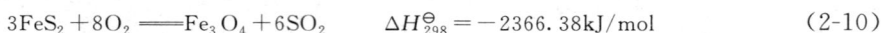

$$3FeS_2 + 8O_2 \Longrightarrow Fe_3O_4 + 6SO_2 \qquad \Delta H_{298}^{\ominus} = -2366.38kJ/mol \qquad (2\text{-}10)$$

上述硫铁矿的焙烧反应生成的二氧化硫、过量的氧气、未反应的氮气和水蒸气等统称为炉气。铁与氧的化合物及其他固体物质统称为烧渣。此外，焙烧过程中，矿石中的铅、砷、硒、氟等，燃烧生成 PbO、As_2O_3、HF、SeO_2 等气态物质随炉气进入制酸工序。

值得注意的是硫铁矿焙烧反应是强放热反应，该放热量除供自身反应所需外，还要移走反应余热，进行废热回收。

2. 焙烧过程影响因素

硫铁矿焙烧过程属于气固相非催化反应，颗粒间无微团混合，其焙烧机理复杂，焙烧过程包括以下几步：

① 硫铁矿的分解反应；

② 空气中的氧气向灰层（未反应芯）表面的外扩散；

③ 氧气在灰层的内扩散；

④ 氧与硫化亚铁的表面反应，生成产物二氧化硫，同时，还进行着硫蒸气的外扩散，并与氧气发生氧化反应；

⑤ 产物二氧化硫脱离灰层的内扩散；

⑥ 产物向气相主体的外扩散。

焙烧速率不仅与反应速率有关，还与传质和传热速率有关。由上述焙烧过程可以看出，焙烧速率与氧气的扩散速率、反应速率、产物扩散速率有关，其中速率慢的即为控制步骤。实验数据证明，在485~560℃范围内，反应由 FeS_2 分解反应控制；在560~720℃范围内，由硫化亚铁氧化和氧气内扩散联合控制；在720~1155℃范围内，由氧气的内扩散控制。实际生产的反应温度高于700℃，因而，硫铁矿的焙烧过程属于氧气的内扩散控制。而氧气的内扩散取决于温度、颗粒粒度、氧气浓度、气固接触面积和气固相对运动速度等因素。焙烧速率愈快，焙烧的生产能力愈大。影响焙烧速率的因素有以下几方面。

(1) 焙烧温度

理论上焙烧温度要高于硫铁矿的着火点，提高焙烧温度，硫铁矿分解速率加快，硫化亚铁的燃烧速率也加快，且同时加快了扩散速率，即提高了焙烧速率。但焙烧温度过高，硫铁矿熔融结块，严重时甚至结疤，影响正常操作；另外，焙烧温度过高容易引起焙烧设备损坏。沸腾焙烧炉一般维持在800~900℃。

（2）粒度

矿石颗粒小，氧气内扩散距离短，内扩散阻力小，氧气容易扩散到矿料的内部，氧气内扩散速率得到提高，同时也有利于提高产物的内扩散速率。除此之外，颗粒小使得气固接触面积大，有利于气固反应，加快了焙烧速率。但是矿石颗粒太小，后续除尘难度加大，并且颗粒粉碎消耗的动力也加大。通常，沸腾焙烧炉中的固体颗粒平均粒度为 0.07~3.0mm。

（3）氧含量

从扩散的角度出发，提高空气中氧的浓度，即提高了扩散的推动力，从而加快了氧的扩散速率，使焙烧速率得到提高。工业上铁矿石的焙烧，一般采用空气中的氧量就可满足要求。

（4）空气与颗粒的相对运动速度

空气与颗粒的相对运动速度影响空气中氧扩散到颗粒表面的外扩散速率及扩散到未反应芯表面的内扩散速率，相对运动速度提高，扩散速率提高。另外，相对运动速度提高，矿石颗粒扰动加剧，有利于矿石表面的更新，改善颗粒间的接触状况，减少扩散阻力，使得氧气容易到达矿石表面，提高了焙烧速率。所以，焙烧工艺一般采用沸腾焙烧技术。

3. 焙烧工艺流程

焙烧工序的目的是以硫铁矿为原料高效地制造后续工序需要的二氧化硫炉气，并清除炉气中的灰尘。所以，焙烧前需要对矿石原料进行预处理，矿石一般为块状，需要粉碎、磨细和筛分，达到粒度要求。然后，将不同品质的矿料混合搭配，并脱除矿石中的水分。制二氧化硫炉气，采用现代较为先进的技术——沸腾焙烧工艺。因焙烧反应放出大量的热量，炉气出口温度高于 800℃，焙烧过程设置了废热锅炉，以回收其热量。焙烧得到的炉气中夹带大量矿尘，需要除尘以避免炉气中的尘粒堵塞管道和设备、增加流体阻力、降低传热效果。另外，除尘也是为了防止尘粒污染后续催化剂，影响转化效果。通常要求炉气中矿尘质量浓度在 0.2g/m³ 以下。除尘方法和设备视颗粒大小而定，可首先采用旋风分离器除去大部分颗粒，然后使用除细小颗粒效率较高的电除尘器。整个沸腾焙烧工艺流程如图 2-1 所示。

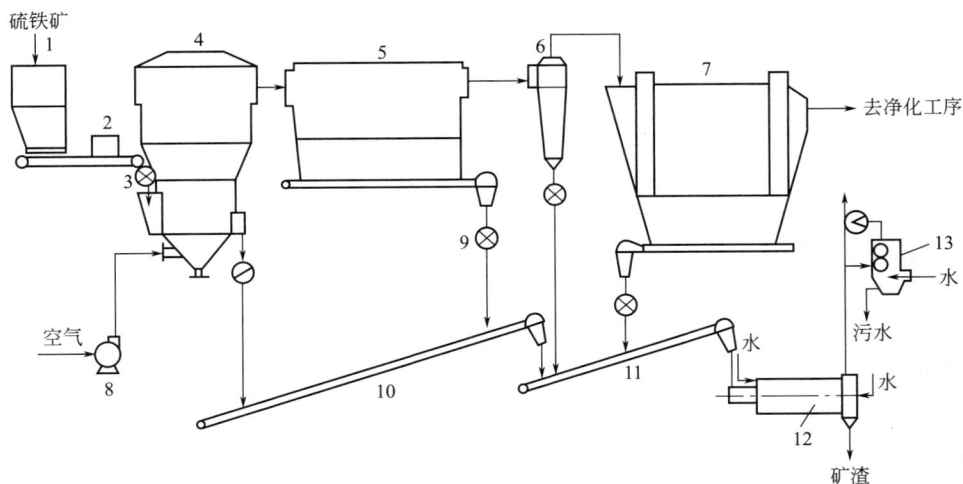

图 2-1 沸腾焙烧的工艺流程

1—矿储斗；2—皮带秤；3—星形加料器；4—沸腾炉；5—废热锅炉；6—旋风除尘器；7—电除尘器；
8—空气鼓风机；9—星形排灰阀；10，11—埋刮板输送机；12—增湿冷却滚筒；13—蒸汽洗涤器

来自原料库的硫铁矿由皮带输送机送至矿储斗，用皮带秤计量后，由加料器进入沸腾（焙烧）炉。空气由空气鼓风机送到沸腾炉，由底部进入，经气体分布板与矿料接触，控制并调节流速使矿料沸腾悬浮，确保气固能充分反应产生二氧化硫。$800\sim900\,^\circ\!C$ 的炉气从沸腾炉顶部出口出去进入废热锅炉，经回收热量后降温到 $360\,^\circ\!C$ 左右，然后进入旋风除尘器除掉大部分矿尘，最后经电除尘器进一步除去细小的颗粒后进入净化工序。

沸腾炉焙烧产生的炉渣（沸腾炉底部、废热锅炉、旋风除尘器和电除尘器收集下来的）温度较高，为方便运输，用埋刮板输送机，经增湿冷却滚筒增湿并降温到 $80\,^\circ\!C$ 以下，送往堆场。若炉渣中铁的含量高于 56%，一般制成球团作为钢铁厂炼钢原料。

该工艺采用的沸腾焙烧工艺是流态化技术在硫酸工艺的应用，该技术具有生产能力大、硫的烧出率高、传热系数高、炉内温度均匀、二氧化硫炉气浓度高、适用原料范围广，以及焙烧炉设备结构简单、维修工作量小、易于机械化操作等特点。但是沸腾焙烧炉带出的炉尘量大（炉尘量占总烧渣的 60%～70%），炉气净化工序负荷大，设备磨损严重，需要粉碎系统和高压鼓风机，动力消耗大。

4. 焙烧主要设备

焙烧工序的主要设备是焙烧炉，它经历了块矿炉、机械炉，到现在全部采用沸腾炉。焙烧硫铁矿的沸腾炉有三种，直筒型、扩散型和锥床型。我国主要采用扩散型的沸腾炉，其结构见图 2-2。

沸腾炉炉体一般为钢壳内衬保温砖，再内衬耐火砖。为防止外漏炉气产生冷凝酸腐蚀炉体，钢壳外还设有保温层。由下往上，炉内空间分为三部分，包括下部的风室、中部的沸腾床和上部的燃烧空间。下部的风室设有空气进口管、空气分布板，分布板上侧向开孔的风帽和风帽间铺设耐火泥。空气由鼓风机送入风室，经风帽向炉膛内均匀喷出。炉膛中部为向上扩大截面圆锥形，上部燃烧空间的截面积较沸腾床截面积大。

加料口设在炉身下段，加料口的对面设置矿渣溢流管。此外，还设有炉气出口、二次空气进口、点火口等接管，顶部设有安全口。焙烧过程中，为避免温度过高致使炉料熔结，在沸腾层插入冷却管束（废热锅炉换热元件）或在炉壁周围安装水箱（小型炉），从沸腾床移走释放的多余热量，产生蒸汽。

因扩散型沸腾床截面比上部燃烧空间的截面小，所以沸腾床气速较高，有利于焙烧颗粒较大的矿料，粒度最大可达 $6\,mm$。而细小的颗粒被气流带到截面大的燃烧空间，气速降低，部分细小颗粒返回沸腾床，减少过多的矿尘进入炉气。扩散型焙烧炉的扩大角一般为 $15^\circ\sim20^\circ$。因该炉型对原料品种和粒度的适应性强，烧渣中硫的质量分数低，不易结疤，国内大多数厂家都采用这种扩散型炉。

焙烧工序涉及的主要设备除沸腾炉外，还配置废热锅炉，其结构与普通的废热锅炉原则上相似，旋风除尘器和电除尘器也与工业上的普通分离设备相似，这里不再赘述。

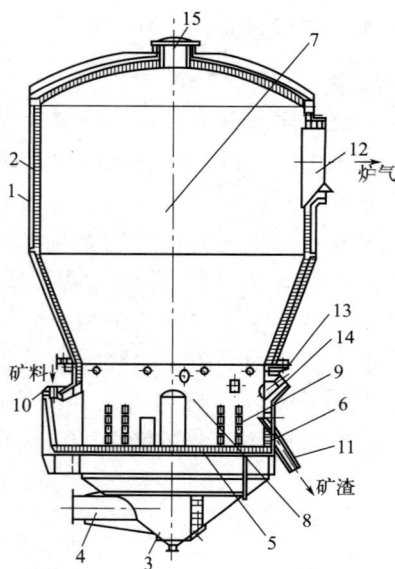

图 2-2 沸腾炉结构

1—保温砖内衬；2—耐火砖内衬；3—风室；4—空气进口管；5—空气分布板；6—风帽；7—上部燃烧空间；8—沸腾床；9—冷却管束；10—加料口；11—矿渣溢流管；12—炉气出口；13—二次空气进口；14—点火口；15—安全口

2.1.3　二氧化硫炉气净化

以硫黄制取的炉气比较洁净，无需净化直接进入转化工序。硫铁矿或冶炼出来的炉气在焙烧工序中尽管经过废热锅炉、旋风除尘器、电除尘器进行了初步处理，但常常还含有细小矿尘、三氧化二砷（As_2O_3）、氟化物、二氧化硒（SeO_2）、三氧化硫（SO_3）、水蒸气（H_2O）等。这些杂质会造成转化工序催化剂中毒，尾气排放超标，产品质量不合格。另外，它们还可能堵塞管道，腐蚀设备。所以，炉气在进入转化工序前需要净化，以达到规定指标。各国硫酸生产对炉气要求的指标不一，目前我国执行的标准见表2-1。

表 2-1　炉气指标（二氧化硫鼓风机出口，标准状态下）

组分		指标/（mg/m³）	备注
水分		<100	行业指标
酸雾	一级电除雾	<30	行业指标
	二级电除雾	<5	行业指标
尘		<1	推荐指标
砷		<1	推荐指标
氟		<0.5	推荐指标

1. 杂质危害及净化方法

炉气的净化方法分为干法和湿法，干法是用吸附剂吸附有害杂质，操作成本高，目前大都采用湿法净化。湿法净化分为水洗和酸洗，因排放量大、资源浪费、环境污染等问题，水洗已经被淘汰，湿法基本上用硫酸净化炉气。

(1) 砷、硒和氟

二氧化硫转化为三氧化硫的催化剂为钒催化剂（活性组分为 V_2O_5），炉气中的三氧化二砷被钒催化剂吸附，氧化为五氧化二砷（As_2O_5），在550℃以下，五氧化二砷堆积在催化剂的表面，不仅增加反应组分的扩散阻力，还覆盖了活性位，使催化剂活性下降。而温度高于550℃，五氧化二砷与活性组分 V_2O_5 反应生成挥发性物质 $V_2O_5 \cdot As_2O_5$，将催化剂活性成分带走，并在后续第二、三段催化床层凝结，使催化剂结块，活性下降。二氧化硒也是如此，对催化剂产生中毒作用。

炉气中的氟大部分以氟化氢（HF）、少部分以四氟化硅（SiF_4）形式存在。因氟化氢与催化剂中的载体（主要是 SiO_2）反应，使催化剂粉化，呈多孔结构，催化活性下降，熔点下降。除此之外，氟化氢也会与催化剂的活性组分 V_2O_5 反应生成挥发性物质 VF_5，造成催化活性成分流失。四氟化硅在有水蒸气的环境中，水解为氟化氢和水合二氧化硅，在催化剂表面形成硬壳，致使催化剂黏结成块，床层阻力增加，活性下降。

在高温下炉气中砷和硒的氧化物呈气态，而且它们的饱和蒸气质量浓度随温度降低急剧下降，见表2-2。将炉气温度降低，砷和硒的氧化物可冷凝成固体。

炉气中砷、硒和氟在采用硫酸为洗涤液的洗涤过程中，温度下降，一部分砷和硒的氧化物呈固态，以微粒形式悬浮在气相中；另一部分留在气相，与气相中氟化物等一同被洗涤液吸收至含量减到规定指标以下。

表 2-2　不同温度下炉气中的三氧化二砷和二氧化硒的饱和蒸气质量浓度　　单位：g/m^3

物质	温度/℃						
	50	70	100	125	150	200	250
三氧化二砷	$1.6×10^{-5}$	$3.1×10^{-4}$	$4.2×10^{-3}$	$3.7×10^{-2}$	0.28	7.9	124
二氧化硒	$4.4×10^{-5}$	$8.8×10^{-4}$	$1.0×10^{-3}$	$8.2×10^{-2}$	0.53	13	175

（2）矿尘

焙烧工序电除尘器处理后的炉气中，矿尘的质量浓度一般会在 $200mg/m^3$（标准状态）以内。此含量下的矿尘会覆盖催化剂的表面，减小活性表面，也可能在局部积累堵塞管道，影响正常生产。另外，矿尘进入成品酸，影响成品质量。还应指出的是，矿尘中的三氧化二铁被硫酸酸化，变为碱式硫酸铁，尘粒的质量增加，体积变大，在催化剂的内外表面覆盖，催化活性降低，气体阻力增大，严重时要停产筛分催化剂。

其实，在洗涤法除砷、硒和氟化物的同时，也将矿尘净化了。进入转化工序的气体中，矿尘浓度通常低于 $1mg/m^3$，催化剂过筛周期可超过一年。

（3）酸雾

在用硫酸洗涤炉气过程中，炉气温度从 300℃ 以上迅速降到 65℃ 左右，炉气中的三氧化硫与水蒸气反应形成硫酸蒸气。由于炉气骤然冷却，硫酸蒸气达到过饱和，来不及冷凝变为酸雾，悬浮在气体中，吸收并溶解气体中的砷和硒的氧化物，以及极细的矿尘，造成管道和设备腐蚀和催化剂中毒。

由此可见，除掉酸雾的同时，也除去了砷、硒和矿尘等杂质。所以，除去酸雾是炉气净化的关键。除雾设备有冲挡洗涤器、文丘里洗涤器和电除雾器。工业常采用电除雾器，其效率与酸雾微粒的直径成正比，酸雾微粒大，除雾效率高。而酸雾微粒的直径又与洗涤温度和洗涤的酸含量密不可分。因此，首先采用逐级冷却炉气，使得气体中的水分在酸雾的表面冷凝，酸雾粒度增大。然后利用逐级降低洗涤酸浓度的手段，使气体中水蒸气含量增加，酸雾吸收水分，粒径增大。经过这样的过程，最后根据酸雾微粒的大小，选择多级电除雾器，达到炉气指标，保证后续工序钢制设备不受腐蚀。

（4）水分

炉气中的水分主要来自原料，以气态形式存在，进入转化工序后，加重了酸雾对管道和设备的腐蚀。另外，水蒸气若在转化工序前不除去，会与三氧化硫在吸收工序反应形成非常难以除去的酸雾，随尾气排放，污染环境，还损失了产品。

硫酸工业中采用干燥方法去除炉气中的水分。因浓硫酸具有强烈的吸湿性，用它作干燥剂干燥炉气。炉气干燥通过在填料塔将炉气与浓硫酸接触实现。干燥速率和效果与气液接触面积、浓硫酸的浓度、炉气气速和温度以及浓硫酸的喷淋量有关。

实验发现，在一定的温度下，硫酸的浓度越高，硫酸溶液液面上方水蒸气的平衡分压越小，当硫酸浓度为98.3%时，液面上方几乎没有水蒸气。所以，仅从减少水蒸气的角度考虑，硫酸的浓度越高越好。但是，实验数据表明，硫酸浓度高于94%，液面上方硫酸和三氧化硫的蒸气增多，与炉气中的水分结合形成酸雾。综上所述，干燥用的硫酸采用93%～95%浓度为宜。且结晶温度低，避免冬季因温度下降而结晶，造成操作和运输不便。

除此之外，从提高吸收速率方面考虑，硫酸吸收水属于气膜控制的吸收过程。增大炉气气速，有利于提高传质系数，但过高，塔的压降大，造成液泛；降低吸收温度有利于吸收，但增加了循环冷却系统的负荷；硫酸喷淋量影响不大，保证填料全部润湿即可。

2. 净化工艺流程

炉气的湿法净化流程因采用换热方式和硫酸浓度的不同，分为稀酸洗涤、绝热增湿酸洗等工艺流程。

(1) 稀酸洗涤工艺流程

稀酸洗涤的典型流程如图 2-3 所示，它由水洗流程改造而成。来自旋风除尘器和电除尘器的炉气温度大约 350℃，含尘浓度 200mg/m^3 以下，直接进入皮博迪洗涤塔的中部空间，与用循环酸泵打到塔中上部的酸液及从上部筛板流下来的酸液逆流接触，炉气被增湿降温，稀酸将大部分矿尘洗掉，此空间称为增湿洗涤段。炉气经增湿洗涤后，进入上部，穿过筛板孔眼，撞击孔眼上方的挡板，连续通过三层筛板，并与用循环酸泵输送到吸收塔上部的低温酸液直接接触，被充分洗涤并降温，炉气温度降到 40℃ 以下，矿尘等杂质基本被洗涤干净。之后，炉气进入电除雾器除掉酸雾（酸雾浓度可达 20mg/m^3 以下），再经干燥塔除去炉气中的水分。

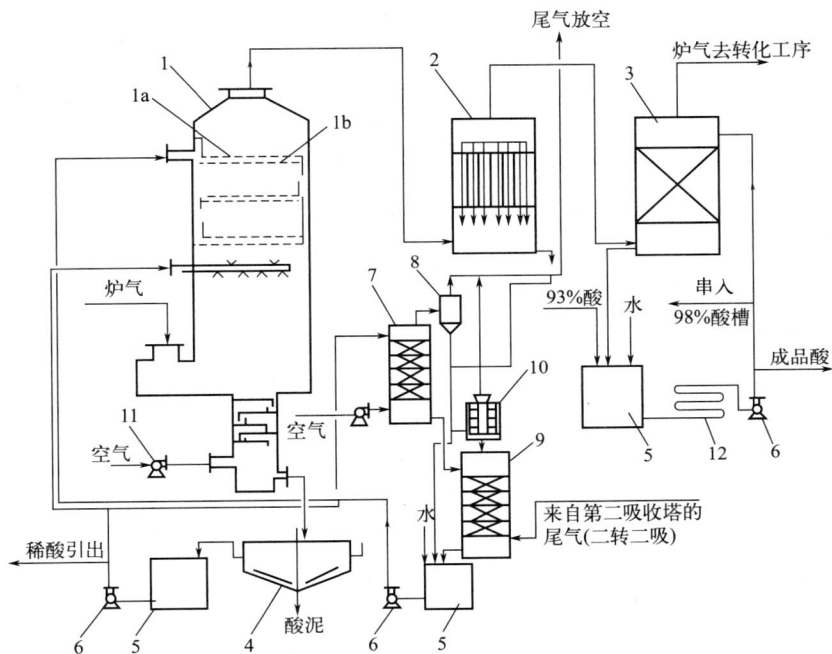

图 2-3　稀酸洗涤工艺流程

1—皮博迪洗涤塔；1a—挡板；1b—筛板；2—电除雾器；3—干燥塔；4—浓密机；5—循环酸槽；6—循环酸泵；
7—空冷塔；8—复ப迪除沫器；9—尾冷塔；10—纤维除雾器；11—空气鼓风机；12—酸冷却器

浓度大约 5% 的稀酸分两条管路进入塔内：一是冷却洗涤段的酸液，由塔上部溢流堰导入，顺次流过两块泡沫冲击筛板，再从第三块淋降冲击板的孔眼流入中部空间；二是增湿洗涤段的酸液，由塔中上部空间的喷嘴喷洒在塔的整个空间。由于高温炉气与低温酸液相遇，酸液中的水分蒸发使得炉气降温并增湿。而酸液流到底部脱吸段，经下部进入的空气脱出二氧化硫后进入浓密机，分离出来的酸泥从浓密机排出，清酸液自浓密机的上侧流入循环酸槽。

循环酸槽的稀酸由泵送往两处：一是塔中部空间直接使用；二是空气冷却塔（简称空冷塔）。进入空气冷却塔的酸液，在装有聚丙烯斜交错波纹填料的塔内，与塔底鼓入的空气直接传热，液体蒸发，酸液温度从 50℃ 降为 35℃ 左右，再经尾冷塔与硫酸吸收塔的尾气进行换热，进一步冷却到大约 30℃，然后进入循环酸槽，循环使用。

该工艺的突出特点有：①可处理含尘量大的炉气，且除尘效率较高；②皮博迪洗涤塔是冷却、洗涤和脱吸三合一塔，故设备结构紧凑，耗材少，占地面积小，同时系统阻力也小；③稀酸温度高，二氧化硫脱吸效率高，对杂质适应性强，降温增湿效率高；④副产稀酸量少，便于综合处理和利用；⑤皮博迪洗涤塔制造安装要求高，维修难度大。

（2）绝热增湿酸洗工艺流程

目前净化炉气的绝热增湿酸洗工艺在国内应用较广，其典型流程如图 2-4 所示。

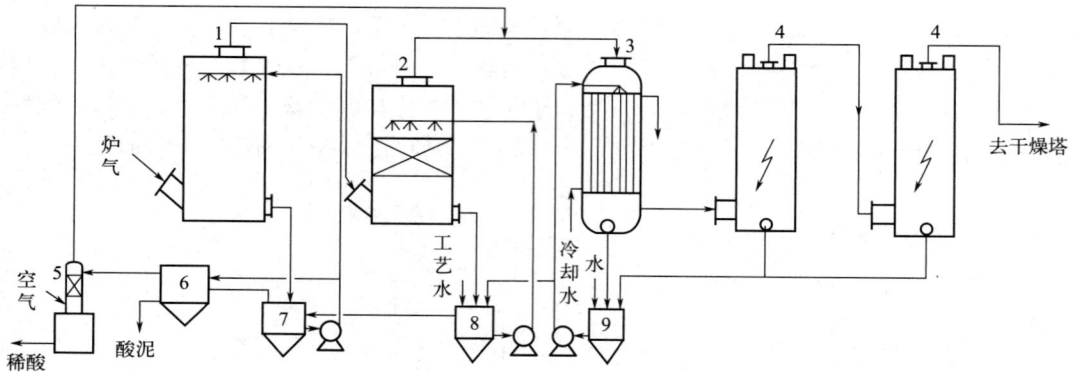

图 2-4　绝热增湿酸洗工艺流程

1—冷却塔；2—洗涤塔；3—间接冷凝器；4—电除雾器；5—SO₂ 脱吸塔；
6—沉降槽；7—冷却塔循环槽；8—洗涤塔循环槽；9—间接冷凝器酸贮槽

除尘后的炉气，温度在 $300 \sim 320℃$，进入冷却塔（空塔结构）底部，与塔顶喷淋下来的 $10\% \sim 20\%$ 的稀酸逆流接触冷却洗涤。稀酸中部分水分吸收炉气热量汽化为水蒸气进入炉气，炉气温度下降，湿度增加，炉气显热转变为潜热，构成绝热冷却过程。炉气在增湿冷却过程中，因炉气中三氧化硫与水蒸气结合成硫酸蒸气，随温度下降，大部分形成酸雾。炉气中大部分的矿尘、三氧化硫、氟化氢、三氧化二砷、二氧化硒等杂质被酸液洗涤吸收，少部分杂质随炉气带出。炉气中三氧化二砷等部分杂质溶解在酸液中，大部分冷凝成固体微粒成为酸雾的凝聚核心。

炉气经冷却塔冷却到 $70 \sim 80℃$ 后进入洗涤塔（填料塔），用浓度为 5% 左右的稀酸逆流洗涤炉气中的杂质，气体中残余的矿尘、砷、氟和硒等杂质溶解于酸液中，炉气被进一步冷却。由于该塔采用浓度更低的稀酸，炉气水分更高，气体中的水蒸气在酸雾颗粒表面冷凝，使得粒径增大，酸含量降低，洗涤效率提高。

离开洗涤塔的炉气进入间接冷凝器，被冷却水冷却到 $40℃$ 以下，水蒸气在器壁和酸雾表面被冷凝，酸雾颗粒粒径增大。接着炉气进入两级串联的电除雾器，酸雾大部分被捕集，酸雾浓度降到 $\leqslant 5mg/m^3$（标准状态）。将残余极微量矿尘等杂质的炉气送往干燥塔。

绝热增湿酸洗工艺流程与稀酸洗涤工艺流程相比，其不同之处在于：①冷却塔采用绝热蒸发，使炉气温度降低及湿度提高；②洗涤塔中循环酸液温度低于冷却塔中的酸液，逐级降低温度有利于水蒸气饱和，形成酸雾，增大酸雾粒径；③洗涤塔内的循环酸液浓度低于塔内的酸液浓度，逐级降低酸洗浓度有利于提高洗涤和除雾效率。

（3）动力波净化工艺流程

动力波净化典型工艺流程如图 2-5 所示。温度为 $300 \sim 320℃$ 的炉气自上而下进入一级动力波洗涤器逆喷管中，与洗涤液相撞击，动量达到平衡并生成气液混合物形成稳定的"驻波"。驻波浮在气流中，像一团飘着的泡沫，泡沫占据的空间称为泡沫区，且泡沫区为湍动区。湍动区内液体表面不断更新，炉气通过该区域，发生颗粒捕集、气体吸收、急冷、水蒸气饱和和增湿过程。炉气经一级动力波洗涤器温度下降到 60～70℃后，进入气体冷却塔，与更低浓度的稀酸逆流接触，溶解及除去矿尘和砷、硒和氟等杂质，并降温和增湿。炉气离开气体冷却塔时的温度达到 40℃左右，进入二级动力波洗涤器，进一步除杂、降温和增湿，酸雾颗粒增大后，去电除雾器和干燥器。

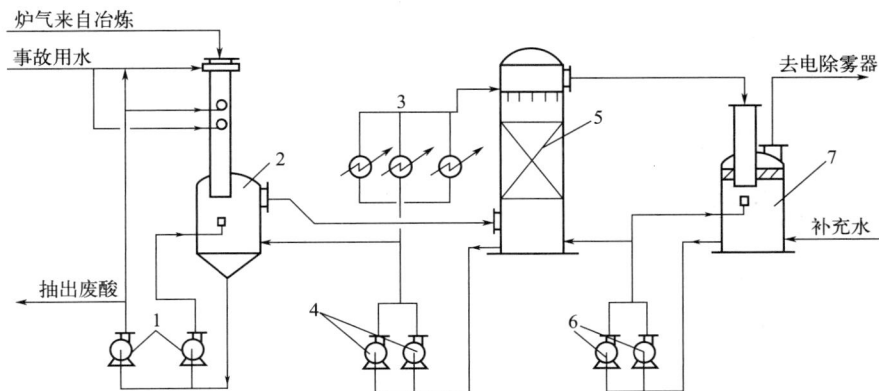

图 2-5　动力波三级洗涤器净化流程
1——级动力波洗涤器泵；2——级动力波洗涤器；3—板式冷却器；4—气体冷却塔泵；
5—气体冷却塔；6—二级动力波洗涤器泵；7—二级动力波洗涤器

动力波净化工艺效率高的主要原因是采用了动力波洗涤器，该设备的优势为：①没有雾化喷头及活动部件，喷头不易堵塞，适用于含尘量高的工况，运行稳定可靠，维修费用少；②动力波洗涤器净化装置集成降温、除尘和除雾等功能，且效率高于传统的净化系统，减少了电除尘负荷；③系统阻力小，操作弹性大，尤其适用于炉气量波动大的情况。

（4）炉气干燥工艺流程

炉气干燥工艺流程如图 2-6 所示。经过净化的湿炉气从干燥塔底部进入，与塔顶喷淋的浓硫酸逆流接触，炉气中的水分被硫酸吸收，然后经捕沫器除去气相夹带的酸沫，进到转化工序。吸收水分的干燥酸，温度升高，由干燥塔塔底进入酸冷却器，温度降低后流入干燥酸贮槽，再由泵送到塔顶喷淋。为了维持酸的浓度，必须将吸收工序的 98% 硫酸加入酸贮槽中混合，而贮槽中多余的酸送回吸收塔酸循环槽中，或将干燥塔出口 92.5%～93% 的硫酸直接作为产品送往酸库。

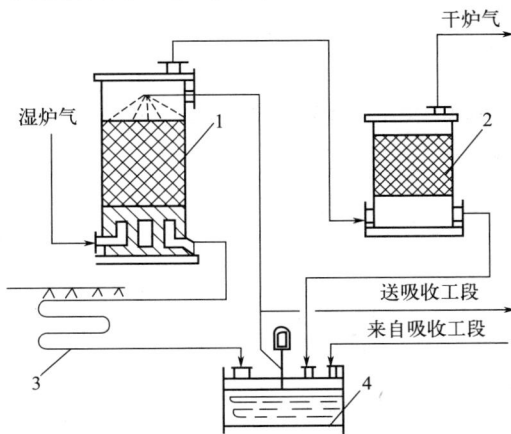

图 2-6　炉气干燥工艺流程
1—干燥塔；2—捕沫器；3—酸冷却器；4—干燥酸贮槽

3. 净化的主要设备

净化工序所包括的设备主要有洗涤设备、除雾设备和换热设备。这里介绍典型的洗涤设备——动力波洗涤器。

动力波洗涤器是美国杜邦公司开发的一系列设备，现已在世界各硫酸装置的炉气净化中应用。它主要有逆喷型和泡沫塔型两种，逆喷型洗涤器的结构简图见图 2-7。气体自上而下进入逆喷管，喷射液向上喷射。逆喷管上方设置溢流堰，稀酸从溢流堰流出，在逆喷管内壁形成液膜确保逆喷管不受高温炉气的破坏。稀酸喷头是大孔径非雾化喷头，喷头内有 4 个带同向倾角的导向孔，稀酸通过导向孔后成为一个旋流而从一个大孔喷嘴喷出。

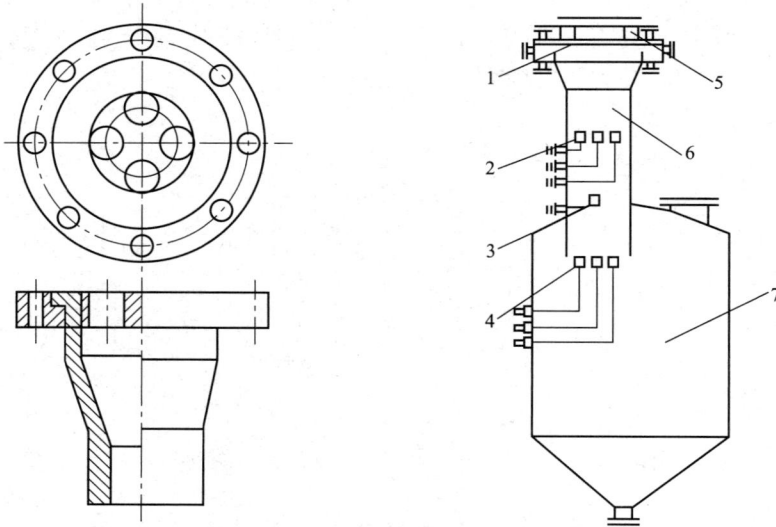

图 2-7 逆喷型洗涤器结构
1—溢流堰；2,4——一段、二段喷嘴；3—应急水喷嘴；5—过渡管；6—逆喷管；7—气液分离器

2.1.4 二氧化硫转化制三氧化硫

1. 化学平衡和平衡转化率

工业上称二氧化硫催化氧化过程为二氧化硫的转化，这是硫酸生产过程中重要的一步。二氧化硫转化为三氧化硫的化学反应方程式为

$$SO_2 + \frac{1}{2} O_2 \Longrightarrow SO_3 \qquad \Delta H_{298}^{\ominus} = -98kJ/mol \qquad (2-4)$$

从化学方程式可以看出转化反应是放热、可逆、物质的量减少的催化反应。反应的平衡常数为

$$K_p = \frac{p_{SO_3}}{p_{SO_2} p_{O_2}^{0.5}} \qquad (2-11)$$

式中，p_{SO_3}、p_{SO_2}、p_{O_2} 分别为 SO_3、SO_2、O_2 的平衡分压，atm（1atm＝101325Pa）。

在 400～700℃范围内，由热力学理论得到转化平衡常数与温度的关系为

$$\lg K_p = 4905.5/T - 4.6455 \qquad (2-12)$$

式中，T 为温度，℃。

转化率定义为二氧化硫转化为三氧化硫的物质的量 n_{SO_2} 占起始二氧化硫的物质的量 $n_{SO_2}^0$ 的百分数。用 x 表示，即

$$x = \frac{n_{SO_2}}{n_{SO_2}^0} \times 100\% \qquad (2-13)$$

由二氧化硫转化率、转化平衡常数定义和二氧化硫转化方程式(2-4)，推导出二氧化硫平衡转化率与转化平衡常数的关系为

$$x_T = \frac{K_p}{K_p + \sqrt{\dfrac{100 - 0.5ax_T}{p(b - 0.5ax_T)}}}$$ (2-14)

式中，x_T 为二氧化硫平衡转化率；a 为进入转化器气体中的二氧化硫的体积分数，%；b 为进入转化器气体中的氧气的体积分数，%；p 为反应前混合气体总压强，kPa。

由式（2-14）可知温度、压力和气体起始组成影响平衡转化率。分别计算得到某起始组成下，不同温度、压力下的平衡转化率，结果见表2-3；当压力一定时，在不同温度、起始组成下的平衡转化率，计算数据见表2-4。

表 2-3　平衡转化率与温度、压力的关系　　　　　　单位：%

温度/℃	绝对压强/MPa					
	0.1	0.5	1.0	2.5	5.0	10.0
400	99.2	99.6	99.7	99.87	99.88	99.9
450	97.5	98.2	99.2	99.5	99.6	99.7
500	93.5	96.5	97.8	98.6	99.0	99.3
550	85.6	92.9	94.9	96.7	97.7	98.3
600	73.7	85.8	89.5	93.3	95.0	96.4

从热力学的角度，降低反应温度，提高转化压力，平衡转化率提高。表2-3的数据表明，温度越低，平衡转化率越大，所以，尽可能降低反应温度。在400～450℃范围内，转化压力对平衡转化率的影响很小，在450℃、常压下，平衡转化率已经达到97.5%。所以，可以考虑转化工序在常压下操作。

表 2-4　平衡转化率与炉气起始组成、温度的关系（常压）　　　　　　单位：%

温度/℃	起始组成/%				
	$a=7, b=11$	$a=7.5, b=10.5$	$a=8, b=9$	$a=9, b=8.1$	$a=10, b=6$
400	99.2	99.1	99.0	98.8	98.4
450	97.5	97.3	96.9	96.4	95.2
500	93.4	93.1	92.1	91.0	88.6
550	85.6	84.9	83.3	81.5	77.9

表2-4的数据反映的规律是：在一定温度和压力下，炉气中的氧气初始组成越高、二氧化硫的初始组成越低，平衡转化率越高。而且平衡转化率对温度更加敏感。所以，在反应过程中，若能将生成的三氧化硫除去，提高初始氧气与二氧化硫的比值，有利于提高平衡转化率。

2. 转化动力学及适宜工艺条件

（1）转化催化剂

二氧化硫转化催化剂经历了铂系和铁系催化剂的发展，现在应用最广泛的是钒系催化剂。钒系催化剂的活性成分是五氧化二钒（V_2O_5），载体为胶体硅、硅酸铝或硅藻土，还配有碱金属硫酸盐和少量其他物质（Fe_2O_3、Al_2O_3、CaO、MgO 等）助剂，以改善催化剂的各方面性能。催化剂形状有圆柱状、环状和球状。

目前，国产钒系催化剂主要型号有 S101、S102、S105、S107、S108 和 S109 等。S101

型催化剂属于中温催化剂，操作温度为 425～600℃；S102 型催化剂也是中温催化剂，催化活性和温度操作范围与 S101 型相同，其外观为环形，内表面利用率大，气体流动阻力小，但机械强度差；S105、S107 和 S108 型属于低温催化剂，催化剂活性温度的下限为 380～390℃。

研究发现，催化剂内添加铯可以降低活性温度的下限，提高活性温度的上限。如目前我国多家硫酸厂已使用美国孟莫克公司生产的 XCs-120 型和 SCX-2000 型低温催化剂。丹麦托普索有限公司生产的低温催化剂有 VK58 型，德国巴斯夫公司生产的有 04-110 型、04-111 型、04-115 型。其中 XCs-120、VK58 和 04-115 型催化剂的起燃温度为 350～380℃，温度上限可达 650℃，抗高温性能好，使用寿命大大延长。这类催化剂由于耐高温且高活性，可以提高起始二氧化硫的含量（大于 10%），而且使得尾气中二氧化硫的含量大大降低（小于 300μL/L）。

（2）转化动力学

长期以来，国内外对二氧化硫转化机理进行了大量的研究，对催化机理争论不休，但总体倾向于气液相催化理论，基于此理论，人们提出了一些本征动力学。例如，在 380～600℃ 范围内，向德辉半经验模型或波列斯可夫半经验模型如下：

$$r = \frac{\mathrm{d}p_{SO_3}}{\mathrm{d}t} = kp_{O_2}\frac{p_{SO_2}}{p_{SO_2}+0.8p_{SO_3}}\left(1-\frac{p_{SO_3}^2}{K_p^2 p_{SO_2}^2 p_{O_2}}\right) \tag{2-15}$$

将式（2-15）应用在某钒催化剂上，并由二氧化硫转化方程式（2-4），得到以二氧化硫初始含量 a、氧气初始含量 b 及转化率 x 表达的二氧化硫转化反应速率：

$$r = \frac{\mathrm{d}x}{\mathrm{d}t} = \frac{k}{a}\left(\frac{1-x}{1-0.2x}\right)(b-0.5x)\left[1-\frac{x^2}{K_p^2(1-x)^2(b-0.5x)}\right] \tag{2-16}$$

式中，r 为二氧化硫转化反应速率；k 为二氧化硫转化的正反应速率常数。

S101 型钒催化剂反应速率常数见表 2-5。

表 2-5　S101 型钒催化剂反应速率常数

温度/℃	600	590	580	570	560	550	540	530	520	510	500	490	480
$k/(\mathrm{s}^{-1}\cdot\mathrm{MPa}^{-1})$	107	96.5	86.6	77.4	66.0	56.0	47.5	40.5	32.6	26.5	21.6	17.9	15.3
温度/℃	470	460	450	440	430	420	410	400					
$k/(\mathrm{s}^{-1}\cdot\mathrm{MPa}^{-1})$	13.5	11.0	8.5	7.1	5.6	4.4	3.6	2.8					
$k^*/(\mathrm{s}^{-1}\cdot\mathrm{MPa}^{-1})$	3.5	8.0	4.7	3.1	1.9	1.1							

注：k^* 为转化率小于 60%、温度不高于 470℃时的正反应速率常数。

二氧化硫氧化生成三氧化硫属于气固催化反应，其催化过程复杂，尽管对催化机理还存在争议，但普遍认为催化过程由以下几步构成：

① 气相主体中的氧气和二氧化硫外扩散到催化剂的表面；
② 氧气和二氧化硫由催化剂外表面又扩散到催化剂微孔的内表面；
③ 反应物溶入微孔内熔融活性组分的液膜；
④ 反应物在液膜内进行催化反应，转化生成三氧化硫；
⑤ 生成物三氧化硫从活性组分液膜内脱出；
⑥ 产物三氧化硫在催化剂内通过微孔向催化剂外表面扩散；
⑦ 三氧化硫从催化剂外表面向气相主体扩散。

上述反应过程哪一步最慢，整个反应就受该步速率的控制，基于上述催化过程，实际工业生产过程中，考虑二氧化硫的催化转化受到传热和传质等多方面因素的影响，可以获得宏观动力学方程，而宏观动力学方程对转化器设计和优化是非常重要的。由于催化过程的复杂性，二氧化硫在催化剂上转化反应的宏观动力学很难统一。

3. 转化工艺条件及工艺流程

1）转化工艺条件

确定转化反应的工艺条件依据的原则是：获得较高的二氧化硫转化率，一定催化剂用量下提高生产能力，降低生产成本（即降低设备费和操作费用）。综合考虑上述讨论的转化反应热力学和动力学两方面，转化的主要工艺条件包括操作温度、进入转化器的二氧化硫气体初始组成和最终转化率。

（1）转化反应的操作温度

从热力学方面出发，可逆放热的转化反应，降低温度有利于提高平衡转化率。但温度过低，反应速率低，生产能力降低。另外，还要考虑操作温度要高于催化剂的起燃温度，操作处于催化剂高活性温度范围内。在气体组成一定的情况下，由温度与反应速率常数关系（表2-5），计算出反应速率常数 k。同时，由式（2-12）和式（2-14）分别计算该温度下的平衡常数 K_p 和平衡转化率 x_T，并将 K_p 和 x_T 代入式（2-16），计算该条件的反应速率 r。改变温度，得到相应的反应速率 r，获得 T、x_T 和 r 的关系，见图2-8。

由图2-8可知，对于某一转化率都存在反应速率最快的温度，该温度为最佳操作温度。转化率不同，最佳操作温度不同，将最佳温度连线得到的曲线为最佳温度曲线 A-A，并发现随转化率增加，最佳温度下降。必须指出的是，最佳温度曲线还随进气组成和催化剂量的不同而不同。在进气体积组成为 SO_2 7%、O_2 11%、N_2 82%时，某催化剂的转化率与最佳温度和平衡温度的关系见图2-9。最佳温度线在平衡温度线的下方，且温度越低，实际转化率与平衡转化率相差越小；温度越高，实际转化率与平衡转化率相差越大。因此，实际生产初期在高温下进行，达到提高反应速率的目的；后期在较低的温度下进行，实现较高转化率。从而，提高生产能力。

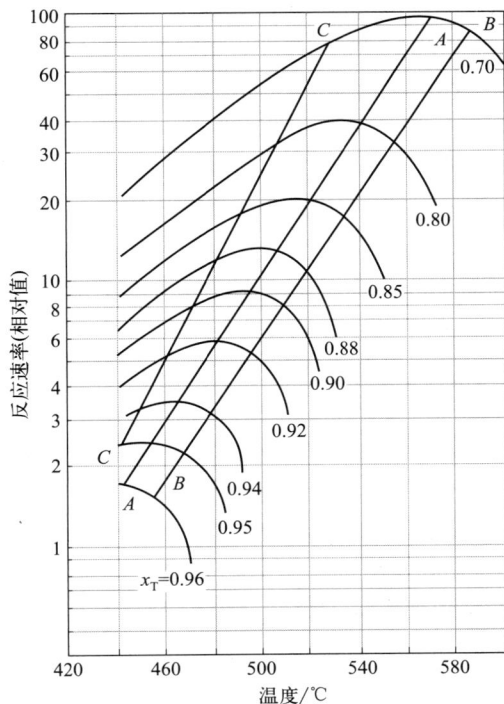

图 2-8　反应速率与温度的关系

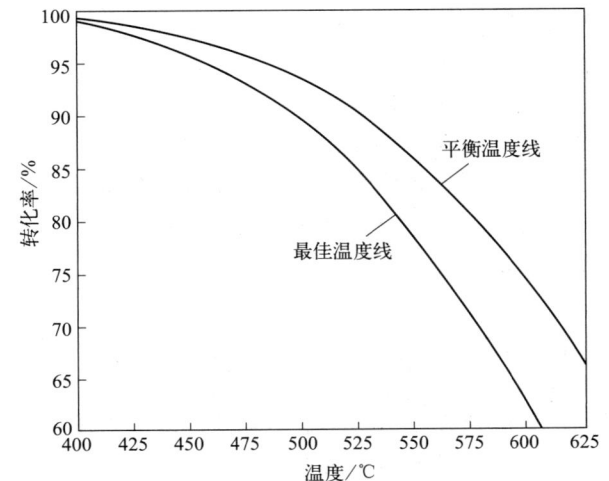

图 2-9　平衡温度和最佳温度与转化率的关系

由于转化反应是放热反应，为使反应在最佳温度下进行，必须随反应的不断进行和转化率的提高，不断移出反应热，降低转化温度。理论上，随着转化反应放热，应用冷气带走热量，但控制难度大，所需设备量大且复杂。实际硫酸生产普遍采取的工艺是换热法或称为绝热操作过程，即过程是一段反应（绝热转化段）一段降温，再反应再降温的方式。理想状况，绝热转化段数越多，操作温度越接近最佳温度曲线，但段数过多，换热设备增多，不但流程过于复杂，设备费也太高，不经济。通常工业生产采用 3～5 段居多。

多段反应（绝热操作）和多段换热（降温）的过程中，换热的方式有两种：一种是利用间壁式换热器将两段绝热反应器间的冷热气体进行换热的为"中间间接换热式"，降低转化气温度；另一种是两段绝热反应间直接通入低温进气或冷的空气，此降温方式称为"中间冷激式"。

因为转化温度与转化率密切相关，所以多段绝热中间换热的各段始末温度的分配就决定了各段转化率的分配，由此决定了操作温度偏离最佳温度曲线的程度。根据反应工程原理，催化剂用量与反应的转化率有关，依据转化反应的宏观动力学，进行各单段反应催化剂用量的设计计算。若设定最终转化率、绝热段数和第一段初始反应温度，以催化剂总用量最少为目标函数，各段的最佳出口温度和转化率可通过试差法解得。

实际工业上，各段进出口温度和转化率的分配主要根据生产经验来确定。当然，这一问题还要考虑气体中 SO_2 和 O_2 的组成等对转化温度波动的影响（见下文"进入转化器的二氧化硫气体初始组成"）。如某厂，根据初始 SO_2 组成高，推动力大，反应速率快，第一段反应温度设计在 410～430℃ 范围，SO_2 转化率为 70%～75%。为提高反应速率，第二段反应温度在 450～490℃，SO_2 转化率为 85%～90%。再进一步提高转化率难度较大，所以，要降低反应温度，最后一段进口温度设计为 430℃，SO_2 转化率提高到了 97%～98%。此后，若再想提高 SO_2 转化率更难，可让气体进入第三和第四段转化，并且转化温度设计应更低，这样设计不但反应时间过长，而且 SO_2 转化率提高幅度也很小，设备投资变大，不经济。通常工艺上设计的是，转化后的气体进入吸收工序的吸收塔内，用浓硫酸吸收已经转化的 SO_3，对于 SO_2 生成 SO_3 的可逆反应，SO_2 转化的传质推动力加大，故提高了 SO_2 的转化率。所以，实际硫酸生产工业中出现"一转一吸"或"二转二吸"工艺。"一转一吸"，即通过一次转化和一次吸收的工艺。而"二转二吸"是指经过一次转化一次吸收后，再次转化再次吸收，这样可使 SO_2 总转化率提高到 99.9%，并且经过二转二吸工艺过程的尾气治理难度大大降低，减少了对大气的污染。二转二吸中，第一次转化可以分三段，第二次转化分二段，这种流程称为"3+2"工艺，硫酸工业生产还有"2+2""3+1"和"4+1"等工艺流程，实际运转结果说明，"3+2"工艺中 SO_2 的利用率较高，尾气中的 SO_3 含量基本可达到国家排放标准。

(2) 进入转化器的二氧化硫气体初始组成

进气 SO_2 浓度是转化工序非常重要的工艺条件之一，它的大小和波动对转化温度、转化率、催化剂用量和生产能力产生较大的影响。

① 进气二氧化硫含量对转化温度的影响　转化按绝热过程进行的热量方程和过去的生产数据说明，进气 SO_2 含量增加，操作温度几乎随之呈直线增加。所以，如果采用 SO_2 初始含量较高的气体进行转化，转化床层会超过催化剂的耐热温度。但在含量较低的情况下操作，反应速率慢，生产能力降低，动力消耗大，而且转化需要的换热面积很大，严重时，无法维持转化系统的自热平衡。

② 进气二氧化硫含量对转化率的影响　由表 2-4 可知，在一定的温度下，降低 SO_2 含

量，增加氧气含量，平衡转化率提高；根据前面SO_2转化动力学方程式（2-16），总压一定，提高氧气初始含量，降低SO_2初始含量，SO_2转化率提高。所以，实际转化工序控制的工艺条件中，希望提高O_2/SO_2的比值，获得较高的转化率。提高O_2/SO_2比值的措施包括降低硫铁矿的杂质含量，即降低耗氧量；在转化段前炉气用干空气冷激，也可在转化段后除去转化气中的SO_3，即提高了二次转化初始O_2/SO_2的比值，这也是"二转二吸"工艺的依据。

③ 进气二氧化硫含量对催化剂用量和生产能力的影响　由式（2-16）分析可知，O_2初始含量低或SO_2初始含量高，转化反应速率低，达到一定的转化率，需要的催化剂用量大。但降低SO_2含量，处理气量增加，其他条件一定时，干燥、吸收、转化等设备费增加。实验数据说明，一定范围内，提高SO_2含量，可增加硫酸的产量，即提高了生产能力。

综上所述，SO_2浓度对制酸全过程和转化工序局部的影响，以及对催化剂用量、生产能力和总转化率的影响，都存在双重性，即存在最佳SO_2含量。实际生产过程中，从设计的角度，以硫酸生产总费用最小为原则，对于以硫铁矿为原料制酸，采用"一转一吸"工艺，SO_2含量控制在7%～8%，采用"二转二吸"工艺，SO_2含量控制在8.5%～9%。应当指出的是，当制酸原料改变，最佳SO_2含量也发生变化。从生产操作角度出发，转化器和催化剂用量已经确定，以总转化率达到规定指标为目标，若进气中SO_2含量增加，反应速率和转化率都下降，为保证达到规定的指标，必须减少催化剂上的反应负荷，即减少操作气量，也就是降低了生产能力。要指出的是，尽管操作气量减少了，已有的设备和气体风机等的操作费用减少得并不明显。若通过其他措施降低SO_2含量，要注意相应增加气量，否则，虽然提高了总转化率，但生产能力也会下降，当然增加气量时要考虑SO_2风机负荷的限制。

（3）最终转化率

实际生产中，一方面，硫酸生产的尾气必须达到国家环保排放的指标，这就要求二氧化硫转化必须达到一定的转化率，转化率高，尾气中的二氧化硫含量少，环境污染减少，并且硫的利用率也提高。另外一方面，为提高转化率，催化剂用量增加，流体阻力也增加了。所以，选择适宜的最终转化率是接触法制硫酸重要的工艺条件之一。设计上是以硫酸生产总成本最低为目标，确定适宜的最终转化率。适宜的最终转化率与工艺流程、设备和操作条件等有关。如图 2-10所示，一转一吸工艺流程，在不回收尾气中SO_2的情况下，相对成本对最终转化率有一最低值，当转化率为97.5%～98%时，硫酸的生产成本最低。若有尾气吸

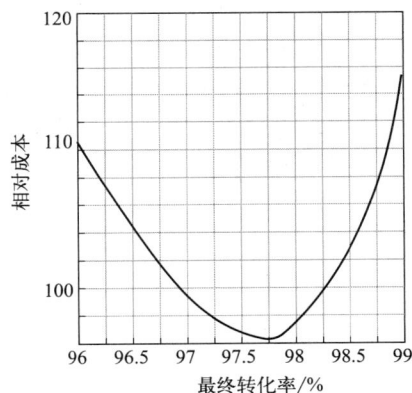

图 2-10　最终转化率对成本的影响

收装置，最终转化率可低一些。如果采用二转二吸工艺流程，最终转化率可控制在99.7%以上。

2）工艺流程

硫酸生产的转化工艺流程发展经历了很大变化。由"一转一吸"工艺发展为"二转二吸"，段间换热有间接换热式和冷激式，而冷激式又可分为原料冷激和空气冷激两种。另外，针对转化器也有人研究沸腾转化工艺、加压法转化工艺和非稳态法转化工艺等。在我国应用较为成熟的工艺是"一转一吸"和"二转二吸"，一次转化流程中应用较多的有四段转化中间间接换热式流程、五段转化炉气冷激式流程和四段转化空气冷激式流程。

① 一次转化——间接换热式工艺流程　间接换热式是将转化的热气与未反应的冷气进行间壁式换热，换热器放在转化器内的称为内部间接换热式，放在转化器外的为外部间接换热式。图 2-11 所示为四段转化中间间接换热式流程。

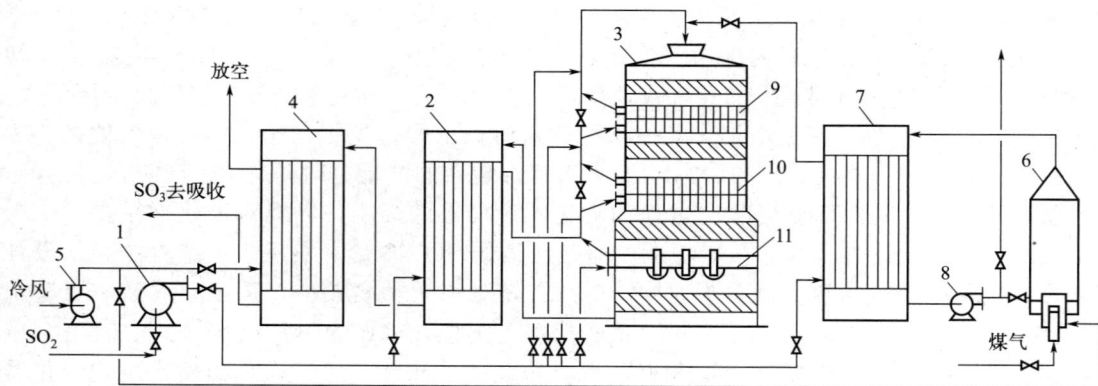

图 2-11　四段转化中间间接换热式流程
1—主鼓风机；2—外换热器；3—转化器；4—三氧化硫冷却器；5—冷风机；6—加热炉；
7—预热器；8—热风机；9—第三换热器；10—第二换热器；11—第一（盘管）换热器

从干燥塔来的净化气体由主鼓风机依次送入预热器、第三换热器、第二换热器、第一换热器和外换热器，预热到 $420\sim430℃$ 后，进入第一段催化床层反应，转化率达 $68\%\sim71\%$，转化气经第三换热器冷却后进入第二段催化床层反应，转化率达 $90\%\sim92\%$，又经第三段转化、第二换热器换热、第四段转化和第一换热器换热后，转化率达到 $97\%\sim98\%$。之后，转化气经外换热器和三氧化硫冷却器冷却后去三氧化硫吸收工序。

该流程采用内换热式转化器，结构紧凑，系统阻力小，热损失小。但转化器体积庞大，结构复杂，维修不方便，换热器内的气速低，传热系数小，换热面积大。

② 一次转化——炉气冷激式工艺流程　五段转化炉气冷激式流程见图 2-12。大部分炉

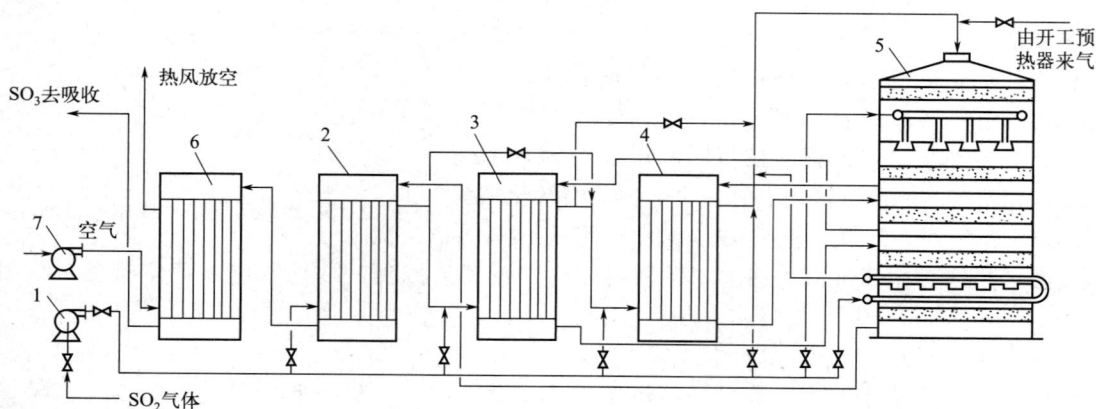

图 2-12　五段转化炉气冷激式流程
1—主鼓风机；2—冷热交换器；3—中热交换器；4—热热交换器；
5—转化器；6—三氧化硫冷却器；7—冷风机

气（约 85%）经冷热、中热和热热交换器加热到 430℃后进入转化器，其余炉气从第一和第二段间进入，与第一段的反应气汇合，使转化气温度从 600℃左右降到 490℃左右，以混合气为基准的 SO_2 转化率从第一段反应器的 65%～75%降到 50%～55%。为获得较高的最终转化率，炉气冷激只用于第一与二段间，第四与第五段间采用两排列管置于转化器内的换热，其他用外部换热方式换热。

此流程省去了第一、二段的换热器，简化了转化器的结构，维修方便。

③ 一次转化——空气冷激式工艺流程 因冷空气与炉气混合后，空气的稀释作用使得 SO_2 含量下降，气量增大，故空气冷激式流程主要用于硫黄制酸和 SO_2 含量高的硫铁矿制酸系统。对于硫铁矿制酸，混合气体温度太低，需要预热，所以常常采用部分空气冷激转化器。

④ "二转二吸"工艺流程 "二转二吸"工艺流程按两次转化的段数，流程用 "$X+Y$" 表示，X 通常是 2、3，Y 是 1 和 2，若再考虑 SO_2 气体通过换热器次序，"二转二吸"流程有十多种。最典型和应用较为广泛的是 "3＋1" Ⅲ、Ⅰ-Ⅳ、Ⅱ流程，如图 2-13 所示。

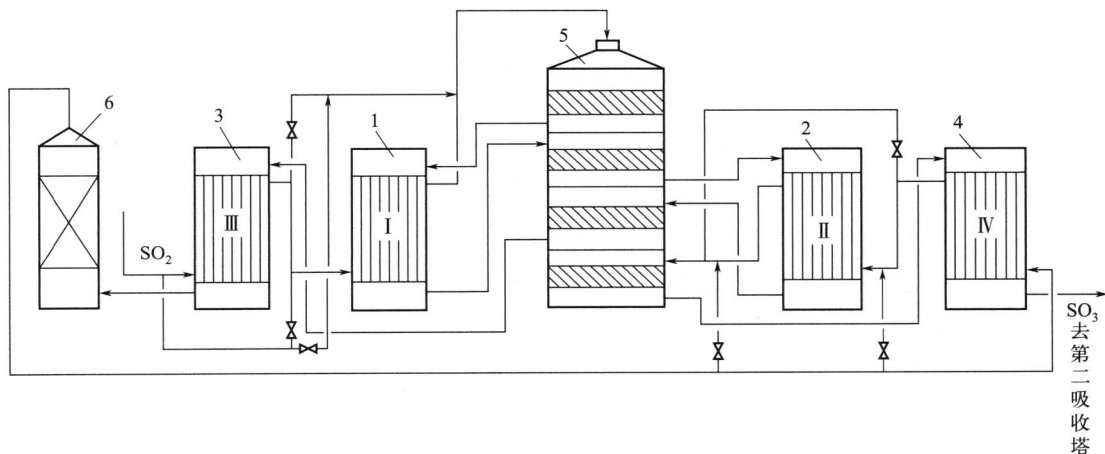

图 2-13 "3＋1" Ⅲ、Ⅰ-Ⅳ、Ⅱ转化流程
1～4—第Ⅰ～第Ⅳ换热器；5—转化器；6—中间吸收塔

炉气依次经过第Ⅲ换热器和第Ⅰ换热器后送往转化器一次转化，经第Ⅲ换热器和中间吸收塔吸收，气体再经过第Ⅳ和第Ⅱ换热器换热后送往转化器进行第二次转化，二次转化气经第Ⅳ换热器冷却后去第二吸收塔吸收。

"3＋1"流程的突出特点是，经过三段转化的气体进入吸收塔内，将三氧化硫从系统移去，氧浓度提高，从而提高了二次转化的平衡转化率和反应速率，所以，两次累计的最终转化率（可达 99.7%）较 "一转一吸" 流程的总转化率要高。该流程换热器匹配得当可保证系统的自热平衡，使得气体进口温度既满足催化剂的要求，同时也减少了传热面积的需求。高转化率的优点是不仅提高了硫的利用率，又减少了 SO_2 对环境的污染。但该流程由于设置中间吸收和换热，气体流动阻力增加，鼓风机动力消耗较大。

4. 转化主要设备

转化工序主要设备包括转化器、换热器和鼓风机等。换热器和鼓风机等设备见《化工设计手册》等相关资料，这里主要介绍转化器。转化器形式有外部换热式转化器、内部换热式转化器和冷激式换热转化器等。无论何种形式，要求转化器具有以下作用：

① 尽可能满足 SO_2 转化反应在最佳温度下进行，出口转化气温度不超过催化剂失活温度；

② 单位硫酸产量所需催化剂的量少，且使催化剂的装填系数大，提高生产强度；

③ 转化器的生产能力要大，且与全系统的能力要配套；

④ 设备阻力小，动力消耗低，且气体在催化床层内部分布均匀；

⑤ 最大限度回收和利用 SO_2 反应热；

⑥ 设备结构简单，造价低，便于安装和维修，更换催化剂方便。

应用最为广泛的四段外部换热式转化器结构简图见图 2-14。现代大型外部换热式转化器采用不锈钢作壳体（不用内衬耐火砖），内设多层水平安装的催化剂床层，催化剂用金属箅子板支撑，箅子板上用惰性耐火瓷球作底层，催化剂的顶部也覆盖一层惰性耐火瓷球，层与层用完全气密的隔板分隔。对于第一段催化剂床层，由于反应剧烈、热效应大，筛分周期短，为便于该层催化剂装卸，第一段设置在转化器顶部。转化器每段催化剂进出口都装有压力表和热电偶，用于测定各点的压力和温度。

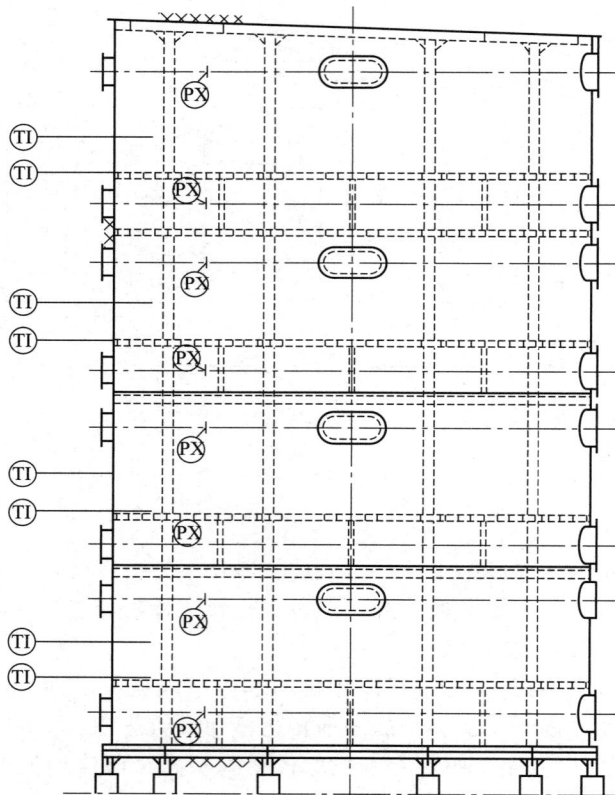

图 2-14　外部换热式转化器构造

PX—压力测点；TI—温度测点

2.1.5　三氧化硫吸收

三氧化硫吸收是指用浓硫酸吸收转化气中的 SO_3 制得商品级浓硫酸和发烟硫酸的过程。部分工业商品级硫酸含量指标见表 2-6。

表 2-6　部分工业商品级硫酸含量指标

项目	规格				
	浓硫酸			发烟硫酸	
	92.5%硫酸	98%硫酸	100%硫酸	20%标准发烟硫酸	高浓度发烟硫酸
酸的质量分数/%	92.5	98.0	100	104.5	114.62
游离三氧化硫的质量分数/%				20.0	65.0

1. 吸收原理

SO_2 转化三氧化硫后的气体进入吸收系统，用发烟硫酸或浓硫酸吸收，生产出不同规格的发烟硫酸和浓硫酸，它们的吸收原理都是伴有化学反应的气液相吸收过程，即化学吸收过程。吸收过程的化学反应用下式表示：

$$SO_3(g) + H_2O(l) = H_2SO_4(l) \qquad \Delta H^{\ominus}_{298} = -134.2 kJ/mol \qquad (2-17)$$

（1）发烟硫酸吸收过程分析

生产发烟硫酸是在发烟硫酸吸收塔内用与产品酸浓度相近的发烟硫酸吸收转化气。该吸收过程属于气膜控制的吸收过程，吸收速率方程如下：

$$N_{SO_3} = kF\Delta p_m \qquad (2-18)$$

$$\Delta p_m = \frac{[(p_{SO_3})_1 - (p'_{SO_3})_2] - [(p_{SO_3})_2 - (p'_{SO_3})_1]}{\ln\dfrac{(p_{SO_3})_1 - (p'_{SO_3})_2}{(p_{SO_3})_2 - (p'_{SO_3})_1}} \qquad (2-19)$$

式中，N_{SO_3} 为吸收速率，$kmol/(m^2 \cdot s)$；k 为吸收速率常数，$kmol/(m^4 \cdot s \cdot kPa)$；$F$ 为气液相际传质面积，m^2；Δp_m 为吸收平均推动力，kPa；$(p_{SO_3})_1$、$(p_{SO_3})_2$ 分别为进、出吸收塔内转化气中 SO_3 分压，kPa；$(p'_{SO_3})_1$、$(p'_{SO_3})_2$ 分别为进、出吸收塔内发烟硫酸液面上方气相中 SO_3 的平衡分压，kPa。

由吸收速率方程可知，吸收速率与吸收推动力、相际传质面积和吸收速率常数有关。

当转化气中 SO_3 含量一定时，采用一定浓度的发烟硫酸吸收 SO_3，吸收温度影响吸收过程推动力的大小。如吸收温度越高，硫酸液面上的 SO_3 的平衡分压越大，吸收推动力越小，当吸收温度达到某值时，推动力可能趋近于零，吸收过程将停止。

吸收气液相际传质面积与吸收塔所用填料的特性有关。另外，吸收塔内气液两相流速或湍动程度较大，吸收阻力降低，吸收速率常数增大。转化气和吸收酸的流量一定时，两相的湍动程度也是与填料有关的。所以，选择适合的填料将大大提高吸收速率。

通常情况下，用发烟硫酸吸收 SO_3，吸收率不高，经发烟硫酸吸收后气相中剩余的 SO_3 还须用浓硫酸再吸收，该吸收系统需要两个塔串联吸收。

（2）浓硫酸吸收过程分析

浓硫酸吸收三氧化硫也是化学吸收过程，且研究结果表明是气膜控制的吸收过程，影响吸收率的因素包括吸收酸的浓度、吸收酸温度、气体温度、循环酸量、气体流速和吸收压力等。

① 吸收酸浓度的影响　硫酸工业生产过程的目的是保证一定浓度的硫酸成品，同时要提高三氧化硫的吸收速率和吸收率，减少产生的酸雾，即减少硫的损失。不同温度、不同硫酸浓度下，测得三氧化硫吸收率，结果见图 2-15。实验数据说明，吸收酸的含量为 98.3%

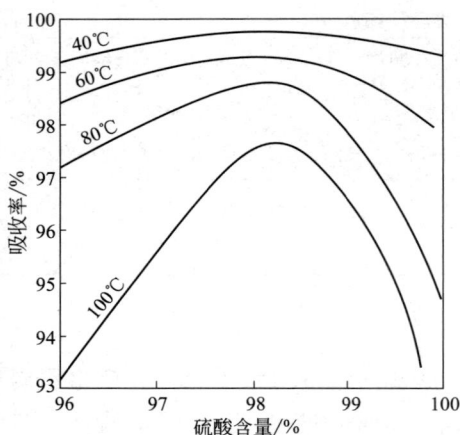

图 2-15　三氧化硫吸收率和硫酸
浓度、温度的关系

时，三氧化硫的吸收率最大，吸收程度最完全；酸的含量低于或高于 98.3%，吸收率都是逐渐下降的。

当吸收酸浓度高于 98.3% 时，随酸浓度的升高，液面上方硫酸和三氧化硫的平衡蒸气压也相应增大，当通入转化气时，吸收推动力就减小，三氧化硫的吸收率相应降低。在尾气中三氧化硫浓度增加，在距烟囱一定高度处，与大气中的水分形成蓝色酸雾。

当吸收酸浓度低于 98.3% 时，随酸浓度的下降，酸液液面上方水的平衡蒸气压相应增大，即水蒸气含量增加，当与转化气中的三氧化硫相遇时，除了大部分三氧化硫被这种浓度的酸液吸收外，还有小部分的三氧化硫与气相中的水蒸气生成硫酸蒸气，并被酸液吸收，这又导致了气相中水蒸气含量随硫酸蒸气的产生而不断减少。所以，酸液中的水分不断蒸发，当蒸发速率大于硫酸蒸气的吸收速率时，气相中硫酸蒸气含量不断增加和积累，出现过饱和现象，可能超过临界饱和含量，硫酸蒸气凝结成酸雾。而该酸雾颗粒小，不易进入酸液中，被尾气带出排到大气中，看到尾气烟囱出口有白烟。硫酸浓度越低，吸收温度越高，酸雾量越大，三氧化硫损失越多。

当吸收酸含量等于 98.3% 时，三氧化硫平衡分压最低，水蒸气的分压最低，转化气中的三氧化硫几乎直接进入酸液中被吸收生成酸，吸收率最高，若转化气被干燥得较彻底，一般三氧化硫的吸收率达到 99.95%，尾气烟囱出口也很少看见酸雾。

② 吸收温度的影响　影响吸收温度的主要因素有吸收酸的温度和气体温度。

吸收酸的温度对吸收率影响非常大，无论硫酸浓度高低，酸液温度提高，液面上方三氧化硫、水蒸气和硫酸蒸气的平衡分压都随之增加。所以，当转化气进塔条件一定，酸液温度升高，吸收速率下降。因此，吸收酸液的温度低有利于提高吸收率。但酸液温度过低可能存在两个问题：一是进塔气体中有少量水分，当进塔气体温度较高时，出现局部温度低于硫酸蒸气的露点温度，产生一定量的酸雾，被尾气带走，硫流失；二是为使酸液温度低，需要大量冷却介质或加大换热器的传热面积，生产过程操作费或设备费大大增加。

对吸收温度影响较大的主要工艺条件还有气体进塔温度。从吸收速率的角度出发，吸收温度越低，吸收率越高。但进塔气温太低，存在两个问题；一是为实现进塔气温低，需要增大冷却设备或加大动力消耗；二是过低的气温，如低于气体的露点温度，容易产生酸雾，导致吸收率降低和设备腐蚀。

无论是局部或是整体气温，生成酸雾的条件是气温低于露点温度，就会产生硫酸蒸气，部分酸雾可能冷凝。从产生酸雾的条件出发，减少酸雾的生成，应提高进塔气体温度，保证吸收温度在露点以上；若吸收酸温度过低，即使气体温度较高，吸收温度也可能在露点以下，塔内局部也会产生酸雾，所以，提高进塔气体温度的同时，还要提高进塔酸温。总之，保证进出塔酸温都在气体的露点以上，则可完全避免酸雾的生成。

综上所述，三氧化硫的吸收效果主要取决于吸收酸的温度和气体温度。为提高三氧化硫吸收率，并防止酸对铸铁设备和管道等产生严重腐蚀，需要调节进塔酸温。一般控制入塔酸温为 75~80℃，出塔酸温低于 100℃；进塔气体温度约 200℃，出塔气体温度约 75℃。

目前，在高温吸收工艺中，为回收吸收工序的低温位热能，在解决了高温硫酸腐蚀问题的前提下，在二转二吸流程中，第一吸收塔酸温提高到165℃，出塔酸温升至200℃，进塔气体温度提高到180～230℃。这样的温度设置既可以较好地实现系统的热平衡，又解决了工艺中"热冷热"的问题。

值得注意的是，酸雾的量和冷凝的量与三氧化硫和水蒸气的含量有关。所以，减少或避免酸雾的生成，应尽量降低和控制干燥后气体的含水量。另外，吸收温度还受到吸收酸量的影响，酸量大，吸收温度在吸收过程中升温的幅度小，所以为了控制吸收温度，也可依靠调节酸的喷淋量实现。

③ 循环酸量的影响　三氧化硫的吸收剂是循环酸，其流量对提高吸收率和正常操作也十分重要。若酸量少，吸收酸的浓度和温度增幅大，超过规定的操作指标，吸收率将会下降；另外，吸收塔内装有填料，要保证足够的酸量，使得填料表面完全被润湿。若酸量过大，不仅流动阻力变大，动力消耗增大，而且严重时，塔内可能产生液泛现象，吸收塔不能正常操作。循环酸量的设计依据是操作液气比，通常用喷淋密度表示，目前，国内多数厂家控制循环酸的喷淋密度在 $15\sim25m^3/(m^2\cdot h)$ 范围。

④ 气体流速的影响　硫酸吸收三氧化硫的过程属于化学反应吸收，吸收速率受气膜控制，即提高气体湍动程度，可以大大提高吸收速率。而提高气体湍动程度的有效措施包括提高气体流速、减少气相传质阻力。但提高气体流速受到严重液沫夹带的限制，而液沫夹带量又与吸收塔采用的填料性能有关。如矩鞍形填料，气体流速在 1.0～1.5m/s，对于个别填料，气速可达到 1.8m/s。实际气体流速的设计是根据液泛气速，再考虑与物系性质相关的安全系数（为0.6～0.7），最终确定操作气速。

⑤ 吸收压力的影响　提高吸收压力对气膜控制的吸收过程是有利的，提高压力，气体的质量流速提高，即提高了吸收推动力，吸收速率得到提高。另外，吸收压力提高使得设备容积减少，设备生产能力提高。所以，制酸大多采用加压操作。

2. 吸收工艺

尽管干燥和吸收两个系统不是连贯的，但是由于两个系统均采用硫酸作为吸收剂，需要相互调节酸的浓度，所以常把干燥和吸收两个系统归为"干吸"工序。"干吸"工序流程根据转化工序和产品酸品种不同而异。典型的工艺流程包括"一转一吸"、"二转二吸"流程。

(1)"一转一吸"干吸工艺流程

"一转一吸"流程的产品有98%硫酸、92.5%硫酸和发烟硫酸。在"一转一吸"流程中设置1台干燥填料塔和1台吸收填料塔，以及各自的循环酸系统，若生产 $105\%H_2SO_4$ 的发烟硫酸（标准发烟酸）可加设发烟硫酸吸收塔，其流程见图2-16。来自转化工序的转化气分为两部分，一部分进入发烟硫酸吸收塔，经发烟硫酸吸收后，与另一部分转化气混合，进入以 $98\%H_2SO_4$ 为吸收酸的吸收塔，吸收后的气体导入尾气脱硫或去尾气烟囱放空。

$105\%H_2SO_4$ 的发烟硫酸从发烟硫酸吸收塔顶部均匀分布并喷淋下来，与塔底进入的转化气逆流接触进行吸收，然后从塔底排出，进入循环槽与 $98\%H_2SO_4$ 的硫酸混合，控制循环酸浓度在104.6%～105.0%范围，从循环槽引出的热酸用泵送往酸冷却器冷却，大部分冷却的酸循环使用，少部分作为产品送往发烟酸库或串入 $98\%H_2SO_4$ 的硫酸混酸罐。

$98\%H_2SO_4$ 的吸收酸在浓硫酸吸收塔吸收三氧化硫后，浓度和温度都上升，出塔后进入循环槽与干燥塔串来的 $98.3\%H_2SO_4$ 的硫酸混合，控制浓度在98.1%～98.5%范围，需

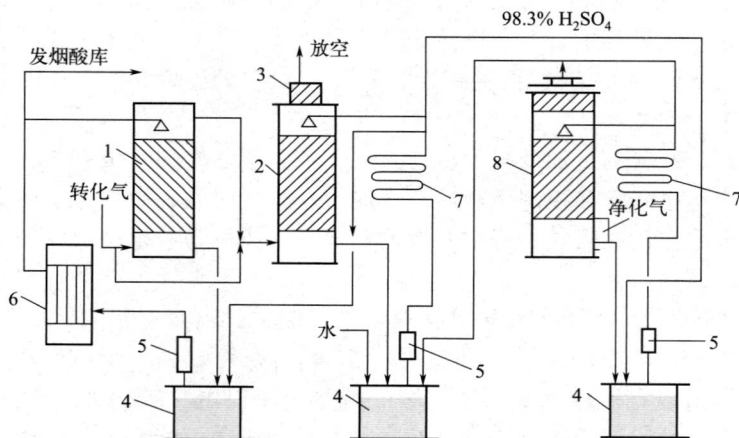

图 2-16 生产发烟硫酸时的干燥-吸收流程
1—发烟硫酸吸收塔；2—浓硫酸吸收塔；3—捕沫器；
4—循环槽；5—泵；6,7—酸冷却器；8—干燥塔

要时加入水进行调节。循环槽出来的热酸用泵送往酸冷却器冷却，其中大部分循环使用，少部分分别串入 105% 和 98% H_2SO_4 的硫酸混酸罐，也可引出少量作为产品输出。

（2）"二转二吸"干吸工艺流程

"二转二吸"工艺中，设置 2 个 98% H_2SO_4 的硫酸吸收塔，并各自使用一个酸液循环系统，其流程如图 2-17 所示。如果需要生产标准发烟硫酸，通常在第一个吸收塔前设置发烟硫酸吸收塔，其他基本同"一转一吸"工艺流程。

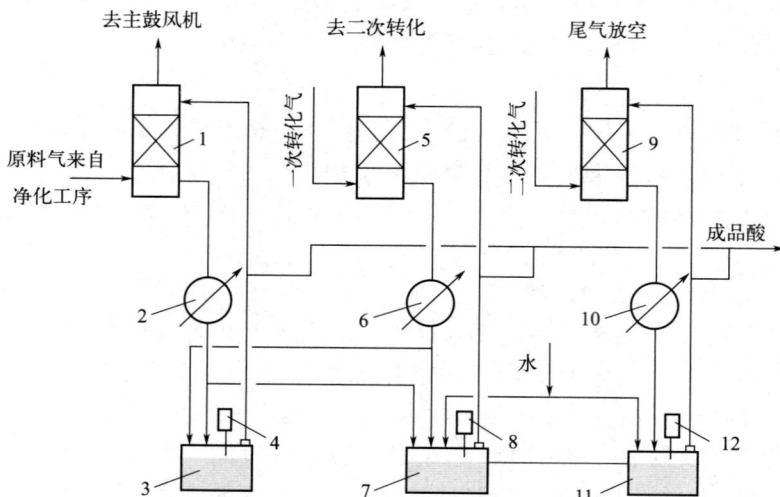

图 2-17 冷却后、泵前串酸干吸工序流程
1—干燥塔；2,6,10—酸冷却器；3—干燥用酸循环槽；4,8,12—浓酸泵；
5—中间吸收塔；7,11—吸收用酸循环槽；9—最终吸收塔

（3）酸液循环流程

酸液循环系统主要涉及吸收塔、循环槽、泵和酸冷却器 4 个设备，它们可以组成三种不同连接方式，如图 2-18 所示。

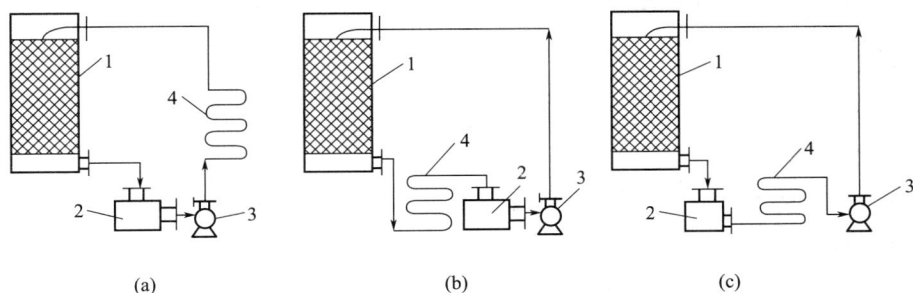

图 2-18 塔、槽、泵、酸冷却器的连接方式

1—塔；2—循环槽；3—酸泵；4—酸冷却器

图 2-18 中，流程（a）的特点有：酸冷却器在泵后，酸流速大，传热系数大，所需换热面积小；干燥塔和吸收塔高度低，设备费减少；冷却管内酸压力大，流速大，温度高，换热管的腐蚀较严重；酸泵输送的是高温高浓度的硫酸，故泵的腐蚀也严重。流程（b）的特点有：酸冷却管内硫酸流速小，传热系数小，所需传热面积大，换热设备费高；塔出口到酸循环槽的液位差小，酸液容易流动不畅，易发生事故；与流程（a）相比，冷却管内酸的压力和流速都小，故换热管的腐蚀相对较小。流程（c）的特点有：酸的流速介于流程（a）和（b）之间；该流程的泵只能用卧式泵，不能用立式泵。

3. 吸收主要设备

吸收工序所用的主要设备有干燥塔、吸收塔、循环槽、酸泵和酸冷却器等。

干燥塔和吸收塔一般采用填料塔，塔体为钢壳圆筒，塔内设有耐酸衬里。塔的下部有支撑填料的支撑结构（瓷球拱支撑结构、耐酸砖拱加高铝瓷条梁、格栅结构等），上部设置液体分布器（管式、管槽式等），为减少和避免气体将液沫带出，塔顶部安装有除沫器（纤维除雾器、金属丝网除沫器等）。

对于硫酸干燥和吸收工序的酸冷却器通常采用管式换热器、板式换热器等，各种换热器结构、特点和选择见相关书籍。值得注意的是固定管板式换热器通常要采用阳极保护措施，防止浓硫酸腐蚀换热设备。

目前，硫酸生产过程中干燥和吸收工序的浓硫酸泵基本为液下泵，工艺要求该类泵要耐腐蚀并耐高温，其中以美国路易斯公司生产的耐高温浓硫酸的液下泵最知名，国产大流量高温浓硫酸泵已在昆明嘉和科技股份有限公司投入生产 JHB 系列。

2.1.6 安全与"三废"综合利用

1. 硫酸生产安全技术

硫酸生产在原料预处理、加工和生产过程，可能因有害介质的泄漏对人体造成急性或慢性伤害，还可能发生爆炸和高温烫伤等事故。因此，必须对硫酸生产的安全技术高度重视。

（1）原料工序

在硫铁矿粉碎、筛分和输送过程中存在尘害。开始设计时必须系统考虑除尘措施，对于已经投产的硫酸厂，设计时没有考虑尘害的，可根据装置情况对原料工序的尘害进行治理，如尽量集中排尘源，将排尘源密闭，采用干法和湿法相结合的措施进行除尘。

（2）焙烧工序

硫铁矿焙烧工序中沸腾炉的温度高达 850～900℃，并有高温矿渣排出，在排渣、除尘、处理沸腾炉故障中，可能会发生高温灰渣烫伤事故；沸腾炉点火升温或操作不当及沸腾炉水箱漏水等，可能发生爆炸事故。

当高温烫伤时，除将伤者救离现场外，应立即用大量水灭衣服上的火焰，小心地将衣服脱除，用大量水冲洗创面，之后将伤者送往医院救治。

（3）净化工序

随着净化技术的发展，净化工艺由 20 世纪 50 年代标准酸洗，50 年代末水洗，到 80 年代后大都采用绝热冷却酸洗工艺，及目前的动力波净化工艺。标准酸洗工艺中，酸洗塔喷淋浓度 70% 的硫酸，内设置冷却盘管，在冷却器里酸中溶解的三氧化二砷会析出，并与炉尘一起沉积在盘管上，操作者在清理积垢时，若未采取防护措施，会发生砷中毒。其他工艺至今未发现砷中毒。

防止砷中毒，装置应采用自动化密闭作业，工作场所要充分通风，操作者要穿戴防护用具；一旦接触了三氧化二砷，必须立即用大量水冲洗，若不慎吸入三氧化二砷，应迅速就医。

（4）转化工序

应注意催化剂粉尘的危害。在更换和过筛催化剂时，尽可能在负压下抽吸、风动输送、密闭过筛。

（5）干吸工序

可能发生的事故主要是硫酸烧伤及浓硫酸容器因稀释而使容器内积聚氢气所导致的爆炸事故。

在稀释浓硫酸时，必须在搅拌下将硫酸徐徐注入水中，即"硫水"，防止硫酸溅出伤人。一旦被硫酸灼伤，应立即用大量水冲洗，减轻伤情，随即去医院就医。值得注意的是皮肤沾有硫酸绝不能用碱液中和，否则因中和放热会造成二次灼伤。当有酸液泄漏时，应先将人员撤离现场，立即用砂土堵挡和吸附酸液，然后将吸附酸液的砂土用石灰等中和。

因为稀硫酸与钢铁等金属反应生成氢气，所以硫酸生产过程中的容器中可能会积聚氢气，而氢气是一种易燃易爆的气体，爆炸下限为 4.0%（体积分数），上限为 75.6%（体积分数）。所以，容器或设备动火前必须充分置换排气，经气体分析合格后再进行操作。对可能聚积氢气的设备检修时，切勿用金属工具等敲打，以免产生火花引起爆炸。

除上述所述工序涉及的安全技术外，硫酸生产尾气回收、硫酸储运、高浓度发烟硫酸和液体三氧化硫等作业的安全技术也十分重要。

2. "三废"治理与综合利用

硫酸生产过程中排放的污染物有尾气（含有 SO_2、SO_3）、固体烧渣与酸泥、毒性废液与废水等。这些污染物排放的组成和量与硫酸生产所用的原料、工艺流程、设备性能和操作水平等紧密相连。对"三废"的治理与综合利用，不仅解决了"三废"对环境的污染问题，还有较大的经济意义。

（1）尾气治理与综合利用

我国在 20 世纪 50 年代期间建设的硫酸厂转化与吸收工艺中，大多采用"一转一吸"工艺，SO_2 的转化率在 95%～96% 范围，排放的尾气含 SO_2 浓度高达 8500～11000 mg/m^3（标准状态），含酸雾 45mg/m^3。80 年代以后，硫酸生产设计多采用"二转二吸"工艺，SO_2 的转化率达到 99.5%，排放的尾气中 SO_2 含量低于国家排放标准，酸雾含量与"一转一吸"工艺相近。但考虑尾气排放标准日趋严格，两类工艺都需要采取一定的措施，进一步降低硫的排放。要想从根本上解决这一问题，关键是要改进现有生产工艺和改善设备性能。但对目前尾气排放需采用有效技术加以治理和综合利用。

硫酸生产尾气中 SO_2 的回收方法与低浓度 SO_2 烟气的回收方法大体相同，其方法包括干法和湿法两大类，湿法有氨法、碱法和金属氧化物法等，干法有活性炭法和金属氧化物干式脱硫法。

氨法是指采用氨水或铵盐溶液作吸收剂吸收尾气中的 SO_2 和 SO_3，其有效吸收剂都是亚硫酸铵和亚硫酸氢铵，为维持吸收液的吸收能力，需要不断补充氨水或气体氨，吸收过程得到的中间产品为亚硫酸铵和亚硫酸氢铵。为提高硫的回收价值，用浓硫酸分解中间产品，得到含水蒸气的 SO_2 和硫酸铵，其中 SO_2 送往制酸系统干燥塔重新用于制酸，硫酸铵溶液可作为液体肥料直接用于农业或经蒸发和结晶加工成固体产品，这种处理方法也称为氨-酸法。该法在我国各大硫酸厂已应用广泛。

碱法是指以碱液（如碳酸钠和石灰乳等）为吸收剂吸收尾气中的 SO_2 和 SO_3。所用的碱液不仅吸收了 SO_2 还除掉了酸雾，与酸雾反应生成硫酸盐。若用碳酸钠处理工艺吸收尾气，SO_2 回收率很高，投资也少，副产品为亚硫酸钠，但该产品应用面窄；若采用石灰乳作吸收剂，材料易得，价格低廉，投资少，但工艺设计要考虑管道易结垢和堵塞问题。

湿法除采用上述吸收剂外，还可以用金属氧化物、有机阳离子、无机阴离子等液体。脱硫效率较高，有的副产物可循环利用，但仅在一定范围得到了应用。

干法脱硫较成熟的是用活性炭吸附烟气中的 SO_2，吸附了 SO_2 的活性炭在再生器中用加热的方式再生，产生高浓度的 SO_2 混合气体，再用于生产稀硫酸或其他含硫化工产品。

（2）废水的处理

采用硫铁矿制酸过程总有污水排放，排放量和有害物质视矿源、生产工艺等不同而异，但废水通常的特点为色度大、酸度高，所含有害物质一般有硫酸、亚硫酸、砷、氟、重金属离子等。污水主要来源于净化焙烧炉气工序，尽管工艺上已经由水洗净化逐步改变为采用酸洗净化，但污水仍含有毒杂质，若不经过治理而直接排放，会严重污染环境，必须对废水处理，使其达到国家规定的排放标准限值以下。

硫酸废水处理方法根据排液的组成和量选择，常用的方法有中和法、絮凝沉淀法和综合法等。其处理工艺和过程主要以污水中的砷为对象，因为砷难除，且危害最大。

中和法的基本原理是加入碱性物质与污酸、砷、氟和硫酸根等形成难溶物质，然后沉淀分离，常用的中和剂包括 $NaOH$、Na_2CO_3、NH_3、石灰和电石渣等。其中具有工业价值的是石灰和电石渣，值得注意的是使用石灰时，会产生大量的碳酸钙污泥和微溶于水的硫酸钙，常常需要进一步处理。

絮凝沉淀法是为加速废水中的固体物质沉淀，添加适量的絮凝剂或凝聚剂，如氢氧化铁、氯化铝、氯化铁和聚丙烯酰胺等。

废水处理过程中常采用多种方法和多级处理过程，以达到废水排放标准。以中等砷、氟浓度的硫酸废水处理为例，采用二级污水处理工艺，其工艺流程见图2-19。

对于砷的浓度在 $50\sim100mg/L$、氟的浓度在 $200\sim300mg/L$ 的硫酸废水，首先采用石灰中和硫酸废水，使得硫酸与石灰乳中和生成硫酸钙、砷与石灰反应生成难溶的砷酸钙和亚砷酸钙沉淀、氟与石灰反应生成氟化钙。调节废水 pH 值等条件，加入硫酸亚铁絮凝剂完成一级污水处理，砷和氟的脱除率分别达到 80% 和 94%。将石灰乳加入二级中和池，经二级沉淀和过滤分离，砷和氟的浓度分别达到 $0.15mg/L$ 和 $13.85mg/L$ 以下，且重金属离子如铜和铅等含量均达到国家规定的一级排放标准。

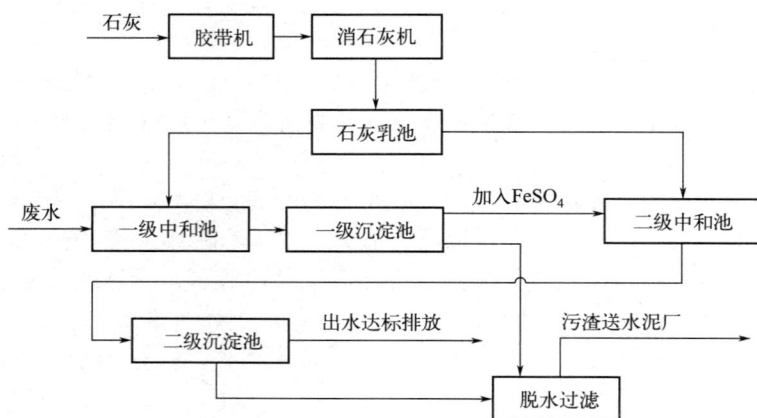

图 2-19 二级污水处理工艺流程

（3）废渣的综合利用

我国大部分用硫铁矿制酸，原料矿中硫的价值仅占伴生矿工业价值的 $40\%\sim50\%$，其他元素的价值约占 50%，硫酸生产仅仅利用矿中的硫元素，必须对其余元素回收利用，这样既充分利用了资源，又可减少烧渣对环境造成的危害。尽管硫铁矿来源不同，但烧渣中一般主要含有 Fe_2O_3，还含有部分 SiO_2、Al_2O_3、MgO、CaO、P、As、Cu、Pb、Zn 和少量未分解的硫化物，有的含有 Au、Ag 等贵金属。

根据烧渣的组成，首先回收其中的铁资源。对于高品位的硫铁矿，焙烧后的硫铁矿烧渣中铁含量高于 60%，无需处理可直接作为炼铁原料。低品位的硫铁矿，要回收烧渣中的铁，必须提高烧渣中铁的含量，其方法主要有两种：一是通过烧渣选铁，直接提高烧渣中铁的含量；二是对低品位的硫铁矿进行选矿富集，提高入炉矿品位，进而提高烧渣含铁量。另外，铁资源的利用可通过盐酸与烧渣反应，经过溶液过滤、蒸发和结晶得到三氯化铁结晶，用来作颜料，三氯化铁可用氢气还原制得铁粉。硫铁矿的烧渣也可用硫酸处理，经反应得到硫酸亚铁，硫酸亚铁也可进一步制得铁红粉。

烧渣中铜等有色金属很有价值，通常用直接浸出法、高温氯化焙烧法、低温氯化焙烧法等加以综合利用。直接浸出法可采用硫酸作为浸出剂与烧渣中的铜反应，铜浸出液经萃取和反萃取得到铜的浓度为 $20\sim35g/L$ 的富铜液，然后经电解得到商品电解铜，该工艺铜的总回收率可达 65% 以上。高温氯化焙烧法是用氯化剂（氯化钠或氯化钙等）和还原剂（主要是焦粉），进行氯化反应和还原反应，烧渣中的氧化铜、氧化亚铜、硫化亚铜、铁酸铜、亚铁酸铜以及金、银的化合物，经氯化和还原后变为金属单质，然后被吸附在还原剂上，大部分的三氧化二铁被还原为四氧化三铁，它们经水淬冷后进行磁选得到富集铁，经浮选富集得到铜、金和银等有色金属。

烧渣中砷的处理和利用可以实现砷无害化和资源化。砷处理的方法有硫酸铜置换法、硫酸铁氧化法和加压氧化浸出法。硫酸铜置换法是采用氧化铜粉末和硫酸铜置换硫化砷，经反应生成亚砷酸，冷却分离后通入空气氧化，将亚砷酸氧化为溶解度较高的砷酸，又经 SO_2 还原成亚砷酸，冷却结晶、干燥得亚砷酸固体。硫化砷也可用硫酸铁氧化处理，固液分离后，用 SO_2 还原浸出液，砷酸又生成亚砷酸，经冷却结晶得粗三氧化二砷。砷的处理也可用加压氧化法，使用氧气作氧化剂，通过硫酸浸出，该法不排放尾气，效率高。

2.1.7 硫酸生产工艺流程

随着国际硫黄价格的上涨，硫酸产量需求不断增加，另外，硫铁矿制酸中的硫酸渣可作为炼铁的原料，以硫铁矿为原料制酸成为主导，目前我国以硫铁矿为原料制硫酸占30%以上（国外硫黄丰富，故大部分是硫黄制酸）。同时，由于硫铁矿制酸工序较多且有代表性。所以，本节重点讨论硫铁矿制酸，硫铁矿制酸流程有多种，图2-20所示为某公司200kt/a硫铁矿制酸工艺流程。

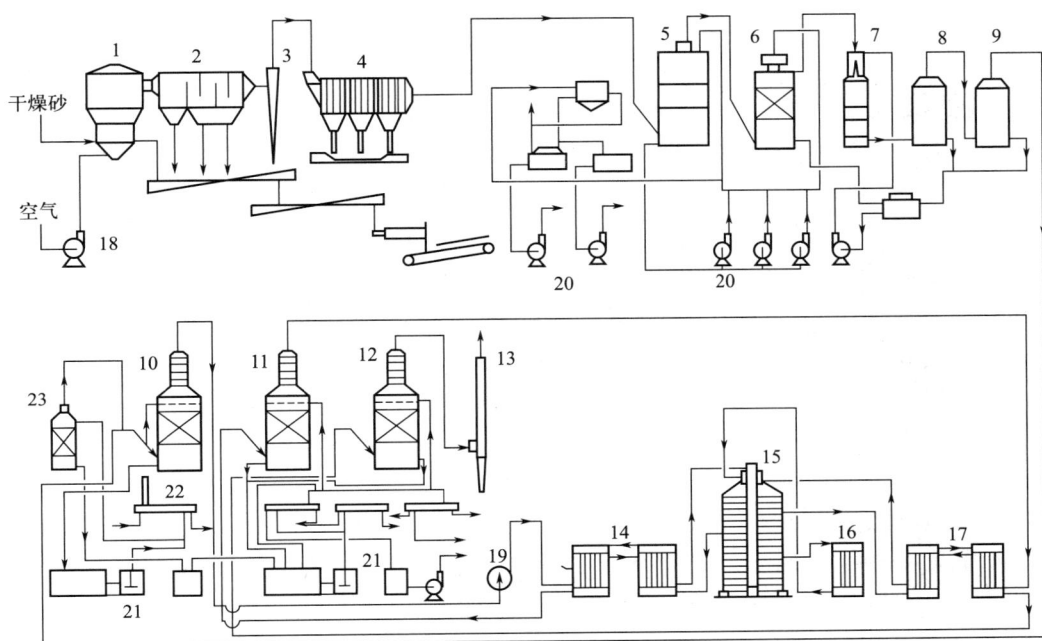

图 2-20 某公司 200kt/a 硫铁矿制酸工艺流程

1—沸腾炉；2—废热锅炉；3—旋风除尘器；4—电除尘器；5—冷却塔；6—洗涤塔；7—间冷器；8—一级电除雾器；9—二级电除雾器；10—干燥塔；11—第一吸收塔；12—第二吸收塔；13—烟囱；14—第Ⅲ换热器；15—转化炉；16—第Ⅱ换热器；17—第Ⅳ换热器；18—空气鼓风机；19—二氧化硫鼓风机；20—稀酸泵；21—浓酸泵；22—阳极保护冷却器；23—成品吹出塔

　　首先对硫铁矿进行预处理。将块状硫铁矿加工粉碎和筛分，浮选后获得硫精砂（平均粒径0.054mm，20目以上的硫精砂大于55%），并对其进行干燥。若原料矿石的品种较多，进入下一工序前需要对原料进行掺配，满足入炉对矿石元素的要求（硫的质量分数大于40%，砷或氟小于0.15%）。

　　二氧化硫炉气的制取采用的是沸腾焙烧工艺。干燥砂从沸腾炉底部加入，与炉底进入的空气在炉内形成沸腾床焙烧。焙烧获得的炉气（二氧化硫体积分数为11%~12.5%，三氧化硫体积分数为0.12%~0.18%）从炉的上部进入废热锅炉，回收高温位的热能（产生3.82MPa的过热蒸汽），冷却后进入旋风除尘器和电除尘器除去固体微粒。

　　经除尘后的炉气进入湿法净化工序。炉气经冷却塔冷却后进入洗涤塔，用稀硫酸洗涤炉气，脱除炉气中的大部分杂质（砷和氟等），并用电除雾器除去夹带的酸雾，炉气中的水分在干燥塔内用93%的硫酸脱除。电除雾器除下来的硫酸返回吸收塔循环使用。

　　干燥后的炉气进入转化工序。转化炉可分为四段，各段装有催化剂。在转化工序中，首先用二氧化硫鼓风机将干燥后的炉气送到第Ⅲ换热器与转化炉中的转化气换热达到催化剂活性温度，从转化炉顶部进入转化炉内，经四段催化剂床层将二氧化硫氧化为三氧化硫，各层催化剂间设置换热器（第Ⅱ换热器、第Ⅲ换热器、第Ⅳ换热器）使二氧化硫氧化反应在最佳温度下进行，同时它们也起到加热净化气的作用。

经三段转化（转化率达 93％）的转化气换热后进入吸收工序，在第一吸收塔中用浓硫酸吸收三氧化硫后，又经第四段转化（转化率达 99.5％）后进入第二吸收塔，用浓硫酸吸收其中的三氧化硫，得到浓硫酸（浓度为 98.5％）。经吸收塔吸收后的尾气进入尾气处理工序。焙烧工序产生的矿渣和净化工序分离下来的粉尘，经处理后送往钢铁厂作为炼铁原料进行综合利用。

2.2 硝酸

2.2.1 概述

1. 硝酸的用途和主要性质

硝酸是重要的化工产品之一，在各种酸类中，它的生产规模仅次于硫酸。硝酸和硝酸盐在国民经济中具有重要的意义。硝酸主要用于农业、国防工业和染料制造业等，如硝酸与氨制得的硝酸铵是一种良好的氮肥，硝酸铵还可用于生产无烟火药和混合炸药，浓硝酸与有机物反应制得各种有机染料中间体。此外，硝酸还用于医药、照相材料、塑料等重要方面。

纯硝酸为无色液体，具有窒息性和刺激性，它可以任意比例溶解于水，并放出大量的热，它在常温下分解释放出二氧化氮、氧气和水。硝酸是氧化性很强的强酸，与盐酸体积比 1：3 混合的"王水"能溶解金和铂。工业硝酸分为浓硝酸（96％～98％）和稀硝酸（45％～70％）。

2. 硝酸生产方法和原料

硝酸的工业制造经历了一系列方法，最早用浓硫酸分解硝石（$NaNO_3$），该法不但原料来源受到限制，同时还消耗了大量的硫酸。后来工业实现了在电弧的作用下用氮和氧直接合成一氧化氮，然后再进一步制成硝酸，但该法能耗太大。现在工业几乎全部用氨接触氧化法得到氮氧化物，然后制得硝酸。其生产过程用下列方程式表示：

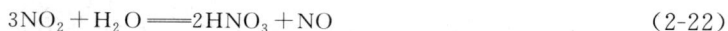

$$4NH_3 + 5O_2 \longrightarrow 4NO + 6H_2O \tag{2-20}$$

$$2NO + O_2 \longrightarrow 2NO_2 \tag{2-21}$$

$$3NO_2 + H_2O \longrightarrow 2HNO_3 + NO \tag{2-22}$$

氨接触氧化法生成硝酸的总反应方程式：

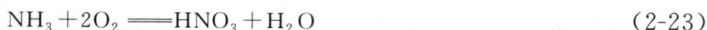

$$NH_3 + 2O_2 \longrightarrow HNO_3 + H_2O \tag{2-23}$$

氨接触氧化法制得的是稀硝酸。浓硝酸的工业生产通常有间接法和直接法。间接法是借助脱水剂（浓硫酸或浓硝酸镁），通过精馏操作，将稀硝酸处理得到浓硝酸。直接法是将液态的氮氧化物与一定比例的水混合，然后在加压的条件下通入氧制得浓硝酸，其反应方程式为：

$$2N_2O_4(l) + O_2(g) + 2H_2O(l) \longrightarrow 4HNO_3 \tag{2-24}$$

2.2.2 氨接触氧化

1. 氨氧化反应

氨和氧可进行下列反应：

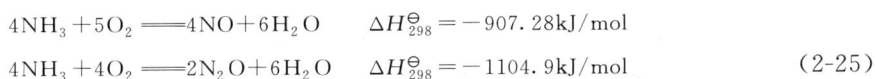

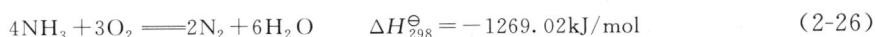

$$4NH_3+5O_2 \Longrightarrow 4NO+6H_2O \qquad \Delta H_{298}^{\ominus}=-907.28kJ/mol$$

$$4NH_3+4O_2 \Longrightarrow 2N_2O+6H_2O \qquad \Delta H_{298}^{\ominus}=-1104.9kJ/mol \qquad (2-25)$$

$$4NH_3+3O_2 \Longrightarrow 2N_2+6H_2O \qquad \Delta H_{298}^{\ominus}=-1269.02kJ/mol \qquad (2-26)$$

氨和氧还可进行下列副反应：

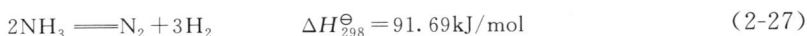

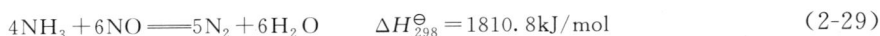

$$2NH_3 \Longrightarrow N_2+3H_2 \qquad \Delta H_{298}^{\ominus}=91.69kJ/mol \qquad (2-27)$$

$$2NO \Longrightarrow N_2+O_2 \qquad \Delta H_{298}^{\ominus}=180.6kJ/mol \qquad (2-28)$$

$$4NH_3+6NO \Longrightarrow 5N_2+6H_2O \qquad \Delta H_{298}^{\ominus}=1810.8kJ/mol \qquad (2-29)$$

上述反应在 900℃时，各个反应的平衡常数皆很大，故均可视为不可逆反应。若不控制以上反应，最终氨将转化为氮气，欲控制上述反应向生成 NO 方向发展，必须采用高选择性催化剂。

2. 氨氧化催化剂

使氨氧化为一氧化氮所用催化剂分为两大类：一类是铂系催化剂，一般为铂、其他金属与铂的合金；另一类是非铂系催化剂，金属氧化物如氧化钴等。

氨氧化过程所用铂系催化剂通常为纯铂丝或 1%～3%铑（Rh）与铂的合金丝，有时为降低成本和增加机械强度，用钯（Pd）代替铑，有时也用三种金属的合金。

铂催化剂一般不用载体，为提高单位质量的接触面积，工业上将其做成网状，通常所用铂丝直径为 0.045～0.09mm，铂网的直径规格有 1.1m、1.6m、2.0m、2.4m、2.8m、3.0m，铂网的自由面积占整个面积的 50%～60%。

新的铂网光滑且有弹性，使用时活性不高，所以使用前需要活化处理以提高活性，用氢火焰在 600℃下烘烤数昼夜，这时铂的表面变得粗糙，增大接触面积，活性得到提高，若活化处理温度提高，如 900℃，活化时间可缩短到 8～16h。

铂系催化剂因含其他物质而活性降低，表面附着其他杂质也会使其活性大大下降，甚至发生永久性中毒，失去活性。如气体中含有 PH_3 仅仅 0.002%，也足以使铂催化剂永久中毒。空气中的灰尘，氨气输送过程中夹带的油污，气体中的 H_2S，因金属焊接残留的 C_2H_2 等都会造成铂催化剂暂时中毒，氨氧化率大幅度下降。另外，水蒸气虽然不会使铂催化剂中毒，但其吸热降低了催化反应温度，也使得氨氧化率降低。所以，为防止催化剂中毒，应对原料气体进行处理脱除有害杂质。

即使催化剂没有中毒，铂催化剂随着使用时间的延长，其活性也会逐渐降低。所以，铂催化剂一般在使用 3～6 个月后需要进行再生。再生处理过程是将铂网从反应器中取出，在 60～70℃的温度下，于浓度为 10%～15%的盐酸中浸渍 1～2h，然后取出铂网，用蒸馏水洗涤至无氯离子和溶液呈中性，将其干燥，并用氢火焰将其活化，活化时间比新铂网活化时间稍长一些。经过上述处理，铂网活性一般可恢复正常。

铂系催化剂氨氧化率较高，但价格较为昂贵，长期以来，人们做了大量研究工作，寻找替代铂的氨氧化催化剂，目前报道较多的为铁系和钴系催化剂，尽管它们的价格较低，机械强度增加，但氨的氧化率较低，氨消耗大。整体上采用非铂系催化剂，实现工业化并不经济，所以非铂系催化剂未能大规模应用。

3. 氨催化氧化反应动力学

尽管关于氨催化氧化为 NO 的反应机理人们做了许多研究工作，但是至今未能统一认识。反应过程符合一般气固相催化反应的基本规律，在此基础上，有人提出反应机理如下：

① 氧从气相中通过外扩散到达铂催化剂表面，并被其吸附，因铂吸附氧的能力极强，氧分子键能降低，发生吸附的氧分子原子间的键断裂，解离出氧原子；

② 氨通过气相主体扩散到铂系催化剂表面，并被其吸附，氨分子中的氮和氢原子分别与氧原子结合，且在催化剂活性中心进行分子重排生成 NO 和水蒸气；

③ 铂系催化剂对 NO 和水分子吸附能力较弱，NO 和水分子从催化剂表面脱附，并向气相扩散。

诸多研究认为，上述反应过程中，气相中氨的扩散这一步骤最慢，所以氨催化氧化整个反应的反应速率由氨的外扩散控制。对此，M. N. 焦姆金等提出在 $800 \sim 900℃$ 下，Pt-Rh 网上的宏观动力学：

$$\lg \frac{c_0}{c_1} = 0.951 \frac{Sm}{dV_0} [0.45 + 0.288(dV_0)^{0.56}] \qquad (2\text{-}30)$$

式中，c_0 为氨空气混合气体中氨的体积分数，%；c_1 为通过铂网后氮氧化物气体中氨的体积分数，%；S 为铂网的比表面积，即活性表面积/铂网截面积，mm^2/mm^2；m 为铂网层数；d 为铂丝直径，mm；V_0 为标准状态下气体流量，$L/(h \cdot cm^2)$。

当 c_0、S、m、d 已知时，通过方程式（2-30）反应动力学方程求出不同气体流量下的 c_1，然后求出反应的转化率。

4. 氨催化氧化反应的工艺条件

确定氨氧化的工艺条件，首先要考虑的是保证较高的氨氧化率，降低硝酸生产的成本；然后是生产强度大，即单位时间单位催化剂表面上氧化的氨量多；还要考虑尽可能少的铂损失。

(1) 氧化温度

氧化温度越高，催化剂的活性越高。但是温度过高，铂的损失剧增。另外，确定氧化温度还要考虑操作压力和接触时间的综合影响。为保证氨的氧化率，氧化温度随压力增加而增加，接触时间长，压力和温度相应提高一些。如常压下氧化温度一般为 $780 \sim 840℃$，中压下氧化温度为 $850 \sim 900℃$，高压下氧化温度为 $900 \sim 930℃$。常压下氧化反应需要 $3 \sim 4$ 层铂网，但若加压，网层数增加到 $16 \sim 20$ 层，同时氧化温度应提高一些，这样才能避免氨的转化率下降。

(2) 操作压力

前已分析，氨氧化反应可以视为不可逆反应，故从氨氧化热力学角度分析提高操作压力，氨的转化率略有降低。但是加压氧化，反应速率加快，生产强度增加，氧化和后续吸收所用设备较小，设备费用降低。另外，加压操作，铂催化剂损失增加。所以，实际操作压力视具体情况而定，一般加压法氧化流程采用 $0.3 \sim 0.5MPa$，综合法流程氨氧化采用常压，NO_2 吸收采用加压。

(3) 接触时间

接触时间过短，氨来不及氧化，转化率降低；接触时间过长，氨在网前停留时间太长，容易被分解，产物氧化氮收率降低。所以，氨气与铂网接触时间要适当。

根据氨分子向铂网表面扩散时间的计算，以及催化剂的自由空间和气体体积流量，同时考虑铂网丝的弯曲因素，接触时间 τ_0 采用下式进行计算：

$$\tau_0 = \frac{3fSdmp_k}{V_0 T_k} \tag{2-31}$$

式中，p_k 为操作压力，MPa；T_k 为操作温度，K；f 为铂网自由空间体积分数。

催化剂的生产强度与气体通过催化剂的接触时间 τ_0 有关，常采用下式计算：

$$A = 1.97 \times 10^5 \frac{c_0 fdp_k}{S\tau_0 T_k} \tag{2-32}$$

另外，气体通过催化剂的接触时间：

$$\tau_0 = \frac{V_{自由}}{V_0} \tag{2-33}$$

式中，$V_{自由}$ 为催化床层空隙体积，m^3；V_0 为气体流量，m^3/s。

由式(2-32)和式(2-33)可见，在一定的操作条件下，铂催化剂的生产强度与接触时间成反比，即与气体流速成正比。从提高设备生产能力的角度出发，应适当采用较大的气速，即使因此造成氨的氧化率略有下降，但总的来说是经济的。

（4）混合气体组成

氨氧化混合气体组分包括氨、氧和水蒸气等，混合气体中氧和氨的摩尔比称为氧氨比 v。氧氨比对氨的氧化率和铂催化剂的生产强度都有非常大的影响。混合气体中增加氧的体积分数，可以提高氨的氧化率；而增加氨的体积分数，可以提高催化剂的强度。另外，确定操作氧氨比时还要考虑硝酸生产过程中氨氧化的后续工序（NO 氧化）也需要氧气。由氨接触氧化生成硝酸的总反应方程式(2-23)可知，1mol 氨氧化生成 1mol 硝酸，需要 2mol 氧，即氧氨比为 2，在氧氨比为 2 的混合气体中氨的体积分数为

$$\varphi_{NH_3} = \frac{1}{1 + 2 \times \frac{100}{21}} \times 100\% = 9.5\%$$

换言之，氨氧化生产硝酸时，若氨的体积分数超过 9.5%，后续 NO 氧化必须补充二次空气。图 2-21 所示为氨的氧化率与氧氨比的关系，由此可见，当氧氨比在 1.7～2 时，氨的氧化率较高，此时氧的用量比理论用量过量 30% 以上，若催化剂性能好或氧化温度较高，氧的过量可适当减少。提高生产能力适当提高氨的体积分数，为不降低氨氧化率，要相应加入纯氧配成氨-富氧空气混合气。特别要指出的是，氨在混合气中含量不得超过 12.5%～13%，否则有发生爆炸的危险。若在混合气中加入少量水蒸气可降低爆炸的危险性，从而可以适当提高氨和氧的体积分数。

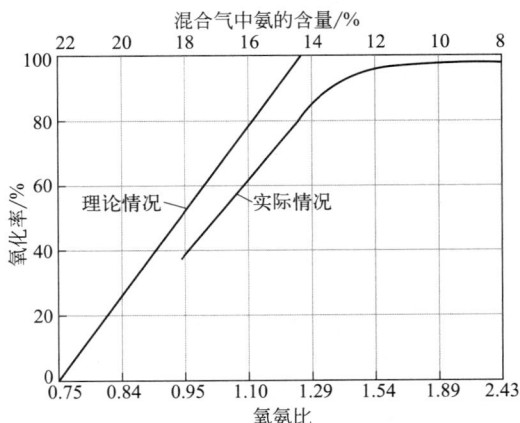

图 2-21　氨的氧化率与氧氨比的关系

（5）爆炸及其预防

氨-空气混合气中氨的浓度达到一定值，遇到火源会发生爆炸。根据爆炸理论，爆炸气体存在爆炸界限和相应的浓度，当气体混合物浓度在爆炸界限内，爆炸危险性大，当浓度低

于和超过爆炸界限范围，爆炸危险性减小。而爆炸界限又与混合气体的温度、压力、气体流向和设备散热等因素有关。总之，为保证生产安全，在氨氧化设计和生产过程中必须注意防止爆炸，并采取相应的必要安全措施，避免可能发生的爆炸。

5. 氨催化氧化反应工艺流程及主要设备

（1）工艺流程

氨催化氧化无论是常压还是加压，其氧化过程基本包括气体净化、配制混合气体、催化反应和热量回收。工艺流程以常压为例，见图 2-22。

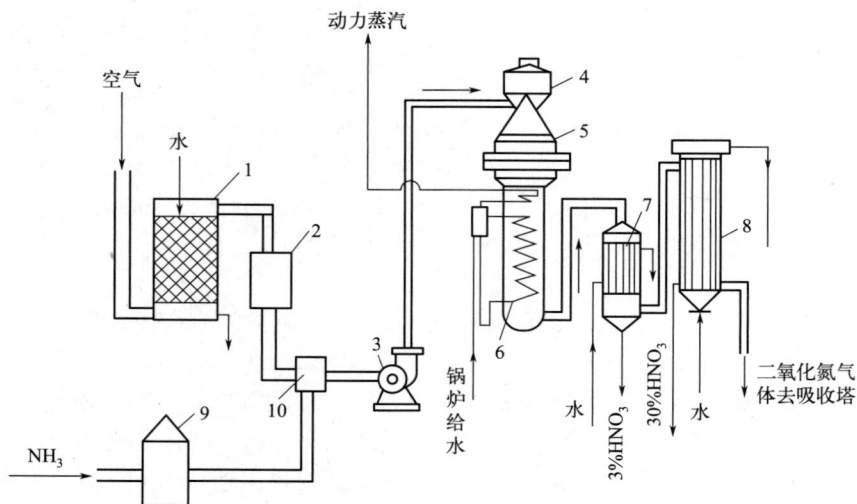

图 2-22　常压下氨的接触氧化工艺流程
1—水洗涤塔；2—袋式过滤器；3—鼓风机；4—纸板过滤器；5—氧化炉；6—废热锅炉；
7—快速冷却器；8—普通冷却器；9—氨过滤器；10—氨-空气混合器

空气由水洗塔底部进入，与塔顶喷淋下来的水逆流接触，除去空气中可溶气体等杂质，然后经过气液分离器进入袋式过滤器除去尘埃、铁锈和油污，净化后送入氨-空气混合器，与经氨过滤器过滤除掉油污和杂质后的氨气在混合器中混合，由鼓风机送入纸板过滤器进一步精细过滤。过滤后的混合气体进入氧化炉，通过800℃左右的铂网，将氨氧化为 NO 气体，并在此产生动力蒸汽。高温反应后的气体进入废热锅炉冷却到180℃左右，然后进到快速冷却器冷却到40℃，在这里大量水蒸气冷凝，同时有少量 NO 被氧化为 NO_2，然后溶入水中，形成 2%～3% 的稀酸排入循环槽以备利用。

（2）主要设备

氨催化氧化的主要设备是氨氧化炉。其构造因操作压力不同略有差异，图 2-23 所示为加压法氨氧化炉构造示意图。它由两个从底部相连接的锥体构成，两个锥体之间有 16～25 层铂网，安装

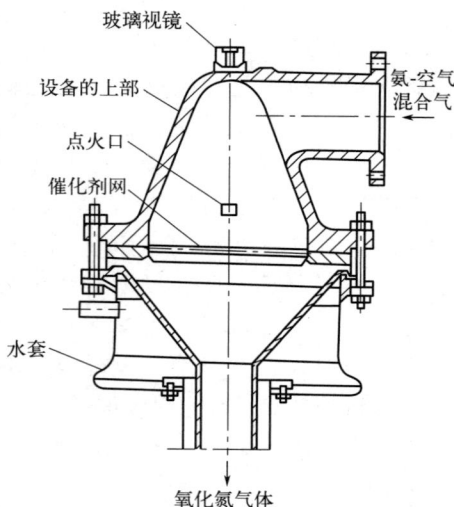

图 2-23　加压法氨氧化炉构造

在不锈钢支架上，铂网以上的锥体设有点火口，顶部有玻璃视镜用于观察。设备操作压力为 $0.8 \sim 1MPa$，反应区温度高达 $900 \sim 930℃$，氧化率为 96%。

含氨混合气从氧化炉上部进入，氧化炉外套有水冷夹套，氧化反应完的氧化氮气体从炉的下部引出，温度约为 $880℃$。

该设备具有结构简单、体积小及结构紧凑的特点。现因氨氧化加压法逐渐增多，该类设备备受关注。但是为了更好利用氮氧化物反应热，双加压法和中压法等工艺流程中常采用氧化炉和废热锅炉联合装置，详见有关参考资料。

2.2.3 一氧化氮氧化

1. 一氧化氮氧化反应及化学平衡

只有 NO 氧化为 NO_2，NO_2 被水吸收才能制得硝酸，且 NO 氧化反应速率与其他反应相比较慢。所以，一氧化氮的氧化是硝酸生产过程中极为重要的化学反应。NO 氧化反应如下：

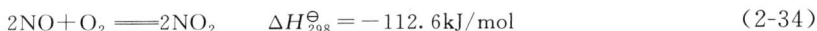

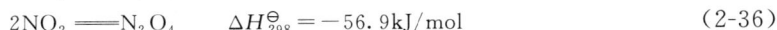

$$2NO + O_2 \rightleftharpoons 2NO_2 \qquad \Delta H^{\ominus}_{298} = -112.6kJ/mol \qquad (2\text{-}34)$$

$$NO + NO_2 \rightleftharpoons N_2O_3 \qquad \Delta H^{\ominus}_{298} = -40.2kJ/mol \qquad (2\text{-}35)$$

$$2NO_2 \rightleftharpoons N_2O_4 \qquad \Delta H^{\ominus}_{298} = -56.9kJ/mol \qquad (2\text{-}36)$$

上述三个反应都是可逆放热反应，且反应后体积数减少。所以，降低温度和增加压力有利于这三个反应的进行。另外，反应式(2-35)和式(2-36)的反应非常快，它们分别在 $0.1s$ 和 $10^{-4}s$ 就达到平衡。反应式(2-34)在不同温度下相应的平衡常数见表2-7。

表 2-7　平衡常数 $K^{\ominus}_{p_1}$ 的计算值与实验值

温度/℃	225.9	246.5	297.4	353.4	454.7	513.8	552.3
实验值	6.08×10^{-5}	1.84×10^{-4}	1.79×10^{-3}	1.76×10^{-2}	0.382	0.637	3.715
计算值	6.14×10^{-5}	1.84×10^{-4}	1.99×10^{-3}	1.75×10^{-2}	0.384	0.611	3.690

由表 2-7 可知，温度为 $225.9℃$ 时，NO 氧化反应可视为不可逆反应，若控制反应在更低的温度下，NO 几乎完全被氧化为 NO_2。NO 的氧化度与温度和压力的关系见图2-24。常压下温度低于 $100℃$ 或 $810.4kPa$ 下温度低于 $200℃$，NO 氧化度接近 100%。温度高于 $800℃$，NO 氧化度接近 0。

2. 一氧化氮氧化动力学

对于 NO 氧化为 NO_2 机理和本征动力学，不同学者提出不同见解，如甘兹（Ганз）和马林（МалИН）提出 NO 的氧化反应少部分在气相中进行，大部分在液相界面和液相主体中进行；也有人认为 NO 是以 NO 和 NO 叠合态 $(NO)_2$ 两种形式存在于气相中，而与 O_2 反应的是 NO 叠合态 $(NO)_2$，且发生在气相和气液界面或填料表面，参加氧化反应的并不是 NO。无论什么机理，实验获得的反应速率方程式(宏观动力学)为

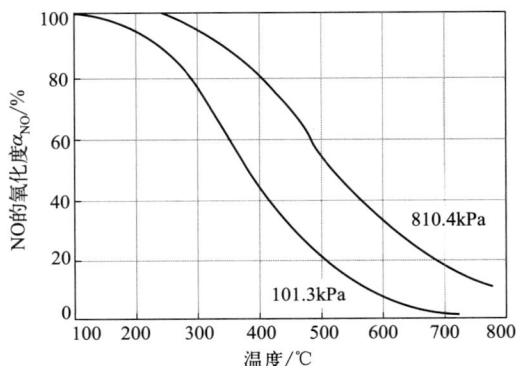

图 2-24　NO 的氧化度与温度和压力的关系

$$\frac{\mathrm{d}p_{NO_2}}{\mathrm{d}\tau_0}=k_1 p_{NO}^2 p_{O_2}-k_2 p_{NO_2}^2 \tag{2-37}$$

工业生产过程中，NO 氧化在温度低于 200℃ 下进行，NO 氧化反应视为不可逆反应，故 NO 氧化动力学方程式为

$$\frac{\mathrm{d}p_{NO_2}}{\mathrm{d}\tau_0}=k_1 p_{NO}^2 p_{O_2} \tag{2-38}$$

式中，k_1、k_2 分别为正、逆反应速率常数。

需要指出的是，此反应的速率常数与温度的关系并不符合阿伦尼乌斯定律。实验结果表明，反应温度升高，反应速率常数降低，反应速率也随之降低。由反应速率方程式并根据 NO 氧化度计算出反应时间；另外，根据对反应速率方程处理结果讨论得到氧化度 α 与 NO 氧化平衡常数 K_p、反应压力 $p_{总}$、反应时间 τ 的关系：

$$\alpha^2 K_p p_{总}^2 \tau=\frac{\alpha}{(r-1)(1-\alpha)}+\frac{1}{(r-1)^2}\ln\frac{(1-\alpha)r}{r-\alpha} \tag{2-39}$$

式中，$r=b/a$，$2a$ 为 NO 起始摩尔分数，b 为 O_2 起始摩尔分数。

α 与 $\alpha^2 K_p p_{总}^2 \tau$ 关联图见图 2-25，由该图和方程式（2-39）可以说明如下规律。

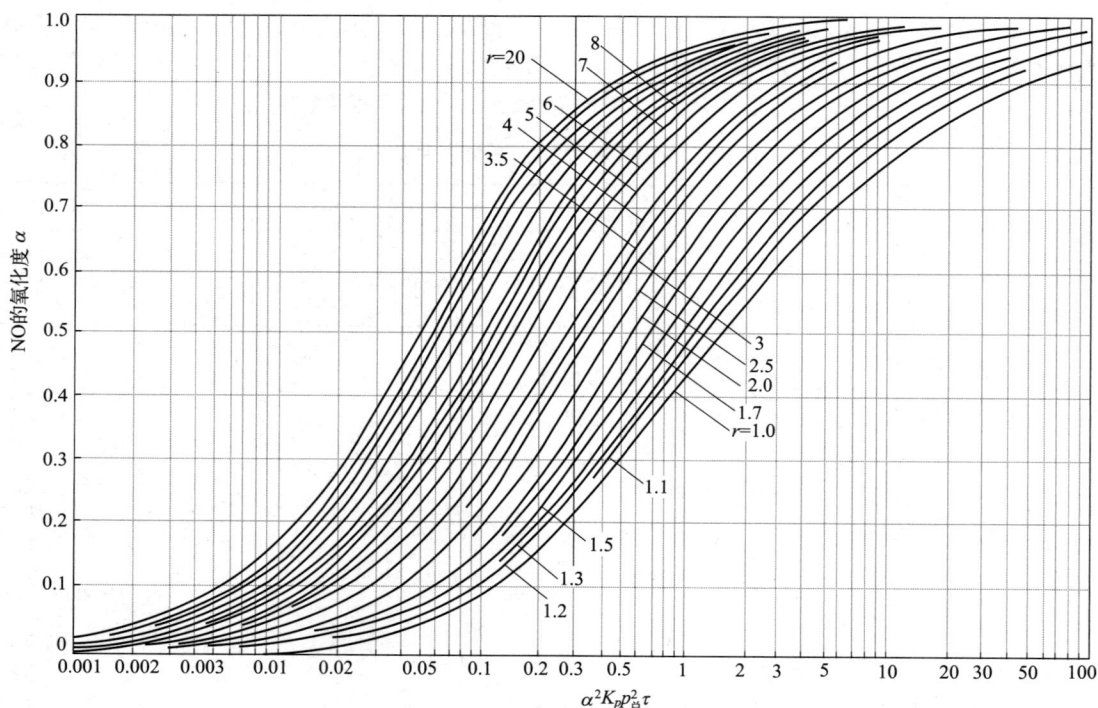

图 2-25　NO 氧化度与 $\alpha^2 K_p p_{总}^2 \tau$ 关联图

① NO 反应时间随其氧化度 α 变化，α 小，氧化时间增加也少；α 大，氧化时间增加也多。所以，使 NO 完全氧化，所需时间很长。

② 氧化时间与 $p_{总}^2$ 成反比，即加大压力，氧化时间大大变短，氧化速率大大加快。

③ 当 NO 氧化度 α 和反应物初始组成一定（即 r 一定），由式（2-39）可知 $\alpha^2 K_p p_{总}^2 \tau$ 一定。若其他条件不变，而温度下降，平衡常数 K_p 也下降，由此导致 τ 随之下降。换言之，

温度降低使反应速率加快了。

综上所述，NO 氧化条件应当是加压、低温和适宜初始 NO 含量。另外，关于 NO 氧化度的选择还要考虑 NO_2 被水吸收要放出 NO，需要继续氧化制硝酸，所以无需 NO_2 吸收前将 NO 完全氧化，一般工业上将 NO 氧化度控制在 70%～80%。

3. 一氧化氮氧化工艺过程及氧化设备

一氧化氮氧化过程包括快速冷却和氧化两部分。

氨氧化工序中氨氧化并经废热锅炉热量回收后，氮氧化物温度降到了 200℃左右，因 NO 氧化过程需要在加压和更低的温度下进行，所以 NO 氧化前需要进一步降低温度。但是气体中的水蒸气达到露点温度便开始冷凝为水，少量 NO_2 溶解在水中，形成稀硝酸，气相中氮氧化物含量降低，不利后续吸收工序。为此，需要快速将气体冷却，减少冷却过程 NO 氧化为 NO_2 的机会，即可减少氮氧化物溶解在水中。而实现这一目标的过程和设备是传热系数和传热面积都大的高效换热设备，通常这类设备称为快速冷却器。常见的有淋洒排管式、列管式和鼓泡式等类型。图 2-26 所示为全压法流程中的快速冷却器，它所采用的是直立型列管式快速冷却器。

经过快速冷却后，除掉水，进行 NO 氧化过程。该过程既可在气相中进行也可在液相中进行，相应地称为干法氧化和湿法氧化。

干法氧化就是氮氧化物在干燥的氧化器中进行充分氧化，可以在常温或冷却条件下进行。对于中压和加压系统，一般不设氧化器，气体在输送的管道中便足够氧化了。湿法氧化适用于常压系统，将气体通入塔内，塔顶喷淋较浓的硝酸，NO 的氧化发生在气相内、液相内和气液界面上，液相内的氧化反应可大大加速 NO 氧化，另外 NO 也能被硝酸氧化。

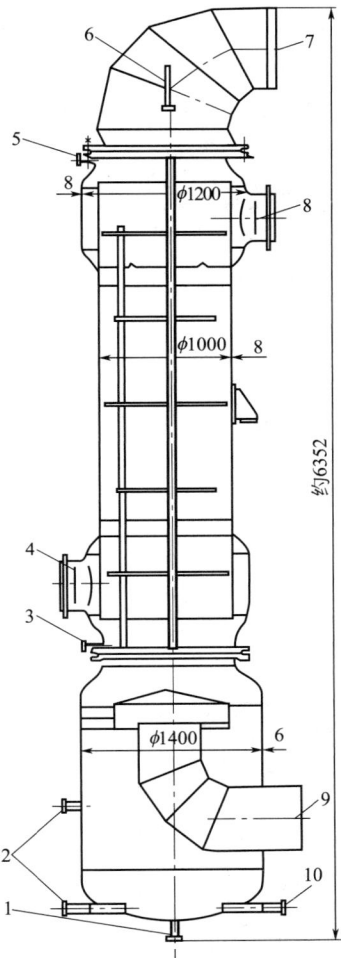

2.2.4 氮氧化物的吸收

在氮氧化物中，除 NO 外的其他氮氧化物与水进行如下吸收反应：

图 2-26 快速冷却器

1—冷凝酸出口；2—液面计接口；3—排液口；
4—冷却水入口；5—排气口；6—水喷头套管；
7—氧化氮气体入口；8—冷却水出口；
9—氧化氮气体出口；10—分离器来酸入口

$$2NO_2 + H_2O \Longrightarrow HNO_3 + HNO_2 \qquad \Delta H_{298}^{\ominus} = -116.1kJ/mol \qquad (2-40)$$

$$N_2O_4 + H_2O \Longrightarrow HNO_3 + HNO_2 \qquad \Delta H_{298}^{\ominus} = -59.2kJ/mol \qquad (2-41)$$

$$N_2O_3 + H_2O \Longrightarrow 2HNO_2 \qquad \Delta H_{298}^{\ominus} = -55.7kJ/mol \qquad (2-42)$$

因氮氧化物中 N_2O_3 量很少，所以式(2-42)的吸收反应可忽略不计。又因亚硝酸在 0℃以下和极低浓度下才稳定，故在工业生产条件下，HNO_2 迅速分解为硝酸和 NO，反应如下式：

$$3HNO_2 \Longrightarrow HNO_3 + 2NO + H_2O \qquad \Delta H_{298}^{\ominus} = 75.9kJ/mol \qquad (2-43)$$

所以，用水吸收氮氧化物的总反应式为

$$3NO_2 + H_2O \Longrightarrow 2HNO_3 + NO \qquad \Delta H_{298}^{\ominus} = -136.2 \text{kJ/mol} \qquad (2\text{-}44)$$

由式(2-44)可知，1mol NO_2 中，有 2/3mol NO_2 生成 HNO_3，有 1/3mol NO_2 变成 NO，使其变成硝酸，必须继续氧化为 NO_2，然后再吸收，又有 1/3mol NO 放出。如此循环反复，最终使得 1mol NO 完全转化为 HNO_3，整个过程中需要氧化 NO 的量不是 1mol，而是 $1 + 1/3 + (1/3)^2 + (1/3)^3 + \cdots = 1.5$mol。由此可见，用水吸收氮氧化物的过程是 NO_2 吸收和 NO 氧化同时进行的过程，故氮氧化物吸收过程很复杂，吸收平衡和吸收速率等影响因素较多。

1. 吸收反应的化学平衡

由式(2-44)可知，NO_2 的吸收反应是一个放热和物质的量减少的可逆反应。所以，从化学平衡的角度出发，降低温度有利于氮氧化物的吸收反应。其平衡常数为

$$K_p = \frac{p_{HNO_3}^2 \, p_{NO}}{p_{H_2O} \, p_{NO_2}^3} \qquad (2\text{-}45a)$$

$$K_p = 1.12 \times 10^{-10} \exp\left(\frac{4800}{T}\right)$$

将平衡常数 K_p 分解为

$$K_p = K_1 K_2 = \frac{p_{NO}}{p_{NO_2}^3} \times \frac{p_{HNO_3}^2}{p_{H_2O}} \qquad (2\text{-}45b)$$

$$K_1 = \frac{p_{NO}}{p_{NO_2}^3}, \quad K_2 = \frac{p_{HNO_3}^2}{p_{H_2O}}$$

平衡常数 K_p 仅与温度有关，而系数 K_1、K_2 既与温度有关，又与溶液中酸的浓度有关。根据不同温度，实测一定硝酸溶液上方的 NO、NO_2 和水蒸气分压，得到系数 K_1、K_2，见表 2-8。结果表明，温度愈低，K_1 愈大；HNO_3 含量愈小，K_1 也愈大。K_2 随温度和 HNO_3 含量变化规律与 K_1 的相反。当 K_1 一定，温度低，酸浓度高，所以只有在低温下才能获得较浓的硝酸。

表 2-8 不同温度和酸中不同 HNO_3 含量下的 K_1、K_2 和 K_p

HNO_3 的含量/%	$\lg K_1$			$\lg K_2$			$\lg K_p$		
	25℃	50℃	75℃	25℃	50℃	75℃	25℃	50℃	75℃
24.1	+5.37	+4.20	+3.17	−7.77	−6.75	−5.66	−2.40	−2.55	−2.49
33.8	+4.36	+3.18	+2.19	−6.75	−5.65	−4.66	−2.39	−2.47	−2.47
40.2	+3.70	+2.58	+1.63	−5.91	−4.86	−3.97	−2.21	−2.28	−2.35
45.1	+3.20	+2.10	+1.18	−5.52	−4.44	−3.50	−2.30	−2.34	−2.32
49.4	+2.75	+1.68	+0.77	−5.12	−3.93	−3.11	−2.38	−2.26	−2.34
69.9	−0.13	−0.69	−1.12	−2.12	−1.69	−1.27	—	—	—
平均值							−2.34	−2.38	−2.39

从吸收速率角度出发，用低浓度硝酸有利于吸收，但是大量低浓度硝酸吸收氮氧化物后，即使吸收完全，所获得的成品酸浓度也会较低。另外，若考虑化学平衡，当酸浓度超过 65%，$\lg K_p < 1$，吸收不能进行，将发生硝酸分解反应。所以，用硝酸溶液吸收氮氧化物，

成品酸的浓度受到限制，常温常压下很难获得65%的酸，一般酸的浓度不超过50%。若想获得较高浓度的硝酸，需要降温和加压，且加压的效果更为显著，加压法可获得质量分数最高为70%的硝酸。

2. 吸收速率

吸收塔内用水吸收氮氧化物，其主要反应为

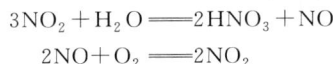

$$3NO_2 + H_2O \Longrightarrow 2HNO_3 + NO$$
$$2NO + O_2 \Longrightarrow 2NO_2$$

这是一个气液非均相反应，其吸收反应过程由以下步骤构成：

① 气相中NO_2和N_2O_4通过气膜和液膜向液相主体扩散；

② 液相中NO_2和N_2O_4和水反应生成硝酸和亚硝酸；

③ 亚硝酸分解为硝酸和NO；

④ NO从液相主体向气相扩散。

步骤③和④速率很快，这一观点基本达成共识。步骤①和②何者慢，多数学者倾向认为第②步速率较慢，为吸收过程的控制步骤。而NO_2和N_2O_4在气相很快达平衡，所以NO_2与水的反应为水吸收氮氧化物的控制步骤。

以上观点没有考虑NO与氧的氧化反应速率对该过程的影响。NO氧化速率与NO和O_2的含量成正比；而NO_2吸收速率与硝酸浓度成反比。在吸收系统前部，因氮氧化物浓度较高，硝酸浓度也高，所以NO氧化速率大于NO_2吸收速率；在吸收系统后部，因氮氧化物浓度较低，硝酸浓度也低，所以NO氧化速率小于NO_2吸收速率；在吸收系统中部，两者的速率都必须考虑。

加压吸收的吸收塔现多采用筛板塔，在气液接触工况为泡沫状态下，NO在液相能进行快速氧化，大大减少酸吸收所需容积；而常压采用填料塔，在填料的液膜上同时进行吸收和氧化反应。

3. 吸收过程的工艺条件

吸收容积系数是指单位时间生产单位质量硝酸（以100% HNO_3计）所需的容积，单位为$m^3/(t \cdot d)$。

总吸收度定义为气体中被吸收的氮氧化物总量与进入吸收系统的气体中氮氧化物总量之比，即实际产酸量与理论产酸量之比。

吸收工序是将气体中的氮氧化物用水吸收为硝酸。当吸收的工艺条件、流程和设备类型一定时，希望吸收容积系数小、总吸收度大和成品酸浓度高。但是很难同时兼备，工业生产的工艺条件常以在满足成品酸浓度合格和达到一定总吸收度前提下，尽可能减少吸收容积系数为原则。

（1）温度

水吸收NO_2为放热反应，所以降低温度有利于生成硝酸。同时，NO氧化速率也随温度降低而增大。另外，温度降低，吸收容积减小，即吸收设备效率增强。故降低吸收温度，成品酸浓度可提高，吸收容积系数也减小。

工业生产过程移去NO_2吸收过程放出的热量和NO氧化放出的热量，通常采用水为冷却剂，但受到水温的限制，吸收温度多为20～35℃，若需要在更低的温度下吸收，采用冷冻盐水进行换热，可使吸收在0℃以下进行。

（2）压力

提高压力，NO_2 吸收平衡向生成硝酸方向移动，成品酸浓度提高，同时吸收速率也提高；另外，NO 氧化所需空间与压力三次方成反比，即压力提高，吸收设备体积大大减小。除此之外，一定温度下，不同吸收度下压力与吸收容积系数的关系见表 2-9。

表 2-9　不同吸收度下压力与吸收容积系数的关系

项目	压力/MPa					
	0.35			**0.5**		
总吸收度/%	94	95	95.5	96	97	98
吸收容积系数/$[m^3/(t \cdot d)]$	1.2	1.7	2.3	0.8	1.0	1.5

吸收压力除考虑酸浓度、吸收度和吸收容积外，还应根据吸收设备造价、动力消耗等因素综合确定。目前生产硝酸的压力有常压和加压，加压（表压）有 0.07MPa、0.35MPa、0.4MPa、0.5MPa、0.9MPa、1.3MPa，吸收压力稍有增加，其效果非常显著。

（3）气体组成

气体组成是指混合气体中氮氧化物的含量和氧的含量。从吸收反应平衡角度出发，提高 NO_2 的浓度或提高氧的浓度，可使成品酸浓度提高。再有就是保证气体进入吸收塔前经过充分氧化，提高气体的氧化度，如湿法和干法氧化。

另外，气体进入吸收塔的位置也影响吸收效果。气体从冷却器出口出来的温度为 40～45℃，在管道中进一步氧化，进入第一吸收塔塔底的实际温度达到 60～80℃。若气体中未氧化的 NO 较多，这时在塔底遇到 45% 左右浓度较高的硝酸，有可能进行的是硝酸分解，不是吸收反应。第一吸收塔仅起到氧化作用，遇到少量的水蒸气冷凝水生成少量的硝酸，整个吸收系统吸收容积降低，成品酸移到了第二吸收塔。若使第一吸收塔出成品酸，则流程改为气体从吸收塔塔顶进入，塔上部进行 NO 氧化，塔下部进行 NO_2 吸收，塔底部出成品酸。

氧含量的确定根据前面分析，当氨-空气混合气中氨含量在 9.5% 以上，吸收塔要补充二次空气，吸收塔内氧化和吸收同步进行。由于吸收过程又释放 NO，又需要氧化，所需氧量较为复杂，工业上确定吸收塔氧含量常常根据经验，以吸收尾气中氧含量为 3%～5% 的指标来调控。生产数据表明，若氨催化氧化时，采用富氧空气，氨的氧化率、NO_2 的吸收率都将提高，吸收容积系数降低，成品酸浓度和产量也提高。

4. 吸收工艺过程及主要设备

吸收工序应保证气液充分接触，实现 NO 氧化和 NO_2 吸收两个过程同时快速进行。两个过程都在吸收塔内进行。进行吸收过程的设备有填料塔、泡罩塔和筛板塔等。按压力分为常压吸收塔和加压吸收塔。各种塔型和内部构件参考有关化工传质单元设备的资料。

需要指出，为保证吸收率和移走吸收反应热，吸收的稀酸常需要循环，故常压吸收一般需要多塔操作。

2.2.5　尾气的治理和能量利用

硝酸生产排放的尾气主要成分是氮氧化物，其中 NO 与人体的血红蛋白的亲和力比 CO 大一千倍，而 NO_2 与血红蛋白的亲和力则比 NO 还要大得多，这种亲和作用会形成硝基血红蛋白，轻则使人肺部气肿，抵抗力降低，重则瞬间人即死亡。我国对居民区规定了氮氧化物（以 NO_2 计）的极限浓度为 $0.15mg/m^3$，硝酸生产车间的空气中氮氧化物（以 NO_2 计）

的极限浓度为 $5mg/m^3$。

硝酸尾气处理难度较大，主要是因为 NO_2 被水吸收后仍有 NO 放出，继续氧化为 NO_2。目前，世界各国治理硝酸尾气的方法和技术较多，但是既经济又有效的方法并不多，下面介绍几种应用较为广泛的方法。

1. 吸收法

采用溶液为吸收剂吸收 NO_2 是应用最早的方法，所用吸收剂多为碱液，如氢氧化钠、碳酸钠等，也可用氨水、碱性高锰酸钾溶液、尿素溶液等。

考虑原料来源、价格经济性及工艺可行性等问题，实际硝酸工业中用碳酸钠溶液处理硝酸尾气居多。该处理工艺包括碳酸钠溶液吸收、亚硝酸钠转化、溶液蒸发和结晶过程。

溶液吸收总反应式：

$$2NO_2 + Na_2CO_3 === NaNO_2 + NaNO_3 + CO_2 \tag{2-46}$$

如果希望氮氧化物处理副产品全部为硝酸钠，用硝酸转化吸收液，总反应如下：

$$3NaNO_2 + 2HNO_3 === 3NaNO_3 + 2NO + H_2O \tag{2-47}$$

吸收液经过蒸发，将其浓缩，然后又经结晶、过滤和干燥，可获得尾气处理的硝酸钠和亚硝酸钠的副产品。

该法适用于硝酸尾气含量较高的情况，不仅处理了尾气，还回收了氮氧化物而获得副产品，经吸收后氮氧化物的含量约为 $200mg/m^3$，其不足之处是氮氧化物浓度很难进一步降低。

2. 催化还原法

催化还原法是在催化剂的作用下，将氮氧化物还原为氮气和水。根据是否将氨还原，催化还原法分为选择性还原法和非选择性还原法。

(1) 选择性还原法

该法是以氨作为还原剂，以铂系或其他组成为催化剂主要活性成分，载体为三氧化二铝。吸收塔残余的氮氧化物经预热后进入催化转化器，在一定的催化温度下，将氮氧化物还原为氮气，反应如下：

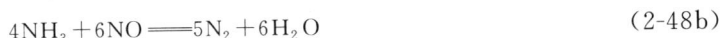

$$8NH_3 + 6NO_2 === 7N_2 + 12H_2O \tag{2-48a}$$

$$4NH_3 + 6NO === 5N_2 + 6H_2O \tag{2-48b}$$

选择性还原法可使尾气中氮氧化物含量低于 $200mg/m^3$。但是该法因消耗一定量的氨，使得硝酸生产成本有所增加。

(2) 非选择性还原法

该法利用各种燃料，如天然气，含甲烷、CO 和氢气的焦炉气等，以钯和铂为主要活性组分的催化剂性能较佳，在有氧的条件下，将氮氧化物还原为氮气。以甲烷为例，进行下列反应：

$$CH_4 + 4NO === 2N_2 + CO_2 + 2H_2O \tag{2-49}$$

加压法生产硝酸尾气中 O_2 浓度含量可达 3%，有时甚至更高。常压法尾气中 O_2 的含量比加压的更高。这种情况适用于非选择性还原法，尽管此法消耗燃料较多，但流程可回收大量热能。

2.2.6 稀硝酸生产工艺流程

硝酸生产工艺流程有十几种，按操作压力分为三类，常压法、全压法和综合法。

1. 常压法

常压法是指氨氧化和酸吸收过程均在常压下进行，我国早期稀硝酸生产多为常压法。该种流程因在较低压力下进行氨氧化，所以氨的氧化率高，催化剂铂耗较低，设备结构简单，因吸收在常压下进行，酸的浓度较低，为提高酸的浓度常采用多个吸收塔串联，故吸收容积大，投资高，成品酸的浓度也提高不多，尾气中氮氧化物的含量较高，环境污染较为严重，后续需要进一步处理。

2. 全压法

该法流程中氨氧化和酸吸收过程均在加压下进行，吸收过程分为中压吸收（0.2～0.5MPa）和高压吸收（0.7～1.0MPa或更高），由于酸吸收在加压下进行，所以氮氧化物的吸收率较高，吸收塔容积小，成品酸的浓度较高，尾气排放的氮氧化物浓度较低，能量回收率高。但是该流程与常压法相比，氨氧化率较低，且铂的损耗较大。该法适用于氨价格便宜的情况。

全高压法流程起源于 1963 年，由美国魏泽里（Weatherly）公司首先开发。我国在 1998 年，河南平顶山尼龙 66 盐公司引进美国魏泽里技术，其工艺流程见图 2-27。

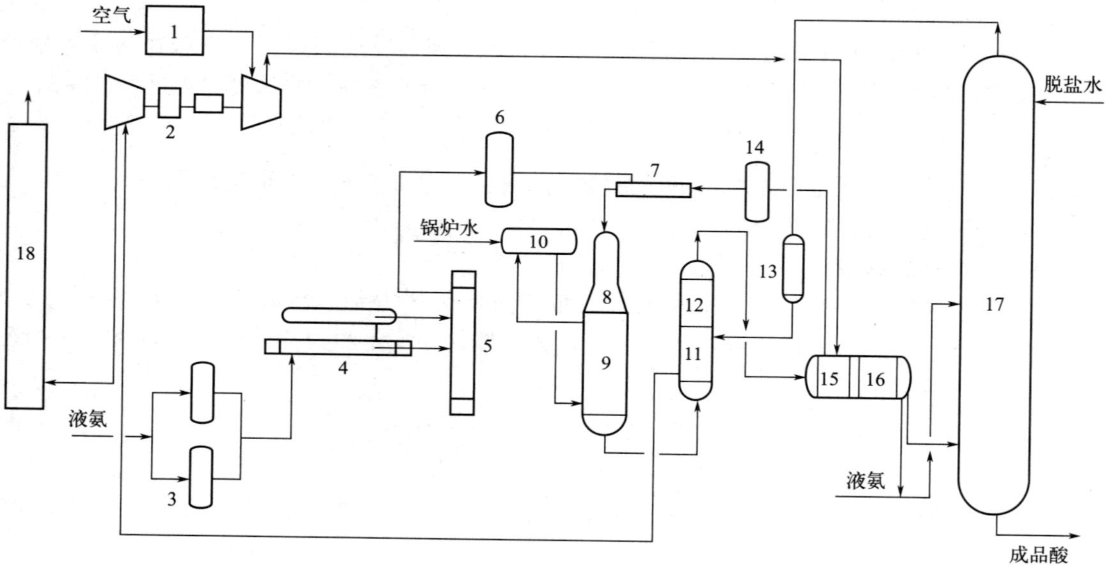

图 2-27　全高压法稀硝酸生产魏泽里工艺流程

1—空气入口过滤器；2—压缩机组；3—液氨过滤器；4—液氨蒸发器；5—氨过热器；6—气氨过滤器；
7—氨、空气混合器；8—氧化炉；9—废热锅炉；10—汽包；11—尾气加热器；12—铂过滤器；13—尾气预热器；
14—入口热空气过滤器；15—空气加热器；16—冷却冷凝器；17—吸收塔；18—尾气烟囱

此工艺流程特点表现为氨氧化炉压力（表压）为 1.16MPa，反应温度 921℃，氨转化率高达 95%，采用铂网 28 张，每吨硝酸铂耗大约为 0.1g。废热锅炉可回收 3.5MPa 的蒸汽，每吨硝酸副产 1.39 吨蒸汽。吸收塔为板式泡罩塔，塔高 32m，塔径 2.4m，共有 49 层塔板，其中吸收段 40 层，漂白段 9 层。1～23 层用循环冷却水冷却，25～29 层用 1.7℃ 的 38% 碳酸钾冷冻盐水冷却。吸收塔尾气温度为 4℃，压力 1.12MPa，被加热至 350℃，进入尾气膨胀机回收能量后放空。吸收塔的吸收率为 98%，成品酸浓度 65%，尾气氮氧化物含量不高于 180mg/kg，低于排放标准，可直接排放。

3. 综合法

综合法又称双压法，氨氧化和酸吸收过程分别在不同的压力下进行。综合法有两种工艺流程：一种是常压氨氧化-加压酸吸收流程；另一种是中压氨氧化-高压酸吸收流程。前者流程因常压氨氧化，氨耗和铂的损耗都较低；因高压吸收，吸收塔体积小，不锈钢用量少，投资少。后者流程因吸收压力较高，成品酸的浓度高，一般可达60%，尾气氮氧化物浓度低于200mg/kg。综合法的典型工艺流程见图2-28。

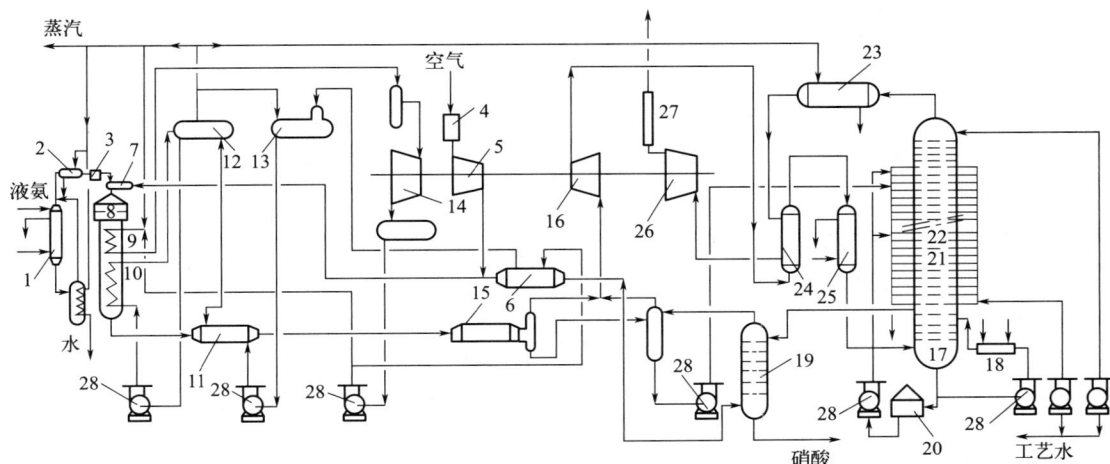

图 2-28 综合法稀硝酸生产工艺流程

1—氨蒸发器；2—氨预热器；3—氨过滤器；4—空气过滤器；5—空气压缩机；6—空气预热器；
7—氨-空气混合器；8—氧化炉；9—蒸汽过滤器；10—废热锅炉；11—节热器；12—汽包；13—脱氧槽；
14,26—蒸汽透平；15,25—冷凝器；16—氧化氮压缩机；17—氧化塔；18—酸冷却器；19—漂白塔；
20—收集槽；21—吸收塔；22—吸收塔冷却区；23—尾气预热器；24—尾气加热器；27—排气筒；28—泵

该流程特点有：因氧化炉内设置特殊的气体分布器，铂网上气体分布均匀，故氨利用率高，氨的氧化率可达96.7%，氮氧化物的吸收率99.8%，氨的总利用率96.5%；本流程尽管加压，氨氧化压力0.55MPa，但因网温度分布均匀，故铂的损耗并不大，铂耗在90～110mg/t硝酸（100%）；因流程在吸收过程的压力为1.1～1.5MPa，NO的氧化速度大大加快，即使不设置NO氧化塔，气体在输送管道和设备空间已进行NO的氧化，所以在吸收塔中NO的氧化度可达90%～97.8%，故在成品酸中HNO_3的含量达到60%左右。另外，由于吸收是在加压和低温下进行的，在吸收塔内NO的氧化度也加大了，所以尾气中的氮氧化物浓度仅仅为100mg/kg，可直接排放，不用再进行尾气处理。

需要指出的是，近代出现了兼产两种不同HNO_3含量稀硝酸的巴马格（Barmag）法流程，该流程是由德国巴马格公司所开发，工艺流程突出特点是，在吸收塔内，NO_2吸收部分，混合气体自下而上进入吸收塔第一块筛板前，气相中NO被充分氧化成了NO_2，使得气相中NO_2含量大大超过与70%硝酸液面平衡的气相NO_2含量，70%成品酸在塔底引出，60%成品酸在相应的塔内某一吸收筛板上引出，实现了在同一装置中既能生产HNO_3含量为60%成品稀硝酸，又能生产HNO_3含量为70%的成品稀硝酸，总投资无变化，这样生产稀硝酸非常经济。巴马格流程中吸收后的尾气中氮氧化物含量小于700mg/kg，尾气排放前需要进一步处理。与巴马格流程类似的还有杜邦流程，其兼产两种成品酸的原理和流程与巴马格的类似，但由于流程采用全加压法操作，尾气中氮氧化物含量较低，在300mg/kg以下。

2.3 纯碱

2.3.1 概述

纯碱即无水碳酸钠，分子式为 Na_2CO_3，俗称苏打或碱灰。其外观为白色粉末状，20℃时的真密度为 $2533kg/m^3$，随颗粒大小不同，它的堆密度也不同，故纯碱有轻质纯碱和重质纯碱之分，比热容为 $1.04kJ/(kg \cdot K)$，熔点为 851℃。易溶于水，能形成 $Na_2CO_3 \cdot H_2O$、$Na_2CO_3 \cdot 7H_2O$、$Na_2CO_3 \cdot 10H_2O$ 三种水合物，且水合时放热，其水溶液呈碱性，故有时也称为碱。

纯碱作为重要的基本化工原料，广泛应用于玻璃、造纸、陶瓷、纺织、冶金、染料、食品、医药等化学工业生产和日常生活。所以，纯碱的产量和技术水平也折射出一个国家在化学工业中的发展水平和地位。

纯碱来源于天然碱和工业制碱，天然碱主要产于干旱少雨的地区，如我国的内蒙古、青海、宁夏、新疆等地。工业制碱始于 1791 年，法国人路布兰提出以食盐、煤、硫酸和石灰石为原料，间歇生产出纯碱。1861 年，比利时的苏尔维提出氨碱法制碱，以食盐、石灰石、焦炭和氨为原料，该法具有连续生产、产量大、成本低的特点，故直到现在，该法生产纯碱产量占总量的比例也较大。20 世纪 40 年代，我国科学家侯德榜成功研究出联合制碱法，简称为联碱法，它是将纯碱和氨的生产联合起来，产品包括纯碱和氯化铵。联碱法、氨碱法和天然碱加工是世界生产纯碱的主要方法，其他的方法，如芒硝制碱法、霞石制碱法等，所占比重很小。

2.3.2 氨碱法制纯碱

1. 基本过程和化学反应原理

氨碱法生产纯碱通常包括精盐水的制备、氨盐水的制备、氨盐水的碳酸化、碳酸氢钠的过滤与煅烧、二氧化碳与石灰乳的制备和氨的回收六个基本工序。

① 精盐水的制备　除钙镁离子的化学反应式：

$$Mg^{2+} + Ca(OH)_2 \longrightarrow Ca^{2+} + Mg(OH)_2 \downarrow \tag{2-50}$$

$$Ca^{2+} + 2NH_3 + CO_2 + H_2O \longrightarrow CaCO_3 \downarrow + 2NH_4^+ \tag{2-51}$$

② 氨盐水的制备　为制备适合碳酸化用的氨盐水，用精盐水吸收来自蒸氨塔的氨气（其中含有 CO_2 和水蒸气）。化学反应如下：

$$NH_3 + H_2O \longrightarrow NH_3 \cdot H_2O \tag{2-52}$$

$$2NH_3 + CO_2 + H_2O \longrightarrow (NH_4)_2CO_3 \tag{2-53}$$

③ 氨盐水的碳酸化　氨盐水与二氧化碳作用，得到粗半成品碳酸氢钠和氯化铵，即氨盐水的碳酸化。其化学反应式为

$$NaCl + NH_3 + CO_2 + H_2O \longrightarrow NaHCO_3 + NH_4Cl \tag{2-54}$$

④ 碳酸氢钠的煅烧　碳酸氢钠受热分解生成碳酸钠，同时所含的碳酸氢铵和碳酸铵也一起分解：

$$2NaHCO_3 \xrightarrow{\triangle} Na_2CO_3 + CO_2 \uparrow + H_2O \uparrow \tag{2-55}$$

$$NH_4HCO_3 \xrightarrow{\triangle} NH_3 \uparrow + CO_2 \uparrow + H_2O \uparrow \tag{2-55a}$$

$$(NH_4)_2CO_3 \xrightarrow{\triangle} 2NH_3\uparrow + CO_2\uparrow + H_2O\uparrow \tag{2-55b}$$

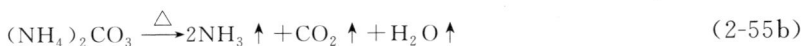

⑤ 二氧化碳和石灰乳的制备　氨盐水碳酸化所用二氧化碳，由石灰石在窑内煅烧得到，同时蒸馏氯化铵所用石灰乳，由石灰石煅烧得到的石灰和水作用制得。

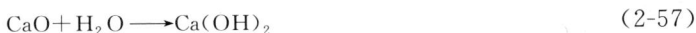

$$CaCO_3 \longrightarrow CaO + CO_2\uparrow \tag{2-56}$$

$$CaO + H_2O \longrightarrow Ca(OH)_2 \tag{2-57}$$

⑥ 氨的回收　碱液中的氯化铵用石灰乳加以回收，反应如下：

$$2NH_4Cl + Ca(OH)_2 \xrightarrow{\triangle} 2NH_3\uparrow + 2H_2O\uparrow + CaCl_2 \tag{2-58}$$

2. 氨碱法生产工艺流程

氨碱法制纯碱的工艺流程见图 2-29。

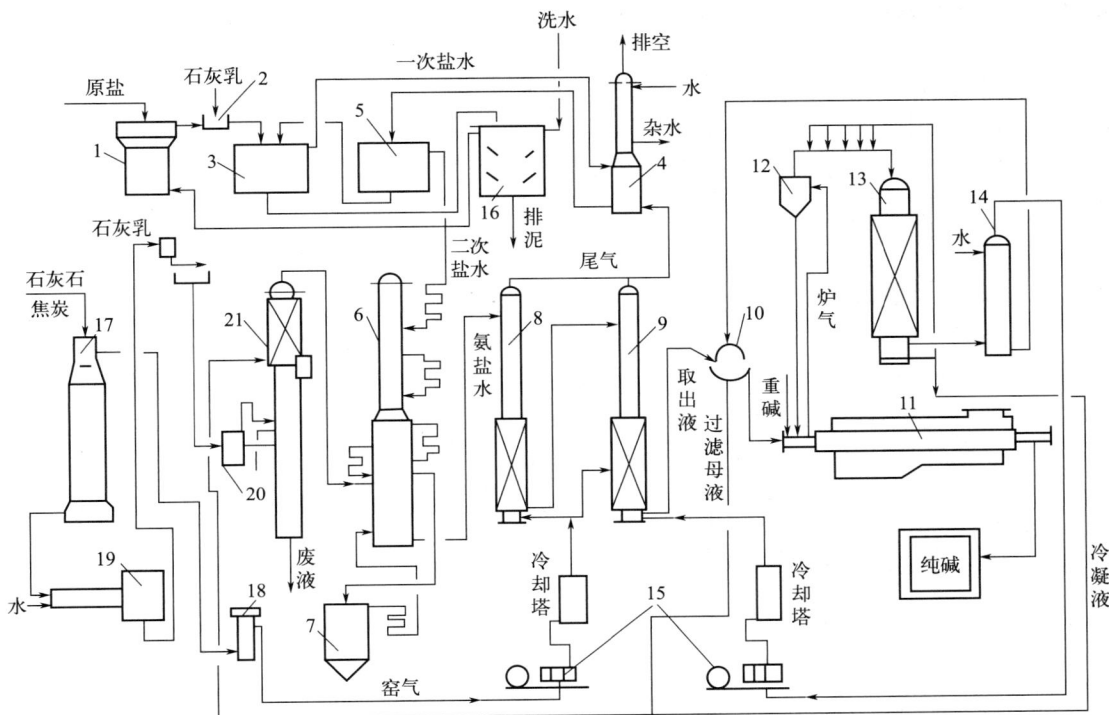

图 2-29　氨碱法制纯碱的工艺流程

1—化盐桶；2—调和槽；3——一次澄清桶；4—除钙塔；5—二次澄清桶；6—吸氨塔；7—氨盐水澄清桶；8—碳酸化塔（清洗）；9—碳酸化塔（制碱）；10—过滤机；11—重碱燃烧炉；12—旋风分离器；13—炉气冷凝塔；14—炉气洗涤塔；15—二氧化碳压缩机；16—三层洗泥桶；17—石灰窑；18—洗涤塔；19—化灰桶；20—预灰桶；21—蒸氨塔

原盐进入化盐桶制得饱和食盐水，用石灰乳在调和槽中除去盐水中的镁离子得到一次盐水，然后进入除钙塔，用碳酸化塔尾气中的 CO_2 吸收一次盐水中的钙离子得到二次盐水，即精制的盐水。净化后的盐水从二次澄清桶出来进入吸氨塔吸收由蒸氨塔回收得到的氨，又经氨盐水澄清桶，从而得到氨盐水。

氨盐水首先经碳酸化塔（清洗），溶解掉沉淀的碳酸氢盐，同时吸收在该塔底导入的 CO_2，碳酸化塔（清洗）出来的部分碳酸化的氨盐水送往碳酸化塔（制碱）进一步吸收 CO_2，得到 $NaHCO_3$，碳酸化塔（清洗）和碳酸化塔（制碱）所用的 CO_2 来自石灰窑的窑气，窑气通过洗涤塔洗涤，又经二氧化碳压缩机压缩分别进入碳酸化塔（清洗）和碳酸化塔

（制碱），用于清洗和制碱。碳酸化塔（制碱）底出来的悬浮液经过滤机过滤，得到结晶 $NaHCO_3$ 和过滤母液。结晶 $NaHCO_3$ 送往重碱煅烧炉，使之受热分解为纯碱，炉气进入旋风分离器分离，又经冷凝和洗涤送往碳酸化塔底。过滤母液为 NH_4Cl 和未利用的 $NaCl$，将其送往蒸氨塔，与加入的石灰乳作用，并通过蒸汽加热进行汽提，从而实现氨的回收，所用石灰乳经化灰桶由石灰石和焦炭经石灰窑煅烧得到的石灰与水水合得到。

3. 精盐水的制备

氨碱法制备纯碱的主要原料之一为食盐水，因粗盐水来源不同，其组成也大不相同，工业生产纯碱要求精制后的食盐水钙镁离子总量不超过 30×10^{-6}（质量分数）。因盐水存在钙镁离子，在氨化时生成 $Mg(OH)_2$ 沉淀，而后续氨盐水碳酸化时又生成 $CaCO_3$ 和 $MgCO_3$ 等不溶盐，它们会堵塞管道和设备，且混入产品影响质量。所以，氨碱法所用精制盐水应是来自原盐溶解或海盐、池盐、井盐水等天然盐水，即粗盐，经除钙镁等杂质，制得饱和精制的盐水。

碱厂精制粗盐常用石灰-纯碱法和石灰-碳酸铵法。石灰-纯碱法是利用石灰乳先除镁，然后用纯碱除钙，该法特点是一次除钙镁离子。石灰-碳酸铵法，首先向粗盐水中加入石灰乳除镁，得到一次盐水，操作时注意控制 pH 值为 $10 \sim 11$，有时为加速沉淀，常常加入絮凝剂。然后与碳酸化塔塔顶来的含氨和二氧化碳尾气在除钙塔内逆流接触除钙，得到精制盐水，即二次盐水。该法既精制了盐水，又达到了回收氨气和二氧化碳的目的。

4. 氨盐水的制备

因为制备纯碱，需要用盐水吸收二氧化碳，但是二氧化碳不易溶于盐水中，即二氧化碳在盐水中溶解度很小。而二氧化碳易溶于氨盐水中，且氨在盐水中浓度越高，二氧化碳的吸收越快。所以，纯碱生产过程先进行氨盐水制备，后进行碳酸化。需要指出，盐水氨化，除了制备了氨盐水外，还进一步除去了盐水中的钙镁离子。生产过程中，所用氨来自蒸氨塔，故氨气中含有少量的二氧化碳和水蒸气，吸收反应见式(2-52) 和式(2-53)，氨水溶液中主要是 $NH_3 \cdot H_2O$ 形式，含少量的 NH_4^+。

(1) 精制盐水吸收氨的气液平衡特点

① 气液平衡　由于溶液中 NH_3 和 CO_2 的吸收，它们的量逐渐增加，且发生化学反应生成 $(NH_4)_2CO_3$，因此溶液上方氨的平衡分压较同一浓度氨水的平衡分压要低，而且溶液中 CO_2 的含量越高，氨的平衡分压就越低。由于溶液中生成了 $(NH_4)_2CO_3$，溶液上方水蒸气的分压降低。

② 溶解度影响因素　由于盐水吸氨，溶液中同时含有溶质 $NaCl$ 和 NH_3，随着氨不断被吸收，$NaCl$ 的溶解度不断降低，氨吸收得越多，$NaCl$ 的溶解度降低得越多。另外，由于盐水中一部分水与 $NaCl$ 水化，自由水分少了，使得氨在水中溶解度降低，即盐析效应。吸氨盐水中氨的溶解度随温度变化规律与氨在水中溶解度受温度的影响一样，即温度升高溶解度下降。

③ 热效应　吸收氨和吸收二氧化碳都是放热过程，不利于吸收，故需要及时将热量导出，吸氨工序中的冷却过程显得尤为重要，但温度过低，不利杂质分离，工业上要控制吸收温度。

(2) 精制盐水吸收氨的工艺条件

① 盐水吸氨过程，尽管盐水多吸些氨有利于碳酸化，但由于氨和二氧化碳相互影响和相互制约，饱和盐水的吸氨量要适当控制，防止氯化钠在液相中溶解度随氨的浓度升高而大

幅度下降，导致制碱过程中钠的利用率过低。理论上氨和氯化钠的浓度比 $[NH_3]:[Cl]=1$，但考虑到碳酸化时氨的损失，一般 $[NH_3]:[Cl]=1.08\sim1.12$。

② 盐水吸氨是放热吸收过程，保持一定的氨吸收率，过程一定要换热导出热量，同时要保持一定温度，防止盐类结晶。所以，吸氨塔有多个塔外水冷器，塔中部温度不超过 $60\sim65℃$，塔底氨盐水冷却到 $30℃$。

③ 吸氨塔顶压力为 $75\sim85kPa$，部分真空下操作，一方面减少系统因装置不严密导致吸氨过程氨的漏气；另一方面加快了蒸氨塔中氨和二氧化碳的蒸出，便于引入吸氨塔。

5. 氨盐水的碳酸化

氨盐水的碳酸化是使氨盐水吸收二氧化碳，制得碳酸氢钠，它是纯碱生产过程最重要的一个工序。碳酸化过程中，不考虑过程细节，物质转化过程可以认为：

$$NaCl+NH_4HCO_3 \longrightarrow NaHCO_3\downarrow+NH_4Cl \tag{2-59}$$

$NaCl$ 转化为 $NaHCO_3$ 的转化率为钠的利用率，NH_4HCO_3 转化为 NH_4Cl 的转化率为氨的利用率。因为在氨碱法中，氨是循环的，生产过程因泄漏而补充的量不大。所以，钠的利用率极为重要，提高钠的利用率，生产每吨纯碱所消耗的氨盐水就少，即原料消耗减少。同时，盐水制备与精制、吸氨和冷却等过程负荷小，设备投资少，后续蒸馏母液也少，动力消耗也少。可以说，碳酸化是氨碱法生产的核心，它决定了整个生产的消耗和投资。

（1）氨盐水碳酸化机理

式（2-59）只是碳酸化反应的总反应方程式，多数学者认为氨盐水碳酸化过程机理如下。

① CO_2 在气相主体中，通过气膜扩散到气液相界面。

② CO_2 溶解于液膜中，并在液膜中与氨盐水生成氨基甲酸铵，该反应为

$$NH_3+CO_2 \longrightarrow NH_2COO^-+H^+$$

$$NH_3+H^+ \longrightarrow NH_4^+$$

两个反应式的离子反应式之和为

$$2NH_3+CO_2 \longrightarrow NH_2COO^-+NH_4^+$$

③ 氨基甲酸铵通过液膜进入液相主体，并在液相主体中发生水解：

$$NH_2COO^-+H_2O \longrightarrow HCO_3^-+NH_3$$

④ 释放出来的 NH_3 由液相主体扩散到气液界面再吸收 CO_2，而液相中 HCO_3^- 总浓度达到 $NaHCO_3$ 的溶度积，则生成 $NaHCO_3$ 沉淀。

研究表明，氨盐水碳酸化过程的控制步骤是液膜扩散，所以不断更新液膜有利于提高 CO_2 的吸收速率，为此碳酸化塔多采用菌帽式，它的突出特点是气体通过鼓泡进入液相，促进液膜的不断更新。

（2）$NaHCO_3$ 结晶动力学

在氨盐水碳酸化过程中，形成的 $NaHCO_3$ 晶体质量对碳酸化工序至关重要，生产要求较大颗粒的结晶，粒度大于 $100\mu m$，且颗粒均匀。这是因为较大的颗粒后续过滤阻力降低，滤饼残留的母液少，煅烧工序制得的纯碱质量好。$NaHCO_3$ 晶体形成与晶核生成速度和晶核成长速度有关。

$NaHCO_3$ 属于中等溶解度的盐类，且容易生成过饱和溶液，其极限过饱和度和极限过冷度随溶液饱和温度的下降稍有提高。极限过饱和度定义为溶液不至于自发形成晶核的最大过饱和度；极限过冷度为饱和溶液冷却时不至于自发形成晶核的最大冷却温差。冷却速度加大，极限过饱和度和极限冷却度也增大。

另外，氨盐水碳酸化过程中，$NaHCO_3$ 的过饱和度随 CO_2 的吸收速率增大而逐渐增加。值得注意的是，$NaHCO_3$ 结晶速度和晶粒大小不仅与初始过饱和度有关，还与溶液冷却速度、流体力学和饱和温度有关。温度提高，结晶速度提高，但是 $NaHCO_3$ 溶解度也提高，即过饱和度降低，这又使得结晶速度降低了。一般开始温度维持在 $60℃$ 左右，结晶后期温度降低到 $25℃$，整个结晶处于缓慢的冷却过程。

总之，控制晶核生成速度，晶核少，易生成大的晶粒。而控制晶核生成速度，即通过控制冷却速度和碳酸化速度实现。

（3）氨盐水碳酸化主要工艺条件

碳酸化目标是提高钠的利用率和得到满意粒度的 $NaHCO_3$ 晶体，而这些很大程度取决于碳酸化的工艺条件。由前面讨论结果得到，氨盐水中 $NaCl$、NH_3 和引入塔内的 CO_2 浓度越大，塔底温度越低，钠的利用率越高；合理的冷却速度和碳酸化速度，即合适的过饱和度，可获得较多的 $NaHCO_3$ 晶体。氨盐水碳酸化具体实施的工艺条件如下。

① 不同浓度 CO_2 在塔的不同位置进入，制碱塔下段 CO_2 浓度尽可能提高，所以下段气体压缩尽量少掺入窑气，而且下段进气温度控制在 $25\sim30℃$ 左右，避免温度过高，而降低了钠的利用率。

② 氨盐水在碳酸化塔的停留时间控制在 $1.5\sim2h$，塔顶出口气体 CO_2 含量不超过 $6\%\sim7\%$，含氨可达 15%。

③ 碳酸化塔下部设置冷却段，位于塔高 2/3 处，控制温度在 $60\sim68℃$，并使之稳定，控制 $NaHCO_3$ 晶体生成速度，提高生长速度，保证 $NaHCO_3$ 晶体质量。

④ 因 $NaHCO_3$ 结晶也可能发生在设备等固体表面上，晶体附着在器壁上，降低传热效率，并且堵塞管路。通常碱厂采用多个碳酸化塔组合操作，某塔需要清洗，其余塔进行碳酸化过程。清洗方法是将氨盐水通入清洗塔，塔底通入石灰窑来的窑气，控制塔内处于较高温度，则 $NaHCO_3$ 晶体溶解。进清洗塔的氨盐水温度为 $30\sim38℃$，在清洗塔内吸收 CO_2，不冷却，温度升高 $7\sim10℃$。

6. 碳酸氢钠的过滤和煅烧

碳酸化塔出来的悬浮液经过滤将 $NaHCO_3$ 晶体和母液分离，所得的 $NaHCO_3$ 晶体经煅烧制得纯碱成品，母液送往蒸氨工序回收氨。

（1）过滤过程

悬浮液采用真空过滤机，经过滤、洗涤、脱水、吹干、压挤和滤饼刮下等操作，获得重碱和滤液。过滤时需要对滤饼进行洗涤，除去残留在 $NaHCO_3$ 晶体中的母液，因为母液中有一部分是 NH_4Cl，在重碱煅烧中会与 $NaHCO_3$ 发生复分解反应生成 $NaCl$ 进入纯碱，影响产品质量。需要指出，洗水应当用软水，避免带入钙镁离子形成沉淀，增加过滤阻力。

过滤操作主要工艺条件是控制真空度，一般为 $27\sim33kPa$。另外，需要控制洗涤水的量和温度，温度过高，$NaHCO_3$ 损失大，温度太低，洗涤不完全，则成品含 $NaCl$ 过多；水量大，氨蒸工序负荷增大，水量小，洗涤不彻底。一般控制 $NaCl$ 不超过 1% 为宜。

（2）煅烧过程

煅烧过程使得 $NaHCO_3$ 分解制得纯碱，同时产物二氧化碳用于碳酸化。化学反应方程式：

$$2NaHCO_3 \xrightarrow{\triangle} Na_2CO_3 + CO_2 \uparrow + H_2O \uparrow$$

反应平衡常数：

$$K_p = p_{H_2O} p_{CO_2} \tag{2-60}$$

纯 $NaHCO_3$ 时，$p_{H_2O} = p_{CO_2}$，则

$$p_{H_2O} = p_{CO_2} = \sqrt{K_p} = \frac{1}{2} p$$

式中，p_{H_2O}、p_{CO_2} 分别为水蒸气和二氧化碳的平衡分压，kPa；p 为 $NaHCO_3$ 的分解压力，kPa，见表 2-10；K_p 为平衡常数，为温度的函数。

表 2-10　不同温度下 $NaHCO_3$ 的分解压力

温度/℃	30	50	70	90	100	110	115
p/kPa	0.8	4.0	16.05	55.24	97.47	167.00	219.58

当温度为 100~101℃，$NaHCO_3$ 完全分解的分解压力达 101.3kPa。但实验结果表明，在该温度下，分解的反应速率较慢，反应温度越高，分解速率越快，所需时间也就越短，在 190℃ 下，0.5h $NaHCO_3$ 即可完全分解。所以，通常控制分解温度在 160~200℃ 范围。

需要指出，当滤饼夹带有 NH_4Cl 时，煅烧时伴随下列反应发生：

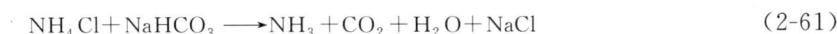

$$NH_4Cl + NaHCO_3 \longrightarrow NH_3 + CO_2 + H_2O + NaCl \tag{2-61}$$

重碱含有 NH_4Cl 越多，纯碱产品中含 $NaCl$ 的量越大。所以，重碱过滤时，洗涤除去 NH_4Cl 很重要。

另外，过滤所得的重碱中含有水分，当水含量较高时，煅烧过程极易发生熔融黏壁和结块。实际生产过程中，将待煅烧的 $NaHCO_3$ 中加入一定量已煅烧好的纯碱，这种处理方法称为"返碱"，该操作可以降低原始重碱的含水量，一般混合后的碱料中含水量控制在 8% 左右。

$NaHCO_3$ 煅烧的设备称为煅烧炉，现主要分为外热式回转煅烧炉和蒸汽煅烧炉两类。外热式回转煅烧炉炉体水平安装，炉内碱料靠其重量和分散力，借助旋转产生的自然倾斜角，在炉内前进。该类设备热效率低，操作条件差，现多已淘汰。蒸汽煅烧炉使用较为广泛，其结构如图 2-30 所示。

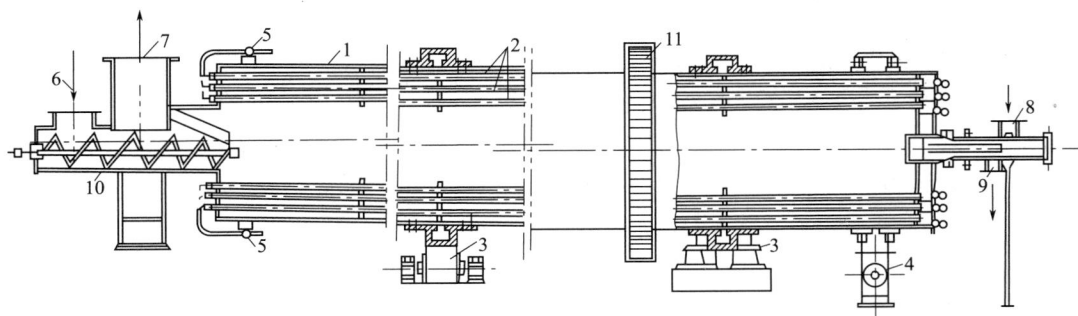

图 2-30　蒸汽煅烧炉

1—炉体；2—加热蒸汽管；3—托轮；4—出碱口；5—不凝缩气体排放口；6—重碱入口；7—炉气出口；
8—蒸汽入口；9—冷凝水出口；10—进碱螺旋输送机；11—传动大齿轮

蒸汽煅烧炉的整个炉体支撑在托轮上，有 1°~2° 倾斜度，借助中部的齿轮通过电机转动。炉体外保温，炉内有加热蒸汽管。加热蒸汽压力为 2.9~3.3MPa，由炉尾通过一个能随炉体转动的带有固定外套的空心轴进入炉内蒸汽室，套上配有蒸汽入口管和冷凝水出口管。该形式煅烧炉的生产能力是外热式的 2.5~3.0 倍，热效率可达 80%，钢材用量少，寿

命长，生产强度低，操作方便。但还是需要返碱，现德国出现自身返碱蒸汽煅烧炉，我国也已开发出管式自身返碱煅烧炉，它们使得煅烧操作大为简化。

7. 二氧化碳和石灰乳的制备

氨碱法生产过程中盐水精制和后续氨回收工序需要大量的石灰乳，碳酸化工序又需要大量的二氧化碳气体。煅烧石灰石可以制得二氧化碳和生石灰，生石灰通过消化制取石灰乳。

(1) 石灰石的煅烧

石灰石主要化学成分为 $CaCO_3$，含量多为 90% 以上。其煅烧过程中，发生受热分解反应：

$$CaCO_3 \xrightarrow{\triangle} CaO + CO_2 \uparrow \qquad \Delta H^{\ominus}_{298} = 181kJ/mol$$

该反应为吸热和体积数增加的反应。由化学平衡原理可知，提高温度或降低压力，均可使反应向右进行，有利于分解反应。为使其分解，可以提高温度或将产生的二氧化碳导出。实验测得纯的 $CaCO_3$ 在 898℃下的分解压力为 101.3kPa。碳酸钙矿石的分解温度与 $CaCO_3$ 的纯度、杂质、晶形和粒度等有关。尽管提高温度，分解速度加快，但石灰石可能熔融，同时还要考虑石灰窑材料的承受温度和热量消耗加重问题。另外，石灰石煅烧温度还要考虑煅烧后生石灰消化的难易，煅烧温度过高，生石灰消化时间长。所以，石灰石煅烧温度一般不超过 1200℃。

(2) 石灰乳的制备

石灰石煅烧生成的生石灰，即氧化钙，加水进行的过程为消化过程，反应如下：

$$CaO + H_2O \longrightarrow Ca(OH)_2 \qquad \Delta H^{\ominus}_{298} = -64.9kJ/mol$$

消化反应放出大量的热，生石灰体积膨胀松散。消化过程因加水量的多少而可得到消石灰（粉末状）、石灰膏（稠厚不流动）、石灰乳（消石灰在水中的悬浮液）和石灰水［Ca(OH)$_2$ 水溶液］。氨碱法要求其流动性好，不沉淀，一般要求消石灰悬浮液密度为 1160～1220kg/m^3，其中活性 CaO 含量为 220～300kg/m^3。

8. 氨的回收

(1) 氨的回收原理

在氨碱法制碱生产过程中，氨是循环使用的，生产数据表明，每生产 1t 纯碱，需要 0.4～0.5t 氨在系统内循环，工业生产采用蒸馏的方法回收氨。需要回收的氨由碳酸化母液、锅炉洗涤液、补充的氨水液和泥浆中和氨等构成。这些含氨混合液体分为两类，一是游离氨，称为淡液；二是结合氨。游离氨经加热即可蒸出，发生如下反应。

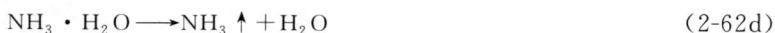

$$NH_4HCO_3 \longrightarrow NH_3 \uparrow + H_2O + CO_2 \uparrow \qquad\qquad (2\text{-}62)$$

$$(NH_4)_2CO_3 \longrightarrow 2NH_3 \uparrow + H_2O + CO_2 \uparrow \qquad\qquad (2\text{-}62a)$$

$$NH_4HS \longrightarrow NH_3 \uparrow + H_2S \uparrow \qquad\qquad (2\text{-}62b)$$

$$(NH_4)_2S \longrightarrow 2NH_3 \uparrow + H_2S \uparrow \qquad\qquad (2\text{-}62c)$$

$$NH_3 \cdot H_2O \longrightarrow NH_3 \uparrow + H_2O \qquad\qquad (2\text{-}62d)$$

溶解于母液中的 $NaHCO_3$ 和 Na_2CO_3 发生复分解反应：

$$NH_4Cl + NaHCO_3 \longrightarrow NH_3 \uparrow + CO_2 \uparrow + H_2O + NaCl \qquad\qquad (2\text{-}63a)$$

$$2NH_4Cl + Na_2CO_3 \longrightarrow 2NH_3 \uparrow + CO_2 \uparrow + H_2O + 2NaCl \qquad\qquad (2\text{-}63b)$$

回收结合氨，需要加入石灰乳，使结合氨分解成游离氨，并通过加热蒸出，化学反应如下：

$$Ca(OH)_2 + 2NH_4Cl \longrightarrow 2NH_3\uparrow + 2H_2O + CaCl_2 \qquad (2\text{-}64)$$

需要指出，碳酸化母液中有 CO_2，若直接加入石灰乳，发生下列反应：

$$Ca(OH)_2 + CO_2 \longrightarrow CaCO_3\downarrow + H_2O \qquad (2\text{-}65)$$

（2）氨的回收流程及设备

由反应式(2-65)可知，该反应使得 CO_2 损失，石灰乳用量增加。所以，游离氨和结合氨分别处理，蒸氨需要分两个塔段进行，预热段完成游离氨的回收，石灰蒸馏段回收结合氨，两段之间设置预灰桶，在此进行结合氨变游离氨的反应。氨回收的工艺流程和设备结构见图 2-31。

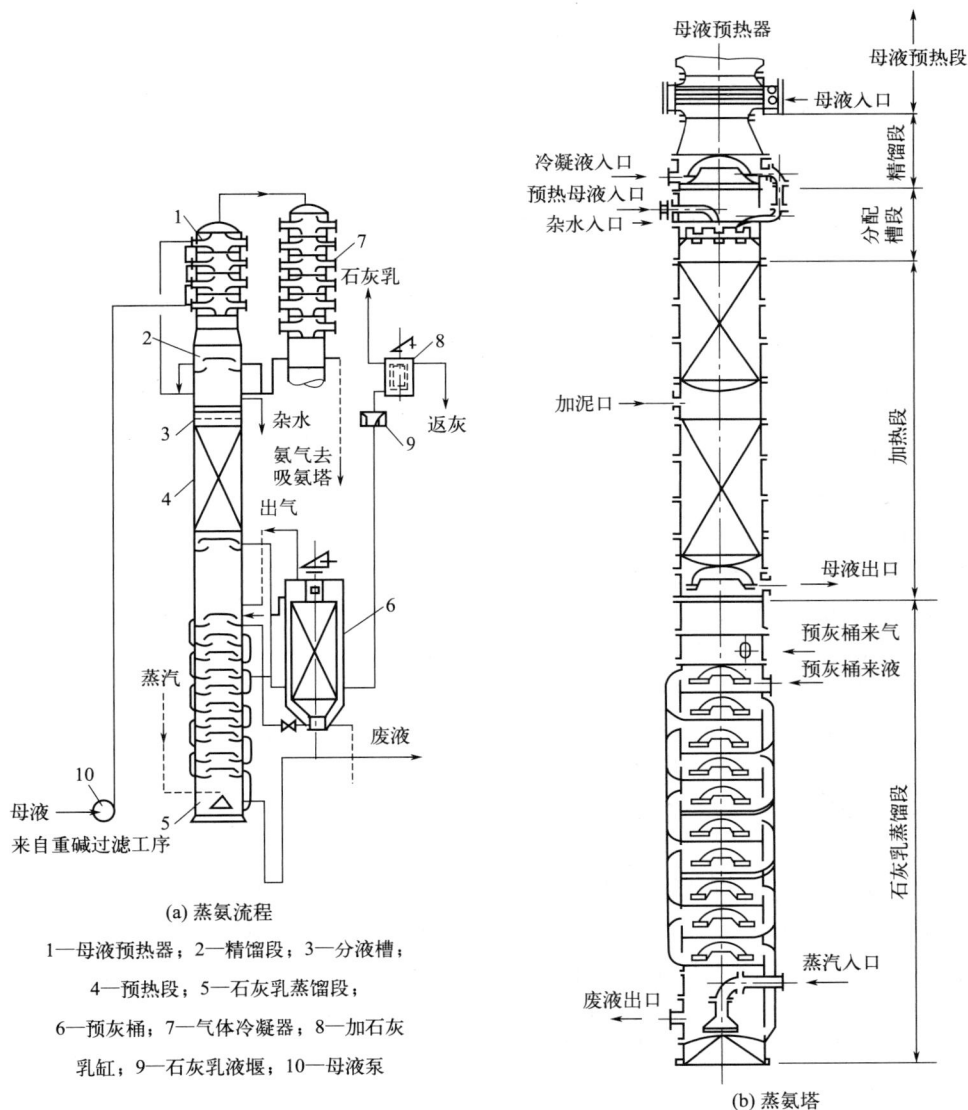

(a) 蒸氨流程

1—母液预热器；2—精馏段；3—分液槽；

4—预热段；5—石灰乳蒸馏段；

6—预灰桶；7—气体冷凝器；8—加石灰

乳缸；9—石灰乳液堰；10—母液泵

(b) 蒸氨塔

图 2-31 蒸氨流程与蒸氨塔

来自重碱过滤工序的母液，经母液泵导入蒸氨塔母液预热器，被管外热氨气预热，热氨气冷却后，进入冷凝器，冷凝出水后送往吸氨工序，而母液从预热段流入塔中部加热段，加热段为填料塔，预热的母液与下部上升的热气（水蒸气和氨气）在填料的表面直接传热和传质，蒸出游离氨和二氧化碳，其残液主要为结合氨 NH_4Cl。含结合氨的母液进入预灰桶，通过搅拌使其与加入的石灰乳均匀混合，实现结合氨转化为游离氨，生成的氨气进入加热段。液相进入塔下部石灰乳蒸馏段，段内有多个单菌帽形泡罩塔板，在塔板上与下部进入的 0.17MPa 低压蒸汽传质和传热，通过汽提实现氨的分离，含微量氨的废液由塔底排出。

（3）氨回收工艺条件

① 温度 蒸氨过程热源采用低压蒸汽直接通入料液，入塔前除去冷凝液，避免料液稀释和氨的损失，蒸汽通入量应使加热段底部温度到达 100℃，除尽 CO_2，整个塔塔底温度维持在 110～117℃，塔顶维持在 80～85℃。另外，蒸氨冷凝器的出口气体温度不宜过高，防止大量蒸汽将氨气带入吸氨塔，使得氨盐水中氨的浓度降低，但是出口气体温度过低，冷凝器和出口管内生成碳酸铵盐的结晶，堵塞设备和管道。所以，冷凝器出口气温控制在 60～65℃；进入灰桶的液体温度控制在 99～103℃，在灰桶内反应后的溢流液体温度在 95～96℃ 范围。

② 压力 由蒸馏原理可知，减压有利于蒸氨。一般塔底下部压力和直接蒸汽压力接近，预灰桶的压力保持常压，塔顶压力保持一定的真空度，约为 0.799kPa。生产过程中防止真空度过度，以免漏入空气，降低氨的浓度，使氨的吸收效果降低。

③ 石灰乳浓度 石灰乳浓度高，石灰乳消耗量增加，但石灰乳浓度过低，母液被稀释，蒸汽消耗量增加。实际生产常采用石灰乳活性 CaO 浓度 4.0～4.5mol/L。

2.3.3 联合制碱法制纯碱

1. 联碱法生产基本过程及工艺流程

氨碱法制碱所用原料价廉易得，但是原料利用率不高，生产过程废液排出量较大，污染环境，为回收氨消耗大量石灰和蒸汽，且生产流程长。为解决上述问题，1938 年，我国著名化工专家和科学家侯德榜提出联合制碱法（简称联碱法），即侯氏制碱法，该法是将纯碱和合成氨联合生产，生产过程原料一部分采用合成氨厂的氨和二氧化碳，另外需要的原料是盐和水，该法在 20 世纪 60 年代正式投产。

联碱法生产包括制纯碱（制碱）和制氯化铵（制铵）两个过程。制碱过程包括吸氨、碳酸化、过滤和煅烧工序，其原理和生产过程同氨碱法。制铵过程包括盐水制备、盐析、冷析、过滤和干燥工序。其工艺流程见图 2-32。

联碱法的制碱生产过程工艺流程基本与氨碱法的相近，只是制氨过程有多种流程，这里以外冷流程为例。

原盐经洗盐机、球磨机、澄清桶、离心机，制成符合规定纯度和粒度的洗盐，送往盐析结晶器，洗涤液循环使用。在盐析结晶器制备饱和盐水，在吸氨塔中吸氨制得氨盐水，送往碳酸化塔，并采用合成氨系统提供的二氧化碳进行碳酸化，反应得到的重碱经过滤分离进入煅烧炉加热分解为纯碱和炉气，炉气经冷凝和洗涤进入二氧化碳压缩机返回碳酸化塔。

重碱过滤所得母液Ⅰ（被 $NaHCO_3$ 饱和，且 NH_4Cl 也接近饱和）先送往吸氨塔吸氨，HCO_3^- 大部分转化为 CO_3^{2-}，然后进入冷析结晶器降温，部分 NH_4Cl 析出。冷析结晶器出来的母液流入盐析结晶器，经洗盐的盐析作用，又析出部分 NH_4Cl，与冷析得的悬浮液一同经增稠、过滤和干燥制得成品氯化铵。滤液返回盐析结晶器，盐析结晶器清液送往母液换热器与母液Ⅰ换热，又经吸氨塔吸氨制成母液Ⅱ。

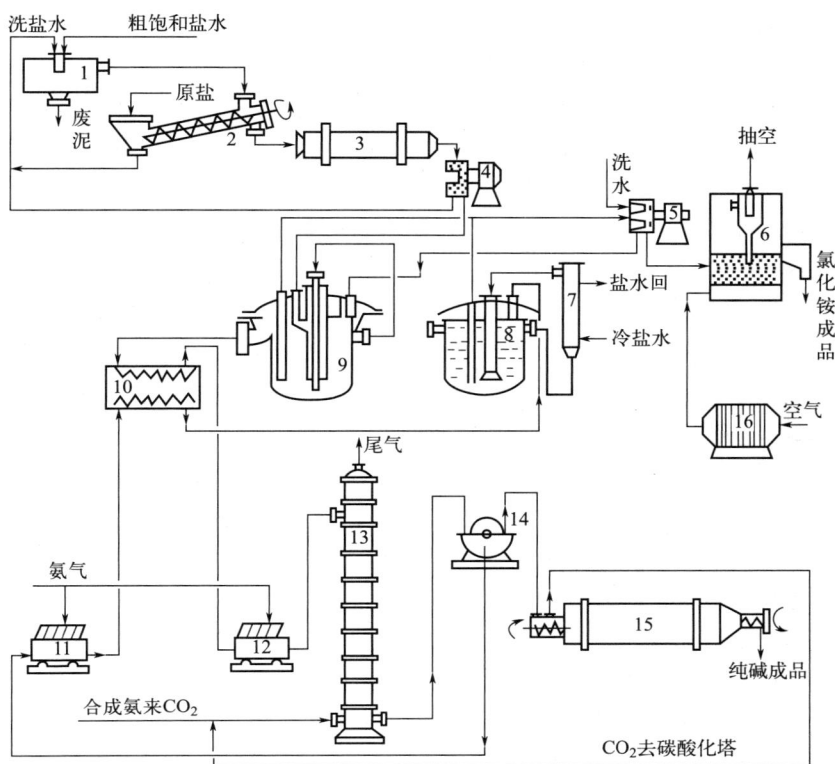

图 2-32 联碱法制碱工艺流程

1—澄清桶；2—洗盐机；3—球磨机；4,5—离心机；6—沸腾干燥炉；7—氨蒸发器；8—冷析结晶器；
9—盐析结晶器；10—换热器；11,12—吸氨塔；13—碳酸化塔；14—过滤机；15—重碱煅烧炉；16—空气预热器

联碱法的突出特点是原料利用率高，且不需石灰石及焦炭，不仅节省原料，还减少运输等方面的消耗，生产成本大大降低。另外，流程缩短，设备减少，且无大量废液和废渣排放。生产纯碱的同时，还获得了氯化铵产品。但是，该法生产过程腐蚀问题较严重，需要采取必要的防腐措施。

2. 联碱法制氯化铵原理和结晶原理

联碱法制氯化铵过程中氯化铵的结晶工序至关重要，过滤重碱所得母液 I，其中包括 $NaHCO_3$、NH_4Cl、$NaCl$ 和 NH_4HCO_3。因 $NaHCO_3$ 已达到饱和，为避免 $NaHCO_3$ 和 NH_4HCO_3 与 NH_4Cl 一同析出，母液 I 氨化，溶液发生下列反应：

$$NH_3 + H_2O \longrightarrow NH_4^+ + OH^- \tag{2-66}$$

$$NH_3 + HCO_3^- \longrightarrow NH_4^+ + CO_3^{2-} \tag{2-67}$$

(1) 冷析结晶原理

由上可知，母液 I 经氨化后，溶解度小的碳酸氢钠和碳酸氢铵转化为溶解度大的碳酸钠和碳酸铵，在母液冷却过程中碳酸盐不会与氯化铵一同析出，保证了氯化铵的纯度。

接下来考虑氯化钠和氯化铵的溶解度特性，这两种盐各自的溶解度随温度的变化完全不同，氯化钠溶解度随温度降低变化很小，而氯化铵溶解度随温度降低显著下降。溶解度的实验数据表明，当温度低于 25℃时，氯化铵溶解度随温度降低而大幅度下降，而氯化钠的溶解度随温度降低反而增加。所以，利用这一溶解度特性和区别，将母液 I 冷却降温，氯化铵单独析出，其纯度可达 99.5%。

（2）盐析结晶原理

冷析后的母液为半母液Ⅱ，加入洗盐，产生同离子（Cl^-）效应，降低了氯化铵的溶解度，使得氯化铵析出，该过程为盐析结晶过程。另外，氯化铵的结晶又有利于氯化钠溶解度的增大，这一过程不仅制得了氯化铵产品，还使母液Ⅱ中氯化钠浓度增加，有利于制碱。

2.4 烧碱

2.4.1 概述

烧碱即氢氧化钠，又称苛性钠。它广泛应用于化工、轻工、纺织、印染、造纸、医药、石油化工和冶金等工业领域。

无水氢氧化钠为白色半透明羽状结晶体，易溶于水，且溶解时放出大量的热，其水溶液呈强碱性，有强烈的腐蚀性，吸湿性极强，易吸收空气中的二氧化碳变为碳酸钠。工业烧碱产品有固体和液体两种。而固体碱又有块状、片状、粒状，液体碱规格有 30%、40% 和 50% 三种。纯固碱密度为 $2130kg/m^3$，熔点为 138.4℃。

烧碱的生产方法有化学法（苛化法）和电解法两种。化学法是使用纯碱水溶液与石灰乳进行苛化反应生成烧碱；电解法是以食盐水为原料，通过电解得到烧碱，同时副产氯气和氢气，故常称电解法生产烧碱为氯碱工业。

苛化法生产烧碱历史悠久，在电解法未出现前一直是生产烧碱的主要方法，其生产过程包括化碱、苛化、澄清和蒸发等工序，该法生产过程原料利用率低，能量消耗大。19 世纪末出现电解法制烧碱，它以能耗低和原料利用率高的突出特点，基本取代了苛化法生产烧碱工艺。

而电解法制烧碱工艺经历了一系列重大技术改革，呈现出许多先进技术，如金属阳极、改性隔膜、扩张阳极和离子膜技术等，其中离子膜技术对烧碱工艺影响较大。目前世界上生产烧碱技术主要有离子膜法和隔膜法。

2.4.2 电解法制碱的理论基础

电解是将电能转化为化学能的过程，当电流通过电解质水溶液或熔融电解质时，溶液中的阴离子产生定向移动，向阳极迁移，阳离子产生定向移动向阴极迁移。阴、阳离子分别在阳极和阴极上放电，进行氧化和还原反应，也就是借助电流进行化学反应，该反应称为电化学反应。如电解食盐水溶液的化学反应为

$$2NaCl + 2H_2O \longrightarrow H_2 \uparrow + Cl_2 \uparrow + 2NaOH \tag{2-68}$$

1. 法拉第定律

法拉第定律是电解过程的基本定律，它包括第一定律和第二定律。

法拉第第一定律的内容为电解过程中，电极上所产生的物质的量与通过电解质溶液的电量成正比，即与通过的电流强度和通电时间成正比。其表达式为

$$G = KQ \text{ 或 } G = KIt \tag{2-69}$$

式中，G 为电极上析出物质的质量，g 或 kg；K 为电化当量，g/(A·s) 或 kg/(A·s)；Q 为电量，A·s；I 为电流强度，A；t 为时间，s。

法拉第第二定律的内容是相同电量通过不同的电解质时，电极上析出的物质的质量与其化学当量（化学当量是指该物质的摩尔质量 M 跟它的化合价的比值）成比例。即通过 1 法

拉第电量（F）可在电极上析出 1 当量电解质。

$$1F=96500C（库仑）=96500A \cdot s=26.8A \cdot h$$

2. 理论分解电压和槽电压

食盐水溶液电解生产烧碱是一个电能消耗很大的过程，电耗与电解槽的电压和通电电流有关。为使电解过程实现，并保证指定物质在电极上析出，在电解设备，即电解槽的两极要施加一定的外加电压，该电压为槽电压或分解电压。槽电压与电解槽的结构、膜材料、两极间距、电极结构等有关。另外，还与电解时的运行条件有关，包括操作温度、压力、电解液浓度和电流密度等。槽电压 $U_槽$ 为理论分解电压 $U_理$、气体在电极上的超电压 $U_过$、电流通过电解液和膜时的电压降 $\Delta U_液$、电流通过电极和接触点时的电压降 $\Delta U_降$ 之和，即

$$U_槽 = U_理 + U_过 + \Delta U_液 + \Delta U_降 \tag{2-70}$$

(1) 理论分解电压 $U_理$

理论分解电压是指使电解质在电极上开始发生电解反应所需外加的最低电压，其数值大小等于电极析出的电解产物所形成的原电池的电极电位（电动势），二者大小相等，方向相反。可以根据能斯特方程计算电极电位，然后再据此计算阴阳两极理论分解电压。能斯特方程式如下：

$$E = E^{\ominus} - \frac{RT}{nF} \ln \frac{\alpha_{氧化态}}{\alpha_{还原态}} \tag{2-71}$$

式中，E 为电极电位，V；$E^{\ominus}$ 为标准电极电位，V；T 为热力学温度，K；n 为电极反应的电子得失数；F 为法拉第常数，$F=96500C/mol$；$\alpha_{氧化态}$、$\alpha_{还原态}$ 分别为电极反应中，相对氧化态物质和还原态物质的活度。

$U_理$ 也可按吉布斯-亥姆霍兹方程式计算：

$$U_理 = \frac{-\Delta H}{nF} + T \frac{dE}{dT} \tag{2-72}$$

式中，ΔH 为反应热效应，J/mol；$\frac{dE}{dT}$ 为电动势温度系数，约等于 $-0.0004V/K$；T 为热力学温度，K；n 为电极反应的电子得失数；F 为法拉第常数，$F=96500C/mol$。

(2) 超电压 $U_过$（过电位）

超电压是指在实际电解过程中，离子在电极上的实际放电电压比理论放电电压高的差值。超电压的影响因素有很多，如电极材料、电极表面状态、电流密度、电解液的温度、电解时间、电解质的性质和浓度、电解质中的杂质等。一般金属离子在电极上放电的超电压不大，但电极上有气体放出时，超电压却相当地大。超电压在不同条件下的数值可查阅相关文献。尽管超电压消耗一小部分电能，但可以选择适当的电解条件，造成一定的超电压，利用超电压可以使得电解过程按所需进行。

(3) 电流通过电解液和膜的电压降 $\Delta U_液$（电压损失）

电压降是由溶液和膜本身的电阻所造成的部分电压降或电压损失。其数值采用欧姆定律计算，即电压降与电流密度和电流所通过的距离（阴极和阳极的平均距离）成正比，与溶液的电导率成反比。所以，电解槽的两个电极距离向着越来越近趋势发展，离子膜电极一体化新技术的极距几乎为零。另外，提高电解质溶液的浓度和温度，即提高了溶液的电导率，则电压降降低，故工业一般将氯化钠制成饱和溶液，温度控制在 80～90℃。

(4) 电流通过电极和接触点时的电压降 $\Delta U_降$（电路电压降）

该电压降包括导电系统的电压降、隔膜电压降和接触电压降。

3. 电压效率和电能效率

在槽电压中，理论分解电压所占比重最大，工业生产将理论分解电压与槽电压的比称为电压效率，即

$$电压效率 = U_理 / U_槽 \times 100\% \qquad (2\text{-}73)$$

一般电压效率在 $45\% \sim 60\%$，为提高电压效率，通常采用多种方法降低槽电压。

电流效率 η 是衡量电流利用程度的量，定义为实际产量与理论产量的比，即

$$\eta = \frac{m}{KIt} \times 100\% \qquad (2\text{-}74)$$

式中，m 为实际产量，g。因部分电流消耗在电极上发生副反应或漏电等问题，实际产量低于理论产量。

电能效率是理论消耗的电能与实际消耗的电能比值，即

$$\frac{W_理}{W} \times 100\% = \frac{I_理 U_理}{IU} \times 100\% = 电流效率 \times 电压效率 \times 100\% \qquad (2\text{-}75)$$

所以，提高电能效率，可依靠提高电流效率和电压效率来实现。

4. 电极主反应和副反应

食盐水溶液中，氯化钠和少量的水电离，溶液中存在 Na^+、H^+、Cl^-、OH^- 四种离子。若电解槽的阳极采用石墨或金属涂层电极，阴极为铁，当阳极和阴极与外加直流电源相连，并通入直流电时，Na^+ 和 H^+ 向阴极迁移，在阴极区域聚积，而 Cl^- 和 OH^- 向阳极迁移，在阳极区域聚积。由于 H^+ 的电位低于 Na^+ 的，故在铁阴极的表面上，H^+ 首先放电还原为氢气分子，并从阴极析出。在阴极上进行的主要电极反应为

$$2H^+ + 2e^- \longrightarrow H_2 \uparrow$$

大量的 Cl^- 和微量的 OH^-，何者在阳极上放电，取决于它们的实际电位，在阳极上，Cl^- 的电位低于 OH^- 的，在阳极上进行的主要电极反应为

$$2Cl^- - 2e^- \longrightarrow Cl_2 \uparrow$$

水是弱电解质，由于在阴极上逸出氢气，水的电离平衡遭到破坏，故在阴极区域有 OH^- 聚积，与 Na^+ 形成 NaOH，且随电解的进行，NaOH 浓度逐渐增大。

电解食盐水总的反应为

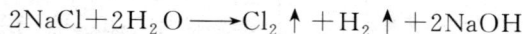

$$2NaCl + 2H_2O \longrightarrow Cl_2 \uparrow + H_2 \uparrow + 2NaOH$$

必须指出，在阴阳极上除发生上述主要电化学反应外，还有一些副反应发生。如由于阳极产物 Cl_2 溶解于水，还可生成次氯酸和盐酸，而生成的次氯酸在酸性条件下又变成氯酸钠；另外，由于次氯酸根在阳极聚积，达到一定量，其电位可能也会低于 Cl^-，次氯酸根放电产生氧气；阳极溶液中的氯酸钠依靠扩散由阳极通过隔膜进入阴极，被阴极产生的氢还原为氯化钠等。这些副反应不但降低了产品氯气和烧碱的纯度，降低了产品的产量，还浪费了大量电能。所以，必须采取各种措施防止和减少副反应的发生。

2.4.3　隔膜法电解技术

1. 隔膜电解槽的结构及制烧碱的原理

目前隔膜法制烧碱多采用立式隔膜电解槽，图 2-33 为立式隔膜电解槽示意图。

隔膜将电解槽分成阴极区和阳极区，一般采用涂膜钛基为阳极，以铁或低碳钢为阴极，电解槽中的阳极和阴极与直流电源相连形成回路。如前所述，阴极上析出氢气，阴极上因选

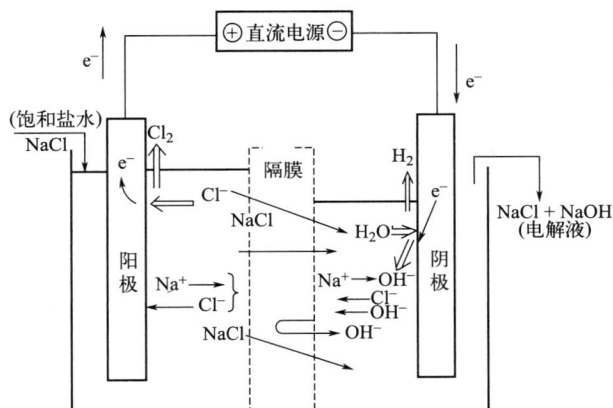

图 2-33　立式隔膜电解槽示意图

择金属阳极材料，使得氧的过电位较高，故氯的实际放电电位较低，在阳极放电生成氯气。电解槽中可能发生一些副反应，两极析出的氢气和氯气不及时分开，两者混合可能发生爆炸。所以，阳极和阴极间设置一个多孔隔膜，将电解槽分成阴极室和阳极室。该多孔隔膜允许各种离子和水通过，但能阻止阴阳极析出产物的混合。饱和食盐水从阳极室进入，且使得阳极室液面高于阴极室液面，阳极液通过隔膜向阴极室流动，避免阴极室的 OH^- 向阳极扩散，发生较多的副反应。随着电解过程的进行，氯气和氢气析出，在阴极室过剩的 OH^- 与阳极溶液中的钠离子形成 NaOH。

2. 隔膜法电解食盐水的工艺流程

工业隔膜法电解食盐水制取烧碱，同时产生氯气和氢气，其工艺流程如图 2-34 所示。首先用水溶解食盐成粗食盐水，用纯碱和氯化钡等精制剂除去其中的杂质，得到精制食盐水，送往电解工段使用。电解的电源由交流电经整流变为直流电输送到电解槽使用。精制后

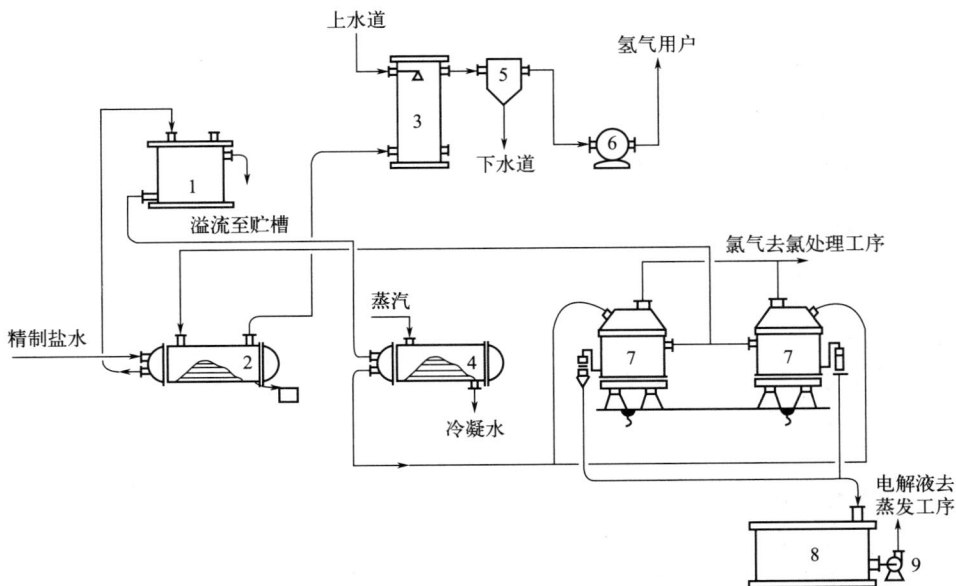

图 2-34　电解食盐水工艺流程示意图

1—盐水高位槽；2—盐水氢气热交换器；3—洗氢桶；4—盐水预热器；5—气液分离器；
6—罗茨鼓风机；7—电解槽；8—电解液贮槽；9—碱泵

的食盐水经盐水氢气热交换器升温，进入盐水高位槽，槽内液面维持恒定，高位槽的液位压差，使得盐水稳定流经盐水预热器，并加热到 $70\sim80°C$，由盐水总管连续均匀地分流到各个电解槽进行电解。

电解槽中产生的氯气由槽盖顶部的支管导入氯气总管，送往氯气处理工序，经冷却、干燥或洗涤，除掉水分后加压送往用户。氢气从电解槽阴极箱的上部支管导入氢气总管，经盐水氢气热交换器降温后送往氢气处理工序，再送到用户处。生成的含 NaOH 为 $10\%\sim11\%$ 的电解碱液从电解槽下部流出，经电解液总管汇集到电解液贮槽，经泵送往蒸发工序提高碱液浓度，并从中分离出食盐，得到合格碱液产品。

2.4.4　离子膜法电解技术

离子交换膜（离子膜）法电解制烧碱技术于 20 世纪 50 年代开始研究，1966 美国杜邦公司首先开发出性能稳定、电能效率高的离子交换膜，1975 年日本旭化成公司第一个建成离子膜氯碱厂。目前，该技术因产品质量高、电能效率高、工艺简单、生产能力大等优势，被公认为氯碱工业发展的方向。

1. 离子膜电解制烧碱的原理

离子膜电解制烧碱的工作原理如图 2-35 所示。离子膜电解法电解槽中，用一个具有选择性的阳离子交换膜将阳极室和阴极室隔开，替代了传统隔膜法中的石棉作隔膜，该阳离子膜的液体透过性很小，膜的两侧有电位差，只有阳离子伴有少量水透过离子膜，即允许阳离子 Na^+ 透过膜进入阴极室，阴离子 Cl^- 不能透过。所以，在阳极产生氯气的同时，有钠离子透过膜流向阴极室，而在阴极产生氢气的同时，氢氧根离子受到阳离子交换膜的排斥不易流向阳极室，故在阴极室产生浓度较隔膜法高得多的氢氧化钠，可通

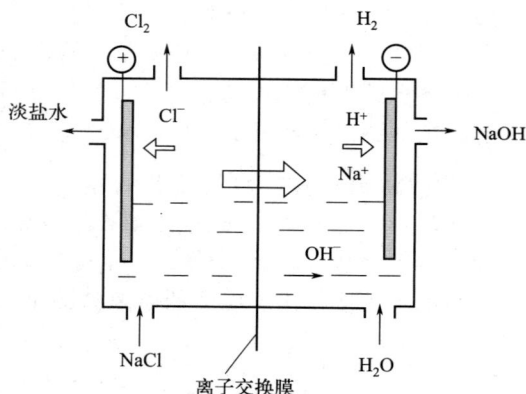

图 2-35　离子膜电解制碱工作原理示意图

过阴极室外部加入适量纯水调节其浓度。由于电解过程氯化钠不断被消耗，阳极液中氯离子因膜的排斥作用，很难透过膜进入阴极液，导致食盐水浓度降低，故阴极液中食盐量极少，保证了制得的碱液纯度，即质量高。

2. 离子膜法电解食盐水的工艺流程

图 2-36 所示为离子膜法电解食盐水的工艺流程。为防止盐水中杂质增加电解过程的电阻，提高电流效率，离子膜电解食盐水制碱工艺对盐水的质量要求很高，所用盐水需要一次精制后，进一步通过过滤和离子交换等操作进行二次精制，严格控制 Ca^{2+} 和 Mg^{2+} 等金属离子的浓度，以及悬浮物和游离氯的含量。二次精制的盐水经盐水预热器升温后，送往离子膜电解槽阳极室进行电解，纯水自电解槽底部进入阴极室，通入直流电后，阳极产生氯气，并产生淡盐水。电解槽出来的氯气和氢气处理过程与隔膜法的相同。从阳极流出的淡盐水一部分返回电解槽阳极室补充精制盐水，另一部分用高纯盐水分解其中的氯酸盐，然后回到淡盐水贮槽，与未分解的淡盐水混合，并调节其 pH 值在 2 以下，送往脱氯工序脱氯，最后回到一次盐水工序重新制成饱和食盐水。

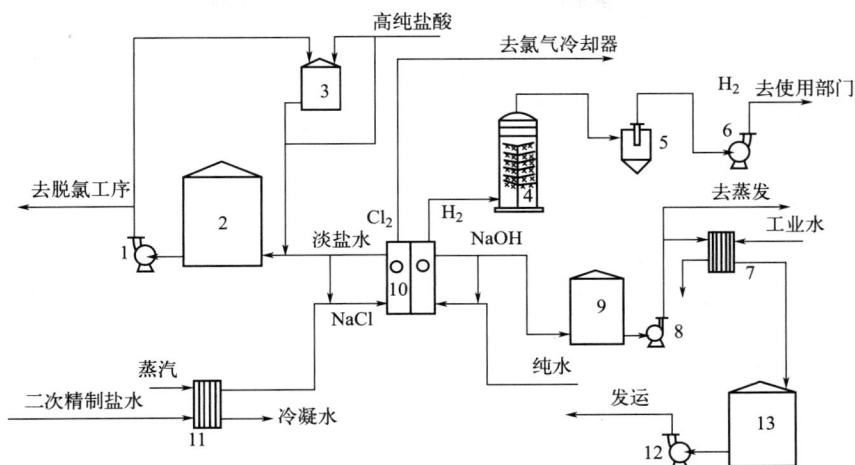

图 2-36　离子膜法电解食盐水工艺流程

1—淡盐水泵；2—淡盐水贮槽；3—分解槽；4—氯气洗涤塔；
5—水雾分离器；6—氯气鼓风机；7—碱液冷却器；8—碱液泵；9—碱液受槽；
10—离子膜电解槽；11—盐水预热器；12—碱液泵；13—碱液贮槽

思考题

2-1　硫铁矿的焙烧反应过程包括哪些步骤，哪一步是控制步骤？

2-2　提高焙烧反应速率的措施有哪些？

2-3　二氧化硫炉气净化的目的和意义是什么？

2-4　二氧化硫炉气的杂质可采用哪些方法除去？

2-5　炉气净化有哪些工艺？绘出流程示意图。

2-6　净化工序的主要设备是什么？工作原理是什么？

2-7　SO_2 转化制 SO_3 的原理是什么？

2-8　SO_2 转化制 SO_3 催化剂种类有哪些？主要成分有哪些？它们各自的作用是什么？

2-9　影响转化率的主要因素有哪些？

2-10　"一转一吸"和"二转二吸"流程的不同点是什么？

2-11　什么是转化的最佳温度？为什么会存在最佳温度？

2-12　为什么要对转化气进行干燥？采用什么方法干燥？

2-13　如何选择干燥酸的浓度？

2-14　影响三氧化硫吸收的因素有哪些？

2-15　吸收的主要工艺条件是什么？如何确定吸收的工艺条件？

2-16　干吸流程有哪些？各自的特点是什么？

2-17　硫酸生产过程各个工序有哪些安全隐患？如何消除各种隐患？

2-18　为什么严禁用水洗涤液体三氧化硫钢罐？

2-19　硫酸生产过程中哪些工序产生废气？主要成分是什么？如何处理的？

2-20　硫酸生产过程产生的主要废液是什么？处理方法有哪些？它们的原理是什么？

2-21　硫酸生产过程采用哪些方法回收铁？原理是什么？

2-22　简述稀硝酸生产常压、全压和综合法各自的特点。

2-23　简述氨催化氧化工艺条件，并简要说明确定工艺条件的依据。

2-24　绘出氨催化氧化工艺流程，并说明流程中核心设备及其结构特点。

2-25　如何确定硝酸生产过程中氮氧化物吸收工序的工艺条件？

2-26　工业制取纯碱的方法有哪些？这些方法的特点是什么？

2-27　氨碱法制纯碱的工序包括哪些？简述每一工序的化学反应原理。

2-28　如何确定精制盐水吸收氨的工艺条件？

2-29　简要叙述氨盐水碳酸化机理。

2-30　简述氨碱法制纯碱过程中氨回收的基本原理。

2-31　氨碱法制纯碱过程中氨回收工艺条件选择的依据是什么？

2-32　比较联碱法和氨碱法制纯碱工艺各自的特点。

2-33　阐述联碱法制氯化铵过程中氯化铵的结晶原理。

2-34　电压效率和电能效率是什么？它们各自与哪些因素有关？

2-35　简要说明离子膜电解制烧碱的工作原理。

参考文献

[1]　陈五平. 无机化工工艺学. 3版. 北京：化学工业出版社，2014.

[2]　朱志庆. 化工工艺学. 2版. 北京：化学工业出版社，2017.

[3]　魏顺安，谭陆西. 化工工艺学. 5版. 重庆：重庆大学出版社，2021.

[4]　徐绍平，殷德宏，仲剑初. 化工工艺学. 2版. 大连：大连理工大学出版社，2012.

[5]　潘鸿章. 化学工艺学. 北京：高等教育出版社，2010.

[6]　周玉琴，高志正，汪满清. 硫酸生产技术. 北京：冶金工业出版社，2013.

[7]　叶树滋. 硫酸生产工艺. 北京：化学工业出版社，2012.

[8]　王全. 纯碱制造技术. 北京：化学工业出版社，2010.

[9]　叶树滋. 硫酸生产操作问答. 北京：化学工业出版社，2013.

[10]　刘少武，高庆华. 硫酸工业节能测算与技术改造. 北京：化学工业出版社，2013.

[11]　中昊（大连）化工研究设计院有限公司. 纯碱工学. 3版. 北京：化学工业出版社，2014.

[12]　邢家悟. 离子膜法制烧碱操作问答. 北京：化学工业出版社，2009.

[13]　宗广斌. 10万 t/a 离子膜法烧碱装置运行情况. 氯碱工业，2012，48（01）：19-21.

[14]　邢家梧. 国内外离子膜法制烧碱技术装备剖析. 氯碱工业，1998（02）：36-40.

[15]　纪罗军. 我国硫酸工业现状与技术进展. 硫酸工业，2015（01）：1-7.

第3章

石油炼制产品生产工艺

石油炼制是提供交通运输燃料和有机化工原料最重要的工业。据统计，全世界所需能源的 40％ 依赖于石油炼制产品，汽车、飞机和轮船等交通运输工具使用的燃料几乎全部是石油产品。石油炼制工业关系国家的经济命脉和能源安全，是国民经济最重要的支柱产业之一，在社会发展中具有极其重要的地位和作用。

3.1 概述

3.1.1 石油及其产品

1. 石油及其组成

石油也称为原油，是一种流动或半流动状态的黑色或黑褐色黏稠液体，密度在 $0.80\sim0.98$ g/cm^3 之间。石油的组成元素包括碳、氢、硫、氮、氧及微量元素等，其中微量元素主要有金属和非金属元素。金属元素有铁、镍、铜、钒、铅、钠、钙、钾和镁等，非金属元素有氯、砷、磷等。表 3-1 给出了其主要组成元素及含量。石油中的各组成元素以化合物形式存在，其中，烃类化合物主要是烷烃、环烷烃和芳烃的混合物，一般不含不饱和烃；非烃类化合物主要包括含硫、含氮、含氧化合物和胶状、沥青状物质；微量元素中，钠、钾、钙、镁等多以水溶性无机盐的形式存在，而钒、铁、铜等以油溶性有机化合物或络合物的形式存在。

表 3-1　石油的主要组成元素及含量

元素	碳	氢	硫	氮	氧	微量元素
含量(质量分数)/%	83～87	11～14	0.05～8	0.02～2.0	0.01～0.5	0.00001～0.0001

石油烃是石油加工和利用的主要对象，它们呈气态、液态或固态，各烃组分的分子量从几十到几千，相应的沸点从常温到 500℃ 以上。按照石油中各组分沸点的差别，采用常压和减压蒸馏的方法将石油馏分进行初步分离，通常称沸点＜200℃（或 180℃）的馏分为汽油馏分（或轻馏分、石脑油馏分），沸点 200（或 180℃）～350℃ 为煤、柴油馏分（或中间馏分），沸点 350～500℃ 为减压馏分或润滑油馏分，沸点＞500℃ 为减压馏分油。这些直馏馏分油不能直接使用，需经进一步加工才能获得质量标准符合要求的油品。

2. 石油炼制产品

原油通过常减压蒸馏得到的直馏馏分油经过进一步加工提炼可以得到符合一定标准的燃料油（包括汽油、煤油和柴油等）、润滑油、液化石油气、石油焦、石蜡和沥青等石油产品。其中，燃料油的产量最大，润滑油品种最多。

（1）汽油

汽油的沸点范围为30～200℃，用作点燃式发动机（如汽车、摩托车、快艇、直升机及农林用飞机）的燃料，在燃料油中消耗量最大。世界各国都对车用汽油的质量进行了严格规定，表3-2是我国车用汽油（ⅥB）的国家标准（GB 17930—2016）。其中，抗爆性、蒸发性、安定性及腐蚀性等是汽油的主要质量指标。

表3-2　车用汽油（ⅥB）技术要求和实验方法（GB 17930—2016）

项目		质量指标			实验方法
		89	92	95	
抗爆性：					
研究法辛烷值（RON）	不小于	89	92	95	GB/T 5487—2015
抗爆指数（RON＋MON）/2	不小于	84	87	90	GB/T 503—2016，GB/T 5487—2015
铅含量/（g/L）	不大于		0.005		GB/T 8020—2015
馏程：					GB/T 6536—2010
10％蒸发温度/℃	不高于		70		
50％蒸发温度/℃	不高于		110		
90％蒸发温度/℃	不高于		190		
终馏点/℃	不高于		205		
残留量（体积分数）/％	不大于		2		
蒸气压/kPa：					GB/T 8017—2012
11月1日～4月30日			45～85		
5月1日～10月31日			40～65		
胶质含量/（mg/100mL）：					GB/T 8019—2008
未洗胶质含量（加入清净剂前）	不大于		30		
溶剂洗胶质含量	不大于		5		
诱导期/min	不小于		480		GB/T 8018—2015
硫含量（mg/kg）	不大于		10		SH/T 0689—2000
硫醇（博士实验）			通过		NB/SH/T 0174—2015
铜片腐蚀（50℃，3h）/级	不大于		1		GB/T 5096—2017
水溶性酸或碱			无		GB 259—1988
机械杂质及水分			无		目测
苯含量（体积分数）/％	不大于		0.8		SH/T 0713—2002
芳烃含量（体积分数）/％	不大于		35		GB/T 30519—2014
烯烃含量（体积分数）/％	不大于		15		GB/T 30519—2014
氧含量（质量分数）/％	不大于		2.7		NB/SH/T 0663—2014

项目		质量指标			实验方法
		89	92	95	
甲醇含量(质量分数)/%	不大于		0.3		NB/SH/T 0663—2014
锰含量/(g/L)	不大于		0.002		SH/T 0711—2002
铁含量/(g/L)	不大于		0.01		SH/T 0712—2002
密度(20℃)/(kg/m³)			720~775		GB/T 1884—2000,GB/T 1885—1998

① 抗爆性　汽油的抗爆性以辛烷值表示,辛烷值愈大,抗爆性愈好。辛烷值的测定方法主要有研究法和马达法,其结果分别称为研究法辛烷值(RON)和马达法辛烷值(MON)。在测定车用汽油辛烷值时,选用异辛烷、正庚烷及其混合物作为参比燃料,规定抗爆性极好的异辛烷的辛烷值为100,抗爆性极差的正庚烷的辛烷值为0,两者的混合物则以其中异辛烷的体积百分含量值为其辛烷值。

汽油的抗爆性与其化学组成有关,正构烷烃的辛烷值最低,环烷烃、烯烃次之,高度分支的异构烷烃和芳香烃的辛烷值最高。各族烃类的辛烷值随分子量增大、沸点升高而减小。因此,提高汽油辛烷值的途径可以有两种,一是改变汽油的化学组成,增加异构烷烃和芳香烃的含量(在不高于国标要求值前提下);二是加入其他高辛烷值组分,常用的有甲基叔丁基醚(MTBE)和甲基叔戊基醚(TAME)等。

② 蒸发性　汽油的馏程和饱和蒸气压是评价其蒸发性优劣的主要指标。馏程是油品在规定条件下通过蒸馏测定得到,以初馏点和终馏点温度范围表示,它影响发动机的启动和加速性能。饱和蒸气压是衡量汽油在燃料供给系统中是否易于产生气阻的指标,蒸气压越大,轻组分越多,越易在输油管路中形成气阻,使供油中断导致发动机停止运行。参照汽油10%蒸发的温度和夏冬季蒸气压的规定,既保证了发动机的启动性,又可防止气阻的产生。

③ 安定性　汽油的安定性是指在常温和液相条件下汽油抵抗氧化的能力,与其化学组成有关,如汽油中所含的不饱和烃和非烃类组分(如含硫、含氮化合物等)可通过自由基引发诱导发生氧化反应而生成胶质或胶状物,这是导致汽油安定性差的原因。使用安定性差的汽油会严重破坏发动机的正常工作。提高汽油安定性的方法通常是在适当精制的基础上添加一些抑制氧化变质的抗氧化剂和金属钝化剂,通过金属钝化剂来抑制金属对氧化反应的催化作用。

④ 腐蚀性　汽油的腐蚀性是指汽油对金属的腐蚀能力。一般来说,汽油中含有的含硫化合物、水溶性酸碱和有机酸等非烃杂质均对金属部件有腐蚀作用。检测汽油腐蚀性的项目有硫含量、硫醇(博士试验)、水溶性酸或碱和铜片腐蚀等。

除此之外,对汽油的硫含量、芳烃含量、苯含量和烯烃含量等也提出要求,如车用汽油(Ⅵ B)标准要求硫含量降低至10mg/kg以下,对苯、芳烃和烯烃的含量分别要求不大于0.8%、35%和15%(体积分数)。

(2) 柴油

柴油是压燃式发动机的燃料,主要用作载重汽车、舰艇、拖拉机、坦克、内燃机车等的动力燃料。柴油分为轻柴油和重柴油,沸点范围分别为180~370℃(轻柴油)和350~

410℃（重柴油）。轻柴油用作 1000r/min 以上高速柴油机的燃料，重柴油用作 1000r/min 以下中低速柴油机的燃料。由于使用条件不同，各国对轻重柴油的质量要求也不相同，表 3-3 是我国车用柴油的国家标准，其中抗爆性、蒸发性、低温性能和黏度等性能是其主要项目。

表 3-3　车用柴油（Ⅵ）技术要求和实验方法（GB 19147—2016）

项目		质量指标						实验方法
		5 号	0 号	−10 号	−20 号	−35 号	−50 号	
氧化安定性(以总不溶物)/(mg/100mL)	不大于	2.5						SH/T 0175—2004
硫含量/(mg/kg)	不大于	10						SH/T 0689—2000
酸度(以 KOH 计)/(mg/100mL)	不大于	7						GB/T 258—2016
10%蒸余物残炭(质量分数)/%	不大于	0.3						GB/T 268—1987
灰分(质量分数)/%	不大于	0.01						GB/T 508—1985
铜片腐蚀(50℃,3h)/级	不大于	1						GB/T 5096—2017
水含量(体积分数)/%	不大于	痕迹						GB/T 260—2016
润滑性　校正磨痕直径(60℃)/μm	不大于	460						SH/T 0765—2021
多环芳烃含量(质量分数)/%	不大于	7						SH/T 0806—2008
总污染物含量/(mg/kg)	不大于	24						GB/T 33400—2016
运动黏度(20℃)/(mm²/s)	不大于	3.0～8.0		2.5～8.0		1.8～7.0		GB/T 265—1988
凝点/℃	不高于	5	0	−10	−20	−35	−50	GB/T 510—2018
冷滤点/℃	不高于	8	4	−5	−14	−29	−44	SH/T 0248—2006
闪点(闭口)/℃	不低于	60		50		45		GB/T 261—2021
十六烷值	不小于	51		49		47		GB/T 386—2021
十六烷指数	不小于	46		46		43		SH/T 0694—2000
馏程： 50%回收温度/℃　不高于 90%回收温度/℃　不高于 95%回收温度/℃　不高于		300 355 365						GB/T 6536—2010
密度(20℃)/(kg/m³)		810～845		790～840				GB/T 1884—2000 或 GB/T 1885—1998
脂肪酸甲酯含量(体积分数)/%	不大于	1.0						NB/SH/T 0916—2015

① 抗爆性　柴油的抗爆性通常用十六烷值表示，其测定方法与汽油类似。人为选择两种标准物正十六烷和 α-甲基萘及其混合物作为参比，规定抗爆性极好的正十六烷的十六烷值为 100，抗爆性极差的 α-甲基萘的十六烷值为 0，两者的混合物则以其中正十六烷的体积百分含量值为其十六烷值。柴油的抗爆性与所含烃类的自燃点有关，自燃点低不易发生爆震。各族烃类的十六烷值均随着分子中碳原子数增加而增高，各类烃中，正构烷烃的自燃点最低，十六烷值最高，烯烃、异构烷烃和环烷烃居中，芳香烃的自燃点最高，十六烷值最低，所以含烷烃多、芳烃少的柴油的抗爆性能好。十六烷值越高，柴油的抗爆性能越好，燃烧性能也越好，但柴油的十六烷值并非越高越好。对十六烷值的要求取决于发动机转速及负荷变化大小、启动情况和环境温度等因素。不同转速的柴油机对燃料油十六烷值的要求不同，如高速柴油机的燃料十六烷值应在 40～60；中速柴油机可使用十六烷值为 30～35 的燃料。

② 蒸发性　柴油的蒸发性影响柴油的燃烧性和发动机的启动，燃烧的好坏也直接影响冒烟率和耗油率。柴油蒸发性用馏程和闪点来评定，50%馏出温度越低，说明柴油中轻质组分越多，柴油机易于启动；90%馏出温度和95%馏出温度越低，柴油中重馏分越少，柴油的燃烧性能和柴油机的动力性能越好。国标中规定了各种牌号柴油的闪点，如－35号及－50号柴油的闪点不低于45℃，－10号和－20号的不低于50℃，其余牌号柴油的闪点不低于60℃。

③ 低温性能　柴油的低温性能对于在低温下工作的柴油机的供油性能非常重要，当柴油的温度降低到一定程度时，柴油中有蜡结晶析出，会使柴油失去流动性，给使用和储运带来困难。评价柴油低温性能的指标为凝点，凝点低表示其低温性能好，轻柴油按凝点分为5、0、－10、－20、－35、－50六个牌号，分别表示其凝点不高于5℃、0℃、－10℃、－20℃、－35℃、－50℃。柴油凝点与正构烷烃含量有关，正构烷烃的含量越多，其凝点越高。改善柴油低温流动性可以通过脱蜡、调入二次加工柴油及添加低温流动性改进剂来实现。

④ 黏度　柴油的黏度是保证车用柴油正常输送、雾化、燃烧及油泵润滑的重要质量指标。黏度关系到发动机供油系统（滤清器、油泵、喷嘴）的正常工作状况，黏度过大，油泵效率降低，发动机的供油量减少，同时喷油嘴喷出的油射程远，油滴颗粒大，雾化状态不好，与空气混合不均匀，燃烧不完全，甚至形成积炭；黏度过小，则影响油泵润滑，加剧磨损，而且喷油过近，造成局部燃烧，同样会降低发动机功率。因此，高、中、低速柴油机均有一个适宜的黏度范围。

柴油中的多环芳烃会提高火焰温度，从而增加氮氧化物（NO_x）生成量和排放量，随着环保法规的日益严格，国（Ⅵ）车用柴油标准中，对多环芳烃的含量限制更加严格，要求质量分数不大于7%。除了上述几项质量要求外，柴油的质量指标也有安定性、腐蚀性等方面的要求。

（3）润滑油

润滑油的主要作用是减少机件之间的摩擦，保护机件，延长它们的使用寿命并节省动力，除此之外还具有冷却、密封、防腐、绝缘、清洗和传递能量的作用。产量最大的是内燃机润滑油，其余为齿轮油、液压油、汽轮机油和电器绝缘油等。商品润滑油按黏度分级，负荷大、速率低的机械用高黏度油，反之用低黏度油。炼油装置生产的是润滑油基础油，需再调制才具有专用功能。

3.1.2　石油加工方案

原油加工方案的确定取决于多种因素，包括原油特性、市场需求、经济效益等，其中原油特性对制定合理的原油加工方案起着重要的作用。例如属于含硫中间基的胜利油田原油，其特点是含硫较多，胶质沥青含量高，其减压馏分油可作催化裂化或加氢裂化的原料，利用其减压渣油可以得到高质量的沥青产品，适宜生产燃料油。大庆油田的石蜡基原油，其特点是含蜡量高、沥青质含量低，它的减压馏分油是生产润滑油的优质原料，除生产燃料油外，更适合生产润滑油。炼厂为充分合理利用石油资源，提高炼油厂经济效益，除了生产燃料产品外，还生产化工原料及化工产品。

根据原料及目的产品的不同，原油加工方案大体上可分为燃料型、燃料-润滑油型和燃料-化工型。

1. 燃料型原油加工方案

燃料型原油加工方案以生产汽油、柴油和煤油等燃料为主，其特点是通过常减压蒸馏将轻质馏分汽油、煤油和柴油分出，图 3-1 是典型燃料型原油加工方案示意图。可以看出，此方案所得产品主要是直馏汽油、煤油和柴油等基础燃料油产品，副产液化气，同时重质馏分油（减压馏分油和减压渣油）通过各种轻质化二次加工过程得到合格的轻质燃料。

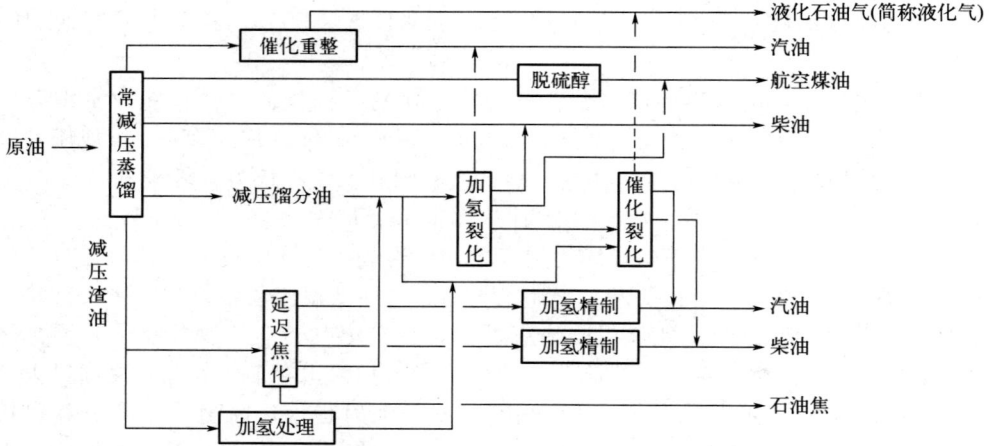

图 3-1　燃料型原油加工方案示意图

2. 燃料-润滑油型原油加工方案

燃料-润滑油型原油加工方案如图 3-2 所示，此方案除生产燃料油外，部分或大部分减压馏分油和减压渣油经过溶剂脱沥青、脱蜡、精制等处理生产多种润滑油基础油。

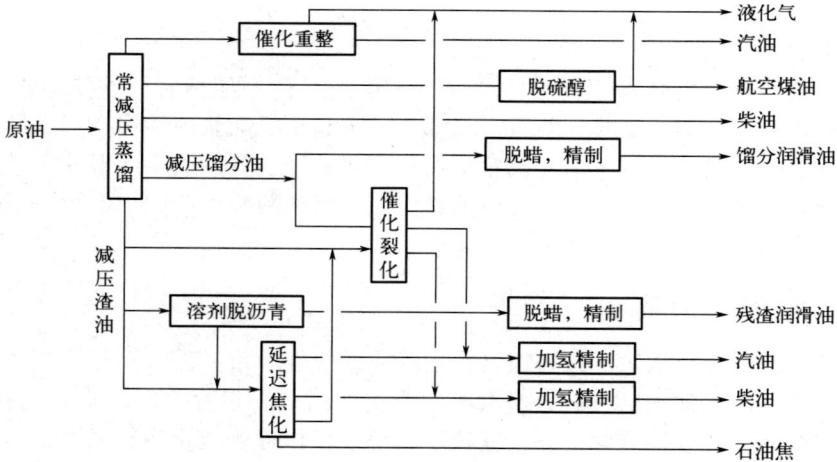

图 3-2　燃料-润滑油型原油加工方案示意图

3. 燃料-化工型原油加工方案

燃料-化工型原油加工方案既生产汽油、煤油和柴油等燃料油品，又生产基础化工原料和化工产品，其加工方案如图 3-3 所示。随着炼油装置规模的增大（单套炼油加工能力高达 1600 万吨/年），使常减压馏分形成一定产能，可作为生产芳烃或用作高温裂解制烯烃的原料，另外，其余的重质馏分油再通过进一步加工转化为合成气、丙烯、丁烯等化工产品。

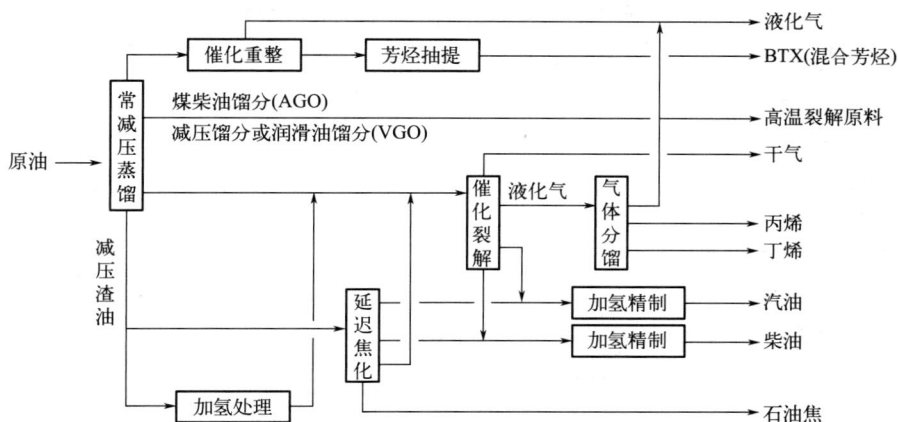

图 3-3 燃料-化工型原油加工方案示意图

比较图 3-1、图 3-2 和图 3-3 可以看出，原油三种加工方案中第一道工序都是常减压蒸馏，不同的是根据不同目的产物，设置不同的加工过程。燃料型原油加工方案利用催化重整、催化裂化、加氢裂化等重质油轻质化处理，尽可能多地生产汽油、煤油和柴油等燃料油。燃料-润滑油型原油加工方案将大部分减压馏分油和减压渣油经过溶剂脱沥青、脱蜡与精制等过程生产润滑油基础油。燃料-化工型原油加工方案则将常减压的柴油馏分、减压馏分（或润滑油馏分）作为高温裂解的原料（用于生产乙烯和丙烯等烯烃产品）；同时将减压渣油经加氢裂化和延迟焦化得到的馏分油进行催化裂解，用于生产丙烯和丁烯等化工产品。

工业上，通常将常减压蒸馏称为原油的一次加工，将采用催化裂化、加氢裂化、延迟焦化等工艺使重质油轻质化及油品精制等过程称为二次加工。

3.2 原油常减压产品生产工艺

原油常减压蒸馏是依次使用常压和减压的方法，将原油按照沸程范围切割成汽油、煤油、柴油、润滑油、裂化原料和渣油等。由于原油中含有一定量的盐和水，其中水会干扰原油蒸馏塔的平稳操作，盐类的沉积易造成设备和管道的堵塞等，通常在常减压蒸馏前进行原油的脱盐脱水预处理。

3.2.1 原油脱盐脱水预处理

原油中盐类除一小部分以结晶状态悬浮于油中外，大部分溶于水中。原油中的盐主要有氯化钠、氯化钙和氯化镁等，受热后易水解，生成的盐酸腐蚀设备，同时受热后水分蒸发，沉积的盐类不仅造成设备和管道堵塞，还会造成二次加工催化剂中毒及影响产品质量。原油中的水会增加原油蒸馏过程中的能量消耗。目前炼油厂要求脱盐脱水后原油盐含量不大于 $3mg/L$，含水量小于 0.2%（质量分数）。工业上一般采用电化学脱盐脱水的方法来脱除原油中的盐和水分。

1. 原油脱盐脱水原理

原油中溶有盐的水处于高度分散的乳化状态，原油中的胶质、沥青质、环烷酸等及某些固体矿物质都是天然乳化剂，它们具有的亲水或亲油的极性基团富集于油水界面形成牢固的单分子保护膜，这层保护膜阻碍小颗粒水滴的凝聚并悬浮于油中不易脱除，只有破坏这种乳化状态，使小水滴聚结增大而沉降，才能达到脱盐脱水目的。

常用的破乳方法是加入破乳剂，使破乳剂迅速穿过液相并和乳化剂竞争夺取界面位置，破坏牢固的保护膜，使小水滴聚结成大水滴，沉降分离。然而，对于原油这种比较稳定的乳化液，单靠破乳的方法难以达到脱盐脱水的要求，因此炼油厂广泛采用在高压电场条件下加破乳剂，两者共同作用破坏乳化状态，使小水滴聚结增大而沉降，进而实现油水分离。

在脱盐脱水之前，向原油中注入一定量含氯低的新鲜水并充分混合，将残留在原油中的盐颗粒溶解并形成新的原油乳化液。原油乳化液通过高压电场时，其中的水滴被感应成带电荷的偶极，它们在电力线方向上呈直线排列，电吸引力使相邻水滴靠近，接触并聚结，如图 3-4 所示。同时，将原油加热到 80～120℃，不但使油的黏度降低，而且增大水与油的密度差，加快水滴的沉降速率。

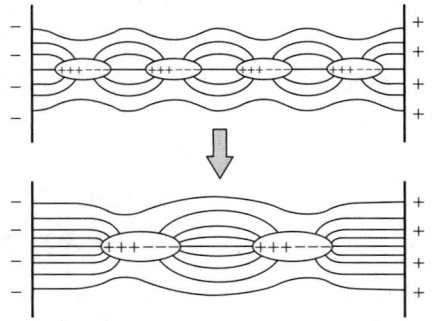

图 3-4　高压电场中水滴的偶极聚结

2. 原油电脱盐脱水工艺流程

工业上一般采用二级电脱盐脱水工艺，根据装置运行需要可选用串联和并联两种操作方式，下面以串联操作为例进行介绍，工艺流程如图 3-5 所示。原油通过一次注水及加入破乳剂后经原油泵进入一级高速电脱盐罐 1，在脱盐罐内，特殊设计的进油喷嘴将含细小水滴的原油乳化液直接送入高压电场中，在高压电场作用下，乳化液中极微小水滴在很短时间聚积成大水滴沉降，在一级脱盐罐 1 下部排出。一次脱盐脱水后的原油从一级脱盐罐 1 顶部流出，与二次注水通过特定的混合器 3 混合后再进入二级脱盐罐 2，脱盐脱水后的原油从二级脱盐罐 2 顶部引出送至原油常减压系统，脱除的含盐废水从罐底排出装置。一级脱盐罐脱盐率 90%～95%，两级注水方式更有利于溶解悬浮的盐粒和增大水滴的偶极聚结力。

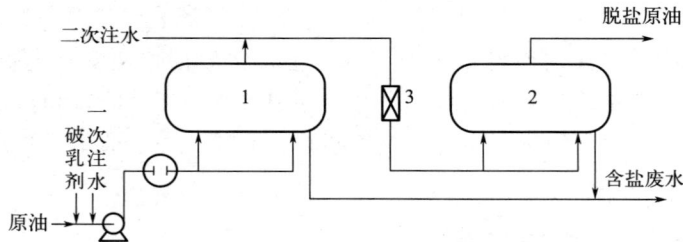

图 3-5　原油二级电脱盐脱水工艺原理流程

1——一级脱盐罐；2——二级脱盐罐；3——混合器

3.2.2　原油常减压工艺流程

1. 原油蒸馏塔工艺原理及特征

(1) 常压塔工艺原理及特征

① 采用复合塔　原油是复杂的混合物，由多种不同沸点烃类组成。依据这一特点，原油加工过程中通过汽化和冷凝将其分离为不同沸点范围的馏分，以获得各种基础燃料油产品，即原油通过常压蒸馏切割成汽油、煤油、轻柴油、重柴油和重油等产品。

按照一般的多元精馏办法，需要有 $N-1$ 个精馏塔才能把原料分割成 N 个产品。但是原油经分离后的各种产品本身依然是一种复杂混合物，它们之间的分离精度要求不高，塔板数并不多。因此，可以把所需的几个塔结合成一个塔，如图 3-6 所示，这样的塔称为复合塔。这种塔实际上是把几个简单精馏塔重叠起来，它的精馏段相当于几个简单塔精馏段的组合，而其最下一段则相当于第一个塔的提馏段。

　　② 设置汽提塔和汽提段　由于复合塔为一个仅有精馏段和塔顶冷凝系统的多侧线采出不完整精馏塔，按照相平衡原理，各个侧线产品和塔底重油中必然会含有相当的轻质馏分油，这样不仅影响侧线产品的质量，而且也会降低较轻馏分的产率。工业上常常在侧线引入汽提塔，汽提塔底部吹入少量过热水蒸气，使产品中的较轻馏分汽化并返回常压塔内，如图 3-6 所示。这样既可达到分离要求，又能提高轻馏分

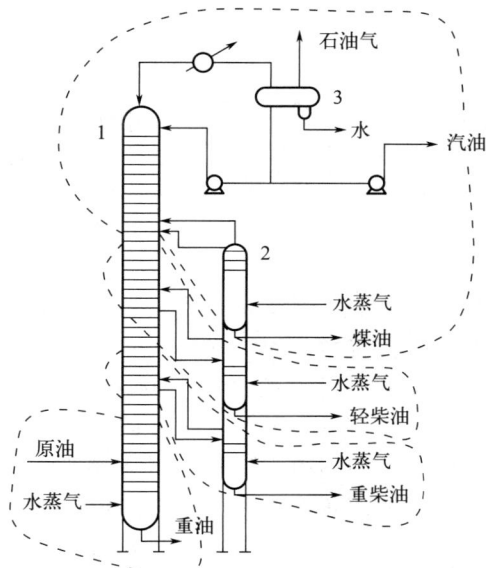

图 3-6　原油蒸馏复合塔示意图

1—常压塔；2—汽提塔；3—回流冷凝罐

的产率。侧线汽提用的过热水蒸气量通常为侧线产品质量分数的 $2\%\sim3\%$，侧线汽提塔的板数很少，一般为 $4\sim6$ 层。为了减少占地面积，各侧线产品的汽提塔常常重叠起来，但相互之间是隔开的。

　　常压塔进料汽化段中未汽化的油料流向塔底，这部分油料中还有相当多低于 350℃ 的轻馏分。因此，在进料段以下也要有汽提段，通常在塔底吹入过热水蒸气，使其中低于 350℃ 轻馏分汽化后返回精馏段，以提高常压塔拔出率。

　　常压塔一般采用导向浮阀塔，主要有矩形导向浮阀、梯形导向浮阀及组合导向浮阀。一般而言，液流强度较小时用矩形导向浮阀较好；液流强度较大，梯形导向浮阀较好；适当配比的组合导向浮阀兼有二者的优点，具有更广泛的适用范围和操作性能。根据分离的需要，常压塔常规内设 50 层左右塔板。

　　③ 全塔热平衡具有特殊性　由于常压塔塔底不用再沸器，热量几乎完全由被加热炉加热的进料带入。汽提水蒸气也带入一些热量，由于只放出部分显热，且水蒸气量不大，因而这部分热量相对而言很小。全塔热平衡的情况具有以下特点。

　　a. 常压进料的汽化率至少应等于塔顶产品和各侧线产品的产率之和，否则不能保证要求的拔出率或轻质油收率。在实际设计和操作中，为了使常压塔精馏段最低一个侧线以下的几层塔板（在进料段之上）有足够的液相回流，以保证最低侧线产品的质量，原料油进塔的汽化率应比塔上部各种产品的总收率略高一些，高出的部分称为过汽化度。常压塔的过汽化度一般为 $2\%\sim4\%$（质量分数），实际生产中，只要侧线产品质量能保证，过汽化度低一些可减轻加热炉负荷，且炉出口温度降低也可减少油料的裂化。

　　b. 常压塔的回流比是由全塔热平衡决定的，变化的余地不大。常压塔产品要求的分离精确度不太高，只要塔板数选择适当，在一般情况下，由全塔热平衡所确定的回流比已完全能满足精馏的要求。在常压塔的操作中，回流比过大会引起塔的各点温度下降、馏出产品变轻、拔出率下降。

④ 恒摩尔流的假定完全不适用 在二元和多元精馏塔的设计中，为了简化计算，对性质及沸点相近的组分所组成的体系作出了近似恒摩尔流的假设，即在塔内气、液相的摩尔流量不随塔高而变化。这个近似假设对原油常压精馏塔完全不适用。石油是复杂混合物，各气液馏分间的性质有很大的差别，它们的摩尔汽化潜热相差很大，沸点差甚至达几百摄氏度。显然，以塔内各组分的摩尔汽化潜热相近为基础的恒摩尔流假定对常压塔是完全不适用的，常压塔内回流的摩尔流量沿塔高有很大变化。

⑤ 采取多种回流方式 常压塔除在塔顶采用冷回流或热回流外，还采用了一些特殊的回流方式。

a. 塔顶油气二级冷凝冷却。如图 3-7 所示，它是塔顶回流的一种特殊形式。首先塔顶油气经冷凝器 2 进行一级冷凝（温度为 55～90℃）后进入回流罐 3，冷凝液部分回流，部分采出后进一步冷却到约 40℃ 以下进入储罐 4 得到产品。第一级冷凝冷却在温差较大情况下取出大部分热量，第二级冷凝冷却传热温差小，热量也较少。与一般塔顶回流方式相比，二级冷凝冷却所需总传热面积较小，设备投资较少。

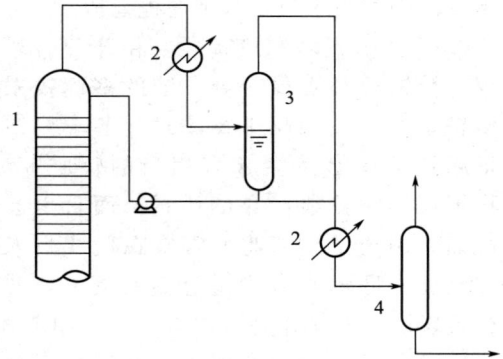

b. 循环回流。循环回流按照其所在的部位分为塔顶和中段两种方式。

塔顶循环回流如图 3-8 所示。塔顶循环回

图 3-7 塔顶油气二级冷凝冷却示意图
1—常压塔；2—冷凝器；3—回流罐；4—产品罐

流多用于减压塔、催化裂化分馏塔等塔顶气相负荷小的场合。由于塔顶没有回流蒸汽通过，塔顶馏出线和冷凝冷却系统的负荷大大减小，故流动压降变小，使减压塔的真空度提高。

在常压塔中，除了采用塔顶回流外，通常还设有 2～3 个中段循环回流，即从常压塔上部的精馏段引出部分液相热油，经过与其他冷流体换热或冷却后再返回常压塔中，返回入口比抽出口通常高 2～3 层塔板，如图 3-9 所示。中段循环回流的作用是在保证产品分离效果的同时，取走精馏塔中多余的热量，这些物料温度较高，因而是很有价值的可利用热源。

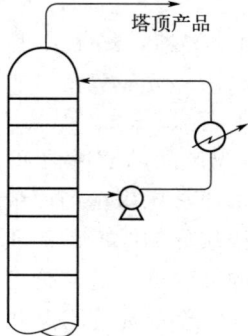

图 3-8 塔顶循环回流

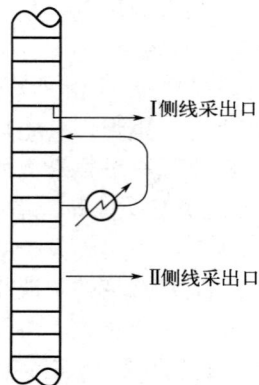

图 3-9 中段循环回流

⑥ 塔内气液相负荷分布需要调控 常压塔内上下物流的分子量差别较大，致使塔内的气、液相摩尔流量在每层塔板上是不同的。因此，有必要对原油分馏塔内气液相负荷随塔高分布进行分析，找出其规律，以便用于指导设计与生产。

下面以常压塔为例进行分析。为了能够定量地描述精馏塔内气、液相负荷分布，可以选择几个有代表性的截面作隔离体系，然后分别作热平衡计算，得到它们的气、液相负荷，从而了解原油精馏塔内气、液相负荷沿塔高的分布规律。

原油进入蒸馏塔汽化段后，气相部分进入精馏段，自下而上，温度逐板下降引起液相回流量逐渐增大，因而气相负荷不断增大，到塔顶第一、二层塔板之间，气相负荷达到最大值，经过第一板后，气相负荷显著减小。从塔顶送入的冷回流，经第一板后变成了热回流（即处于饱和状态），液相回流量有较大幅度增加，达到最大值。在这以后，液相回流量逐板减小，每经过一层侧线抽出板，液相负荷均有突然的下降，其下降量相当于该侧线抽出量。到了汽化段，如果进料没有过汽化量，则从精馏段最末一层塔板流向汽化段的液相回流量等于零。保持原油入精馏塔时有一定的过汽化度，在汽化段会有少量液相回流，其回流量等于过汽化量。

进料的液相部分向下流入汽提段，如果进料有过汽化度，则相当于过汽化量的液相回流也一起流入汽提段。由塔底吹入水蒸气，自下而上地与下流的液相接触，通过降低油气分压的作用，使液相中所携带的轻质油料汽化。因此，在汽提段，由上而下，液相和气相负荷愈来愈小，其变化大小视流入的液相携带的轻组分的多少而定。轻质油料汽化所需的潜热主要靠液相本身来提供，因此液体向下流动时温度是逐板下降的。

塔内的气、液相负荷分布是不均匀的，上大下小，如图 3-10 实线所示，而塔径设计是以最大气、液相负荷来考虑的。对一定直径的塔，处理量受到最大蒸气负荷的限制，因此经济性差。采用中段循环回流与塔顶回流配合的方式，可以使回流的热量在高温部位取出，充分回收热能，同时还可以使分馏塔的气、液相负荷沿塔高均匀分布（如图 3-10 虚线），减小塔径（对设计来说）或提高塔的处理能力（对现有塔设备），进而提高其经济性。一般来说，对有三、四个侧线的精馏塔，适宜设两个中段回流；对只有一、两个侧线的塔，采用一个中段回流为宜。

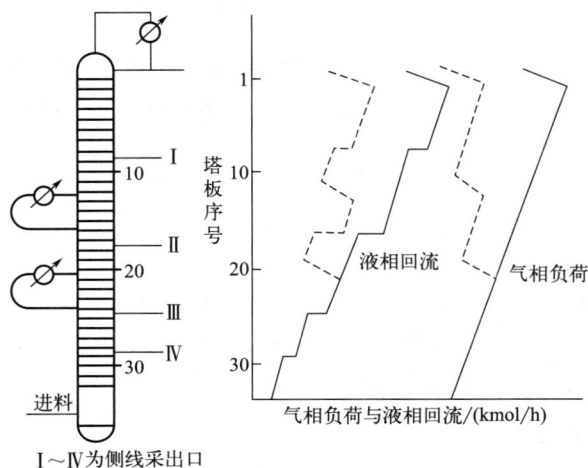

图 3-10　采用中段循环回流前后常压塔精馏段气、液相负荷分布的变化

——只有塔顶冷回流；-----采用两个中段回流（不包括循环量本身）

（2）减压塔工艺原理及特征

原油中 350℃以上的高沸点馏分是润滑油，也可以是加氢裂化和催化裂化的原料，高温下会发生分解反应，故通过常压蒸馏不能得到这些馏分，只能在减压条件下低温蒸馏获得。减压塔具有一般常压塔的上述工艺特征，同时由于塔顶抽真空系统的不同而具有特殊的工艺特征。

① 根据生产任务的不同，减压塔可分为燃料型和润滑油型。燃料型减压塔［图 3-11 (a)］主要任务是为加氢裂化或催化裂化提供原料，对分离精度要求不高，在控制较低残炭值、低含量重金属的前提下，尽可能提高拔出率。另外，为使沿塔高的负荷比较均匀，燃料型减压塔设有一线蜡油、二线蜡油等 2～3 个侧线，但常常是把这些馏分油又混合到一起作为裂化原料。润滑油型减压塔［图 3-11(b)］以生产润滑油料为主，一般减压塔从上到下设有减压一线、减压二线、减压三线、减压四线 4 个侧线，其目的是得到黏度合适、残炭值低、颜色浅、稳定性好和馏程较窄的润滑油料。润滑油型减压塔不仅要求有高的拔出率，而且应具有足够的分馏精确度。

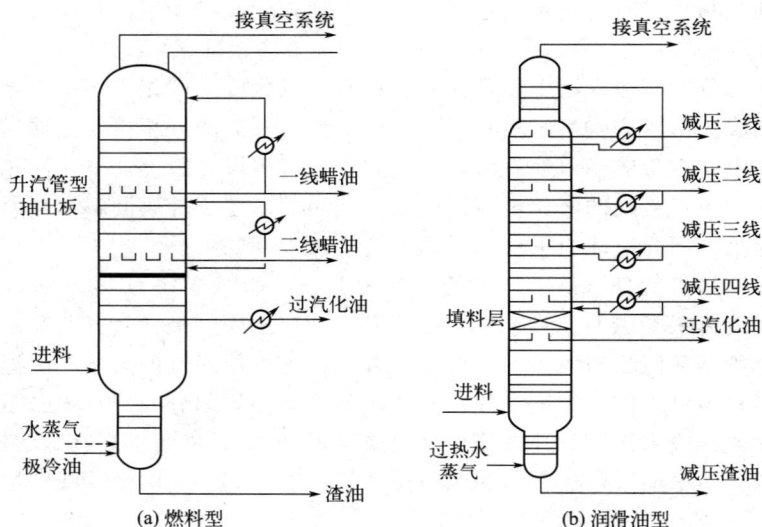

图 3-11　燃料型与润滑油型减压塔结构

② 减压塔具有真空度高、压降小、塔径大和塔板数少的特点。为了提高拔出深度而又避免分解，要求减压塔尽可能提高汽化段的真空度。因此，要在塔顶配备强有力的抽真空设备，同时减小塔板的压降。减压塔内应采用压降较小的塔内件，一般选用填料。为了充分发挥填料的性能，减压塔一般采用分段装填，每段填料层均设有液体分布器、填料限位设施、填料支撑设施及液体收集器。减压状态下，塔内的油气、水蒸气、不凝气的体积变大，减压塔径变大。低压下各组分之间的相对挥发度变大，更易于分离，故与常压塔相比，减压塔的理论塔板数有所减少。

③ 渣油在减压塔内的停留时间短。渣油是塔底主要的物料，如果在塔底的高温下停留时间过长，则会分解、缩合，生成较多的不凝气，使减压塔的真空度下降，也会造成塔内结焦，影响塔的正常操作。通常，工业上采用缩小减压塔底部的直径来缩短渣油在塔内的停留时间。

2. 原油蒸馏工艺流程

原油蒸馏中常见的是初馏-常压-减压流程，现以目前燃料-润滑油型炼油厂为例，介绍原油蒸馏工艺流程，见图 3-12。

脱盐脱水后的原油经换热后温度达到 210～250℃，这时较轻的组分已经汽化，气液混合物一起进入初馏塔 1，塔顶馏出轻汽油馏分（初顶油），塔底为拔头原油。拔头原油经常压加热炉 2 加热至 360～370℃进入常压塔 3，控制塔顶压力 130～170kPa，塔顶分出汽油（常顶油），经冷凝冷却至 40℃左右，一部分作塔顶回流，另一部分作汽油（常顶油）馏分

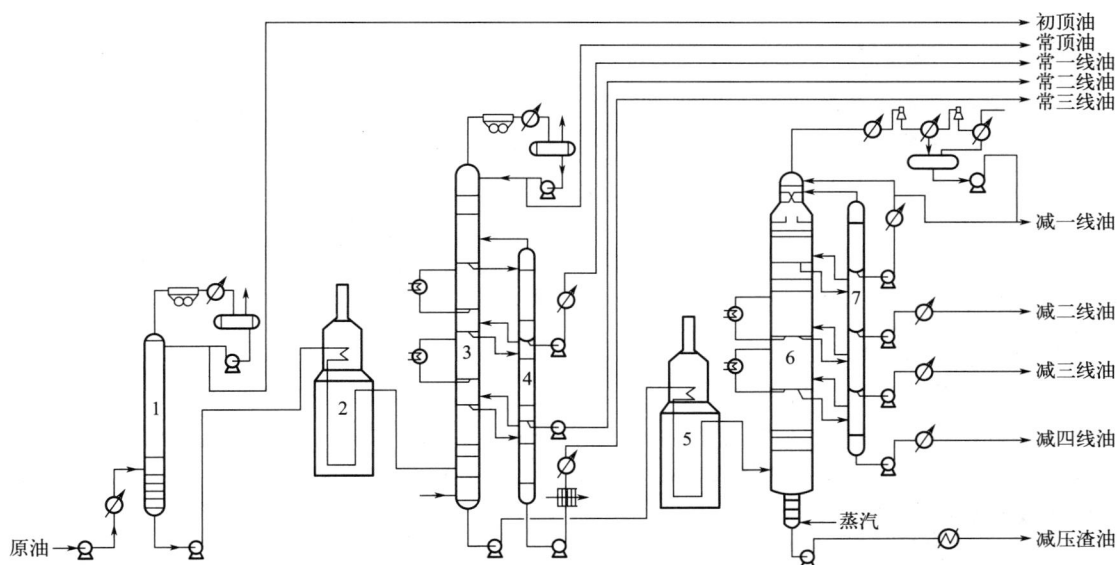

图 3-12　典型的燃料-润滑油型原油蒸馏工艺流程图

1—初馏塔；2—常压加热炉；3—常压塔；4—常压汽提塔；5—减压加热炉；6—减压塔；7—减压汽提塔

送后工序。煤油（常一线油）、轻柴油（常二线油）和重柴油（常三线油）等馏分则呈液相由轻到重依次从常压塔 3 的侧线馏出，这些侧线馏分油经常压汽提塔 4 汽提出轻组分后，经泵升压与原油换热并冷却后送出装置。各侧线之间一般设 1～2 个中段循环回流，常压塔塔底是沸点高于 350℃ 的重油。

常压塔底部 350℃ 左右的重油，用热油泵送到减压加热炉 5 加热至 390～400℃ 进入减压塔 6，减压塔顶的压力一般是 1～5kPa。塔顶分出油气和水蒸气，油气采用二级冷凝冷却的回流方式。润滑油型减压塔一般设有 4～5 个侧线，各侧线设有减压汽提塔 7，汽提后各馏分油经换热冷却后出装置，作为二次加工的原料。各侧线之间也设 1～2 个中段循环回流。减压塔底的渣油经换热冷却后送至下道工序。

原油蒸馏是否设初馏塔，应根据具体条件综合分析而定。初馏塔的作用包括：①拔出原油中的较轻馏分，使其不再进入常压加热炉等后续设备和管路中，以减小管路阻力，降低能耗，一般当原油含汽油馏分质量分数≥20％时，需设置初馏塔；②进一步除去原油中少量的水，避免水分汽化造成管道阻力增加；③降低原油中砷含量（低于 $200\mu g/g$），减少后续加工过程催化剂砷中毒；④进一步降低含硫、含盐原油对设备和管路的腐蚀。

3.3　重质油加工产品生产工艺

对于偏重的原油，经一次加工后，沸点在 350℃ 以上的常压重质油占原油的质量分数为 70％～80％，沸点在 500℃ 以上的减压渣油占原油量的 40％～50％，对这些重质油进行轻质化处理，可获得更多的与一次加工相类似的产品，增加燃料油的产量。对重质油进行的轻质化处理属于原油二次加工，主要采用催化裂化、加氢裂化及延迟焦化等工艺过程，同时针对重质油特性还可以进行溶剂脱沥青处理，副产多种润滑油基础油、石蜡、沥青以及催化裂化与加氢裂化原料等产品。

3.3.1 催化裂化

催化裂化主要生产汽油和柴油等燃料油，同时还副产大量干气和液化石油气，用作基础化工原料和民用燃料。催化裂化的主要原料可为来自原油蒸馏（或其他石油炼制过程分馏）所得的重质馏分油、重质馏分油掺入少量渣油、脱沥青渣油、全部采用常压渣油或减压渣油等。因此，与其他二次加工过程相比，催化裂化的原料来源宽泛。目前，国际上催化裂化汽油和柴油量分别占其总量的 $25\%\sim35\%$ 和 $10\%\sim25\%$，我国催化裂化汽油和柴油量分别占汽、柴油总量的 $70\%\sim80\%$ 和 30%。

1. 催化裂化原理

催化裂化是重质油在温度 $470\sim530℃$、压力 $0.1\sim0.3MPa$ 以及催化剂作用下，发生系列催化反应，转化成裂化气体、汽油和柴油等轻质产品以及固体焦炭的过程。各类产品的数量和质量不仅取决于原料中各种烃类的反应类型，而且还与各种原料烃及产品在催化剂表面上的吸附与脱附等过程有关。

（1）反应类型及特点

催化裂化主要包括烷烃、环烷烃、烯烃及带有取代基的芳烃等发生分解、开环、脱烷基等生成汽油、柴油的主反应，以及芳烃缩合和烯烃叠合等结焦生炭的副反应。

① 烷烃　烷烃发生分解反应生成较小分子的烯烃和烷烃，如式(3-1)。

$$C_{16}H_{34} \longrightarrow C_8H_{16} + C_8H_{18} \tag{3-1}$$

由于烷烃分子中 C—C 键的键能由分子的两端向中间逐渐减弱，因此烷烃裂化时，多从中间的 C—C 键处断裂，而且分子越大越易断裂。较大分子碳链的两端 C—C 键很少发生断裂，所以烷烃裂化的气态产物中含 C_1、C_2 很少，而 C_3、C_4 含量较高。

② 环烷烃　环烷烃主要发生开环、脱氢和异构化等反应生成烯烃和芳烃等产物，如式(3-2)~式(3~5)。如果环烷烃带有较长的侧链，则侧链本身也会断裂，生成环烷烃和烯烃，如式(3-2)。

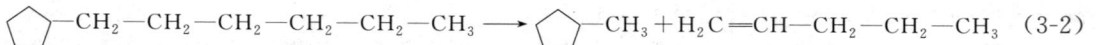

 (3-2)

环烷烃侧链较短，则易开环反应生成烯烃，如式(3-3)。

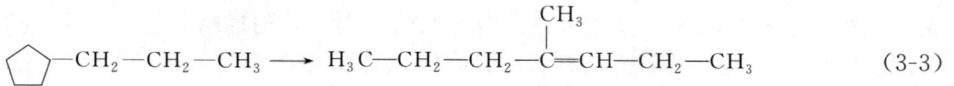

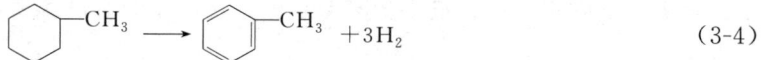

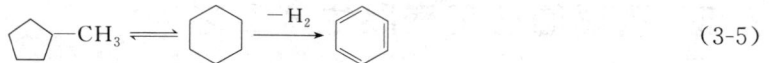

 (3-3)

 (3-4)

 (3-5)

与烷烃裂化类似，环烷烃裂化反应的产物中几乎没有小于 C_3 的分子。

③ 芳烃　不带取代基的芳烃十分稳定，在催化裂化条件下不发生分解反应，但对于带侧链的烷基芳烃，侧链与芳环相连接的键断裂，发生脱烷基反应生成芳烃和烯烃。

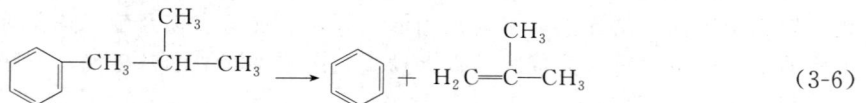

 (3-6)

对于多环芳烃，主要发生脱氢缩合反应，生成稠环芳烃，再经进一步缩合成焦，如式

(3-7)。焦吸附在催化剂内表面将造成催化剂失活，这是不希望发生的反应。

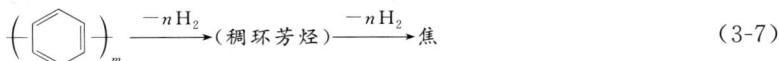

$$\left(\!\!\left(\bigcirc\right)\!\!\right)_m \xrightarrow{-n\mathrm{H}_2} (稠环芳烃) \xrightarrow{-n\mathrm{H}_2} 焦 \tag{3-7}$$

④ 烯烃　烯烃是一次裂化的产物，烯烃很活泼，可发生分解反应，同时还发生异构化、芳构化、氢转移和叠合等反应。

烯烃发生分解反应生成两个较小分子的烯烃，如式(3-8)。

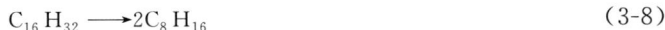

$$\mathrm{C_{16}H_{32}} \longrightarrow 2\mathrm{C_8H_{16}} \tag{3-8}$$

烯烃的异构化反应可分为骨架异构和双键位移异构，如式(3-9)、式(3-10)。

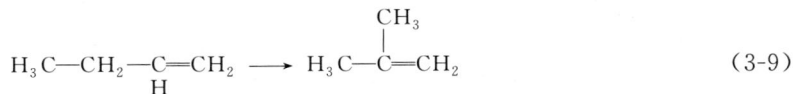

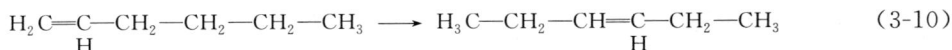

$$\mathrm{H_3C-CH_2-\underset{H}{C}=CH_2} \longrightarrow \mathrm{H_3C-\underset{CH_3}{\overset{}{C}}=CH_2} \tag{3-9}$$

$$\mathrm{H_2C=\underset{H}{C}-CH_2-CH_2-CH_3} \longrightarrow \mathrm{H_3C-CH_2-\underset{}{C}=\underset{H}{C}-CH_2-CH_3} \tag{3-10}$$

烯烃的芳构化反应是小分子烯烃通过连续脱氢反应再环化生成芳烃的反应，如式(3-11)。

$$\mathrm{H_3C-CH_2-CH_2-CH_2-\underset{H}{\overset{}{C}}\underset{H}{\overset{}{C}}=CH_3} \longrightarrow \bigcirc\!\!-CH_3 + 3\mathrm{H_2} \tag{3-11}$$

烯烃的氢转移反应是指某烯烃分子上的氢脱下来后加到另一烯烃分子上使之饱和的反应。在氢转移过程中，烷烃、环烷烃和烯烃都可以供氢，自身会变成烯烃，而接受氢的烯烃转化为烷烃，环烯烃进一步脱氢可生成芳烃，如式(3-12)。

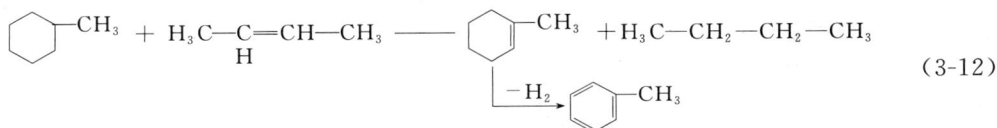

$$\bigcirc\!\!-CH_3 + \mathrm{H_3C-\underset{H}{\overset{}{C}}=CH-CH_3} \longrightarrow \bigcirc\!\!-CH_3 + \mathrm{H_3C-CH_2-CH_2-CH_3} \tag{3-12}$$
$$\Big\downarrow{-H_2}$$
$$\bigcirc\!\!-CH_3$$

对于较大分子的烯烃或芳烃，在环化与缩合的同时放出氢原子，使一些不饱和烃分子变成饱和烃分子，其自身变成更大的不饱和稠环分子，甚至变成焦和炭，这是造成催化剂积炭失活的主要原因。因此，氢转移反应虽然有利于芳构化反应的进行，对提高汽油辛烷值和安定性有利，但是反应过度进行，将影响催化剂寿命。

烯烃除上述反应外，还发生烯烃与烯烃合成大分子烯烃的叠合反应，随叠合深度的不同可能生成一部分异构烃，但继续深度叠合最终将生成焦和炭，如式(3-13)。叠合反应生成焦和炭，也是造成催化剂失活的原因。

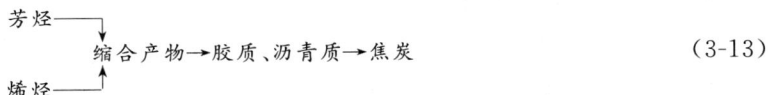

$$\begin{array}{c}芳烃\!\!\!\!\diagdown \\ \qquad\longrightarrow 缩合产物\rightarrow 胶质、沥青质\rightarrow 焦炭 \\ 烯烃\!\!\!\!\diagup\end{array} \tag{3-13}$$

综上，上述反应中属于裂化类型的反应有分解、脱烷基和开环等主反应，也称一次反应。一次反应产物再继续进行的反应叫作二次反应（副反应）。一次反应使大分子烃类裂化成小分子烃类，这是催化裂化工艺称为重油轻质化加工技术的重要依据。二次反应包括氢转移、异构化、烯烃芳构化、烯烃叠合、芳烃缩合等，其中氢转移反应可使产品汽油的饱和度提高，安定性变好，而异构化和芳构化反应是催化汽油辛烷值高的重要原因。副反应中烯烃叠合、芳烃缩合等是生炭和结焦的反应。

（2）裂化反应热力学及动力学

① 裂化反应热力学特点

a. 反应热。在裂化反应体系中，有吸热反应也有放热反应。烃类的分解、脱烷基等主反应均属于吸热反应，而氢转移、异构化、环化、缩合和叠合等反应则属于放热反应。因分解反应是裂化中最重要的反应，且视为不可逆反应，热效应较大，故裂化反应总体表现为吸热反应。随着反应深度的提高（反应时间延长），一些放热的反应如氢转移、环化、叠合等反应逐步增加，宏观上总体吸热量降低。

b. 化学平衡。一般裂化条件下，主反应烷烃或烯烃的分解反应平衡常数 K 值很大，例如式（3-14）。

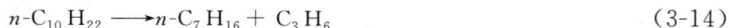

$$n\text{-}C_{10}H_{22} \longrightarrow n\text{-}C_7H_{16} + C_3H_6 \tag{3-14}$$

在 454℃时的平衡常数为 109.6，可以认为 $n\text{-}C_{10}H_{22}$ 完全分解，反应可以看作不可逆反应，不受化学平衡的限制。副反应中，环烷烃与烯烃间的氢转移、环化和芳烃缩合反应的平衡常数 K 值很大，反应几乎不可逆，随温度升高，氢转移和环化反应平衡常数呈现逐渐减小的趋势；异构化和脱烷基等反应平衡常数 K 值较小，属于可逆反应，故这类反应进行的深度受平衡限制；其他如正构烷烃的异构化和脱氢、叠合等反应平衡常数 K 值很小，故发生反应的可能性小。

从热力学分析来看，提高反应温度对分解、脱烷基等吸热的裂化主反应有利，而对氢转移和异构化等放热反应不利，其中环烷烃与烯烃间的氢转移反应平衡常数较大，故受热力学影响较小，异构化反应平衡常数较小，受热力学影响显著，故反应温度对异构化反应影响较大。工业上，宜选用高温促进主反应，抑制副反应。

② 催化裂化反应动力学特点

a. 平行-顺序反应。重质油的催化裂化反应是一种复杂的平行-顺序反应（图 3-13），各类烃的反应可同时向几个方向进行，而且一次反应的产物（中间产物）又会继续反应，该反应的一个重要特点是反应深度对产品产率分布有重要影响，如图 3-14 所示。随着反应进行重质油转化率增加，目的产品汽油和柴油是反应的中间产物，其产率开始增加，随后经过一最高点后逐渐下降，其原因是当反应进行到一定深度后，再加深反应，发生二次反应的速率高于一次反应（生成汽、柴油）的速率。因此，对于这种以中间产物为目的产物的反应过程，控制停留时间，减小物料返混是控制反应深度，提高目的产物收率的重要手段。

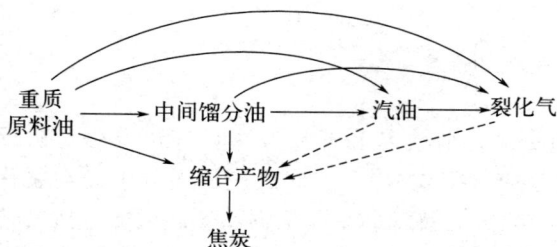

图 3-13 重质油的催化裂化反应示意图

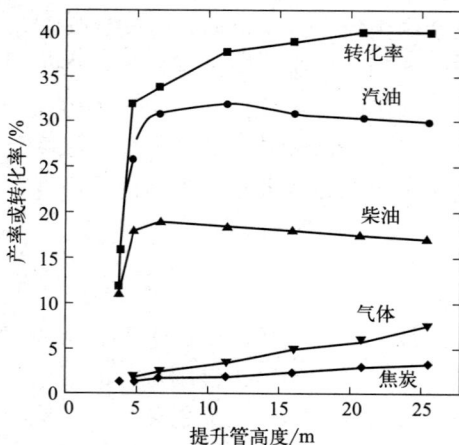

图 3-14 重质油的转化率及产品产率随提升管高度的变化（表征停留时间）

b. 烃类之间的竞争吸附及其对反应的影响。重质油催化裂化反应的结果并非各族烃类单独反应的综合结果，因为任何一种烃类的反应都将受到同时存在的其他烃类反应的影响，并且还与它们在催化剂上的吸附和脱附性能有关，因此催化裂化反应的总速率是由吸附速率和反应速率共同决定的。不同族的烃分子，在催化剂表面上的吸附能力也不同；相同族的烃分子，分子量越大越容易被吸附。

碳原子数相同的各族烃类吸附能力的顺序为：稠环芳烃＞稠环环烷烃＞烯烃＞单烷基单环芳烃＞单环环烷烃＞烷烃。

按化学反应速率的快慢排列，顺序为：烯烃＞大分子单烷基侧链的单环芳烃＞异构烷烃和环烷烃＞小分子单烷基侧链的单环芳烃＞正构烷烃＞稠环芳烃。

烃类在催化剂表面上的吸附能力和化学反应速率是有差异的，烯烃反应速率最快，吸附能力居中；烷烃虽然反应速率快，但吸附能力弱；环烷烃有一定的吸附能力，又具有适宜的反应速率；稠环芳烃的吸附能力最强而化学反应速率却最低。稠环芳烃首先占据了催化剂表面，但由于反应慢，且不易脱附，甚至缩合成焦炭堵塞催化剂表面，阻碍了其他烃类的吸附和反应，使整个石油馏分的反应速率降低。由此可见，重质油的烃类构成是影响催化裂化反应速率的根本因素，富含环烷烃的石油馏分是催化裂化的理想原料。

c. 催化裂化机理。烃类催化裂化反应遵循碳正离子反应机理，碳正离子是烃分子中一个碳原子的外围因缺少一对电子而形成的带正电荷的离子，如 RCH_2^+，它由一个烯烃接受一个氢离子（H^+）而生成，氢离子来源于催化剂酸性表面。碳正离子的稳定程度依次是：叔碳正离子＞仲碳正离子＞伯碳正离子。

碳正离子机理可用来解释烃类催化裂化反应中的许多现象，例如，烃类裂化时不生成小于 C_3 和 C_4 的碳正离子，所以裂化气中含的 C_1、C_2 较少（产品中存在的 C_1、C_2 组分主要是烃类热裂化的结果）；伯、仲碳正离子首先趋向于转化成叔碳正离子，使得产品中异构烃很多。

d. 催化裂化催化剂。催化裂化反应常用的催化剂有无定形硅酸铝催化剂和分子筛催化剂。硅酸铝催化剂由二氧化硅（SiO_2）和氧化铝（Al_2O_3）载体组成，分子筛催化剂由活性组分改性 Y 形分子筛（质量分数 5%～30%）、载体（高岭土、氧化铝和黏结剂）和助催化剂等构成。两类催化剂的活性来源于催化剂表面的质子酸和非质子酸（酸性中心）。

在催化裂化条件下，具有强吸附作用的大分子稠环芳烃在催化剂表面上极易发生成焦或积炭的反应，使催化剂短时间内失活。为了使催化剂快速恢复活性以重复利用，需对催化剂及时进行烧焦再生，为此，工业上将催化裂化反应器和催化剂再生器安排在一个流程中，反应与催化剂再生交替连续进行。

e. 影响催化裂化反应速率的因素。在一般工业条件下，催化裂化反应通常表现为化学反应控制，因此，从化学反应的角度来讨论影响烃类催化裂化反应速率的一些主要因素。

温度　反应温度对催化裂化反应速率和产品分布以及产品质量都有显著的影响。提高反应温度反应速率增大，通常，催化裂化反应温度每升高 10℃ 时反应速率提高 10%～20%，其中烃类的热裂化反应速率提高得更快，当反应温度继续提高时，热裂化反应逐渐显现，产品中反映出热裂化反应产物的特征，例如气体中 C_1、C_2 增多，产品不饱和度增大等，因此催化裂化反应温度不宜过高。

温度对各类反应的速率的影响不一样，因此可通过改变反应温度来调变产品的分布和质量。催化裂化反应可简化为式（3-15）：

$$原料 \rightarrow \begin{array}{c} \xrightarrow{k_1} 汽油 \xrightarrow{k_2} 气体 \\ \xrightarrow{k_3} 焦炭 \end{array} \tag{3-15}$$

式中，k_1、k_2、k_3 分别代表原料→汽油、汽油→气体及原料→焦炭三个反应的反应速率常数的温度系数。一般情况下，$k_2>k_1>k_3$，即当温度提高时，汽油→气体的反应速率加快得多，原料→汽油反应次之，而原料→焦炭的反应速率加快得最少。这样，如果转化率不变，则升温气体产率增加，汽油和焦炭产率降低。当提高反应温度时，由于分解反应和芳构化反应的速率常数比氢转移的大，因而前两类反应的速率提高得快，产品汽油中的烯烃和芳烃含量增加，烷烃含量降低，汽油辛烷值提高。因此，不同反应温度可以实现不同的产品方案，如多产汽油方案宜采用较高的反应温度，一般为 500～530℃，而多产柴油方案可选较低的温度，控制在 470～480℃。

压力　提高反应压力就是提高反应器内的油气分压，意味着反应物浓度的提高，从而加快反应速率，提高转化率，但也有利于缩合生焦反应，焦炭产率明显增高，气体中的烯烃相对产率下降，汽油产率也略有下降。

剂油比　剂油比是催化剂循环量与总进料量之比，它反映了单位催化剂上有多少原油进行反应。因此，加大剂油比，增加了原料油与催化剂的接触，反应温度相同时，可提高转化率，提高气体和汽油收率，同时焦炭产率也增加。高剂油比还可使单位催化剂上的积炭减少，使系统中催化剂活性维持在较高水平，进而提高转化率，或者在相同的转化率下降低反应温度。剂油比的大小受装置总热平衡特别是反应温度控制，一般生产装置上，反应温度不变时，剂油比也基本不变。

2. 反应器

针对催化裂化反应吸热、平行-顺序反应这一特点，可选用平推流反应器来实现。工业上，采用气固流动接近平推流的提升管流化床反应器来进行催化裂化反应；选用湍流流化态的密相流化床作为催化剂再生器，再生器中催化剂烧炭放出的热量为吸热的催化裂化反应供给热量。图 3-15、图 3-16 分别为提升管反应器和再生器结构。

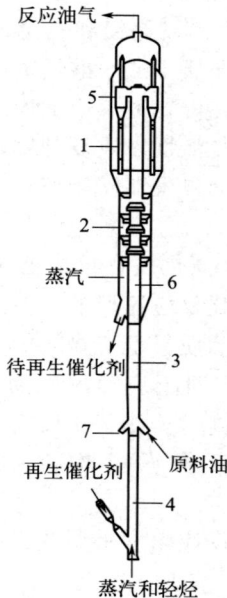

图 3-15　提升管反应器结构
1—沉降器；2—汽提段；3—裂化反应段；
4—预提升段；5—旋风分离器；6—活塞流提升管；
7—进料喷嘴

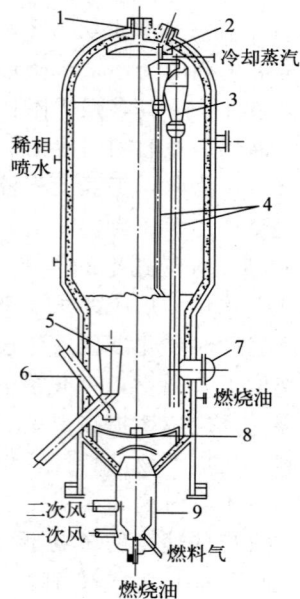

图 3-16　常规再生器结构图
1—烟气出口；2—集气室；3—旋风分离器；4—料腿；
5—淹流斗；6—待生斜管；7—装卸孔；
8—分布板；9—辅助燃烧室

提升管反应器高达数十米，设置预提升段、裂化反应段和汽提段。预提升段内用蒸汽和轻烃混合物作为提升介质，一方面加速催化剂形成活塞流向上流动，另一方面还可使催化剂上的重金属钝化，有利于与油雾的快速混合、提高转化率并改善产品的选择性。裂化反应段为进料喷嘴以上的提升管，其作用是为裂化反应提供所需的停留时间。提升管顶部装有旋风分离器防止催化剂被带出。催化裂化的主要产品是裂化的中间产物，它们可进一步裂化为不希望生成的小分子轻烃，也可以缩合成焦炭。因此应控制总的裂化深度，优化反应时间并在完成反应之后立刻进行产品-催化剂的快速分离。汽提段的作用是用水蒸气脱除催化剂上吸附的油气及置换催化剂颗粒之间夹带的油气，以免被催化剂夹带至再生器，增加再生器的烧焦负荷，损失油气产率。

再生器是典型的湍流密相流化床结构，下部密相区，装有空气分布板，空气（主风）进入床层时能沿整个床截面分布均匀；上部稀相区，装有两级串联的旋风分离器，催化剂回收效率在 99.99% 以上。

工业上，将提升管反应器和催化剂再生器安排在一个流程中，反应与催化剂再生交替进行。这就构建了由提升管反应器和流化床再生器为核心组成的循环流化床反应-再生系统。催化剂颗粒在提升管反应器和流化床再生器中均处于流化状态，可以方便地在两者之间循环流动，实现连续化操作。再生器中催化剂烧焦放出的热量，通过炽热再生催化剂带入提升管反应器，为吸热的催化裂化反应直接供给热量，节约了能量消耗。

3. 催化裂化工艺流程

催化裂化工艺流程由反应-再生系统、分馏系统和吸收-稳定系统三部分组成。在处理量较大、反应压力较高的流程中，还设有再生烟气能量回收系统，工艺流程如图3-17所示。

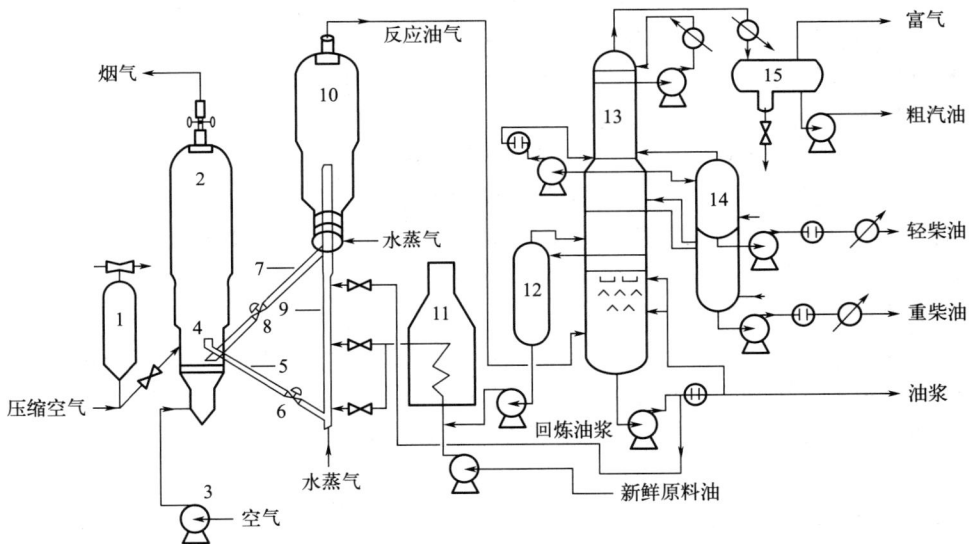

图 3-17 提升管催化裂化工艺流程

1—催化剂罐；2—再生器；3—主风机；4—淹流斗；5—再生斜管；6—再生单动滑阀；7—待生斜管；8—待生单动滑阀；9—提升管反应器；10—沉降器；11—加热炉；12—回炼油罐；13—分馏塔；14—汽提塔；15—气液分离罐

（1）反应-再生系统

反应-再生系统主要由提升管反应器、流化床再生器及加热炉等组成，原料油在提升管反应器中完成催化裂化反应得到油气混合物，积炭催化剂由再生器烧焦再生后返回提升管反应器。

新鲜原料油与从回炼油罐 12 来的回炼油混合，经加热炉 11 加热至 200～300℃后分别送至提升管反应器 9 中部和下部的喷嘴，回炼油浆进入提升管反应器 9 上喷嘴，喷入的原料油与来自再生器 2 的高温（650～700℃）催化剂接触汽化并进行反应。油气与雾化蒸汽及预提升蒸汽一起携带着催化剂以 4～7m/s 的线速沿提升管反应器 9 向上流动，同时发生裂化反应，在 470～530℃的温度下停留 2～4s，然后以 12～18m/s 的高线速通过提升管反应器 9 的出口，经快速分离器快分后催化剂颗粒落入沉降器 10 的下部汽提段，携带少量催化剂的油气经两级内旋风分离器分离，进入集气室，通过沉降器 10 顶部的出口进入分馏系统。

积有焦炭的待生催化剂由沉降器 10 进入下部的汽提段，用过热水蒸气进行汽提以脱除吸附在催化剂表面上的少量油气，待生催化剂（简称待生剂）经待生斜管 7、待生单动滑阀 8 进入再生器 2，主风机 3 鼓入空气至再生器 2 底部使待生剂形成流化状态，在 640～690℃下进行流化烧焦，反应放出大量燃烧热，以维持再生器足够高的床层温度。再生器顶部压力（表压）控制为 0.15～0.25MPa，床层空塔气速为 0.7～1.0m/s，催化剂颗粒处于湍流流化状态。再生后的催化剂（简称再生剂）含碳量（质量分数）小于 0.2%，经淹流斗 4、再生斜管 5 及再生单动滑阀 6 进入提升管反应器 9 循环使用。

烧焦产生的再生烟气，经再生器稀相段进入旋风分离器。经两级旋风分离除去夹带的大部分催化剂，烟气经集气室和双动滑阀排入烟囱，回收的催化剂经两级旋风料腿返回床层。

生产过程中，催化剂会有损失或失活，为了维持系统内催化剂的藏量和活性，需要定期或经常向系统补充或置换新鲜催化剂。

（2）分馏系统

分馏系统的作用是将反应-再生系统的产物按沸点范围分割成富气、粗汽油、轻柴油、重柴油和油浆等馏分。分馏系统主要由分馏塔、汽提塔及回炼油罐组成。

由提升管反应器上部沉降器 10 来的高温反应油气进入分馏塔 13 底部，经底部过热段过热后进入分馏段，分馏得到富气、粗汽油、轻柴油、重柴油、回炼油和油浆。塔顶采出物料经气液分离罐 15 分离的富气和粗汽油去吸收-稳定系统；轻、重柴油经汽提塔 14 汽提后出装置，其中轻柴油的一部分经换热冷却后送入吸收-稳定系统作为吸收剂；回炼油返回反应-再生系统回炼；部分油浆送回反应-再生系统回炼，另一部分经换热后循环回分馏塔或部分冷却后送出装置。

（3）吸收-稳定系统

吸收-稳定系统目的是将来自分馏塔顶气液分离罐的富气和粗汽油进行分离，保证汽油蒸气压合格（把混入汽油中的少量气态烃分出）的同时，分离出 C_2 及 C_2 以下干气，并回收液化石油气（简称液化气）。吸收-稳定系统主要由吸收塔、解吸塔、再吸收塔和稳定塔组成，工艺流程见图 3-18。

由分馏系统气液分离罐出来的富气经气体压缩机两段加压后，进富气分离罐 1 冷却并分出凝缩油，压缩富气由富气分离罐 1 进入吸收塔 2 底部，粗汽油和稳定汽油作为吸收剂由塔顶进入，吸收了 C_3、C_4（及部分 C_2）的富油由塔底抽出送至解吸塔 3 顶部，从富气分离罐 1 冷却得到的凝缩油也送入解吸塔 3 顶部。吸收塔 2 设有一个中段回流以维持塔内较低的温度。吸收塔 2 顶的贫气中尚夹带少量汽油，进入再吸收塔 4 中用轻柴油回收其中的汽油组分，再吸收塔顶得到的干气送燃料气管网。吸收了汽油的轻柴油由再吸收塔 4 底抽出返回分馏系统的分馏塔。解吸塔 3 的作用是通过加热将富油（凝缩油）中 C_2 组分解吸出来，由塔顶引出进富气分离罐，塔底脱乙烷汽油与稳定塔底部出来的稳定汽油换热后被送至稳定塔 5 中部，塔底得到合格的稳定汽油。汽油中 C_4 以下的轻烃从稳定塔 5 塔顶流出后进入油气分离器 6，分离得到干气和液化气。

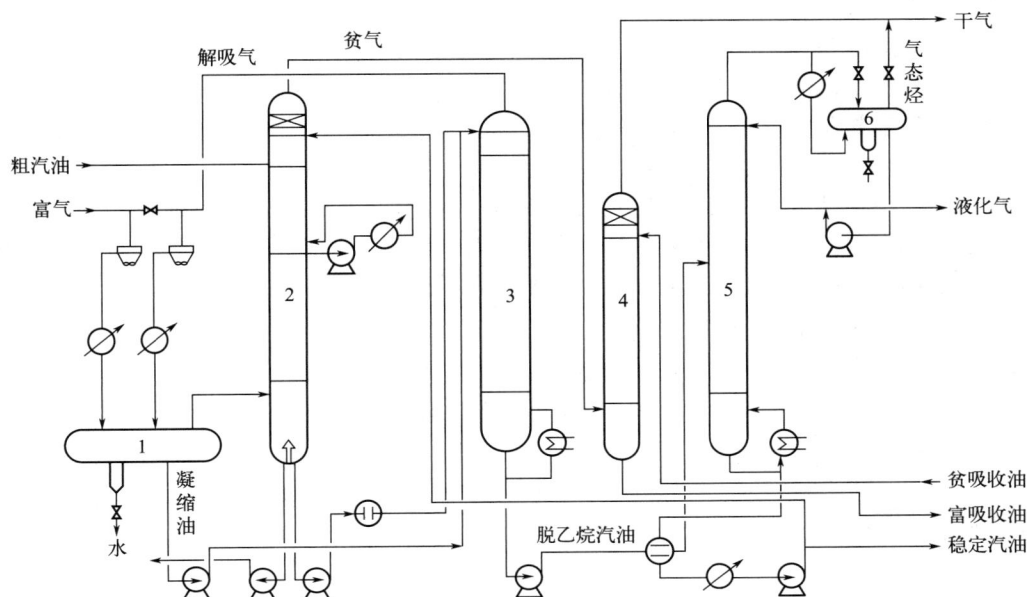

图 3-18　吸收-稳定系统工艺流程图
1—富气分离罐；2—吸收塔；3—解吸塔；4—再吸收塔；5—稳定塔；6—油气分离器

(4) 能量回收系统

图 3-19 所示为再生烟气能量回收系统流程。来自再生器的高温烟气，首先进入高效三级旋风分离器 1，分离出烟气中夹带的催化剂细粉，使烟气中粉尘含量降到 $0.2g/m^3$ 以下，然后进入烟机 3（或称烟气膨胀透平）膨胀做功，使再生烟气的压力能转化为机械能，驱动

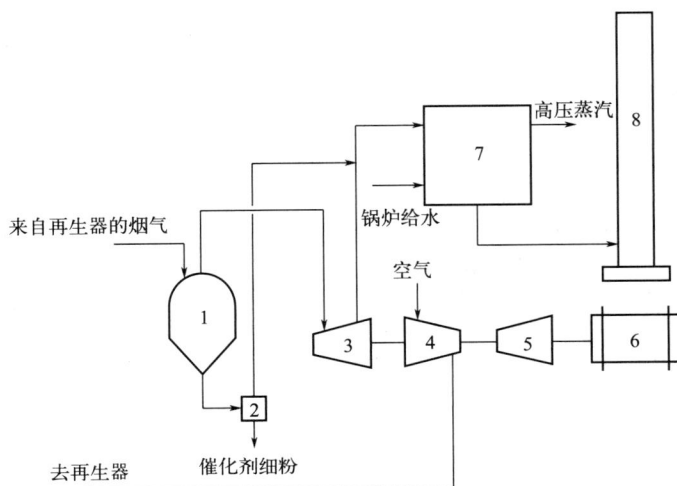

图 3-19　再生烟气能量回收系统
1—三级旋风分离器；2—四级旋风分离器；3—烟机；4—主风机；5—蒸汽轮机；
6—电动机/发电机；7—余热锅炉；8—烟囱

主风机 4 运转。烟气经烟机后，进入余热锅炉回收显热能，所产生的高压蒸汽供蒸汽轮机或装置内外的其他部分使用。

3.3.2 加氢裂化

加氢裂化是重质油深度加工的重要工艺之一。加氢裂化是在较高温度（350～440℃）、高压（8.0～18.0MPa）及氢气和催化剂存在的条件下，使重质馏分油发生裂化反应，转化为石脑油、喷气燃料、柴油和气体等的过程，同时将重质油中的硫、氮、氧和金属等杂质加氢脱除。因此，加氢裂化技术不仅对原料油适用性强，液体产品收率高，产品质量稳定性好（含硫、氧、氮等杂质少），生产灵活性大（液体产品可调），还可以从重质或劣质原料油制取作为催化重整和蒸汽裂解制乙烯的优质化工原料。加氢裂化是唯一能在原料轻质化的同时直接生产清洁运输燃料和优质化工原料的重要技术手段。

1. 加氢裂化反应类型

重质馏分油原料中各种烃类的反应主要有烷烃加氢裂化、环烷烃加氢裂化、芳烃加氢裂化反应以及非烃类化合物如加氢脱硫、脱氮和脱金属等类型。

（1）烷烃的加氢裂化反应

烷烃加氢裂化包括原料分子 C—C 键的断裂（裂化）以及生成的不饱和小分子的加氢，以十六烷为例，如式(3-16)。

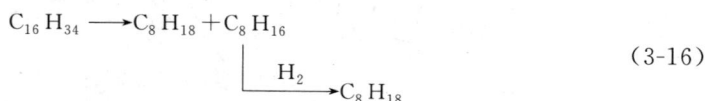

$$C_{16}H_{34} \longrightarrow C_8H_{18} + C_8H_{16}$$
$$\Big\downarrow H_2$$
$$C_8H_{18}$$
$$(3\text{-}16)$$

反应中生成的烯烃先进行异构化，随即被加氢成异构烷烃。

（2）环烷烃的加氢裂化反应

单环环烷烃在加氢裂化过程中发生异构化、脱烷基侧链、断环反应以及不明显的脱氢反应。长侧链单环六元环烷烃在高酸性催化剂上进行加氢裂化时，主要发生断链反应，六元环比较稳定，很少发生断环。短侧链单环六元环烷烃在高酸性催化剂上加氢裂化时，首先异构化生成环戊烷衍生物，然后发生后续反应，如式(3-17)：

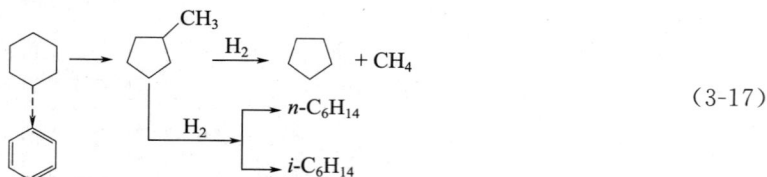

$$(3\text{-}17)$$

双环环烷烃在加氢裂化时，首先有一个环断开并进行异构化，生成环戊烷衍生物，当反应继续进行时，第二个环也发生断裂。在双环环烷烃的加氢裂化产物中有并环戊烷存在，双环环烷烃加氢裂化同样按碳正离子机理进行反应，如式(3-18)。

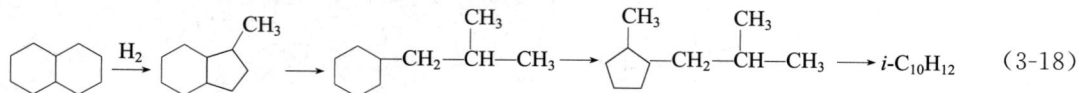

$$(3\text{-}18)$$

（3）芳烃加氢裂化反应

单环芳烃加氢裂化不同于单环环烷烃，若侧链上有两个以上碳原子，首先不发生异构化而是先断侧链，生成相应的烷烃和芳烃。除此之外，少部分芳烃还可能进行加氢生成环烷烃反应，然后再按环烷烃的反应规律继续反应。

双环、多环和稠环芳烃加氢裂化是分步进行的，通常一个芳香环首先加氢变为环烷芳烃，然后环烷环断开变成单烷基芳烃，再按单环芳烃规律进行反应。菲的加氢裂化反应如式(3-19)。

$$\text{(3-19)}$$

在氢气存在下，稠环芳烃的缩合反应被抑制，因此不易生成焦炭产物。

（4）非烃类化合物的加氢反应

非烃类化合物指馏分油中含硫、氮、氧等的化合物，在氢气和催化剂作用下，生成相应的烃类及硫化氢、氨气和水，可使硫、氮、氧等脱除，这些非烃类物质的加氢反应也称为加氢精制，如式(3-20)、式(3-21) 及式(3-22)。

$$R-CH-SH + H_2 \longrightarrow R-CH_2-R + H_2S \qquad \text{(3-20)}$$

$$\underset{\text{吡啶}}{\text{N}} + 5H_2 \longrightarrow C_5H_{12} + NH_3 \qquad \text{(3-21)}$$

$$\underset{\text{酚}}{\overset{OH}{\bigcirc}} + H_2 \longrightarrow \underset{\text{苯}}{\bigcirc} + H_2O \qquad \text{(3-22)}$$

2. 加氢裂化反应热力学及动力学特点

（1）热力学特点

① 烃类裂化和烯烃加氢饱和等反应化学平衡常数值较大，不受热力学平衡常数的限制。

② 芳烃加氢反应，随着反应温度升高和芳烃环数增加，芳烃加氢平衡常数值下降；稠环芳烃各个环加氢反应的平衡常数值顺序为：第一环＞第二环＞第三环。

③ 由于在加氢裂化过程中，形成的碳正离子异构化的平衡转化率随碳数的增加而增加，因此，在这些碳正离子分解，并达到稳定的过程中，所生成的烷烃异构化程度超过了热力学平衡，产物中异构烷烃与正构烷烃的比值也超过了热力学平衡值。

④ 加氢裂化反应中加氢反应是强放热反应，而裂化反应则是吸热反应。但裂化反应的吸热效应远低于加氢反应的放热效应，总的结果表现为放热效应。

单体烃的加氢反应的反应热与分子结构有关，芳烃加氢的反应热低于烯烃和二烯烃的反应热，而含硫化合物的氢解反应热高于芳烃加氢反应热；单体烃加氢裂化反应热与烃的分子量无关，而取决于温度和产品的组成。整个过程的反应热与断开一个键（并进行碎片加氢和异构化）的反应热和断键的数目成正比。

（2）动力学特点

研究表明，在加氢条件下进行的裂化反应和异构化反应属于一级反应，而加氢反应和加氢裂化属于二级反应。但在实际工业条件下，通常采用的氢气量大大超过化学计量比，因此加氢反应和加氢裂化都表现出近似一级反应。可以利用反应速率常数来比较各族烃类的反应速率，如图 3-20 所示。可以看出，在选定的条件下，多环芳香烃的部分加氢和环烷烃断环反应速率最大（k_1、k_3、k_4、k_5、k_7、k_8），单环环烷烃的断环速率较小（k_{10}），单环芳香烃的加氢速率和多环芳香烃完全加氢的速率都很小（k_9、k_2、k_6）。这种现象在重质油加氢裂化过程中得到了证实。多环芳烃加氢裂化，其最终产物可能是苯类和较小分子的烷烃混合物，而不像催化裂化条件下主要是缩合生焦，这正是两类催化反应的根本区别，也是加氢裂化可以长周期运转，而催化裂化必须连续烧焦的主要原因。

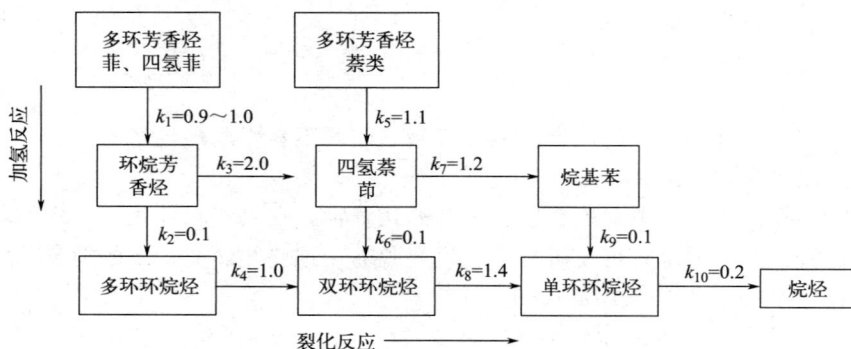

图 3-20　加氢裂化反应的相对反应速率常数

加氢裂化是催化裂化碳正离子反应伴随加氢的反应，因此加氢裂化催化剂需要具有裂化和加氢双功能。加氢裂化催化剂由主金属活性组分（包括镍、钴、钼和钨等非贵金属和铂、钯等贵金属）、助催化剂（P、F、Sn、Ti、Zr、La 等）和酸性载体（无定形硅酸铝、分子筛和活性氧化铝）组成，其中酸性功能（提供裂化和异构化活性）由催化剂载体硅酸铝或分子筛提供，加氢功能则由金属活性组分提供。

烷烃加氢裂化的反应速率随着烷烃分子量增大而加快。烷烃加氢裂化的产品组成取决于烷烃碳正离子的异构、裂化和稳定速率以及这三个反应速率的比例关系。在高酸性活性催化剂上烷烃加氢裂化的产品组成与催化裂化产品组成十分相似，说明加氢裂化与催化裂化一样，也按碳正离子机理进行反应。当所用催化剂具有较高加氢活性和较低酸性活性时，烷烃加氢裂化产物中，异构产物与正构产物的比值将低于催化裂化产品中的相应比值，同时气体产物对液体产物的比值下降。在这种情况下，烷烃基本上不发生异构化，只发生氢解作用，而且所得产品的饱和程度较大。由此可见，通过调变催化剂的加氢活性和酸性活性的比例，就可以调控反应产物的组成和分布。

环烷烃加氢裂化时反应方向取决于催化剂的加氢活性和酸性活性的比例。长侧链单环六元环烷烃在高酸性催化剂上进行加氢裂化时，主要发生断链反应，六元环比较稳定，很少发生断环。短侧链单环六元环烷烃在高酸性催化剂上加氢裂化时，首先异构化生成环戊烷衍生物，然后发生后续反应。

由加氢裂化反应热力学、动力学分析可知，加氢裂化总反应表现为放热，热效应较大，所以需要考虑反应过程及时移热。同时，在氢气存在下，稠环芳烃的缩合反应被抑制，因此不易生成焦炭产物，形成积炭较催化裂化缓慢得多，催化剂不需连续再生，并且使用大颗粒催化剂不会出现烧结失活问题。

3. 加氢裂化工艺流程

根据加氢裂化反应特点，工业上可选用多段层间换热或冷激的固定床反应器，也可选用内设冷管连续换热的流化床反应器来移走热量。由于加氢裂化催化剂不需连续再生，因此反应器型式优选固定床。考虑到冷激式反应器结构简单且操作方便，工业上普遍采用层间冷激式的多层绝热固定床反应器，通过向催化剂床层间注入冷氢来移走反应热。

根据原料和目的产品的不同，固定床加氢裂化工艺又分为单段加氢裂化工艺和两段加氢裂化工艺。

（1）单段加氢裂化工艺流程

单段加氢裂化工艺流程中只有一个（或一组）反应器（如图3-21），原料油的加氢精制和加氢裂化在同一个反应器内进行，所用催化剂为无定形硅酸铝催化剂，它具有加氢性能较强、裂化性能较弱的特点，主要用于由减压蜡油、脱沥青油生产航空煤油和柴油。

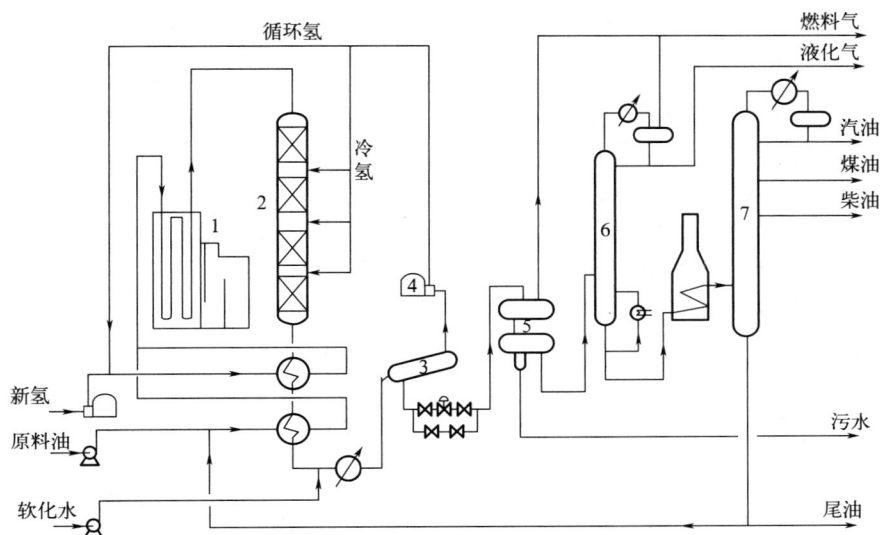

图 3-21 单段加氢裂化工艺流程

1—加热炉；2—反应器；3—高压分离器；4—循环氢压缩机；5—低压分离器；6—稳定塔；7—分馏塔

如图3-21所示，原料油用泵升压至16MPa后与尾油混合，混合油与420℃左右的加氢生成油换热后作为一股进料，与换热后（与加氢生成油换热）的混合氢（新氢与循环氢）相混合，油与氢的混合物换热至320～360℃进入加热炉1，被加热至370～450℃后进入反应器2。在反应器2内装有催化剂，反应温度控制在380～440℃，空速$1.0h^{-1}$，氢油体积比约2500：1，循环氢向反应器2内分层注入以调控温度。出反应器2的加氢生成油与原料油换热后降到200℃，再经空冷器冷却降温至30～40℃后进入高压分离器3。为了防止硫氢化铵及硫化铵水合物析出堵塞管道，在加氢生成油进入空气冷凝器前注入软化水以溶解其中的NH_3和H_2S等。高压分离器3分离出未反应的氢气自顶部出来，进入循环氢压缩机4升压后，返回反应系统循环使用。自高压分离器3底部流出的生成油，经减压至0.5MPa，进低压分离器5。低压分离器5底部排出的污水出系统，顶部释放出的燃料气送出装置，下部出来的生成油经加热后送入稳定塔6。稳定塔塔顶蒸出液化气，塔底液体经加热炉加热至320℃后送入分馏塔7分馏，塔顶得到汽油、煤油和柴油。塔底剩尾油，尾油可一部分或全部作为循环油与原料混合再去反应系统。

在运行过程中循环氢中的硫化氢会累加，可设置循环氢脱硫塔，并在反应和分馏系统注入缓蚀剂，通过加入缓蚀剂后形成保护膜，可以减少汽提塔塔顶及换热系统的腐蚀，保护设备能够长周期运转。

（2）两段加氢裂化工艺流程

两段加氢裂化流程设有两个反应器，分别装有加氢精制和加氢裂化催化剂，进行加氢精制和加氢裂化反应。该流程适合处理高硫高氮减压蜡油、催化裂化循环油以及焦化蜡油，亦可处理单段加氢裂化难处理或不能处理的原料，工艺流程如图 3-22 所示。

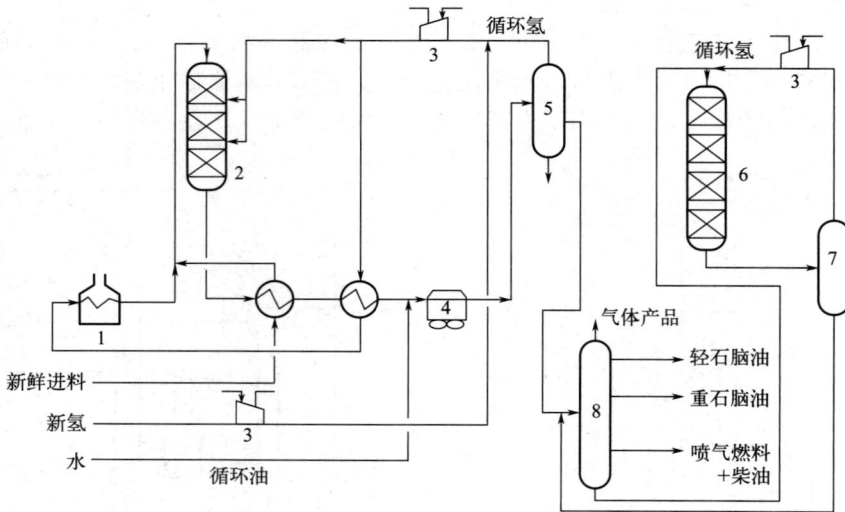

图 3-22　两段加氢裂化工艺流程
1—加热炉；2——段反应器；3—压缩机；4—空冷器；5——段分离器；6—二段反应器；7—二段分离器；8—分馏塔

新鲜进料与一段反应器出口的生成油换热后与氢气混合自顶部进入一段反应器 2。新鲜氢气经压缩机 3 后与循环氢混合，再经压缩加压后，一部分作为冷氢进入一段反应器 2 的催化床段进行降温，另一部分氢气与生成油换热，经加热炉 1 加热后，与新鲜进料混合进入一段反应器 2。在反应压力为 16MPa，反应温度 350～440℃，空速 1.0～1.5h^{-1}，氢油体积比约 1500:1 下，反应物料在高活性加氢催化剂上进行加氢精制反应，生成物与原料换热后再经空冷器 4 空冷后进入一段分离器 5 分离出氢气。分离器下部的物料与二段分离器 7 底部物料混合，进入分馏塔 8，经蒸馏分离得到气体产品（NH_3 和 H_2S 等气体及液化石油气）、轻石脑油、重石脑油、喷气燃料等产品送出装置。由分馏塔底导出的尾油再与循环氢混合后进入二段反应器 6，在装有高酸性催化剂的二段反应器内进行加氢裂化等反应。反应生成物进入二段分离器 7，塔顶分离出循环氢和溶解气经压缩机 3 加压回二段反应器，塔底液体送至分馏塔 8，经分馏得到气体、轻石脑油、重石脑油、喷气燃料、柴油等产品。在两段工艺流程中，二段反应器的氢气循环回路与一段反应器是相互分开的，可以保证二段反应器循环氢中仅含有少量的硫化氢及氨。

3.3.3　延迟焦化

焦化工艺是重质油热转化过程之一，它以渣油为原料，在高温（480～550℃）下进行深度热裂化反应，主要产物有焦化气体、汽油、柴油、蜡油和焦炭。目前，在重油加氢能力有限的情况下，延迟焦化已成为加工劣质渣油的主力工艺。

1. 延迟焦化反应原理

延迟焦化的原料在加热条件下的反应可分为两种类型，即裂化与缩合。裂化产生较小的分子；缩合则朝着分子变大的方向进行，高度缩合产生胶质、沥青质，最后生成碳氢比很高的焦炭。

（1）烷烃的热反应

烷烃的热反应为强吸热反应，主要有 C—C 键断裂生成小分子的烷烃和烯烃，如式（3-1），以及 C—H 键断裂生成相同碳原子数的烯烃和氢气等反应。对于烷烃，C—C 键比 C—H 键更容易断裂，中间位置的 C—C 键比两端位置的 C—C 键更易断裂。在相同的反应条件下，大分子烷烃比小分子烷烃更容易裂化。烷烃分子易脱氢的碳位顺序为：叔碳、仲碳、伯碳。

（2）环烷烃的热反应

环烷烃热稳定性较高，在高温（500～600℃）下可发生下列反应。

① 单环环烷烃断环生成两个烯烃分子，如式（3-23）、式（3-24）。

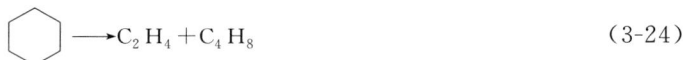

$$\text{（环戊烷）} \longrightarrow C_2H_4 + C_3H_6 \tag{3-23}$$

$$\text{（环己烷）} \longrightarrow C_2H_4 + C_4H_8 \tag{3-24}$$

② 环烷烃在高温下发生脱氢反应生成芳烃，如式（3-25）所示。

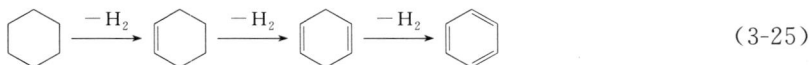

$$\xrightarrow{-H_2} \xrightarrow{-H_2} \xrightarrow{-H_2} \tag{3-25}$$

（3）芳香烃的热反应

芳香环热稳定高，难以断裂，但在高温下可进行脱氢缩合反应，生成大分子的多环或稠环芳烃，直至生成焦和氢气，例如式（3-26）、式（3-13）。

$$2 \longrightarrow +H_2 \tag{3-26}$$

综上，烃类的热反应中，裂化、脱氢等为吸热反应，而叠合、缩合等反应为放热反应。由于裂化反应占主导地位，因此，烃类的热反应通常表现为吸热反应。反应热的大小随原料油的性质、反应深度等因素的变化在较大范围内变化，其值在 500～2000kJ/kg 之间。

烃类的热裂化反应是裂化与生焦同时进行的复杂平行-顺序反应。反应同时向几个方向进行，中间产物又继续反应（见 3.3.1 小节，图 3-13）。作为中间产物的汽油和中间馏分油的产率在反应进行到某个深度时出现最大值，作为终产物的气体和焦炭在某个反应深度时开始产生，其产率随着反应深度的增加而增大。渣油热反应时容易生焦，除了渣油自身含有较多的胶质和沥青外，还由于不同族的烃类之间的相互作用促进了生焦反应。胶质和沥青发生"歧变"形成交联结构的无定形焦炭。芳烃叠合和缩合反应生成的焦炭具有结晶的外观，交联很少。因此，改变不同原料油的混合比例就可改变原料性质，也改变了焦炭性质和产率。

综上所述，延迟焦化是强吸热反应，故需要在高温下反应。由于渣油原料含芳烃多，在高温下进行深度热裂化，缩合反应占比很大，焦炭生成量大，因此反应过程中既要将渣油加热到反应所需的高温，又要避免在加热过程中结焦造成设备堵塞，同时还需要有足够的时间使裂化和缩合反应进行彻底。

2. 延迟焦化工艺流程

根据渣油热反应特点，工业上采用高温管式加热炉＋塔式结焦反应器的形式，原料渣油在管式加热炉中被急速加热，达到 500℃高温后迅速进入焦化塔内进行裂化和缩合反应。向管式加热炉的炉管中注入少量水，以加大管内流速（一般为 2m/s 以上），缩短油在管内的停留时间，避免在炉管壁上结焦；焦化塔具有较大的反应空间，可保证高温渣油有足够的停留时间进行反应，因此被称为延迟焦化，延迟焦化工艺流程如图 3-23 所示。

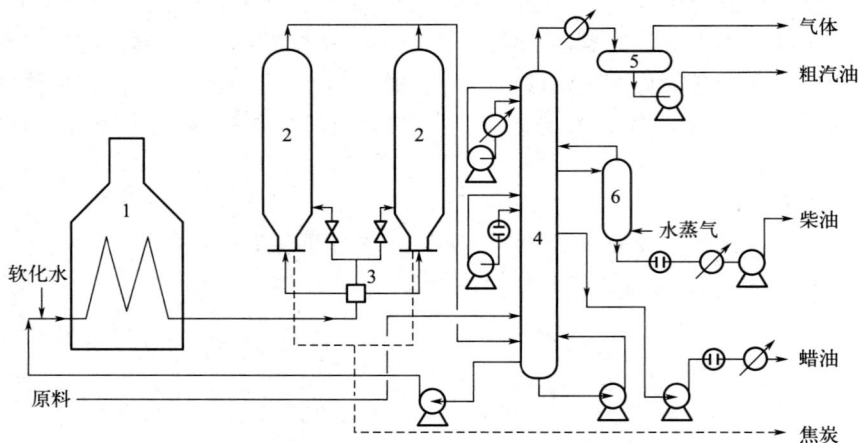

图 3-23　延迟焦化工艺流程
1—加热炉；2—焦化塔；3—四通阀；4—分馏塔；5—气液分离罐；6—汽提塔

经预热后的原料渣油，先进入分馏塔 4 下部的缓冲段，与来自焦化塔顶的高温焦化油气（420～440℃）在分馏塔内接触换热，渣油被加热到约 380℃，高温焦化油气降温到可进行分馏的温度，高温焦化油气中夹带的焦沫被淋洗下来。没有冷凝的气体组分在分馏塔中逐个塔板上升进行分馏获得产品，冷凝下来的相当于原料渣油沸程的部分作为循环油与原料渣油一起从分馏塔 4 底部抽出，经热油泵送至加热炉 1 辐射室的炉管内，快速加热到 500℃ 左右，通过四通阀 3 从底部进入焦化塔 2 发生焦化反应。为了防止油在炉管内结焦，需向炉管内注水，注水量约为原料油质量分数的 2%。

进入焦化塔 2 的高温渣油在塔内停留足够时间，充分反应，生成的油气从焦化塔顶引出进分馏塔 4，塔顶出来的轻组分进入气液分离罐 5，分离出气体和粗汽油出系统，分馏塔 4 中上部侧线采出物料经汽提塔 6 汽提出轻组分后得到柴油，分馏塔 4 下部侧线采出蜡油。分馏塔 4 塔底循环油与原料渣油一起再进行焦化反应，焦化生成的焦炭留在焦化塔 2 内，通过水力除焦从塔内排出。

焦化塔采用间歇式操作，分为生焦和除焦两个阶段，分别在两个塔之间切换操作，保证装置连续运行。每个塔的切换周期包括生焦、除焦及各辅助操作过程所需的全部时间。对两炉四塔的焦化装置，一个周期约 48h，其中生焦过程约占一半，生焦时间的长短取决于原料性质以及对焦炭质量的要求。

3.3.4　溶剂脱沥青

溶剂脱沥青工艺是从减压渣油制取高黏度润滑油基础油、催化裂化和加氢裂化原料油，同时副产沥青的一个重要加工过程，以低分子链烷烃作溶剂，利用溶剂对减压渣油中各组分溶解度的差异，分离出富含饱和烃和芳烃的脱沥青油，同时得到含有沥青质和胶质的脱油沥青。脱沥青油中的稠环化合物、金属、硫、氮、氧等含量较少，是生产润滑油质量较好的原料，也可作为催化裂化和加氢处理/裂化的原料。脱油沥青可作为生产各种牌号的道路沥青和建筑沥青的原料。

1. 溶剂脱沥青的原理

溶剂脱沥青是一个萃取过程，用溶剂将渣油中易溶的环烷烃、链烷烃及低分子芳烃与难溶的胶质、沥青质分开。一般选用丙烷、丁烷、异丁烷、戊烷等烃类作为脱沥青溶剂。

图 3-24 为不溶于丙烷馏分的收率随温度的变化规律，低温区域溶质全部溶于溶剂时的起始温度称为临界溶解温度 t_1（23℃），较高温区域开始有溶质析出的温度称为临界溶解温度 t_2（40℃），两个临界溶解温度之间溶质全部溶解在溶剂中。利用这一特性，可采用不同的温度进行溶解析出、沉降分离，得到各种密度和黏度的馏分。

在温度＜23℃时，由于原料中石蜡和地蜡及胶质、沥青质不溶于丙烷，系统分为两相，随着温度升高，溶解能力逐渐加大。23～40℃时，丙烷与原料互溶成为一相，超过40℃，又开始有不溶物析出，系统又分为两相。这是由于丙烷常温常压下呈气态，加压后才能呈液态，当升到临界状态时，溶剂表现为气体性质，它将不溶

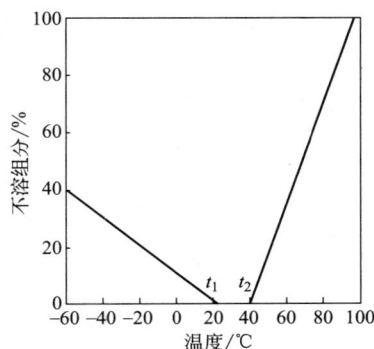

图 3-24　不溶于丙烷馏分
的收率随温度的变化

溶质而使溶质全部析出。这种变化是逐渐形成的，即在靠近临界温度而未达到临界温度的某一区域（40～96.8℃），随着温度升高，丙烷密度减小（液体性质减弱、气体性质增强），丙烷对渣油的溶解度降低。

低温段，丙烷等低碳烷烃溶剂对渣油中各组分的溶解度大小的排列次序为：烷烃＞环烃类＞高分子多环烃类＞胶质、沥青质。溶剂分子越小，对胶质、沥青质和高分子多环烃类的溶解度越小，并且温度越高，其溶解度越小。自 40℃至丙烷临界温度（96.8℃）范围内，随着温度升高，最先析出的是胶质、沥青质，并按溶解度的大小，逐步析出溶在丙烷中的润滑油类。当溶液的温度接近丙烷的临界温度时，丙烷中完全不含烃类组分。

以上分析可知，比 t_1 低或比 t_2 高的温度范围内都能形成两相。但在前一温度内烃（蜡）会和沥青同时析出而不适宜采用。因此，工业上丙烷脱沥青装置都是在第二临界溶解温度 t_2 以上的温度下操作的，最高温度为溶剂的临界温度。在此温度范围内，丙烷"溶油不溶沥青"。利用这一特性，通过调节温度，将渣油分离为脱沥青油和脱油沥青。所得脱沥青油的残炭值及金属含量较低、H/C 原子比较高，可以满足生产高黏度润滑油和改善催化裂化进料的要求。

低温下，减压渣油的黏度很大，不利于进行抽提，因此抽提塔的操作温度要稍高些。为了保证溶剂在抽提塔内为液相状态，操作压力应比抽提温度下丙烷的蒸气压高 0.3MPa 左右。工业丙烷脱沥青装置抽提塔采用的一般操作条件为：温度 50～90℃，压力 3～4MPa，溶剂比 6∶1～8∶1（体积）。采用不同溶剂时，抽提操作的温度及压力也不同。

2. 溶剂脱沥青工艺流程

溶剂脱沥青工艺包括溶剂抽提和溶剂回收两部分，首先在抽提塔中溶剂和原料油充分接触而将原料油中的理想组分（饱和烃及芳烃油）溶解出来，使之与胶质、沥青质分离，得到脱沥青油和沥青溶液。然后将溶剂从中分离回收，并分别获得脱沥青油和沥青。溶剂回收方法有蒸发法和超临界法等。

工业上溶剂抽提过程常采用一段抽提法，如图 3-25 所示。渣油原料进界区后存入原料油缓冲罐1，由原料泵抽出后与少量从脱沥青油分离塔顶返回的溶剂混合，经原料-沥青溶液

换热器 9 换热后，再注入少量溶剂，混合稀释后进入抽提塔 2 上部，与抽提塔下部进入的溶剂逆流接触，在转盘搅拌下进行抽提，胶质和沥青质沉降于抽提塔的底部，把沥青分出来。从抽提塔 2 底部出来含有部分溶剂的沥青经两级换热器 9 和加热器 10 加热后进入沥青闪蒸塔 4 进行闪蒸，大部分溶剂从闪蒸塔顶出来，经空冷器 11 和水冷器 12 冷却后进入溶剂罐 8。含有少量溶剂的沥青自沥青闪蒸塔 4 底部出来，然后进入沥青汽提塔 6，经蒸汽汽提出的溶剂和水蒸气从塔顶进入汽提塔顶空冷器 11 和水冷器 12 冷凝冷却后，经溶剂泵送入溶剂罐 8。沥青汽提塔 6 底的沥青产品由泵抽出经换热后送出装置。

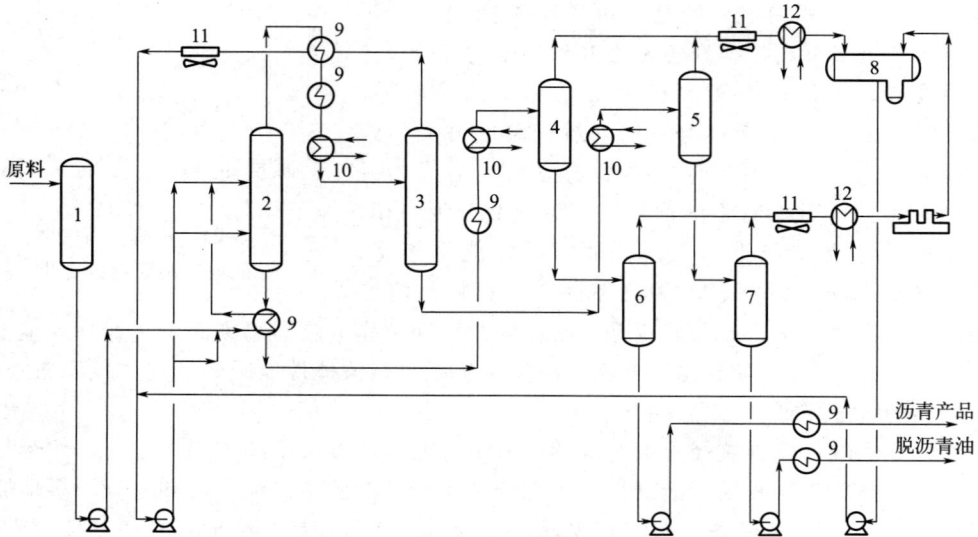

图 3-25　丙烷脱沥青工艺流程图

1—原料油缓冲罐；2—抽提塔；3—脱沥青油分离塔；4—沥青闪蒸塔；5—脱沥青油闪蒸塔；6—沥青汽提塔；
7—脱沥青油汽提塔；8—溶剂罐；9—换热器；10—加热器；11—空冷器；12—水冷器

含有绝大部分溶剂的脱沥青油从抽提塔 2 顶部流出，经两级换热器 9、脱沥青油分离塔进料加热器 10 加热到溶剂临界温度以上进入脱沥青油分离塔 3 内，实现溶剂和脱沥青油的分离，约 85%（质量分数）的溶剂从脱沥青油分离塔顶分离出，经空冷器 11 冷却后通过溶剂循环泵增压后分三股，一股与换热前渣油原料混合稀释，一股与换热后渣油原料混合稀释，大部分溶剂经流量控制直接进入抽提塔下部。

脱沥青油从脱沥青油分离塔 3 底部抽出，经加热器 10 加热后，进入脱沥青油闪蒸塔 5 中闪蒸，大部分溶剂从塔顶闪蒸出来，与沥青闪蒸塔顶的气相溶剂合并一起进入空冷器 11 和水冷器 12 冷却后进入溶剂罐 8。回收的溶剂自溶剂罐 8 由低压溶剂泵送至溶剂循环泵的入口，经过溶剂循环泵增压后作为抽提溶剂循环使用。脱沥青油闪蒸塔 5 下部含有少量溶剂的脱沥青油自压到脱沥青油汽提塔 7 上部，经蒸汽汽提出的溶剂和水蒸气从塔顶进入汽提塔顶空冷器 11 和水冷器 12 冷却后进入溶剂罐 8。脱沥青油汽提塔 7 底部的脱沥青油产品经泵抽出换热后送出装置。

3.4　油品精制工艺

一次加工及重质油轻质化后的粗产品需要经过精制与调和处理以满足成品油的应用需

求，油品的精制实际上是对油品进行提质的过程，主要采取的措施包括馏分油的催化重整、加氢精制、异构化和烷基化等，还可以通过添加醚化产品来改善油品的质量，这些对油品的精制过程及添加剂的生产也属于原油的二次加工。

3.4.1 催化重整

催化重整是在加热、临氢和催化剂作用的条件下，对汽油馏分中的烃类分子结构进行重新排列生成新的分子结构的过程。催化重整的原料主要是原油蒸馏得到的轻汽油馏分（或石脑油），产品是富含芳烃的高辛烷值汽油（重整汽油），副产品为液化石油气和氢气。重整汽油产品可直接用作汽油的调和组分，也可经芳烃抽提制取苯、甲苯和二甲苯，而副产的氢气可作为石油炼厂加氢装置（如加氢裂化、加氢精制）用氢的重要来源。

1. 催化重整原理
（1）催化重整反应
催化重整的化学反应主要包括脱氢反应、异构化反应和裂化反应，如式(3-27)～式(3-31)：

① 六元环烷烃脱氢反应

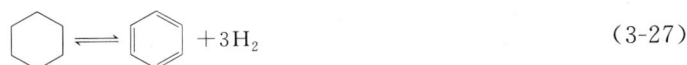

$$\text{（环己烷）} \rightleftharpoons \text{（苯）} + 3H_2 \tag{3-27}$$

② 五元环烷烃的异构脱氢反应

$$\text{（甲基环戊烷，}CH_3\text{）} \rightleftharpoons \text{（苯）} + 3H_2 \tag{3-28}$$

③ 烷烃环化脱氢反应

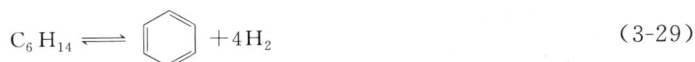

$$C_6H_{14} \rightleftharpoons \text{（苯）} + 4H_2 \tag{3-29}$$

④ 烷烃的异构化反应

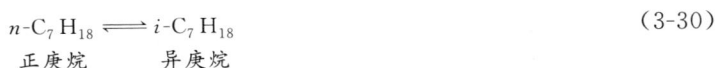

$$n\text{-}C_7H_{18} \rightleftharpoons i\text{-}C_7H_{18} \tag{3-30}$$
$$\text{正庚烷} \qquad\quad \text{异庚烷}$$

⑤ 烷烃的加氢裂化反应

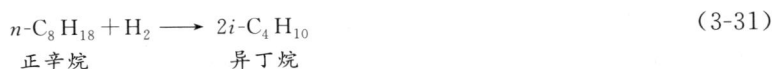

$$n\text{-}C_8H_{18} + H_2 \longrightarrow 2i\text{-}C_4H_{10} \tag{3-31}$$
$$\text{正辛烷} \qquad\qquad \text{异丁烷}$$

⑥ 积炭　烃类脱氢生成烯烃进一步发生饱和以及缩合生焦的反应，见式(3-13)。

上述重整反应中，六元环和五元环的脱氢及烷烃环化脱氢是主反应，是芳烃的重要来源。正构烷烃异构化可以提高汽油的辛烷值，同时，异构烷烃比正构烷烃更易于进行环化脱氢反应，故正构烷烃异构化也间接地有利于生成芳烃。重整条件下的加氢裂化还包括异构化反应，其产物有利于提高汽油辛烷值，但使液体产物收率和氢气产率降低。

（2）催化重整的原料油要求
① 馏分组成　重整油的馏分组成根据生产目的来确定，如表 3-4 所示。不同的目的产品需要不同的原料油，对生产高辛烷值汽油来说，原料油初馏点不宜过低，适宜的馏程一般为 90～180℃。以生产芳烃为目的时，应根据所希望生成芳烃产品的品种来确定原料的沸点范围。例如，生产苯时，切取的原料沸点在 60～85℃ 之间。

表 3-4　生产各种产品的适宜馏程

目的产物	苯	甲苯	二甲苯	苯-甲苯-二甲苯	高辛烷值汽油	轻芳烃-汽油
适宜馏程/℃	60～85	85～110	110～145	60～145	90～180	60～180

② 族组成　含较多环烷烃的原料是良好的原料，重整可以得到较高的芳烃产率和氢气产率。我国目前的重整原料油主要是直馏汽油馏分，但其来源有限，为了扩大重整原料油来源，可在直馏汽油中混入焦化汽油、催化裂化汽油和加氢裂化汽油等。

③ 杂质含量　重整原料中含有的少量砷、铅和铜等重金属化合物会使催化剂永久中毒而不能恢复活性，含硫、氮化合物和水分在重整条件下，分别生成硫化氢和氨，含量过高时，会降低催化剂的性能，因此，为保证重整催化剂长期运转，对原料油中各种杂质的含量必须严格限制。

(3) 重整反应热力学及动力学特点

① 重整反应热力学特点

a. 反应热。六元环烷烃脱氢反应是强吸热反应，而且在碳环数相同时，支链碳原子数越少的环烷烃脱氢的反应热越大。五元环烷烃的脱氢反应在热力学规律上与六元环烷烃脱氢很相似，也是强吸热反应。烷烃的环化脱氢生成芳烃的反应也为吸热反应，而正构烷烃的异构化和加氢裂化反应分别为轻度放热和中等程度的放热反应。

b. 化学平衡。六元环烷烃与五元环烷烃的脱氢反应在重整反应条件下的化学平衡常数都很大，反应可以充分进行。对于烷烃的环化脱氢来说，分子中碳原子数≥6的烷烃都可以转化为芳烃，也可得到较高的平衡转化率。在相同的反应条件下，分子量较大的烷烃平衡转化率较高。异构烷烃比正构烷烃更易于进行环化脱氢反应，故正构烷烃异构化也间接地有利于生成芳烃。正构烷烃的异构化平衡常数较低，低温对平衡转化率有利。加氢裂化平衡常数很大，可以认为是不可逆反应，因此只考虑其动力学问题。

从热力学分析来看，提高反应温度，对于六元环烷烃脱氢、五元环烷烃脱氢及烷烃脱氢环化等吸热反应有利，可以提高其平衡转化率，而对于微放热的正构烷烃异构化反应不利。

② 催化重整反应动力学特点

a. 催化重整反应速率及其影响因素。六元环的脱氢反应速率很快，在反应条件下，都能达到平衡，并且随碳原子数增多，其脱氢反应速率增大。与六元环的脱氢反应相比，五元环烷烃异构脱氢反应的速率较低。当反应时间较短时，五元环烷烃转化为芳烃的转化率会距离平衡转化率较远，这种情况在铂重整时更为明显，因此，如何提高这一类反应转化为芳烃的选择性及反应速率主要靠寻找更合适的催化剂和工艺条件。实际生产中，烷烃环化脱氢反应速率较低，其转化率距平衡转化率很远，环化脱氢反应速率随烷烃分子量的增大而加快。在催化重整条件下，加氢裂化反应速率也相对较低。因此，根据重整反应速率特点，可以将反应速率快的环烷脱氢反应和反应速率较低的加氢裂化反应及环化脱氢反应放在不同的串联反应器内进行，工业上环烷脱氢反应主要在前面的反应器内进行，而加氢裂化反应和环化脱氢反应则延续到后面的反应器中进行。

提高反应温度不仅能使化学反应速率加快，而且对强吸热的脱氢反应的化学平衡也很有利。提高反应温度可以加快正构烷烃异构化进而提高重整生成油的辛烷值，但会使加氢裂化反应加剧、液体产物收率下降，催化剂积炭加快。因此，提高反应温度，不同烃类反应速率提高程度不同，可以得到不同的产品分布。

提高反应压力对生成芳烃的环烷烃脱氢、烷烃环化脱氢反应都不利，但对加氢裂化反应却有利，因此在较低的压力下可以得到较高的汽油产率和芳烃产率。但是在低压下催化剂受氢气保护的程度下降，积炭速率较快，从而使操作周期缩短。因此，工业上根据催化剂的催化性能选择合适的反应压力。

催化重整中各类反应的反应速率不同，空速对其影响也不同。环烷烃脱氢反应的速率很快，在重整条件下很容易达到化学平衡，空速的大小对这类反应影响不大；但烷烃环化脱氢反应和加氢裂化反应速率较慢，空速对这类反应有较大的影响。所以，在加氢裂化反应影响不大的情况下，适当采用较低的空速对提高芳烃产率和汽油辛烷值有利。通常在生产芳烃时，采用较高的空速；生产高辛烷值汽油时，采用较低的空速，以增加反应深度，使汽油辛烷值提高。但空速太低加速了加氢裂化反应，汽油收率降低，导致氢消耗和催化剂结焦加快。

b. 催化重整反应机理。催化重整反应中包括脱氢反应、裂化反应和异构化反应。这就要求重整催化剂具有双功能，既能构成脱氢活性中心，促进脱氢和加氢反应，又能提供酸性中心，促进裂化和异构化等碳正离子反应，重整反应的历程如图 3-26 所示。

图 3-26 中平行于横坐标的反应在催化剂的酸性中心上发生，平行于纵坐标的反应在加氢-脱氢活性中心上发生。反应物若为正己烷，首先在活性中心上脱氢生成正己烯，正己烯转移到附近的活性中心上接受质子产生仲碳正离子，而后仲碳正离子异构化，作为异己烯脱附并转移到金属中心上被吸附，加氢后成异己烷。另外，仲碳正离子能够反应生成甲基环戊烷，再进一步生成环己烯，最后生成苯。

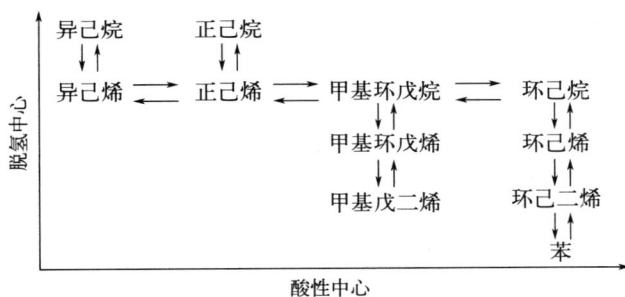

图 3-26 C_6 烃重整反应历程

由此可见，在正己烷转化为苯的过程中，烃分子交替地在催化剂的两种活性中心上反应。因此，正己烷转化为苯的速率取决于过程中各个步骤的反应速率，其中反应速率最慢的为速控步骤。重整催化剂的两种功能合理匹配才能得到满意的结果，如果只是脱氢活性很强，则只能加速六元环烷烃的脱氢，而对于五元环烷烃的芳构化反应及烷烃的异构化反应不足，不能达到提高汽油辛烷值和芳烃产率的目的。反之，如果酸性功能很强，则会过度加氢裂化，使液体产物收率降低，五元环或烷烃转化为芳烃的选择性下降，同样也不能达到预期目的。因此，实际生产中如何保证催化剂两种功能适当配合是催化剂制备和生产操作的一个重要问题。

c. 催化重整催化剂。催化重整催化剂主要由金属活性组分、助催化剂和酸性载体组成。金属活性组分主要是铂金属，构成脱氢活性中心，其质量含量一般在 0.2%～0.3%；助催化剂为铼、锡和铱等；酸性载体为活性氧化铝，提供催化剂的酸性中心。现代催化重整主要有铂铼催化剂和铂锡催化剂，铂铼催化剂具有较高的容炭能力，稳定性好，而铂锡催化剂则有更好的选择性及再生性能。

通过重整原料特性及热力学和动力学特点看出，重整原料含有杂质，需要脱除以避免引起催化剂中毒。催化重整反应整体上表现为强吸热，宜高温反应。高温条件对环烷烃脱氢的主反应有利，但高温也使加氢裂化以及缩合等不利的副反应加剧，易引起催化剂积炭。为减少催化剂积炭，工业上一般向反应系统引入氢气，使反应在临氢（系统中有氢）条件下以抑制缩合生焦的副反应，同时也通过调变催化剂的组成和结构提高其抗积炭的能力。

2. 催化重整工艺流程

根据产品的不同，催化重整工艺流程有所不同，生产高辛烷值汽油时，流程比较简单，包括原料油预处理和重整反应等单元；生产芳烃时，流程中除了上述原料油预处理、重整反应单元外，还包括芳烃抽提和精馏分离单元。

(1) 重整原料油预处理

重整原料油预处理包括预分馏、预脱砷和预加氢等几个部分，其目的是切取符合重整要求的馏分和脱除对重整催化剂有害的杂质。

预分馏是根据目的产品要求对原料进行馏分切割，例如，生产芳烃时，切除 <60℃ 的馏分。原料油的干点一般由上游装置控制，也有的通过预分馏切除过重的组分，预分馏也能同时脱除原料油中的部分水分。砷能导致预加氢精制催化剂永久性中毒，预脱砷是在加氢精制前把砷脱除，使其含量降至 <0.1mg/kg。预加氢的作用是脱除原料油中的有害杂质（如硫、氮和氧等元素，以及烯烃和金属杂质等），以确保重整原料油对杂质的要求。其原理是在催化剂（钼酸钴或钼酸镍）作用下将原料油进行加氢分解，硫、氮和氧分别转化为易于除去的 H_2S、NH_3 和 H_2O，然后分离除去；烯烃加氢生成饱和烃；含砷、铅等重金属化合物在预加氢条件下进行分解，并被催化剂吸附除去。通常原料油含砷量在 $0.1\sim0.2mg/kg$ 时，经预加氢后砷含量可降至 $0.01\sim0.02mg/kg$ 及以下。预加氢后的生成油中尚溶解有 H_2S、NH_3 和 H_2O 等，为了保护重整催化剂，必须除去这些杂质。

原料油预处理的典型工艺流程如图 3-27 所示。用泵将原料油送入系统，经换热后进入预分馏塔 1 进行预分馏。预分馏塔一般在 0.3MPa 左右的压力下操作，塔顶温度 60～75℃，塔底温度 140～180℃。预分馏塔 1 塔顶气体经冷凝冷却后进入回流罐 7，回流罐顶部不凝气体（燃料气）送往燃料气管网；冷凝液体（拔头油）一部分作为塔顶回流，另一部分由泵送出装置作为汽油调和组分或化工原料。预分馏塔底物料用泵从塔底部抽出，与重整反应产生的循环氢气混合，经加热炉 2 加热至 320～370℃后进入串联的预加氢反应器 3 和 4。在压力为 2.0～2.5MPa 下进行加氢反应。若原料油需预脱砷，则先经脱砷反应器再进预加氢反应器。

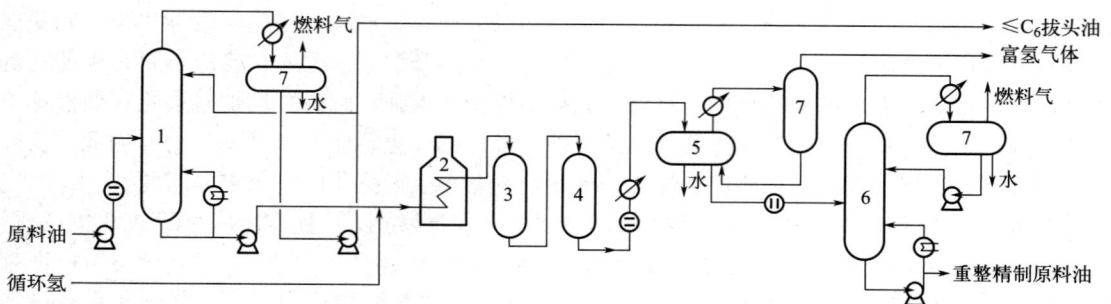

图 3-27　原料油预处理工艺流程

1—预分馏塔；2—加热炉；3,4—预加氢反应器；5—油气分离器；6—脱水塔；7—回流罐

预加氢后的反应产物从预加氢反应器 4 底部流出经换热冷却后进入油气分离器 5。从油气分离器分出的富氢气体送出装置；从油气分离器底部出来的液体换热后送入脱水塔 6，脱

水塔一般在 0.8～0.9MPa 下操作，塔顶温度 85～90℃，塔底温度 185～190℃，脱水塔塔顶物料经冷凝冷却后进入回流罐 7，部分返回塔顶作回流，富余水从回流罐底部排出系统；含 H_2S 的不凝气体从回流罐 7 分出送入燃料气管网；脱除硫化物、氮化物、砷化物和水分的脱水塔底物料经换热后作为后续重整反应部分的原料油。

（2）重整反应

目前工业上重整反应主要采用移动床反应器连续再生式工艺，主要有 UOP（美国公司）、IFP（法国公司）和我国"逆流"连续重整反应技术。下面以"逆流"连续重整反应技术为例进行介绍，工艺流程见图 3-28。

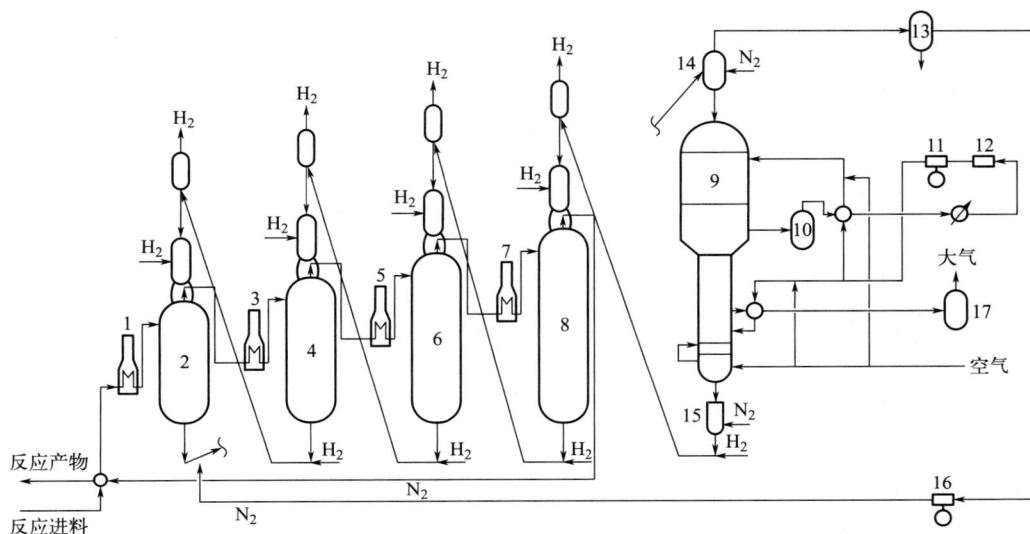

图 3-28　"逆流"连续重整反应工艺流程

1,3,5,7—加热炉；2,4,6,8—第一、第二、第三、第四重整反应器；9—再生器；10—脱氯罐；11—再生压缩机；12—干燥器；13—粉尘淘析器；14—分离料斗；15—氮封罐；16—提升风机；17—脱氮罐

① 重整反应部分　经预处理后的原料油与循环氢混合，与重整反应产物换热后经第一加热炉 1 加热后，进入第一重整反应器 2，在反应器内与催化剂接触进行反应，温度控制在 500℃左右。由于重整反应是吸热反应以及反应器近似于绝热操作，物料经反应后温度会降低，为维持反应在高温下进行，一般配置 3～4 套加热炉和反应器串联操作。离开第一重整反应器 2 的产物再送入第二加热炉 3 加热，再进入第二重整反应器 4，直至最后一个重整反应器 8。重整反应器 8 出来的物料经换热后，进入后续分离器分离出气体（含有氢气体积分数为 85%～95%）和粗重整油。

② 催化剂再生部分　催化剂循环输送：四个重整反应器并列布置，催化剂在反应器之间采用自流与提升相结合的方式输送。在重整反应器 2、4、6、8 的上、下部均设有缓冲料斗及下部提升器，以便把催化剂用气体从第四重整反应器 8 底部提升至第三重整反应器 6 顶部，依此类推，最后催化剂从第一重整反应器 2 底部出来，经提升器用氮气输送至分离料斗 14 内，气体经粉尘淘析器 13 收集其中的粉尘后再经氮气提升风机 16 升压后分别作为待生催化剂的提升气体及淘析气体循环使用，催化剂靠重力落入再生器 9 内。

在再生器内，催化剂首先进入烧焦区，在自上而下的流动中与空气接触进行烧焦再生，然后再经下部的氧氯化区及冷却区降温，出再生器后经氮封罐 15 进入提升器，再由氢气提升至第四重整反应器上部的缓冲料斗后进还原器，在还原器内用氢气对其进行还原。催化剂经还原后，流入第四重整反应器，完成整个再生过程，在重整反应器8和再生器9之间构成反应-再生循环。从再生器扩大段下部（第二烧焦区）出口来的再生循环气体先进入循环气脱氯罐10脱氯，随后与进入再生器扩大段上部（第一烧焦区）的再生循环气换热，经再生气循环水冷器冷却并经再生循环气干燥器12干燥后进入再生压缩机11，升压后分别送至再生器扩大段上部和再生器下部。冷却用空气在压力控制下进入再生器底部，与再生器下部气体混合继续上行至氧氯化区，一起从再生器下部（氧氯化区）出口排出，排出的气体与氧氯化入口气体换热，经氧氯化气体脱氯罐17脱氯放空。

（3）芳烃抽提

图3-29为芳烃抽提工艺流程，抽提溶剂为二乙二醇醚或三乙二醇醚，由抽提、溶剂回收和溶剂再生三部分组成。

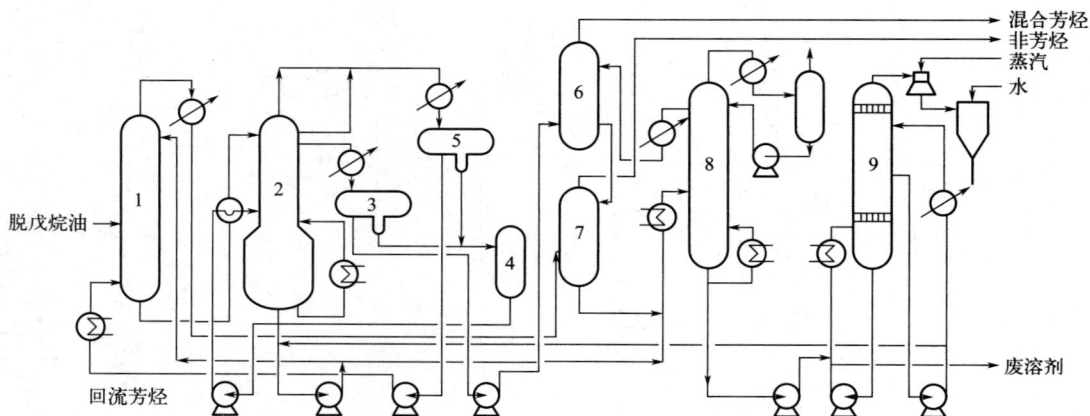

图3-29 芳烃抽提工艺流程

1—抽提塔；2—汽提塔；3—抽出芳烃罐；4—汽提水罐；5—回流芳烃罐；6—芳烃水洗塔；
7—非芳烃水洗塔；8—水分馏塔；9—溶剂再生塔

经脱戊烷后的重整原料油从抽提塔1中部进入，与从塔顶喷淋而下的溶剂充分接触，由于二者密度相差较大，在塔内形成逆流抽提。塔下部注入从汽提塔2顶抽出的芳烃（纯度70%～80%）作为回流，以提高芳烃纯度。富含芳烃的提取液自塔底流出，去溶剂回收部分的汽提塔2，以分离溶剂和芳烃。从抽提塔顶出来的非芳烃（抽余油），经换热冷却后进入后续回收部分的非芳烃水洗塔7。在0.8MPa压力下，塔内温度控制120～150℃，溶剂比12～17，回流比1.1～1.4。

自抽提塔1底部来的提取液经换热后进入汽提塔2顶部，从汽提塔顶蒸出的回流芳烃冷凝后进入回流芳烃罐5，在罐内回流芳烃与汽提水分离。回流芳烃用泵抽出经换热后进入抽提塔底作回流，以提高芳烃提抽的选择性。芳烃以蒸气形态从汽提塔2上部流出，经冷凝后进入抽出芳烃罐3，分出水后用泵送往芳烃水洗塔6。从芳烃罐3分出的水，用作汽提水罐4中段回流。汽提塔底出来的溶剂一部分返回抽提塔1，另一部分用泵推出打入水分馏塔8。芳烃水洗塔6中，用水洗掉芳烃或非芳烃中的二乙二醇醚，从而减少溶剂的损失，芳烃水洗塔顶引出混合芳烃产品（苄芳烃）。

非芳烃水洗塔7中用水洗除去所含溶剂，非芳烃从塔顶引出，水从塔底流出进水分馏塔8，水分馏塔的任务是回收溶剂并取得干净的循环水。大部分不含油的水从水分馏塔8塔顶侧线抽出，溶剂从水分馏塔塔底抽出送入溶剂再生塔 9 进行减压再生，塔中部抽出再生溶剂，一部分作为塔顶回流，一部分送回抽提系统循环使用，间断地从塔底排出一部分废溶剂（重组分）。

（4）芳烃精馏

芳烃精馏工艺流程如图 3-30 所示，来自抽提部分的芳烃混合物自原料罐 1 中用泵抽出，先经加热后进入苯塔 2 中部，由于塔顶产物中仍可能含有少量轻质非芳烃，故从塔上部侧线抽出苯，经冷却后送出装置。塔顶产物冷凝后进入回流罐，然后用泵打回塔内作回流。从苯塔塔底流出的物料再依次进入甲苯塔 3 和二甲苯塔 4，各塔底均设有再沸器以提供热源，从甲苯塔顶得到甲苯，从二甲苯塔顶得到二甲苯，重芳烃则从二甲苯塔底流出。

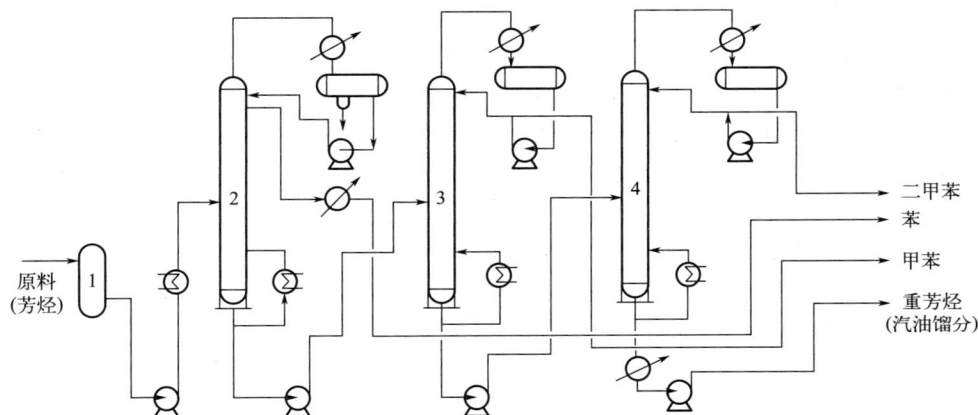

图 3-30　芳烃精馏工艺流程

1—原料罐；2—苯塔；3—甲苯塔；4—二甲苯塔

3.4.2　加氢精制

加氢精制过程是在一定的温度和压力下，使油品中的各类非烃化合物发生催化加氢反应，以脱除油品中的硫、氮、氧杂原子及金属杂质，同时还使烯烃、二烯烃、芳烃和稠环芳烃选择性加氢饱和，从而改善油品使用性能。加氢精制的优点是所处理的原料范围宽，产品灵活性大，液体产品质量好，收率高。各炼厂都采用这种手段来处理直馏的和二次加工的石脑油、煤油、柴油、润滑油和石蜡等产品。

1. 加氢精制原理

（1）加氢精制主要反应

加氢精制主要发生的化学反应是加氢脱硫、加氢脱氮、加氢脱氧、烯烃的加氢饱和以及加氢脱金属等，见本章 3.3.2 小节加氢裂化反应类型部分。

石油馏分中通常同时存在含硫、含氮、含氧化合物，一般认为在加氢反应时，脱硫反应是最容易进行的，反应速率大，氢耗低；含氧与含氮化合物类似，需要先加氢饱和，然后 C—O 和 C—N 键断裂。因此，要达到相同的脱硫率和脱氮率，则脱氮所要求的精制条件比脱硫要苛刻得多。

在加氢精制条件下，烯烃能够完全加氢饱和，几乎所有的金属有机化合物均被加氢分解，生成的金属沉积在催化剂表面上，会造成催化剂的活性下降，并导致床层压降升高，所以加氢精制催化剂要周期性地进行更换。

（2）加氢精制催化剂

加氢精制催化剂由活性组分、助催化剂和载体组成。活性组分主要有钼、钨、镍、钴及贵金属铂、钯等，金属活性组分最佳组合为 Co-Mo、Ni-Mo、Ni-W、Co-W 等；助催化剂主要有 P、Ti、F、Zn 或 B 等；载体有中性和酸性两种，其中中性载体为氧化铝及活性炭等，酸性载体为硅酸铝、硅酸镁、分子筛等。

加氢精制在临氢条件下进行，催化剂积炭缓慢，工业上通常采用绝热固定床反应器。加氢精制反应热效应较大，需要考虑反应过程的移热，与加氢裂化相似，工业上普遍采用冷激式绝热固定床反应器，即通过向各段催化剂床层间注入冷氢来移走反应热。加氢精制的反应条件为：压力 $3.0\sim5.0$ MPa，温度 $220\sim390$ ℃，空速 $1.0\sim5.0h^{-1}$，氢油比 $100:1\sim500:1$。

2. 加氢精制工艺流程

加氢精制的工艺流程因原料和加工目的的不同而有所区别，但各种馏分油加氢精制的原则流程没有明显差别。下面以焦化石脑油加氢精制典型工艺流程为例，分反应系统、生成油换热冷却分离系统和循环氢系统三部分进行讨论，工艺流程如图 3-31 所示。

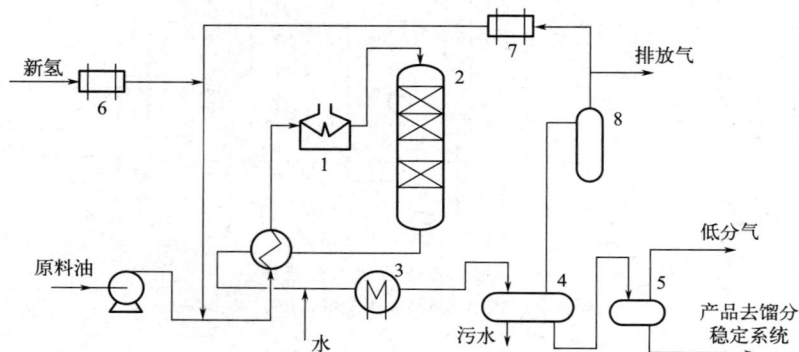

图 3-31　石脑油加氢精制典型工艺流程

1—加热炉；2—反应器；3—冷却器；4—高压分离器；5—低压分离器；6—新氢压缩机；7—循环氢压缩机；8—沉降罐

（1）反应系统

原料油与新氢、循环氢混合，并与反应产物换热后，以气液混相状态进入加热炉 1（炉前混氢）。加热至反应温度后进入反应器 2。根据原料油的沸程、反应器入口温度及氢油比等条件，反应器进料可以是气相，也可以是气液混相。反应器内的催化剂一般是分层填装，以利于注入冷氢来控制反应温度，循环氢与油料混合物通过每段催化剂床层进行加氢反应。

加氢精制反应器可以是一个，也可以是两个。前者叫一段加氢法，后者叫两段加氢法。两段加氢法适用于某些直馏煤油的精制，第一段主要是加氢精制，第二段是芳烃加氢饱和。

（2）生成油换热冷却分离系统

反应产物从反应器 2 的底部出来，经过换热、冷却器 3 冷却后，进入高压分离器 4 进行油水分离。在冷却器 3 前要向产物中注入高压洗涤水，以溶解反应生成的氨和部分硫化氢。在高压分离器 4 分出含有少量的气态烃和硫化氢等不凝气的循环氢气；液体产物是生成油（其中也溶解有少量的气态烃和硫化氢）和少量水，生成油再经减压后进入低压分离器 5，进一步分离出气态烃等组分（低分气），产品去馏分稳定系统分离成合格产品。

（3）循环氢系统

为了保证循环氢的纯度，避免硫化氢在系统中积累，从高压分离器 4 分出的循环氢进入沉降罐 8，经醇胺脱硫除去硫化氢，再经循环氢压缩机 7 升压至反应压力送回反应系统，其中大部分循环氢（体积分数约 70%）送去与原料油混合，小部分不经加热直接进入反应器作冷氢及压缩机的防喘振补充氢。为了保证循环氢中氢的浓度，用新氢压缩机 6 不断往系统内补充新鲜氢气。

3.4.3 烷基化、异构化及醚化

由于环保要求的提高，无铅、高辛烷值、低烯烃、低芳烃和富含氧的新配方汽油是现代化汽油发展趋势。与催化裂化汽油和重整汽油相比，通过烷基化、异构化及醚化生产的油品具有更高的辛烷值，是汽油最理想的调和组分。烷基化及醚化原料主要来自天然气和炼厂气及石脑油等轻馏分油。同时，随着催化裂化、焦化及重整过程轻组分炼厂气的产出增加，以炼厂气为原料最大限度增产高辛烷值汽油调和组分的生产过程得到越来越广泛的重视。

1. 烷基化

烷基化是在酸性催化剂作用下，异丁烷和烯烃加成反应生成烷基化油的过程，所得烷基油具有辛烷值高、敏感度低、抗爆性能好等特点，是航空汽油和车用汽油的理想调和组分。近些年来，烷基化工艺迅速发展，成为最重要的汽油生产工艺过程之一。

（1）烷基化原理

在一定的温度和压力下（一般是 8～12℃，0.3～0.8MPa）用氢氟酸、浓硫酸或离子液体作催化剂，丁烯和异丁烷发生加成反应生成异辛烷，如式(3-32)。

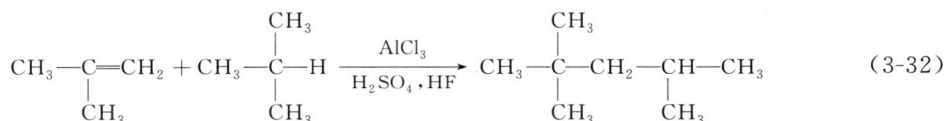

$$CH_3-C=CH_2 + CH_3-\overset{\overset{\displaystyle CH_3}{|}}{\underset{\underset{\displaystyle CH_3}{|}}{C}}-H \xrightarrow[H_2SO_4,HF]{AlCl_3} CH_3-\overset{\overset{\displaystyle CH_3}{|}}{\underset{\underset{\displaystyle CH_3}{|}}{C}}-CH_2-\overset{\displaystyle H}{\underset{\underset{\displaystyle CH_3}{|}}{C}}-CH_3 \qquad (3-32)$$

烷基化反应遵循碳正离子机理，原料烯烃和催化剂不同，反应过程和产物也有所不同，发生加成反应的同时还发生异构化反应，因此反应产物中有多种 C_8 异构烷烃生成。另外，原料中含有少量的丙烯和戊烯时，也可以与异丁烷反应。除此之外，原料和产品还可以发生裂化、歧化、叠合、氢转移等副反应，生成低沸点和高沸点的副产物以及酯类和酸等。因此，烷基化反应后的产物是以异辛烷为主的混合物，分离出的沸点范围 50～180℃的馏分为轻质烷基油，其马达法辛烷值在 90 以上；沸点范围 180～300℃的馏分为重质烷基油，可作柴油组分。

烷基化反应是放热反应，随反应温度升高，放热量减少，平衡常数急剧减小，如反应从10℃升高至 100℃时，平衡常数减小了 4 个数量级；另外，低温还有利于提高烷基化油的选择性，抑制叠合及其他不利的副反应，因此，烷基化反应宜在较低温度下进行。烷基化反应是快速反应，控制步骤是异丁烷向酸（催化剂）相的传质过程。

（2）烷基化催化剂

传统烷基化催化剂有氢氟酸、硫酸、离子液体、磷酸、无水氯化铝及氟化硼等，工业上应用最多的是氢氟酸、硫酸和复合离子液体催化剂。

① 氢氟酸催化剂　氢氟酸沸点低，对异丁烷的溶解度及溶解速率大，副反应少，产品收率高。正常反应时，一般控制氢氟酸质量浓度在 90%左右，水的质量分数在 2%以下。连续运行时由于生成有机氟化物和水，会降低氢氟酸浓度和活性，使烷基化油质量下降，为防止这种情况发生，可进行再蒸馏去除氢氟酸中的杂质。氢氟酸具有强挥发性、强腐蚀性及毒性，对环境的影响较大。

② 硫酸催化剂　以硫酸为催化剂，烷基化反应在液相催化剂中进行，但是烷烃在硫酸中的溶解度很小，而烯烃的溶解度较大，为保证烷烃在酸中的溶解量，需用高浓度的硫酸（硫酸质量分数一般为 90%～93%），通过补充新酸保持循环酸质量浓度大于 90%。在反应器内需使催化剂与反应物处于良好的乳化状态以增加硫酸与原料油的接触，反应系统中催化剂的量（质量分数）为 40%～60%。

③ 复合离子液体催化剂　氯铝酸离子液体中引入 CuCl 等 Lewis 酸性较弱的过渡金属卤化物，所得离子液体阴离子中含有 Al 和 Cu 双金属配位中心阴离子 $[AlCuCl_5]^-$，这类离子液体称为复合离子液体，其对烷基化反应表现出优异的催化活性和目标产物选择性。

(3) 烷基化工艺流程

传统的烷基化工艺有硫酸法和氢氟酸法，两种工艺各具特点，工业上均有应用，其中硫酸法具有安全性高、装置的腐蚀性可控、废酸再生彻底、无二次污染等特点，因此已成为当今炼油企业选择的主流烷基化技术。与氢氟酸、硫酸法相比，复合离子液体烷基化法安全环保优势明显，对设备材质要求低，反应器结构简单，投资维护成本低，占地少，反应条件温和，是目前领先的工业化烷基化技术。

烷基化反应是液液两相间进行的快速反应，控制步骤是异丁烷向酸相催化剂的传质过程，因此有机液相反应物料与无机液相催化剂之间的充分混合和接触是提高反应速率和转化率的关键，同时烷基化反应为放热反应，反应过程中需要及时移走反应热，因此烷基化反应器的选择需考虑强化物料混合和热量移出。以硫酸作催化剂时，工业上选用内部装有大功率搅拌器、内循环套筒以及取热管束的卧式高效反应器；近年开发的离子液体催化剂工艺，选用的是高效静态混合反应器，两个液相通过高效静态混合器充分混合后反应，省去了大功率的机械搅拌，降低了能耗。

下面分别介绍硫酸法烷基化和离子液体烷基化工艺流程。

① 硫酸法烷基化工艺流程　工业上采用低温反应流出物制冷式烷基化反应工艺，如图 3-32 所示。烷烯比符合要求的原料经过缓冲罐 1 后，经原料泵升压，与来自脱异丁烷塔12 的循环异丁烷混合，进入冷却器与来自闪蒸罐 2 的反应流出物换热（反应流出物制冷式），物料温度降至 10℃ 左右后进入原料脱水器 4 脱水，然后与闪蒸罐 2 来的循环冷剂（低温反应流出物）混合，进入反应器 7 的搅拌器吸入端。在反应器内，原料与酸形成乳化液在反应器内高速循环并发生烷基化反应，反应后的乳化液经上引管引入酸沉降器 6，进行酸和烃的沉降分离。分离后的质量浓度为 90% 左右的废酸自酸沉降器排出，部分循环酸经下降管返回反应器 7 的搅拌器吸入端。借助上升管和下降管之间的密度差，硫酸在反应器 7 和沉降器 6 之间形成自然循环。

与酸分离后的反应物从酸沉降器 6 顶部流出，经减压后流经反应器内的取热管束，并部分汽化以吸收反应放出的热量，保持反应器低温。从反应器内取热管束管程出来的气液混合物进入闪蒸罐 2 进行气液分离，闪蒸出的气体被压缩、冷凝后经缓冲罐 5 进入闪蒸罐 8。闪蒸出富丙烷物料，经气液分离后气体返回压缩机二级入口，液体再进入闪蒸罐 2 降压闪蒸。得到的低温冷剂经循环泵与脱水后的原料混合送入反应器。为了防止丙烷在系统中积累，从缓冲罐 5 中抽出一小部分压缩冷凝液，经碱洗罐 9 碱洗后送出装置。

来自闪蒸罐 2 底部的反应流出物与反应原料换热后，与循环酸和补充新酸在喷射混合器中进行混合，再进入酸洗罐 10。补充的新酸先进入酸洗罐，吸收反应流出物中的硫酸酯。酸洗可以起到防止脱异丁烷塔系统腐蚀与结垢，增加烷基化收率的双重作用。酸洗后的流出物进入碱洗罐 11 碱洗脱除酸酯和微量酸后，送至脱异丁烷塔 12。从塔顶分出异丁烷，冷凝

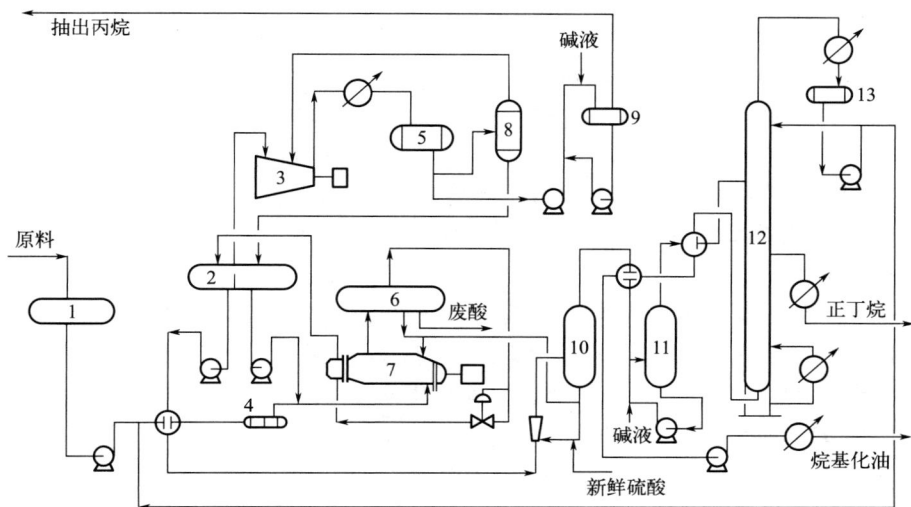

图 3-32 传统硫酸法烷基化工艺流程

1—缓冲罐；2，8—闪蒸罐；3—压缩机；4—原料脱水器；5—缓冲罐；6—酸沉降器；7—反应器；

9，11—碱洗罐；10—酸洗罐；12—脱异丁烷塔；13—回流罐

冷却后至回流罐 13，部分冷凝液回流，部分返回反应器循环使用。脱异丁烷塔侧线采出的正丁烷经冷凝后送出装置，塔底的烷基化油经换热后作为目的产品送出装置。

② 离子液体烷基化工艺流程　图 3-33 为复合离子液体烷基化工艺的流程示意图，包括原料预处理、烷基化反应和分离与产品精制三个系统。

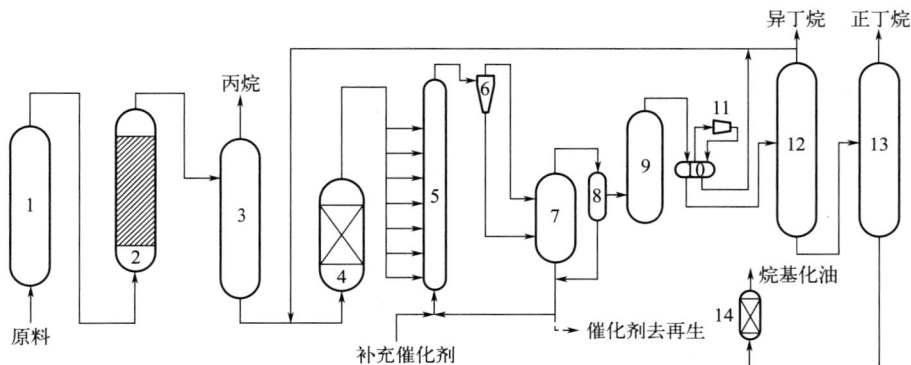

图 3-33 复合离子液体烷基化工艺流程示意图

1—原料处理塔；2—加氢反应器；3—脱丙烷塔；4—干燥塔；5—静态混合反应器；6—旋液分离器；7—沉降罐；

8—聚结分离器；9—碱洗水洗塔；10—气液分离器；11—压缩机；12—脱异丁烷塔；13—脱正丁烷塔；14—脱氯塔

a. 原料预处理系统。C_4 原料进入原料处理塔 1 预处理除去杂质后，进入选择性加氢反应器 2（原料中的丁二烯加氢为 1-丁烯，并异构化为 2-丁烯），从加氢反应器 2 顶部流出的净化后的 C_4 原料进入脱丙烷塔 3，脱除其中的丙烷等轻组分。脱除轻组分后的 C_4 原料由脱丙烷塔底排出，与脱异丁烷塔 12 塔顶过来的循环异丁烷及来自气液分离器（反应系统）10 的循环冷剂混合后，送入干燥塔 4，干燥后的 C_4 物料进入烷基化反应系统。

b. 烷基化反应系统。从干燥塔 4 出来的预处理后的 C_4 原料经过换热冷却后分成多股物

流，分别进入静态混合反应器 5 的多个入口，与循环离子液体催化剂充分混合进行反应。反应后的物料进入旋液分离器 6，旋液分离器 6 底部富含离子液体的物料进入沉降罐 7 的底部。旋液分离器 6 顶部富含烃相的物料进入沉降罐 7 的顶部，沉降罐 7 顶部流出的烃相进入高效聚结分离器 8 进一步分离出烃相中含有的微量离子液体，分离后的烃相通过碱洗水洗塔 9 除去溶解或夹带的痕量离子液体，之后进入气液分离器 10。从气液分离器气相空间出来的气相烃类送至制冷压缩机 11，制冷后的循环冷剂（开式制冷循环）则抽出后送至干燥塔 4 与原料 C₄ 混合。沉降罐 7 底部流出的离子液体大部分返回静态混合反应器 5，定期排出部分离子液体去再生。

c. 分离与产品精制系统。由气液分离器 10 底部出来的烃相物料经换热后进入脱异丁烷塔 12，塔顶异丁烷循环回反应器，塔底馏分进入脱正丁烷塔 13。脱正丁烷塔的塔顶得到正丁烷馏分，换热冷却后出装置，塔底馏分为烷基化油。生产车用汽油时，塔底烷基化油馏分经过脱氯塔 14 脱除有机氯代烃后出装置。

2. 异构化

异构化是在一定反应条件和催化剂存在下，将正构烷烃转变为异构烷烃的过程，工业上异构化装置多以富含 C_5 和 C_6 烷烃的直馏轻石脑油、芳烃抽提抽余油、重整拔头油、加氢裂化轻石脑油为原料生产高辛烷值汽油组分。异构化油辛烷值和抗爆指数高，作为汽油调和组分，能有效稀释成品油中的烯烃、苯、芳烃和硫的含量，是清洁汽油的理想组分。

(1) 异构化原理

① 烷烃异构化反应　在催化剂金属组分的加氢脱氢活性和载体的固体酸性协同作用下，进行 C_5、C_6 烷烃异构化反应，如式(3-33)~式(3-37)：

a. C_5 烷烃异构化反应，如式(3-33)。

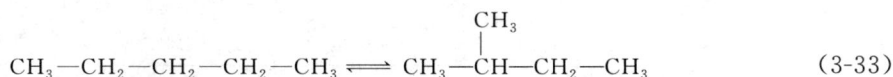

$$CH_3-CH_2-CH_2-CH_2-CH_3 \rightleftharpoons CH_3-\overset{\overset{\displaystyle CH_3}{|}}{CH}-CH_2-CH_3 \tag{3-33}$$

b. C_6 烷烃异构化反应，如式(3-34)~式(3-37)。

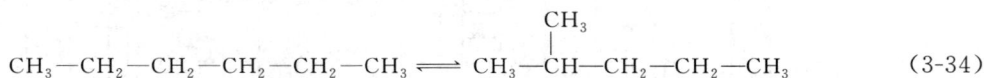

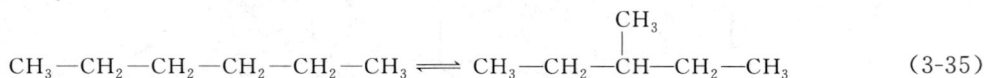

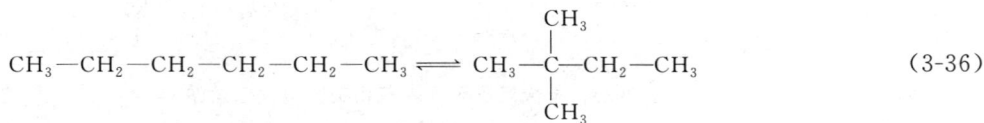

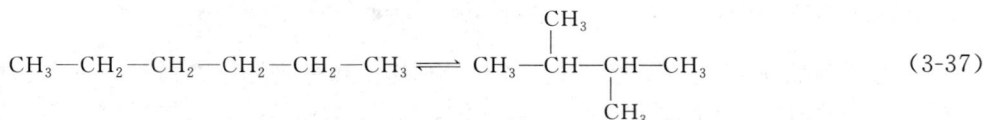

$$CH_3-CH_2-CH_2-CH_2-CH_2-CH_3 \rightleftharpoons CH_3-\overset{\overset{\displaystyle CH_3}{|}}{CH}-CH_2-CH_2-CH_3 \tag{3-34}$$

$$CH_3-CH_2-CH_2-CH_2-CH_2-CH_3 \rightleftharpoons CH_3-CH_2-\overset{\overset{\displaystyle CH_3}{|}}{CH}-CH_2-CH_3 \tag{3-35}$$

$$CH_3-CH_2-CH_2-CH_2-CH_2-CH_3 \rightleftharpoons CH_3-\overset{\overset{\displaystyle CH_3}{|}}{\underset{\underset{\displaystyle CH_3}{|}}{C}}-CH_2-CH_3 \tag{3-36}$$

$$CH_3-CH_2-CH_2-CH_2-CH_2-CH_3 \rightleftharpoons CH_3-\overset{\overset{\displaystyle CH_3}{|}}{CH}-\underset{\underset{\displaystyle CH_3}{|}}{CH}-CH_3 \tag{3-37}$$

除了上述主要反应外，以 C_5、C_6 为主的轻石脑油中通常会有三种环烷烃，即环戊烷、甲基环戊烷和环己烷，这些环烷烃经加氢开环生成链烷烃。

异构化反应是可逆微放热反应，温度越低，对生成异构烷烃越有利，因此烷烃异构化反应需要在较低的温度下进行，以便获得较高辛烷值的异构化汽油。在异构化催化剂反应活性温度条件下，原料中的环烷烃几乎不发生反应，只起稀释剂的作用；苯能很快加氢转化成环己烷；C_7 以上的烷烃有少部分发生裂解反应生成丙烷和丁烷。

② 异构化催化剂　将镍、铂和钯等有加氢活性的金属担载在氧化铝类或泡沸石等有固体酸性的载体上，组成双功能型异构化催化剂，按使用温度可分为中温型和低温型两种。其中，中温型在 $210 \sim 280℃$ 下使用，低温型在 $115 \sim 150℃$ 范围内使用。低温双功能催化剂酸性强促进异构化反应，而具有加氢活性的金属组分则将副反应过程中的中间体加氢除去，抑制生成聚合物的副反应发生，延长催化剂的寿命。

综上，异构化反应可逆微放热，热效应小。反应在临氢条件下进行，催化剂不易积炭，反应器宜采用固定床反应器。

（2）异构化工艺流程

烷烃异构化工艺流程有多种，可分为单程一次通过异构化流程和带循环的异构化流程。一次通过异构化流程原料转化率低，尤其不能将辛烷值较低的甲基戊烷转化为辛烷值更高的二甲基丁烷，这就需要将异构烷烃和正构烷烃分离，并使正构烷烃返回反应器中，再次进行异构化反应。

在所有异构化工艺中，生成异构化油辛烷值最高的代表性工艺之一是 UOP 公司的 Penes/DIH/Pentane PSA 工艺，该工艺将所有的正构烷烃都循环回反应器进行全部异构化反应，流程如图 3-34 所示。原料油、新鲜氢经干燥塔 1 干燥后与循环的正戊烷、正己烷和甲基戊烷混合后经换热进入两级串联的异构化反应器 2 进行反应，从反应器底部流出的反应混合物与原料换热后进入稳定塔 3 将少量反应轻组分、燃料气等从塔顶分出，塔底产物进入脱异己烷塔 5，塔顶采出油进入戊烷变压吸附器 6，未反应的正戊烷脱附后返回异构化反应器 2，异构化油送出吸附器。

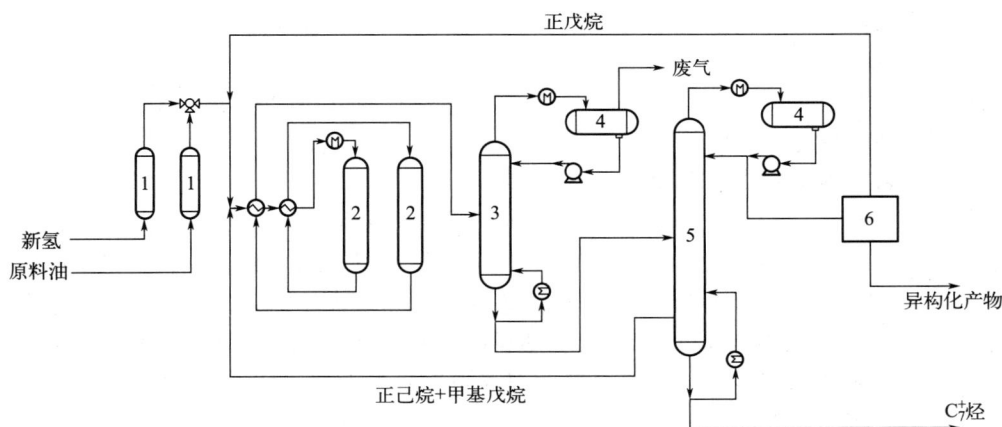

图 3-34　UOP 公司的 Penes/DIH/Pentane PSA 异构化工艺流程
1—干燥塔；2—反应器；3—稳定塔；4—中间罐；5—脱异己烷塔；6—戊烷变压吸附器

脱异己烷塔 5 塔底得到重组分 C_7^+ 烃，脱异己烷塔下部侧线采出的正己烷和甲基戊烷循环回异构化反应器，这样正构烷烃大部分都能异构化，从而得到高辛烷值的异构化油。

3. 醚化

醚化是在酸性催化剂下，叔碳烯烃与醇加成反应生成甲基叔丁基醚（MTBE）等醚类的过程。醚类加入汽油中可以提高汽油的辛烷值和含氧量，促进清洁燃烧，同时还能降低发动机排气中 CO 含量。如甲基叔丁基醚辛烷值高达 118，能与汽油很好地互溶，是清洁汽油的调和组分。

(1) 醚化合成 MTBE 原理

醚化是叔碳烯烃与甲醇在酸性催化剂的作用下进行加成反应的过程，可以发生醚化反应的叔碳烯烃有：异丁烯、叔戊烯和叔己烯。

异丁烯与甲醇为原料合成 MTBE 的反应，如式(3-38)。

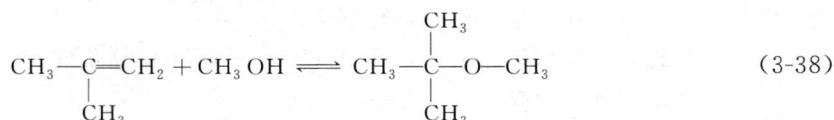

$$CH_3-\underset{\underset{CH_3}{|}}{C}=CH_2 + CH_3OH \rightleftharpoons CH_3-\underset{\underset{CH_3}{|}}{\overset{\overset{CH_3}{|}}{C}}-O-CH_3 \tag{3-38}$$

醚化过程中还有式(3-39)～式(3-41) 的副反应发生：

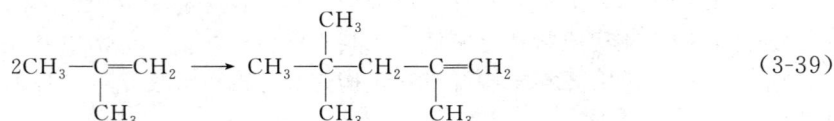

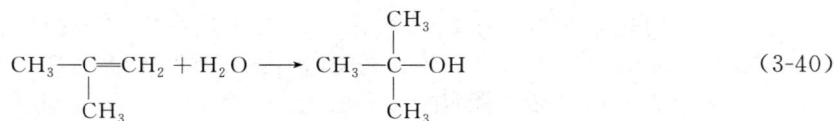

$$2CH_3-\underset{\underset{CH_3}{|}}{C}=CH_2 \longrightarrow CH_3-\underset{\underset{CH_3}{|}}{\overset{\overset{CH_3}{|}}{C}}-\underset{\underset{CH_3}{|}}{C}H-CH=CH_2 \tag{3-39}$$

$$CH_3-\underset{\underset{CH_3}{|}}{C}=CH_2 + H_2O \longrightarrow CH_3-\underset{\underset{CH_3}{|}}{\overset{\overset{CH_3}{|}}{C}}-OH \tag{3-40}$$

$$2CH_3OH \longrightarrow CH_3-O-CH_3 + H_2O \tag{3-41}$$

醚化反应是可逆的放热反应，随着反应温度的升高，平衡常数减小。但并非反应温度越低越好，温度低，反应速率下降，平衡转化率下降。因此，醚化反应必须在适宜的温度下进行，一般为 70℃ 左右。

副反应生成的二聚物、叔丁醇、二甲醚等副产品的辛烷值都不低，对产品质量没有不利影响，可留在 MTBE 中，不必进行产物分离。

工业上使用的催化剂一般为强酸性阳离子交换树脂，原料中的二烯烃聚合生成胶质，会造成催化剂失活，应尽量脱除。

(2) 醚化合成 MTBE 工艺流程

工业上催化醚化反应是在固定床内进行的，反应物料是液相。反应后的物流中除产物 MTBE 之外，还有未反应的甲醇以及除异丁烯以外的其他 C_4 组分。由于甲醇与 C_4 或 MTBE 都会形成共沸物，在产物分离时可以有多种方案，将固定床反应器与催化精馏塔串联的组合装置是其中一种，流程见图 3-35，原料 C_4 和甲醇混合后进入预反应器 1 中进行醚化反应，反应产物一部分冷却后返回预反应器入口，以控制催化剂床层温度在 65～75℃ 之间，异丁烯转化率达到 90% 以上；另一部分从预反应器 1 底进入催化精馏塔 2 中继续进行反应，得到纯度大于 98%（质量分数）的 MTBE，C_4 总转化率大于 99%。未反应的 C_4 及其与甲醇的共沸物从催化精馏塔顶流出，降温后进入水萃取塔 3 底部，与从水萃取塔顶部进入的水逆流接触，水为连续相，C_4 为分散相，萃余相 C_4 从塔顶引出装置；萃取相从塔底流出，经换热后进入甲醇精馏塔 4 中回收甲醇。甲醇精馏塔 4 塔顶得到的纯度大于 99%（质量分数）甲醇循环利用，水从塔底返回水萃取塔 3 上部作吸收用水。

该催化蒸馏工艺将反应和产品精馏分离在一台催化精馏塔中进行，设备结构如图 3-36 所示，装置分为三部分，上部为精馏段，中部为反应段，下部为提馏段。精馏段和提馏段可以是普通的板式塔，也可以是填料塔，其作用是保证塔顶的 C_4 馏分中不含 MTBE、塔釜

MTBE 产品中不含甲醇和 C_4 等。反应段装有树脂催化剂，进行催化反应。该工艺独特的技术优势是综合了液相反应和催化精馏的特点，利用反应放出的热量为精馏提供热源，将生成的醚连续分出，使反应平衡一直向生成 MTBE 的方向进行，最大限度地减少了逆反应的发生和副产物的生成。

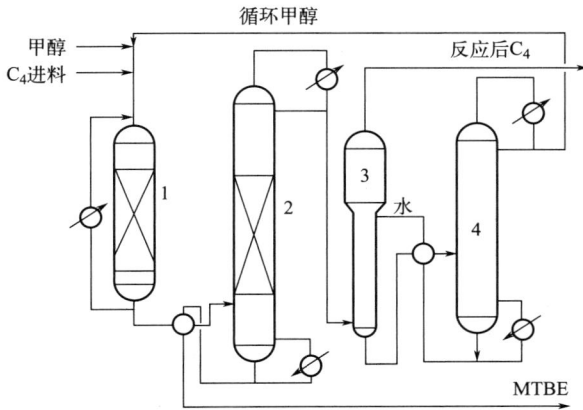

图 3-35　筒式固定床反应器与催化
精馏塔串联的 MTBE 合成工艺流程
1—预反应器；2—催化精馏塔；3—水萃取塔；4—甲醇精馏塔

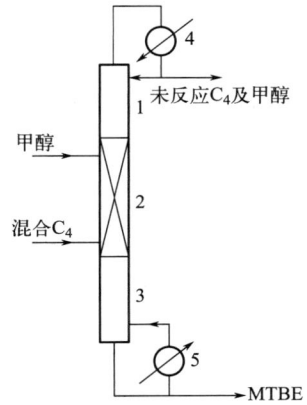

图 3-36　催化精馏塔结构示意图
1—精馏段；2—反应段；3—提馏段；
4—冷凝器；5—再沸器

━━┫ 思考题 ┣━━

3-1　汽油的馏程范围约是多少？哪些种类的烃适合作为汽油组成？

3-2　什么是辛烷值？提高汽油辛烷值有哪些途径？

3-3　什么是十六烷值？十六烷值是不是越高越好？

3-4　原油中含盐含水对石油加工过程有哪些危害？

3-5　什么是原油的一次加工过程和二次加工过程？

3-6　原油为什么要进行预处理？简述原油预处理的基本原理和方法。

3-7　原油蒸馏为什么设置多个侧线采出？

3-8　常减压蒸馏装置采用了哪些汽提方式？汽提的作用是什么？

3-9　石油加工过程为什么要设置顶回流与中段回流？它有哪些优点？

3-10　石油蒸馏塔内气液相负荷分布有哪些特点？

3-11　常减压蒸馏工艺流程的类型有哪些？各工艺流程类型有什么特点和区别？

3-12　为什么要进行重质油轻质化？重质油轻质化有哪些途径？

3-13　催化裂化的原料和主要产品有哪些？

3-14　工业上使用的催化裂化催化剂主要有哪几类？催化裂化催化剂的活性来源是什么？

3-15　馏分油催化裂化反应的特点是什么？

3-16　催化裂化装置通常由几部分组成？各部分的主要作用是什么？

3-17　加氢裂化过程中主要反应有哪些？对产品性质有什么影响？

3-18　加氢裂化有哪些工艺流程？比较加氢裂化的一段法、两段法工艺的特点。

3-19　延迟焦化在炼油工业处于什么地位？它有哪些特点？

3-20　渣油热反应有哪些特点？焦炭的生成机理是什么？

3-21　什么是溶剂脱沥青？溶剂脱沥青的原理是什么？

3-22　丙烷脱沥青的目的是什么？为什么要在加压、加热下进行？

3-23　催化重整原料油如何选取？

3-24　催化重整有几种化学反应类型？各反应类型对生产芳烃与提高辛烷值有何贡献？

3-25　什么是烷基化？什么是异构化？

3-26　催化蒸馏生产甲基叔丁基醚具有哪些优点？

参考文献

[1]　王海彦，陈文艺．石油加工工艺学．2版．北京：中国石化出版社，2015.

[2]　沈本贤．石油炼制工艺学．2版．北京：中国石化出版社，2017.

[3]　程丽华．石油炼制工艺学．北京：中国石化出版社，2013.

[4]　徐春明．石油炼制工程．4版．北京：石油工业出版社，2020.

[5]　黄仲九，房鼎业，单国荣．化学工艺学．3版．北京：高等教育出版社，2016.

[6]　魏顺安，谭陆西．化工工艺学．2版．重庆：重庆大学出版社，2021.

[7]　曾心华．石油炼制．2版．北京：化学工业出版社，2015.

[8]　刘家明，王玉翠，蒋荣兴．石油炼制工程师手册：第Ⅱ卷．北京：中国石化出版社，2017.

[9]　曹东学．碳四烷基化技术．北京：中国石化出版社有限公司，2020.

[10]　山红红，张孔远．石油化工工艺学．北京：科学出版社，2019.

[11]　中国国家标准化管理委员会．车用汽油：GB 17930—2016．北京：中国标准出版社，2016.

[12]　中国国家标准化管理委员会．车用柴油：GB 19147—2016．北京：中国标准出版社，2016.

第4章

基本有机化工典型产品生产工艺

4.1 概述

　　基本有机化工即基本有机化学工业，它的任务是利用自然界中大量存在的石油、煤、天然气及生物质等资源，通过化学加工的方法生产烃、醇、醚、醛、酮、羧酸、酯、环氧化物、烃的卤素衍生物及有机含氮化合物等基本有机化工产品。其中，烃类产品主要指乙烯、丙烯、丁二烯、乙炔、苯、甲苯、二甲苯、苯乙烯和萘等，此类产品属于重要的有机化工基础原料产品，市场需求量大。这些基础原料经过各种化学加工可以制成品种繁多、用途非常广泛的有机化工产品。基本有机机化工工艺是针对这些基础原料的生产或由基础原料生产其他基本有机产品的化工生产技术。

　　基本有机化工最早是以煤和生石灰为原料生产电石，再由电石生产乙炔发展起来的。通过乙炔可以生产多种基本有机化工产品，如乙醛、乙酸、丙酮、氯乙烯等。随着石油和天然气的开采，出现了以石油和天然气为原料制取基本有机化工产品的石油化学工业。20世纪初，人们发现石油馏分经过高温裂解，可以制备大量的乙烯、丙烯以及相当数量的丁二烯、苯、甲苯等基础有机化工产品，从而开辟了比从乙炔出发制取更多基本有机化工产品的更先进的新原料技术路线。目前，国际上75%的有机化工产品是以石油、天然气为原料生产的。

　　我国化学工业是在十分薄弱的基础上起步的，1949年底，全国有机化工原料的总产量仅900t。20世纪50年代开始从国外引进石油化工装置，70年代北京燕山石化和上海金山石化两个大型石化企业的建设使我国石化工业初具规模。目前，我国石油化工产业已经建立了较完整的体系，能够生产从基本化工原料到最终商品的全过程化工产品，生产装置涵盖了基本有机化工、高分子化工、精细化工、无机化工等领域，部分化工产品的生产能力如乙烯和化肥等已经位于世界前列。乙烯是世界上产量最大的化学产品之一，乙烯工业是石油化工产业的核心，其产品占石化产品的75%以上，在国民经济中占有重要的地位。根据中国石油和化学工业联合会统计，截至2022年底，我国乙烯产能达到4675万吨/年，产能首次超过美国，成为世界乙烯产能第一大国和消费国，且未来一段时间乙烯产能仍处于扩能高峰期。

　　通过乙烯这一基本有机化工原料可以生产聚乙烯、聚氯乙烯、环氧乙烷/乙二醇、二氯乙烷、苯乙烯、聚苯乙烯、乙醇、醋酸乙烯等多种国民经济各个部门所需的产品，它的发展带动着整个有机化工产品的发展，因此，乙烯产量已经成为衡量一个国家石油化学工业发展水平的标志。

（1）基本有机化学工业的特点

100多年来，随着科学技术的进步和环保意识的增强，基本有机化工形成了独立的工业部门，生产特点和技术发展主要体现在以下几个方面。

① 生产装置规模大型化，产品品种多样化　为了降低生产成本，提高市场竞争力，有机化工装置规模越来越大。装置大型化使公用工程费用极大地降低，设备折旧费、操作费也随之降低，从而大大降低了生产成本。当规模大到一定程度，能量利用更合理，副产物也便于综合利用，并利于企业经济效益的提高。目前炼油装置规模超过1000万吨/年，乙烯装置的规模超过100万吨/年或更高，合成氨装置规模已达60万吨/年。

② 炼油-化工一体化　炼油与石油化工的原料均是石油，炼油企业在生产燃料油的同时向其他化工企业提供原料。新建的大型石油化工企业大多数为炼油-化工一体化生产，包括炼油装置和下游化工产品的生产装置（如聚乙烯、聚丙烯、乙二醇装置等）。这种模式既优化了资源利用效率，提高了产品附加值，也大幅度降低了库存、储运、公用工程、营销等费用，有利于应对市场和原料的波动，实现企业效益最大化。例如，我国以中石化为代表的多家企业已经构成"大炼油、大乙烯、大芳烃"的产业格局，并形成了合理经济的下游产业链。

③ 加工技术综合化、先进化　生产技术的进步集中在装置大型化、能量综合利用优化、设备结构优化、运行操作参数优化和控制系统优化等方面。新的工艺技术、新的催化剂等不断出现，使得综合能耗指标降低，生产效率、原料消耗定额、工厂检修周期等不断得到优化。

④ 环境友好型石油化工装置　传统的石油化工装置存在高耗能、高污染、高风险等问题，从可持续发展、保护生态环境及消除环境污染角度出发形成了大量新理念和新技术，据此对化工装置进行全面深入分析和优化，可显著降低发生安全风险的可能性，大幅度降低污染物排放指标。环境友好型化工厂将成为今后技术发展主要方向之一，"绿色化工"将会普及。

（2）基本有机化学工业的原料和主要产品

① 基本有机化学工业的原料　19世纪中叶以来，生产有机化工产品的原料发生了显著的变化，煤干馏的副产品焦油开始成为重要原料，并发展成为以煤为基础的一类有机化学工业。19世纪，电炉法生产碳化钙工艺，开辟了以煤经乙炔生产乙醛、醋酸等化工原料及合成材料的煤化工路线，并在相当长的时间内占据有机化工的重要位置。

20世纪初，石油工业的快速发展促进了有机化工从煤化工转化为石油化工，并且很快占据了主导地位。20世纪50年代初，各国竞相发展以石油为原料的基本有机化学工业，一些重大的石油化工科学技术相继研发成功，推进了石油化学工业的迅速发展，使基本有机化学工业的原料由煤转向石油，并逐渐形成了以石油和天然气为原料，通过乙烯、丙烯等合成大多数有机化工产品的"现代石油化学工业"。在短短的20多年中，无论是产品的品种还是生产规模方面都得到了前所未有的发展。

20世纪70年代以来，受能源危机的影响，石油价格大幅上涨，除直接影响燃料消耗外，也对基本有机化工原料的结构产生了深刻影响，并在世界范围内开展了开发新原料的研究工作。随着"碳一化学"技术的发展，储量巨大的煤在基本有机化学工业中的地位又一次得到提高。但是，由于存在经济性和原料输送等问题，"碳一化学"技术的开发和应用受到一定限制，尤其在生产大量的基本有机化工产品方面。同时受到重视的还有分布普遍的生物质，它和煤又成为了化工原料的两个重要来源。

未来有机化工原料将会是石油、天然气、煤炭和生物质等化工原料多元化共同发展与竞争的局面，并将大大促进化学工业科学技术的进步。随着国际上页岩气等开采和利用技术的不断提高与进步，页岩气在未来有可能成为又一新的化工原料来源。

② 基本有机化学工业的主要产品　从石油、天然气和煤等自然资源出发，经过化学加工可以得到种类繁多、用途广泛的有机化工产品，其中"三烯"（乙烯、丙烯、丁二烯）、"三苯"（苯、甲苯、二甲苯）、苯乙烯、乙炔、甲醇、乙醇、甲醛、醋酸以及环氧化合物等产品也是有机化工的基础原料，需求量大。这类产品一般不能直接用于人们生活，而是作为生产三大合成材料（合成树脂、合成纤维及合成橡胶）的单体，也作为合成洗涤剂、医药、染料、香料等精细化工产品的重要原料或中间体。

"碳一"系统产品　"碳一"原料包括天然气和合成气两大类。以天然气和合成气为原料生产的主要化工产品包括合成气、乙烯、丙烯、丁二烯等，还包括以合成气和甲醇为原料生产的多种化工产品，如合成氨、尿素、醋酸、甲醛、MTBE（甲基叔丁基醚）、$C_2 \sim C_4$ 烯烃、燃料油、低碳醇和乙二醇等。

乙烯系统产品　以乙烯为原料，经过化学加工可以生产多种重要的基本有机化工产品，目前，我国乙烯工业已逐步进入成熟期，下游衍生物主要有聚乙烯（PE）、环氧乙烷（EO）、乙二醇（EG）、苯乙烯（SM）、聚氯乙烯（PVC）等产品。2020 年，五类产品共占乙烯总消耗量约 97.2%，其中，最大消耗领域是 PE，占总消耗量的 63.5%，其次是 EO 和 EG，分别占 10.3% 和 9.0%。

丙烯系统产品　在基本有机化学工业中，以丙烯为原料制备化工产品的重要性仅次于乙烯系统的产品。从丙烯产业链来看，丙烯是大宗化工产品聚丙烯、丙烯腈、环氧丙烷和丙烯酸等的主要原料，其中聚丙烯是丙烯的最主要下游产品，需求占比超过 70%，广泛应用于建筑、汽车、包装、纺织服装、家电等日用品以及工业品等领域。

"碳四烃"系统产品　"碳四烃"中尤以正丁烯、异丁烯和丁二烯最为重要。"碳四烃"来源丰富，但由于来源不同其组成也不尽相同，都是复杂混合物，必须经过分离才能获得单一碳四原料。从油田气、炼厂气（包括石油液化气）和烃类裂解制乙烯副产品中可以获得"碳四烃"的混合物，其中油田气主要含有碳四烷烃；炼厂气除碳四烷烃外，还含有大量碳四烯烃。丁二烯的下游产品主要是顺丁橡胶、丁苯橡胶、丁腈橡胶、ABS 塑料（丙烯腈-丁二烯-苯乙烯共聚物）、尼龙 66、氯丁橡胶等；以正丁烯为原料的主要产品包括甲乙酮、丁二烯、合成塑料、顺丁烯二酸酐等；以异丁烯为原料的主要产品包括丁基橡胶、黏合剂、异戊橡胶、有机玻璃等；以正丁烷为原料的产品包括正丁烯、异丁烷等；异丁烷的主要产品包括烷基化汽油、异丁烯等；同时，碳四烷烃可以作为裂解原料，生产乙烯、丙烯和丁二烯等。

芳烃系统产品　芳烃中以苯、甲苯、二甲苯、乙苯和苯乙烯最为重要。苯、甲苯和二甲苯不仅可以直接作为溶剂，而且可以进一步加工成各种基本有机化工产品。二甲苯中尤以对二甲苯（PX）最重要，是生产聚酯纤维、树脂、涂料、染料及农药的主要原料；苯乙烯是合成具有重大需求聚合物（如聚苯乙烯、合成橡胶、工程塑料、离子交换树脂等）的主要原料；而乙苯则是生产苯乙烯的主要原料。

乙炔系统产品　乙炔以煤和生石灰为原料制取，作为化工原料在 20 世纪 50 年代以前在化学工业中占有非常重要的地位，由乙炔生产的主要产品有乙醛、醋酸、氯乙烯、醋酸乙烯（又称醋酸乙烯酯）和丙烯腈等。但是随着石油化工的兴起，这些产品逐渐转向以乙烯为原料生产。

4.2　烃类蒸汽热裂解制乙烯、丙烯及其他产品

由于自然界中不存在烯烃，因此，工业上获取低碳烯烃的主要方法是将烃类原料进行热裂解。烃类热裂解通常是指在高温和隔绝空气的条件下，烃类原料中的烃分子发生脱氢或碳链断裂反应，生成分子量较小的乙烯、丙烯等烯烃和烷烃，还联产丁二烯和 C_5 及以上的基本有机化工产品的反应过程。

由于乙烯、丙烯、丁烯和丁二烯等低碳烯烃分子中存在双键，因此它们的化学性质活泼，能够发生加成、共聚或自聚反应，生成一系列重要的有机化工原料。工业上，乙烯的需求量最大，它的发展带动了其他有机化工产品的生产，因此，常常将乙烯生产能力的大小作为衡量一个国家或地区石油化工发展水平的标准。

乙烯生产装置起源于 1940 年，美孚公司建成了第一套以炼厂气为原料的乙烯生产装置，开创了以乙烯装置为龙头的石油化工历史。20 世纪 60~70 年代，乙烯技术趋向成熟，乙烯产能增长率达到两位数，主要集中在北美。20 世纪 80 年代中期至 20 世纪 80 年代末，乙烯工业发展步伐放缓，从 1979 年的 4600 万吨/年增加到 1990 年的 5400 万吨/年，北美、西欧和亚太所占比例分别为 38.5%、32.2% 和 15.4%。从 1990 年开始，又兴起了"乙烯投资热"，其中 50% 以上的新增乙烯产能来自亚太地区，20 世纪 90 年代末，全球乙烯产能增至 9200 万吨/年，北美、西欧和亚太所占比例分别为 35.1%、23.0% 和 26.9%，形成了三足鼎立的格局。2000 年以来，随着中东国家凭借其廉价资源优势积极发展石化工业，以及以中国、印度等为代表的发展中国家石化工业的崛起，全球乙烯工业正在改变为目前的亚太为主，北美次之，中东、西欧随后的格局，2012 年全球乙烯产能约为 1.45 亿吨，亚太、北美、中东和西欧所占比例分别为 30.7%、24.2%、18.0% 和 17.2%。

我国自 20 世纪 70 年代起，先后在北京、上海、辽宁、大连和天津等地建起了一批乙烯生产装置。此后，生产规模逐渐增大，乙烯产量逐年增加，具有代表性的是 2022 年 1 月中国石化镇海基地 220 万吨/年乙烯装置全面投入运行，目前，我国已经成为世界第一大乙烯生产国。我国乙烯生产除石油路线外，还有非石油路线，其原料主要是煤、天然气和生物质等。2019 年，传统石化路线生产乙烯占总产能的 73.1%，煤制烯烃和外购甲醇制烯烃的乙烯产能占比分别为 13.6% 和 10.9%，乙烷裂解制烯烃工艺的乙烯产能占总产能的 2.4%。

世界上 90% 以上的乙烯来自石油烃类的热裂解，约 70% 丙烯、90% 丁二烯和 30% 芳烃均来自裂解装置。以"三烯"（乙烯、丙烯和丁二烯）和"三苯"（苯、甲苯和二甲苯）的总量计，65% 的基本有机化工原料来自热裂解装置。

热裂解原料按照常温常压下的物态分为气态烃和液态烃，最早的原料是炼厂气和石脑油。随着裂解技术的不断发展，裂解原料的种类不断增多，逐步发展到馏分油，如轻柴油、重柴油和加氢裂化柴油等。裂解原料基本上是混合物，经过热裂解后的产物仍是多组分气和液态混合物。气态产物包括乙烯、丙烯和丁二烯等，还包括 H_2、甲烷、乙烷、丙烷等；液态产物包括 C_5 馏分、苯、甲苯和二甲苯及更高分子量的产品。

烃类裂解过程的主要任务是最大可能地生产乙烯，同时联产丙烯、丁二烯以及苯、甲苯和二甲苯等产品。乙烯生产装置的工艺流程大致可分为热裂解、急冷、压缩（含净化）、冷分离（含制冷）等单元，图 4-1 和图 4-2 所示分别为烃类裂解生产乙烯、丙烯产品的工艺流程简图以及裂解和分离单元的主要任务和产品。

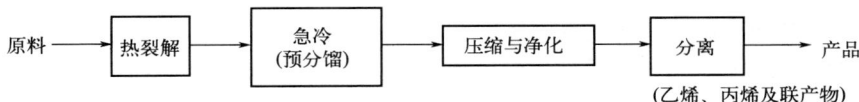

图 4-1　烃类裂解生产乙烯、丙烯产品的流程简图

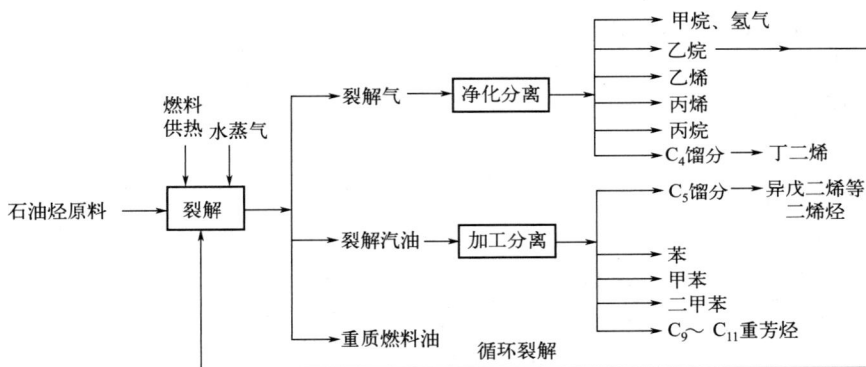

图 4-2　烃类裂解工段和分离单元的主要任务和产品

4.2.1　烃类热裂解的原理

由于烃类原料是一系列烃的混合物，所以其裂解过程将是十分复杂的反应过程。为了实现乙烯、丙烯收率高、副产物生成少以及能量回收效率高等目标，首先需要了解烃类热裂解反应的规律和裂解反应机理。

烃类物质是由正构烷烃和异构烷烃分子组成的，在加热裂解过程中发生的化学反应有断链、脱氢、二烯合成、异构化、脱氢环化、叠合、歧化、聚合、脱氢交联和焦化等，除生成烯烃和芳烃产物外，还有环烷烃、二烯烃、炔烃、沥青或炭黑等副产物，裂解产物中已经鉴别出来的化合物多达百种以上。即使单一组分原料的裂解，例如乙烷热裂解，其产物中包含了氢气、甲烷、乙烯、丙烯、丁烯、丁二烯、芳烃和碳五以上的组分及未反应的乙烷等多种组分。为了更清楚地说明裂解过程主要中间产物及其变化过程，可以根据图 4-3 做一简要说明。

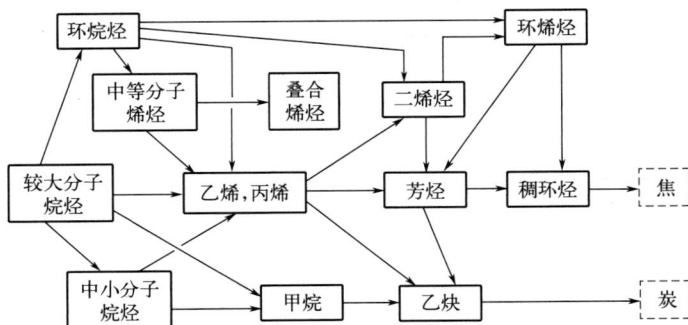

图 4-3　烃类裂解过程中一些主要中间产物变化示意

按照反应进行的先后顺序，可将裂解反应划分为两个阶段，第一阶段是一次反应，即由原料烃类热裂解生成乙烯和丙烯等低碳烯烃的反应；第二阶段是二次反应，指由一次反应生成的低碳烯烃继续反应生成多种产物，直至最后生成焦或炭的反应。一次反应是生成目的产物的反应，而二次反应不仅消耗原料降低烯烃收率，而且生成的焦或炭会堵塞设备及管道，影响裂解操作的稳定性。因此，在确定生产条件时，既要促进一次反应的进行，同时还应抑制二次反应的发生，确保乙烯、丙烯等目的产物有较高的收率。

1. 烃类热裂解的一次反应

烃类热裂解的一次反应产物与裂解原料有关，下面按照原料中烃的类型分别讨论烃类热裂解一次反应的规律。

（1）烷烃裂解反应

正构烷烃　　正构烷烃的裂解反应主要有断链和脱氢反应，对于 C_5 以上的烷烃还可能发生脱氢成环反应。脱氢反应是 C—H 键断裂的反应，生成碳原子数相同的烯烃和氢；断链反应是 C—C 键断裂的反应，产物是碳原子较少的烷烃和烯烃，脱氢和断链反应的通式见式(4-1)～式(4-3)。

脱氢反应　　　$R—CH_2—CH_3 \rightleftharpoons R—CH{=}CH_2 + H_2$　　　　　　　　　　(4-1)

断链反应　　　$R—CH_2—CH_2—R' \longrightarrow R—CH{=}CH_2 + R'H$　　　　　　　(4-2)

长链正构烷烃可发生环化脱氢反应生产环烷烃：

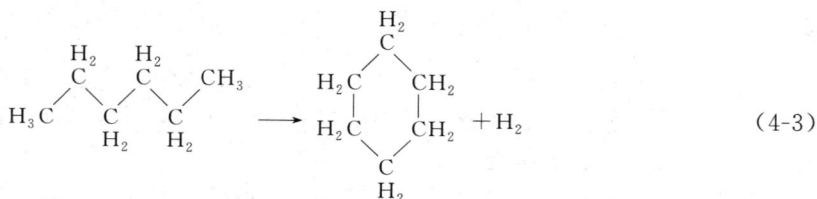

$$\text{（结构式反应）} \qquad (4\text{-}3)$$

烷烃脱氢和断链的难易可以从 C—H 和 C—C 键的键能数值大小来判断，但是要知道某烃在给定条件下裂解或脱氢反应能进行到什么程度，则需要通过热力学数据来判断，即将反应标准自由焓 $\Delta H^\ominus$ 和自由能的变化 $\Delta G^\ominus$ 作为反应进行难易和深度的判据。表 4-1 和表 4-2 给出了正、异构烷烃的键能数据和正构烷烃在 1000K 时脱氢或断链反应的 $\Delta G^\ominus$ 和 $\Delta H^\ominus$ 值。

表 4-1　各种键能的比较

碳氢键	键能/(kJ/mol)	碳碳键	键能/(kJ/mol)
$H_3C—H$	426.8	$CH_3—CH_3$	346
$CH_3CH_2—H$	405.8	$CH_3—CH_2—CH_3$	343.1
$CH_3CH_2CH_2—H$	397.5	$CH_3CH_2—CH_2CH_3$	338.9
$(CH_3)_2CH—H$	384.9	$CH_3CH_2CH_2—CH_3$	341.8
$CH_3CH_2CH_2CH_2—H$(伯)	393.2	$H_3C—\overset{\overset{\displaystyle CH_3}{\displaystyle |}}{\underset{\underset{\displaystyle CH_3}{\displaystyle |}}{C}}—CH_3$	314.6
$H_3C—\overset{H_2}{C}—CH—H$（仲）$\underset{\displaystyle CH_3}{|}$	376.6		
		$CH_3CH_2CH_2—CH_2CH_2CH_3$	325.1
$(CH_3)_3C—H$(叔)	364	$CH_3CH(CH_3)—CH(CH_3)CH_3$	310.9
C—H(一般)	378.7		

表 4-2　1000K 时正构烷烃裂解一次反应的 $\Delta G^{\ominus}$ 值和 $\Delta H^{\ominus}$ 值

反应类型	反应方程式	$\Delta G^{\ominus}(1000\text{K})/(\text{kJ/mol})$	$\Delta H^{\ominus}(1000\text{K})/(\text{kJ/mol})$
脱氢	$C_nH_{2n+2} \Longleftarrow C_nH_{2n}+H_2$		
	$C_2H_6 \Longleftarrow C_2H_4+H_2$	8.87	144.4
	$C_3H_8 \Longleftarrow C_3H_6+H_2$	-9.54	129.5
	$C_4H_{10} \Longleftarrow C_4H_8+H_2$	-5.94	131.0
	$C_5H_{12} \Longleftarrow C_5H_{10}+H_2$	-8.08	130.8
	$C_6H_{14} \Longleftarrow C_6H_{12}+H_2$	-7.41	130.8
断链	$C_{m+n}H_{2(m+n)+2} \longrightarrow C_nH_{2n}+C_mH_{2m+2}$		
	$C_3H_8 \longrightarrow C_2H_4+CH_4$	-53.89	78.3
	$C_4H_{10} \longrightarrow C_3H_6+CH_4$	-68.99	66.5
	$C_4H_{10} \longrightarrow C_2H_4+C_2H_6$	-42.34	88.6
	$C_5H_{12} \longrightarrow C_4H_8+CH_4$	-69.08	65.4
	$C_5H_{12} \longrightarrow C_3H_6+C_2H_6$	-61.13	75.2
	$C_5H_{12} \longrightarrow C_2H_4+C_3H_8$	-42.72	90.1
	$C_6H_{14} \longrightarrow C_5H_{10}+CH_4$	-70.08	66.6
	$C_6H_{14} \longrightarrow C_4H_8+C_2H_6$	-60.08	75.5
	$C_6H_{14} \longrightarrow C_3H_6+C_3H_8$	-60.38	77.0
	$C_6H_{14} \longrightarrow C_2H_4+C_4H_{10}$	-45.27	88.8

可以看出，正构烷烃有下面的裂解反应规律。

① 同碳原子数的烷烃，C—H 键能大于 C—C 键能，断链比脱氢容易。

② 随碳链的增长，其键能数据变小，表明热稳定性下降，裂解反应越易进行。

③ 烷烃裂解（脱氢或断链）是强吸热反应，脱氢反应比断链反应吸热值更高，这是由 C—H 键能大于 C—C 键能所致。

④ 断链反应的 $\Delta G^{\ominus}$ 有较大的负值，是不可逆过程；而脱氢反应的 $\Delta G^{\ominus}$ 是正值或为绝对值较小的负值，属于可逆过程，受化学平衡限制。

⑤ 对于断链反应，从热力学分析可知 C—C 键断裂在分子两端占优；断链所产生的分子中较小的是烷烃，较大的是烯烃。随着烷烃链的增长，在分子中断裂的可能性有所加强。

⑥ 乙烷不发生断链反应，只发生脱氢反应，生成乙烯和氢；而甲烷在一般裂解温度下不发生变化。

异构烷烃　异构烷烃结构各异，其裂解反应差异较大，与正构烷烃相比有如下特点。

① C—C 键或 C—H 键的键能较正构烷烃的低，故容易裂解或脱氢。

② 脱氢能力与分子结构有关，难易顺序为叔碳氢＞仲碳氢＞伯碳氢。

③ 异构烷烃裂解所得乙烯和丙烯收率远较正构烷裂解所得收率低，而氢、甲烷、C_4 及 C_5 以上烯烃收率较高。

④ 随着碳原子数增加，异构烷烃与正构烷烃裂解所得乙烯和丙烯的收率差异减小。

（2）烯烃的裂解反应

由于烯烃的化学活泼性，天然石油原料中基本不含烯烃，但是在炼厂气和二次加工油品中含有一定量烯烃。作为裂解的目的产物，烯烃也有可能进一步发生反应，所以为了控制反应按照所需的方向进行，有必要了解烯烃在裂解过程中的反应类型和规律。烯烃可能发生的主要反应有断链反应、脱氢反应、歧化反应、烯合成反应和芳构化反应等，典型的反应如式（4-4）～式（4-8）所示。

断链反应

$$C_{m+n}H_{2(m+n)} \longrightarrow C_mH_{2m}+C_nH_{2n} \tag{4-4}$$

脱氢反应

$$C_2H_4 \longrightarrow C_2H_2 + H_2 \tag{4-5a}$$

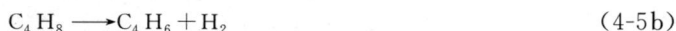

$$C_4H_8 \longrightarrow C_4H_6 + H_2 \tag{4-5b}$$

歧化反应

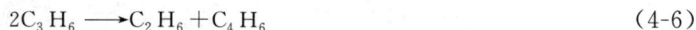

$$2C_3H_6 \longrightarrow C_2H_6 + C_4H_6 \tag{4-6}$$

$$2C_3H_6 \longrightarrow C_2H_4 + C_4H_8 \tag{4-6a}$$

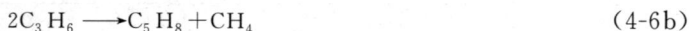

$$2C_3H_6 \longrightarrow C_5H_8 + CH_4 \tag{4-6b}$$

烯合成反应（Diels-Alder 反应）

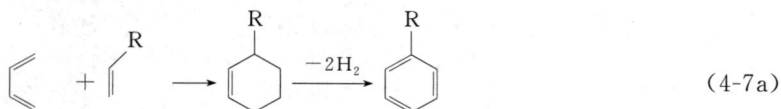

$$(4\text{-}7a)$$

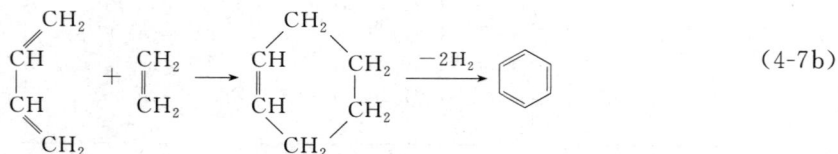

$$(4\text{-}7b)$$

芳构化反应

$$(4\text{-}8)$$

（3）环烷烃的裂解反应

裂解原料中所含的环烷烃一般是环己烷和带侧链的环戊烷，在高沸点馏分中含有带长侧链的稠环烷烃。在裂解过程中，环烷烃可发生断链开环分解反应或脱氢反应，生成乙烯、丙烯、丁烯、丁二烯、芳烃、环烷烃、单环烯烃、单环二烯烃和 H_2 等产物，如式（4-9）和式（4-10）所示。一般来说，原料中的环烷烃含量增加，乙烯产率下降，丁二烯、芳烃产率增加。

环烷烃裂解反应

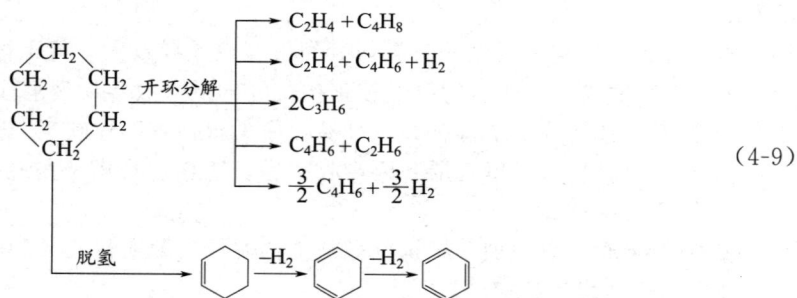

$$(4\text{-}9)$$

乙基环戊烷

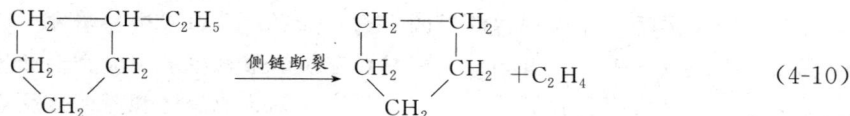

$$(4\text{-}10)$$

环烷烃裂解反应的规律如下。

① 环烷烃脱氢生成芳烃的反应优先于断链开环生成烯烃的反应。

② 带侧链环烷烃的裂解首先发生侧链的断链，长侧链的断裂一般从中部开始，而离环

近的碳碳键不易断裂，然后发生开环和脱氢反应。带侧链环烷烃较无侧链环烷烃裂解生成的乙烯产率高。

③ 五碳环烷烃较六碳环烷烃难裂解。

④ 环烷烃比链烷烃更易于生成焦油，产生结焦。

（4）芳烃的裂解反应

芳烃分子中苯环的热稳定性高，不易发生开环反应，而主要发生烷基芳烃的侧链断裂和脱氢反应，以及芳烃缩合生成多环芳烃并进一步成焦的反应。所以，含芳烃多的原料不仅烯烃收率低，而且结焦严重，不是理想的裂解原料。式(4-11)~式(4-13b)是芳烃发生裂解反应的主要类型。

断侧链反应

$$\tag{4-11}$$

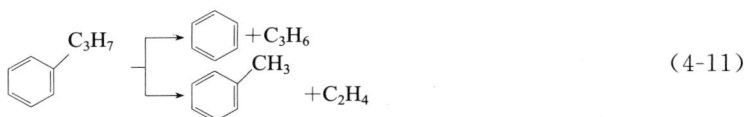

侧链脱氢反应

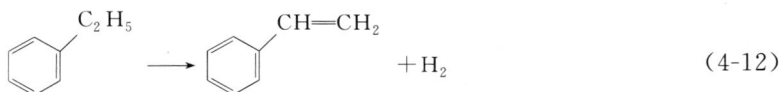

$$\tag{4-12}$$

脱氢缩合反应

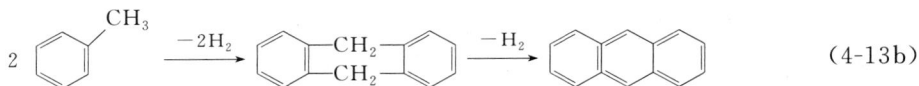

$$\tag{4-13a}$$

$$\tag{4-13b}$$

2. 烃类热裂解的二次反应

烃类热裂解过程的二次反应比一次反应复杂。原料经过一次反应后生成了氢、甲烷、乙烯、丙烯、丁烯、异丁烯、戊烯等，其中的氢和甲烷在该裂解温度下很稳定，而烯烃则可继续发生反应。

（1）烯烃的裂解

由一次反应生成的较大分子烯烃可以继续发生脱氢和断链反应生成乙烯、丙烯等小分子烯烃或二烯烃，例如丙烯继续裂解的主要产物是乙烯和甲烷。又例如，戊烯裂解的主要产物是乙烯、丙烯、丁二烯和甲烷，如式(4-14)所示。

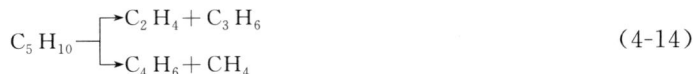

$$C_5H_{10} \underset{\longrightarrow C_4H_6 + CH_4}{\overset{\longrightarrow C_2H_4 + C_3H_6}{}} \tag{4-14}$$

（2）烯烃的脱氢聚合、环化和缩合

烯烃发生脱氢聚合、环化和缩合反应生成较大分子的烯烃、二烯烃和芳香烃，如式(4-15a)~式(4-15c)。

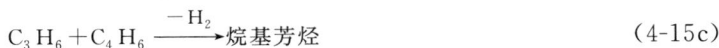

$$2C_2H_4 \longrightarrow C_4H_6 + H_2 \tag{4-15a}$$

$$C_2H_4 + C_4H_6 \longrightarrow C_6H_6 + 2H_2 \tag{4-15b}$$

$$C_3H_6 + C_4H_6 \xrightarrow{-H_2} 烷基芳烃 \tag{4-15c}$$

生成的芳烃在裂解温度下很容易脱氢缩合生成多环芳烃、稠环芳烃，直至转化为焦，式(4-16)是芳烃脱氢缩合成焦过程表达式。

$$2n \underset{}{\bigcirc} \xrightarrow{-nH_2} n \underset{}{\bigcirc}-\underset{}{\bigcirc} \xrightarrow{-mH_2} (\underset{}{\bigcirc})_{2n} \xrightarrow{-xH_2} 稠环芳烃 \xrightarrow{-yH_2} 焦 \quad (4\text{-}16)$$

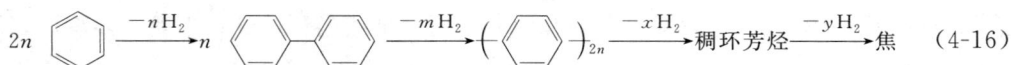

（3）烯烃加氢和脱氢

烯烃可以加氢生成相应的烷烃，如式(4-17)。反应温度低时，有利于加氢平衡，烯烃也可以脱氢生成二烯烃或炔烃，如式(4-5)、式(4-18a) 和式(4-18b) 所示，烯烃的脱氢反应比烷烃的脱氢反应需要更高的温度。

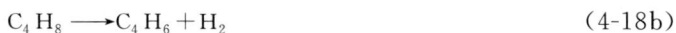

$$C_2H_4 + H_2 \rightleftharpoons C_2H_6 \quad (4\text{-}17)$$

$$C_2H_4 \rightleftharpoons C_2H_2 + H_2$$

$$C_3H_6 \longrightarrow C_3H_4 + H_2 \quad (4\text{-}18a)$$

$$C_4H_8 \longrightarrow C_4H_6 + H_2 \quad (4\text{-}18b)$$

（4）烃分解生炭

表 4-3 所列为常见烃的完全分解反应及其 $\Delta G^{\ominus}$ （1000K）。各种烃分解为碳和氢的 $\Delta G^{\ominus}$（1000K）都是很大的负值，说明它们在高温下不稳定，有很强的分解为碳和氢的趋势。如，乙烯在 900～1000℃或更高的温度下进行脱氢反应生成炭，式(4-19) 是烃脱氢生炭过程的表达式。

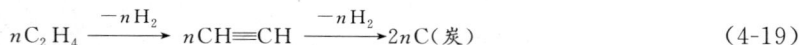

$$nC_2H_4 \xrightarrow{-nH_2} nCH\equiv CH \xrightarrow{-nH_2} 2nC(炭) \quad (4\text{-}19)$$

表 4-3　常见烃的完全分解反应及其 $\Delta G^{\ominus}$

烃	烃分解为氢和碳的反应	反应的标准自由焓 $\Delta G^{\ominus}$(1000K)/(kJ/mol)	烃	烃分解为氢和碳的反应	反应的标准自由焓 $\Delta G^{\ominus}$(1000K)/(kJ/mol)
甲烷	$CH_4 \longrightarrow C + 2H_2$	-19.475	丙烯	$C_3H_6 \longrightarrow 3C + 3H_2$	-245.618
乙炔	$C_2H_2 \longrightarrow 2C + H_2$	-170.355	丙烷	$C_3H_8 \longrightarrow 3C + 4H_2$	-191.444
乙烯	$C_2H_4 \longrightarrow 2C + 2H_2$	-119.067	苯	$C_6H_6 \longrightarrow 6C + 3H_2$	-259.890
乙烷	$C_2H_6 \longrightarrow 2C + 3H_2$	-110.750	环己烷	$C_6H_{12} \longrightarrow 6C + 6H_2$	-435.92

但是，由于动力学上的因素，反应进行的阻力较大，乙炔并不能一步分解为碳和氢而是经过生成在能量上较为有利的乙炔中间阶段。实际上，上述生炭反应只有在高温条件下才可能发生，并且生成的炭不是通过乙炔断键生成的单个碳原子，而是经乙炔脱氢稠合而成的几百个碳原子。

由此可知，结焦与生炭二者的过程机理不同，结焦是在较低的温度下（<1200K）通过芳烃缩合而成，生炭是在较高的温度下（>1200K）通过生成乙炔的中间阶段继续脱氢成为稠合的碳原子。

从上述讨论可知，二次反应中除了较大分子的烯烃裂解增产乙烯外，其余的反应都消耗乙烯，从而降低乙烯的收率，并且可能导致结焦和生炭。

3. 烃类热裂解反应机理和动力学

烃类热裂解过程的反应机理是在高温条件下原料烃进行裂解反应的具体历程。经过长期的研究，已经明确烃类热裂解反应机理属于 F. O. Pice 的自由基反应机理，反应由链引发（自由基产生）、链增长（或称链传递）和链终止（自由基消亡生成分子）三个基本阶段构成，为一连串反应。现以乙烷裂解为例，说明烃类热裂解反应的机理。

乙烷的裂解反应经历以下 7 个步骤：

链引发　$CH_3—CH_3 \Longleftrightarrow 2\dot{C}H_3$ 　　　　　　　　　　　　　　　　　　　　(4-20)

链传递　$\dot{C}H_3+CH_3—CH_3 \Longleftrightarrow CH_4+CH_3—\dot{C}H_2$ 　　　　　　　　　(4-21a)

　　　　$CH_3—\dot{C}H_2 \Longleftrightarrow H·+CH_2=CH_2$ 　　　　　　　　　　　　　(4-21b)

　　　　$H·+CH_3—CH_3 \Longleftrightarrow H_2+CH_3—\dot{C}H_2$ 　　　　　　　　　　(4-21c)

链终止　$2\dot{C}H_3 \Longleftrightarrow C_2H_6$ 　　　　　　　　　　　　　　　　　　　　(4-22a)

　　　　$\dot{C}H_3+CH_3—\dot{C}H_2 \Longleftrightarrow C_3H_8$ 　　　　　　　　　　　　　(4-22b)

　　　　$2CH_3—\dot{C}H_2 \Longleftrightarrow C_4H_{10}$ 　　　　　　　　　　　　　　　(4-22c)

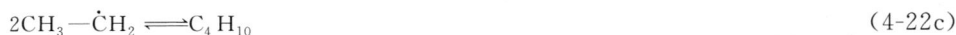

上述反应机理得到了实验结果的支持，已经测得乙烷裂解的主要产物是氢、甲烷和乙烯。

自由基反应的三个过程有如下特点。

① 链引发。是裂解反应的初始阶段，在此阶段需要断裂分子中的化学键，它所要求的活化能与断裂化学键所需能量属同一数量级。裂解是由热能引发的，因而高温有利于反应系统产生较高浓度的自由基，使整个自由基链反应的速率加快。乙烷链引发主要是断裂 C—C 键生成 CH_3 自由基的过程，因为需要更多能量，所以 C—H 键的引发可能性较小。

② 链传递。是一种自由基转化为另一种自由基的过程。从性质上可分为两种反应，即自由基分解反应和自由基夺氢反应。这两种链传递反应的活化能比链引发的活化能小，是生成烯烃的反应，可以影响裂解反应的转化率和生成小分子烯烃的收率。

③ 链终止。是自由基之间相互结合成分子的反应，反应的活化能为零。

经研究，烃类裂解的一次反应基本符合一级反应动力学规律，其速率方程式如式(4-23)所示。

$$r=\frac{-dC}{dt}=kC \qquad (4\text{-}23a)$$

式中，r 为反应物的消失速率，$mol/(L·s)$；C 为反应物浓度，mol/L；t 为反应时间，s；k 为反应速率常数，s^{-1}。

当反应时间由 $0 \to t$ 时，反应物浓度由 $C_0 \to C$，将上式积分可得式(4-23a)。

$$\ln\frac{C_0}{C}=kt \qquad (4\text{-}23b)$$

以 x 表示反应物的转化率，因裂解反应是分子数增加反应，故反应物浓度可表示为式(4-23b)。

$$C=\frac{C_0(1-x)}{\alpha_v} \qquad (4\text{-}23c)$$

式中，α_v 为体积增大率，它随转化率的变化而变化。

由此可将上述积分式表示为式(4-23c)。

$$\ln\frac{\alpha_v}{1-x}=kt \qquad (4\text{-}23d)$$

已知反应速率常数随温度的变化关系式为式(4-23d)。

$$\lg k=\lg A-\frac{E}{2.303RT} \qquad (4\text{-}23e)$$

因此，当反应速率常数已知，则可求出转化率 x 随反应时间的变化。

某些低分子量烷烃及烯烃裂解反应的 A 和 E 值列于表 4-4。当反应温度已知时，通过查表得到相对应的 A 和 E 值即可算出给定温度下的 k 值。

表 4-4　几种气态烃裂解反应的 A、E 值

化合物	lgA	$E/(J/g)$	$E/(2.303R)$	温度/℃
C_2H_6	14.1	292183	15260	550～600
C_3H_6	7.51	167440	8745	610～725
C_3H_8	13.46～13.16	264974	13839	550～600
i-C_4H_{10}	12.71～12.54	245718	12833	550～570
n-C_4H_{10}	13.92～13.62	265811	13883	550～570
n-C_5H_{12}	13.4	256183	13380	425～560

由于 C_6 以上烷烃和环烷烃的反应动力学数据比较缺乏，通常为了求取反应速率常数，可将它们与正戊烷的反应速率常数关联起来进行估算，如式(4-23e)。

$$\lg\left(\frac{k_i}{k_5}\right) = 1.5\lg n_i - 1.05 \tag{4-23f}$$

式中，k_5 为正戊烷的反应速率常数，s^{-1}；n_i、k_i 分别为待测烃的碳原子数、反应速率常数。也可以利用图 4-4 估算 C_6 及以上烃类裂解反应的速率常数。

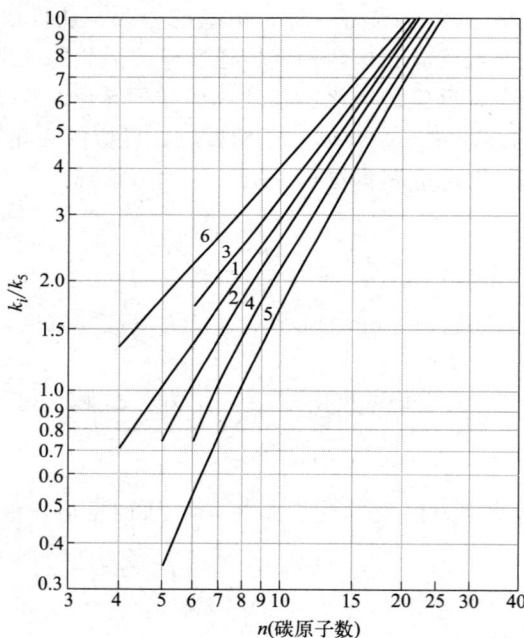

图 4-4　碳氢化合物相对于正戊烷的反应速率常数曲线

1—正烷烃；2—异构烷烃，一个甲基连在第二个碳原子上；3—异构烷烃，两个甲基连在两个碳原子上；
4—烷基环己烷；5—烷基环戊烷；6—正构伯单烯烃

【例 4-1】 正己烷在管式裂解炉裂解，炉出口温度为 760℃，停留时间为 0.5s，为简化计算，设 $\alpha_v = 1$，近似求正己烷的转化率 x（注：A 和 E 的数据近似取表 4-4 数据）。

解 从图 4-4 的曲线 1 知，$n=6$ 时 $\dfrac{k_6}{k_5}=1.31$；按式(4-23e)及表 4-4 数据计算 k_5。

$$\lg k_5 = 13.4 - \frac{13380}{1033} = 0.4474$$

所以

$$k_5 = 2.802 \text{s}^{-1}, \quad k_6 = 1.31 \times 2.802 = 3.67 \text{s}^{-1}$$
$$k_6 t = 3.67 \times 0.5 = 1.835$$

按式（4-23c）及已知条件 $\alpha_v = 1$ 有

$$2.303 \lg \frac{1}{1-x} = 1.835$$

解得 $x = 84.05\%$。

混合烃在裂解炉中裂解时，虽然各个组分所处的裂解条件相同，但是由于每个组分的反应速率常数不同，故在相同的裂解时间内，各组分的转化率也不相同，热稳定性强的组分裂解转化率低，热稳定性弱的组分转化率较高。而且由于自由基的传递和消失影响各组分的裂解速率，因而也影响各组分的转化率和一次产物的分布。所以动力学方程只能用来计算原料中单一组分在不同裂解工艺条件下的转化率变化，不能确定裂解产物的组成。

对于烃类裂解的二次反应来说，已有研究结果显示，二次反应中的烯烃裂解、脱氢和生炭等反应均为一级反应，而聚合、缩合、结焦等反应过程则比较复杂，动力学规律尚未完全清楚。但是可以肯定，这些反应都是大于一级的。关于二次反应中大于一级的反应动力学方程的建立还需进行大量的研究工作。

4.2.2　管式裂解炉生产乙烯的影响因素

影响烃类裂解产品的组成和收率等的因素有多种，其中，原料特性、裂解工艺条件（如裂解温度、裂解压力、停留时间等）以及炉型等都是主要因素。

1. 表示裂解结果的术语

转化率　转化率表示参加反应的原料量占通入反应器原料量的百分数，说明原料的转化程度。转化率越大，参加反应的原料越多。

参加反应的原料量＝通入反应器的原料量－未反应的原料量

$$转化率 = \frac{参加反应的原料量}{通入反应器的原料量} \times 100\%$$

动力学裂解深度函数（KSF）　KSF 从原料性质和反应条件两个方面来反映原料的裂解深度，是外部条件和内部度量相结合的一个指标。KSF 综合了原料的裂解反应动力学性质、温度和停留时间的关系，它表明了原料性质和操作条件对裂解深度的影响。

KSF 的定义是

$$\text{KSF} = \int k_5 \, \mathrm{d}t \tag{4-24}$$

式中，k_5 为正戊烷的反应速率常数，s^{-1}；t 为反应时间，s。

选择正戊烷作为衡量裂解深度的当量组分的原因是，在任何轻质油中，正戊烷总是存在，它在裂解过程中只减少不增加，且其裂解余量可以测定，所以选它作为当量组分以衡量原料的裂解深度。

裂解选择性　裂解选择性有四种表达方式。

① 以裂解单位数量的原料为基准的某产物的产率，称为该产物的选择性。

② 一次反应（烯烃生成）速率与二次反应（烯烃消失）速率之比作为选择性的判断依据。

③ 乙烯、丙烯和丁二烯（"三烯"）产率之和最高即选择性好，工业上常用此三种产率之和作为裂解选择性。

④ 由于甲烷比较稳定，基本上不参加二次反应，只有生成没有消失，所以通常用甲烷

质量产率与乙烯质量产率之比来表示选择性，简称甲烷乙烯比。甲烷乙烯比值小，表示选择性高，比值大表示选择性低。

工业上通常用后两种表达方式来表示裂解选择性。

当甲烷乙烯比值小时，"三烯"的产率高，甲烷、乙烷、丁烷、非芳烃汽油和燃料油等价值低的副产物产率低。若只追求乙烯的高产率，就要提高裂解深度，其结果将导致产气量增加，也会增大分离负荷。含氢量较低的裂解原料如柴油等，通常的操作条件是以中等裂解深度和高选择性作为确定依据。

影响甲烷乙烯比的因素有两个，即平均停留时间和平均烃分压。当乙烯产率一定时，缩短停留时间和降低烃分压均使甲烷乙烯比减小，乙烯的选择性提高，反之情况相反。

2. 裂解原料

裂解原料大致分为两大类：第一类是气态烃，如天然气、油田伴生气和炼厂气；第二类是液态烃，如轻油、煤油、柴油、原油闪蒸油馏分、原油等。

气态烃原料价格便宜，裂解工艺简单，烯烃收率高，尤以乙烷和丙烷为优良的裂解原料。但是，气态烃原料特别是炼厂气，由于产量少、组成不稳定、运输不便以及不能得到更多的联产产品等限制，远远不能满足工业需求。

液态烃原料来源丰富，便于贮存和运输，可根据具体条件选定裂解方法和建厂规模。虽然乙烯收率比气态原料低，但是能获得较多的丙烯、丁烯及芳烃等联产产品。因此，液态烃特别是轻烃是目前世界上广泛采用的裂解原料。表 4-5 列出了不同原料的裂解产物分布情况，表 4-6 列出了生产 1t 乙烯所需原料量及联产副产品量。

表 4-5　ABB Lummus 公司裂解炉典型的收率和能耗数据

收率和能耗	原料							
	乙烷	丙烷	正丁烷	全馏分石脑油	柴油			
					常压轻质	重质	减压	加氢裂化
乙烯/%	84.0	45.0	44.0	34.4	28.7	25.9	22.0	34.7
丙烯/%	1.4	14.0	17.3	14.4	14.8	13.6	12.1	14.2
丁二烯/%	1.4	2.0	3.0	4.9	4.8	4.9	5.0	5.2
芳烃/%	0.4	3.5	3.4	4.9	16.6	13.3	8.5	13.0
每千克乙烯能耗/kJ	13800			21000				

注：本表中收率均指质量分数。

表 4-6　生产 1t 乙烯所需原料量及联产副产品量

指标	乙烷	丙烷	石脑油	轻柴油
需原料量/t	1.30	2.38	3.18	3.79
联产品/t	0.2995	1.38	2.60	2.79
其中：丙烯/t	0.0374	0.386	0.47	0.538
丁二烯/t	0.0176	0.075	0.119	0.148
BTX[①]/t	—	0.095	0.49	0.50

① BTX 为苯、甲苯和二甲苯的总称。

3. 裂解温度

裂解反应是吸热反应，同时裂解过程是非等温过程，裂解炉反应管进口处的物料温度最低，出口处温度最高，为了便于测量，一般以裂解炉反应管出口的物料温度为裂解温度。

裂解温度是影响乙烯收率的一个极其重要因素。温度对裂解产物分布的影响主要有两个方面：一是影响一次反应产物分布；二是影响一次反应和二次反应的竞争。

（1）温度对一次反应产物分布的影响

图 4-5 所示为不同原料在不同温度下裂解所得烯烃的收率。可以看出，不同原料在相同温度下进行裂解反应时，烯烃总收率相差很大，说明必须根据所用原料的特性，采用适宜于原料裂解反应的温度才能得到最佳的烯烃收率。同时还必须注意裂解产物的分布，相同原料裂解温度不同时，一次产物分布不同，提高温度有利于烷烃生成乙烯，而丙烯及丙烯以上较大分子的单烯烃收率有可能下降，H_2、甲烷、炔烃、双烯烃和芳烃等将会增加。因此，需根据目的产品的要求综合考虑选择最适宜的操作温度。

这可以由自由基反应机理来分析。温度对一次反应产物分布的影响是通过对各种链式反应相对量的影响实现的，提高裂解温度可增大链的引发速率，产生更多的自由基，有利于提高一次反应所得的乙烯和丙烯的总收率。

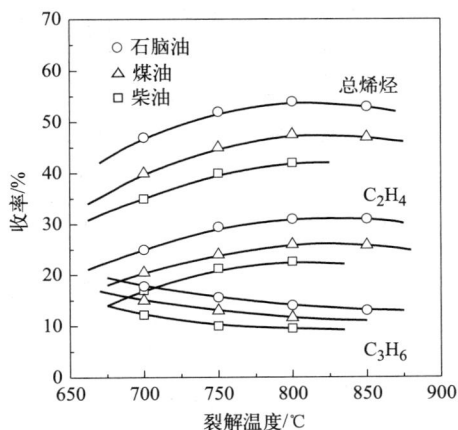

图 4-5　裂解温度对烯烃收率的影响

（2）热力学分析

烃类裂解时，影响乙烯收率的二次反应主要是烯烃继续脱氢、分解生炭和烯烃脱氢缩合结焦等反应。烃分解生炭反应的 $\Delta G^\ominus$ 具有很大的负值，在热力学上较一次反应占绝对优势，但由于分解过程必须先经过中间产物乙炔阶段，故主要看乙烯脱氢转化为乙炔的反应在热力学上是否有利，以乙烷裂解过程的主要反应为例进行说明。

乙烷裂解过程主要由式（4-25a）～式（4-27）代表的四个反应组成。

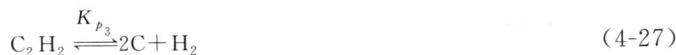

$$C_2H_6 \overset{K_{P_1}}{\rightleftharpoons} C_2H_4 + H_2 \tag{4-25a}$$

$$C_2H_6 \overset{K_{P_{1a}}}{\rightleftharpoons} \frac{1}{2}C_2H_4 + CH_4 \tag{4-25b}$$

$$C_2H_4 \overset{K_{P_2}}{\rightleftharpoons} C_2H_2 + H_2 \tag{4-26}$$

$$C_2H_2 \overset{K_{P_3}}{\rightleftharpoons} 2C + H_2 \tag{4-27}$$

根据热力学计算得到各反应在不同温度下的平衡常数值见表 4-7。

表 4-7　乙烷分解生炭过程各反应的平衡常数

温度/K	K_{P_1}	K_{P_2}	K_{P_3}	$K_{P_{1a}}$
1100	1.675	0.01495	6.556×10^7	60.97
1200	6.234	0.08053	8.662×10^6	83.74
1300	18.89	0.3350	1.570×10^6	108.74
1400	48.86	1.134	3.646×10^5	136.24
1500	111.98	3.248	1.032×10^5	165.87

可以看出，一方面，随着温度的升高，乙烷脱氢、乙烷断链和乙烯脱氢三个反应的平衡常数 K_{P_1}、$K_{P_{1a}}$ 和 K_{P_2} 都增大，其中 K_{P_2} 的增大幅度更大些。另一方面，乙炔分解为碳和氢的反应，其平衡常数 K_{P_3} 虽然随着温度升高而减小，但其数值仍然很大，故提高温度虽有利于乙烷脱氢平衡，但更有利于乙烯脱氢生成乙炔，过高温度更有利于炭的生成。所以应

控制反应的时间，即适当缩短反应的停留时间。

（3）动力学分析

当有几个反应在热力学上都有可能同时发生时，如果反应速率彼此相当，则热力学因素对这几个反应的相对优势将起决定作用；如果各个反应的速率相差悬殊，则动力学对其相对优势就会起重要作用。温度对反应速率的影响程度与反应活化能有关，改变反应温度除了能改变各个一次反应的相对速率，影响一次反应产物分布外，也能改变一次反应对二次反应的相对速率。故提高反应温度后，乙烯收率是否相应提高，关键在于一次反应和二次反应在动力学上的竞争。图4-6是简化的动力学示意图。

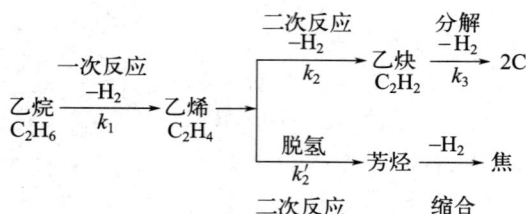

图4-6 乙烷一次、二次反应示意图

乙烯继续脱氢生成乙炔的二次反应与一次反应的竞争，主要决定于 k_1/k_2 的比值及其随温度的变化关系。

$$k_1 = 4.71 \times 10^{14} \exp[-302290/(RT)] \, \mathrm{s}^{-1} \tag{4-28}$$

$$k_2 = 6.46 \times 10^{10} \exp[-250680/(RT)] \, \mathrm{s}^{-1} \tag{4-29}$$

对比式（4-28）和式（4-29），一次反应的活化能大于二次反应，所以提高温度有利于提高 k_1/k_2 的比值，也即有利于提高一次反应对二次反应的相对速率，提高乙烯收率，但是同时也提高了二次反应的绝对速率。因此，应选择一个最适宜的裂解温度，同时控制适宜的反应时间，这样既可以发挥一次反应在动力学上的优势，克服二次反应在热力学上的优势，又可提高转化率进而获得较高的乙烯收率。

对于另一类二次反应，即乙烯脱氢缩合反应与一次反应的竞争，也有同样的规律。

4. 停留时间

裂解反应的停留时间是指原料从进入裂解反应管辐射段开始，到离开辐射段所经历的时间，即裂解原料在反应高温区内停留的时间。停留时间是影响裂解反应选择性、烯烃收率和结焦生炭的主要因素，并且与裂解温度有密切关系。

从动力学看，二次反应是连串副反应，所以裂解温度越高，允许停留时间则越短；反之，停留时间可以相应长一些，目的是以此控制二次反应，让裂解反应停留在适宜的裂解深度上。因此，在相同的裂解深度之下可以有各种不同的温度-停留时间组合，所得产品及收率也会有所不同。由图4-7粗柴油裂解温度和停留时间的关系曲线可见，温度和停留时间对乙烯和丙烯的收率有较大的影响。在同一停留时间下，乙烯和丙烯的收率曲线随温度的升高都有最大值，超过最大值后如果继续升

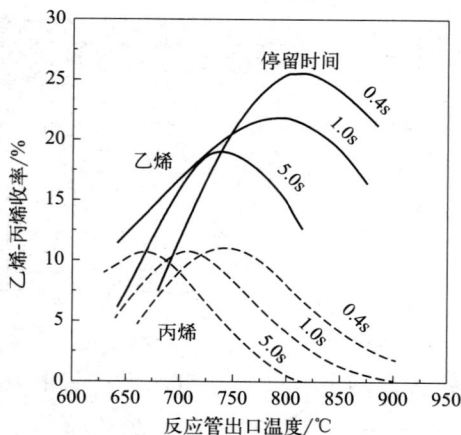

图4-7 温度和停留时间对粗柴油裂解的影响

温，则因为二次反应的影响其收率都会下降。而在高裂解温度下，乙烯和丙烯的收率均随停留时间缩短而增加。

由表 4-8 裂解温度与停留时间对石脑油裂解结果的影响可知，提高裂解温度，缩短停留时间，可相应提高乙烯的收率，但丙烯收率有所下降。

表 4-8　石脑油裂解停留时间对裂解产物的影响

实验条件及产物产率	实验 1	实验 2	实验 3	实验 4
停留时间/s	0.70	0.5	0.45	0.4
出口温度/℃	760.0	810.0	850.0	860.0
乙烯收率/%	24.0	26.0	29.0	30.0
丙烯收率/%	20.0	17.0	16.0	15.0
裂解汽油/%	24.0	24.0	21.0	19.0
汽油中芳烃/%	47.0	57.0	64.0	69.0

5. 裂解压力（烃分压）

烃类裂解反应的一次反应是分子数增加、体积增大的反应，而聚合、缩合、结焦等二次反应是分子数减少的反应。压力对反应有两个方面的影响，压力在影响平衡反应转化率的同时也影响反应速率和反应选择性。

（1）压力对平衡转化率的影响

由于一次反应是分子数增加的反应，所以降低压力对正反应有利，但是高温条件下，断链反应的平衡常数很大，几乎接近全部转化，反应是不可逆的，因此改变压力对这类反应的平衡转化率影响不大，但对于脱氢反应（主要是低分子烷烃脱氢）来说，反应是可逆的，降低压力有利于提高其平衡转化率。压力对二次反应中的断链、脱氢反应的影响与上述情况相似，故降低反应压力也有利于乙烯脱氢生成乙炔的反应。至于聚合、脱氢缩合、结焦等二次反应都是分子数减少的反应，因此降低压力可抑制此类反应的发生，但这些反应在热力学上都比较有利，故压力的改变对这类反应的平衡转化率虽有影响，但影响不显著。表 4-9 列出了乙烷分压对裂解反应生成乙烯收率的影响，当反应温度和停留时间相同时，乙烷转化率和乙烯收率随乙烷分压升高而下降，所以降低压力有利于抑制二次反应。

表 4-9　乙烷分压对裂解反应生成乙烯收率的影响

乙烷分压/kPa	反应温度/K	停留时间/s	乙烷转化率/%	乙烯收率/%
49.04	1073	0.5	60	75
98.07	1073	0.5	30	70

（2）压力对反应速率和反应选择性的影响

一次和二次反应的反应速率方程式

$$r_{裂} = k_{裂} C \tag{4-30a}$$

$$r_{聚} = k_{聚} C^r \tag{4-30b}$$

$$r_{缩} = k_{缩} C_A C_B \tag{4-30c}$$

由乙烷裂解的动力学方程式（4-30a）～式（4-30c）可知，压力可以通过影响反应物浓度 C 而对速率 r 起作用。降低烃的分压对一次反应和二次反应的反应速率都不利。但是，由于反应级数不同，因改变压力而改变浓度对反应速率的影响也有所不同。压力对二级及其以上级数的反应影响要比对一级反应的影响大得多。因此，降低烃分压可增大一次反应对二次反应的相对反应速率，有利于提高乙烯收率，减少焦的生成。

故无论从热力学还是动力学分析，降低分压对增产乙烯抑制二次反应产物的生成都有利。降低分压的方法是在裂解原料气中添加稀释剂以降低烃原料的分压。不采用负压操作原因有两点：a. 裂解是在高温下进行，如果系统采用负压操作，则容易因密封不好而渗入空气，不仅会使裂解原料或产物部分氧化造成损失，更严重的是空气与裂解气能形成爆炸混合物导致爆炸事故；b. 负压操作对后续分离部分的压缩操作也不利，需要增加更多的能耗。

（3）稀释剂的作用和用量

稀释剂可以是惰性气体（例如氮气）或水蒸气。工业上采用水蒸气作为稀释剂，其具有以下几方面的优点：

① 水蒸气的分子量小，降低烃类分压作用显著；

② 水蒸气的比热容大，可以稳定炉管温度，在一定程度上保护了炉管；

③ 水蒸气易从裂解产物中分离，对裂解气的质量无影响，且价格便宜；

④ 水蒸气可以抑制原料中的硫对裂解管的腐蚀作用；

⑤ 水蒸气在高温下能与裂解管中的积炭或焦发生氧化反应（$C+H_2O \longrightarrow H_2+CO$），起到清焦作用，保护炉管延长使用周期；

⑥ 水蒸气对炉管金属表面起一定的氧化作用，使表面的铁或镍形成氧化膜，削弱了铁或镍对烃类气体分解生炭的催化作用，抑制结焦速率。

水蒸气的用量以稀释比来表示，即以水蒸气与烃类原料的质量比表示。水蒸气用量不宜过大，过大会带来下列不利影响：

① 水蒸气用量大，炉管处理原料烃的能力下降；

② 水蒸气稀释比增大，造成炉管内流体流速增大，膜温降减小，使得管径、管长、管重、热负荷都需要增大；

③ 急冷区处理量增大。

稀释比的确定与裂解原料性质、裂解深度、产品分布、炉管出口总压力、裂解炉特性以及裂解炉后急冷系统处理能力等有关。一般来说，原料越重，稀释比越大。不同原料的稀释比见表 4-10。

表 4-10　不同原料的稀释比

裂解原料	乙烷	丙烷	丁烷	轻石脑油	重石脑油	轻柴油	重柴油	加氢尾油
稀释比(蒸汽/烃)	0.3~0.35	0.3~0.4	0.3~0.4	0.5	0.5~0.6	0.6~0.8	0.8~1.0	0.7~0.8

注：表中稀释比是指质量比。

4.2.3　裂解炉工艺流程及管式裂解炉

1. 裂解炉工艺系统

裂解炉工艺系统可分为原料供给与预热系统、裂解系统和高压水蒸气系统（废热锅炉）。图 4-8 所示为美国 ABB Lummus 公司 SRT-Ⅰ型立式管式裂解炉工艺流程示意图。

（1）原料预热

为了减少裂解炉的燃料消耗，进入裂解炉的原料经过乙烯装置内的低位能热源如急冷水

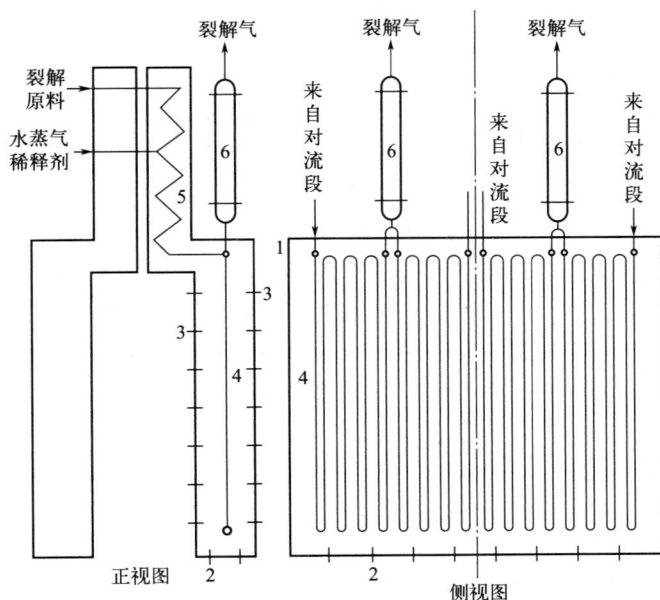

图 4-8　ABB Lummus 公司 SRT-Ⅰ型立式管式裂解炉工艺流程示意图
1—炉体；2—油气联合烧嘴；3—气体无焰烧嘴；4—辐射段炉管；5—对流段炉管；6—急冷换热器

和急冷油等预热后再进入裂解炉对流段预热，预热到一定温度时注入稀释蒸汽以降低烃分压，并使烃的汽化温度降低，另外，也防止原料在对流段汽化时结焦。

裂解炉的对流段用于回收烟气热量，回收的热量主要用于裂解原料和稀释蒸汽的预热、锅炉给水预热、超高压蒸汽的过热以及裂解原料和稀释蒸汽的过热。裂解原料和稀释蒸汽混合物在对流段被加热至横跨温度（进入辐射段的温度）。一般认为，横跨温度与裂解原料的起始反应温度相近。裂解炉对流段热负荷在全炉中所占比例较大。最终离开对流段的烟气冷却到 130℃ 左右，裂解炉热效率维持在 93%～94%。

裂解原料在对流段被加热到横跨温度后，进入辐射段进行裂解反应。提高横跨温度有利于降低辐射段热负荷，但如果横跨温度过高，原料将在对流段发生裂解反应，不仅增加反应的停留时间，而且会造成对流段结焦。另外，原料横跨温度常常受到裂解炉热平衡的限制，特别是轻质原料裂解时，受裂解炉热平衡影响难以达到期望的温度。不同裂解原料裂解时通常选用的物料横跨温度参见表 4-11。

表 4-11　不同裂解原料选用的横跨温度

裂解原料	乙烷、丙烷	C_3、C_4 液化气	石脑油	轻柴油	减压柴油	加氢尾油
横跨温度/℃	640～680	610～660	590～640	560～610	540～590	558～585

（2）裂解反应

在辐射段内，裂解原料在一定的裂解深度下进行裂解。为提高裂解选择性，应力求短停留时间和低烃分压。原料在裂解炉辐射炉管的停留时间因原料的不同有所不同，近期设计的裂解炉一般停留时间为 0.1～0.2s。

（3）急冷和热量回收

从裂解炉管出来的裂解气含有烯烃和大量水蒸气，温度高达 800℃ 以上，烯烃反应性很强，仍会继续发生二次反应引起结焦和烯烃的损失，因此需要将裂解炉出口的高温裂解气快速冷却（急冷），以终止反应。

急冷的方式有两种：一种是直接急冷；另一种是间接急冷。直接急冷的急冷剂是油或水，急冷下来的油水密度相差不大，分离困难，用水量大，不能回收高品位热能。目前，以轻烃、石脑油和柴油为原料的大型管式裂解炉都采用间接急冷方法，其目的首先是回收高品位热能，将产生的 10MPa 左右超高压蒸汽送入蒸汽管网用于驱动压缩机，同时终止二次反应。

急冷换热器是间接急冷的关键设备，其与汽包构成水蒸气发生系统，称为急冷废热锅炉。裂解炉的废热锅炉主要用于迅速降低裂解气温度终止二次反应，同时回收高温裂解气的热量以发生高压蒸汽。由于高温裂解气中不饱和烃和重质烃会进一步缩合和分解生成焦和炭，以及重质烃冷凝成液体附在急冷锅炉管壁上并在高温条件下分解结焦，因而对急冷锅炉的设计要求非常苛刻。急冷锅炉一般应具有如下性能：结焦少，能长周期连续运转；可回收高压蒸汽，热效率高，经济性能优良；结构简单，稳定性好。除 Lummus 公司的急冷锅炉采用管壳式换热结构外，其他公司的急冷锅炉多采用双套管结构。急冷锅炉出口温度因裂解原料不同差别较大，原料越重，出口温度越高；对于轻质原料，出口温度可以降低。有时为了最大限度地回收高位热量，可增加二级急冷废热锅炉。经过急冷锅炉急冷后的裂解气温度仍然很高，约为 400℃，被送到预分馏系统进行进一步冷却并进行裂解气的后续净化处理。图 4-9 所示为三种裂解气冷却方案。

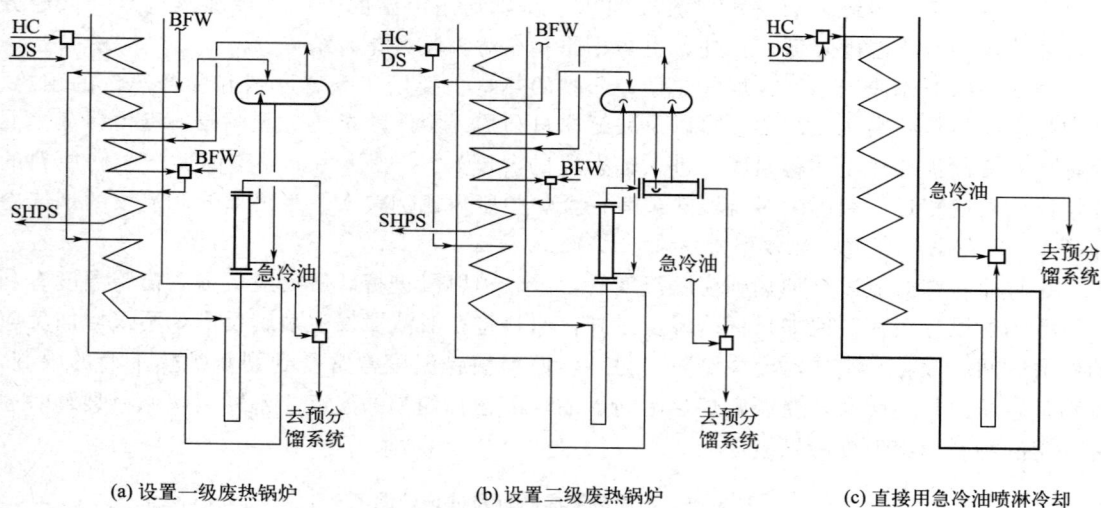

图 4-9　三种裂解气冷却方案

HC—烃原料；DS—稀释蒸汽；BFW—锅炉给水；SHPS—过热超高压蒸汽

结焦是急冷换热器经常遇到的问题，特别是采用重质原料裂解时，常常是急冷换热器结焦先于炉管，故急冷换热器的清焦影响裂解操作周期。为减少结焦，应控制两个指标：一是停留时间，一般控制在 0.04s 以内；二是裂解气出口温度，要求高于裂解气的露点。

间接急冷虽然能回收高品位的能量，并减少污染，但是对急冷换热器的技术要求很高，管内外必须承受很大的温差和压力差，同时为了达到急速降温的目的，急冷换热器必须有高热强度且传热性能良好、停留时间短等特性。另外，还需考虑急冷管内的结焦清焦操作和裂解气的压降损失等问题。

2. 管式裂解炉

根据影响烃类裂解反应过程的因素讨论可知，烃类的热裂解有如下特点：

第一，强吸热反应，需要在高温下进行，反应温度一般在750℃以上；

第二，存在二次反应，为避免二次反应发生，停留时间应很短且烃分压要低；

第三，反应产物是复杂混合物，除氢、气态烃和液态烃外，尚有固态焦生成。

因此，烃类热裂解工艺的操作条件应满足第一和第二条，即须在短停留时间内迅速供应大量热量和达到裂解所需的高温，因此选择合适的供热方式和裂解设备至关重要。

裂解供热方式有直接供热和间接供热两种方式。到目前为止，间接供热的管式炉裂解法仍然是世界各国广泛采用的方法。直接供热的裂解法如固体载热体法（砂子炉裂解、蓄热炉裂解等）、气体载热体法（如过热水蒸气裂解法）及氧化裂解法（部分氧化法）等，或由于工艺复杂，裂解气质量低，或由于成本等问题，都难以和管式炉裂解法相竞争。

裂解炉是乙烯装置的重要核心设备，通过裂解炉可以实现由石油馏分向单组分烃类乙烯、丙烯等转变的重要过程。由于裂解反应是强吸热反应，因此，裂解炉的能耗占装置能耗的70%～75%。虽然生产乙烯的方法很多，但目前世界上占据产量最大（99%以上）的是管式炉裂解技术。

（1）裂解炉的结构和类型

管式裂解炉是通过外部加热的管式反应器。其结构为立式管式炉，由炉体和裂解炉管两大部分组成。炉体用钢构件和耐火材料砌筑，自下而上由辐射段、对流段、引风机和烟囱（图中未给出）组成，图4-8所示为典型的结构示意图。原料预热管和蒸汽加热管安装在对流段内，裂解炉管布置在辐射段内。辐射段的功能是进行裂解反应，对流段的功能是对裂解原料预热和烟气热量回收。裂解炉其他重要设备是燃料烧嘴、废热回收锅炉和引风机。裂解炉的烧嘴用于提供蒸汽裂解炉进行裂解反应时所需的热量，管式裂解炉烧嘴有三种设置方式：全部侧壁烧嘴、侧壁和底部烧嘴联合以及全部底部烧嘴。

辐射段炉管按结构形式分，主要分为直通式和分支式两大类。直通式是指辐射段进口和出口都只有一根辐射炉管；分支式是指辐射段进口有两根或两根以上的炉管，在辐射段内这些炉管汇总到一根管上再出辐射段。ABB Lummus、Linde 和 Technip/KTI 采用分支式，SS&W 和 KBR 采用直通式。辐射炉管直径有大有小，有等径管和变径管。两大类炉管各有特点，分支式炉管在辐射段内有分叉结构或两程炉管间的跨接管结构，设计和操作上须注意热应力问题，炉管出口段管径较大，处理能力较大，对结焦不敏感，因此清焦周期相对较长，但设计乙烯收率稍低；直通式炉管在辐射段内没有分支，局部热应力问题不突出，炉管出口段管径一般较小，处理能力较小，对结焦比较敏感，因此清焦周期相对较短，但设计乙烯收率稍高。

① SRT 型裂解炉　表4-12所列为 ABB Lummus 公司的 SRT-Ⅰ、SRT-Ⅱ、SRT-Ⅲ、SRT-Ⅳ型裂解炉工艺参数。SRT 型裂解炉每经过一次改型都使乙烯收率提高1%～2%。近几年又在 SRT-Ⅳ（HS）、SRT-Ⅴ型炉的基础上发展了 SRT-Ⅵ型炉，在炉管、炉管吊架、急冷废热锅炉烧嘴等方面都做了改进，提高了裂解炉的生产能力，减少了维修工作量。最近，正在进行 SRT-Ⅹ型裂解炉的研究开发工作。

表 4-12　SRT 型裂解炉管排布及工艺参数

项目	炉型			
	SRT-Ⅰ	SRT-Ⅱ (HC)	SRT-Ⅲ	SRT-Ⅳ
炉管排布形式	1P　　8～10P	1P 2P 3～6P	1P 2P 3P 4P	1P　　2P 3～4P
炉管外径(内径)/mm	1/6(内径)	1P:89(63) 2P:114(95) 3～6P:168(152)	1P:89(64) 2P:114(89) 3～4P:178(146)	1P:70 2P:103 3～4P:89
炉管长度/(m/组)	73.2	60.6	48.8	38.9
炉管材质	HK-40	HK-40	HK-40,HP-40	HP-40
适用原料	乙烷-石脑油	乙烷-轻柴油	乙烷-减压柴油	轻柴油
管壁温度(初期～末期)/℃	945～1040	980～1040	1015～1100	约 1115
每台炉管组数	4	4	4	4
对流段换热管组数	3	3	4	4
停留时间/s	0.6～0.7	0.475	0.431～0.37	0.35
乙烯收率(w)/%	27(石脑油)	23(轻柴油)	23.25～24.5(轻柴油)	27.5～28(轻柴油)
炉子热效率/%	87	87～91	92～93.3	93.5～94

注：1. P 表示程，炉管内物料走向，一个方向为 1 程，如 3P，指第 3 程。
　　2. HC 代表高生产能力炉。

　　② 超选择性 USC 型裂解炉　图 4-10 所示为 S&W 公司的超选择性裂解炉的结构示意图。USC 型超选择性裂解炉以高裂解深度、短停留时间和低烃分压见长，其裂解炉管有"U"形、"W"形和"M"形三种，均为不分支变径管。USC 型裂解炉的原料为乙烷到柴油之间的各种烃类，用轻柴油作裂解原料可以 100 天不停炉清焦，乙烯收率 27.7%，丙烯收率 13.65%。

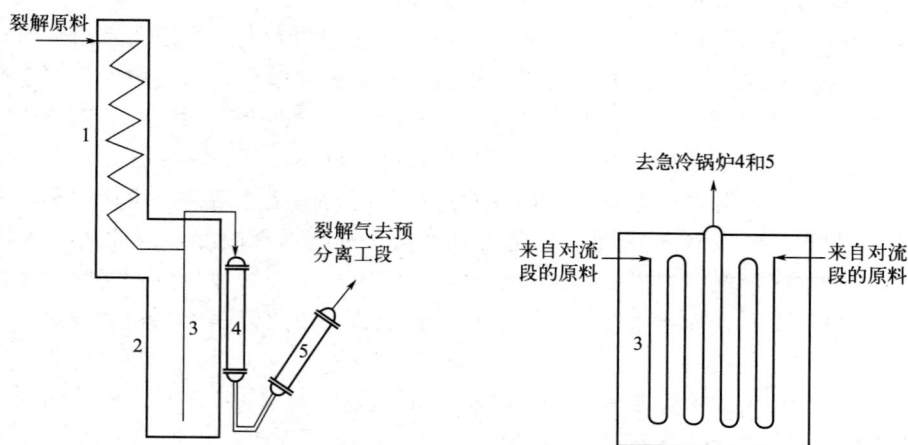

图 4-10　超选择性裂解炉的结构示意图
1—对流室；2—辐射室；3—炉管；4—第一急冷锅炉（USX，超选择性单套式换热器）；
5—第二急冷锅炉（TLX，管壳式换热器）

③ MSF 毫秒型裂解炉 是 Kellogg 公司 1978 年开发成功的。图 4-11 和图 4-12 是毫秒型裂解炉和炉管组的示意图，其特点是辐射管为单程直线型，管内径为 24～28mm，热通量大，物料在炉管内停留时间可缩短到 0.005～0.1s，是普通裂解炉停留时间的 1/6～1/4，从而使乙烯收率显著提高。以石脑油为原料，裂解温度为 800～900℃时，乙烯单程收率可达 32%～35%。毫秒炉的一般清焦时间为 7～15 天，而一般管式裂解炉为 40～45 天。过短的清焦周期将造成裂解炉频繁切换操作，对乙烯装置的稳定运转和提高生产率显然是不利的。表 4-13 所列为超选择性 USC 型和 MSF 毫秒型裂解炉的工艺参数对比。

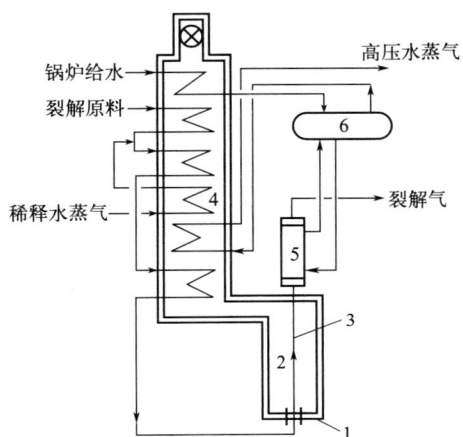

图 4-11 毫秒型裂解炉

1—烧嘴；2—辐射段；3—裂解炉管；
4—对流段；5—急冷换热器；6—汽包

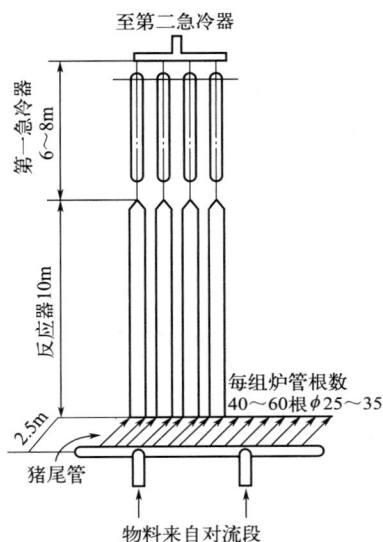

图 4-12 毫秒型裂炉炉管组

表 4-13 超选择性 USC 型和 MSF 毫秒型裂解炉的工艺参数对比

项目	USC 型	MSF 毫秒型
炉管排布形式	1～4P 4～1P	1P
炉管外径(内径)/mm	1P:74(63.5) 2P:80(69.8) 3P:88(76.2) 4P:95(82.5)	1P:40(28.6)
炉管长度/(m/组)	43.9	10
炉管材质	1～2PHK-40 3～4PHP-40	800H(或 HP)
适用原料	乙烷-轻柴油	乙烷-轻柴油

项目	USC 型	MSF 毫秒型
适用温度(初期～末期)/℃	1015～1110	1015～1110
每台炉管组数	16	2(每组 36 根并联)
停留时间/s	0.281～0.304	0.05～0.10
单程乙烯收率(w)/%	40/24.76	31/29.9
炉子热效率/%	91.8～92.4	93

④ GK 型裂解炉　荷兰 Technip/KTI 公司开发的各种 GK（液体炉）型裂解炉分支变径管大体上均保持沿管长截面积不变。图 4-13 为裂解炉分支变径管的结构示意图。随着辐射盘管结构的改进，GK 型裂解炉工艺参数和裂解选择性也随之改善。在最高管壁温度大体相同的条件下，随着管程的减少，管长的缩短，停留时间随之缩短，裂解温度相应提高，裂解产品的烯烃收率也随之提高。表 4-14 所列为不同 GK 型裂解炉特性的比较。

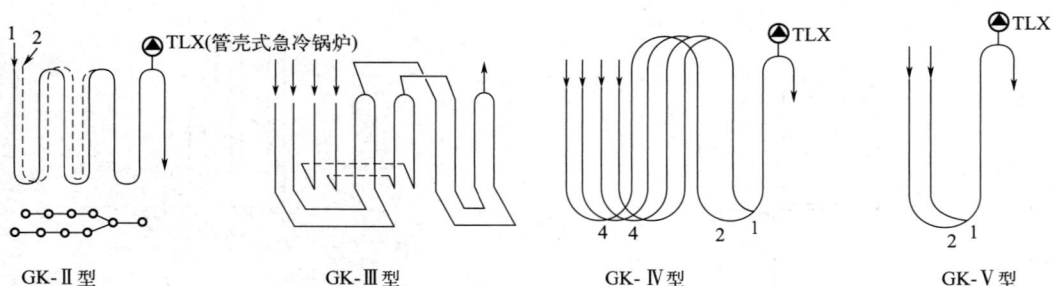

图 4-13　KTI 的 GK 型裂解炉盘管

表 4-14　不同 GK 型裂解炉特性的比较

炉型	GK-Ⅲ	GK-Ⅳ	GK-Ⅴ
炉管排列	4-4-2-2	4-4-2-1	2-1
盘管组数	8	8	32
废热锅炉台数	2	2	2
石脑油裂解收率/%			
甲烷	16.54	16.02	15.42
乙烯	29.96	30.45	31.00
丙烯	14.96	15.20	15.54
丁二烯	5.10	5.29	5.62
烃进料量/(t/h)	26.70	26.27	25.80
稀释蒸汽比	0.6	0.6	0.6
停留时间/s	0.428	0.296	0.193
炉出口温度/℃	845	845	858
压降/kPa	59	61	57
炉膛高度/℃	11.06	15.35	13.40
清洁管最高管壁温度/℃	1027	1026	1026
运转末期结焦厚度/mm	3.4	3.4	3.9
管壁温度平均温升/(℃/d)	2.4	2.4	2.7
平均热通量/[kJ/(m²·h)]	353055	373825	292920
辐射盘管总量/t	15.1	12.7	12.35

⑤ LSCC 型裂解炉　Linde AG 公司的裂解炉有 LSCC4-2、LSCC2-2 和 LSCC1-1 型三种，辐射盘管均为分支变径管，炉管结构分别为 2W-1U、2-2-1 和 2-1，表 4-15 给出了炉管构型和性能。前两种炉型可用于裂解气体原料，三种都可以用于裂解液体原料。在裂解重质原料方面，Linde AG 公司在 Shell 二次注汽技术的基础上开发了自己的技术，其典型的乙烯收率和能耗数据见表 4-16。

表 4-15　不同 LSCC 型裂解炉的炉管构型和性能比较

项目	LSCC4-2	LSCC2-2	LSCC1-1
炉管构型			
炉管直径/mm	$\phi_内$ 65 五、六程 $\phi_内$ 135	一、二程 $\phi_内$ 78 三、四程 $\phi_内$ 112	一程 $\phi_内$ 43 二程 $\phi_内$ 62
炉管总长度/m	55	36~42	17~19
每台炉炉管组数	8	16	48~64
每台炉 TLX 台数	2	4	6~8
炉管内的停留时间/s	0.40	0.26~0.38	0.16~0.20
横跨温度/℃		石脑油 604 AGO 537	石脑油 611 AGO 545
炉管最高容许温度/℃		1100	1100
炉出口温度/℃		石脑油 853 AGO 824	石脑油 857 AGO 828
对炉管的评述	能力最高	高能力、高选择性	选择性最高

注：AGO 表示常压重馏分油。

表 4-16　Linde AG 公司裂解炉典型的乙烯收率和能耗数据

乙烯收率和能耗	原料			
	乙烷	LPG	石脑油	柴油
乙烯收率/%	83	45	35	25
每千克乙烯能耗/kJ	12600	16700	21000	25100

（2）裂解炉的清焦周期与清焦方法

① 结焦与清焦周期　在裂解过程中，生成各种烃类产物的同时生成少量的焦，这种焦是数百个碳原子稠合形成的，其中含少量的氢。焦聚集于管壁的过程称为结焦。伴随着裂解过程，生炭和结焦在裂解炉管内沿管壁积存为焦层，焦层的热阻将使炉管管壁温度随焦层厚度的增加而不断上升，因此管式裂解炉运行一定时间后就需要进行清焦处理。每清焦一次到下一次清焦所经过的时间称为清焦周期。

清焦的方法有停炉清焦、在线清焦和交替清焦。停炉清焦法是将进料及出口裂解气切断后，先用惰性气体或水蒸气吹扫管线逐渐降低炉管温度，然后通入空气和水蒸气烧焦。不停炉清焦（也称在线清焦）分交替裂解法和水蒸气、H_2 清焦法两种。交替裂解法是当重质烃原料裂解（如柴油等）一段时间后，切换轻质烃（如乙烷）为裂解原料。水蒸气、H_2 清焦法是定期将原料切换成水蒸气、H_2，方法同上，也达到不停炉清焦的目的。

② 抑制结焦，延长运转周期　添加合适的结焦抑制剂可抑制结焦，如含硫化合物［元素硫、噻吩、硫醇、NaS 水溶液、$(NH_4)_2S$、$Na_2S_2O_3$、KHS_2O_4、$(C_2H_5)_2SO_2$、二苯硫

醚、二苯基二硫]、聚有机硅氧烷、碱土金属氧化物（如 CH_3COOK、K_2CO_3、Na_2CO_3 等）和含磷化合物等。据报道，加入纳尔科 5211 和硫磷化合物抑制剂后，不仅抑制结焦，而且还能改变结焦形态，使焦变松软、易碎，容易除去。当裂解温度高于 850℃时，抑制剂将不起作用。

合理控制裂解炉和急冷锅炉的操作条件，如控制裂解深度也可延长运转周期。

综上所述，对给定的裂解原料，管式裂解炉辐射盘管的最佳设计是在保证合适的裂解深度条件下，力求达到高温-短停留时间-低烃分压的最佳组合条件，由此获得最理想的裂解产品分布及产品收率，并保证合理的清焦周期。但是，提高裂解温度不能超过反应管材质所耐受的高温限制，随着裂解管材质的改进，允许裂解温度从 20 世纪 50 年代的 750℃提高到目前的 900℃，乙烯收率可从 20％左右提高到 30％。

（3）管式裂解炉法生产乙烯的优点

表 4-17 是几种裂解炉的工艺参数对比情况。尽管上述各种炉型结构各具特色，但其目标是相同的，都是按照高温、短停留时间、低烃分压的裂解原理进行设计制造，即都是为了提高乙烯收率同时降低原料消耗定额。各种构型裂解炉的选择可根据原料、技术条件等进行全面综合考虑。

表 4-17　几种裂解炉工艺参数对比

公司	Lummus	SS&W	KTI	Kellogg
型号	SRT-Ⅳ型	W 形	GK-Ⅲ型	MSF 型
投料量/[t/(t·台)]	15.05	16.1	9.99	①
水蒸气比	0.75	0.7	0.75	0.60
炉管出口压力/Pa	$1.06×10^5$	$9.51×10^4$	$8.14×10^4$	$6.18×10^4$
炉管出口温度/℃	826	808	808	885
停留时间/s	0.305～0.37	0.3	0.37	0.05～0.1
原料	轻柴油	轻柴油	轻柴油	轻柴油
乙烯收率/%	29.4	27.7	28.17	29.9
丙烯收率/%	14.3	13.65	15.64	14.0
丁二烯收率/%	4.8	5.07	5.7	6.5
炉子热效率/%	94	93	93	93
运转周期/d	45	50	50	6.5②
炉管内径/mm	$\phi57,\phi89,\phi165$	$\phi70,\phi75,\phi82,\phi89$	$\phi80,\phi114.2$	$\phi27$
材质	HR-40	HP-40		800H
炉管排列方式	8-4-1-1	W 形	4-4-2-2	

注：① 毫秒型炉产量取决于炉管组数；② 在线水蒸气清焦 12h。

管式裂解炉法生产乙烯的优点是：①工艺成熟，炉型结构简单，操作容易，便于控制；②乙烯、丙烯收率高，动力消耗少，裂解炉热效率高，裂解气和烟道气的余热大部分可以回收利用；③原料适应范围日益扩大，且可大规模连续化生产。

缺点是：①管式裂解炉不能以重质烃（重柴油、重油、渣油等）为原料，主要原因是在裂解时，炉管易结焦，造成清焦操作频繁，生产周期缩短；②生产中稍有不慎，会堵塞炉管，酿成炉管烧裂等事故；③若采用高温、短停留时间工艺，则要求裂解管能耐受更高的温度，目前还难以解决。

所以，尽管管式炉裂解法还有待于不断改进和完善，但是，到目前为止仍是生产乙烯的主要方法。

裂解炉是生产乙烯装置的关键设备，裂解炉工段则是乙烯装置的核心工段。因为：

① 裂解炉的投资占乙烯装置投资的 25%～30%；

② 裂解炉出口裂解气中的烯烃收率决定了装置的烯烃产量，影响到整个生产装置的能耗和经济效益；

③ 裂解炉急冷锅炉的超高压蒸汽产量影响装置的公用工程能耗和能量消耗；

④ 裂解炉所消耗的燃料占乙烯装置能耗的 70%～80%。

4.2.4 裂解气预分馏工艺流程

1. 裂解气预分馏单元

(1) 预分馏单元的作用

预分馏单元是将来自裂解炉经废热锅炉换热后的裂解气进一步冷却到常温，同时在冷却过程中将裂解气中的重组分（如燃料油、裂解汽油）和水分馏出来，这个单元称为裂解气的预分馏系统（或称为急冷单元）。

经过预分馏处理后的裂解气将被送至压缩工序，为后续的净化和深冷分离做准备。

裂解气预分馏的作用如下。

① 降低裂解气温度，以保证裂解气压缩机的正常运转并降低裂解气压缩机的功耗。

② 分馏出裂解气中的重组分，减少进入压缩分离系统的进料负荷。

③ 将裂解气中的稀释蒸汽以冷凝水的形式分离回收，用于发生稀释蒸汽，减少污水排放量。

④ 继续回收裂解气低位热能，可由急冷油回收的热量发生稀释蒸汽，并由急冷水回收的热量进行分离系统的工艺加热。

(2) 预分馏工艺系统

预分馏系统主要包括油急冷器、急冷油预分离塔（油洗塔）、急冷水塔（水洗塔）和油水分离器等设备，一般油急冷器置于油洗塔的下部。油洗塔的设计温度为 350～400℃，设计压力为 0.35～0.4MPa。

① 急冷器和急冷油预分离塔　急冷器和急冷油预分离塔的作用是接受来自裂解炉的裂解气，利用循环急冷油直接换热，分离出裂解气中的燃料油组分并回收高位热能。其中油洗塔用于分离燃料油，急冷器用于回收热量。

② 急冷水塔　急冷水塔的作用是接受急冷油塔分离出燃料油组分后的裂解气，利用两段循环急冷水洗涤，进一步冷却裂解气，同时最大限度地回收裂解气的热能并在塔釜分离出裂解汽油产品。水洗塔塔顶温度越低，带入裂解气压缩机的水蒸气和汽油馏分越少，而且压缩机入口温度低，吸入量增大。循环冷却水水温一般为 30～32℃，塔顶温度可控制在 36～40℃。

2. 典型预分馏工艺流程

预分馏系统中油急冷器和急冷油预分离塔的设置与否和裂解原料有关。如以石脑油或柴油等作为裂解原料时，裂解气中的重质馏分较多，此时必须通过油急冷器和急冷油预分离塔先将其中的重质燃料油馏分分离出来，之后的裂解气再进一步送至急冷水塔冷却。而只使用乙烷和丙烷为裂解原料时，裂解气中的重质馏分甚微，不必设置急冷油分馏塔，只设置急冷水塔。又如以乙烷和丙烷为主并含有部分 C_4 烷烃为裂解原料时，裂解气中含有少量重质馏分，如果不设急冷油分离塔，这些重质馏分会累积在水中造成急冷水和工艺水的乳化，则使油水分离困难。此时，在工艺水汽提前设置除油系统，如采用由活性炭吸附和油水分离器组成的 DOX 系统，经除油后的工艺水在经汽提后用于发生稀释蒸汽。

（1）馏分油装置裂解气预分馏流工艺流程

图 4-14 所示为馏分油经裂解装置裂解后所得裂解气的预分馏流程示意图。因为馏分油原料经裂解炉裂解所得裂解气中含有相当量的重质馏分，所以必须先将其中的重质燃料油馏分分馏出来，然后再送至急冷水塔冷却，再经油水分离器分离水和裂解汽油。如图 4-14 所示，来自裂解炉工序废热锅炉出口的裂解气先在急冷器中用急冷油喷淋降温至 $220 \sim 230 ℃$，进入油洗塔（急冷油预分馏塔），塔顶用裂解汽油喷淋，塔顶温度控制在 $100 \sim 110 ℃$，保证裂解气中的水分从塔顶带出。塔釜温度则随裂解原料的不同而控制在不同水平。石脑油裂解时，塔釜温度在 $180 \sim 190 ℃$，轻柴油裂解时则可控制在 $190 \sim 200 ℃$。塔釜所得燃料油产品，一部分经汽提并冷却后作为裂解燃料油产品输出；另一部分（称为急冷油）送至稀释蒸汽系统作为稀释蒸汽的热源，由此回收裂解气的热量。经稀释蒸汽发生系统冷却后的急冷油，大部分送到急冷器以喷淋高温裂解气，少部分急冷油进一步冷却后作为油洗塔中段回流液。

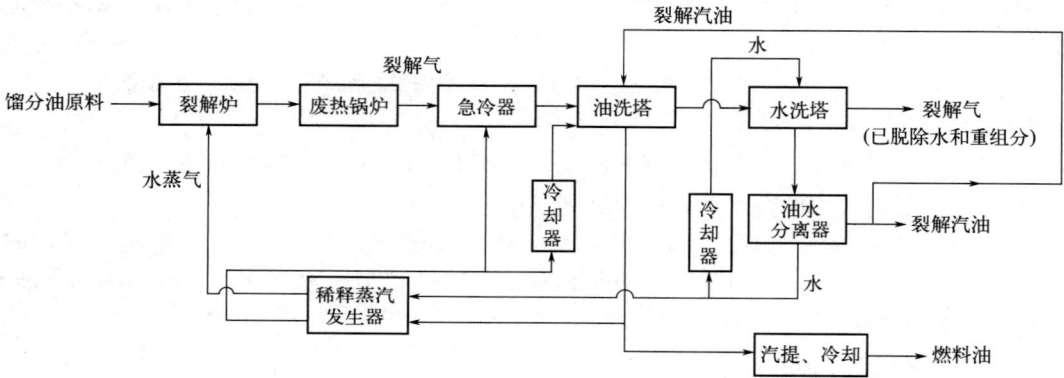

图 4-14　馏分油装置裂解气预分馏流程示意图

油洗塔顶出来的裂解气进入水洗塔，在塔顶用急冷水喷淋，使出口裂解气的温度降至 $40 ℃$ 左右，送入裂解气压缩工序。水洗塔塔釜的温度约 $80 ℃$，排出大部分水和裂解汽油混合物，经油水分离器分离后得到的大部分水（称为急冷水）经冷却后送入水洗塔用作塔顶喷淋水，另一部分水则送至稀释蒸汽发生器发生稀释蒸汽，以供裂解炉使用。油水分离所得裂解汽油馏分部分送至油洗塔作为塔顶喷淋，另一部分则作为产品送出。

（2）轻烃裂解装置裂解气预分馏过程

轻烃裂解装置所得裂解气的重质馏分甚少，所以预分馏的任务是用急冷水直接冷却裂解气，分馏出其中的水分和裂解汽油，同时降低裂解气温度。图 4-15 所示为轻烃裂解装置裂解气预分馏流程。

裂解炉出口的高温裂解气经第一废热锅炉回收热量副产高压蒸汽，再经第二（和第三）废热锅炉进一步降温至 $200 \sim 300 ℃$ 后进入水洗塔 1。在水洗塔

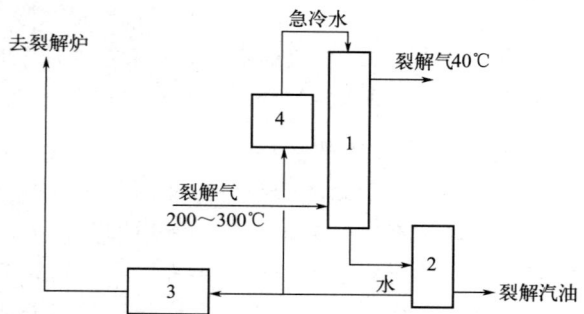

图 4-15　轻烃裂解装置裂解气预分馏流程示意图
1—水洗塔；2—油水分离器；3—稀释蒸汽发生器；4—冷却器

中，塔顶用急冷水喷淋冷却裂解气。塔顶裂解气冷却至 40℃ 左右送至裂解气压缩机。塔釜的油水混合物经油水分离器 2 分离出裂解汽油和水，裂解汽油经汽油汽提塔汽提后送出装置。而分离出的水（约 80℃）一部分经冷却器 4 冷却后送至水洗塔塔顶作为喷淋（称为急冷水）；另一部分则送至稀释蒸汽发生器发生稀释蒸汽。急冷水除部分用作冷却水（或空冷）外，部分可用于分离系统工艺加热（如丙烯精馏塔再沸器加热），由此回收低位热能。

3. 轻柴油的裂解与预分馏工艺流程

图 4-16 是轻柴油裂解与预分馏工艺流程。该流程由裂解和预分馏两个单元组成。原料油从原料油贮罐 1 经原料油预热器 3 和 4 与过热的急冷水和急冷油热交换后被加热到 100～120℃ 进入裂解炉 5 的预热段。预热后的原料油进入对流段初步预热后与稀释水蒸气混合，再进入裂解炉第二预热段预热到初始裂解反应温度 540℃ 左右，然后进入裂解炉的辐射段继续被加热至 700～800℃，进行裂解反应，停留时间为 0.3～0.8s。炉管出口的高温裂解气通过急冷换热器 6 间接换热以终止裂解反应，同时产生 11MPa 左右的高压水蒸气。为防止急冷换热器管路结焦堵塞，此换热器出口温度控制在 370～500℃。产生的高压蒸汽进裂解炉预热段过热，再送入高压水蒸气过热炉过热至 447℃ 后并入管网，用于驱动裂解气压缩机和制冷压缩机。

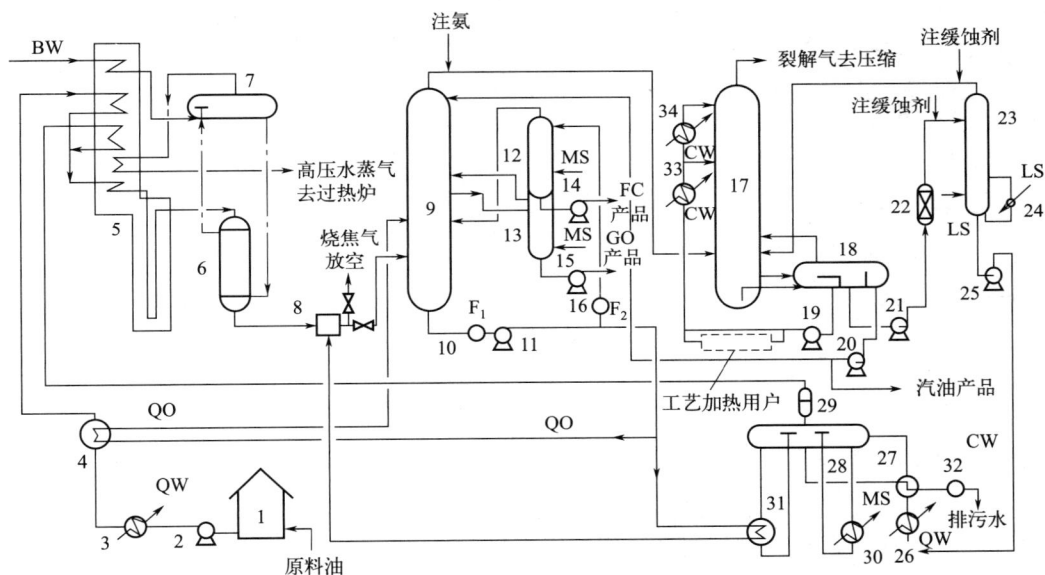

图 4-16　轻柴油裂解与预分馏工艺流程

1—原料油贮罐；2—原料油泵；3,4—原料油预热器；5—裂解炉；6—急冷换热器；7—汽包；8—急冷器；
9—油洗塔（汽油初分馏塔）；10—急冷油过滤器；11—急冷油循环泵；12—燃烧油汽提塔；13—裂解轻柴油汽提塔；
14—燃料油输送泵；15—裂解轻柴油输送泵；16—燃料油过滤器；17—水洗塔；18—油水分离器；19—急冷水循环泵；
20—汽油回流泵；21—工艺水泵；22—工艺水过滤器；23—工艺水汽提塔；24—再沸器；25—稀释水蒸气发生器
给水泵；26,27—预热器；28—稀释水蒸气发生器汽包；29—分离器；30—中压水蒸气加热器；31—急冷油
加热器；32—排污水冷凝器；33,34—急冷水冷却器；QW—急冷水；CW—冷却水；MS—中压水蒸气；
LS—低压水蒸气；QO—急冷油；FC—燃料油；GO—裂解轻柴油；BW—锅炉给水；F_1、F_2—流量调控器

经急冷换热器 6 回收热量后的裂解气进入急冷器 8 用急冷油直接喷淋冷却，然后与急冷油一起进入油洗塔 9（也称预分馏馏分塔）。塔顶出来的气体中含有氢、气态烃和裂解汽油以及稀释水蒸气和酸性气体，温度在 200～300℃ 之间。裂解轻柴油从油洗塔 9 的侧线采出，

经汽提塔 13 脱除其中轻组分后，作为裂解轻柴油产品 GO，因它含有大量烷基萘，是制萘的好原料，常称为制萘馏分。油洗塔塔釜采出重质燃料油经汽提除去轻组分后，大部分用作循环急冷油。

裂解气在油洗塔 9 中脱除重质燃料油和裂解轻柴油后，由油洗塔顶采出进入水洗塔 17，在塔顶和中段用急冷水喷淋冷却，其中的部分稀释水蒸气和裂化汽油被冷凝。冷凝的油水混合物由塔釜引至油水分离器 18，分离出的水循环使用，而裂化汽油除了由汽油回流泵 20 送至油洗塔 9 作为塔顶回流而循环使用之外，还有一部分作为汽油产品送出。经脱除绝大部分水蒸气和少部分汽油的裂解气，温度约为 40℃，由水洗塔顶采出送至压缩与净化分离工序。

4.2.5 裂解气压缩与净化工艺流程

1. 裂解气的压缩

经过预分馏之后的裂解气在常压下各组分均为气态，其沸点很低，表 4-18 为各组分的主要物理性质。可以看出，如果在常压下进行各组分的精馏分离，则需很低的分离温度及大量冷量。为了使分离温度不太低，则需提高裂解气的分离压力。

表 4-18　裂解气组分的主要物理性质

名称	分子式	沸点/℃	临界温度/℃	临界压力/MPa	名称	分子式	沸点/℃	临界温度/℃	临界压力/MPa
氢	H_2	−252.5	−239.8	1.307	丙烷	C_3H_8	−42.07	96.8	4.306
一氧化碳	CO	−191.5	−140.2	3.496	异丁烷	$i\text{-}C_4H_{10}$	−11.7	135	3.696
氨	NH_3	−33.4	132.4	11.292	异丁烯	$i\text{-}C_4H_8$	−6.9	144.7	4.002
甲烷	CH_4	−161.5	−82.3	4.641	丁烯	C_4H_8	−6.26	146	4.018
乙烯	C_2H_4	−103.8	9.7	5.132	1,3-丁二烯	C_4H_6	−4.4	152	4.356
乙烷	C_2H_6	−88.6	33.0	4.924	正丁烷	$n\text{-}C_4H_{10}$	−0.50	152.2	3.780
乙炔	C_2H_2	−83.6	35.7	6.242	顺-2-丁烯	C_4H_8	3.7	160	4.204
丙烯	C_3H_6	−47.7	91.89	4.600	反-2-丁烯	C_4H_8	0.9	155	4.120

裂解气分离中温度最低的部位是甲烷塔塔顶，其分离温度与压力的关系有如下数据。

分离压力/MPa	3.0～4.0	0.6～1.0	0.15～0.3
分离温度/℃	−96	−130	−140

可见，分离压力高时，分离温度也高；反之分离压力低时，分离温度也低。分离操作压力高时，多耗压缩功，少耗冷量；分离操作压力低时，则相反。此外，压力过高时，精馏塔塔釜温度升高，易引起重组分聚合，并使烃类的相对挥发度降低，增加分离困难。低压下则相反，塔釜温度低不易发生聚合，烃类相对挥发度大，分离较容易。现代乙烯工业生产中，为了得到高纯度乙烯，主要采用深冷分离装置并以高压法居多，压力通常为 3.6MPa 左右。

裂解气的压缩基本上是一个绝热过程，气体压力升高后，温度也上升，经压缩后的温度可通过气体绝热方程式计算出。

$$T_2 = T_1(p_2/p_1)^{(k-1)/k} \tag{4-31}$$

式中，T_1、T_2 为压缩前后的温度，K；p_1、p_2 为压缩前后的压力，MPa；k 为绝热指数，$k = c_p/c_V$，其中，c_p、c_V 分别为等压热容、等容热容。

【例4-2】 裂解气自20℃，p_1为0.105MPa，压缩到p_2为3.6MPa，计算单段压缩后的出口裂解气体的温度。

解 取裂解气的绝热指数$k=1.228$，代入式(4-31)得

$$T_2 = (273+20) \times \left(\frac{3.6}{0.105}\right)^{(1.228-1)/1.228}$$

$$T_2 = 565K（292℃）$$

由上例计算可知，压缩机入口的压力从0.105MPa直接经一段压缩到3.6MPa后，气体的温度升高到292℃，这样高的温度会导致裂解气中二烯烃发生聚合而生成树脂，严重影响压缩机操作，甚至破坏正常生产。因此需要考虑多段压缩，并在段间进行冷却。工业上一般采取五段压缩，裂解气压缩机将裂解气从0.12MPa分五段压缩到4.0MPa左右，其工艺流程如图4-17所示。该工艺的优点在于：一方面可以提高后续裂解气深冷分离的操作温度，节约低温能量和降低材质要求；另一方面兼顾裂解炉的压力。表4-19是以百万吨级乙烯装置为例，不同工艺裂解气压缩机的主要操作参数。根据工艺要求，还可在压缩机各段间安排各种操作，如酸性气体脱除、前脱丙烷工艺流程中的脱丙烷等。

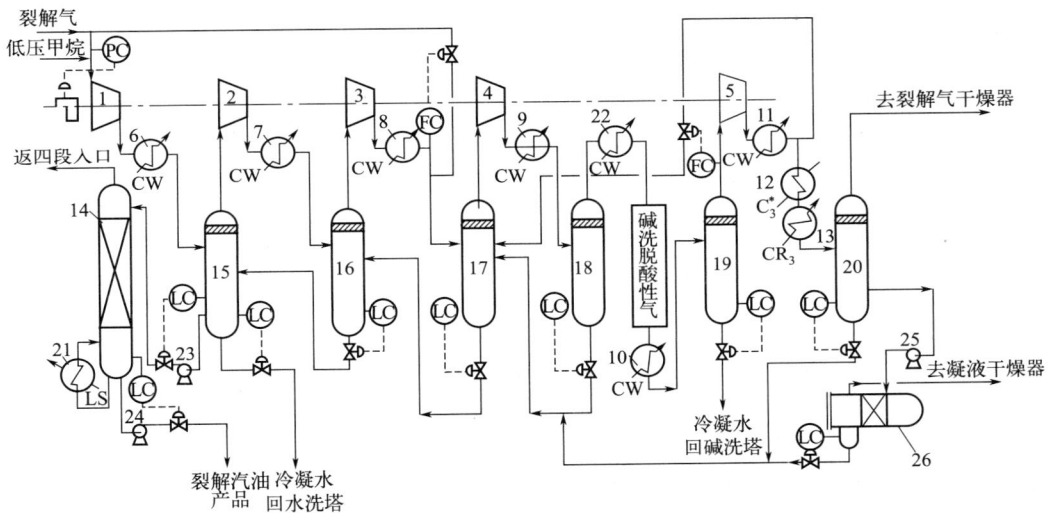

图 4-17　裂解气五段压缩工艺流程

1—压缩机一段；2—压缩机二段；3—压缩机三段；4—压缩机四段；5—压缩机五段；6～13—冷却器；
14—汽油汽提塔；15—二段吸入罐；16—三段吸入罐；17—四段吸入罐；18—四段出口分离罐；
19—五段吸入罐；20—五段出口分离罐；21—汽油汽提塔再沸器；22—急冷水加热器；
23—凝液泵；24—裂解汽油泵；25—五段凝液泵；26—凝液水分离器

表 4-19　不同流程的裂解气压缩机的主要操作参数

项目	顺序流程	前脱乙烷流程	前脱丙烷流程
缸数	3	3	3
段数	5	5	5
进口压力（绝压）/MPa	0.126	0.13	0.125
进口温度/℃	39.2	38	40
出口压力（绝压）/MPa	4.127	3.83	3.971

裂解气压缩机组是乙烯生产工艺中输送原料的第一道过程，是整个工艺的关键机组，它限制着乙烯装置单线最大能力。加上另外的两个大型压缩机组，即乙烯压缩机组和丙烯压缩

机组，构成乙烯装置的"三大机组"，俗称"三机"，它们是乙烯装置中最关键的三台离心压缩机组，由于没有备机，故对机组的要求非常高，必须满足安全、稳定、长周期运转（新标准要求连续运转 5 年）。目前，"三机"制造技术已经国产化。

2. 裂解气的净化

裂解气经预分馏处理后温度降至常温，并且从中已分馏出裂解汽油和大部分水分，表 4-20 是不同裂解原料经预分馏后的组成，表中的 C_4S' 和 C_5S' 分别表示混合 C_4 和混合 C_5 组分。C_6（约 204℃）馏分中富含芳烃，是抽提芳烃的重要原料。由表 4-20 中数据可以看出，不同的裂解原料得到的裂解气组成不尽相同。为了获得较多的乙烯，最好的裂解原料是乙烷；为获得较多的丙烯和 C_4 混合烃，最好的原料是石脑油和轻柴油。还可以看到，经预分馏单元处理后的裂解气是含有氢和各种烃的混合物，其中还含有一定的水分、酸性气体（CO_2、H_2S 和其他气态硫化物等）、CO、炔烃等杂质。

表 4-20　典型裂解气组成（裂解压缩机进料）

裂解原料	乙烷	轻烃	石脑油	轻柴油	减压柴油
原料转化率(质量分数)/%	65	—	中深度	中深度	高深度
组成(体积分数)/%					
H_2	34	18.20	14.09	13.18	12.75
$CO+CO_2+H_2S$	0.19	0.33	0.32	0.27	0.36
CH_4	4.39	19.83	26.78	21.24	20.89
C_2H_2	0.19	0.46	0.41	0.37	0.46
C_2H_4	31.51	28.81	26.10	29.34	29.62
C_2H_6	24.35	9.27	5.78	7.58	7.03
C_3H_4	—	0.52	0.48	0.54	0.48
C_3H_6	0.76	7.68	10.30	11.42	10.34
C_3H_8	—	1.55	0.34	0.36	0.22
C_4S'	0.18	3.44	4.85	5.21	5.36
C_5S'	0.09	0.95	1.04	0.51	1.29
C_6～204℃馏分	—	2.70	4.53	4.58	5.05
H_2O	4.36	6.26	4.98	5.40	6.15
平均分子量	18.89	24.90	26.83	28.01	28.38

表 4-21 和表 4-22 分别为工业用乙烯（GB/T 7715—2014）和聚合级丙烯（GB/T 7716—2014）的规格，可见对各类杂质限量要求很高。裂解气中这些杂质不仅降低乙烯、丙烯产品质量，还会对裂解气分离装置及乙烯、丙烯衍生物的加工装置有很大危害，所以必须在进行裂解气的深冷分离之前进行裂解气的净化和干燥。

表 4-21　工业用乙烯产品规格（GB/T 7715—2014）

序号	项目		指标		序号	项目		指标	
			优等品	一等品				优等品	一等品
1	乙烯含量 φ/%	≥	99.95	99.90	7	氧含量/(mL/m^3)	≤	2	5
2	甲烷和乙烷含量/(mL/m^3)	≤	500	1000	8	乙炔含量/(mL/m^3)	≤	3	6
3	C_3 和 C_4 以上含量/(mL/m^3)	≤	10	50	9	硫含量/(mg/kg)	≤	1	1
4	一氧化碳含量/(mL/m^3)	≤	1	3	10	水含量/(mg/kg)	≤	5	10
5	二氧化碳含量/(mL/m^3)	≤	5	10	11	甲醇含量/(mg/kg)	≤	5	5
6	氢含量/(mL/m^3)	≤	5	10	12	二甲醚含量/(mg/kg)	≤	1	2

表 4-22　聚合级丙烯产品规格（GB/T 7716—2014）

序号	项目		指标			序号	项目		指标		
			优等品	一等品	合格品				优等品	一等品	合格品
1	丙烯含量 $\varphi/\%$	$\geqslant$	99.6	99.2	98.6	8	二氧化碳含量/(mL/m³)	$\leqslant$	5	10	10
2	烷烃含量 $\varphi/\%$	$\leqslant$	报告	报告	报告	9	丁烯+丁二烯含量/(mL/m³)	$\leqslant$	5	20	20
3	乙烯含量/(mL/m³)	$\leqslant$	20	50	100	10	硫含量/(mg/kg)	$\leqslant$	1	5	8
4	乙炔含量/(mL/m³)	$\leqslant$	2	5	5	11	水含量/(mg/kg)	$\leqslant$	10		双方商定
5	甲基乙炔+丙二烯含量/(mL/m³)	$\leqslant$	5	10	20	12	甲醇含量/(mg/kg)	$\leqslant$	10		10
6	氧含量/(mL/m³)	$\leqslant$	5	10	10	13	二甲醚含量/(mg/kg)	$\leqslant$	2	5	报告
7	一氧化碳/(mL/m³)	$\leqslant$	2	5	5						

　　裂解气中杂质的脱除方法可根据所去除杂质的物理化学性质和杂质含量，采用相应的化学反应吸收、物理吸附，或二者结合的方法。

1）酸性气体脱除

　　裂解气中的酸性气组分主要是指 CO_2、H_2S，以及少量的有机硫化物，如氧硫化碳（COS）、二硫化碳（CS_2）、硫醚（RSR'）、硫醇（RSH）和噻吩等，它们主要来自高温下原料与 H_2 和 H_2O 的反应。裂解气中含有的酸性组分对裂解气分离装置以及乙烯和丙烯衍生物加工装置都会有很大危害。对裂解气分离装置而言，CO_2 会在低温下结成干冰，造成深冷分离系统设备和管道堵塞；H_2S 将使加氢脱炔催化剂和甲烷化催化剂中毒。对下游生产装置而言，当 H_2、乙烯、丙烯产品中酸性气体含量不合格时，可使下游加工装置的聚合过程或催化反应过程的催化剂中毒，也可能严重影响产品质量。因此，在裂解气精馏分离之前，应对其中的酸性气进行脱除。一般要求将裂解气中硫含量降至 1×10^{-6} 以下，CO_2 含量降至 5×10^{-6} 以下。工业上常采用碱洗或用乙醇胺吸收剂洗涤的方法来脱除酸性气体。当裂解原料硫含量过高时（如硫含量超过 0.2%），为降低碱耗量，可考虑增设可再生的溶剂吸收法（常用乙醇胺溶剂）先脱除大部分酸性气体，然后再用碱洗法做进一步精细净化。

　　① 碱洗法　反应原理是以 NaOH 溶液为吸收剂，通过化学吸收过程使 NaOH 与裂解气中的酸性气体发生化学反应，以达到脱除酸性气体的目的，其反应如下式所示。

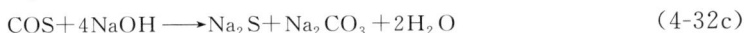

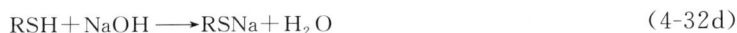

$$CO_2+2NaOH \longrightarrow Na_2CO_3+H_2O \qquad (4\text{-}32a)$$

$$H_2S+2NaOH \longrightarrow Na_2S+2H_2O \qquad (4\text{-}32b)$$

$$COS+4NaOH \longrightarrow Na_2S+Na_2CO_3+2H_2O \qquad (4\text{-}32c)$$

$$RSH+NaOH \longrightarrow RSNa+H_2O \qquad (4\text{-}32d)$$

　　由于上述反应的化学平衡常数都很大，产物中 CO_2 和 H_2S 的分压几乎可降到零，因此，可以使裂解气中的 CO_2 含量降至 $5mL/m^3$ 以下，硫含量降至 $1mL/m^3$ 以下。但是，NaOH 吸收剂为不可再生的吸收剂，吸收剂只能利用一次。此外，为保证酸性气体的精细净化，碱洗塔釜液中应保持游离碱，NaOH 含量约 2%，因此，碱耗量比较高。

　　为提高碱液的利用率，目前乙烯装置中碱洗塔主要为吸收塔，多数乙烯装置采用三段碱洗和一段水洗的结构，每段之间用烟囱板隔开，水洗段设置在塔的上段，目的是防止碱液带入裂解气压缩机。酸性气体的脱除需要在一定的压力下进行，碱洗塔多设置在压缩机的三段出口与四段入口之间，也有一些装置将其设置在四段出口与五段入口之间。图 4-18 为典型的三段碱洗工艺流程，各段循环碱液中碱的质量分数分别控制为 10%～12%（Ⅰ段）、5%～7%（Ⅱ段）、2%～3%（Ⅲ段），三段碱洗均采用填料塔。碱洗过程中裂解气的温度降低，会有烃类凝液冷凝于塔内，为此，一般对碱洗塔入口裂解气预热使塔釜裂解气温度为 40～50℃，以避免烃类在塔内冷凝。因为即使在常温操作条件下，在有碱液存在时，裂解气中的不饱和烃仍会发生聚合，生成的聚合物将聚积于塔釜。这些聚合物为液体，与空气接触易形成黄色固体，通常称为"黄油"。黄油的生成可能造成碱洗塔釜和废碱罐堵塞，常常利用裂解汽油来萃取碱液中的"黄油"。塔釜采出的废碱液中除含有 Na_2S、$NaHS$、Na_2CO_3、$NaOH$ 和少量的 Na_2SO_3 和 $Na_2S_2O_3$ 外，还含有黄油和硫醇等有机硫化物，使废碱液具有难闻的臭味，所以废碱液在进入生化处理前需进行预处理。工业上常用的预处理方法是使用裂解汽油先萃取分离黄油，再对碱液进行中和，主要中和其中的硫化物（Na_2S 或 $NaHS$）。目前应用最多的中和处理方法是空气湿式氧化法，该工艺过程是在装有废碱液的液相反应器内通入空气和蒸汽，使空气将废碱液中的 Na_2S 或 $NaHS$ 充分氧化生成 Na_2SO_4，通入蒸汽的目的是维持必要的反应温度和提供反应所需的热量。空气湿式氧化法分为低压氧化、中压氧化和高压氧化。三种碱洗方法的操作条件和处理后的废碱液指标见表 4-23 和表 4-24。由表中的数据可以看出，高压空气湿式氧化法处理后的废碱液指标最好。

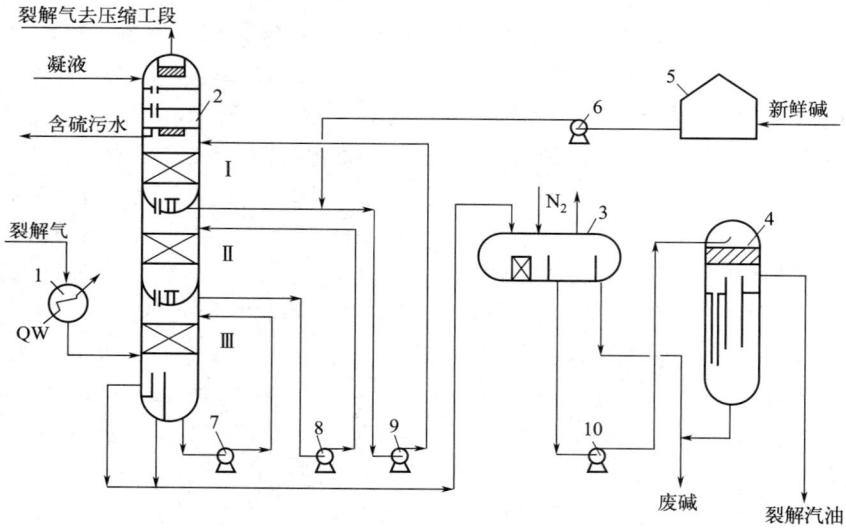

图 4-18　典型三段碱洗工艺流程

1—预热器；2—碱洗塔；3—废碱分离罐；4—裂解汽油分离罐；5—碱液槽；
6—碱液补充泵；7～9—碱液循环泵；10—废碱液泵

表 4-23　三种碱洗方法的操作条件

氧化工艺	操作温度/℃	操作压力/MPa
低压法	95	0.7
中压法	155	1.1
高压法	190	3.0

表 4-24　三种碱洗方法处理后的废碱液指标

主要指标	高压法	中压法	低压法
COD/(mg/L)	1500	2000	3200
BOD/(mg/L)	—	1200	1600

②"长尾曹达"碱洗法　该方法是为提高碱液利用率而对常规碱洗法的改进，首先由日本长尾曹达所采用。

由 $NaOH$ 与 H_2S、CO_2 的化学反应式可以看出，脱除 $1mol$ H_2S 或 CO_2 理论上需要

2mol NaOH，如果能控制操作条件，使反应生成的 Na_2S 及 Na_2CO_3 继续与 H_2S 和 CO_2 反应，则碱耗量可减少一半。"长尾曹达"碱洗法正是基于上述思路进行操作，与"常规"碱洗法相比，反应过程的差别如式(4-33)所示。

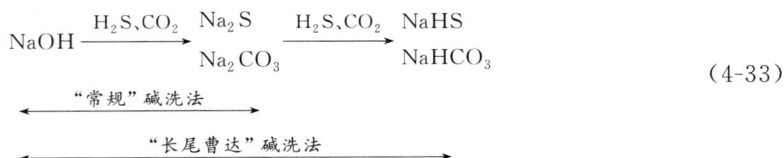

$$NaOH \xrightarrow{H_2S,CO_2} \begin{matrix} Na_2S \\ Na_2CO_3 \end{matrix} \xrightarrow{H_2S,CO_2} \begin{matrix} NaHS \\ NaHCO_3 \end{matrix} \tag{4-33}$$

$\xleftarrow{\hspace{3cm}}$ "常规"碱洗法 $\xrightarrow{\hspace{3cm}}$

$\xleftarrow{\hspace{5cm}}$ "长尾曹达"碱洗法 $\xrightarrow{\hspace{5cm}}$

③ 乙醇胺法　该方法是一种物理吸收和化学吸收相结合的方法，用乙醇胺作吸收剂除去裂解气中的 CO_2 和 H_2S，吸收剂主要是一乙醇胺（MEA）和二乙醇胺（DEA）。

以一乙醇胺为例，在吸收过程中它能与 CO_2 和 H_2S 发生如式(4-34a)～式(4-34d)的反应。

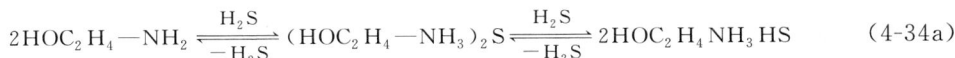

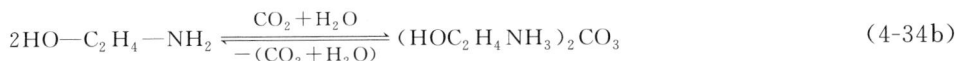

$$2HOC_2H_4-NH_2 \underset{-H_2S}{\overset{H_2S}{\rightleftharpoons}} (HOC_2H_4-NH_3)_2S \underset{-H_2S}{\overset{H_2S}{\rightleftharpoons}} 2HOC_2H_4NH_3HS \tag{4-34a}$$

$$2HO-C_2H_4-NH_2 \underset{-(CO_2+H_2O)}{\overset{CO_2+H_2O}{\rightleftharpoons}} (HOC_2H_4NH_3)_2CO_3 \tag{4-34b}$$

$$(HOC_2H_4NH_3)_2CO_3 \underset{-(CO_2+H_2O)}{\overset{CO_2+H_2O}{\rightleftharpoons}} 2HOC_2H_4NH_3HCO_3 \tag{4-34c}$$

$$2HOC_2H_4NH_2+CO_2 \rightleftharpoons HOC_2H_4-NHCOONH_3-C_2H_4OH \tag{4-34d}$$

以上反应是可逆的，在温度低、压力高时反应向右进行并放热，在温度高、压力低时反应向左进行并吸热，因此，在常温加压条件下进行吸收，反应向右进行。吸收了 CO_2 和 H_2S 的溶剂称为富液。将富液在低压下加热，反应向左进行，富液中的反应物分解，释放出 CO_2 和 H_2S，吸收剂得到再生。再生的吸收剂称为贫液，可再作为吸收剂使用。图 4-19 所示为 Lummus 公司采用的乙醇胺法脱除酸性气的工艺流程。乙醇胺加热至 45℃后送入吸收塔的顶部。裂解气中的酸性气体大部分被乙醇胺溶液吸收后，送入碱洗塔进一步净化。吸收了 CO_2 和 H_2S 的富液，由吸收塔釜采出，在富液中注入少量洗油（裂解汽油）以溶解富液中重质烃及聚合物。富液和洗油经分离器分离洗油后，送到汽提塔进行解吸。汽提塔中解吸出的酸性气体经塔顶冷却并回收凝液后放空。解吸后的贫液再返回吸收塔进行吸收。

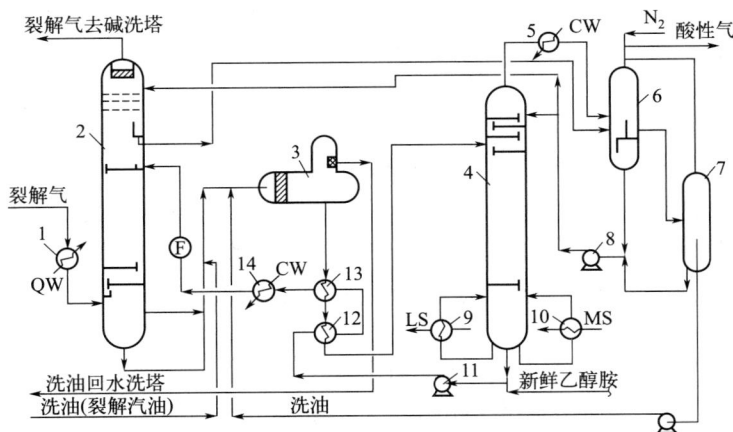

图 4-19　乙醇胺法脱除酸性气工艺流程

1—加热器；2—吸收塔；3—汽油-胺分离器；4—汽提塔；5—冷却器；6,7—分离罐；
8—回流泵；9,10—再沸器；11—胺液泵；12,13—换热器；14—冷却器

④ 醇胺法与碱洗法的比较　醇胺法与碱洗法相比，其主要优点是吸收剂可再生循环使用，当酸性气含量较高时，不论从吸收液的消耗还是废水处理量来看，醇胺法都明显优于碱洗法。醇胺法与碱洗法相比缺点是：a. 醇胺法对酸性气体杂质的吸收不如碱洗法彻底，一般情况下，醇胺法处理后的裂解气中酸性气含量仍达 $(30\sim50)\times10^{-6}$；b. 醇胺液吸收剂虽可再生循环使用，但由于挥发和降解，仍有一定损耗；c. 醇胺水溶液呈碱性，但当有酸性气存在时，溶液 pH 值急剧下降，从而对碳钢设备产生腐蚀，因此，醇胺法对设备材质要求高，投资相应较大；d. 醇胺溶液可吸收丁二烯和其他双烯烃，吸收双烯烃的吸收剂在高温下再生时易生成聚合物，由此既造成系统结垢，又损失了丁二烯。

因此，一般情况下，乙烯装置均采用碱洗法脱除裂解气中的酸性气，只有当酸性气体含量较高（如裂解原料硫含量超过 0.2%）时，为减少碱耗量以降低生产成本，可考虑采用醇胺法预脱裂解气中的酸性气体，但仍需用碱洗法进一步作精细脱除，以保证裂解气中 CO_2 和 H_2S 含量均小于 1×10^{-6}。

2）脱水

在乙烯生产过程中，为避免水分在低温分离系统中结冰或形成水合物堵塞管道和设备，需要对裂解气、H_2、乙烯和丙烯进行脱水处理，以保证乙烯生产装置的稳定运行，并保证产品乙烯和丙烯中的水分达到规定值。

① 裂解气脱水　裂解气在急冷单元经过油水预分馏系统处理后送入裂解气压缩机进行压缩，在压缩机每段入口处裂解气中的含水量为入口温度和压力条件下的饱和含水量。在裂解气压缩过程中，随着压力的升高，可在段间冷凝降温过程中分离出部分水分。通常，五段压缩后裂解气的压力达到 3.5~3.7MPa，经冷却至 15℃ 左右即送入深冷分离系统，此时裂解气中饱和水含量为 $(600\sim700)\times10^{-6}$。这些水分如果被带入深冷系统，不仅在低温下结冰造成冻堵，还会在加压和低温条件下，与烃类物质结合生成白色结晶状态的水合物，如 $CH_4\cdot6H_2O$、$C_2H_6\cdot7H_2O$ 和 $C_3H_8\cdot8H_2O$ 等。这些水合物也会在设备和管道内积累引起堵塞现象。特别是，在加压条件下形成烃类水合物的温度比水结冰的温度高得多。所以，需要对裂解气进行脱水处理。一般要求进入深冷分离系统的裂解气的水含量小于 1×10^{-6}，其对应的裂解气露点温度在 -70℃ 以下。

裂解气脱水的方法主要是物理法，如冷凝法、吸收法、吸附法等。现在大型乙烯装置中广泛采用吸附法，在固定床吸附器中进行裂解气中水的脱除，所用吸附剂是 3A 分子筛，吸附剂经再生后可反复使用。3A 分子筛是离子型极性吸附剂，对极性分子特别是水有极大的亲和性，易于吸附，而对 H_2、CH_4 和 C_3 以上烃类均不易吸附。因而用于裂解气和烃类干燥时，不仅烃的损失少，而且减少高温再生时由于形成聚合物或结焦而使吸附剂性能劣化。图 4-20 是裂解气脱水时，吸附剂经多次再生后的性能变化情况。导致 3A 分子筛劣化的主要原因是细孔内钾离子的入口被堵塞，循环初期劣化速度较快，慢慢趋向一个定值。其劣化度约为初始吸附量的 30%。通常，乙烯装置多采用两床操作，一台床吸附脱水，一台床再生吸附剂，两床轮流进行干燥和再生。图 4-21 为裂解气干燥与分子筛再生工艺流程。当脱水操作时，为避免因气流过大而扰动床层，裂解气从中上部进入分子筛床层，脱水后裂解气由固定床底部送出。当进行分子筛再生时，被加热的干燥载气（甲烷或 H_2、氮气）由床层底部进入，气流向上流动，再生作用由下而上，以保证床层底部的分子筛完全再生。再生载气经冷却和分离后送到燃料系统。

② 氢气脱水　裂解气中分离出的 H_2 可用作 C_2 馏分和 C_3 馏分加氢时反应的氢源，必须经过干燥脱水处理，否则影加氢效果。

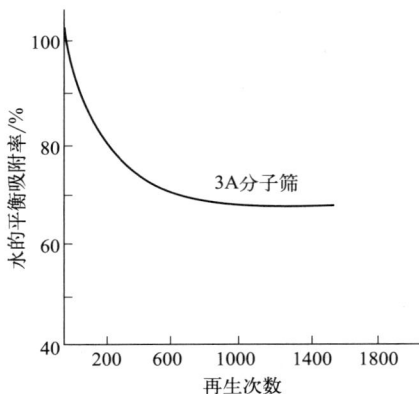

图 4-20　裂解气干燥吸附剂劣化情况

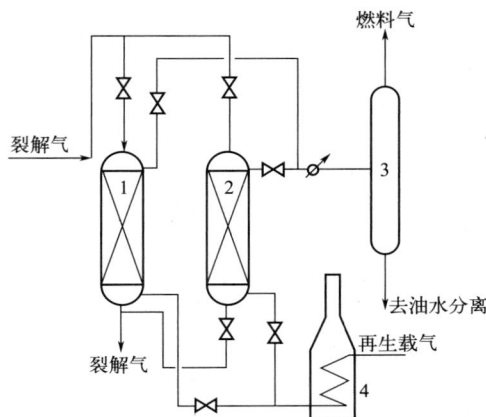

图 4-21　裂解气干燥与分子筛再生工艺流程
1—操作干燥器；2—再生干燥器；3—气液分离器；4—加热炉

　　裂解气中分离出的粗氢含水量很低，但在甲烷化法脱除氢中 CO 时，在催化剂的作用下烷基化反应中，生成甲烷的同时也将副产水分。

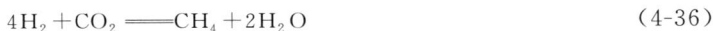

$$3H_2 + CO \Longrightarrow CH_4 + H_2O \tag{4-35}$$

$$4H_2 + CO_2 \Longrightarrow CH_4 + 2H_2O \tag{4-36}$$

　　通常，甲烷化后 H_2 中的水分可达 600×10^{-6} 左右。生产中要求 H_2 干燥后的含水量降至 1×10^{-6}。当采用变压吸附法代替甲烷化脱除氢中的 CO 时，则无需设置 H_2 干燥系统。

　　③ 液相干燥及气相干燥　乙烯装置中，裂解气、H_2 和乙烯是在气相进行干燥，C_3 馏分则在液相干燥。C_2、C_3 馏分是否需要干燥脱水处理，与分离流程的组织有关。

　　当采用前脱丙烷流程时，压缩机段间的凝液经干燥后即送至脱丙烷塔，则 C_3 馏分需要干燥脱水；通常，脱乙烷塔进料均为充分脱水的物料，因此，脱乙烷塔顶采出的 C_2 馏分应该是干燥的物料。C_2 馏分选择加氢时不会发生甲烷化反应，因而也不会有水生成。但实际生产过程中，即使在正常操作条件下，C_2 加氢后物料中大约含有 3×10^{-6} 的水分。由于乙烯和乙烷在乙烯塔操作条件下会生成水合物，进入乙烯塔的水分容易累积在塔内而造成冻堵，因此，通常在乙烯塔进料前设置 C_2 馏分干燥器。

　　前脱乙烷分离流程中除设置裂解气干燥器外，又设置压缩机凝液干燥器。为保证乙烯产品的规格，在 C_2 加氢脱炔后设置馏分干燥器。通常控制干燥后 C_2 含水量在 1×10^{-6} 以下。

　　前脱丙烷前加氢流程对碱洗后的裂解气首先进行干燥脱水，再进脱丙烷塔，脱丙烷塔顶 C_3 和 C_3 以下轻组分经最后一段压缩后，进行加氢脱炔，脱炔后经过裂解气第二干燥器再次干燥后进入深冷脱甲烷系统，之后的乙烯产品和丙烯产品均不再干燥。

　　在 C_3 馏分气相加氢时，C_3 馏分的干燥脱水设置在加氢之后、进入丙烯精馏塔之前。在 C_3 馏分液相加氢时，C_3 馏分的干燥脱水一般安排在加氢之前。也有少数装置将 C_3 馏分的干燥脱水安排在丙烯精馏塔之后，仅对丙烯产品进行干燥。

　　液相干燥时吸附热造成的床层温升很小，而与气相干燥相比最大差别是：液相干燥时塔内的流速比气相吸附时慢得多，液相中流体与吸附剂颗粒的接触时间有时可达气相吸附的 $100 \sim 1000$ 倍。液相干燥时的空塔流速仅为气相干燥时空塔流速的 1% 左右。此外，液相吸附中液体黏度远较气体的高，黏度对扩散系数的影响不能忽略不计。

3）炔烃的脱除

裂解气中含有少量炔烃，如乙炔、丙炔等。炔烃的含量与裂解原料和裂解操作条件有关，对特定裂解原料而言，炔烃的含量随裂解深度的提高而增加。在相同裂解深度下，高温短停留时间的操作条件将生成更多的炔烃。

炔烃常常给乙烯和丙烯下游产品的生产过程带来麻烦。它们可能使催化剂中毒缩短催化剂寿命，过多的乙炔积累还可能引起爆炸形成不安全因素，也可能生成一些副产物影响产品质量。因此，大多数乙烯和丙烯衍生物的生产均对原料乙烯和丙烯中的炔烃含量提出严格的要求。通常要求乙烯产品中乙炔含量低于 5×10^{-6}。而对丙烯产品来说，则要求甲基乙炔含量低于 5×10^{-6}，丙二烯含量低于 10×10^{-6}。

最常采用的脱除乙炔的方法是催化加氢法和溶剂吸收法。

溶剂吸收法是使用溶剂吸收裂解气中的乙炔以达到净化目的，同时回收一定量乙炔。催化加氢法是将裂解气中的乙炔加氢生成乙烯或乙烷，由此达到脱除乙炔的目的。溶剂吸收法与催化加氢法各有优缺点，当裂解气中炔烃含量不多且不需要回收乙炔时，一般采用选择性催化加氢法脱除乙炔；当需要回收乙炔时，则采用溶剂吸收法。实际生产装置中建有回收乙炔的溶剂吸收系统，往往同时设有催化加氢脱炔系统。两个系统并联，以具有一定的灵活性。

（1）催化加氢法脱除炔烃的原理

在裂解气中的乙炔进行选择催化加氢时发生如下反应。

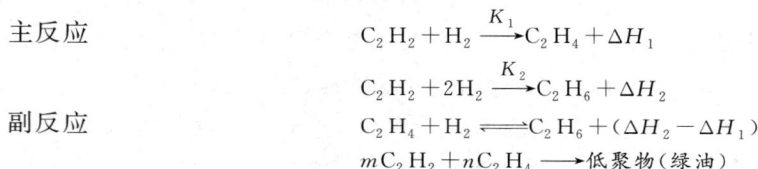

主反应

$$C_2H_2 + H_2 \xrightarrow{K_1} C_2H_4 + \Delta H_1$$

$$C_2H_2 + 2H_2 \xrightarrow{K_2} C_2H_6 + \Delta H_2$$

副反应

$$C_2H_4 + H_2 \rightleftharpoons C_2H_6 + (\Delta H_2 - \Delta H_1)$$

$$mC_2H_2 + nC_2H_4 \longrightarrow 低聚物（绿油）$$

当反应温度升高到一定程度时，还可能发生生成炭、H_2 和 CH_4 的裂解反应。

乙炔加氢转化为乙烯和乙炔加氢转化为乙烷的反应热力学数据如表 4-25 所示。从化学平衡常数可以看出，乙炔加氢转化为乙烷的反应和乙炔加氢转化为乙烯的反应都有利，且主反应不仅能脱除炔烃，又可增加乙烯收率。反应热效应数据表明，升高反应温度将有利于生成乙烯的过程。此外有研究表明，当乙炔加氢转化为乙烯和乙烯加氢转化为乙烷的反应各自单独进行时，乙烯加氢转化为乙烷的反应速率比乙炔加氢转化为乙烯的反应速率快 $10 \sim 100$ 倍。因此，在乙炔催化加氢过程中，催化剂的选择性将是影响加氢脱炔效果的重要指标。

表 4-25　乙炔加氢反应热效应和化学平衡常数

温度/K	反应热效应 $\Delta H/(kJ/mol)$		化学平衡常数	
	$C_2H_2 + H_2 \longrightarrow C_2H_4$	$C_2H_2 + 2H_2 \longrightarrow C_2H_6$	$K_1 = \dfrac{p_{C_2H_4}}{p_{C_2H_2} p_{H_2}}$	$K_2 = \dfrac{p_{C_2H_6}}{p_{C_2H_2} p_{H_2}^2}$
300	-175.083	-311.491	3.37×10^{24}	1.19×10^{42}
400	-177.907	-316.149	7.63×10^{16}	2.65×10^{28}
500	-180.313	-320.084	1.65×10^{12}	1.31×10^{20}
600	-182.224	-323.224	1.19×10^{9}	3.31×10^{14}
700	-182.781	-325.099	6.5×10^{6}	3.10×10^{10}

对裂解气中的甲基乙炔和丙二烯进行选择性催化加氢时的反应如下：

主反应　　$CH_3—C\equiv CH + H_2 \longrightarrow C_3H_6$ 　　　　　$\Delta H_{298K} = -165kJ/mol$

　　　　　$CH_2=C=CH_2 + H_2 \longrightarrow C_3H_6$ 　　　　　$\Delta H_{298K} = -173kJ/mol$

副反应　　$C_3H_6 + H_2 \longrightarrow C_3H_8$ 　　　　　　　　　$\Delta H_{298K} = -124kJ/mol$

　　　　　$nC_3H_4 \longrightarrow (C_3H_4)_n$ 低聚物（绿油）

从反应热力学来看，在 C_3 馏分中炔烃加氢转化为丙烯的反应比丙烯加氢转化为丙烷的反应更为可能。因此，C_3 炔烃加氢时比乙炔加氢更易获得较高的选择性。但是，随着温度的升高，丙烯加氢转化为丙烷的反应以及低聚物（绿油）生成的反应将加快，丙烯损失相应增加。

加氢脱炔反应的催化剂大多采用以 Co、Ni、Pd 作为活性中心，用 $\alpha-Al_2O_3$ 作载体，用 Fe 和 Ag 作助催化剂。

（2）前加氢和后加氢工艺

根据氢的来源不同，可将选择性催化加氢工艺分为前加氢和后加氢工艺技术。

① 前加氢工艺　前加氢工艺过程是在裂解气未分离甲烷、氢组分之前进行（即在脱甲烷塔前），利用裂解气中的氢对炔烃进行选择加氢，所以又称为自给氢催化加氢过程。因为不用外供 H_2，所以流程简单，但 H_2 量不易控制，过量的 H_2 可使脱炔反应的选择性降低。另外，前加氢脱炔所处理的气体组成复杂，要求催化剂活性高且不易中毒。而且，催化剂用量大、反应器的体积也大、催化剂寿命短、氢炔比不易控制且操作稳定性较差。

前加氢催化剂有 Pd 系和非 Pd 系两类。使用非 Pd 系催化剂脱炔时，对进料中杂质（硫、CO、重质烃）的含量限制不严，但其反应温度高，加氢选择性不理想，加氢处理后残余乙炔一般高于 10×10^{-6}，乙烯损失 $1\%\sim3\%$。而 Pd 系催化剂对原料中杂质含量限制很严，通常要求硫含量低于 5×10^{-6}，反应温度较低，加氢后残余乙炔可低于 5×10^{-6}，乙烯损失可降至 $0.2\%\sim0.5\%$。

目前工业上，以采用后加氢脱炔为主。

② 后加氢工艺　后加氢过程是指裂解气分离出 C_2 馏分和 C_3 馏分后，再分别对 C_2 和 C_3 馏分进行催化加氢，以脱除乙炔、甲基乙炔和丙二烯。由于 C_2 馏分和 C_3 馏分中均不含有氢，加氢所需 H_2 根据炔烃含量定量供给，后加氢脱炔所处理的馏分组成简单，反应器体积小，而且易控制氢炔比例，使反应选择性提高，有利于提高乙烯收率，催化剂不易中毒，使用寿命长。加氢所用的氢源可以是来自裂解气中分离提纯的 H_2。

后加氢脱乙炔的催化剂主要是 Pd 系催化剂，表 4-26 是国外几种 C_2 加氢催化剂及操作条件。对 C_2 馏分的加氢，根据后续裂解气深冷分离流程的不同，工艺也有所不同。在顺序分离流程和前脱丙烷分离流程中采用后加氢工艺过程时，加氢过程设在脱乙烷塔之后，对脱乙烷塔塔顶采出的 C_2 馏分进行加氢；而在前脱乙烷分离流程中采用后加氢工艺过程时，加氢过程设在脱甲烷塔之后，对脱甲烷塔塔釜的 C_2 馏分进行加氢。

表 4-26　国外 C_2 加氢催化剂及操作条件

项目	催化剂型号			
	C31-1A		G-58B	LT-161
厂商	CCI		Girdler	Procatalyse
组成	Pd-Al$_2$O$_3$		Pd-Al$_2$O$_3$	Pd-Al$_2$O$_3$
反应器	单段床	双段床	单段床	双段床
进料温度/℃	27~93	27~93	40~110	60~130

项目	催化剂型号		
	C31-1A	G-58B	LT-161
反应压力/MPa	2.25	2.06	1.0~3.0	2.53
气体空速/h^{-1}	2365	2130	1500~4000	2600
原料乙炔摩尔分数	0.72%	0.92%	0.3%~0.5%	0.67%
H$_2$/C$_2$H$_2$(摩尔比)	1.5~2.5	第一段:1~2 第二段:1.5~2.5	2.0	第一段:1.3~2.0 第二段:3.0~5.0
残余乙炔摩尔分数/%	<5×10^{-6}	<5×10^{-6}	<5×10^{-6}	<5×10^{-6}
再生周期/月	6	6~12	3	6
寿命/年	3	3~5	5	2

后加氢又分全馏分加氢和产品加氢。全馏分加氢是将脱乙烷塔塔顶 C$_2$ 馏分全部进行加氢,加氢后的产品一部分作为脱乙烷塔回流,另一部分送至乙烯精馏塔。产品加氢是仅对脱乙烷塔塔顶净产品进行加氢,而不对脱乙烷塔的回流进行加氢。两种加氢方案如图 4-22 所示。

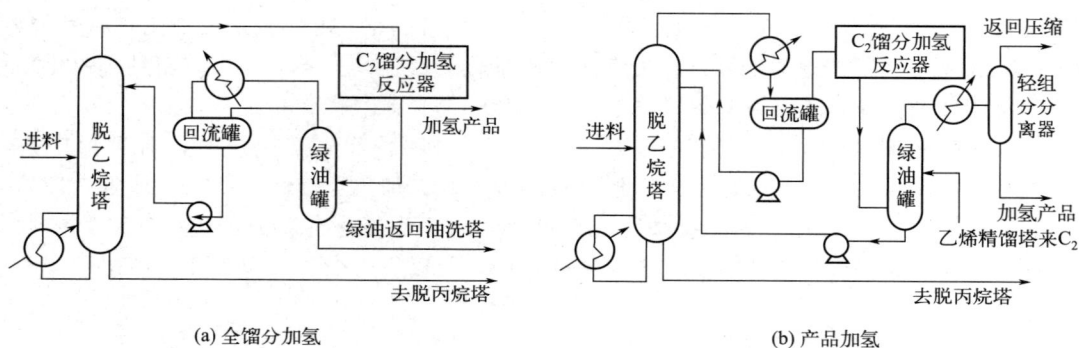

(a) 全馏分加氢   (b) 产品加氢

图 4-22　全馏分加氢和产品加氢工艺

显然,对相同脱乙烷塔进料而言,由于回流的稀释作用,全馏分加氢进料的乙炔浓度低于产品加氢时进料的乙炔浓度。当 C$_2$ 馏分中乙炔含量在 1.5%~2.0% 以下时,一般采用产品加氢流程。当 C$_2$ 馏分中乙炔含量在 1.5%~2.0% 以上时,可考虑采用全馏分加氢。

脱乙烷塔回流比一般为 0.6~1.0,因此,全馏分加氢与产品加氢相比,加氢反应进料中乙炔浓度相差 60% 以上。由于全馏分加氢时进料中乙炔浓度相对较低,一般采用单段床绝热反应器。产品加氢时,乙炔含量相对较高(高于 0.7%),一般采用多段绝热床或等温反应器。

前加氢和后加氢工艺的比较:前加氢方案的优点是工艺流程简化,可以节省投资。尤其在前脱丙烷流程中采用前加氢方案且不设 C$_3$ 加氢系统时,节省投资的效果更为明显。

前加氢方案是利用裂解气中自身含有的氢进行加氢反应,加氢脱炔过程的运转无需等待 H$_2$ 产品合格,因而装置开车进程较快,正常运转中脱炔过程受低温分离系统的影响也较小。

③ C$_3$ 气相加氢工艺流程　C$_3$ 气相加氢均采用绝热床。当 C$_3$ 馏分中甲基乙炔和丙二烯的摩尔分数低于 1.2% 时,可选用单段床加氢工艺流程;当 C$_3$ 馏分中甲基乙炔和丙二烯的摩尔分数超过 1.2% 时,多选用双段床加氢工艺流程。为避免床层温升过高,可将加氢后 C$_3$ 馏分部分返回加氢进料,以稀释进料中的炔烃。

C$_3$ 气相加氢也有全馏分加氢和产品加氢两种方案。当甲基乙炔和丙二烯含量较高时,采用全馏分加氢方案,则加氢进料中的甲基乙炔和丙二烯浓度可以被全馏分稀释而降低。

④ C_3 液相加氢工艺流程　　C_3 馏分液相加氢工艺流程一般采用双段床，在对加氢后产品中炔烃含量限制不严时，也采用单段床工艺流程。当有未干燥物料进入脱丙烷塔时，C_3 馏分需进行干燥。采用 C_3 气相加氢脱炔工艺技术时，C_3 馏分的干燥设在加氢脱炔之后；采用 C_3 液相加氢脱炔工艺技术时，C_3 馏分的干燥一般设在加氢脱炔之前。加氢所需 H_2 量根据进料量和进料中的炔烃量确定。采用双段床工艺流程时，通常一段床炔烃转化率为 $80\%\sim 90\%$，其余 $10\%\sim 20\%$ 在二段床中进行反应。一段床氢炔比控制在 $1.0\sim 1.2$，二段床氢炔比则控制较高，通常为 $4\sim 6$。

C_3 液相加氢反应温度低，绿油生成量很少，因此一般不再设置绿油吸收塔或绿油罐。但是，当丙烷需返回裂解而 C_3 馏分中炔烃含量又较高时（裂解深度高时，C_3 馏分中炔烃含量高，最高可达 7% 左右），也常设置绿油罐或绿油吸收塔，以防止绿油进入丙烷馏分而造成丙烷裂解时结焦。

（3）溶剂吸收法脱除乙炔

溶剂吸收法是使用选择性溶剂将 C_2 馏分中的少量乙炔选择性地吸收到溶剂中，从而实现脱除乙炔的方法。由于使用选择性吸收乙炔的溶剂，可以在一定条件下再把乙炔解吸出来，因此，溶剂吸收法脱除乙炔的同时，可回收到高纯度的乙炔。

溶剂吸收法在早期曾是乙烯装置脱除乙炔的主要方法，随着加氢脱炔技术的发展，逐渐被加氢脱炔法取代。然而，随着乙烯装置的大型化，尤其随着裂解技术向高温、短停留时间发展，裂解副产乙炔量相当可观，乙炔回收更具吸引力。因而，溶剂吸收法在近年来受到广泛重视，在已建有加氢脱炔的乙烯装置上增加溶剂吸收装置以回收乙炔。以 30 万吨/年乙烯装置为例，以石脑油为原料时，在高深度裂解条件下，常规裂解每年可回收乙炔量约6700t，毫秒炉裂解时每年回收乙炔量可达 11500t。

选择性溶剂应对乙炔有较高的溶解度，而对其他组分溶解度较低，常用的溶剂有二甲基甲酰胺（DMF），N-甲基吡咯烷酮（NMP）和丙酮。除溶剂吸收能力和选择性外，溶剂的沸点和熔点也是选择溶剂的重要指标。低沸点溶剂较易解吸，但损耗大，且易污染产品。高沸点溶剂解吸时需低压高温条件，但溶剂损耗小，且可获得较高纯度的产品。图 4-23 为Lummus 公司 DMF 溶剂吸收法脱乙炔的工艺流程。本法乙炔纯度达 99.9% 以上，脱炔后乙烯产品中乙炔含量低达 1×10^{-6}，产品回收率 98%。

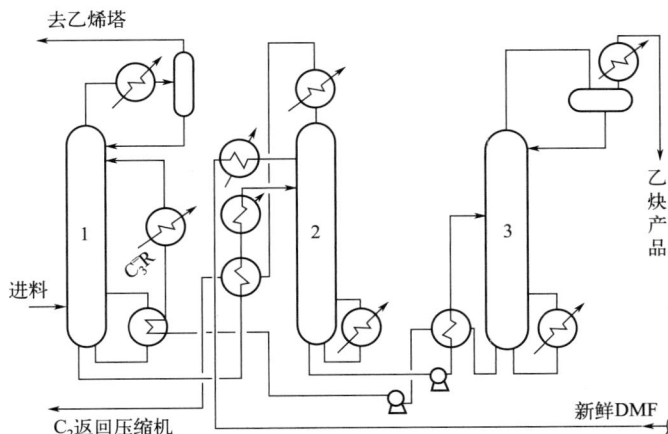

图 4-23　DMF 溶剂吸收法脱乙炔工艺流程
1—乙炔吸收塔；2—汽提塔；3—解吸塔

4）CO 的脱除

裂解气经低温分离，CO 富集于甲烷馏分和 H_2 馏分中，含量达到 5×10^{-3} 左右。在加氢反应中，H_2 中含有的微量 CO 可使加氢反应的催化剂中毒。另外，随着烯烃聚合过程高效催化剂的发展，对乙烯和丙烯产品中 CO 含量的控制非常严格。所以，通常将 H_2 中 CO 含量脱除至 3×10^{-6} 以下。

乙烯装置中最常用脱除 CO 的方法是甲烷化法。近年来，随着变压吸附技术的发展，有的乙烯装置中也采用变压吸附法。

① 甲烷化法　甲烷化法是在催化剂存在下，使 H_2 中的 CO 与氢反应生成甲烷，从而达到脱除 CO 的目的。其主反应方程式为

$$CO + 3H_2 \Longrightarrow CH_4 + H_2O \qquad \Delta H_{298K} = -206.3 \text{kJ/mol}$$

当 H_2 中含有烯烃时，可发生如下副反应：

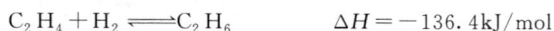

$$C_2H_4 + H_2 \Longrightarrow C_2H_6 \qquad \Delta H = -136.4 \text{kJ/mol}$$

由于甲烷化反应是放热、体积减小的反应，所以加压和低温对反应有利。甲烷化反应常采用的催化剂是含镍催化剂。但是，当系统中 CO 含量高于 1% 时，在低于 150℃ 的一定温度范围内，CO 可以与镍反应生成易挥发且毒性很大的羰基镍：

$$Ni + 4CO \longrightarrow Ni(CO)_4$$

因此，在实际生产中应严格避免 150℃ 以下时 CO 与镍催化剂接触。通常，反应器升温时，最好先用氮气加热催化剂床层；装置停车时，应该在催化剂床层温度降至 150℃ 之前切断含有 CO 的 H_2，改用氮气进行降温。

甲烷化反应早期使用的催化剂属于高温催化剂，其反应温度为 $250 \sim 280℃$。近年来，Nikki 公司开发出低温甲烷镍系催化剂，反应温度在 $160 \sim 185℃$ 之间。我国的乙烯装置采用的是这种催化剂。

② 变压吸附法（PSA 法）　变压吸附法是在加压条件下进行吸附操作，在减压条件下进行解吸操作，从而达到净化气体的目的。变压吸附法已广泛用于制氢生产，近年来在乙烯装置中也越来越多地被采用。

用变压吸附法能够从原料氢中脱除甲烷、CO、CO_2 及烃类，从而得到纯度很高的氢。变压吸附工艺过程中至少有两台吸附床，一台进行吸附，另一台进行解吸，如图 4-24 所示。解吸需用部分成品气体进行。

当用变压吸附法精制 H_2 时，吸附剂通常是混装的分子筛与活性炭。分子筛主要选择吸附一氧化碳和甲烷，活性炭能选择吸附水和二氧化碳。乙烯装置中的 H_2 精制装置多选用分子筛，其 H_2 回收率一般为 $65\% \sim 75\%$，也可以达到 $80\% \sim 90\%$。

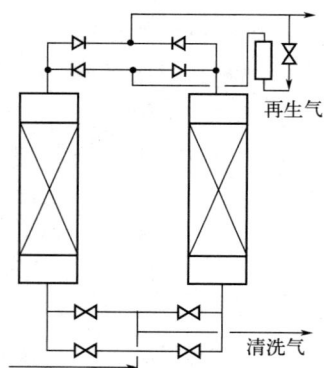

再生气

清洗气

图 4-24　变压吸附流程

4.2.6　裂解气分离与精制工艺流程

1. 裂解气分离与精制流程的组织

裂解气分离与精制流程的任务是把裂解气中含有的 H_2、$C_1 \sim C_5$ 馏分逐个分开，并对乙烯和丙烯进行提纯精制，得到合格产品。

裂解气分离的方法主要有两种：深冷分离法和油吸收精馏分离法。此外，还有吸附分离法、络合分离法以及膨胀机法等。现在乙烯工业生产中，为得到高纯度乙烯，主要采用深冷分离法。

工业上通常将温度低于－100℃的冷冻称为深度冷冻，简称深冷。由裂解气的压缩与净化讨论可知，裂解气中各组分的分离温度随操作压力的降低而降低，甲烷和 H_2 的分离操作温度最低。对于脱甲烷塔来说，当操作压力为 3.0MPa 时，分离甲烷所需温度为－100～－90℃；当压力为 0.5MPa 时，塔顶温度将下降至－130～－140℃。

（1）裂解气深冷分离顺序

裂解气的深冷分离在顺序上遵循先易后难的原则。先将来自压缩机出口的裂解气在－100℃左右的低温下，把除 H_2 和甲烷以外的烃类全部冷凝下来，然后利用各种烃的相对挥发度不同在精馏塔内进行多组分精馏，把 C_1～C_5 馏分逐个分开，最后对乙烯和丙烯进行提纯精制。H_2 和甲烷在冷箱中得到分离，H_2 可用于加氢脱炔的原料，甲烷则返回系统作为燃料气。为保证脱除后的甲烷和 H_2 达到 95% 以上的纯度，冷箱的操作温度要降至－170℃左右。因此，在深冷分离工艺流程中应设置脱甲烷、脱乙烷、脱丙烷、脱丁烷塔以及精制乙烯产品和丙烯产品的精馏塔，还应设置冷箱。

分离流程中的各种操作位置以及各种精馏塔的排列顺序均可变动，由此构成不同的深冷分离流程，但它们的共同特点是都由气体压缩、制冷系统、净化系统和低温精馏与精制系统几部分组成。

（2）深冷制冷

通常选用可以降低制冷装置投资、运转效率高、来源广泛、毒性小的介质作为制冷剂。对乙烯生产装置而言，产品乙烯和丙烯已有储存设施，且乙烯和丙烯具有良好的热力学特性，因而可选用乙烯和丙烯作为乙烯装置制冷系统的制冷剂。由表 4-18 的低碳烃类的主要物理性质可知，丙烯常压沸点为－47.7℃，可作为－40℃温度级的制冷剂；乙烯常压沸点为－103.8℃，可作为－100℃温度级的制冷剂。采用低压脱甲烷分离流程时，可能需要更低的制冷温度，此时常采用甲烷制冷。甲烷常压沸点为－161.5℃，可作为－120～－160℃温度级的制冷剂。

不是所有制冷剂经压缩后，能用水冷却液化。例如，以丙烯为制冷剂构成的蒸气压缩制冷循环中，其冷凝温度可采用 38～42℃ 的环境温度（冷却水或空气冷却）。而在以乙烯为制冷剂构成的蒸气压缩制冷循环中，由于受乙烯临界点的限制，乙烯制冷剂不可能在环境温度下冷凝，其冷凝温度必须低于其临界温度（9.7℃），此时，可采用丙烯制冷循环为乙烯制冷循环的冷凝器提供冷量。要制取更低温度级的冷量，还需选用沸点更低的制冷剂。例如，选用甲烷作为制冷剂时，其临界温度为－82.59℃，则选用乙烯制冷循环为甲烷制冷循环的冷凝器提供冷量，如此构成如图 4-25 所示的甲烷-乙烯-丙烯三元复叠制冷循环系统。

复叠式制冷循环是能耗较低的深冷制冷循环，其主要缺陷是制冷机组多，又需要储存制冷剂的设施，相应投资较大，操作较复杂。而在乙烯装置中，之所以广泛采用复叠制冷循环，是因为所需制冷温度的等级多，所需制冷剂又是乙烯装置的产品，储存设施非常完善，同时复叠制冷循环能耗低等。

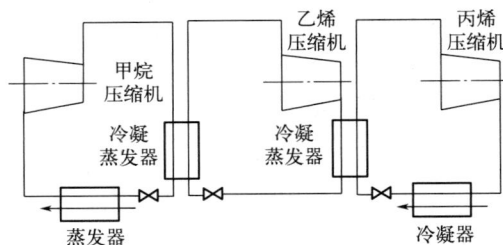

图 4-25 甲烷-乙烯-丙烯三元复叠制冷循环系统

2. 深冷分离流程

由于裂解气中含有的炔烃需要在分离流程中脱除，因此根据加氢脱炔烃在分离流程中分离各种烃馏分的位置安排，可分为不同的裂解气分离流程，但它们的共同特点都是先分离不同碳原子数的烃，再分离相同碳原子数的烯烃和烷烃。图 4-26 给出了五种裂解气深冷分离工艺流程框图，其中图 4-26(a) 为顺序分离流程，分离顺序是按 C_1、C_2、C_3 馏分进行切割的。先在脱甲烷塔塔顶分离出氢和甲烷，塔釜液则送至脱乙烷塔，在脱乙烷塔塔顶分离出乙烷和乙烯，塔釜液则送至脱丙烷塔，最终由乙烯精馏塔、丙烯精馏塔、脱丁烷塔分别得到乙烯、乙烷，丙烯、丙烷，混合 C_4、裂解汽油等产品。图 4-26(b) 和 (c) 是从乙烷开始切割分馏，通常称为前脱乙烷分离流程。图 4-26(d) 和 (e) 则是从丙烷开始切割分馏，通常称为前脱丙烷流程。又因为催化加氢脱炔在流程中的位置不同，所以又进一步分为前加氢和后加氢流程。顺序分离流程一般只按后加氢的方案进行组织，而前脱乙烷和前脱丙烷流程则既有前加氢方案，也有后加氢方案。图 4-27 是裂解气顺序分离的工艺流程图。

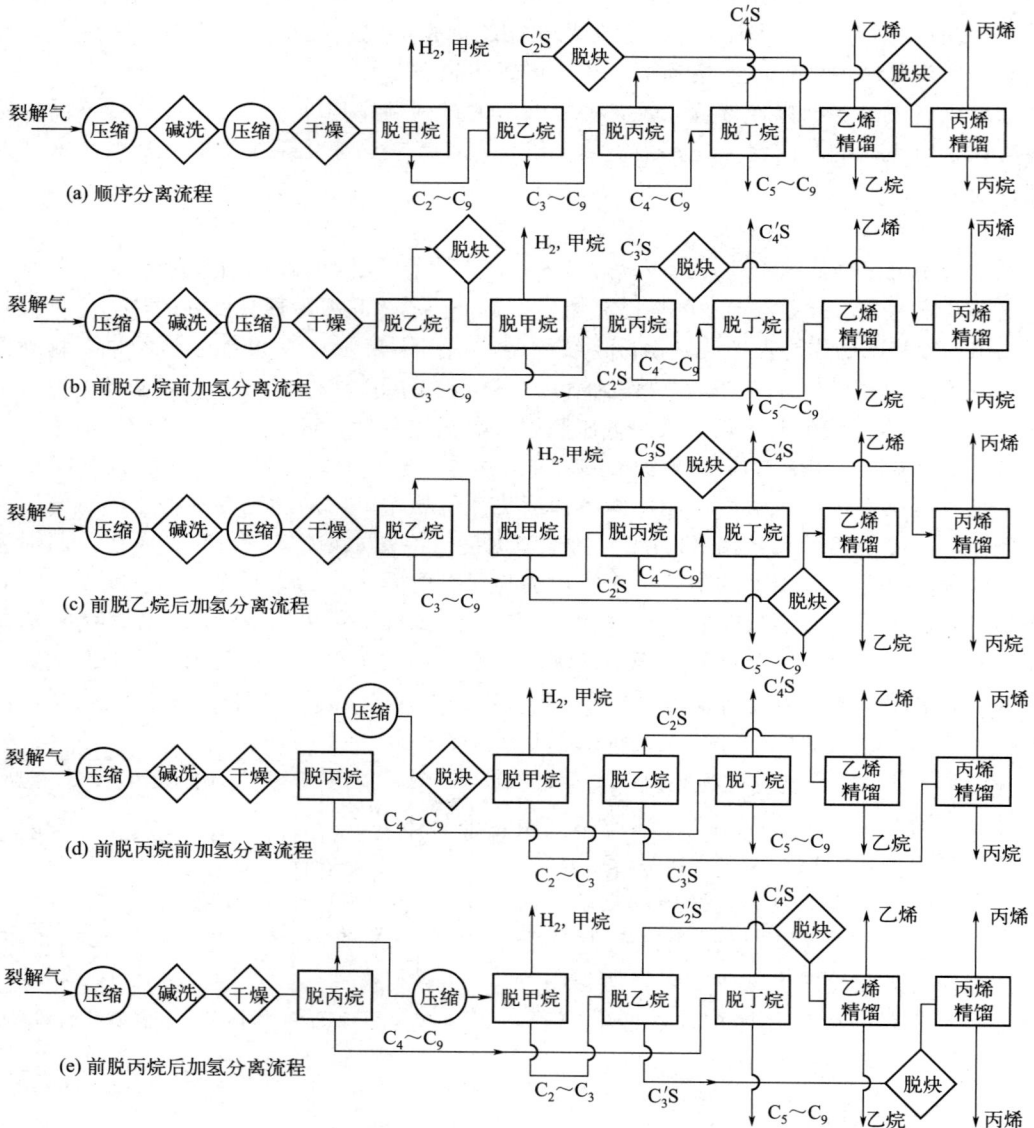

图 4-26　裂解气深冷分离工艺流程示意图（包括压缩与净化系统）

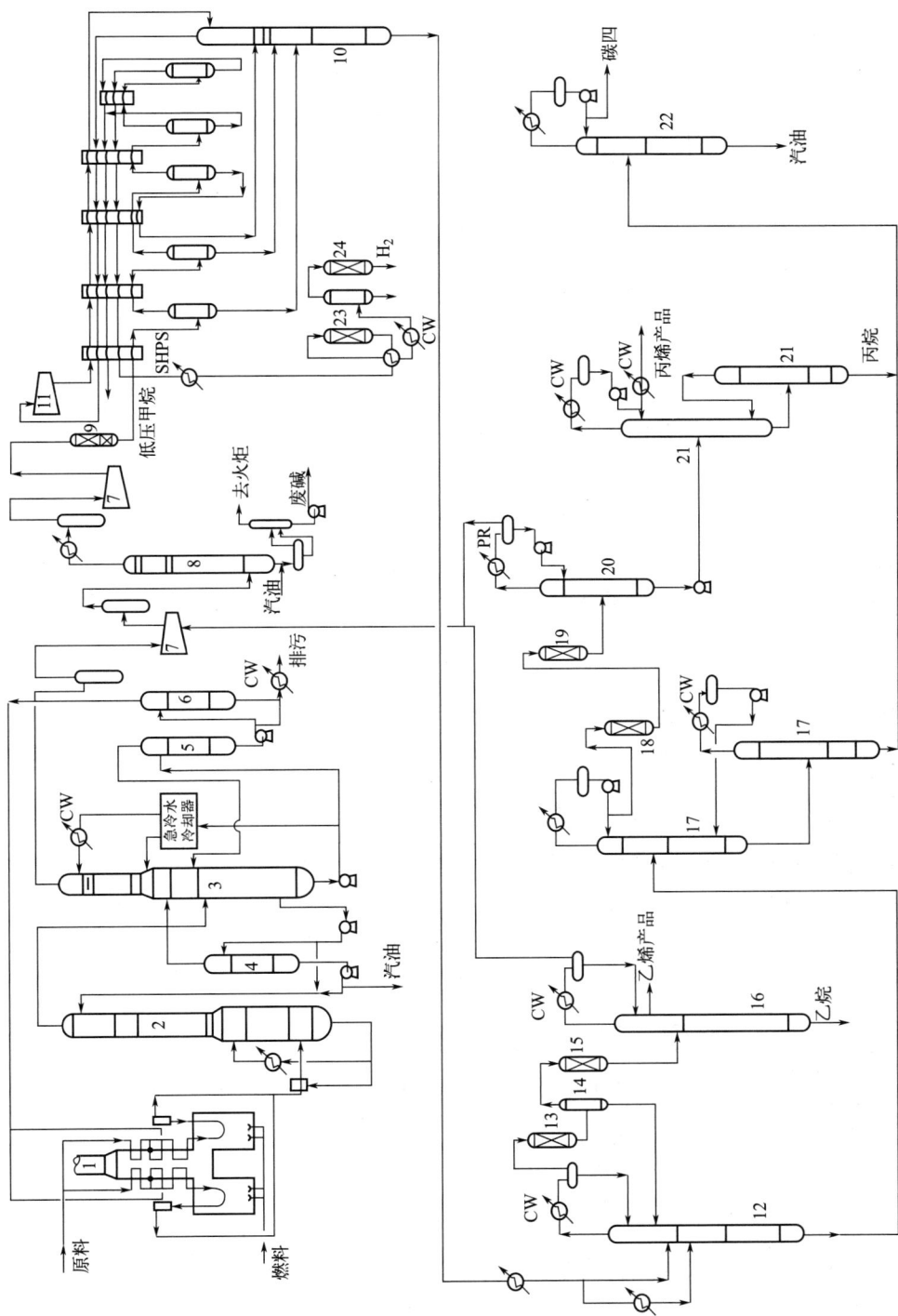

图 4-27 裂解气顺序分离工艺流程

1—裂解炉；2—急冷油塔；3—急冷水塔；4—汽油水提塔；5—工艺水汽提塔；6—稀释蒸汽发生器；7—裂解气压缩机；8—碱洗塔；9—裂解气干燥器；
10—脱甲烷塔；11—甲烷压缩机；12—脱乙烷塔；13—碳二加氢反应器；14—绿油吸收罐；15—乙烯干燥器；16—乙烯精馏塔；17—双脱丙烷塔；
18—丙烯干燥器；19—丙烯干燥器；20—轻组分汽提塔；21—碳三加氢反应器；21—双丙烯精馏塔；22—脱丁烷塔；23—甲烷化反应器；24—H_2 干燥器；

表 4-27 列出了上述三种分离流程中各分离塔的操作条件。由此可见，脱甲烷塔顶温度随操作压力而改变。因为升高塔的压力可提高乙烯的露点温度，对减少乙烯随甲烷和 H_2 从塔顶逸出是有利的。若设定塔顶乙烯的逸出量，那么升高塔的压力，可提高塔顶温度。反之，压力降低，则塔顶温度应降低。

表 4-27　典型深冷分离流程工艺操作条件比较

项目	顺序流程			前脱乙烷前加氢流程			前脱丙烷前加氢流程		
代表方法	Lummus 法			Lummus 法			Lummus 法		
流程顺序	压缩→脱甲烷→甲烷化→脱乙烷→加氢→乙烯塔→脱丙烯→C_3 加氢→丙烯塔→脱丁烷			压缩→脱乙烷→加氢→脱甲烷→乙烯塔→脱丙烯→丙烯塔→脱丁烷			压缩→脱丙烷→脱丁烷→压缩→加氢→脱甲烷→脱乙烷→丙烯塔→乙烯塔		
操作条件	顶温/℃	釜温/℃	压力/MPa	顶温/℃	釜温/℃	压力/MPa	顶温/℃	釜温/℃	压力/MPa
脱甲烷塔	−96	7	3.04	−120		1.16	−96.2	7.4	3.15
脱乙烷塔	−11	72	2.32		10	3.11	−74	68	2.80
乙烯塔	−30	−6	1.86			2.17	−28.6	−5	2.06
脱丙烷塔	17	85	1.34			1.76	−19.5	97.8	1.00
丙烯塔	39	48	1.65			1.15	44.7	52.2	1.86
脱丁烷塔	45	112	0.44			0.24	45.6	109.1	0.53

表 4-28 为高压和低压脱甲烷工艺条件和能耗的比较，由此可见，降低脱甲烷塔操作压力可以达到节能的目的。但是，由于操作温度较低，材质要求高，增加了甲烷制冷系统，使投资增大且操作复杂。因目前除 Lummus 公司采用低压脱甲烷法、KTI/TPL 法和 Linde 公司采用中压脱甲烷法外，其余大多数生产厂家仍广泛采用高压脱甲烷法。三种分离流程中，顺序分离流程技术比较成熟，流程的效率、灵活性和运转性能都好，对裂解原料适应性强，综合经济效益高。为避免丁二烯损失，一般采用后加氢，但流程较长，裂解气全部进入深冷流程一般适合于分离含重组分较少的裂解气，由于脱乙烷塔的塔釜温度较高，重质不饱和烃易于聚合，故也不宜处理含丁二烯较多的裂解气。脱炔可采用后加氢，但最适宜用前加氢，因为可以减少设备。操作中的主要问题在于脱乙烷塔压力及塔釜温度较高，会引起二烯烃聚合，发生堵塞；前脱丙烷分离流程因先分去 C_4 以上馏分，使进入深冷系统物料量减少，冷冻负荷减轻，适用于分离较重裂解气或含 C_4 烃较多的裂解气。可采用前加氢或后加氢，前者所用设备较少。

表 4-28　高压和低压脱甲烷工艺条件和能耗的比较

条件或能耗	项目	塔名	
		高压脱甲烷塔	低压脱甲烷塔
高低压脱甲烷工艺条件	塔顶压力/MPa	3.06	0.60
	塔釜压力/MPa	3.20	0.63
	塔顶温度/℃	−98.87	−135.92
	塔釜温度/℃	5.91	−53.26
	回流比	0.87	0.0914
	理论塔板数	42	41
	釜液中甲烷含量/%	0.072	0.002
	塔顶冷剂	乙烯(−102℃)	甲烷(−140℃)
	塔釜热剂	丙烯(18℃)	裂解气

条件或能耗	项目	能耗/kW
低压脱甲烷降低的能耗 （450kt/a乙烯装置）	裂解气压缩机	−400
	丙烯制冷压缩机	−2640
	乙烯制冷压缩机	−1920
	甲烷制冷压缩机	1000
	塔底泵	170
	共计降低能耗	3790

目前，世界上乙烯生产装置基本上都采用顺序分离流程。

3. 分离与精制流程中的关键设备

（1）脱甲烷塔

甲烷的脱除有深冷分离、油吸收和吸附分离三种方法，其中广泛使用的是深冷分离法。脱甲烷塔在深冷分离法中的主要任务是将裂解气中的甲烷和 H_2 与乙烯及比乙烯更重的馏分进行冷却分离。不凝的甲烷和 H_2 从塔顶分离出，从塔釜得到的 C_2 及 C_2 以上馏分送至脱乙烷塔。分离的轻关键组分是甲烷，重关键组分为乙烯。分离过程中，脱甲烷塔塔釜中甲烷的含量应该尽可能低，以利于提高乙烯的纯度。所以，脱甲烷塔是对乙烯回收率和纯度起着决定性作用的关键设备。

因为升高塔顶的压力可提高乙烯的露点温度，对减少乙烯随甲烷和 H_2 从塔顶溢出是有利的。为避免过低的制冷温度，应尽量采用较高的操作压力，但当压力达到 4.4MPa 时，塔底甲烷对乙烯的相对挥发度接近于 1，难以进行甲烷和乙烷的分离。

脱甲烷的工艺根据脱甲烷塔压力的不同可分为高压法、中压法及低压法三种。将操作压力为 3.0～3.2MPa 的称为高压脱甲烷，1.05～1.25MPa 称为中压脱甲烷，0.6～0.7MPa 称为低压脱甲烷。低压脱甲烷可以节约能量，是发展方向，但是由于操作温度较低，对塔的材质要求高，同时会增大甲烷制冷系统的投资。所以，目前大多数生产厂家仍采用高压法脱甲烷。

脱甲烷塔是乙烯装置中温度最低的塔，塔顶操作温度接近 −100℃，全塔温差大，消耗冷量也很大，其冷冻功耗约占全装置冷冻功耗的 50% 以上。如果采用高压脱甲烷工艺，脱甲烷塔又是乙烯装置中压力较高的塔，设计压力为 4.4～4.8MPa，设计温度为 −170～60℃，塔壳和内件的材料全部选用不锈钢。因此，脱甲烷塔是裂解气分离装置中投资最大、能耗最多的设备之一。

（2）乙烯精馏塔

乙烯精馏塔的主要任务是从混合 C_2 馏分中分离出合格的乙烯产品。

C_2 馏分经过加氢脱炔之后主要含有乙烷和乙烯，在乙烯精馏塔中进行精馏，从塔顶得到工业级乙烯，塔釜液是乙烷，乙烷将作为原料可以返回裂解炉进行裂解。

乙烯精馏塔操作的好坏直接影响着产品的纯度、收率和成本，同时由于乙烯精馏塔的温度仅次于脱甲烷塔，冷量消耗也仅次于脱甲烷塔，占制冷量的比例比较大，为 38%～44%。所以乙烯精馏塔是深冷分离装置中又一关键设备。

① 乙烷-乙烯的相对挥发度　乙烯对乙烷的相对挥发度随压力的下降而升高。在相同压力下，乙烯对乙烷的相对挥发度将随温度升高而升高，随乙烯摩尔分数的增加而下降。压力、温度、乙烯摩尔分数和相对挥发度的关系见图 4-28。

② 操作压力和操作温度　由于乙烯对乙烷的相对挥发度随操作压力的下降而升高，因

此，随操作压力的下降，在相同回流比之下所需理论塔板数减少，在相同塔板数之下所需回流比下降。乙烯精馏塔压力对回流比和理论塔板数的影响如图 4-29 所示。

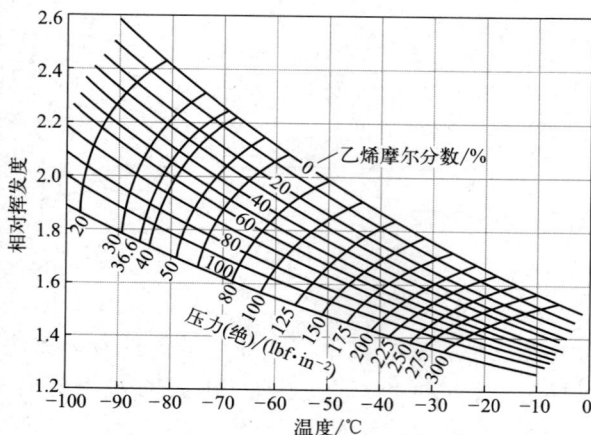

图 4-28　乙烯对乙烷的相对挥发度

$1lbf \cdot in^{-2} = 0.0069MPa$

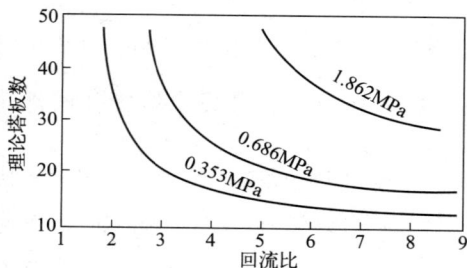

图 4-29　乙烯精馏塔压力对回流比和理论塔板数的影响

在相同塔板数的情况下，随着操作压力的下降，所需回流比降低，但塔顶冷凝温度也随之下降。低压乙烯精馏过程因降低回流比而节省冷冻功耗，但由于压缩功耗的增加，其总功耗仍比高压乙烯精馏过程的总功耗高。当乙烯精馏塔压力一定时，塔顶温度决定着出料组成。如操作温度升高，塔顶重组分含量相应会增加，产品纯度下降。如果温度太低，则浪费冷量，同时塔釜温度控制较低，塔釜轻组分含量升高，乙烯收率下降；如釜温太高，则会引起重组分结焦，对操作不利。需综合考虑。

③ 乙烯精馏塔典型工艺流程

a. 低压精馏开式热泵工艺流程。低压乙烯精馏塔操作压力一般为 0.5～0.8MPa，塔顶温度为 −60～−50℃，乙烯作为塔顶冷凝器的冷剂。

b. 高压乙烯精馏工艺流程。高压乙烯精馏塔操作压力一般为 1.9～2.3MPa，塔顶温度为 −35～−23℃，丙烯作为塔顶冷凝器的冷剂。

由于乙烯精馏塔操作温度较低，回流比较大，因此，由再沸器和中间再沸器可回收相当量的冷量。

④ 乙烯精馏塔的节能　乙烯精馏塔与脱甲烷塔相比，前者精馏段的塔板数较多，回流比大。乙烯精馏塔大的回流比对精馏段操作有利，可提高乙烯产品的纯度，对提馏段则不起作用。为了回收冷量，在提馏段采用中间再沸器装置，这是对乙烯精馏塔的第一个改进。

在后加氢工艺中，乙烯精馏塔的进料中还含有少量甲烷，它会带入塔顶乙烯馏分中，影响产品的纯度。因此，通常在乙烯精馏塔之前设置第二脱甲烷塔，将甲烷脱去后再作为乙烯精馏塔的进料。

（3）丙烯精馏塔

在顺序分离流程和前脱乙烷流程中，由脱丙烷塔塔顶获得含有丙烯、丙烷、丙炔（甲基乙炔和丙二烯）的 C_3 馏分，而在前脱丙烷分离流程中则由脱乙烷塔塔釜获得这样的 C_3 馏分，其可直接送至丙烯精馏塔分离，以获得化学级或聚合级的丙烯产品。

由于丙烯对丙烷的相对挥发度极低，接近于 1，很难分离，所以丙烯精馏塔需要的塔板数较多，回流比较大。早期采用高回流比和多塔板数的方式生产聚合级丙烯时，塔板数在200～240块。为了节省能耗，简化工艺流程，节省投资，广泛采用急冷水加热丙烯精馏塔再沸器技术。

丙烯精馏分为两种工艺流程：一种是低压精馏流程，多采用热泵系统；另一种是高压精馏流程，设计温度为－15～90℃，设计压力为2.15MPa。当丙烯精馏塔操作压力在1.6MPa以上，塔顶冷凝温度可达40℃，塔顶冷凝器采用冷却水冷却无需耗用冷冻量，对应的塔釜温度约50℃，可用急冷水或低压蒸汽加热。因此，用急冷水加热丙烯精馏塔再沸器，既节约热源，又节省急冷水水冷器中的冷却水用量。

4.3 对二甲苯、乙苯和苯乙烯

4.3.1 概述

(1) 芳烃生产的意义

芳烃是含苯环结构的碳氢化合物的总称。芳烃中的"三苯"（苯、甲苯、二甲苯，简称BTX）以及乙苯、异丙苯、十二烷基苯、萘、苯乙烯等是重要的基本有机化工产品，也是重要的有机化工原料，广泛用于合成树脂、合成纤维、合成橡胶等工业。例如聚苯乙烯、酚醛树脂、醇酸树脂、聚酯、聚醚、聚酰胺和丁苯橡胶等聚合物的生产都是以芳烃作原料的。另外，芳烃也是合成洗涤剂以及农药、医药、染料、香料、助剂和专用化学品等工业的重要原料。

(2) 重要芳烃的来源

工业上，芳烃主要来源于煤和石油，即来自煤高温干馏副产的粗苯和煤焦油、石脑油催化重整油及烃类裂解制乙烯副产的裂解汽油等，表4-29是不同来源的芳烃含量与组成。

表 4-29 不同来源的芳烃含量与组成

组分	组成（质量分数）/%		
	催化重整油	裂解汽油	焦化芳烃
芳烃	50～72	54～73	＞85
苯	6～18	19.6～36	65
甲苯	20～25	10～15.0	15
二甲苯（C_8 芳烃）	21～23	8～14	5
C_9 芳烃	5～9	5～15	—
苯乙烯	—	2.5～3.7	—
非芳烃	25～28	27～46	＜15

实际上，仅通过这些来源提取的对二甲苯、乙苯、苯乙烯等重要芳烃产品产量远远不能满足实际需求，因此，需进行工业生产。所用原料主要采用产量大且用途少的一些芳烃，如除对二甲苯之外的其他二甲苯、甲苯、苯以及其他原料。

本节重点介绍对二甲苯（PX）、乙苯和苯乙烯的生产方法及工艺流程。

4.3.2 C_8 芳烃异构化法生产对二甲苯工艺

工业上，C_8 芳烃通常是指二甲苯的三个异构体（邻、间和对二甲苯）和乙苯的混合物。C_8 芳烃来源不同，二甲苯的含量也各不相同（见表4-29），但是无论哪种来源，混合物中均以间二甲苯含量最多，通常是邻、对二甲苯两者的总和。

实际生产中对三种二甲苯的需求量各异，以对二甲苯的需求量为最大，它是生产聚酯纤维工程塑料不可缺少的原料；其次是邻二甲苯的需求，目前它是苯酐生产的主要原料；间二甲苯的含量虽然在 C_8 混合物中最高，但其直接作为原料使用的需求量极少。为了实现二甲苯异构体的供需平衡，增加对二甲苯和邻二甲苯产量，目前最有效的方法是通过 C_8 芳烃间的异构化反应，首先将间二甲苯转化为对位和邻位的二甲苯，然后进行对二甲苯或邻二甲苯的分离。

在进行异构化之前，通常先从 C_8 混合芳烃（平衡组成）中分离出对二甲苯或邻二甲苯，然后使余下的 C_8 芳烃非平衡物料通过异构化反应转化为邻、间和对二甲苯的平衡混合物，再进行分离，如此重复循环，以获得需要的目的产物。C_8 芳烃异构化法生产对二甲苯的工艺分两个部分，第一部分是 C_8 芳烃的异构化工艺，第二部分是将 C_8 芳烃异构化反应得到的混合二甲苯进行分离操作，由此得到所需的对二甲苯产品。

1. C_8 芳烃异构化原理及异构化工艺

（1）芳烃异构化反应

进行 C_8 芳烃异构化反应时，主反应包括三种二甲苯异构体之间的相互转化以及乙苯与二甲苯之间的转化，副反应包括芳烃歧化和加氢反应等。表 4-30 是 C_8 芳烃异构化反应的热效应及平衡常数值，表 4-31 是混合二甲苯反应的平衡组成与温度的关系。可以看出，C_8 芳烃异构化反应的热效应很小，因此温度对平衡常数的影响不明显。还可看出，平衡混合物中对二甲苯的平衡浓度最高只能达到 29.78%（摩尔分数），并随着温度升高逐渐降低；间二甲苯的含量总是最高，低温时尤为显著；邻二甲苯的含量随温度升高而增大。所以，C_8 芳烃异构化为对二甲苯的效率是受到热力学平衡所限制的。

表 4-30 C_8 芳烃异构化反应的热效应及平衡常数

反应	$\Delta H^{\ominus}(298K)/(J/mol)$	$\Delta G^{\ominus}(298K)/(J/mol)$	$K_p(298K)$
间二甲苯(气)→对二甲苯(气)	711.6	2260	0.402
间二甲苯(气)→邻二甲苯(气)	1785	3213	0.272
乙苯(气)→对二甲苯(气)	-11846	-9460	45.42

表 4-31 C_8 芳烃平衡混合物组成与温度的关系

温度/K	邻二甲苯	间二甲苯	对二甲苯	乙苯
350	17.6	51.54	29.78	1.08
600	21.58	50.12	22.38	5.92
800	22.85	45.75	20.60	10.80

（2）反应机理

① 二甲苯的异构化过程　二甲苯异构化的反应形式可能有两种情况。

一种是如式（4-37）所示的三种异构体之间的相互转化，另一种是如式（4-38）所示的连串式异构化反应。

$$间二甲苯 \tag{4-37}$$
$$邻二甲苯 \Longleftrightarrow 对二甲苯$$
$$邻二甲苯 \Longleftrightarrow 间二甲苯 \Longleftrightarrow 对二甲苯 \tag{4-38}$$

通过研究 SiO_2-Al_2O_3 催化剂上二甲苯异构化过程规律，发现邻二甲苯异构化的主要产物是间二甲苯；对二甲苯异构化的主要产物也是间二甲苯；而间二甲苯异构化的产物中邻二甲苯和对二甲苯的含量非常接近。因此认为二甲苯在该催化剂上异构化的反应历程是式(4-38) 所描述的串联式异构化反应。

对于间二甲苯非均相催化异构化的研究结果还表明，反应速率属于表面反应控制，其动力学规律与单分子层吸附反应机理相符合，反应速率方程式为

$$r_{异构} = \frac{k'}{1+K_A p_A}\left(p_A - \frac{p_B}{K_p}\right) \tag{4-39}$$

式中，p_A 为间二甲苯分压，MPa；p_B 为对位或邻位二甲苯分压；K_A 为间二甲苯在催化剂表面吸附系数，MPa^{-1}；K_p 为气相异构化平衡常数；k' 为间二甲苯异构化反应速率常数，$mol/(h \cdot MPa)$。表 4-32 列出了在 $SiO_2\text{-}Al_2O_3$ 催化剂上间二甲苯异构化的 k'。

表 4-32　间二甲苯异构化反应的 k'

温度/K	间→对 $k'/10^{-3} \times mol/(h \cdot MPa)$	间→邻 $k'/10^{-3} \times mol/(h \cdot MPa)$
644	0.0263	0.0189
700	0.118	0.089
755	0.4973	0.334

② 乙苯异构化过程　表 4-33 是在 Pt/Al_2O_3 催化剂上进行乙苯气相临氢异构化的实验结果。乙苯异构化速率比二甲苯慢，且受温度影响较大，温度越高，乙苯转化率愈小，二甲苯收率越低，这是因为乙苯按式(4-40) 所示的反应历程进行异构化。

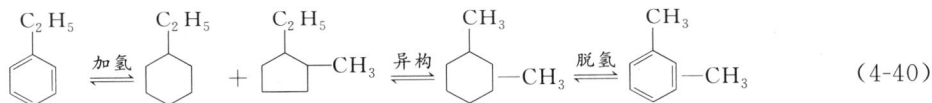

$$\tag{4-40}$$

表 4-33　反应温度对乙苯异构化的影响

反应温度/K	乙苯转化率(质量分数)/%	二甲苯收率(质量分数)/%
700	40.9	32.0
726	28.6	24.2
756	24.0	19.2
782	21.1	11.8

乙苯异构化过程包括了加氢、异构和脱氢等反应。而低温有利于加氢，高温有利于异构和脱氢，因此需对反应条件进行优化，以获得较高收率的二甲苯。

C_8 芳烃异构化所用的催化剂主要有：无定形 $SiO_2\text{-}Al_2O_3$、$Pt/SiO_2\text{-}Al_2O_3$、ZSM-5 分子筛和 $HF\text{-}BF_3$ 催化剂。

(3) 芳烃异构化工业方法

从催化重整油和乙烯装置中获得的 C_8 芳烃中 PX 含量仅为混合二甲苯总量的 1/4 左右。所以，为最大限度地生产 PX，需将其他 C_8 芳烃通过异构化反应生成 PX。

自 20 世纪 50 年代二甲苯异构化装置实现工业化以来，由于技术的不断发展，先后诞生了多种生产方法。目前的生产工艺主要有 UOP 公司的 Isomar 工艺、Exxon Mobil 公司的 MHAI 工艺和 Engelhard 公司的 Octafining 工艺。这三种工艺流程基本相似，均采用临氢固定床反应器，不同点在于催化剂布置方式及乙苯的处理方式。按照反应方式的不同，催化剂可分为乙苯转化型异构化催化剂和乙苯脱乙基型异构化催化剂。

临氢异构在异构化过程中需加氢，采用的催化剂可分为贵金属与非金属两类，广泛采用贵金属催化剂。贵金属催化剂虽然成本高，但能使乙苯转化为二甲苯，对原料适应性强。异

构化原料不需进行乙苯分离。

（4）C_8 芳烃异构化工艺流程

图 4-30 所示为典型的二甲苯异构化工艺流程，主要由三个单元组成，分别是原料准备单元、反应单元和分离单元。主要工艺设备包括加热炉、换热器、反应器、气液分离罐、精馏塔和 H_2 压缩机等。

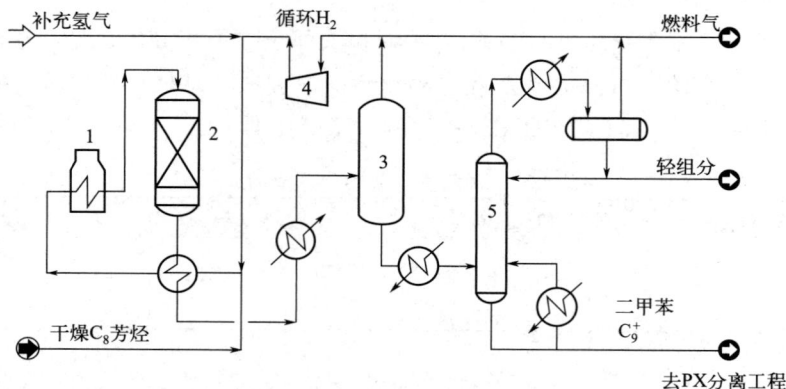

图 4-30　典型的二甲苯异构化工艺流程
1—加热炉；2—异构化反应器；3—气液分离罐；4—压缩机；5—脱轻组分塔

① 原料准备部分　由于催化剂对水不稳定，当异构化原料中含有水分时，必须先进入脱水塔（图中未画出）进行脱水处理。另外，由于二甲苯与水易形成共沸混合物，故一般采用共沸蒸馏脱水，使其含水的质量分数在 1×10^{-5} 以下。

② 反应部分　干燥的 C_8 芳烃与新鲜的及系统循环的 H_2 混合后，经换热器、加热炉 1 加热到所需温度后进入异构化反应器 2，反应器为绝热式径向反应器。反应条件为：反应温度 $390\sim440℃$，反应压力 $1.26\sim2.06MPa$，H_2 的摩尔分数为 $70\%\sim80\%$。循环氢与原料液的摩尔比为 6:1，原料液空速一般为 $1.5\sim2.0h^{-1}$。C_8 收率>96%，异构化产物中的对二甲苯的含量为 18%～20%（质量分数）。

③ 二甲苯产品分离部分　反应产物经换热后进入气液分离罐 3，H_2 从塔顶排出，大部分 H_2 经过压缩后返回异构化反应器 2 循环使用，为了维持系统内 H_2 浓度在 70%（摩尔分数）以上，少部分从罐顶排出系统。气液分离罐底部排出的液相产物经换热器加热后送至脱轻组分塔 5 脱去反应生成的轻馏分（主要是乙基环己烷、庚烷和少量苯、甲苯等），塔底的二甲苯和反应生成的 C_9^+ 重组分送至二甲苯塔除去 C_9^+ 重组分，二甲苯馏分则作为 PX 分离的原料。

2. 对二甲苯分离工艺

PX 分离是 PX 生产中难度较大的一个环节。由于异构化反应的产物是混合物二甲苯，而二甲苯的三种异构体的沸点非常接近，因此使分离非常困难。通常将来自三塔芳烃精馏流程（也称芳烃精馏工艺流程）的混合二甲苯作为原料，采用深冷精馏、变压吸附和结晶分离等精确分离工艺进行对二甲苯的分离，剩余的二甲苯返回系统作为循环原料。典型的芳烃精馏工艺流程详见第 3 章相关内容，本部分主要介绍其他两种分离方法。

（1）模拟移动床吸附工艺

模拟移动床吸附技术的 Parex 工艺自 1971 年被开发使用以来，已经成为国际上生产 PX 的领先技术，至 2006 年已被 88 套装置采用。利用分子筛吸附剂对 PX 具有强亲和力而与其

他 C_8 芳烃异构体具有弱吸附性的特性，从 C_8 芳烃中吸附并分离回收 PX。1987 年后设计的所有 Parex 新装置都能生产纯度达 99.9% 的 PX。

Parex 工艺采用经钡离子和钾离子交换的沸石 ADS-27 作为吸附剂，该吸附剂可以允许主要的原料成分进入其孔结构。其吸附室使用了模拟移动床的连续固定床吸附技术，通过移动吸附床的原料和解吸剂入口以及产品出口来实现。

图 4-31 所示为 UOP 公司 Parex 工艺的流程。混合二甲苯通过旋转阀的分配管线进入装填分子筛的固定床吸附塔，吸附床的移动是通过移动分配器的旋转部件而实现的物理上的模拟移动。分离在 $120 \sim 170℃$、适中压力下进行。抽出液进入抽提塔回收 PX，解吸剂从塔底流出。来自抽提塔的 PX 在精制塔中用循环甲苯洗涤纯化，由塔底得到高纯的 PX 产品。抽余液送到抽余液蒸馏塔，乙苯、间二甲苯和邻二甲苯从塔顶回收，解吸剂从塔底采出。抽余液蒸馏塔塔顶产品虽然可用作调和汽油原料，但通常是作为一套吸附/异构化一体化装置的异构化反应器的原料。解吸剂（一般是对二乙基苯）送到再处理塔，在该塔中分出一部分重组分杂质，以避免其积累。

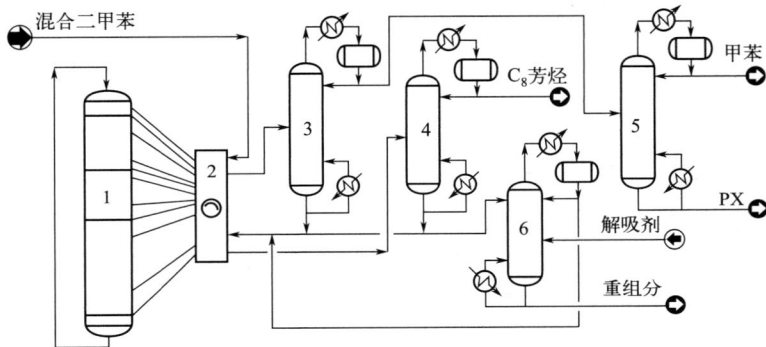

图 4-31　UOP 公司 Parex 工艺流程

1—吸附塔；2—旋转阀；3—抽提塔；4—抽余液蒸馏塔；5—精制塔；6—再处理塔

(2) 结晶分离工艺

Amoco 结晶分离工艺是美国生产 PX 的主要工艺，生产的 PX 占其总生产能力的一半以上，其工艺流程见图 4-32。

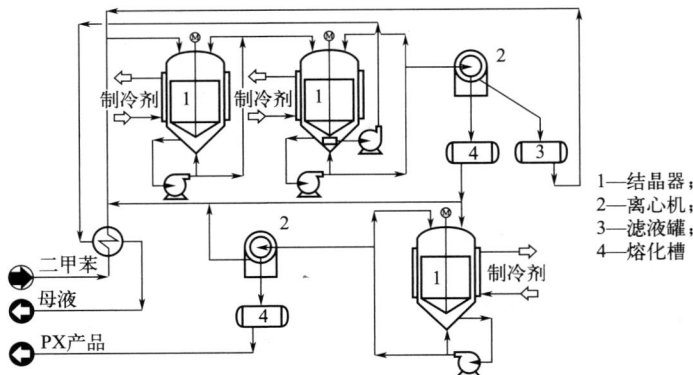

图 4-32　Amoco 结晶分离工艺流程

Amoco 工艺的第一段结晶为两台或多台结晶器串联使用，采用乙烯作为制冷剂进行间接制冷，每台结晶器内都装有旋转刮板。在第一段的最后一台结晶器安装有微孔金属过滤器，过滤后的母液由此排出，经与原料热交换后去异构化装置；剩余的浆液经一段离心机过滤后，滤液返回一段结晶的第一台结晶器中，滤饼重新熔融后送到第二段结晶器中。第二段结晶采用丙烷制冷，第二段结晶浆液经离心后，部分母液返回第二段结晶器以调节液固比，其余进入一段结晶器。该工艺的 PX 回收率为 71％。

4.3.3 苯烷基化制乙苯工艺

芳烃的烷基化是苯环上的一个或几个氢被烷基所取代生成烷基芳烃的反应，主要用于生产乙苯、异丙苯和高级烷基苯等产品，这些产品是重要的有机化工原料。在芳烃的烷基化反应中，以苯的乙基烷基化生产乙苯最重要。

乙苯的主要用途是利用其脱氢反应制取苯乙烯。因为苯乙烯是合成聚苯乙烯树脂的重要单体，另外苯乙烯还可与丁二烯、丙烯腈共聚制 ABS 工程塑料；与丙烯腈共聚合成 AS 树脂；与丁二烯共聚生成乳胶或合成橡胶等。此外，乙苯还是生产苯乙酮、乙基蒽醌、硝基苯乙酮、甲基苯基甲酮等的有机中间体。综合来看，乙苯成为除对二甲苯之外另一个重要的芳烃产品。

乙苯的工业生产方法主要是烷基化法和分离 C_8 芳烃法，工业上 90％的乙苯通过烷基化法生产。

1. 反应原理

苯与乙烯发生的烷基化反应按反应物的状态可分为气相法和液相法。液相法虽然反应条件温和，但存在强酸性络合物催化剂导致的设备腐蚀严重和废水需要处理等缺点，目前工业上大多采用气相烷基化工艺生产乙苯。式(4-41)～式(4-43)是气相法生产乙苯的主反应和副反应。

主反应

$$\Delta H_{298K}^{\ominus} = -106.6 \text{kJ/mol} \qquad (4\text{-}41)$$

副反应

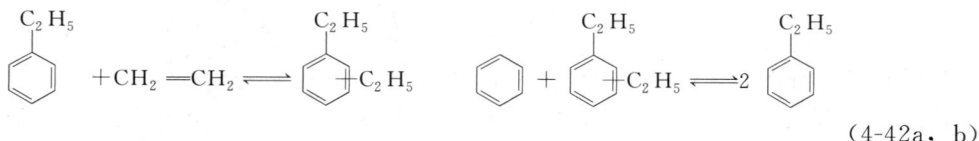

$$(4\text{-}42a，b)$$

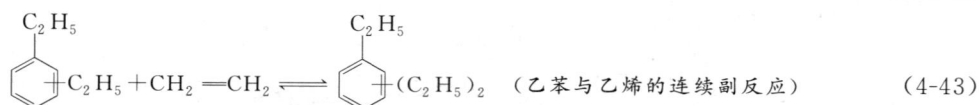

乙苯与乙烯的连续副反应 $\qquad (4\text{-}43)$

可以看出，苯的烷基化主反应是热效应很大的放热反应。热力学上，反应在较宽的温度范围内是有利的，只有当温度很高时才有较明显的逆反应发生。但是还应注意，副反应生成的二烷基苯和多烷基苯在热力学上也是有利的。随着苯环上烷基取代数目的增加，一方面芳烃的碱性随之增加，使烷基化速率加快；另一方面空间的位阻效应也增加，使进一步的烷基化速率减慢，故烷基苯的继续烷基化速率取决于两个效应为主的一方。所以，为了提高单烷基苯的收率，必须选择适宜的催化剂和反应条件，其中以控制原料苯和乙烯的用量比最为关键，以减少式(4-42) 和式(4-43) 等的副反应导致乙烯消耗并产生二烷基苯和多烷基苯等副产物。

苯与乙烯气相烷基化反应采用的催化剂是 ZSM-5 分子筛，属于中孔分子筛，也因其具有独特的交叉孔道结构和催化性能、良好的热稳定性和耐酸性、极好的疏水性和水蒸气稳定性等优点，广泛用于烷烃芳构化、芳烃烷基化、甲苯歧化等重要的化工过程。

2. 工艺流程

气相烷基化法生产乙苯的工艺流程由三部分组成，即原料预处理部分、烃化部分和分离部分。选择气-固相多段绝热式反应器作为烷基化的反应器，有利于反应热的移出。

图 4-33 所示为典型的气相烷基化法生产乙苯的工艺流程。以苯和乙烯为原料，反应在气-固相三段绝热式反应器中进行。生产工艺条件为：反应温度 370～425℃，反应压力 1.37～2.74MPa，乙烯的质量空速 3～5h^{-1}，催化剂为 ZSM-5 分子筛。

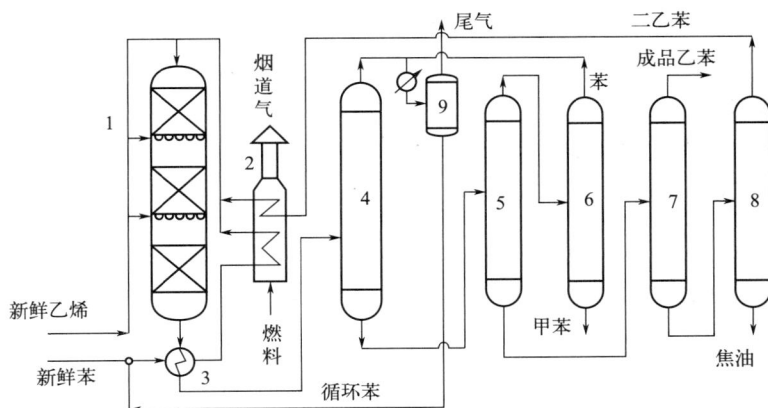

图 4-33　气相烷基化法生产乙苯工艺流程

1—多段绝热式反应器；2—加热炉；3—换热器；4—初馏塔；5—苯回收塔；
6—苯、甲苯塔；7—乙苯塔；8—多乙苯塔；9—气液分离器

新鲜液态苯和经苯回收塔（分馏塔）回收的循环苯与反应产物经换热器 3 换热后进入加热炉 2 汽化并预热至 400～420℃，先与经气化炉加热汽化的二乙苯混合，再与乙烯进料混合使苯与乙烯的分子比为 6～7，进入烷基化反应器 1 的顶部。反应后气体经换热器冷却后进入初馏塔 4，塔顶蒸出轻组分和少量苯，经换热冷凝后进入气液分离器 9，分离后的尾气排空，凝液为循环苯。初馏塔釜液进入苯回收塔 5，塔顶馏出液进入苯、甲苯塔 6，从塔顶得到的苯循环使用，塔釜的甲苯作为副产品引出。苯回收塔 5 的塔釜物料进入乙苯塔 7 进行乙苯与其他副产物的分离，塔顶可得到产品乙苯，塔釜液送入多乙苯塔 8。多乙苯塔 8 在减压下操作，塔顶采出的二乙苯返回烷基化反应器 1，塔釜焦油等重组分可作为燃料。

该法的优点是：①反应温度和压力较低、无腐蚀、无污染；②尾气及多乙苯塔釜重组分可作燃料；③乙苯收率高达 99.3%；④催化剂价廉、使用寿命超过 2 年；⑤生产成本低，设备投资少，不需要特殊合金钢设备，用低铬合金钢即可。

最主要的缺点是：苯和乙烯的原料配比高达 6～7，分子筛易结焦，须在 570℃ 和 1.05MPa 下频繁再生。所以为使生产能够连续进行，烷基化反应器设置两台，一开一备，催化剂采用器外再生。

4.3.4　乙苯催化脱氢制苯乙烯工艺

苯乙烯是广泛用于生产塑料、树脂、合成橡胶、药品、涂料及纺织品的重要原料，是仅次于聚乙烯（PE）、聚氯乙烯（PVC）、环氧乙烷（EO）的第四大乙烯衍生产品。苯乙烯的最大用途是生产聚苯乙烯（PS）。截至 2021 年底，全球苯乙烯总产能接近 3980 万吨/年，

中国苯乙烯产能 1478.9 万吨/年，已成为全球最大的苯乙烯产能国。2023 年苯乙烯产能已达 2086.5 万吨/年，预计在 2025 年中国将成为苯乙烯净出口国。

目前，工业上生产苯乙烯的方法主要有乙苯催化脱氢法、乙苯共氧化联产（PO/SM）法以及裂解汽油抽提回收苯乙烯法。乙苯催化脱氢法在苯乙烯的生产中占主导地位，约占苯乙烯总产能的 80%；乙苯共氧化联产法可同时获得两种产品（苯乙烯和环氧丙烷），近年来发展较快，约占苯乙烯总产能的 20%。近年来随着乙烯装置规模的大型化，裂解汽油中含有的苯乙烯的量不可忽视，因此分离回收苯乙烯的方法也受到重视。

本小节主要介绍乙苯脱氢制苯乙烯工艺，同时简单介绍乙苯共氧化联产（PO/SM）法联合生产苯乙烯与环氧丙烷的工艺以及裂解汽油苯乙烯抽提工艺。

1. 乙苯脱氢反应原理

（1）主、副反应热力学及动力学分析

主反应

$$\text{C}_6\text{H}_5\text{C}_2\text{H}_5 \rightleftharpoons \text{C}_6\text{H}_5\text{CH}=\text{CH}_2 + \text{H}_2 \qquad \Delta H^{\ominus}_{893\text{K}} = 124.8\text{kJ/mol} \qquad (4\text{-}44)$$

由主反应式(4-44)可知，乙苯脱氢生成苯乙烯的反应是强吸热、可逆且分子数增加的反应。一定程度上提高反应温度，降低反应压力，对脱氢主反应有利，但苯乙烯收率受化学平衡限制。由于低温时反应速率很低，升温可加快反应速率。所以无论是热力学还是动力学，升温对主反应都有利。

副反应

$$\text{C}_6\text{H}_5\text{C}_2\text{H}_5 + \text{H}_2 \longrightarrow \text{C}_6\text{H}_5\text{CH}_3 + \text{CH}_4 \qquad \Delta H^{\ominus}_{893\text{K}} = -65.1\text{kJ/mol} \qquad (4\text{-}45)$$

$$\text{C}_6\text{H}_5\text{C}_2\text{H}_5 \longrightarrow \text{C}_6\text{H}_6 + \text{C}_2\text{H}_4 \qquad \Delta H^{\ominus}_{893\text{K}} = 101.5\text{kJ/mol} \qquad (4\text{-}46)$$

$$\text{C}_6\text{H}_5\text{C}_2\text{H}_5 + 8\text{H}_2\text{O} \longrightarrow 8\text{CO} + 13\text{H}_2$$

$$\text{C}_6\text{H}_5\text{C}_2\text{H}_5 \longrightarrow 8\text{C} + 4\text{H}_2$$

$$\text{C} + \text{H}_2\text{O} \longrightarrow \text{CO} + \text{H}_2$$

$$\text{CO} + 2\text{H}_2\text{O} \xrightarrow{\text{Fe}} \text{CO}_2 + 2\text{H}_2$$

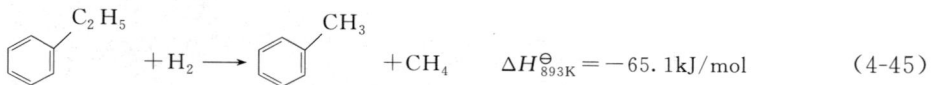

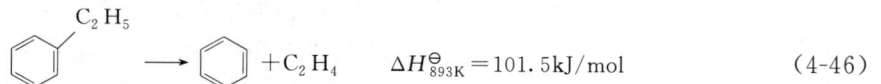

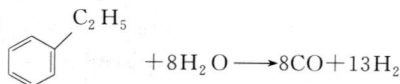

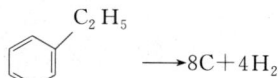

从副反应式(4-45)和式(4-46)以及其他副反应可知，副产物主要是苯、甲苯、甲烷、乙烯、一氧化碳、氢气和二氧化碳等，同时在过高的反应温度下还可能有炭的生成。在一定反应条件下，大部分副反应在热力学上也都是可进行的，升温可加快副反应速率，所以实际产物混合物的组成及分布取决于主副反应的相对速率，即反应选择性。

图 4-34 是乙苯脱氢过程中主、副反应的标准自由能变化曲线。高温有利于平衡向主产物转移，但是高温也加速裂解、氢解以及结焦等副反应。因此，在乙苯脱氢反应过程中，在采取高温措施的同时必须使用高性能催化剂来提高苯乙烯的选择性。

（2）催化剂及催化反应机理

自 20 世纪 30 年代以来，乙苯脱氢催化剂从初期的锌系、镁系很快被综合性能更好的铁系催化剂所替代，并沿用至今。

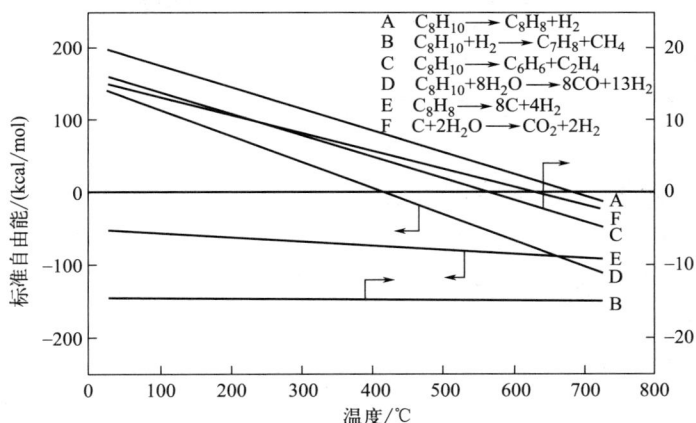

图 4-34 乙苯脱氢过程主、副反应的标准自由能（以 1mol 反应物为基准）

$$A \quad C_8H_{10} \longrightarrow C_8H_8 + H_2$$
$$B \quad C_8H_{10} + H_2 \longrightarrow C_7H_8 + CH_4$$
$$C \quad C_8H_{10} \longrightarrow C_6H_6 + C_2H_4$$
$$D \quad C_8H_{10} + 8H_2O \longrightarrow 8CO + 13H_2$$
$$E \quad C_8H_8 \longrightarrow 8C + 4H_2$$
$$F \quad C + 2H_2O \longrightarrow CO_2 + 2H_2$$

为了提高催化剂的性能，添加一些助剂如钾和铈等。钾可将催化剂的活性提高一个数量级，还可促进催化剂表面的消炭反应，钾的另一个作用是作为碱金属降低催化剂的酸性（酸性中心对生成苯有利）；铈是乙苯脱氢铁系催化剂中另一种重要助剂，可以提高催化剂的活性和选择性，铈也对催化剂组分起分散和稳定的作用，提高催化剂的热稳定性。此外，其他助剂也会对催化剂的性能产生影响。钼的引入能降低苯乙烯、苯、甲苯的生成速率，提高催化剂的选择性；镁的引入可提高铁离子的抗还原稳定性；钙的引入可提高催化剂的选择性和稳定性；锰也能起到结构助剂的作用，增加催化剂的比表面积，减少催化剂的积炭，延缓 $KFeO_2$ 热分解。

对于氧化铁系催化剂，有研究认为脱氢机理如图 4-35 所示。乙苯先在 $Fe^{(2\sim3)+}$ 上进行（$\mu_1 - \eta^6$）吸附，然后通过超共轭效应生成烯丙负基，在 K^+ 的氧配位基（O_{23}）上脱 α-H，并在另一铁离子（Fe_{20}）上脱 β-H，高温下吸附在（Fe_{19}）上的烯丙基异构化，由苯环上一个碳原子和乙基上的 α-及 β-碳原子组成新的烯丙基，最后脱附生成苯乙烯，Fe_{20}-H 和 O_{23}-H 作用生成 H_2。

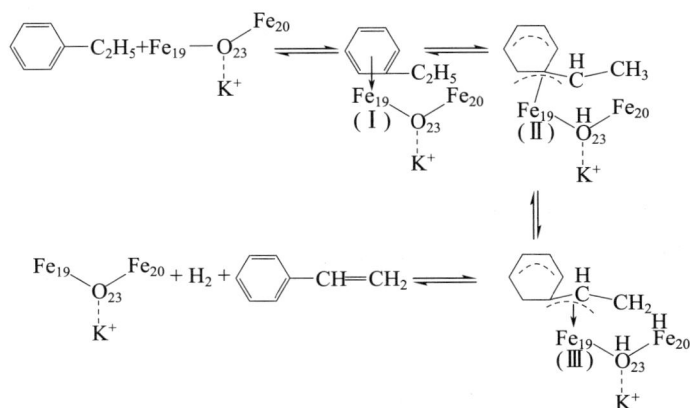

图 4-35 氧化铁系催化剂上乙苯脱氢反应机理示意图

乙苯脱氢生成苯乙烯反应属于气相大分子反应，分子扩散是影响反应的主要因素之一。为了有助于反应物和产物的扩散，催化剂需要具有较大的孔道。研究发现，催化剂使用后，孔径小于 50nm 的孔全部被积炭阻塞，而较大的孔则积炭较少，因此催化剂应具有小比表面积和大孔径的特点。

氧化铁系乙苯脱氢催化剂的失活有四个因素：①催化剂表面积炭；②钾的流失和迁移；③三价铁的还原；④局部高温导致催化剂物理结构的变化。这些因素均与温度有关，反应过程中应适当控制温度波动。

2. 反应器及乙苯脱氢反应的操作条件

(1) 乙苯脱氢反应器

乙苯脱氢制苯乙烯是气固相强吸热反应，工艺过程的基本要求是向反应系统连续供给大量热量，以保证反应在高温条件下进行。根据供热方式和温度情况，乙苯脱氢反应器的形式可以分为列管式等温反应器和绝热式反应器两种，这也是乙苯脱氢制苯乙烯工艺的主要差异。图 4-36 和图 4-37 分别是列管式等温反应器和绝热式反应器的示意图。世界上大多数苯乙烯生产装置采用绝热脱氢工艺，代表性工艺包括 Lummus/UOP Classic-SM™ 工艺、Lummus/UOP SmartSM™ 工艺、Fina/Badger 工艺、Dow 工艺以及中国石化 (Sinopec) 工艺，欧洲一些国家的苯乙烯生产装置采用等温脱氢工艺，如 BASF 的等温脱氢工艺。

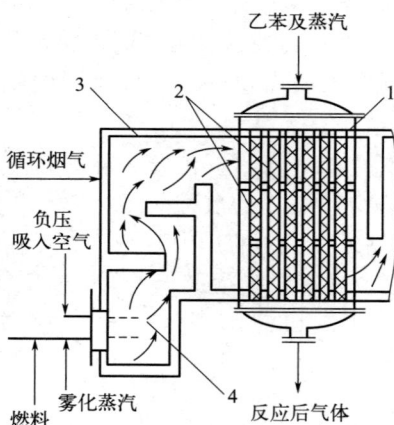

图 4-36　乙苯脱氢等温反应器示意图
1—列管反应器；2—圆缺挡板；3—耐火砖砌成的加热炉；4—燃烧喷嘴

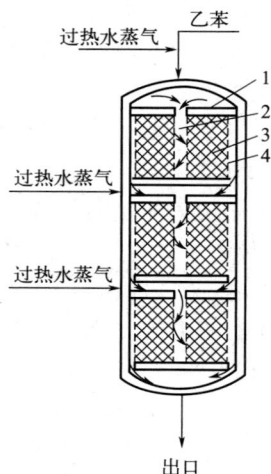

图 4-37　三段绝热式径向反应器示意图
1—混合室；2—中心室；3—催化剂室；4—收集室

(2) 乙苯脱氢反应的操作条件

以中石化开发的 GS-08 催化剂为例，在实验室负压二段绝热装置上考察影响反应的因素。

① 反应温度　表 4-34 是反应温度对乙苯脱氢反应的影响结果。一方面，升高反应温度，乙苯转化率提高，但副反应（指吸热副反应）也加剧，造成苯乙烯选择性降低，因此反应温度不宜过高。另一方面，从降低能耗和延长催化剂寿命角度考虑，在保证苯乙烯单程收率的前提下，应尽量采用较低的反应温度。兼顾两方面，工业上乙苯绝热脱氢反应器的进口温度一般控制在 615～645℃。

表 4-34　反应温度对乙苯脱氢反应的影响

反应温度/℃		反应结果	
第一反应器入口	第二反应器入口	乙苯转化率/%	苯乙烯选择性/%
605	610	64.35	96.82
615	620	68.59	96.11
620	625	70.24	95.84
625	630	72.49	95.57

② 压力　乙苯脱氢生成苯乙烯反应是分子数增加的可逆反应，因此降低反应物压力有利于苯乙烯的生成。对于给定反应温度和水烃比（水蒸气与烃的质量比）的情况下，压力对反应的影响见图 4-38(a)。可以看出，随着反应压力降低，乙苯转化率显著增加，选择性也在增加。另外，较高的反应物压力有利于苯乙烯的聚合，造成管道及设备堵塞。因此，降低反应物压力可在一定程度上抑制苯乙烯聚合。

综合考虑上述压力的影响，采用负压操作有利于提高苯乙烯的单程收率。目前，工业苯乙烯的生产普遍采用负压脱氢工艺，操作压力通常为 $40\sim60kPa$。

③ 水烃比　根据前述分析，降低压力对生成苯乙烯有利，采用抽真空操作可以降低压力，但不适合高温下操作，装置易漏进空气，发生爆炸。为保证乙苯脱氢反应在高温减压下安全操作，在工业生产中常采用加入水蒸气稀释剂的方法降低反应产物的分压，从而达到减压操作的目的。水的加入量通常用水烃比（水蒸气与烃的质量比）来表示。

水蒸气的作用主要有三方面：水蒸气的存在降低了反应物和反应产物的分压，提高乙苯转化率和苯乙烯选择性；对于绝热脱氢工艺，加入的过热蒸汽是反应热的载热体，为乙苯脱氢提供所需的能量；水蒸气可与催化剂表面的积炭发生水煤气变换反应生成 CO 和 CO_2，延长催化剂寿命，水蒸气也可防止催化剂的活性成分被还原为金属，有利于延长催化剂寿命。

图 4-38(b) 为水烃比对乙苯脱氢反应的影响，当固定反应温度和压力时，随着水烃比的增加，乙苯转化率和苯乙烯选择性均得到提高。虽然引入水蒸气有诸多益处，但是水蒸气加入量受到反应系统允许压降和能耗的制约。由于高温过热水蒸气的比容很大，加入量过大将增大反应物料的体积流量，从而增加系统压降，不利于降低反应区域的压力。此外，增加水蒸气加入量，也将增加能耗。目前，以较低的水烃比获得较高的苯乙烯收率作为评价乙苯脱氢工艺先进性的主要指标。工业上，乙苯脱氢反应负压绝热脱氢工艺的水烃比为 $1.1\sim1.5$（质量比）。

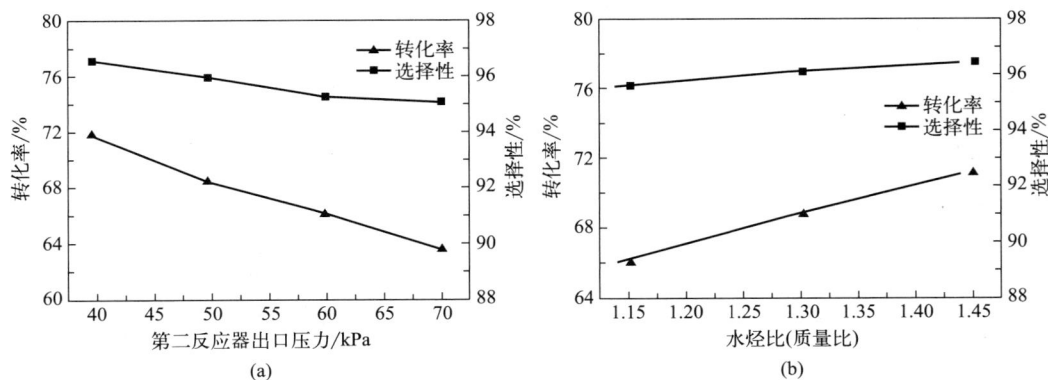

图 4-38　反应压力 (a) 和水烃比 (b) 对乙苯脱氢反应的影响

④ 液空速　液空速是催化剂性能的重要标志之一。从表 4-35 液空速对乙苯脱氢反应的影响结果看，在相同的反应温度、压力和水烃比条件下，随着空速增大（即乙苯和水蒸气投料量按比例同时增大，反应物料在反应器中停留时间缩短），乙苯单程转化率下降，苯乙烯的选择性略有上升，进而苯乙烯单程收率下降。此时，如果保持苯乙烯单程收率不变，则需升高反应温度。

表 4-35　液空速对反应转化率和选择性的影响

空速/h^{-1}	反应结果	
	转化率/%	选择性/%
0.4	68.92	96.04
0.5	68.59	96.11
0.6	67.97	96.53

工业上，在工艺允许范围内，尽可能采用较大的液空速进行生产，负压绝热脱氢工艺的乙苯液空速一般为 $0.35\sim0.4\text{h}^{-1}$。

3. 中石化乙苯催化脱氢制苯乙烯工艺流程

20 世纪 80 年代初，中国石化开始 GS 系列乙苯脱氢催化剂的开发，并逐渐形成了包括催化剂组成、制备、应用方案在内的具有自主知识产权的系列技术，已在中国 27 套苯乙烯装置上进行工业应用。

(1) 原料与产品

原料苯应满足《石油苯》国家标准 GB/T 3405—2011，原料乙苯符合《工业用乙苯》石化行业标准 SH/T 1140—2018，乙苯脱氢制苯乙烯产品外观无色透明液体，无机械杂质和游离水，规格达到《工业用苯乙烯》国家标准 GB/T 3915—2021。

(2) 工艺流程及组成系统

图 4-39 和图 4-40 组成中石化以 GS 催化剂为基础的乙苯脱氢生产苯乙烯的成套工艺。该流程主要由两个系统组成，分别是如图 4-39 所示的 L 形组合式换热器回收反应出料高温显热系统（反应系统）和图 4-40 所示的苯乙烯顺序分离共沸热回收节能工艺系统（分离系统）。

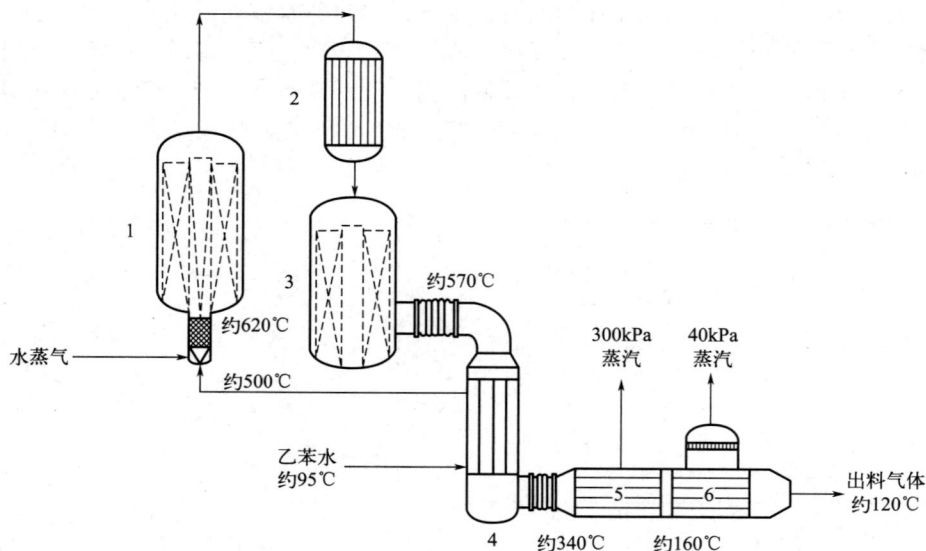

图 4-39　L 形组合式换热器回收反应出料高温显热流程示意图

1—第一反应器；2—中间再热器；3—第二反应器；4—乙苯过热器；5—低压废热锅炉；6—低低压废热锅炉

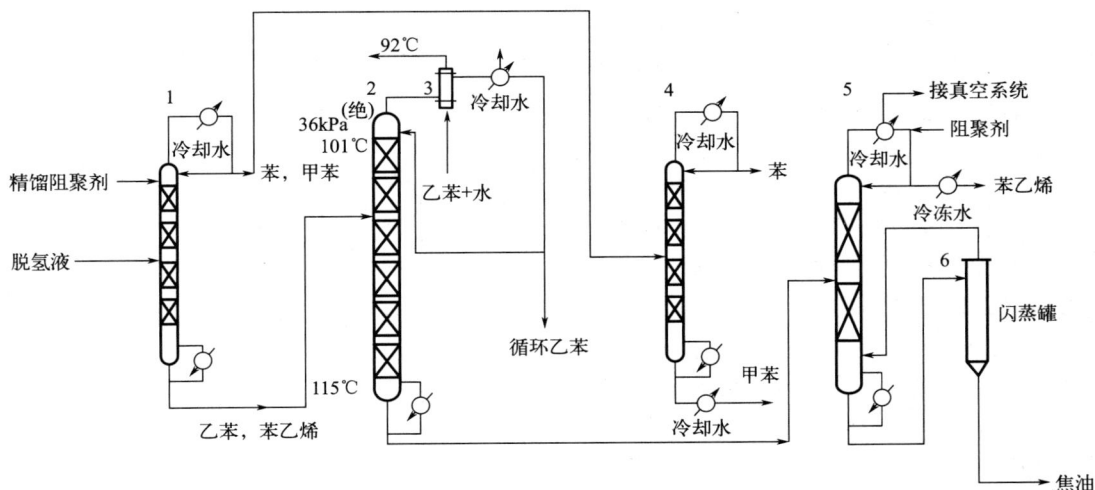

图 4-40　苯乙烯顺序分离共沸热回收节能工艺流程图

1—预分塔；2—乙苯/苯乙烯分离塔；3—乙苯/苯乙烯分离塔塔顶冷凝器；4—苯/甲苯分离塔；5—精苯乙烯塔；6—闪蒸罐

① 反应系统　反应系统的主要设备包括第一反应器、中间再热器、第二反应器、乙苯过热器、低压废热锅炉和低低压废热锅炉等，简单来说，该反应系统由两个反应器和四个换热器组成，在实现生产产品的同时，进行热量回收。

② 分离系统　分离系统的主要设备包括预分塔、乙苯/苯乙烯分离塔、苯/甲苯分离塔、精苯乙烯塔和闪罐等。该系统的任务是将来自反应单元的含有粗苯乙烯的脱氢液（含有苯、甲苯、乙苯、苯乙烯）进行分离，得到合格的苯乙烯产品，回收未反应的乙苯和水作为循环原料继续使用，另外还要分离出苯、甲苯等其他副产品。工艺上，采取顺序分离的方法使各组分得到分离。

这里的脱氢液是不含水的反应产物混合物，是来自反应系统的气态混合产物经冷却并在油水分离器中分离出其中水后得到的烃相混合物。（该过程未在流程中画出，类似于烃类蒸汽热裂解制乙烯工艺的预分馏单元）。

（3）工艺过程

该工艺采用 GS 型乙苯脱氢催化剂，操作压力 40～60kPa，第一反应器入口温度 620℃，第二反应器入口温度 630℃，水烃比 1.1～1.5（质量比），乙苯的液空速 $0.35～0.4h^{-1}$。

对于图 4-39 的反应单元，约 95℃的乙苯和水的混合液在乙苯过热器 4 与来自第二反应器 3 约 570℃的反应产物混合物进行间接换热，温度升到约 500℃后在第一反应器 1 的底部与补充水蒸气混合并过热至 620℃后进入第一反应器 1 的反应段，进行部分脱氢反应，该部分的反应热由过热蒸汽提供。反应物从中心径向向外通过催化剂床层并沿器向上排出进入中间再热器 2，加热至约 625℃后从第二脱氢反应器 3 的上部向下流动，并沿径向向外通过催化剂的床层继续脱氢反应，约 570℃的反应产物进入乙苯过热器 4 与乙苯、水混合物间接换热，温度降至 340℃先后进入低压废热锅炉 5 和低低压废热锅炉 6 中分别与水间接换热，最后出低低压废热锅炉 6 的反应气体混合物的温度降至约 120℃，进入油水分离器进行烃相和水相的分离（流程中未画出），所得的烃相混合物（即脱氢液）进入图 4-40 的分离系统，经顺序分离工艺得苯乙烯和其他芳烃产品。所谓顺序分离工艺，是指脱氢液先经预分塔 1 分离，塔顶将苯、甲苯等轻组分采出，塔釜为乙苯、苯乙烯和高沸物；该塔釜液进入乙苯/苯乙烯分离塔 2 进行减压精馏，塔顶（110℃，36kPa 绝压）采出乙苯作为循环原料返回反应系统，塔釜（115℃）主要为苯乙烯；塔釜苯乙烯再经精苯乙烯塔 5 进一步精馏得到苯乙烯产品。乙苯/苯乙烯分离塔塔顶冷凝器 3（乙苯/水蒸发器）应用恒沸热回收技术，用于蒸发原料乙苯和水的混合物，从而节省了大量水蒸气达到节能目的。

（4）工艺特点

① 主要设备 脱氢反应器是中国石化自主开发的乙苯脱氢成套技术中的关键技术之一，采用如图 4-41 所示的两个轴径向反应器。其设计原则是使流体在反应器内沿各流线流动时的停留时间相等，充分发挥反应器内催化剂的活性。轴径向反应器是一种新型的径向反应器，反应器的突出优点是：结构简化、装卸催化剂方便；反应器容积利用率

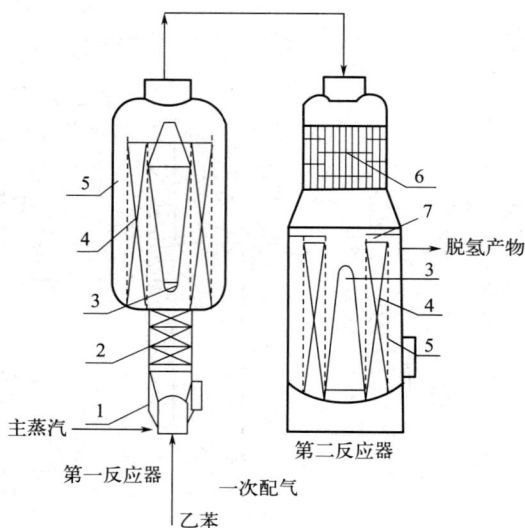

图 4-41 乙苯脱氢轴径向反应器示意图

1—喷射流混合器；2—静态混合器；3—导流锥；4—轴径向床层；5—收集器；6—中间换热器；7—催化剂封高度

提高，催化剂床中消除死区，有效减少副反应，提高催化剂利用率和反应选择性；采用薄床层径向流动技术，反应器压降小，更适应负压工艺要求及大型化要求。

乙苯脱氢轴径向反应器采用二维流动技术。第一脱氢反应器采用 Z 形离心式（由中心管向外环辐射流动）、流体下进上出的轴径向反应器，通过流体分布技术和优化的导流锥设计，保证了催化剂性能的充分发挥；第二脱氢反应器采用 π 形离心式（由中心管向外环辐射流动）、流体上进上出的轴径向反应器，通过流体分布技术和优化的分流流道与集流流道设计，既保证了催化剂性能的充分发挥，又采用反应器上出口，使得后续三联换热器中第一个高温换热器得以垂直设置，有效改善了传统换热器因热膨胀而引起的原料泄漏问题。

② L 形组合式换热器回收反应出料高温显热系统（反应系统） 该工艺方案的优点有以下四点：

a. 乙苯过热器改为立式放置后，换热管管束的热膨胀方向与换热器自重方向一致，乙苯过热器的滑动管板不再受换热管管束质量的影响，滑动管板与壳体圆筒不再发生直接接触，保证装置在开/停车及操作温度变动较大时也能正常滑动。

b. 换热器壳体底部聚合物以及结垢在壳侧四周增加均匀，不会累积在一侧而影响滑动管板的自由滑动。

c. 换热器壳体四周受力均匀，降低了对换热器壳体圆度的要求，换热器制造加工的难度降低。

d. 保留了原工艺热量回收率高的优点，且流程占地面积减小。

③ 顺序分离共沸热回收节能新工艺 由于采用顺序分离工艺，乙苯塔 2 的塔顶气中基本没有苯、甲苯等轻组分，塔顶冷凝器 3（乙苯/水蒸发器）的换热效果大为改善，乙苯分离塔的塔顶压力相比国外同类节能工艺可下降 3～5kPa，塔釜温度相应降低 2～5℃，苯乙烯在该塔塔釜的聚合损失可减少 20% 以上。该技术与传统技术相比，中压蒸汽与低压蒸汽耗量分别下降 87% 和 21%，苯乙烯装置综合能耗下降 15% 以上。

4.3.5 乙苯与丙烯共氧化法制苯乙烯工艺

1. 乙苯与丙烯共氧化反应原理

乙苯、丙烯共氧化法生成苯乙烯和环氧丙烷的反应包括三个步骤，即乙苯氧化生成乙苯氢过氧化物（EBHP）、丙烯与乙苯氢过氧化物反应生成 α-苯乙醇和环氧丙烷以及 α-苯乙醇脱水生成苯乙烯。

（1）乙苯过氧化反应

主反应

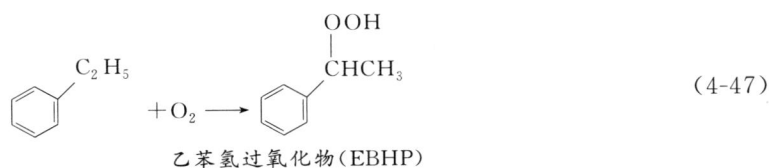

$$\tag{4-47}$$

副反应

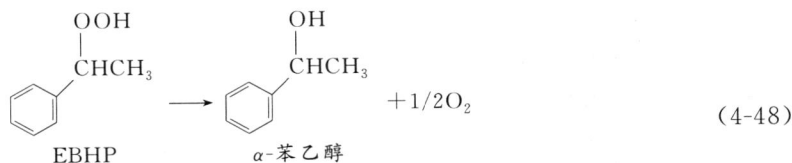

$$\tag{4-48}$$

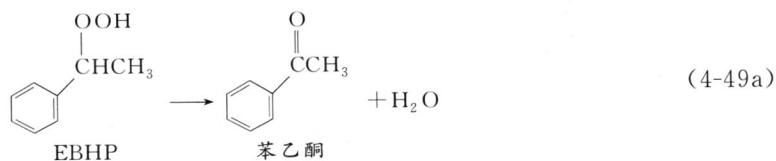

$$\tag{4-49a}$$

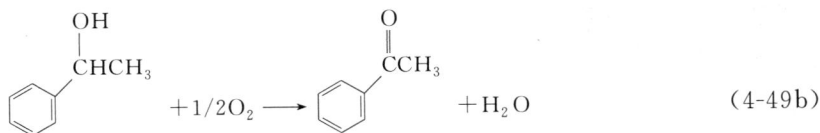

$$\tag{4-49b}$$

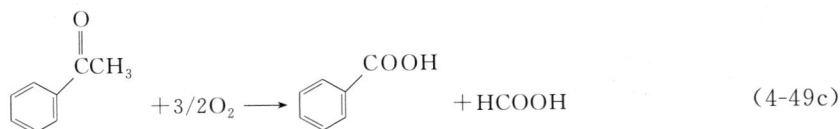

$$\tag{4-49c}$$

（2）丙烯与过氧化乙苯反应生成 α-苯乙醇和环氧丙烷

主反应

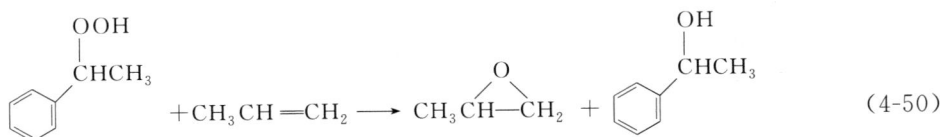

$$\tag{4-50}$$

副反应

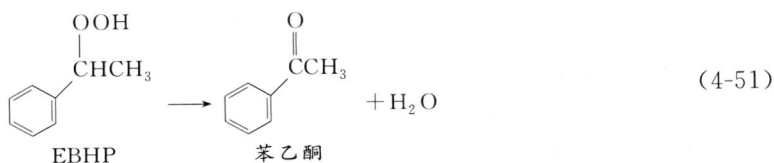

$$\tag{4-51}$$

$$\underset{\text{EBHP}}{\underset{\text{CHCH}_3}{\text{C}_6\text{H}_5}} \longrightarrow \underset{\alpha\text{-苯乙醇}}{\text{C}_6\text{H}_5\text{CHCH}_3} + 1/2\text{O}_2 \tag{4-52}$$

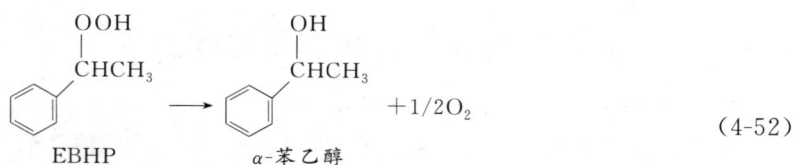

（3）苯乙酮加氢和 α-苯乙醇脱水生成苯乙烯

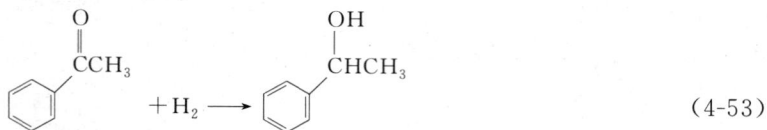

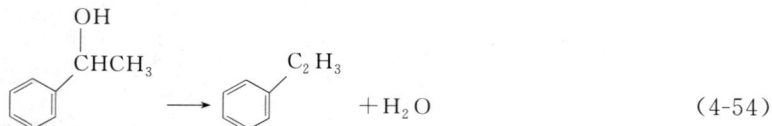

$$\underset{}{\text{C}_6\text{H}_5\overset{\text{O}}{\overset{\|}{\text{C}}}\text{CH}_3} + \text{H}_2 \longrightarrow \text{C}_6\text{H}_5\underset{\text{CHCH}_3}{\overset{\text{OH}}{|}} \tag{4-53}$$

$$\text{C}_6\text{H}_5\underset{\text{CHCH}_3}{\overset{\text{OH}}{|}} \longrightarrow \text{C}_6\text{H}_5\text{C}_2\text{H}_3 + \text{H}_2\text{O} \tag{4-54}$$

2. 乙苯与丙烯共氧化联产法（PO/SM 联产法）制苯乙烯工艺

（1）原料和产品

乙苯原料来自乙烯和苯经烷基化反应的产品，其组成列于表 4-36，表 4-37 是 PO/SM 联产法制得的苯乙烯产品质量指标。

表 4-36　乙苯原料的组成

组分	乙苯(质量分数)/%	苯(质量分数)/%	二甲苯/(μg/g)
数值	99.95	<0.001	<10

表 4-37　工业用苯乙烯产品规格（GB/T 3915—2021）

序号	项目		指标		序号	项目		指标	
			聚合级	工业级				聚合级	工业级
1	外观		清澈透明液体，无机械杂质和游离水		7	乙苯(w)/%	≤	0.08	报告值
2	纯度(w)/%	≥	99.8	99.6	8	阻聚剂(TBC)/(mg/kg)		10~15(或按需)	
3	聚合物/(mg/kg)	≤	10	50	9	苯乙炔/(mg/kg)	≤	报告值	
4	过氧化物(以过氧化氢计)/(mg/kg) ≤		50	100	10	总硫/(mg/kg)	≤	报告值	
5	总醛(以苯甲醛计)/(mg/kg)		100	200	11	水/(mg/kg)	≤	供需双方商定	
6	色度(铂-钴色号)/号		10	30	12	苯/(mg/kg)	≤	供需双方商定	

（2）工艺过程

1973 年第一套苯乙烯-环氧丙烷联产工业化装置在 Halcon 国际与 Enpetrol 公司的西班牙合资公司开车，因该工艺为 ARCO 公司和 Halcon 国际公司的合资公司 Oxirane 所拥有，故称为 Oxirane 工艺，1980 年 Oxirane 公司与 ARCO 公司合并，因此该工艺称为 ARCO 工艺。世界上拥有苯乙烯-环氧丙烷联产技术专利转让权的生产商主要有 Lyondell（原 ARCO）和 Shell 两家公司，PO/SM 联产工艺流程简图见图 4-42。

在 $130\sim160\text{℃}$ 和 $0.3\sim0.5\text{MPa}$ 条件下，乙苯先在液相反应器中与氧气反应被氧化生成乙苯氢过氧化物（EBHP），该反应不需要催化剂，但需添加碱性化合物调节反应混合物的 pH 值在 7 以上，可减少 EBHP 的分解。生成的 EBHP 经提浓到 17% 后进入环氧化工序，

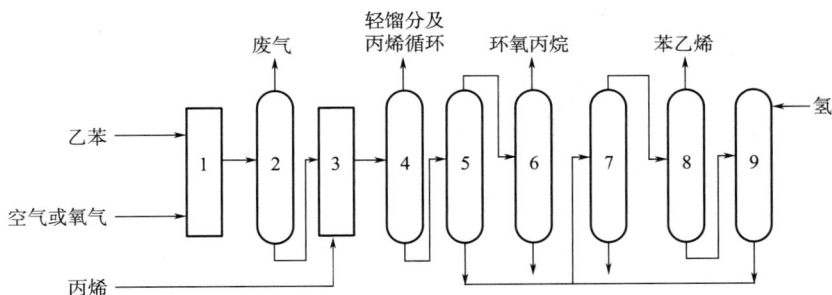

图 4-42 PO/SM 联产工艺流程图

1—过氧化塔；2—提浓塔；3—环氧化塔；4,5—分离塔；6—环氧丙烷提浓塔；

7—α-苯乙醇脱水塔；8—苯乙烯提浓塔；9—苯乙酮加氢器

在 115℃和 3.74MPa 条件下，与丙烯发生环氧化反应生成环氧丙烷和 α-苯乙醇。环氧化反应使用的催化剂为环烷酸的钠和钼混合型催化体系，EBHP 的转化率为 99%，以 EBHP 计的环氧丙烷的选择性为 85%，α-苯乙醇和苯乙酮的选择性为 93%。环氧化反应液经过蒸馏得到环氧丙烷，α-苯乙醇在 260℃、常压条件下脱水生成苯乙烯。脱水反应在酸性催化剂的作用下进行，当苯乙醇的转化率为 95%时，苯乙烯的选择性可达 95%。反应产物中苯乙烯与环氧丙烷的质量比为 2.5∶1。

（3）工艺特点

PO/SM 联产法的特点是反应温度条件缓和，将乙苯脱氢的吸热反应和丙烯氧化的放热反应耦合起来，节省能量，同时联产苯乙烯和环氧丙烷两种重要的有机化工产品。该方法的不足之处在于 PO/SM 联产工艺的分离过程较为复杂，原因是该工艺的副产烃类氧化物如酮类可能影响苯乙烯的聚合及色泽，需要复杂的分离工艺以达到苯乙烯产品要求。而且一次性投资成本大，不宜建设中、小型装置，且两种产品的产量比例无法调节，必须同时考虑两种产品的市场需求。

4.3.6 裂解汽油抽提回收苯乙烯工艺

来自乙烯装置的裂解汽油中也含有一定量的苯乙烯，依据裂解原料的不同，其中的苯乙烯质量分数一般为 3%～5%。在现有裂解汽油加工流程中，所含的苯乙烯经加氢生成乙苯，这种富含乙苯的 C_8 馏分，或供给下游 PX 装置作为原料、作为溶剂或作为汽油调和组分，但是当苯乙烯总量较大时，易造成苯乙烯资源的浪费。如果在裂解汽油加氢之前，将苯乙烯进行回收，可使资源得到充分利用。

1. 原料、产品及苯乙烯回收原理

裂解汽油抽提回收苯乙烯装置的原料为裂解汽油 C_8^+ 馏分，其典型组成列于表 4-38。该工艺所得产品苯乙烯的纯度（质量分数，余同）达 99.87%，杂质中主要是 0.01%的乙苯和 $7\mu g/g$ 的过氧化物，不含聚合物，产品规格达到国家标准 GB/T 3915—2021。

表 4-38 原料油组成（质量分数/%）

组分	甲苯	乙苯	间、对二甲苯	邻二甲苯	苯乙烯	茚	萘	双环戊二烯	其他
数值	0.05	5.11	15.76	6.43	15.62	6.73	1.24	12.31	36.74

本工艺采用以环丁砜为主要成分的高选择性复合溶剂作为萃取剂，采用 C_8 芳烃抽余油作为反萃剂，以除去苯乙烯低聚物和中聚物，并采用无机酸作为脱色剂，脱除因其中的微量共轭二烯烃所造成粗苯乙烯的黄色。

2. 裂解汽油抽提回收苯乙烯工艺流程

（1）工艺流程组成单元及工艺过程

图 4-43 是裂解汽油苯乙烯抽提工艺流程图。裂解汽油抽提回收苯乙烯的工艺包括原料预处理、抽提蒸馏及苯乙烯脱色精制三部分，即原料预处理单元、抽提蒸馏单元及苯乙烯脱色精制单元。苯乙烯抽提装置的主要设备为 C_8 切割塔、加氢反应器、抽提蒸馏塔（ED塔）、溶剂回收塔和苯乙烯精制塔，其主要操作参数列于表 4-39。其中 D、F、R、S、W 分别表示塔顶采出、原料、塔顶回流、溶剂以及汽提水的质量流量。

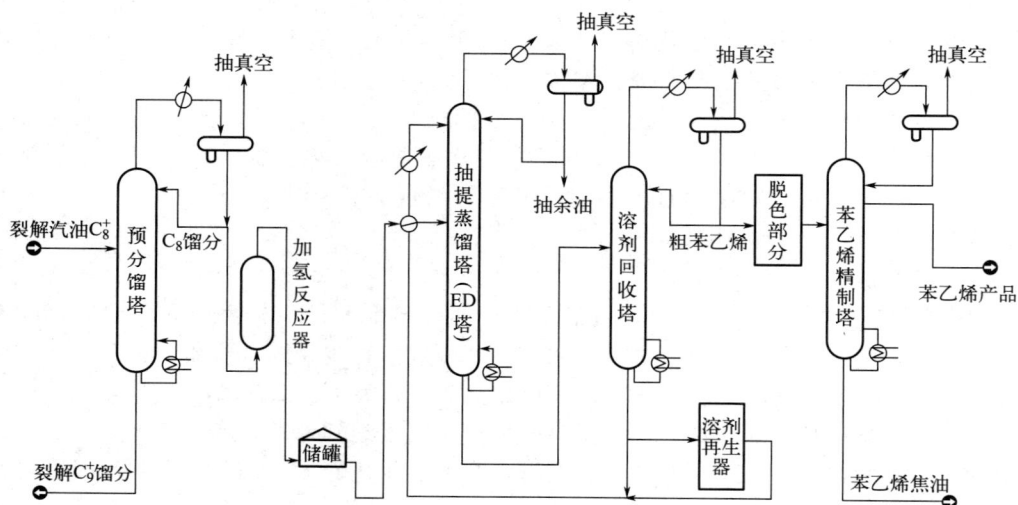

图 4-43　裂解汽油苯乙烯抽提工艺流程图

表 4-39　各设备的主要操作参数

塔名称	项目	操作参数	塔名称	项目	操作参数
C_8 切割塔	塔顶压力/kPa	−85	溶剂回收塔	塔顶压力/kPa	−86
	回流比（R/D）	1～3		汽提水比（W/S）	0.040
	塔顶温度/℃	85～95		回流比（R/D）	1.2
	塔底温度/℃	120～130		塔顶温度/℃	50～60
加氢反应器	压力/MPa	0.35		塔底温度/℃	130～140
	温度/℃	40	精制塔	塔顶压力/kPa	−90
抽提蒸馏塔	塔顶压力/kPa	−85		回流比（R/D）	1.5
	溶剂比/（S/F）	2～5		塔顶温度/℃	70～80
	塔顶温度/℃	70～80		塔底温度/℃	90～100
	塔底温度/℃	125～130			

① 预处理（预分馏）单元　由预分馏塔及苯乙炔加氢反应器组成。预分馏塔的任务是切出富集苯乙烯的 C_8 馏分，作为选择性加氢单元的进料；选择性加氢的目的是除去 C_8 馏分中的苯乙炔，反应器采用镍系催化剂。来自乙烯装置的 C_8^+ 馏分与预分馏塔塔底的 C_9^+ 馏分换热后进入预分馏塔，经过精馏富集，苯乙烯浓度（质量分数）为 $30\%～45\%$ 的 C_8 馏分

从塔顶蒸出，经冷凝冷却后，一部分作为塔顶回流，一部分作为苯乙炔加氢反应器的进料，预分馏塔底部采出的重组分经换热冷却后送出界区。来自预分馏塔顶部的 C_8 馏分一般含有 0.5% 左右的苯乙炔，与循环液合并进入苯乙炔加氢反应器底部，反应温度为 35～60℃，压力为 0.4MPa，从加氢反应器流出的反应产物经气液分离后，液相作为抽提进料进入抽提蒸馏塔。

② 抽提蒸馏单元　由抽提蒸馏塔、溶剂回收塔及溶剂再生塔组成，主要作用是实现苯乙烯与其他 C_8 芳烃分离。ED 塔为填料塔，设有多段规整填料。来自选择性加氢反应器的 C_8 馏分进入 ED 塔的中部，贫溶剂进入 ED 塔上部。经过萃取精馏，塔顶蒸出的 C_8 芳烃一部分回流，一部分（抽余油）作为副产品送出装置。ED 塔底富溶剂进入溶剂回收塔实现溶剂回收和粗苯乙烯的分离，溶剂（贫溶剂）循环使用，粗苯乙烯送苯乙烯精制部分的脱色精制单元。为了维持溶剂的纯度和抽提性能，抽提部分设有抽余油反萃和降膜蒸发溶剂再生两个系统，分别用于脱除溶剂中的聚合物及溶剂中的其他高沸点杂质。

③ 脱色精制单元　包括脱色塔及苯乙烯精馏塔，主要作用是脱去粗苯乙烯的颜色和进行苯乙烯精制。来自抽提单元的粗苯乙烯在脱色单元经过浓硝酸处理、碱中和以及水洗后进入苯乙烯精制塔，塔顶全回流，侧线抽出苯乙烯产品。

（2）工艺关键技术

采用高选择性复合溶剂并开发了先进的抽提蒸馏塔的降温技术、抽余油反萃脱除溶剂中聚合物技术、降膜蒸发溶剂再生技术及高效阻聚剂及其注入等技术，使生产操作稳定，提高产品质量。

4.4　环氧乙烷和乙二醇

4.4.1　概述

烃类氧化反应是化学工业中一大类重要反应，它是生产化工原料和中间体的重要反应过程。其氧化产品除了各类有机含氧化合物，如醇、醛、酸、酯、环氧化合物和过氧化物等外，还包括有机腈和二烯烃等。这些产品大多是有机化工的重要原料和中间体，有些是三大合成材料的单体，有些是用途广泛的溶剂，在化学工业中占有重要的地位。

1. 烃类氧化反应的特点

（1）氧化剂

在烃类或其他有机化合物分子中引入的氧化剂种类很多。对于产量大的化工生产而言，具有重要价值的氧化剂是气态氧，可以是空气或纯氧。以来源丰富的气态氧作为氧化剂时，无腐蚀性，但氧化能力较低，一般采用催化剂，有的还须同时采用高温。以空气为氧化剂的优点是氧化剂容易获得，但动力消耗大，废气排放量大。用纯氧作氧化剂的优点是反应设备体积小，但需空分装置。以气态氧为氧化剂，无论是"物料-氧"或"物料-空气"体系，都在很广的浓度范围内易燃易爆，故在工艺条件的选择与控制方面必须注意爆炸极限的问题。表 4-40 所列为某些烃类物质与空气混合物的爆炸极限。氧化反应的这一特点，在设计反应器时必须特别重视，设备上须开设防爆口，设置安全阀或防爆膜，每年必须定期校验。其他的安全措施有：物料配比必须避开爆炸极限，严格控制产物浓度、降低转化率以避开爆炸极限，车间环境设置自动报警系统，禁止明火。

表 4-40　某些烃类物质与空气混合物的爆炸极限

化合物	氨气	H_2	乙炔	乙烯	丙烯	环氧乙烷
与空气混合(下限~上限)体积分数/%	16~27	4.5~74.5	2.3~82	3.05~28.6	2.0~11.1	3~80
化合物	丙烯腈	二氯乙烷	环己烷	苯	甲醇	乙醛
与空气混合(下限~上限)体积分数/%	3~17	6.2~15.9	1.3~8.4	1.4~9.5	6.72~36.5	4~57

（2）强放热反应

氧化反应是强放热反应，尤其是完全氧化反应，其释放的热量要比部分氧化反应大 8~10 倍。故在氧化反应过程中，反应热的移走非常关键。如反应热不能及时移走，将会使反应温度迅速上升，必然会导致大量完全氧化反应发生，选择性显著下降，致使反应温度无法控制，甚至发生爆炸。

（3）氧化途径复杂

烃类及其绝大多数衍生物均可发生氧化反应，且多由串联、并联或两者组合而形成复杂的反应体系网络，由于催化剂和反应条件的不同，氧化反应可经过不同的反应途径，转化为不同的反应产物。而且这些产物往往比原料的反应性更强，更不稳定，易于发生深度氧化，最终生成 CO_2 和水。以式(4-55)丙烯氧化反应为例。

$$CH_2=CHCH_3 + O_2 \begin{array}{l} \xrightarrow{\text{催化剂}1} CH_3CH=CHOH \\ \xrightarrow{\text{催化剂}2} CH_3CCH_3 \\ \qquad\qquad \overset{O}{\|} \\ \xrightarrow{\text{催化剂}3} CH_2=CHCOOH \\ \xrightarrow{\text{催化剂}4} CH_2=CHCHO \end{array} \Bigg\} \longrightarrow CO_2 + H_2O \qquad (4\text{-}55)$$

当采用不同的催化剂时，可以得到不同的产物，因此反应条件和催化剂的选择非常重要，其中催化剂的选择是决定氧化路径的关键。

（4）反应不可逆

对于烃类和其他有机化合物而言，氧化反应的 $\Delta G \ll 0$，因此反应为热力学不可逆的，不受化学平衡限制，理论上单程转化率可达 100%。但对许多反应，为了保证较高的选择性，转化率须控制在一定范围内，否则会造成深度氧化而降低目的产物的产率。如丁烷氧化制顺丁二酸酐（简称顺酐），一般控制丁烷转化率为 85%~90%，以保证生成的顺酐不被继续深度氧化。

2. 烃类催化氧化反应的主要类型

按反应物的相态来说，氧化反应可分为均相催化氧化和非均相催化氧化反应。均相催化反应体系中反应组分与催化剂的相态相同，而非均相催化氧化体系中反应组分与催化剂以不同相态存在。目前，化学工业中采用的主要是非均相催化氧化过程，均相催化氧化过程工业上较少。

（1）均相催化氧化反应

① 反应特点　均相催化氧化反应通常为气-液相氧化反应，习惯上称为液相催化氧化反应。工业上常用催化自氧化和配位催化氧化两类反应。乙醛氧化制醋酸，高级烷烃氧化制脂肪酸等氧化技术在工业上应用较早，这类氧化反应常用过渡金属离子作为催化剂，具有自由基链式反应特点，是典型的催化自氧化反应。这类反应的特征是，反应初期属于非催化氧化反应，由于没有足够浓度的自由基诱发反应，因此反应具有较长的诱导期。催化剂能加速链的引发，促进反应物引发生成自由基，缩短或消除反应诱导期，因此可大大加速氧化反应。已经实现工业化的乙烯均相催化氧化制乙醛的瓦克（Wacker）法是均相配位催化氧化反应的典型实例。所用催化剂是 $PdCl_2\text{-}CuCl_2\text{-}HCl$ 水溶液，在反应过程中，烯烃与 Pd^{2+} 先形成

活性配位化合物，然后转化为产物。这类反应中，除乙烯氧化生成乙醛外，其他烯烃氧化后均生成相应的酮。

② 均相催化氧化反应器　均相催化氧化反应大多采用搅拌鼓泡釜式反应器和各种形式的鼓泡反应器。以空气或氧气作为氧源，氧气通过气液相界面进行传质，进入液相后发生氧化反应。通常液相一侧的传质阻力较大，为减小该部分阻力，常用的方法是让液相在反应器内呈连续相，同时反应器必须能提供充分的氧接触表面，并具有较大的持液量。根据反应热的大小，可设置内冷却管或外循环冷却器等来除去反应热；对于反应速率较快的体系，为避免在入口附近发生"飞温"现象，还可采用加入循环导流筒等措施来快速移走反应热。

对于搅拌鼓泡反应器，在搅拌的作用下，气泡被破碎和分散，液体高度湍动，有利于反应与传热，缺点是存在机械搅拌耗能和动密封问题。而连续鼓泡床塔式反应器不采用机械搅拌，气体由分布器以鼓泡的方式通过液层，使液体处于湍动状态，从而达到强化相间传质和传热的目的，反应器结构比较简单。

（2）非均相催化氧化反应

通常的非均相催化氧化反应是指以原料为气态有机物、气态氧作为氧化剂，在固体催化剂存在的条件下，发生氧化反应生产有机化工产品的过程，即气-固相催化氧化，反应在固体催化剂表面发生。非均相催化氧化反应所用原料主要有两类：一类是具有 π-电子的化合物，如烯烃和芳烃，其氧化产品占总氧化产品80%以上；另一类是不具有 π-电子的化合物，如烷烃和醇类等。其中，工业化的乙烯环氧化制环氧乙烷、丙烯氨氧化制丙烯腈、正丁烷催化氧化制顺丁二酸酐等都是典型的烃类非均相催化氧化反应的实例。近年来，液-固相催化反应也有所发展。

① 反应特点　与均相催化氧化相比，非均相催化氧化过程具有以下特点。

第一，固体催化剂的活性温度较高，因此气-固相催化氧化反应通常在较高的反应温度下进行，一般高于150℃，这有利于能量的回收和节能。

第二，反应物料在反应器中流速快，停留时间短，单位体积反应器的生产能力高，适于大规模连续生产。

第三，由于物料要经历扩散、吸附、表面反应、脱附和扩散等多个步骤，因此，反应过程的影响因素较多，反应不仅与催化剂组成有关，还与催化剂的结构如比表面积、孔结构等因素有关；同时，催化剂床层间传热、传质过程复杂，对目标产物的选择性和设备的正常操作有着不可忽略的影响。

第四，由于这类反应属于强放热反应，催化剂的载体往往是导热欠佳的物质，所以有效移走热量是反应器设计的关键，工业上一般采用固定床或流化床反应器。

第五，反应物料与空气或氧的混合物存在爆炸极限问题，因此，在工艺条件的选择与控制以及生产操作上必须特别关注生产安全。

② 非均相催化氧化反应器　列管式固定床反应装置如图 4-44 所示，列管一般采 $\phi38\sim42mm$ 的无缝钢管，管数视生产能力而定，可以是数百根至数万根，列管长度为 $3\sim6m$，每根列管均装有催化剂。当列管长度增加时，气体通过催化床层的阻力增加，动力消耗增大，对催化剂的粒径有一定要求，不宜采用粒径

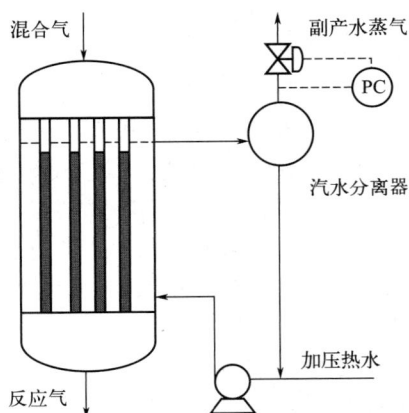

图 4-44　以加压热水作载热体的列管式固定床反应装置示意图

太小的催化剂。

反应温度由插在列管中的热电偶测量。反应器的上部设置气体分布板，使气体分布均匀，底部设有催化剂支撑板。列管间流通载热体，便于及时移走反应产生的热量。反应温度不同，所用的载热体也不同，对其温度的控制方法也不同。一般反应温度在240℃以下，宜采用加压热水作载热体，借助水的汽化移走反应热，同时产生高压水蒸气。因为水的汽化潜热远远大于它的显热，传热效率高，有利于催化剂床层温度的控制。加压热水的进出口温差一般只有2℃左右。值得注意的是，管内催化剂的装填不能高于汽水分离器出口管，否则因反应放热不能及时移走导致催化剂烧结甚至"飞温"等现象发生。

对于强放热催化氧化反应，轴向和径向都存在温差。轴向温度分布均出现一个峰值，称为热点。如图4-45所示，热点温度和位置取决于沿轴向各点的放热速率（$Q_{放}$）和管外载热体的除热速率（$Q_{除}$）。

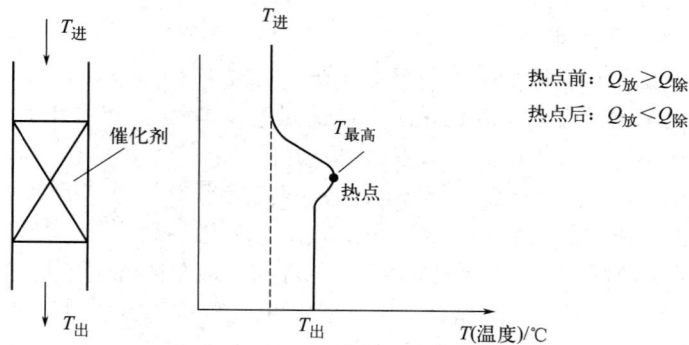

图 4-45　放热反应时列管式反应器轴向温度分布

在热点前，放热速率大于除热速率，因此轴向床层温度逐渐升高；热点后，除热速率不变，放热速率降低，所以床层温度逐渐降低。热点温度的控制非常关键。热点温度过高，会使反应选择性降低，副反应增加，继而放热量增大，导致局部温度过高，甚至出现"飞温"，温度无法控制，催化剂烧结而无法装卸。

热点出现的位置与反应条件控制、传热情况、催化剂的活性等有关。随着催化剂的老化，热点温度会逐渐下降，其高度也逐渐降低，此现象也可作为判断催化剂是否失活的依据之一。

为了降低热点温度减小轴向温差，使沿轴向大部分催化剂床层能在适宜温度范围内操作，工业生产上采取的措施有：

第一，在原料气中加入微量的抑制剂，使催化剂部分毒化，降低反应程度。

第二，在装入催化剂的列管上层装填惰性填料（铝粒或废旧催化剂），以降低入口处附近的反应速率，从而降低反应放热速率，使之与除热速率尽可能平衡。

第三，采用分段冷却法，改变除热速率，此法须改变反应器壳程结构。

第四，避开操作敏感区。对于强放热氧化反应，热点温度对过程参数，如原料气入口的温度、浓度、壁温等的少量变化非常敏感，稍有变化即会导致热点温度发生显著提高，甚至造成"飞温"。

对于此类强放热氧化反应而言，采用固定床列管式反应器，以加压热水为热载体时，其反应温度的控制可通过调节汽水分离器后产生的副产蒸汽压力的大小来实现，饱和蒸汽的压力与温度是一一对应的。温度过高，自动薄膜调节阀开大，降低了副产蒸汽压力，壳程中的水温度也相应降低，反之亦同。

4.4.2 乙烯催化氧化法生产环氧乙烷工艺

1. 环氧乙烷的性质与用途

环氧乙烷（EO）是最简单的环醚，在常温下是无色透明的气体，沸点 $10.7℃$，易溶于水、醇、醚及大多数有机溶剂，与水、乙醇、乙醚相互混溶。环氧乙烷在空气中的爆炸极限为 $2.6\%～100\%$（体积分数），属于高毒性物质，吸入后能引起麻醉中毒。

特殊的三元环结构决定了环氧乙烷具有极易与许多含有活泼氢的化合物进行开环加成反应的特殊化学活性，由此得到的乙氧基化物基本都是工业上重要的化工中间体和精细化工产品，并且成为当今世界上不可缺少的重要精细化工原料。环氧乙烷容易自聚并放出大量的热，尤其在铁、酸、碱、醛等杂质存在或高温下情况更严重，甚至发生爆炸，因此存放环氧乙烷时贮槽必须清洁并保持在 $0℃$ 以下。

工业上 70% 以上的环氧乙烷用于生产乙二醇，因而环氧乙烷与乙二醇的生产装置通常建设在同一个工厂。

2. 生产环氧乙烷的原理与操作条件

环氧乙烷的生产方法主要有氯醇法与乙烯氧气直接催化氧化法。

氯醇法，虽然产品中没有氯元素，但生产过程却要浪费大量的氯气资源，且产生的氯化物会造成严重的环境污染与设备腐蚀，因此氯醇法逐渐为乙烯氧气直接催化氧化法所取代。

目前，工业环氧乙烷的生产方法是乙烯氧气直接催化氧化法。根据氧气的来源不同又分为乙烯空气直接催化氧化法与乙烯氧气直接催化氧化法，这两种方法的共同特点是反应部分均采用大气量循环操作，保持较低的乙烯单程转化率，以取得高的选择性。但前者进料空气中含有 79% 的氮气和其他杂质，导致反应进料气中乙烯和氧气浓度低，从而具有反应器体积大，催化剂寿命短，工艺排放气量大，反应选择性低，产品质量较差等缺点。而与之相比的乙烯氧气直接催化氧化法则具有催化剂选择性高，反应温度低，工艺流程短，产品纯度高，投资成本相对较低等优势。

（1）反应原理

该反应属于典型的非均相催化氧化反应。

在银催化剂上，利用空气或纯氧氧化乙烯，除得到环氧乙烷外，主要副产物是 CO_2 和水，并有少量甲醛、乙醛生成。

主反应

$$C_2H_4 + \frac{1}{2}O_2 \longrightarrow C_2H_4O \qquad \Delta H_{298K}^{\ominus} = -103.4\text{kJ/mol} \qquad (4\text{-}56\text{a})$$

平行副反应

$$C_2H_4 + 3O_2 \longrightarrow 2CO_2 + 2H_2O(g) \qquad \Delta H_{298K}^{\ominus} = -1324.6\text{kJ/mol} \qquad (4\text{-}56\text{b})$$

串联副反应

$$C_2H_4O + \frac{5}{2}O_2 \longrightarrow 2CO_2 + 2H_2O \qquad \Delta H_{298K}^{\ominus} = -1221.2\text{kJ/mol} \qquad (4\text{-}56\text{c})$$

研究表明，CO_2 和水主要由乙烯直接氧化生成，因此反应的选择性取决于平行副反应。环氧乙烷的氧化可能是先进行异构化生成乙醛，再被氧化为 CO_2 和水，而乙醛在此反应条件下也易氧化，故反应产物中会有少量乙醛存在。由于这些氧化反应都是强放热反应，且平衡常数较大，反应不可逆，特别是深度氧化反应，其反应热效应比乙烯环氧化反应大十多倍。因此，为减少副反应的发生，提高选择性，催化剂的选择特别重要。否则会因副反应的发生而引起操作条件的恶化，甚至会变得无法控制，造成反应器内发生"飞温"事故。

（2）催化剂与反应机理

① 催化剂　工业上所用的催化剂由活性组分银、载体和助催化剂及抑制剂所组成。

银含量　增加银含量可提高催化剂的活性，但会降低选择性。一般控制在 20%～30%（质量分数）。

载体　主要功能是分散活性组分银和防止银微晶的半熔和烧结，以使催化活性保持稳定。由于乙烯环氧化过程是一强放热反应，故载体表面结构和孔结构及其导热性能对环氧化反应都有较大的影响，要求载体必须先经高温处理，消除细孔结构和增加热稳定性。常用的载体有碳化硅、α-Al_2O_3 和含有少量 SiO_2 的 α-Al_2O_3 等。一般比表面积在 $1m^2/g$ 左右，孔隙率 50% 左右，平均孔径 $4.4\mu m$ 左右，也有采用较大孔径的。

助催化剂　可以是碱金属类、碱土金属类和稀土元素化合物等，应用最广泛的是钡盐，其可增加催化剂的热稳定性，延长寿命。此外，添加两种或两种以上的碱金属或碱土金属所起的协同作用比单一碱金属更为显著。

抑制剂　在银催化剂中添加少量的硒、碲、氯、溴等对抑制 CO_2 的生成、提高环氧乙烷的选择性有较好的效果，但会降低催化剂的活性。这类物质称调节剂，也称抑制剂。工业生产中常添加微量的有机氯，如二氯乙烷，以提高催化剂的选择性，调节反应温度。

② 反应机理　普遍接受的机理是 P. A. Kilty 等提出的分子氧机理。Kilty 基于氧在催化剂表面的吸附、乙烯和吸附氧的作用以及选择性氧化反应，提出氧在银催化剂表面上存在两种吸附态，即原子吸附态和分子吸附态，如式（4-57）和式（4-58）。当四个相邻的银原子簇存在时，氧便解离形成原子吸附态 O^{2-}，这种吸附的活化能低，在任何温度下都有较高的吸附速率，O^{2-} 易与乙烯发生深度氧化。

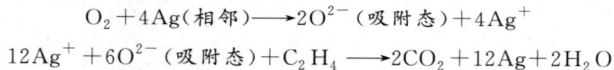

当有二氯乙烷等抑制剂存在时，可覆盖银的部分表面。若有 1/4 的银表面被覆盖时，则无法形成四个相邻银原子簇组成的吸附位，从而抑制 O^{2-} 的形成，进而减少深度氧化。

虽然在较高温度下、在不相邻的银原子上也可发生氧的解离形成吸附态的 O^{2-}，但这种吸附需要较高的活化能。

在没有四个相邻的银原子簇吸附位时，可发生氧的分子态吸附，即氧的非解离吸附，形成活化的离子化氧分子 $O_2^{\delta-}$，乙烯与此种分子氧反应生成环氧乙烷，同时产生一个吸附的原子态 $O^{\delta-}$，此原子态氧与乙烯反应则生成 CO_2 和水。该过程是乙烯发生深度氧化的过程。

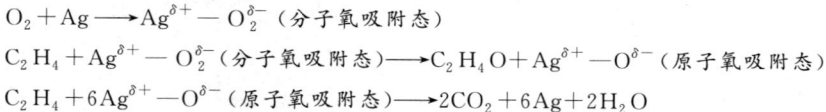

总反应式为

（3）反应器

乙烯环氧化反应是一强放热反应，而且伴随完全氧化副反应的发生，放热更为剧烈，故要求采用的氧化反应器能及时移走反应热。同时，为发挥催化剂最大效能和获得高的选择性，要求反应器内反应温度分布均匀，避免局部过热。对于乙烯催化氧化制环氧乙烷的反应体系，由于单程转化率较低（10%～30%），理论上采用流化床反应器更为合适，但是因为银催化剂的耐磨性差、容易结块以及由此而引起的流化质量差等问题难以解决，直到现在还没有实现工业化。到目前为止，国内外乙烯环氧化反应器全部采用列管式固定床反应器，管内放置催化剂，管间走冷介质。催化剂被磨损不仅造成催化剂的损失，而且会造成"尾烧"，即出口尾气在催化剂粉末催化下继续进行催化氧化反应，由于反应器出口处没有冷却设施，反应温度自动迅速升至460℃以上，流程中一般多用出口气体来加热进口气体，此时进口气体有可能被加热到自燃温度，有发生爆炸的危险。

（4）操作条件对乙烯环氧化反应的影响

① 反应温度　反应温度首先影响化学反应速率，同时由于副反应的存在还影响反应的选择性。尽管该催化氧化反应的机理尚未取得一致认识，但是研究表明在银催化剂上进行的主反应的活化能较主要副反应（乙烯完全氧化反应）的活化能低，故提高反应温度，这两个反应的速率增长不同，副反应的速率增长更快，因此选择性必然随温度的升高而下降。在温度较低时（如100℃），反应产物几乎全部是环氧乙烷，选择性接近100%，但此时反应速率较慢，转化率很低，不适合工业生产。随着反应温度的提高，转化率增加，选择性降低，当温度超过300℃时，反应产物几乎全部为CO_2和水，同时还导致催化剂寿命缩短。工业上，通过权衡转化率与选择性两个因素来确定合适的反应温度，一般选择乙烯环氧化反应的温度为216～260℃。

考虑到乙烯环氧化过程的反应均为强放热反应，而且副反应的反应热是主反应的10倍以上，如果不能很好地控制反应温度，将导致反应选择性下降，副反应加剧，床层温度急剧上升，形成恶性循环，进而出现"飞温"，甚至反应失控，所以反应温度的控制是极为重要的。

② 反应压力　乙烯直接环氧化反应的主反应是体积减小的反应，副反应则体积不变，但由于反应基本上是不可逆的，所以，采用加压操作基本上对主、副反应的平衡没有影响，但压力增加可提高乙烯、氧气的分压，加快反应速率，提高单位体积反应器的生产能力，同时也有利于后续的环氧乙烷吸收。但是压力也不宜太高，过高的压力（高于2.5MPa）将发生环氧乙烷聚合及催化剂表面积炭与磨损，使催化剂的寿命大为降低，而且设备投资与操作成本也会大大提高。因此，操作压力的选取需综合考虑。目前乙烯环氧化的操作压力一般在2.0MPa左右。生产实践表明，当反应压力由2.0MPa左右提高至2.3MPa时，生产能力约提高10%。

③ 空速　乙烯直接氧化过程中，主要竞争反应是平行副反应，而不是连串副反应，所以提高空速，转化率会略有下降，而选择性会有所增加，在一定范围内提高空速可提高设备的生产能力。对这类强放热反应，空速高还有利于迅速移走大量的反应热，使操作安全稳定。所以，从总体上说，适当提高空速对环氧乙烷生产是有利的。若空速过高，虽然提高了生产能力，但反应气中环氧乙烷含量却很低，导致大循环比，使得后续分离部分的负荷增大，从而消耗大量的动力；空速过低，不仅生产能力降低，而且反应的选择性也会下降。另外，空速的选取与催化剂的活性、稳定性等有关。目前，氧气直接氧化法空速一般采用2800～4000h^{-1}，乙烯单程转化率为9%～12%。

④ 调节剂　目前工业上生产环氧乙烷所采用的调节剂有1,2-二氯乙烷、一氯乙烷等。其在催化剂表面分解生成吸附态氯，改变了银催化剂的表面吸附性能，有利于吸附氧与乙烯发生选择性氧化，并有助于反应产物环氧乙烷更快地脱附，抑制了氧在催化剂表面与乙烯发生深度氧化反应，也能抑制环氧乙烷的异构化等。同时，调节剂对CO_2与环氧乙烷的生成的抑制作用也造成了催化剂活性的下降，但对CO_2生成的抑制作用要大于对环氧乙烷生成的抑制作用。因此，在反应原料气中添加适量的调节剂可有效地抑制副反应，大幅提高反应的选择性。另外，1,2-二氯乙烷浓度过高虽会使催化剂中毒，但这种中

毒基本是可逆的。

⑤ 原料纯度与乙烯、氧气配比

原料纯度　通常环氧乙烷原料中含有一定量的杂质，如饱和烃、乙炔、硫化物等，其中一部分杂质会影响催化剂的选择性和活性，必须除去。

乙烷及以上组分可影响催化剂表面调节剂的浓度，从而导致催化剂性能未达到最优状态，饱和烃分子量越大，对调节剂和催化剂的性能影响也越大。另外，乙炔能与银生成有爆炸危险的乙炔银；丙烯及 C_3 以上烯烃易在催化剂表面积炭，降低反应的转化率，影响环氧乙烷的选择性；当进料中硫含量为 1×10^{-6} 时，一天内反应器的"热点"会漂移，当短时间内硫含量回到合理水平时，催化剂床层的温度分布可以缓慢恢复正常，如果持续保持高含硫量时，会对催化剂性能造成永久的损害；其他杂质如硒、碲和砷化物对催化剂的普遍影响是降低催化剂的活性。

乙烯、氧气配比　原料气中乙烯与氧气的浓度对反应速率有较大影响，同时乙烯与氧气易形成爆炸性气体，两者的配比受到乙烯爆炸极限的限制。随着氧气浓度的提高，反应速率加快，乙烯转化率提高，设备生产能力也提高；反之，则乙烯转化率下降，设备生产能力也下降，循环气的排放气中乙烯的含量升高，乙烯的放空损失将增大。通常，氧浓度增加，反应温度可下降，选择性提高，因而生产中尽量采用高氧、低温操作。乙烯浓度不仅与氧气存在比例关系，而且也影响转化率、选择性、收率与生产能力。另外，较高的乙烯与氧气浓度可以在较低温度下达到相同的生产负荷，延长催化剂的使用寿命。因而乙烯与氧气的配比直接影响生产的效益。在乙烯氧气直接氧化法中，原料气中氧气体积分数一般为 8% 左右，乙烯体积分数约为 25%。

⑥ 致稳气　原料气中加入一些惰性气体（如甲烷、氮气等）能显著提高乙烯和氧气的爆炸极限，并带走大量的反应热，有利于反应安全平稳进行，通常将这些惰性气体称为致稳气。另外，致稳气还可影响反应的选择性以及设备的生产能力。当前乙烯氧气直接氧化法生产环氧乙烷的生产装置中几乎都采用甲烷作为致稳气。由于氮气是不可燃的惰性气体，装置开车时一般都采用氮气作为致稳气。

3. 环氧乙烷生产工艺流程

目前世界上环氧乙烷的生产都采用乙烯氧气直接氧化技术，同时由于环氧乙烷主要用于生产乙二醇，所以两个产品生产线建在同一个工厂。SD 公司、Shell 公司、DOW 公司等拥有这两项技术，流程基本相同。环氧乙烷/乙二醇生产流程的基本单元组成如图 4-46 所示，其中环氧乙烷生产工艺主要包括四部分，乙二醇生产工艺包括三部分。

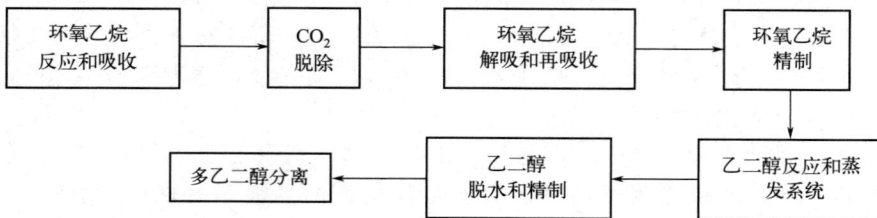

图 4-46　环氧乙烷/乙二醇生产流程基本单元

图 4-47 为乙烯氧气直接氧化生产环氧乙烷工艺流程示意图。

① 环氧乙烷反应和吸收　原料氧气和乙烯、含抑制剂的致稳气以及循环气在混合器中混合后，经热交换器与反应后的气体进行热交换，预热至 $190\sim200℃$，从列管式反应器 4

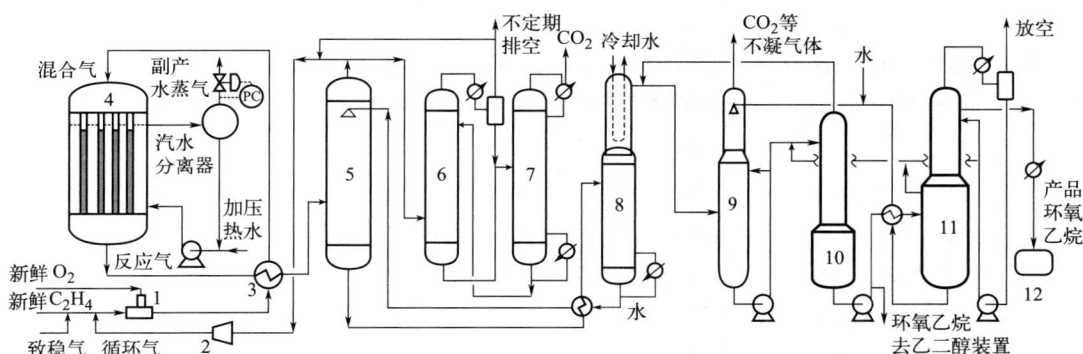

图 4-47　乙烯氧气直接氧化生产环氧乙烷工艺流程

1—混合器；2—循环压缩机；3—热交换器；4—反应器；5—环氧乙烷吸收塔；6—CO₂ 吸收塔；7—CO₂ 解吸塔；
8—环氧乙烷解吸塔；9—环氧乙烷再吸收塔；10—脱气塔；11—精馏塔；12—环氧乙烷贮槽

上部进入催化剂床层。在配制混合气时，由于是纯氧加到循环气和新鲜乙烯的混合气中，必须使氧和循环气迅速混合达到安全组成，避开爆炸极限，如果混合不好很可能形成氧浓度局部超过极限浓度，进入热交换器时，反应出口气体温度较高容易引起爆炸危险。为此，混合器的设计极为重要，工业上是借助多孔喷射器对着混合气流的下游将氧气高速喷射入循环气和乙烯混合气中，使它们迅速混合均匀，以降低混合气返混入混合器的可能性。为确保安全，需要装配自动分析仪监测各组成，并配制自动报警联锁切断系统，热交换器安装需有防爆措施，如放置在防爆墙内等。列管式反应器管内装填催化剂，管间走加压热水移出反应所放出的热量，通过调节副产蒸汽压力，达到控制反应器温度的目的。原料中氧的含量一般控制在 8.0% 以下，乙烯含量为 20%～30%，为防止催化剂中毒，原料气中硫含量应降至 0.01mg/kg 以下。反应器内温度控制在 235～275℃，压力 2.02MPa，混合气空速一般为 4300h⁻¹ 左右，部分乙烯被氧化生成环氧乙烷和副产物 CO₂ 和水，反应进料气单程转化率为 9%～12%，选择性可达 75%～80% 或更高，同时还产生微量的乙醛和乙酸。

反应器采用加压沸水撤热，并设置高压蒸汽发生系统。在反应器出口端，如果催化剂粉末随气体带出，也会有"尾烧"现象发生，从而导致爆炸事故的发生。为此工业上要求：催化剂必须具备足够的强度，在长期运转中不易粉化；在反应器出口处采取冷却措施或改进下封头；采用自上向下的反应气流向，以减小气流对催化剂的冲刷；另外，还需严格控制反应器管间加压热水的液位，以保证处在反应管所装填的催化剂之上，防止催化剂烧结。

来自反应器底部的反应气体中环氧乙烷的含量<3%，经热交换器 3 气-气换热降温后进入环氧乙烷吸收塔 5。因为环氧乙烷能以任何比例与水互溶，故采用水作吸收剂。吸收塔顶部用来自环氧乙烷解吸塔的循环水喷淋，以吸收反应气中的环氧乙烷，并从塔顶排出未反应的乙烯、氧气、惰性气体以及产生的 CO₂。虽然原料乙烯和氧的纯度很高，带入反应系统的杂质很少，但反应过程中产生的 CO₂ 若全部循环至反应器中，必然造成循环气中 CO₂ 积累。为防止系统中 CO₂ 的积累，从吸收塔排出的气体约 90% 循环至循环压缩机 2 中，与新鲜乙烯混合进入混合器 1，另约 10% 送至 CO₂ 脱除系统处理，脱除 CO₂ 后再返回循环气系统。

② CO₂ 脱除　该系统由 CO₂ 吸收塔 6 与 CO₂ 解吸塔 7 组成。采用 100℃ 及系统压力下，浓度为 30%（质量分数）以上的碳酸钾溶液为吸收剂，吸收 CO₂。CO₂ 吸收塔釜液进入 CO₂ 解吸塔，在 0.2MPa 的压力下操作，将碳酸钾中的 CO₂ 汽提出来，在塔顶放空排放。再生后的碳酸钾溶液用泵循环回 CO₂ 吸收塔。该过程的反应式如下：

$$CO_2 + K_2CO_3 + H_2O \rightleftharpoons 2KHCO_3 \qquad (4\text{-}57a)$$

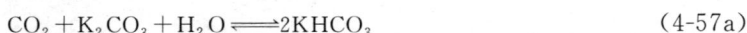

为提高 CO_2 的吸收效果，需向碳酸盐溶液中加入活化剂（硼酸、五氧化二钒）促进 CO_2 的吸收，硼酸、五氧化二钒与碳酸钾反应，生成 KBO_2、KVO_3。

$$K_2CO_3 + 2H_3BO_3 \longrightarrow 2KBO_2 + 3H_2O + CO_2 \qquad (4\text{-}57b)$$

$$K_2CO_3 + V_2O_5 \longrightarrow 2KVO_3 + CO_2 \qquad (4\text{-}57c)$$

含有少量 CO_2 的气体（含量约 1.05%）在吸收塔顶部洗涤段与来自洗涤水冷却器的冷却水直接进行热交换冷却。此水洗过程可使反应器进料气中的水含量降到不会抑制催化剂活性的水平，同时也可确保气体在返回反应器前完全除去气体中夹带的碳酸盐、硼酸和矾酸。来自吸收塔顶部的贫 CO_2 循环气流经脱液罐，除去夹带的雾沫，然后送至循环气压缩机增压，补偿在循环过程中的压力损失。为了控制反应器进料中乙烷、氩气（乙烯、氧气原料带入杂质）的积累，小股循环气排放至废热锅炉焚烧。

③ 环氧乙烷解吸和再吸收　环氧乙烷吸收塔 5 塔釜排出的含有（质量分数）≤3% 的环氧乙烷、少量副产物甲醛、乙醛以及 CO_2 的吸收液，经热交换减压闪蒸后，进入环氧乙烷解吸塔 8 顶部，在此环氧乙烷和其他组分被解吸，解吸塔顶部设有分凝器，其作用是冷凝与环氧乙烷一起蒸出的大部分水和重组分杂质。解吸出来的环氧乙烷进入环氧乙烷再吸收塔 9，用水再吸收后，塔顶为 CO_2 和其他不凝气体，塔釜得到环氧乙烷质量分数为 8.8%～10% 的水溶液，进入脱气塔 10，在脱气塔顶除了脱除 CO_2 外，还含有一定量的环氧乙烷蒸气，这部分气体返回至环氧乙烷再吸收塔 9，塔釜排出的环氧乙烷水溶液一部分直接送至乙二醇装置生产乙二醇，其余部分进入精馏塔 11。

④ 环氧乙烷精制　脱气塔 10 的塔釜液返回到环氧乙烷精馏塔 11 中部，该精馏塔以蒸汽直接加热，上部塔板用来脱除甲醛，中部用来脱除乙醛，下部用来脱除水。精馏塔具有 95 块塔板，在 87 块塔板处采出纯度大于 99.99% 的产品环氧乙烷，塔顶馏出的含有环氧乙烷的甲醛溶液一部分作为塔顶回流，另一部分与中部侧线采出的含有少量乙醛的环氧乙烷溶液返回脱气塔 10，以回收环氧乙烷。环氧乙烷解吸塔 8 塔釜排出的水经热交换利用其热量后，循环回环氧乙烷吸收塔 5 作吸收水用；精馏塔 11 塔釜排出的水则循环回环氧乙烷再吸收塔 9 作吸收水用，这些吸收水是闭路循环，可以减少污水的排放量。

4.4.3　环氧乙烷加压水合法生产乙二醇工艺

1. 乙二醇的性质与用途

乙二醇（MEG）是最简单的二元醇，在大多数情况下，它的化学性质与通常的醇类没有差别。乙二醇也是最重要的脂肪族二元醇并且是重要的有机化工原料，可以生产聚酯单体和汽车防冻剂（与水混合后的冰点可降至 $-70℃$），80% 以上聚酯单体用于制造纤维、薄膜和聚对苯二甲酸乙二醇酯树脂。

2. 生产乙二醇的原理与操作条件

工业普遍采用的乙二醇生产方法是环氧乙烷加压水合法，其原料来自建在同一工厂的前序环氧乙烷生产单元。

(1) 反应原理

主反应为式(4-58)的液相无催化剂水合放热反应。当进料中含有乙二醇或当反应器内物料存在返混时，乙二醇可继续与环氧乙烷发生副反应，生成二乙二醇、三乙二醇等多乙二醇副产物，且副反应较主反应的生成速率更快。

主反应

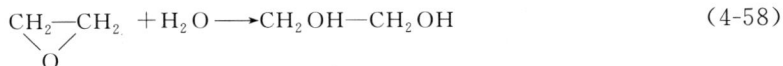

$$\underset{\displaystyle O}{CH_2{-}CH_2} + H_2O \longrightarrow CH_2OH{-}CH_2OH \tag{4-58}$$

副反应

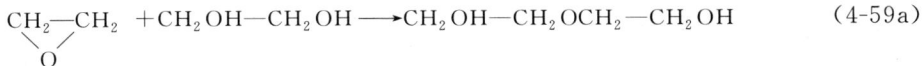

$$\underset{\displaystyle O}{CH_2{-}CH_2} + CH_2OH{-}CH_2OH \longrightarrow CH_2OH{-}CH_2OCH_2{-}CH_2OH \tag{4-59a}$$

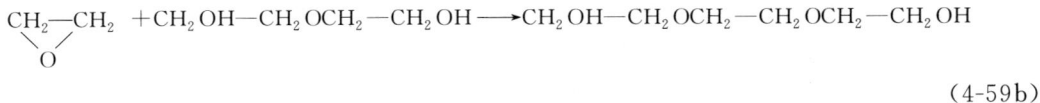

$$\underset{\displaystyle O}{CH_2{-}CH_2} + CH_2OH{-}CH_2OCH_2{-}CH_2OH \longrightarrow CH_2OH{-}CH_2OCH_2{-}CH_2OCH_2{-}CH_2OH$$

$$\tag{4-59b}$$

以上副反应也是放热反应。此外，环氧乙烷在高温下也可能发生异构化生成乙醛，碱金属或碱土金属氧化物会催化加速副反应，生成的乙醛易被氧化生成醋酸而腐蚀设备。

（2）影响反应的因素

① 环氧乙烷浓度　原料中环氧乙烷的浓度越低，乙二醇产品的收率越高，但水量过大，后续蒸发工段的能耗将会增高，同时设备体积也会增大，进而导致投资成本增加。通常，水与环氧乙烷的质量比控制在 8～12。实际生产中常按乙二醇及多乙二醇的比例来确定水与环氧乙烷的比例。环氧乙烷加压水合反应产品分布与进料环氧乙烷质量分数的关系如图 4-48 所示。

② 反应温度与反应压力　加压水合反应为液相反应，环氧乙烷蒸气在反应器中不发生反应，应避免反应器中产生气相环氧乙烷。由于提高反应温度，物料的蒸气压也会随之上升，所以当物料配比一定时，为维持反应为液相反应，则需提高反应压力，但是，压力过高则对设备材质要求更高，反应压力需综合考虑。图 4-49 所示为环氧乙烷加压水合反应转化率、停留时间与反应温度的关系，图 4-50 所示为乙二醇反应器最小操作压力。

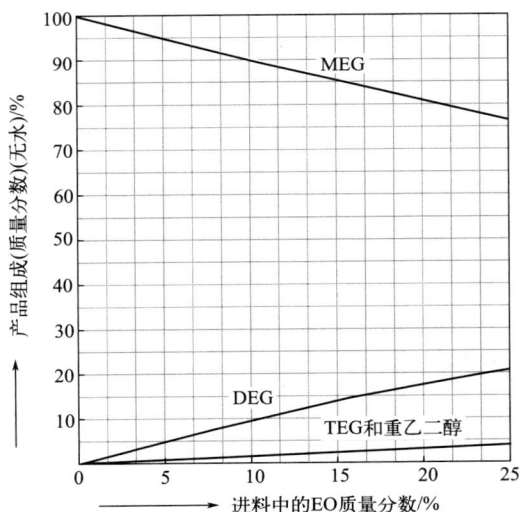

图 4-48　环氧乙烷加压水合反应产品分布与
进料环氧乙烷质量分数的关系

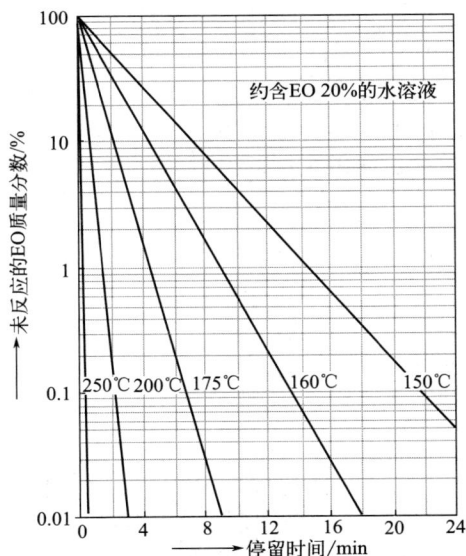

图 4-49　环氧乙烷加压水合反应转化率、
停留时间与反应温度的关系

MEG—单乙二醇；DEG—二乙二醇；TEG—三乙二醇；EO—环氧乙烷

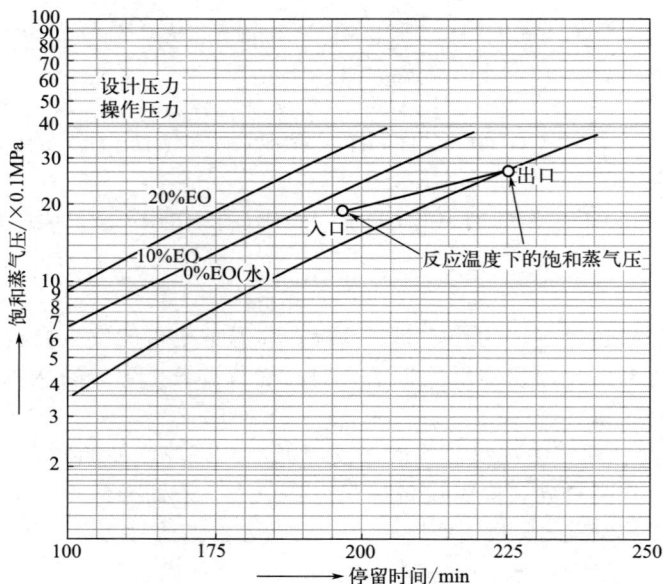

图 4-50　乙二醇反应器最小操作压力

③ 反应器　在环氧乙烷水合的同时还易发生复杂的连串反应生成高碳链二元醇，因此，物料的返混影响产品分布并导致乙二醇产率下降。为了减少环氧乙烷与产物乙二醇的接触，即减少返混，需采用接近理想平推流的反应器来保持较高的反应选择性。工业生产采用绝热长管式反应器，反应为非催化反应。

3. 乙二醇生产工艺流程

图 4-51 所示是环氧乙烷加压水合法生产乙二醇的工艺流程。从生产环氧乙烷的脱气塔（图 4-47 中的塔 10）的塔釜采来的含 85%～90% 环氧乙烷液体，不需精馏直接与去离子循环水在混合器 1 中进行混合，经预热后送至长管式水合反应器 2，在 190～200℃ 和 2.2MPa 条件下进行水合反应，反应时间 30～40min。由于反应放出的热量被进料液所吸收，因而整个工艺过程热量可以自给。

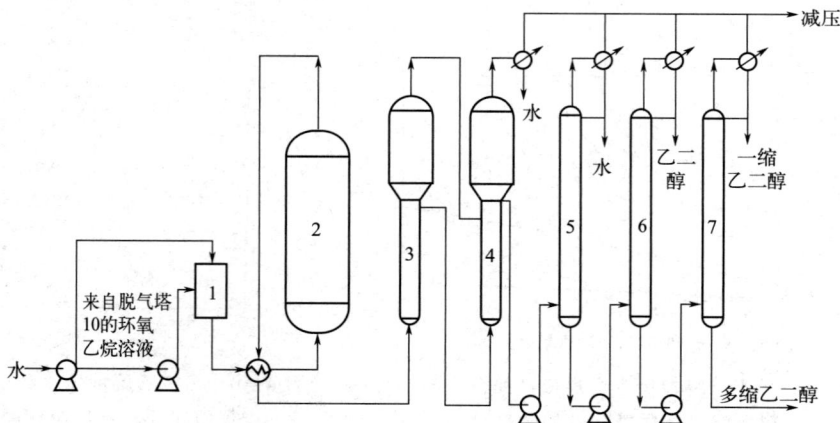

图 4-51　环氧乙烷加压水合法生产乙二醇工艺流程

1—混合器；2—水合反应器；3—一效蒸发器；4—二效蒸发器；5—脱水塔；6—乙二醇精馏塔；7—一缩乙二醇精馏塔

反应生成的乙二醇溶液出反应器 2 后，经换热器与原料液换热后送至一效、二效蒸发器 3 和 4 进行减压浓缩，蒸发出来的水循环到水合反应器中循环使用。有些流程中，还可采用更多效蒸发，如六效蒸发。出二效蒸发器 4 的乙二醇浓缩液中主要含有乙二醇，同时还含有一缩、二缩及多缩乙二醇等副产物和少量水分。将该乙二醇浓缩液送到后续的减压蒸馏系统，分别对各种反应产物进行分离。先将乙二醇浓缩液送入脱水塔 5，塔顶蒸出残留的水分，塔釜得到的脱水乙二醇浓缩液送至乙二醇精馏塔 6 进行精馏，在塔顶得到纯度为 99.8% 的乙二醇产品，塔釜馏分再送到一缩乙二醇精馏塔 7，塔顶得到一缩乙二醇，塔釜得到多缩乙二醇。

4.5 丁醇和辛醇

4.5.1 概述

羰基化反应即羰基合成（OXO），泛指有 CO 参与的并在催化剂存在下，有机化合物分子中引入羰基的反应，也称为羰基合成反应。

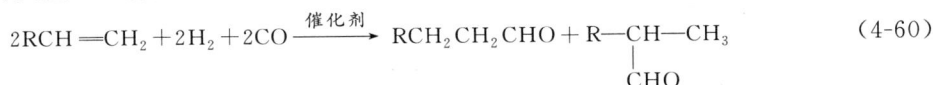

$$2RCH\!=\!CH_2+2H_2+2CO \xrightarrow{\text{催化剂}} RCH_2CH_2CHO+R\!-\!\underset{\underset{CHO}{|}}{CH}\!-\!CH_3 \tag{4-60}$$

羰基化反应主要分为不饱和化合物的羰化反应和甲醇的羰化反应两大类。

反应的初级产品是醛，而醛基是活泼的基团之一，进一步加氢可生成醇，氧化可生成酸，氨化可生成胺，还可进行歧化、缩合、缩醛等一系列反应，加之原料烯烃的种类繁多，由此构成以羰基合成为核心的众多化工产品，其应用领域非常广泛。式（4-61a）～式（4-61j）是一些羰基化反应及产品的实例。

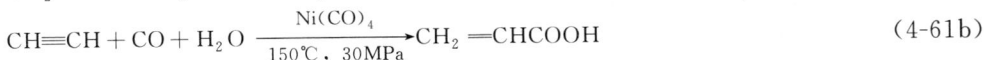

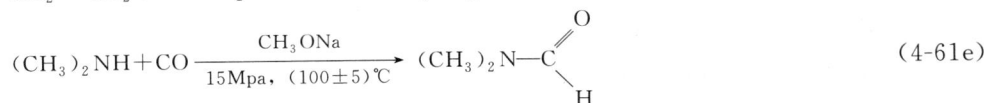

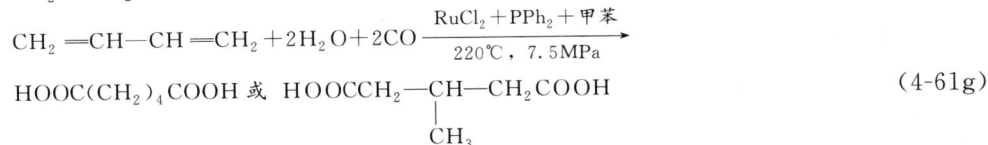

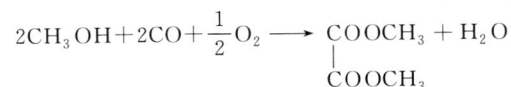

$$CH_2\!=\!CH\!-\!CH_3+3CO+2H_2O \xrightarrow{Fe(CO)_5} CH_3(CH_2)_2CH_2OH+2CO_2 \tag{4-61a}$$

$$CH\!\equiv\!CH+CO+H_2O \xrightarrow[150℃,30MPa]{Ni(CO)_4} CH_2\!=\!CHCOOH \tag{4-61b}$$

$$CH\!\equiv\!CH+CO+ROH \xrightarrow{Ni(CO)_4} CH_2\!=\!CHCOOR \tag{4-61c}$$

$$CH_2\!=\!CH_2+CO+H_2O \xrightarrow{Ni(CO)_4} CH_3CH_2COOH \tag{4-61d}$$

$$(CH_3)_2NH+CO \xrightarrow[15Mpa,(100\pm5)℃]{CH_3ONa} (CH_3)_2N\!-\!\underset{\underset{H}{|}}{\overset{\overset{O}{\|}}{C}} \tag{4-61e}$$

$$CH_2\!=\!CH_2+CO+ROH \xrightarrow{\text{钯络合物}} CH_3CH_2COOR \tag{4-61f}$$

$$CH_2\!=\!CH\!-\!CH\!=\!CH_2+2H_2O+2CO \xrightarrow[220℃,7.5MPa]{RuCl_2+PPh_2+\text{甲苯}}$$

$$HOOC(CH_2)_4COOH \text{ 或 } HOOCCH_2\!-\!\underset{\underset{CH_3}{|}}{CH}\!-\!CH_2COOH \tag{4-61g}$$

$$CH_3OH+CO \xrightarrow[175℃,3.0MPa]{RuCl(CO)PPh_3+HI} CH_3COOH \tag{4-61h}$$

$$CH_3COOCH_3+CO \longrightarrow (CH_3CO)_2O \tag{4-61i}$$

$$2CH_3OH+2CO+\frac{1}{2}O_2 \longrightarrow \underset{\underset{COOCH_3}{|}}{COOCH_3}+H_2O$$

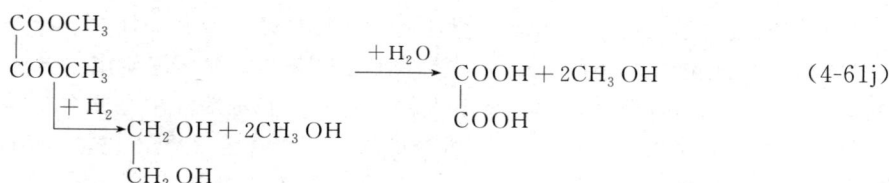

$$\underset{\text{COOCH}_3}{\overset{\text{COOCH}_3}{|}} \xrightarrow{+H_2O} \underset{\text{COOH}}{\overset{\text{COOH}}{|}} + 2CH_3OH \tag{4-61j}$$

以不饱和烃进行羰基化核心反应的典型生产工艺是以丙烯为原料进行丁醇和辛醇的生产，被认为是工业上最经济的生产方法。而以甲醇为原料经羰基化反应合成醋酸的工业生产，则是以煤为基础原料路线与石油路线相互竞争并占有绝对优势的唯一大宗化工产品的生产。同时由甲醇羰化氧化合成草酸二甲酯、再加氢制乙二醇，也将成为极具竞争力的下一个产品。

4.5.2 丙烯羰基合成制丁醇和辛醇

丁醇、辛醇生产装置的主要产品为正丁醇、辛醇，副产品为异丁醛和异丁醇。丁、辛醇是重要的有机化工、精细化工原料，用途十分广泛。

正丁醇主要用于生产邻苯二甲酸二丁酯（DBP）、邻苯二甲酸丁苄酯（BBP）等增塑剂及醋酸丁酯、丙烯酸丁酯、甲基丙烯酸丁酯、丁胺、丁酸等化学品。辛醇主要用于生产邻苯二甲酸二辛酯（DOP）、己二酸二辛酯（DOA）及对苯二甲酸二辛酯（DOTP）等增塑剂。由辛醇生产的丙烯酸辛酯可用于胶黏剂和表面涂料材料。辛醇的其他用途包括合成硝酸酯、石油添加剂、表面活性剂和溶剂、纺织和化妆品工业的溶剂和消泡剂等。DOP 的最大用途是作为 PVC 的增塑剂。异丁醛主要用于生产异丁醇，也可以用于生产新戊二醇、亚异丁基二脲、2,2,4-三甲基-1,3-戊二醇、单异丁酸酯、醋酸异丁酯、甲基异戊酮、甲基丙烯酸甲酯、甲基丙烯腈、丙酮、甲乙酮、异丁腈、合成香料及泛酸钙等。异丁醇可以部分替代正丁醇的用途，用于生产石油添加剂、抗氧剂、醋酸异丁酯等有机产品。

1. 丁醇和辛醇的生产原理

目前全球丁、辛醇的主要生产方法是丙烯羰基合成法，或称氢甲酰化合成法。丙烯羰基化法生产丁醇和辛醇的主要反应涉及三个过程，在金属羰基络合物催化剂存在下，丙烯经羰基化反应首先得到丁醛，丁醛加氢合成丁醇以及丁醛缩合后加氢制辛醇。

根据所采用的操作压力和催化剂的不同，羰基合成法有高压钴法、中压法（改性钴法、改性铑法）和低压法（低压铑法）。

（1）丁醛羰基合成反应和催化剂

① 主反应

$$CH_3CH\!=\!CH_2 + CO + H_2 \longrightarrow CH_3CH_2CH_2CHO \quad \Delta H_{298K} = -123.8\,kJ/mol \tag{4-62}$$

② 主要副反应　由于原料丙烯和产物丁醛都具有较高的反应活性，故反应体系存在着平行和连串副反应，主要产物分别为异丁醛和丁醇，这两个副反应都影响反应的选择性。

平行副反应

$$CH_3CH\!=\!CH_2 + CO + H_2 \longrightarrow (CH_3)_2CHCHO \quad \Delta H_{298K} = -130\,kJ/mol \tag{4-63a}$$

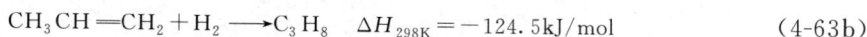
$$CH_3CH\!=\!CH_2 + H_2 \longrightarrow C_3H_8 \quad \Delta H_{298K} = -124.5\,kJ/mol \tag{4-63b}$$

连串副反应

$$CH_3CH_2CH_2CHO + H_2 \longrightarrow CH_3CH_2CH_2CH_2OH \quad \Delta H_{298K} = -61.6\,kJ/mol \tag{4-63c}$$

$$CH_3CH_2CH_2CHO + CO + H_2 \longrightarrow C_4H_9COOH \tag{4-63d}$$

此外，当丁醛过量时丁醛可以发生缩合反应生成二聚物、三聚物及四聚物等重组分。

从上述反应热效应数据首先得知，主、副反应均为放热反应，且反应热效应较大。

从表 4-41 可知，在常温常压下的主、副反应的平衡常数值都很大，即使在 150℃ 仍较大，所以生产丁醛的主反应在热力学上是有利的，反应主要受动力学因素控制。

副反应在热力学上也很有利。从表 4-41 中所列数据也可以看出，影响主反应产物丁醛选择性的两个主要副反应［式(4-63a) 和式(4-63c) ］在热力学上都比较有利，所以，要使反应向生成正丁醛的方向进行，必须使主反应在动力学上占有绝对优势，关键在于催化剂的选择和反应条件的控制。

表 4-41　丙烯羰基化主反应和副反应的 $\Delta G^\ominus$ 和 K_p

反应	25℃		150℃	
	$\Delta G^\ominus /$ (kJ/mol)	K_p	$\Delta G^\ominus /$ (kJ/mol)	K_p
主反应式(4-62)	−59.16	$2.32×10^9$	−16.9	$1.05×10^2$
副反应式(4-63a)	−53.7	$2.52×10^9$	−21.5	$2.40×10^2$
副反应式(4-63b)	−87.27	$1.95×10^9$		
副反应式(4-63c)	−94.8	$3.90×10^9$		

③ 催化剂　工业上经常采用的丙烯羰基合成催化剂有羰基钴和羰基铑两类催化剂。

a. 羰基钴和膦羰基钴催化剂。各种形态的钴如粉状金属钴、氧化钴、氢氧化钴和钴盐均可使用，以油溶性钴盐和水溶性钴盐用得最多，如环烷酸钴、油酸钴、硬脂酸钴和醋酸钴等。

研究认为羰基合成反应的催化活性物质是 $HCo(CO)_4$，但 $HCo(CO)_4$ 不稳定，容易分解，所以一般都是在生产过程中，在羰基合成反应器中使用金属钴粉或各类钴盐直接制备。钴粉于 3～4MPa 和 135～150℃ 下迅速与 CO 反应，得到 $CO_2(CO)_8$，其进一步与氢作用转化为 $HCo(CO)_4$。

羰基钴催化剂的主要缺点是热稳定性差，容易分解析出钴而失去活性，因而要求反应在高的 CO 分压下操作，且产品中正/异醛比例较低。

膦羰基钴催化剂是一种羰基钴的改进型催化剂。膦的配位体主要是三烷基膦、三芳基膦、环烷基或杂烷基。可增强催化剂的热稳定性，提高正构醛的选择性，同时还具有加氢活性高、醛缩合及醇醛缩合等连串副反应少等优点，但适应性较差。其中最有效的是以正三丁基膦为配位体的改性钴催化剂，活性组分是 $HCo(CO)_3[P(n-C_4H_{10})_3]$。

b. 膦羰基铑催化剂。1952 年席勒首次报道羰基铑 $HRh(CO)_4$ 催化剂可用于羰基合成反应。其主要优点是选择性好，产品主要是醛，副反应少，醛醛缩合和醇醛缩合等连串副反应很少发生或者根本不发生，活性也比羰基钴高 $10^2～10^4$ 倍，可在较低的操作压力下进行反应。羰基铑催化剂的主要缺点是异构化活性很高，所得产品正/异醛比例低。经过用有机膦配位基取代部分羰基，如 $HRh(CO)[P(C_6H_5)_3]_3$，异构化反应可大大被抑制，正/异醛比例达到 (12～15):1，催化剂性能稳定，反应可以在较低压力下操作，能耐受 150℃ 高温和 $1.87×10^3$ kPa 真空蒸馏，并能反复循环使用。此催化剂母体商品名叫 ROPAC。

(2) 丁醛和氢气为原料合成丁醇和辛醇的反应与催化剂

① 主反应　丁醛与氢反应生成丁醇：

$$CH_3CH_2CH_2CHO + H_2 \longrightarrow CH_3CH_2CH_2CH_2OH \tag{4-64}$$

丁醛缩合和加氢生成辛醇：

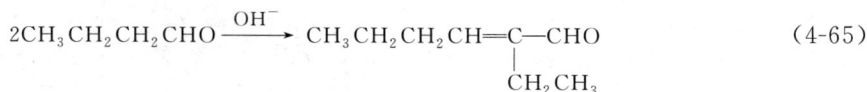

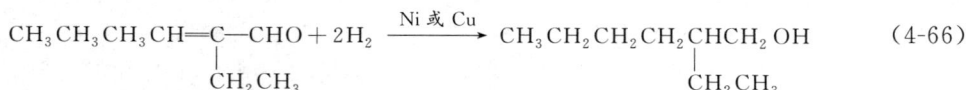

$$2CH_3CH_2CH_2CHO \xrightarrow{OH^-} CH_3CH_2CH_2CH{=}\underset{\underset{CH_2CH_3}{|}}{C}{-}CHO \quad (4\text{-}65)$$

$$CH_3CH_3CH_3CH{=}\underset{\underset{CH_2CH_3}{|}}{C}{-}CHO + 2H_2 \xrightarrow{Ni \text{ 或 } Cu} CH_3CH_2CH_2CH_2\underset{\underset{CH_2CH_3}{|}}{C}HCH_2OH \quad (4\text{-}66)$$

反应均为放热反应，且反应条件随催化剂种类的不同有所不同。在进行上述反应的同时还伴随着一些副反应，另外，在反应器中温度升高会生成酯。因此，为减少副反应的发生，加氢反应过程也需采用适宜的催化剂。

② 催化剂　加氢催化剂有多种，所用催化剂不同，其操作条件也不同。当采用镍基催化剂时，操作条件为，压力 3.9MPa、温度 100～170℃、反应液相加氢；当采用铜基催化剂时，反应为气相加氢，压力为 0.6MPa，温度为 155℃。后者具有一定的优越性。铜基催化剂的主要成分是 CuO 和 ZnO，在使用前被还原为 Cu 和 Zn。使用该催化剂的优点在于加氢选择性好，副反应少，不需要往体系中补水，生产能力高。不足之处在于，催化剂力学性能差，如有液体进入时易破碎等。

2. 丁、辛醇生产的影响因素

(1) 羰基合成过程

丁醛合成过程中，反应温度、丙烯分压、氢气分压、一氧化碳分压和铑浓度及三苯基膦含量等因素都对反应产生影响，以下是影响规律和适宜的操作条件。

① 反应温度　反应过程中，随着温度的升高，反应速率增加很快，但温度对产物正/异丁醛比的影响极小。所以，在较高温度下反应有利于提高设备的生产能力，但温度过高，催化剂失活速率加快。鉴于以上原因，在使用新鲜催化剂时，应控制较低的反应温度，而在催化剂使用的末期，可以提高反应温度以提高反应活性。在工业生产中，适宜的温度范围在100～115℃之间。

② 丙烯分压　动力学研究表明，反应速率与丙烯分压的一次方成正比，且随丙烯分压增高，产物正/异丁醛比略增大。因此，提高丙烯分压可提高羰基合成的反应速率，并提高反应过程的选择性。但是，过高的丙烯分压将导致尾气中丙烯含量增加，使丙烯的损失加大。因此，为保持整个反应过程中均衡的反应速率，对新催化剂采用较低的丙烯分压，随着催化剂的老化，为保持收率不变，可逐步提高丙烯分压。生产中，丙烯分压控制在 0.17～0.38MPa 之间。

③ 氢气分压　随着反应体系中氢分压的升高，反应速率略有增加，但在氢分压较高时对反应速率影响不如氢分压较低时明显。产物正/异丁醛比与氢分压的关系较复杂，出现一最高点。氢分压对反应速率及正/异丁醛比的影响均不太大，但氢分压增加时，丙烷生成量增多。一般氢分压控制在 0.27～0.7MPa 之间。

④ 一氧化碳分压　反应气中 CO 分压增高时，总反应速率增高，但分压较高时对反应速率的影响不如分压低时明显。

⑤ 铑浓度及三苯基膦含量　随着铑浓度的升高，总反应速率升高，生产能力增加，而且铑浓度升高，正/异丁醛比增大，反应选择性提高。但是，铑浓度的增加，给铑的回收分离造成困难，导致铑的损失增大。因此，应该选择适宜的浓度，通常新鲜催化剂应采用较低的铑浓度。

三苯基膦是反应的抑制剂，因此随着反应液中三苯基膦含量增大，总反应速率减小，三苯基膦主要作用是改进正/异丁醛的比例，随着三苯基膦含量增加，正/异丁醛之比呈线性提高，通常，反应液中三苯基膦含量控制在 8%～12%（质量分数）的范围内。

（2）加氢反应过程

影响加氢反应过程的主要因素有浓度、系统的氢分压以及温度。据研究，加氢反应的动力学方程可由下式表示：

$$r = 2.8 \times 10^8 \left[\exp\left(-\frac{51600}{T}\right) \right] p_{丁醛}^{0.6} \, p_{H_2}^{0.4}$$

式中，T 为反应温度，K；p_{H_2} 和 $p_{丁醛}$ 分别为 H_2 和丁醛的分压，Pa；r 为丁醛消失的反应速率，kg/（m³ 催化剂·h）。

由动力学方程可知，温度升高，反应速率增加；压力升高，则丁醛和 H_2 的分压相应提高，有利于加氢反应速率的提高。另外，H_2 浓度高时，总压可适当降低，如 H_2 浓度低，则需要在较高的总压下进行。另外，从动力学方程式可知，H_2 的浓度对加氢反应速率影响不大，因为反应速率仅与氢分压的 0.4 次方成正比，只有在催化剂活性下降较大时，才有可能出现转化率下降的问题。但是，H_2 浓度提高，可以降低动力消耗，减少排放量，降低成本。

另外，对 H_2 中的杂质应严格控制，如甲烷、硫、氯、CO、氧气等均对反应有不利影响。如甲烷的存在会使催化剂中毒，CO 的存在会使双键加氢受到阻碍，氧的存在会使金属型催化剂氧化而失去活性，并且在催化剂作用下与氢反应生成水，导致催化剂强度下降。在生产过程中，一般控制硫、氯的含量在 1×10^{-6} 以下，CO 含量在 10×10^{-6} 以下，氧含量要严格控制在 5×10^{-6} 以下。

3. 丁、辛醇生产工艺流程

丁、辛醇的生产工艺由丁醛合成、丁醇合成和辛醇合成三个工序组成。

（1）UCC/Davy/JMC 低压气相法生产丁醛工艺

丁醛的生产方法主要有两种，以羰基钴为催化剂的高压法和以三苯基膦羰基铑为催化剂的低压法。本节主要介绍低压羰化法合成丁醛工艺。

采用三苯基膦改性的羰基铑为催化剂的丙烯羰化合成丁醛的工艺，由美国 UCC、英国 Davy 及 Johnson Matthey Company（JMC）三家公司于 20 世纪 70 年代中期首先开发成功。与传统高压羰基化法相比较具有许多优点，如反应条件温和，即操作压力低（1.7～1.8MPa）、反应温度 90～110℃；反应选择性好、副产物少；正/异丁醛比达 10:1 以上；催化剂稳定且寿命长、流失少，每吨醛的铑损失小于 50mg。此外还具有操作简易、安全稳定、生产效率高、腐蚀性小、环境污染小等特点。

丙烯羰基合成丁醛的工艺流程见图 4-52。在投料前，先将三苯基膦羰基铑催化剂、无铁丁醛配制成催化剂溶液加入反应器中，溶剂为 Texanol®（丁醛的三聚物），也可用正丁醛作溶剂，经一段时间后被副反应所产生的丁醛三聚物所置换。原料丙烯和合成气分别经过净化除去微量毒物，包括硫化物、氯化物、氰化物、氧气、羰基铁等。净化后的气体与循环气混合并由反应器底部进入气体分布器，以小气泡的形式进入催化剂溶液，反应器内设有冷却盘管，控制反应温度 90～110℃，反应后气体从反应器顶部出来进入雾沫分离器，防止铑催化剂因夹带而损失，分离下来的液体返回反应器，气体则经冷凝器冷凝并分离后经循环压缩机循环使用，少量排空。液体进入汽提塔回收丙烯，塔顶气并入循环气，液相依次进入异丁醛塔和正丁醛塔，最后分别得到异丁醛和正丁醛及少量高沸物。生产过程中根据催化剂活性的变化，补加部分新鲜催化剂，最终将全部催化剂溶液排出处理回收。

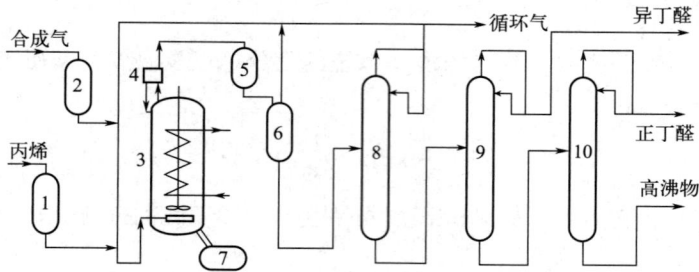

图 4-52 UCC/Davy/JMC 低压气相法生产丁醛工艺

1—丙烯净化器；2—合成气净化器；3—羰基合成反应器；4—雾沫分离器；5—冷凝器；6—分离器；
7—催化剂处理装置；8—汽提塔；9—异丁醛塔；10—正丁醛塔

(2) 丁醛加氢合成丁醇工艺

将丁醛直接送至加氢反应器，在 115℃、0.5MPa 压力下加入 H_2 反应即可得到粗丁醇，再经精制可得纯丁醇。具体工艺流程如图 4-53 所示，其中通入蒸发器 4 中的辛烯醛改为丁醛即可。

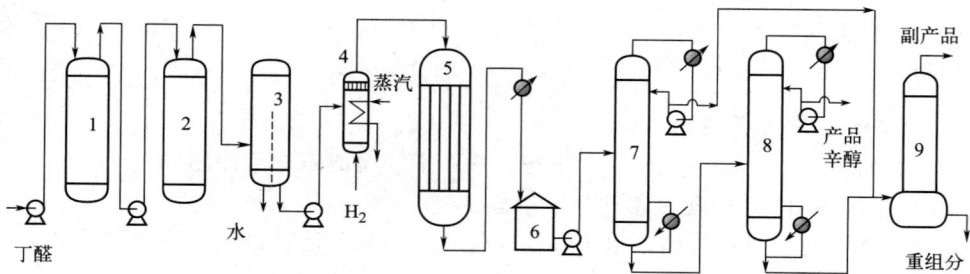

图 4-53 丁醛缩合加氢生产辛醇工艺流程

1,2—缩合反应器；3—层析器；4—蒸发器；5—加氢反应器；6—粗辛醇贮槽；
7—预精馏塔；8—精馏塔；9—间歇蒸馏塔

(3) 丁醛经缩合加氢合成辛醇生产工艺

由丁醛生产辛醇的工艺流程见图 4-53。丁醛缩合脱水生成辛烯醛是在 2 个串联的反应器中进行的。在以 2% NaOH 溶液为催化剂、反应温度 120℃、0.5MPa 压力下，纯度为 99.86% 的丁醛缩合成丁醇醛，同时脱水得辛烯醛。两个反应器之间由循环泵输送物料并保证每个反应器内各物料均匀混合，使反应在接近等温下进行。辛烯醛水溶液进入层析器，在此分为有机相和水相。有机相是辛烯醛的饱和水溶液，进入蒸发器蒸发（160℃），气态辛烯醛与 H_2 混合后进入列管式加氢反应器，管内装填铜基催化剂，在 180℃ 和 0.5MPa 压力下反应生成的粗辛醇经冷却后送到贮槽。粗辛醇泵入预精馏塔，塔顶馏出轻组分（含水、少量辛烯醛、副产物和辛醇），送到间歇蒸馏塔以回收有用组分，塔釜的辛醇和重组分送精馏塔，从塔顶得到高纯度产品辛醇，塔釜则为重组分和少量辛醇的混合物分批进入间歇蒸馏塔。根据进料组分的不同，可分别回收丁醇、水、辛烯醛、辛醇，剩下的重组分定期排放并可作燃料。预精馏塔、精馏塔、间歇蒸馏塔都在真空下操作。

4.6 氯乙烯和环氧氯丙烷

4.6.1 概述

以烃类（如甲烷、乙烯、乙炔、丙烯和苯等）为原料，加入氯化剂（输送氯元素的试剂），经氯化反应，即烃类化合物中引入氯元素，合成得到多种含氯的衍生物，它们可作为聚合物单体、有机合成中间体、有机溶剂、萃取剂和基本有机化工产品合成的主要原料，广泛应用于制药、染料、精细化学品制造等行业和部门，表 4-42 所列为部分烃类原料氯化产品及其主要用途。

表 4-42　部分烃类原料氯化产品及其主要用途

烃类原料	氯化剂	氯化产物	主要用途
CH_4	Cl_2	CH_3Cl	溶剂、合成硅橡胶
	$3Cl_2$	$CHCl_3$	溶剂、麻醉剂、氟塑料单体
	$4Cl_2$	CCl_4	溶剂、灭火剂、干洗剂
$CH_2\!=\!CH_2$	$HOCl$	$HOCH_2CH_2Cl$	合成乙二醇、聚硫橡胶
	HCl	CH_3CH_2Cl	溶剂、麻醉剂、乙基化剂
	Cl_2	$ClCH_2CH_2Cl$	溶剂、萃取剂、洗涤剂、合成乙二胺
$CH\!\equiv\!CH$	HCl	$CH_2\!=\!CHCl$	合成聚氯乙烯
	Cl_2	$ClCH\!=\!CCl_2$	溶剂、洗涤剂、杀虫剂、萃取剂
$CH_3CH\!=\!CH_2$	$HOCl$	C_3H_6OHCl	合成环氧丙烷、丙二醇
	Cl_2	$ClCH_2CH\!=\!CH_2$	合成甘油
C_6H_6	Cl_2	C_6H_5Cl	溶剂和染料中间体
	$3Cl_2$	$C_6H_6Cl_6$	农药

1. 氯化方法和氯化反应类型

有机化工工业常采用的氯化剂有 Cl_2、HCl、$HOCl$、$COCl_2$、SO_2Cl_2、PCl_3、PCl_5 等。最为常用的是 Cl_2 和 HCl。烃类物与氯化剂在某方法的促进下，发生氯化反应，常用的促进氯化方法如下。

（1）热氯化法

以热能激发氯分子，使其分解为活泼的氯自由基，进而取代烃类分子中的氢原子，生成各种氯的衍生物。以低级烷烃氯化的产品在有机化工工业中更有实际应用价值，如甲烷氯化获得各种氯的衍生物，丙烯氯化制取氯丙烯。它们的产品可作为溶剂、麻醉剂、制冷剂和合成原料等。热氯化反应常在气相中进行，所需反应温度视烷烃结构而定，其活化能较高，故热氯化反应一般在高温下进行。由此也使得热氯化反应常伴随烃类分子结构的破坏，产生一系列副反应。

（2）光氯化法

以光能激发氯分子，使其分解为氯自由基，与烃类分子发生反应，生成各种氯的衍生物，实现氯化反应。光氯化反应大多在液相中进行，反应条件比较温和。例如，二氯甲烷在紫外光线的照射下，生成三氯甲烷和四氯化碳，苯在紫外线照射下生产六氯化苯。由于光氯化反应所需活化能较小，所以光源采用水银灯、石英灯和日光灯即可。

（3）催化氯化

该法在催化剂的作用下，发生氯化反应，催化剂所起的作用是降低氯化反应的活化能。催化剂成分为金属卤化物，如 $FeCl_3$、$CuCl_2$、$AlCl_3$、$TiCl_3$、$TiCl_5$、$HgCl_2$ 等。催化氯化分为均相催化氯化和非均相催化氯化，均相催化氯化反应是将催化剂溶于溶剂中，然后进行氯化反应，如乙烯加氯制备二氯乙烷。非均相催化氯化是将催化剂的催化活性成分负载于活性炭、沸石、硅胶、氧化铝等载体上，形成固体催化剂，然后进行氯化反应，该类反应多在气相中进行，如乙炔与氯化氢加成制备氯乙烯和乙烯氧氯化制备二氯乙烷等。

烃类化合物氯化反应，按烃类物质与氯化剂的反应形式分为四种反应类型。

① 烃的取代（置换）氯化　脂肪烃发生取代的位置在氢原子上，例如式（4-67a）和式（4-67b）。

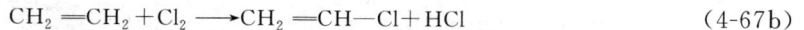

$$CH_4 + Cl_2 \longrightarrow CH_3Cl + HCl \qquad (4\text{-}67a)$$

$$CH_2{=}CH_2 + Cl_2 \longrightarrow CH_2{=}CH{-}Cl + HCl \qquad (4\text{-}67b)$$

芳香烃取代氯化发生在苯环和侧链的氢原子上，例如式（4-68a）和式（4-68b）。

$$C_6H_6 + Cl_2 \longrightarrow C_6H_5Cl + HCl \qquad (4\text{-}68a)$$

$$C_6H_5CH_3 + Cl_2 \longrightarrow C_6H_5CH_2Cl + HCl \qquad (4\text{-}68b)$$

值得注意的是，氯化反应时间长、反应温度高、通入的氯量大，氯化反应深度强，氯化产物除一氯产物外，会生成多氯化物，这一反应特点在气相反应中尤为明显。

② 烃的加成氯化　氯加成到脂肪烃和芳香烃的不饱和双键和三键上的反应。如以乙烯为原料生产氯乙烯过程中，二氯乙烷中间体的生产。

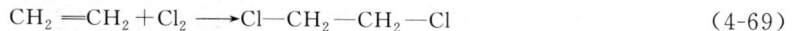

$$CH_2{=}CH_2 + Cl_2 \longrightarrow Cl{-}CH_2{-}CH_2{-}Cl \qquad (4\text{-}69)$$

该反应放出大量的热，故工业上在液相中实现这一加成氯化反应，有利于散热，乙烯液相氯化常采用氯化铁作催化剂，产物二氯乙烷本身为溶剂。

也可用乙炔与氯化氢加成氯化得到氯乙烯，反应如下：

$$CH{=}CH + HCl \longrightarrow CH_2{=}CH{-}Cl \qquad (4\text{-}70)$$

此加成氯化反应在气相中进行，由于反应速率慢，工业上采用以活性炭为载体的氯化汞为催化剂，因反应是放热反应，催化剂容易升华，造成管路堵塞，且放热造成温度过高，催化剂寿命缩短。故现多采用氯化汞-氯化钡作催化剂，这种复合催化剂的活性和选择性都大大提高，且减少了催化剂升华现象。

③ 烃的氧氯化　取代反应中，每取代一个氢原子，就消耗一分子的氯气，同时释放一分子氯化氢，而氯化氢难于直接经济有效利用。有人发现在氯化铜的催化下，氯化氢被空气中的氧氧化为氯气和水。在反应系统中，能同时进行氯化氢的氧化和烃的氯化，不但反应完全可以进行，而且氯化氢几乎全部转化，该反应类型为氧氯化反应。

工业上首先应用此反应类型于苯酚的生产，在氯化铜催化下合成中间体氯苯。

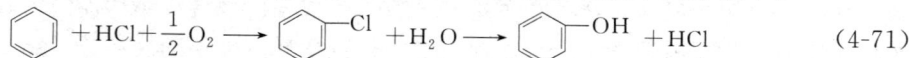

$$\text{〇} + HCl + \frac{1}{2}O_2 \longrightarrow \text{〇-Cl} + H_2O \longrightarrow \text{〇-OH} + HCl \qquad (4\text{-}71)$$

氧氯化反应在工业上应用最有意义的是由乙烯氧氯化合成二氯乙烷，再裂解制氯乙烯。反应如下：

$$CH_2{=}CH_2 + 2HCl + 0.5O_2 \longrightarrow Cl{-}CH_2{-}CH_2{-}Cl + H_2O \qquad (4\text{-}72a)$$

$$Cl{-}CH_2{-}CH_2{-}Cl \longrightarrow CH_2{=}CH{-}Cl + HCl \qquad (4\text{-}72b)$$

总反应　　$$CH_2{=}CH_2 + HCl + 0.5O_2 \longrightarrow CH_2{=}CH{-}Cl + H_2O \qquad (4\text{-}73)$$

需要指出的是苯氧氯化过程，氯化氢在系统中进行循环，需要的量和循环的量处于平衡。而乙烯氧氯化制氯乙烯，氯化氢消耗的量大于循环的量，需要另行补充，具体工艺如何平衡见后续论述。

另外，从前面涉及的两个氧氯化例子可知，氧氯化有取代氧氯化和加成氧氯化两种类型。乙烯氧氯化制二氯乙烷为加成氧氯化，丙烯和丁二烯等不饱和烯烃也可进行加成氧氯化反应。苯制氯苯为取代氧氯化，甲烷、乙烷等烷烃都可发生氧氯化反应生成一氯或多氯化合物。

④ 氯化物裂解　氯化物裂解反应包括脱氯反应、脱氯化氢反应、氯解反应和高温裂解反应，相应的反应式如下：

$$Cl_3C—CCl_3 \longrightarrow Cl_2C =CCl_2 + Cl_2 \tag{4-74a}$$

$$ClCH_2—CH_2Cl \longrightarrow CH_2 =CHCl + HCl \tag{4-74b}$$

$$Cl_3C—CCl_3 + Cl_2 \longrightarrow 2CCl_4 \tag{4-74c}$$

$$Cl_3C—CCl_2—CCl_3 \longrightarrow CCl_4 + Cl_2C =CCl_2 \tag{4-74d}$$

2. 氯化反应机理

氯化反应机理分为自由基型连锁反应机理和离子基型反应机理两种。

（1）自由基型连锁反应机理

热氯化和光氯化法的氯化过程属于自由基型连锁反应机理，反应过程包括链引发、链增长和链终止 3 个阶段，且 3 个阶段是串联过程。

注意氯化反应不只停留在一次氯化阶段，生成的一氯烷烃还会继续氯化下去，最终产物是混合物，产物的组成与烃/Cl_2 比值和反应温度有关，主要取决于前者。

（2）离子基型反应机理

催化氯化大都属于离子基型反应机理，常用的催化剂有 $FeCl_3$、$AlCl_3$、$ZnCl_2$ 等非质子酸催化剂。不饱和烃的加成氯化、氯化氢和氯原子取代苯环上的氢的催化氯化都属于离子基型反应机理。下面以乙烯液相催化加成氯化为例，乙烯液相催化氯化反应采用 $FeCl_3$ 作催化剂，产物二氯乙烷本身为溶剂，首先催化剂使得氯分子发生极化，成为亲电试剂氯正离子，然后对乙烯分子进行亲电攻击，生成中间络合物，再脱去质子得到氯化产物。

必须指出的是，到目前为止，关于苯的取代氯化反应机理一致认为是离子基反应机理，但对其过程的认识没有统一。有两种观点：一种观点认为催化剂使氯分子极化为亲电试剂正离子，它对芳核亲电攻击生成中间络合物，然后脱质子得到苯环上取代的氯化物；另一种观点认为首先是氯分子进攻苯环形成中间络合物，然后是催化剂作用脱去氯离子。

4.6.2　乙烯氧氯化制氯乙烯

氯乙烯作为合成聚氯乙烯塑料的单体，其研究和生产技术备受关注。目前世界上氯乙烯的生产方法有多种，包括电石乙炔法、裂解乙炔法、联合法、烯炔法、乙烷一步氧氯化法、石油乙烯法和乙烯氧氯化法等。

电石乙炔法是用电石产生的乙炔，经精制后与氯化氢混合，在催化剂作用下生成氯乙烯，尽管工艺流程简单、产品纯度高，但电石生产耗能高，所以产品成本高，而且催化剂毒性大。随后开发了从石油或天然气热裂解制取乙炔的裂解乙炔法，但裂解生产的乙炔浓度低，而提浓的投资费用高。后来出现一部分电石乙炔和一部分乙烯为原料的联合法，但该法仍然未能完全摆脱电石能耗高的问题。再后来发展起来的烯炔法是对联合法的重要改进，采用裂解气中的乙烯和乙炔直接制备氯乙烯，但裂解石油时需用纯氧，且裂解时对乙烯、乙炔的比例控制要求严格，而且氯乙烯的浓度低，后续提纯费用高，因而该法也未被广泛采用。石油乙烯法是以乙烯和氯气为原料，经催化加成氯化，得到二氯乙烷，又经热裂解得到氯乙烯，该法使原料来源问题得到完全解决，然而副产的 HCl 未能得到综合利用，氯的利用率仅为 50%。另外，氯乙烯联产有机氯溶剂法和乙烷一步氧氯化法及乙烯液相氧氯化法，在生产上都有一定的局限性。

乙烯氧氯化法采用原料乙烯和氧，氯化剂为氯化氢或氯气，催化氯化得到二氯乙烷，经裂解为氯乙烯和氯化氢。该工艺路线合理，其原料来源广，价格低廉，物料在生产过程中能完全平衡，生产成本低，并且有利于大型化生产。所以，目前全世界用乙烯氧氯化法生产的氯乙烯占生产总量的 90% 以上。

1. 平衡型氧氯化法工艺原理

由前介绍乙烯氧氯化反应式(4-72a)～式(4-73) 可知，生产 1mol 二氯乙烷，需要 2mol氯化氢，而 1mol 二氯乙烷裂解只放出 1mol 氯化氢，工业上为平衡氯化氢，多数采用另设乙烯氯化装置的方案，加成氯化得到二氯乙烷，将这部分裂解为氯乙烯放出的氯化氢补充到氧氯化过程所缺的氯化氢，其生产方案见图 4-54。平衡型氧氯化法制氯乙烯包括乙烯氯化、乙烯氧氯化和二氯乙烷裂解三个工序。乙烯氯化和二氯乙烷裂解见前面简介的加成氯化和裂解氯化反应类型，整个生产过程乙烯氧氯化反应是过程的核心，氧氯化使得氯乙烯单体生产中裂解过程产生的氯化氢与消耗的氯化氢得以平衡，故该生产工艺也称平衡型氧氯化法工艺。此节主要介绍乙烯氧氯化工序及其工艺原理。

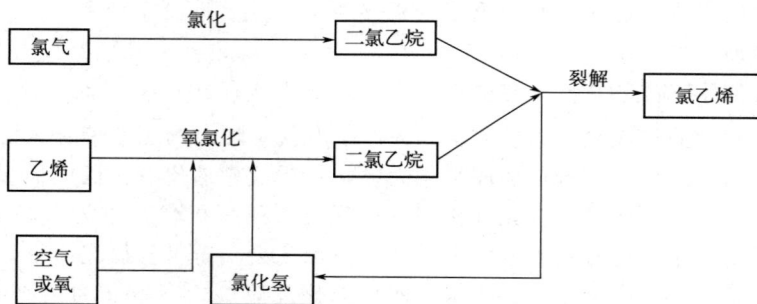

图 4-54　平衡型氧氯化法生产氯乙烯生产组织示意图

(1) 氧氯化化学反应和催化剂

乙烯氧氯化的主反应为

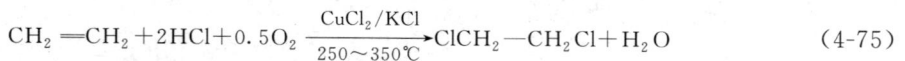

$$CH_2=CH_2+2HCl+0.5O_2 \xrightarrow[250\sim350\text{℃}]{CuCl_2/KCl} ClCH_2-CH_2Cl+H_2O \qquad (4-75)$$

乙烯氧氯化的主要副反应为燃烧反应：

$$CH_2=CH_2+2O_2 \longrightarrow 2CO+2H_2O \qquad (4-76a)$$

$$CH_2=CH_2+3O_2 \longrightarrow 2CO_2+2H_2O \qquad (4-76b)$$

副产物为气体，与液体容易分离，对液体二氯乙烷的质量不产生影响。

液相产品可能裂解为氯乙烯，然后又氧氯化反应生成三氯乙烷，反应如下：

$$ClCH_2-CH_2Cl \longrightarrow CH_2=CHCl+HCl \qquad (4-77a)$$

$$CH_2=CHCl+2HCl+0.5O_2 \longrightarrow ClCH_2-CHCl_2+H_2O \qquad (4-77b)$$

副反应的产物还可能有各种饱和的和不饱和的一氯和多氯衍生物，如三氯甲烷、四氯化碳等，但是副产物的总量不多。

乙烯氧氯化反应的催化剂为金属氯化物和部分氧化物，金属包括 Cu、Fe、Cr、Mg、Ag、Au、Ni、Co、V、Pd 等，其中以 $CuCl_2$ 的活性最高，选择性最好，反应条件适宜。目前工业上大都采用以 $CuCl_2$ 为主要活性组分，γ-Al_2O_3 为载体的催化剂。催化剂按组分数又分单组分催化剂、双组分催化剂和多组分催化剂。单组分催化剂的活性组分仅为 $CuCl_2$，为改善单组分催化剂的热稳定性和使用寿命，在催化剂中添加第二组分，常用的为碱土金属的氯化物，主要是 KCl，但加入之后发现催化剂的活性略有下降。多组分催化剂的产生是为了追求低温高活性，如 Shell 公司提出"$CuCl_2$-碱金属氯化物-稀土金属氯化物"型催化剂，活性高，热稳定性得到了提高。

（2）氧氯化反应机理及动力学

乙烯氧氯化反应机理目前有多种观点，主要归纳为以下两种。

① 氧化还原机理　本的藤堂、宫内健等认为首先是催化剂中的 Cu^{2+} 被吸附的 C_2H_4 还原成 Cu^+，同时生成二氯乙烷，并且该步骤最慢，为过程的控制步骤，反应如下：

$$CH_2=CH_2+2CuCl_2 \longrightarrow ClCH_2-CH_2Cl+Cu_2Cl_2 \tag{4-78}$$

然后是 O_2 把 Cu^+ 氧化为 Cu^{2+}，HCl 则补偿催化剂中的 Cl 原子，使之还原为 $CuCl_2$，反应如下：

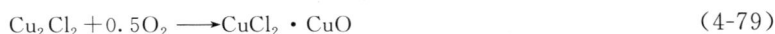

$$Cu_2Cl_2+0.5O_2 \longrightarrow CuCl_2 \cdot CuO \tag{4-79}$$

$$CuCl_2 \cdot CuO+2HCl \longrightarrow 2CuCl_2+H_2O \tag{4-80}$$

氧氯化反应就是这样通过还原—氧化—还原循环进行的。

② 乙烯氧化机理　美国学者 R. V. Carrubba 等考虑了催化剂的吸附特性，针对氧氯化反应速率随乙烯和氧的分压增大而加快，且与氯化氢的分压几乎无关的实验现象，提出了吸附、表面反应和脱附机理，认为反应的控制步骤为吸附乙烯和吸附氧的反应。

对于氧氯化反应还有人提出络合-氧化还原机理，迄今对乙烯氧氯化过程的反应机理尚无定论，但多数研究人员倾向于氧化还原机理。

关于乙烯氧氯化反应动力学，由于研究所用催化剂的组成、表面结构不同，所选择的反应程度范围不同，反应条件不同，因此导致反应的氧氯化程度不同。故报道的动力学方程式各有不同。尽管动力学方程式不同，但共同点是乙烯浓度对氧氯化反应速率的影响最大，且其浓度增大，反应速率增加。

2. 平衡型氧氯化法工艺条件

影响氧氯化反应的主要因素有反应温度、反应压力、物料配比、原料气的纯度和接触时间。

（1）反应温度

乙烯氧氯化反应是放热的催化反应，除主反应外，还有多个副反应，催化剂的活性和选择性与温度密切相关，故存在适宜的反应温度。针对 $CuCl_2/\gamma$-Al_2O_3 催化剂（Cu 质量含量为 12%），实验考察了温度对反应速率、产物二氯乙烷选择性和乙烯燃烧副反应的影响。结果显示，在低于 250℃范围，温度提高，反应速率迅速加快；250～300℃范围，反应速率随温度的提高逐渐减慢，高于 300℃，反应速率开始下降；250℃下反应的选择性最大。270℃以内，温度提高，乙烯燃烧反应缓慢，但高于 270℃后，乙烯燃烧反应加剧。此外，温度过高，催化剂的活性成分会流失，催化剂的使用寿命缩短。同时考虑到该反应是放热的反应，从安全的角度，温度不宜过高。所以，在保证反应物转化率达到要求的前提下，反应温度应尽可能低。适宜的反应温度主要根据催化剂的活性决定，对于 $CuCl_2$-KCl/γ-Al_2O_3 催化剂，流化床反应器反应温度为 $205\sim235℃$，固定床反应器反应温度为 $230\sim290℃$。

（2）反应压力

实验结果表明，压力提高，生成二氯乙烷的选择性下降，但选择性下降的幅度很小。压力的选择主要根据反应的设备类型，如流化床反应器的压力稍低于固定床的压力，同时考虑到加压可提高设备利用率及对后续的吸收和分离操作有利，故工业上一般都采用常压或低压操作。

（3）物料配比

当催化剂和反应温度一定时，原料配比对乙烯氧氯化生成速率和选择性有较大的影响。由前面讨论动力学方程可知，提高乙烯分压或比例，反应速率大大加快，另外还可提高氯化氢的转化率。但乙烯过量，乙烯燃烧副反应加剧；氧气含量过量，也会产生同样的结果。操作中必须注意，若氯化氢过量则会吸附在催化剂表面上，导致催化剂颗粒胀大，床层密度减小，若采用的是流化床反应器，其床层急剧升高，甚至发生节涌现象，不能正常操作。乙烯：氯化氢：氧理论配比为 1：2：0.5（摩尔比）。在正常操作情况下，采用乙烯和氧过量，使氯化氢接近全部转化，工业上采用的原料配比为：乙烯：氯化氢：氧＝1.05：2：0.75（摩尔比）。

（4）原料气的纯度

由于烯烃和炔烃可进行氧氯化反应，故要严格控制乙烯原料气中的乙炔、丙烯和丁烯等不饱和烃的含量。避免乙炔等氧氯化生成四氯乙烯、三氯乙烯等，或者在二氯乙烷成品裂解时产生结焦现象。当用二氯乙烷裂解产生的氯化氢时，原料气中氯化氢的纯度也非常重要，防止裂解产生乙炔，这时必须将氯化氢和氢气混合经过加氢反应器加氢精制，使得乙炔含量低于 20×10^{-6}。实验结果表明原料气中的氮气、一氧化碳、二氧化碳和烷烃等惰性气体无论浓度高低，它们对乙烯氧氯化反应无影响，且能带走一定的热量，使得温度容易控制，但工业生产中惰性气体含量一般不超过 30%。

（5）接触时间

对于单一的气固催化反应，接触时间越长，反应物转化率越高，但是当产物可能发生进一步的串联副反应时，必定存在一适宜的接触时间。不同催化剂，适宜的接触时间也不同，活性高的催化剂，适宜的接触时间较短，而活性较低的催化剂，一般采用较长的接触时间。实验的结果表明，当接触时间为 10s 时，氯化氢的转化率接近 100%，接触时间过长，产物二氯乙烷裂解产生氯化氢，氯化氢的转化率反而下降。

3. 平衡型氧氯化法工艺流程及主要设备

平衡型氧氯化法制氯乙烯工艺流程由 3 部分构成，即乙烯液相直接加成氯化制备 1,2-二氯乙烷，乙烯气相氧氯化制备 1,2-二氯乙烷，1,2-二氯乙烷热裂解制备氯乙烯，整个生产过程工艺流程见图 4-55。

（1）乙烯直接氯化制备二氯乙烷工序

乙烯液相直接加成氯化制二氯乙烷工艺有低温、中温和高温工艺技术，主要是产物的出料方式不同。以低温技术为例，反应温度为 50℃，采用三氯化铁催化剂，原料乙烯和氯气摩尔比为 1.1：1（乙烯过量）进入直接氯化反应器，产物经气液分离器得到液相粗二氯乙烷，然后去脱轻馏分塔精制，气体返回直接氯化反应器。

（2）乙烯气相氧氯化制备二氯乙烷工序

该工序由氧氯化制备二氯乙烷和二氯乙烷精制两个单元组成。生产所需原料是乙烯、氧

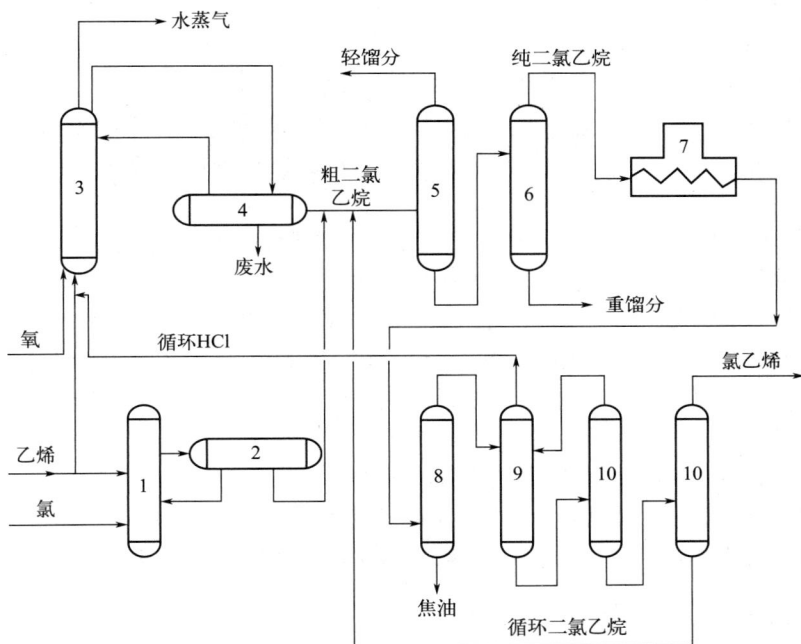

图 4-55 某化学工业公司氧氯化法生产氯乙烯的工艺流程

1—直接氯化反应器；2—气液分离器；3—氧氯化反应器；4—分离器；5—脱轻馏分塔；
6—脱重馏分塔；7—裂解炉；8—急冷塔；9—氯化氢回收塔；10—氯乙烯精馏塔

气（也可以是空气）和来自裂解部分的氯化氢，本流程以氧气为例。原料乙烯与裂解来的氯化氢混合后进入氧氯化反应器，氧气从底部进入氧氯化反应器，在反应器内气体通过气体分配器和挡板，进入 $CuCl_2$-KCl/γ-Al_2O_3 催化剂床层，发生氧氯化反应，反应温度 225～290℃，压力 1.0MPa，乙烯：氯化氢：氧的摩尔比为 1：2：0.5。乙烯氧氯化反应放出大量的热，通过内置的冷却器回收热量，副产水蒸气，通过调节蒸汽的压力来控制反应的温度。含有二氯乙烷、水、一氧化碳、二氧化碳和少量其他氯代烃类以及未转化的原料等的气体从反应器顶部流出，经分离器分离后，与乙烯直接氯化得到的粗二氯乙烷汇聚，进入二氯乙烷精制单元，废水排到废水处理单元。乙烯直接氯化和氧氯化得到的粗二氯乙烷混合的气体进入脱轻馏分塔，将二氯乙烷中的水和轻组分脱除，又经脱重馏分塔脱除二氯乙烷中的重组分，塔顶得到高纯度的二氯乙烷（可达99%）进入裂解工序。

（3）二氯乙烷热裂解制备氯乙烯工序

这一部分由裂解制氯乙烯和氯乙烯精制两个单元组成。精制后的二氯乙烷进入管式裂解炉，其裂解温度为 430～530℃，压力 2.7MPa，催化剂为沸石或活性炭，也可无催化剂，为减少裂解产生的副产物（主要为乙烯、氯丁二烯、氯甲烷、氯丙烯和焦炭等），控制裂解反应的转化率为 50%～60%，氯乙烯的选择性为 95%。二氯乙烷裂解反应为强吸热反应，裂解温度由管外燃烧的流量和压力控制。500℃左右的高温裂解气进入急冷塔，降温到 70℃左右，急冷塔（急冷剂一般为液态二氯乙烷）塔顶流出氯乙烯、氯化氢和少量二氯乙烷，经氯化氢回收塔分离，塔顶出纯度为 99.8%的氯化氢作为氧氯化原料，塔底物料（主要为氯乙烯和二氯乙烷）进入氯乙烯精馏塔，精馏塔塔顶得到纯度为 99.9%的成品氯乙烯，釜液主要为二氯乙烷和少量裂解产生的重组分，返回上部分的二氯乙烷精制单元。

氧氯化反应器是平衡法氧氯化制氯乙烯生产过程的核心设备，无论是采用氧气，还是空气，氧氯化反应可采用固定床或流化床。

① 固定床氧氯化反应器　该种反应器与普通的固定床反应器一样，器内设置多根列管，管内装有催化剂颗粒，原料气自下而上流经催化剂床层，管间走冷却介质，通常为加压热水，靠氧氯化反应放出的热量副产一定压力的水蒸气。固定床反应器具有转化率高的特点，但是其传热效果差，反应器局部容易过热，造成局部温度过高而使得催化剂的反应选择性下降和寿命缩短。

② 流化床氧氯化反应器　这是目前氧氯化较为常用的反应器类型。设备主体为不锈钢圆柱形筒体，氧气或空气从反应器底部水平插入的进气管进入，经多喷嘴板式分布器均匀分布，板式分布器上方设置乙烯-氯化氢混合气体进口管，该进口管与多喷嘴管式分布器相连，该喷嘴数与分布板的相等且刚好插入板式分布器的喷嘴内，乙烯-氯化氢和氧气分别进料，防止因操作失误而发生爆炸。反应器内还设有一定数量的立式冷却管，通入加压热水，移出反应热，并副产水蒸气。反应器上部设置 3 个串联的旋风分离器，分离和回收反应气夹带的催化剂，补充催化剂时用压缩空气自气体分布器送入。

流化床反应器具有传质传热效率高，温度分布均匀，不产生热点，温度控制容易等优点。但催化剂磨损大，物料返混较重，初期使用时，转化率不如固定床。

4.6.3　丙烯氯化制环氧氯丙烷

环氧氯丙烷是一种重要的有机化工原料，用途十分广泛。主要用于生产甘油、环氧树脂、氯醇橡胶、聚醚多元醇等。另外，氧氯丙烷是杀鼠剂鼠甘伏的中间体，也是其他化工产品的中间体，并用作纤维素酯、树脂和纤维素醚的混剂。同时它也是制备表面活性剂、医药、农药、涂料、胶黏剂、离子交换树脂、增塑剂、甘油衍生物以及缩水甘油衍生物等的原料。环氧氯丙烷（ECH）别名表氯醇，化学名称为 1-氯-2,3-环氧丙烷，分子式 C_3H_5OCl，分子量 92.85，是一种易挥发、不稳定的无色油状液体，具有与氯仿、醚相似的刺激性气味，密度 $1.1806g/cm^3$，沸点 115.2℃，凝固点 -57.2℃，自燃点 415℃，微溶于水，能与多种有机溶剂混溶，可与多种有机液体形成共沸物。

工业上环氧氯丙烷的生产方法主要有丙烯高温氯化法和醋酸丙烯酯法。丙烯氯化法由美国 Shell 公司于 1948 年首次开发成功并应用于工业化生产。醋酸丙烯酯法由苏联科学院以及日本昭和电工公司于 20 世纪 80 年代分别开发成功。此外，还有丙烯醛法、丙酮法、有机过氧化氢法和氯丙烯直接氧化法等。丙烯氯化法技术成熟，生产过程灵活性大，操作稳定，所以至今世界上 90% 以上的环氧氯丙烷采用该方法进行生产。

1. 丙烯氯化制环氧氯丙烷反应原理

丙烯氯化制环氧氯丙烷所用主要原料包括丙烯、氯气和石灰，其生产过程主要包括丙烯高温取代制氯丙烯，氯丙烯次氯酸化制二氯丙醇，二氯丙醇皂化制环氧氯丙烷 3 个反应单元。

(1) 丙烯高温取代制氯丙烯

$$CH_2\!=\!CHCH_3 + Cl_2 \xrightarrow{470℃} CH_2\!=\!CHCH_2Cl + HCl \tag{4-81}$$

实验研究结果表明，高温丙烯与氯气发生 α-氢原子取代反应，该反应为放热反应。同时可能发生下列副反应，生成 1-氯丙烯和 2-氯丙烯：

$$CH_2\!=\!CHCH_3 + Cl_2 \longrightarrow ClCH\!=\!CHCH_3 + HCl \tag{4-82a}$$

$$CH_2\!=\!CHCH_3 + Cl_2 \longrightarrow CH_2\!=\!CClCH_3 + HCl \tag{4-82b}$$

温度较低时，可能发生加成氯化反应，生成 1,2-二氯丙烷：

$$CH_2\!=\!CHCH_3 + Cl_2 \longrightarrow ClCH_2CHClCH_3 \qquad (4\text{-}83)$$

当温度过高或氯气过量时，丙烯可能分解为炭和氯化氢。温度过高时，还可能发生丙烯聚合和缩合反应生成高沸物和焦油等。

（2）氯丙烯次氯酸化制二氯丙醇

低温下，氯丙烯与氯气和水（次氯酸）发生加成反应：

$$2CH_2\!=\!CHCH_2Cl + 2HOCl \longrightarrow ClCH_2CHClCH_2OH + ClCH_2CHOHCH_2Cl \qquad (4\text{-}84)$$
$$\text{2,3-二氯丙醇（70\%）} \quad \text{1,3-二氯丙醇（30\%）}$$

主要副反应是氯气直接与氯丙烯反应生成三氯丙烷、四氯丙醚（对称和非对称两种结构）等。

（3）二氯丙醇皂化制环氧氯丙烷

二氯丙醇（两个异构体）水溶液与 $Ca(OH)_2$ 或 $NaOH$ 反应生成环氧氯丙烷：

$$\left.\begin{array}{l} ClCH_2CHClCH_2OH \\ ClCH_2CHOHCH_2Cl \end{array}\right\} + 0.5Ca(OH)_2 \longrightarrow \underset{O}{CH_2CH\!-\!CH_2Cl} + 0.5CaCl_2 + H_2O \qquad (4\text{-}85)$$

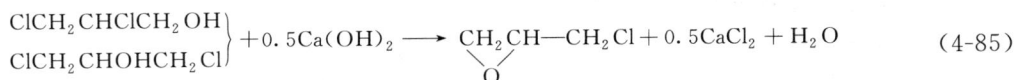

副反应（环氧氯丙烷进一步水解）：

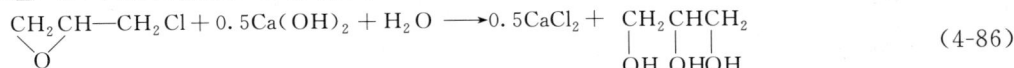

$$\underset{O}{CH_2CH\!-\!CH_2Cl} + 0.5Ca(OH)_2 + H_2O \longrightarrow 0.5CaCl_2 + \underset{OH\ OH\ OH}{CH_2CHCH_2} \qquad (4\text{-}86)$$

上述两个反应均为放热反应。

2. 丙烯氯化制环氧氯丙烷工艺条件

（1）高温氯化工艺条件

因低温丙烯容易发生加成氯化生成二氯丙烷，又因温度过高丙烯发生聚合或缩合和分解，所以丙烯氯化必须严格控制温度为 470～500℃。

由于氯气过量，丙烯易发生炭化，但丙烯过量太多，易生成多氯化物。工业生产通常采用丙烯与氯气的摩尔比为（4～5）∶1。

丙烯与氯气在高温氯化前需要在适当的温度下适度地混合。若丙烯与氯气混合不均，高温下可能在丙烯量少的局部地方发生炭化反应，丙烯量多的地方发生部分聚合或缩合；若先混合，加热温度较低，可能加成氯化反应占主导，副产物增多，低于 300℃ 时，产生的 1,2-二氯丙烷量大。所以，工业上一般先将丙烯预热到 380～400℃，然后在喷射式混合器中与氯气混合。

丙烯和氯气在反应器中的停留时间过短，反应没完全完成；停留时间过长反应目标产物容易发生进一步的反应。两种情况均使丙烯转化率降低。当然，停留时间的确定还要考虑反应温度，温度高，停留时间适当缩短。一般停留时间为 2～5s。

（2）次氯酸化工艺条件

氯丙烯次氯酸化反应只在液相中生成二氯丙醇，气相和液相中生成三氯丙烷。所以，降低反应温度，提高氯气在液相中的溶解度，减少氯丙烯的挥发量，即减少了气相反应的机会，减少了副产物。通常反应温度应低于 50℃。

考虑到氯气和氯丙烯在溶液中溶解度很小，工业生产采用反应液多次循环操作，液相中次氯酸化产物二氯丙醇浓度增加，但是二氯丙醇浓度高，气相反应增加，副产物增加，且反应选择性又降低了。故一般生产过程控制二氯丙醇质量浓度为 4.0%～4.4%。

次氯酸化反应中氯丙烯与氯气的比例对二氯丙醇收率影响很大。无论是氯丙烯还是氯气过量都导致二氯丙醇收率下降，工业生产采用氯丙烯与氯气的摩尔比为 1.003∶1。

除上述温度、产物浓度和物料配比工艺条件外，溶液的 pH 影响游离氯含量，也就影响氯丙烯与游离氯的副反应，即影响二氯丙醇的产率，研究表明溶液 pH 在 4.8～5.2 范围，二氯丙醇收率较高。

（3）皂化工艺条件

皂化过程主要副反应是环氧氯丙烷的水解和缩合。所以，提高环氧氯丙烷产量，应采用高温和汽提的措施，使得环氧氯丙烷以气态尽快离开反应器。皂化反应一般控制在 98～100℃ 范围。

皂化反应物料配比应采取皂化液过量，它既要满足环化的需要，又要中和溶液中的盐酸，以保证碱性条件下皂化反应完全。但是皂化液过量太多，环氧氯丙烷会水解生成丙三醇。理论上碱液量由反应液中氯化氢和二氯丙醇的量决定，生产过程控制氢氧化钙：（二氯丙醇＋盐酸）的摩尔比为（1.10～1.15）：1。

3. 丙烯氯化制环氧氯丙烷工艺流程

图 4-56 所示为氯丙烯法制环氧氯丙烷工艺流程。因丙烯氯化制环氧氯丙烷反应过程多步，且每一步都涉及多个副反应，生产过程除主要产物外，副产物较多，故整个生产过程包括反应和分离。其流程分为 3 个生产工序，包括丙烯高温氯化制氯丙烯与精制、氯丙烯次氯酸化制二氯丙醇、二氯丙醇皂化制环氧氯丙烷与产品精制。

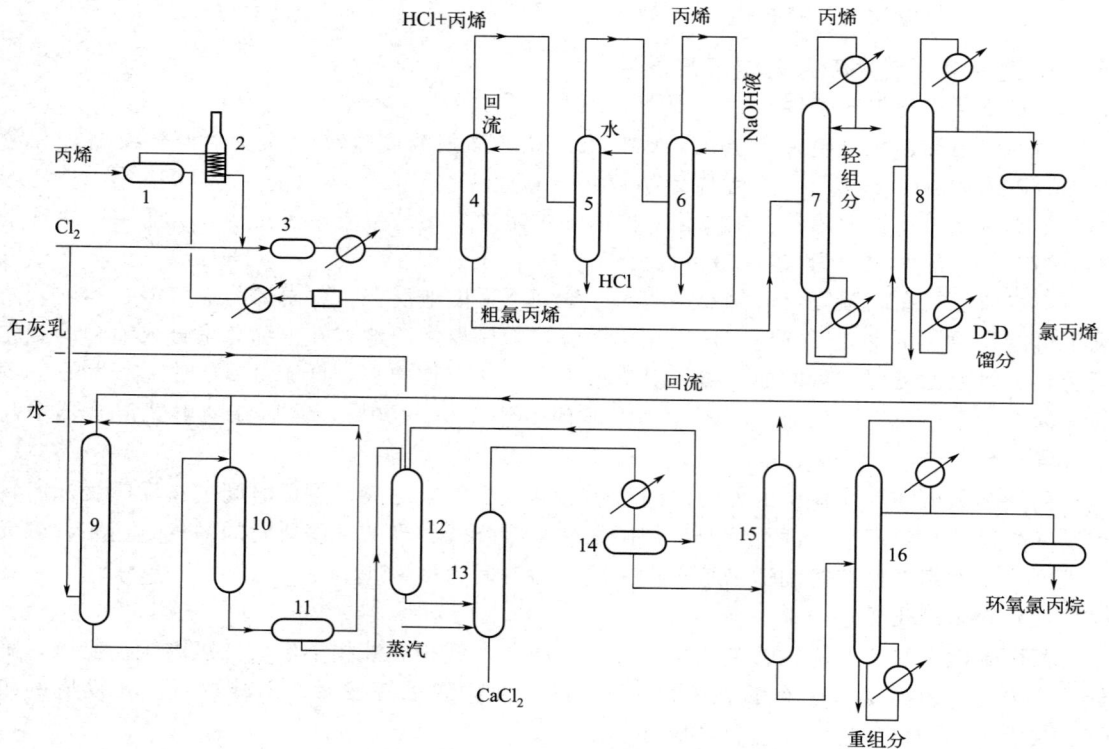

图 4-56 氯丙烯法制环氧氯丙烷工艺流程

1—缓冲罐；2—过热器；3,9—混合器；4—氯化反应器；5—水洗塔；6—碱洗塔；7,15—预分馏塔；8—D-D 分馏塔；
10—次氯酸化反应器；11—二氯丙醇贮槽；12—皂化反应器；13—皂化反应蒸出塔；14—分相器；16—环氧氯丙烷塔

（1）丙烯高温氯化制氯丙烯与精制

纯度大于98％的液态丙烯经过热器汽化并与氯化反应产物换热，过热到350～380℃，与氯气按4：1的摩尔比配料送入混合器，然后进入氯化反应器，在470℃左右和常压下进行反应，反应物与丙烯换热，冷却后的产物粗氯丙烯进入预分馏塔分离出氯化氢和未反应的丙烯，反应器塔顶气相中的氯化氢和丙烯经水洗塔和碱洗塔除去氯化氢，未反应的丙烯与预分馏塔塔顶的丙烯经冷却和干燥后循环返回反应器再利用。经预分馏塔分离后纯度为80％左右的粗氯丙烯送入D-D分馏塔，塔底获得粗的D-D馏分（顺-1,2-二氯丙烯、反-1,3-二氯丙烯、1,2-二氯丙烷混合物）作为粗副产品D-D混剂，塔顶为纯度为98％的氯丙烯和少量低沸物。

（2）氯丙烯次氯酸化制二氯丙醇

用泵将氯丙烯强制溶解在循环水溶液中，用喷射器将氯气经喷嘴加入氯丙烯的循环水溶液中，并使氯气快速与循环水混合，进入次氯酸化反应器反应，反应温度控制在40℃，反应液中二氯丙醇浓度为4.2％。反应物进入二氯丙醇贮槽供皂化反应。

（3）二氯丙醇皂化制环氧氯丙烷与产品精制

二氯丙醇溶液经预热后，与含20％～25％氯化钙的石灰乳充分混合，然后送入皂化反应器进行皂化反应，并在皂化反应蒸出塔内继续反应，皂化反应蒸出塔底部通入水蒸气，将环氧氯丙烷迅速汽提出塔，防止进一步水解。蒸出物经冷凝和冷却达到50℃，进入分相器，上部水层返回到皂化反应器，下部含大约82％环氧氯丙烷的油层进入预分馏塔，塔顶分离出低沸物，塔底为环氧氯丙烷和高沸物。釜液经冷却后进到环氧氯丙烷塔精馏，塔底分离出高沸物，塔顶得到精制的环氧氯丙烷产品。

思考题

4-1 烃类裂解的目的及所用原料是什么？烃类裂解过程中有哪些类型的化学反应发生？

4-2 为什么说乙烯是基本有机化学工业最重要的产品？乙烯、丙烯和丁烯各自的主要用途是什么？

4-3 什么是烃类裂解的一次反应和二次反应？二次反应对烃类裂解有何危害和影响？

4-4 烃类裂解过程中生炭和生焦的反应规律是什么？管式炉结焦的原因和危害有哪些？如何清焦？

4-5 烃类裂解反应的特点是什么？

4-6 根据烃类裂解反应原理可知，低压有利于烃类热裂解反应的进行，为什么工业上采用水蒸气作为稀释剂来降低烃原料的分压？

4-7 什么是裂解炉的横跨温度？它比出裂解炉裂解气的温度低还是高？

4-8 试述出裂解炉的裂解气为什么要进行急冷？急冷方式有哪几种？对急冷换热器有什么要求？

4-9 烃类蒸汽热裂解制乙烯丙烯等产品的工艺流程由几个单元组成？各单元的作用和组成设备分别是什么？

4-10 裂解气组成中哪些成分要通过净化去除？净化的方法是什么？

4-11 甲烷化反应指的是什么？怎样去除氢气中含有的CO杂质？

4-12 裂解气分离前为什么要进行压缩？

4-13 工业上裂解气有哪些分离方法？深冷分离法的分离原理是什么？

4-14 脱甲烷塔、乙烯塔和丙烯塔的作用和特点分别是什么？

4-15 在石油化工领域中，用量最大的芳烃是哪几种？简述其下游产品的用途。

4-16 为什么说乙苯是除了对二甲苯之外另一个重要的芳烃产品？

4-17 苯乙烯的主要生产方法有几种？原料分别是什么？

4-18 如何确定乙苯脱氢的工艺条件？

4-19 烃类氧化反应的共同特点是什么？为什么烃类氧化反应极易发生爆炸？需选择何种反应器？

4-20 非均相催化氧化反应的特点是什么？

4-21 制取环氧乙烷和乙二醇的方法是什么？简述各自的反应原理。

4-22 乙烯直接催化氧化法生产环氧乙烷的工艺过程中，哪些工艺条件要严格控制？为什么？该反应的催化剂主要特点是什么？

4-23 乙烯环氧化生产环氧乙烷过程中有大量的反应热放出，反应器为何种类型？如何移走反应热以保证反应的正常进行？

4-24 乙烯环氧列管式反应器中的热点温度是如何产生的？有什么危害？用什么方法可以减小热点和轴向温差？

4-25 乙烯环氧化制环氧乙烷过程中，致稳气及抑制剂的主要作用是什么？尾烧是怎样发生的？有何危害？

4-26 简述苯的烷基化生产乙苯的反应原理、特点、常用催化剂和反应器。

4-27 简述丙烯羰基合成法制丁醇、辛醇的反应原理、催化剂、反应器形式以及工艺条件。

4-28 氯化反应的类型有哪些？反应机理有哪些？具体内容是什么？

4-29 乙烯氧氯化反应的催化剂是什么？特点是什么？使用条件如何？

4-30 乙烯氧氯化反应的反应器有哪些类型？各自的结构特点是什么？工业常用哪种？为什么？

4-31 平衡型氧氯化法制氯乙烯的出发点是什么？其生产过程包括几部分？各部分的作用和主反应是什么？副反应是什么？

4-32 简述平衡型氧氯化法主要工艺条件以及选择的原因。

4-33 简述丙烯氯化制环氧氯丙烷的生产工艺流程。

4-34 丙烯氯化制环氧氯丙烷的工序包括哪些？各个工序的主要工艺条件有哪些？

4-35 丙烯氯化制环氧氯丙烷生产过程中次氯酸化工艺条件中为什么温度要低于50℃？

参考文献

[1] 朱志庆. 化工工艺学. 2版. 北京：化学工业出版社，2017.

[2] 吴指南. 基本有机化工工艺学. 修订版. 北京：化学工业出版社，1990.

[3] 王松权. 乙烯工艺与技术（精华本）. 北京：中国石化出版社，2012.

[4] David R L, Ph D. Handbook of Chemistry and Physics. Boca Raton：Taylor & Francis Group，2009-2010.

[5] Dean J A. Handbook of Organic Chemistry. New York：McGraw-Hill Book Company，1987.

[6] Howard J S, Milton K. Handbook for Chemical Technicians. New York：McGraw-Hill Book Company，1976.

[7] 黄仲九，房鼎业. 化学工艺学. 精编版. 北京：高等教育出版社，2011.

[8] 徐绍平，殷德宏，仲剑初. 化工工艺学. 2版. 大连：大连理工大学出版社，2012.

[9] 《石油和化工工程设计工作手册》编委会. 石油和化工工程设计工作手册：第十一册. 化工装置工程设计. 东营：中国石油大学出版社，2010.

[10] 邹长军. 石油化工工艺学. 北京：化学工业出版社，2010.

[11] 化学工业出版社组织编写. 化工生产流程图解. 2版. 北京：化学工业出版社，1997.

[12] 山红红，张孔远. 石油化工工艺学. 北京：科学出版社，2019.

[13] 戴厚良. 芳烃技术. 北京：中国石化出版社，2014.

[14] 谢克昌，房鼎业. 甲醇工艺学. 北京：化学工业出版社，2010.

[15] 米镇涛. 化学工艺学. 2版. 北京：化学工业出版社，2006.

[16] 张受谦. 化工手册. 济南：山东科学技术出版社，1984.

[17] Jacob A M, Michiel M, Annelies E V D. Chemical Process Technology. 2nd ed. West Sussex：John

Wiley & Sms，2013.

[18] 陈丰秋 . 乙烯氧氯化反应过程的技术基础及其工程分析 . 杭州：浙江大学，1992.

[19] 山东化学石油研究所 . 国外乙烯氧氯化催化剂 . 聚氯乙烯，1976（02）：15-23.

[20] 中国科学院甘肃化学物理研究所氯乙烯组 . 乙烯氧氯化制氯乙烯，当代化工，1973（02）：157-162.

第5章

典型聚合物产品生产工艺

  聚合物是指由小分子化合物通过聚合反应得到的分子量高达 $10^4 \sim 10^7$ 的化合物，大多由许多相同的简单小分子通过共价键有规律地重复连接而成，也称为大分子链，有时链上会分布一些分支，链的主干部分称为主链，分支部分称为支链。组成聚合物的最简单的基本结构称为结构单元，其组成可以是单一的，也可以是两种或两种以上。在大分子链中重复出现的结构单元，简称重复单元。一般情况下，聚合物结构可分为两种：一种是结构单元与重复单元相同；另一种是结构单元与重复单元不同，该重复单元由多个结构单元组成。例如，聚乙烯（ $\mathrm{+CH_2{-}CH_2\frac{}{}_n}$ ）由许多乙烯结构单元（ $\mathrm{-CH_2{-}CH_2{-}}$ ）重复连接而成，属于前者；聚酯纤维（ $\mathrm{+OCH_2CH_2O{-}CO{-}}\bigcirc\mathrm{{-}CO\frac{}{}_n}$ ）由 $\mathrm{-OCH_2CH_2O{-}}$ 和 $\mathrm{-CO{-}}\bigcirc\mathrm{{-}CO{-}}$ 组成两种结构单元构成重复单元 $\mathrm{-OCH_2CH_2O{-}CO{-}}\bigcirc\mathrm{{-}CO{-}}$ ，属于后者。组成聚合物结构单元的化合物称为单体，是合成聚合物的原料。聚合物结构单元的重复个数用 n 表示，称为聚合度，是衡量聚合物分子大小的重要指标。如 $\mathrm{+CH_2{-}CH_2\frac{}{}_n}$ 是由 n 个乙烯单体聚合而成，$\mathrm{-CH_2{-}CH_2{-}}$ 是重复结构单元；$\mathrm{+OCH_2CH_2O{-}CO{-}}\bigcirc\mathrm{{-}CO\frac{}{}_n}$ 则是由 $\mathrm{HO{-}CH_2CH_2{-}OH}$ 和 $\mathrm{HOOC{-}}\bigcirc\mathrm{{-}COOH}$ 两种单体先经酯化反应生成对苯二甲酸二乙二醇酯（BHET）重复结构单元，然后 n 个 BHET 进一步缩聚生成。

  以单体为原料生成聚合物的反应称为聚合反应，按照反应机理可分为连锁聚合反应和逐步聚合反应两大类。连锁聚合反应是指在引发剂等外界因素影响下，以单体的双键被引发形成单体活性中心开始，并由单体活性中心继续与其他单体作用生成聚合度更大的新长链活性中心，如此反复生成聚合物的过程。依照形成的单体活性中心形式，连锁聚合反应分为自由基聚合、离子聚合和配位聚合等。无论何种连锁聚合反应，单体与单体之间并不直接发生反应，因此，引发剂是影响这类反应的关键因素。逐步聚合反应是指发生在单体分子之间、单体分子与中间产物之间、中间产物分子与中间产物分子之间，通过单体间功能基团的反应使产物聚合度逐步增加生成聚合物的过程。根据单体基本的功能基团间的反应类型，逐步聚合反应分为逐步缩聚反应和逐步加成聚合反应。

  根据聚合物的性能与用途，可分为塑料、合成纤维、合成橡胶、涂料及黏合剂等，其中塑料、合成纤维和合成橡胶的产量最大、用途最广，被称为"三大合成材料"。世界范围内三大合成材料的体积总产量已超过全部金属的体积总产量。本章将重点介绍三大合成材料中典型产品聚乙烯、聚酯和丁苯橡胶的生产工艺。

5.1 聚乙烯生产工艺

聚乙烯（polyethylene，简称PE），结构简式为 $+CH_2-CH_2+_n$，是结构最简单的聚合物，由乙烯单体聚合而成，聚合度约在 $400\sim50000$，是稍具柔软性的部分结晶固体物，其结晶相区与无定形相区的比例不同致使其密度有差异，一般相对密度在 $0.915\sim0.970g/m^3$ 之间。聚乙烯是产量最大的热塑性通用塑料之一，广泛用于工农业生产和人们日常生活中，在塑料行业中占有举足轻重的地位。

按照聚乙烯的密度大小及分子结构的差异，可分为低密度聚乙烯（LDPE）、高密度聚乙烯（HDPE）、线性低密度聚乙烯（LLDPE）及超高分子量聚乙烯（UHMWPE）四大类。本节主要介绍前三种聚乙烯的生产工艺。

5.1.1 低密度聚乙烯生产工艺

低密度聚乙烯（LDPE）分子结构中的线性长链上有支链，每1000个碳链原子中含有 $20\sim30$ 个支链，支化度较高，分子间排列不紧密，密度较低，在 $0.915\sim0.935g/cm^3$ 之间。LDPE的结晶度为 $50\%\sim65\%$，熔点为 $105\sim110℃$，具有抗拉伸、强度低、绝缘性能好及低温韧性高等特点，主要用作薄膜和片材，其次用作注塑、电线和电缆等，其中薄膜是LDPE的最大市场，占比近 61%。

1. 低密度聚乙烯自由基聚合机理

低密度聚乙烯是以乙烯为原料，在高压条件下，以微量氧气或过氧化物作为引发剂，在一定温度下通过自由基连锁聚合反应机理得到。

(1) 链引发

第一步，引发剂分解形成初级自由基，反应如式(5-1)，是吸热反应，反应活化能较高（$E_a=105\sim150kJ/mol$），分解速率较慢（$k=10^{-4}\sim10^{-6}s^{-1}$），因此，引发剂分解是整个聚合过程的速率控制步骤。分解速率常数是温度的函数，可采取提高温度的措施来提高反应速率。

$$I \longrightarrow 2R\cdot \qquad (5-1)$$

式中，I代表引发剂；R·代表引发剂生成的初级自由基。

第二步，初级自由基与单体反应形成单体自由基，如式(5-2)，是单体由高能态双键变成低能态单键的过程，为放热反应，活化能低（$E_a=20\sim34kJ/mol$），反应非常快。

$$R\cdot+CH_2\!=\!CH_2 \longrightarrow R-CH_2-CH_2\cdot \qquad (5-2)$$

(2) 链增长

乙烯聚合过程的链增长是按式(5-3)进行的连锁加成反应，反应不可逆且放热，放热量为 $55\sim95kJ/mol$，活化能低（$E_a=21\sim33kJ/mol$），速率常数大 $[k=10^2\sim10^4 L/(mol\cdot s)]$，因此链增长过程快，加成一次的反应时间在毫秒级。工业上常用降低单体转化率的方式来限制反应速率，以控制反应温度，调整聚合物结构。

$$R-CH_2-CH_2\cdot+nCH_2\!=\!CH_2 \longrightarrow R+CH_2-CH_2+_nCH_2-CH_2\cdot \qquad (5-3)$$

(3) 链转移

式(5-4)和式(5-5)是乙烯聚合时可能发生的链转移反应。

向乙烯单体的链转移

$$R \xleftarrow{} CH_2 - CH_2 \xrightarrow{}_{\overline{n}} CH_2 - CH_2 \cdot + CH_2 = CH_2 \longrightarrow$$

$$R \xleftarrow{} CH_2 - CH_2 \xrightarrow{}_{\overline{n}} CH_2 - CH_3 + CH_2 = CH \cdot \qquad (5-4)$$

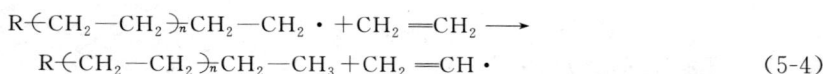

向溶剂或链转移剂的链转移

$$R \xleftarrow{} CH_2 - CH_2 \xrightarrow{}_{\overline{n}} CH_2 - CH_2 \cdot + SH \longrightarrow R \xleftarrow{} CH_2 - CH_2 \xrightarrow{}_{\overline{n}} CH_2 - CH_3 + S \cdot \qquad (5-5)$$

发生在分子间的转移（链外转移），即在聚合物大分子间转移生成新的大分子自由基如式(5-6)所示，由此产生长支链。

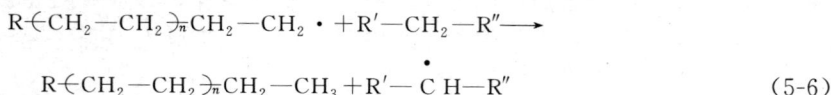

$$R \xleftarrow{} CH_2 - CH_2 \xrightarrow{}_{\overline{n}} CH_2 - CH_2 \cdot + R' - CH_2 - R'' \longrightarrow$$

$$R \xleftarrow{} CH_2 - CH_2 \xrightarrow{}_{\overline{n}} CH_2 - CH_3 + R' - \overset{\bullet}{C} H - R'' \qquad (5-6)$$

链转移也能在分子内部发生（链内转移），链增长的活性自由基中氢原子为同一链所夺取，活性中心在分子内部转移，如式(5-7)所示，单体分子内部链转移形成短支链。

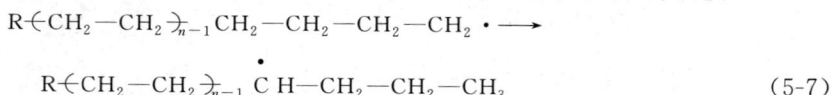

$$R \xleftarrow{} CH_2 - CH_2 \xrightarrow{}_{\overline{n-1}} CH_2 - CH_2 - CH_2 - CH_2 \cdot \longrightarrow$$

$$R \xleftarrow{} CH_2 - CH_2 \xrightarrow{}_{\overline{n-1}} \overset{\bullet}{C} H - CH_2 - CH_2 - CH_3 \qquad (5-7)$$

这种支链的存在是引起聚乙烯密度低的主要原因，常用控温的方式调整。

（4）链终止

聚乙烯的链终止是链自由基活性中心消失，形成稳定聚合物大分子的过程，为双基终止，有偶合终止和歧化终止。

偶合终止是两个链自由基的单独电子相互结合成稳定的共价键，两个链自由基的活性中心同时消失，形成一个聚合物大分子的终止方式，如式(5-8)。

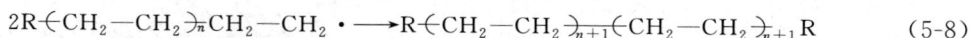

$$2R \xleftarrow{} CH_2 - CH_2 \xrightarrow{}_{\overline{n}} CH_2 - CH_2 \cdot \longrightarrow R \xleftarrow{} CH_2 - CH_2 \xrightarrow{}_{\overline{n+1}} CH_2 - CH_2 \xrightarrow{}_{\overline{n+1}} R \qquad (5-8)$$

歧化终止是某链自由基上的原子夺取另一链自由基的氢原子或其他原子使两个活性中心消失，同时形成两个聚合物大分子的终止方式，如式(5-9)。

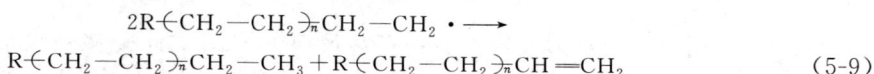

$$2R \xleftarrow{} CH_2 - CH_2 \xrightarrow{}_{\overline{n}} CH_2 - CH_2 \cdot \longrightarrow$$

$$R \xleftarrow{} CH_2 - CH_2 \xrightarrow{}_{\overline{n}} CH_2 - CH_3 + R \xleftarrow{} CH_2 - CH_2 \xrightarrow{}_{\overline{n}} CH = CH_2 \qquad (5-9)$$

链终止类型与单体种类和聚合条件有关，链自由基越活泼，越容易歧化终止。低温有利于偶合终止，高温有利于歧化终止。无论何种终止方式，链终止活化能都很低（$E_a = 2 \sim 8 kJ/mol$），反应速率常数都很大 $[k = 10^6 \sim 10^8 L/(mol \cdot s)]$，一般链终止都特别快。

综上，乙烯聚合反应的主要特点是：①低温下引发剂分解慢，高温有利于提高速控步骤（自由基引发）反应速率；②反应活性中心是电中性的自由基，虽然寿命很短，但可独立存在；③链增长速度快，放热量大，反应不可逆，为防止出现自加速现象，应及时移出反应热并控制乙烯单程转化率在 20%～30% 之间；④链转移反应容易发生，生成长短支链，控制支链长短取决于自由基转移的位置，分子内转移为短支链，分子间转移为长支链。

2. 影响乙烯聚合反应过程和产品质量的因素

（1）乙烯纯度

聚乙烯的原料乙烯来自烃类热裂解装置，乙烯常压下为气体，纯度为 99.95%（体积分数），常见的微量杂质包括甲烷、乙烷、乙炔和一氧化碳等。一氧化碳进入高聚物分子中会降低产物的抗氧能力和介电性能，甲烷和乙烷为惰性杂质不参与反应，乙炔可使聚合物的双键增加，影响产品的抗老化性能。

（2）引发剂和链转移剂

常用的引发剂有氧气、有机过氧化物（如过氧化二叔丁基、过氧化十二烷酸、过氧化苯甲酸叔丁酯等）及偶氮化合物等。引发剂用量增加，聚合反应速率加快，分子量降低，生产上引发剂的用量常控制到聚合物质量的万分之一。链转移剂也是分子量调节剂，用于控制聚乙烯的熔融指数，常用的有氢气、丙烷、烯烃和丙酮等。链转移剂种类的选择和加入量与聚合反应温度有关，在≥150℃的反应体系中适合选用丙烷，而≤170℃的反应体系适合选用氢气。

（3）反应温度

从热力学角度考虑，乙烯聚合是强放热反应，从动力学角度考虑，聚合反应快，放热引起的高温会进一步加速聚合反应速率，所以生产中需要及时移出聚合热（控温）。另外，在一定温度范围内提高温度，对链转移有利，聚合反应速率和聚合物产率随温度的升高而增加；但当超过一定值后，链转移速度的加快会造成聚乙烯大分子的短支链和长支链增多，引起聚合物产率、分子量、结晶度下降及密度减小，同时大分子链末端的乙烯基含量有所增加，产品抗老化能力降低。因此，聚合反应温度选择需要综合考虑，一般控制在130～280℃，对于氧气为引发剂的体系，温度宜控制在230℃以上，而以有机过氧化物为引发剂的体系，温度宜控制在150℃左右。

（4）反应压力

加压有利于链增长反应，而对链终止反应影响不大。低密度乙烯聚合过程是高压的气相反应，在高压条件下乙烯被压缩为气密相状态，提高了乙烯的浓度，促进了自由基或活性增长链与乙烯分子间的碰撞，所以增加压力将加速聚合反应，聚乙烯的产率和平均分子量增加，支链度及乙烯基含量降低。另外，压力增加会导致产品密度增大，实践表明，压力每增加 10MPa，聚乙烯密度将增加 $0.007g/cm^3$，生产中考虑到设备造价及安全生产等因素，聚合压力一般控制在 150～250MPa。

3. 低密度聚乙烯聚合反应器型式及其特点

世界上 LDPE 生产工艺有 10 余种，最经典的是气相高压本体自由基机理聚合法，迄今仍是生产低密度聚乙烯的主要方法。工业上考虑反应热的移出，常采用釜式反应器和管式反应器。由这两种反应器构成的工艺流程基本相同，主要区别在于移热方式、操作条件和所用引发剂种类等，特点比较见表 5-1。

表 5-1　管式和釜式聚合工艺的特点

项目	管式反应器工艺	釜式反应器工艺
反应器尺寸	反应管内径 25～64mm，长径比大于 12000∶1	高径比 2∶1～20∶1
移热方式	多点加入冷原料和夹套冷却移热	多层加入冷原料或釜内盘换热管和夹套冷却移热
操作特点	由预热、反应和冷却三部分组成；物料呈活塞流，流速 10～15m/s；单体浓度沿管程递减，物料停留时间分布窄；单位体积传热面积较大，易控温，耐高压；多段注入乙烯和引发剂，同时作为急冷料，通过改变加入量调控聚合物的性质	有搅拌装置，反应处于全混流状态，单体浓度较低，聚合物浓度较高；多层进料、多区反应，可控制和调节分子量和支化度分布
反应压力	200～350MPa	110～200MPa
反应温度	140～340℃，温度沿管长变化，存在最高值（热点）	150～300℃，温度均匀
引发剂	氧气、有机过氧化物或两者混合物	有机过氧化物

项目	管式反应器工艺	釜式反应器工艺
单程转化率	15%～20%,最高达40%	15%～20%,最高达21%
压缩机	高荷载超大压缩机	超大型压缩机
产品特点	产品支链少,支化度小,分子量分布较宽,光学性好,适于加工成包装薄膜,或用于电线、电缆的绝缘护套。产能大	分子量分布窄,产品支链多,冲击强度较好,多用于挤出涂层的树脂,加工成薄膜。产能相对小
维修及投资	结构简单,制造和维修方便,投资低	结构复杂,维修难度大,投资高

由于管式反应器具有单位体积换热面积大、控温容易、有效利用率高、生产能力大、产品质量稳定、投资费用低和维修方便等特点,目前工业上现有生产装置中管式反应器工艺占比超过60%。

4. 低密度聚乙烯生产工艺流程

采用管式反应器工艺生产低密度聚乙烯的公司有荷兰国家矿业、美国埃克森-美孚化学及德国巴塞尔等,它们的基本流程大体相同,可按进料点数、反应段数和出料方式来区分。一般情况下,工业装置的进料点数为1～4,反应段数为2～5段,出料方式有典型脉冲、脉冲和非脉冲3种。工艺流程包括乙烯的压缩输送、调节剂或(和)引发剂配置及注入、聚合反应、高低压分离、气体循环、挤压造粒、产品储存和包装等工序,如图5-1所示。

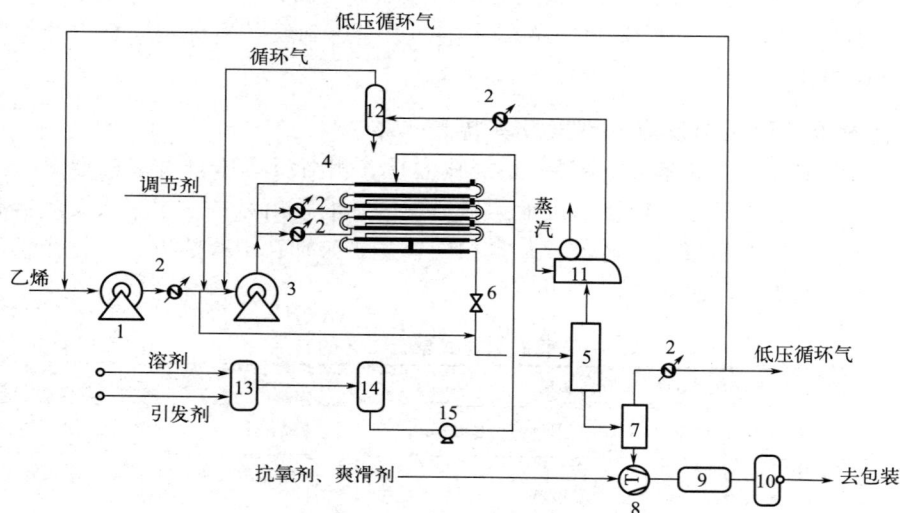

图5-1 LDPE合成管式法工艺流程

1—一次压缩机;2—换热器;3—二次压缩机;4—聚合反应器;5—高压分离器;6—减压阀;7—低压分离器;8—主挤压机;9—挤出切粒机;10—干燥机;11—废热锅炉;12—分离器;13—混合罐;14—引发剂储罐;15—高压引发剂泵

来自储罐的原料乙烯,进入一次压缩机1入口,经压缩机加压至30MPa,然后经换热器2冷却降温,与循环乙烯及调节剂混合,进入二次压缩机3压缩至300MPa,然后分三股进入聚合反应器4,其中一股直接进入聚合反应器4的入口,另两股经侧线换热器降温后分别从不同部位加入,既参与反应又调控反应器温度,反应温度在165～300℃范围内。引发剂与溶剂加入混合罐13,经搅拌溶解配制成引发剂溶液送至引发剂储罐14,然后引发剂溶液经高压引发剂泵 15 多点分别输送至聚合反应器 4 内进行聚合反应，用于调控反应速率，进而调控分子量。当聚合物的分子量达到要求时，反应物料经减压阀 6 减压，并被补入的新鲜乙烯混合急冷，然后进入高压分离器 5，将未反应的乙烯与聚乙烯进行分离。从高压分离器 5 上部出来的乙烯，经废热锅炉 11 回收热量，再通过换热器 2 降温、分离器 12 进一步分离液体，作为循环气进二次压缩机 3 加压，循环使用。高压分离器 5 底部引出的聚乙烯进入低压分离器 7，进一步分离残余的乙烯。低压分离器 7 分离出的气相为低压循环气，进入一次压缩机 1 加压，循环使用；分离出的液相物料进入主挤压机 8。在主挤压机 8 中，与加入的抗氧剂、爽滑剂等混合均匀，经挤出切粒机 9 得到粒状的 PE 树脂，随后送往干燥机 10，经热风干燥去产品包装。

5.1.2 高密度聚乙烯生产工艺

高密度聚乙烯是乙烯均聚物和乙烯与 α-烯烃的共聚物，密度为 $0.940\sim0.976\text{g/cm}^3$，结晶度为 $80\%\sim90\%$，分子结构以线性结构为主，分子链很长且没有支链，排布规整，软化点为 $125\sim135℃$，使用温度可达 $100℃$。高密度聚乙烯具有良好的耐热性、耐寒性、化学稳定性，较高的刚性和韧性等特点，被广泛用于生产包装、薄膜、管材、电线、电缆和中空容器等。

1. 高密度聚乙烯配位聚合反应机理

高密度聚乙烯（HDPE）是以乙烯为原料，在齐格勒-纳塔（Ziegler-Natta）催化剂 $\text{AlEt}_3/\text{TiCl}_4$ 的作用下，形成由过渡金属-碳键组成的活性中心，经配位聚合形成的线状聚合物，其聚合机理如下。

（1）活性中心的形成

TiCl_4 被 AlEt_3（三乙基铝，Et 为乙基）还原为 $\beta\text{-TiCl}_3$，而 $\beta\text{-TiCl}_3$ 是线性链状结构，有一个或两个空位，$\beta\text{-TiCl}_3$ 分别按式（5-10）和式（5-11）两种途径被 AlEt_3 烷基化，形成 Ti-C 键活性中心。

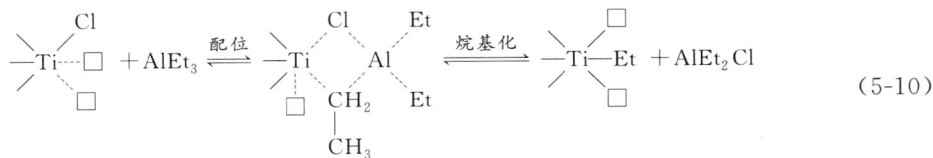

$$(5\text{-}10)$$

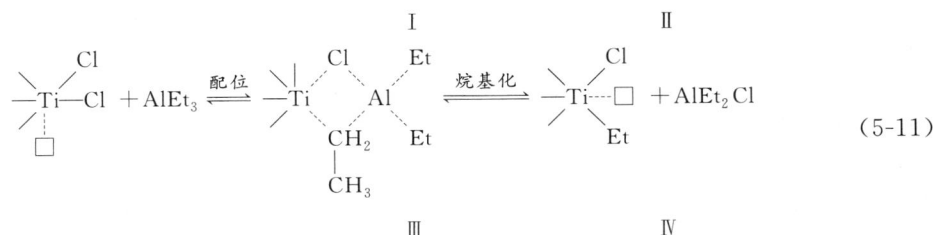

$$(5\text{-}11)$$

式中，┄□ 为空位，Ⅰ、Ⅱ、Ⅳ 均为带空位的活性中心，但 Ⅰ 为双金属活性中心，Ⅱ 和 Ⅳ 均为单金属活性中心。引发剂有特定的空穴，使得配位聚合具有定向性。

（2）链引发和链增长

以单金属活性中心为例，乙烯首先在引发剂氯化乙基钛中钛原子的空位上配位，生成 π-络合物，再经过移位和插入，留下的空位又可以给第二分子烯烃配位，如此重复，就得到了链接在活性中心上的增长链，如式（5-12）。Ziegler-Natta 引发剂也是催化剂，氯化乙基钛是电子给体。

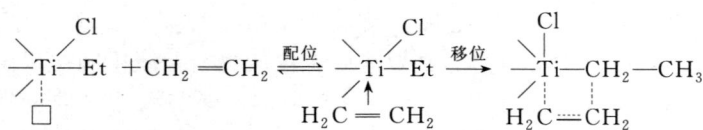

$$(5\text{-}12)$$

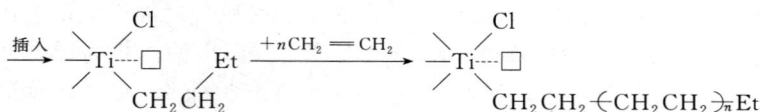

(3) 链转移

链转移反应方式有多种，是长、短支链产生的原因，包括以下几种。

① 式(5-13)是向氢分子的链转移反应。

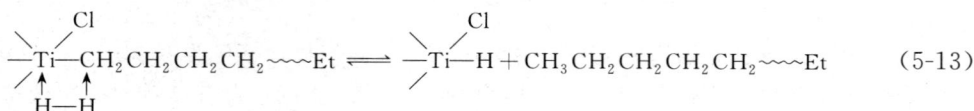
$$(5\text{-}13)$$

② 式(5-14)是向单体的链转移反应。

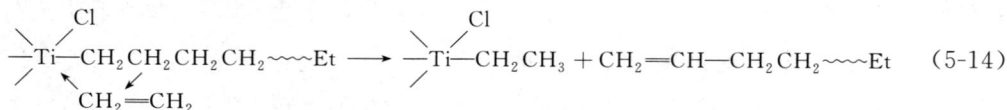
$$(5\text{-}14)$$

③ 式(5-15)是向 β-H 的链转移反应。

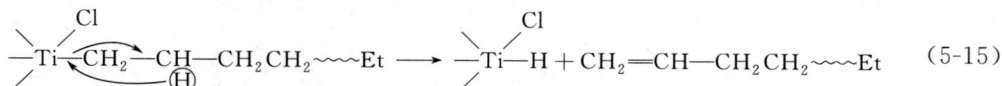
$$(5\text{-}15)$$

④ 式(5-16)是向引发剂有机金属化合物的链转移反应。

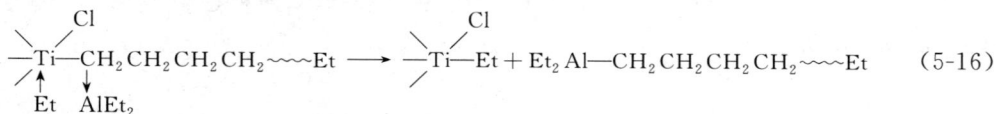
$$(5\text{-}16)$$

Ziegler-Natta 催化剂不存在链终止过程，其活性中心始终保持催化活性，但当反应系统遇到 CO、CO_2、O_2、H_2、H_2O 等物质时，会使催化剂失去活性，导致反应的链终止。利用这一特性，当需要强制聚合反应结束时可人为地向反应系统中加入终止剂，使催化剂失去活性，工业上一般采用 CO 或 H_2 作为终止剂。

综上，配位聚合生产高密度聚乙烯的特点是：①Ziegler-Natta 引发剂同时也是催化剂，金属与单体之间配位能力强，聚合反应具有定向性，需人为终止反应；②配位聚合的单体有选择性，仅局限于 α-烯烃和二烯烃，配位时进入单体 π 电子金属空轨道，形成二络合物，二络合物进一步形成四元环过渡态；③单体插入金属-碳键完成链增长，可形成立构规整聚合物；④对原料纯度要求很高，需经脱水除杂等预处理；⑤向氢分子的链转移反应可用来调节分子量，工业上常以氢气为分子量调节剂。向 β-H 的链转移产生端烯，这个端烯再加入共聚单体（如 1-丁烯、1-己烯、1-辛烯）产生长支链或短支链，利用这一特点，可人为地增加支链度，改变聚合物的性能。

2. 影响配位聚合反应的因素

原料纯度、工艺条件、Ziegler-Natta 催化体系及固体引发剂、扩散传质等因素，对生产高密度聚乙烯（HDPE）的反应速率和产品性质具有影响。

（1）影响聚合反应速率的因素

① 单体乙烯纯度　当原料乙烯中含一氧化碳、氧气、氮气、水、硫等杂质时不适合配位聚合，其含量高时会覆盖催化剂活性中心，使催化剂活性降低或中毒，杂质还有可能阻止单体加入，导致乙烯聚合反应速率和转化率下降，因此要求单体乙烯和 α-烯烃（1-丁烯和1-己烯）含量在 99.95% （体积分数）以上。如果纯度不能达到要求，乙烯需先精制，脱除其中的杂质。

② 反应温度　乙烯聚合反应是放热反应，从热力学考虑，及时移出反应热、控制较低温度有利于产物的生成，但聚合温度过低，聚合速率慢，乙烯转化率低，产量低。从动力学考虑，高温下聚合反应速率快，乙烯转化率高，聚合物产率也高，但聚合反应温度过高，溶胀聚合物易黏结在一起，形成块状蜡物，不利于平稳生产。工业生产中，一般将聚合反应温度设定为 86～106℃，常常稳定在 86℃。

③ 反应压力　反应压力影响乙烯转化率和反应速率，乙烯转化率与聚合反应压力基本成正比。当聚合反应压力升高时，溶解于溶剂中的乙烯浓度增大，乙烯与催化剂活性中心的接触概率相应增大，参与反应的乙烯分子数增多，聚合反应速率加快。但高压对设备材质要求较高，一般反应压力为 0.5～10MPa。与高达 100～300MPa 的低密度聚乙烯聚合反应压力相比要低得多。

④ 催化剂体系　用于乙烯聚合的催化剂有 Ziegler-Natta 催化剂、铬催化剂、茂金属催化剂等，其中使用 Ziegler-Natta 催化剂所得聚乙烯具有立体规整性好、密度高、结晶度高等特点而被广泛应用。Ziegler-Natta 催化剂也由不同的载体和主催化剂构成，体系不同，其 Al/Ti 比值不同，对反应速率的影响也不同。常规 Ziegler-Natta 催化剂的 Al/Ti 分子比在 4 左右时聚合反应速率最大，而高效催化剂的 Al/Ti 分子比在 20 左右时聚合反应速率最大。

⑤ 扩散传质的影响　乙烯配位聚合是非均相反应，对于有溶剂参与的反应，涉及单体乙烯向溶剂界面扩散和溶解、溶解的单体在液相中向固体催化剂表面扩散、聚合物向溶剂扩散等过程，生产上常通过适当加速搅拌强化传质，减少扩散对反应的影响。对于无溶剂的气相反应，涉及乙烯气体向固体催化剂的扩散传质过程，工业上采用流化床反应器，通过气固流化接触来强化传质。

（2）影响聚乙烯分子量、密度、熔融指数和支化的因素

影响聚乙烯分子量的因素包括反应时间、单体浓度、氢气浓度和温度。乙烯聚合度随聚合时间的延长而增大，通常聚合 2h 后分子量趋于恒定。相同聚合条件下，单体浓度高，聚乙烯分子量高。温度升高，链转移速率常数增大的幅度超过链增长速率常数，聚乙烯分子量下降；反之，分子量增大。提高氢气浓度，链转移反应加速，生成的聚合物分子量小；反之，链转移反应速率减慢，生产的聚合物分子量大。

在其他反应条件不变的情况下，密度主要由丁烯和乙烯的比值调控，而熔融指数主要通过氢气与乙烯量的比值（氢气分压）控制。

乙烯配位聚合中，由于活性大分子链向单体和共引发剂有机金属化合物的链转移均可形成端烯基大分子，进而向活性中心配位继续链增长，产生少量支链。配位催化剂除能使乙烯聚合外，还能使乙烯二聚生成 1-丁烯，它与乙烯共聚形成乙烯基支化链。

3. 高密度聚乙烯生产方法简介

按反应体系形态分，高密度聚乙烯生产有淤浆法、溶液法和气相法。

淤浆法是以乙烯为聚合单体、1-丁烯为共聚单体、异丁烷或己烷为溶剂，乙烯在 Ti-Al 活性键位上配位引发聚合，形成的聚合物粒子在溶剂中处于悬浮状态，通过加氢实现链终止。淤浆法属于气液固反应，适宜的反应器有环管反应器和釜式反应器。由于环管反应器具有制造成本低、维修方便、流速大不黏壁、单位体积换热面积大及产能高等优点，在工业上普遍采用。

溶液法是将单体乙烯溶解于环己烷或脂肪烃溶液中进行聚合，且聚合反应温度需高于聚乙烯熔融温度，反应体系为均相溶液，且在较高的压力下进行聚合，工业上以釜式鼓泡反应器为主。

气相法是乙烯气体在催化剂作用下聚合（或预聚合），直接生成聚合物干燥粉料，工业上采用流化床反应器。由于气体的载热量太小，且传热速率慢，实际生产中常依靠大量的乙烯气体循环来带出反应热量，所以单程转化率很低。气相法的优点是反应过程中除催化剂外，无其他介质引入，不用设置闪蒸分离、回收等工序，流程短。

三种聚合法主要反应条件对比见表5-2。

表 5-2 高密度聚乙烯聚合法主要反应条件对比

项目	工艺方法		
	淤浆法	溶液法	气相法
反应温度/℃	80～105	150～250	70～110
反应压力/MPa	0.5～3	2～10	2～3
反应时间	1～4h	数分钟	3～5h
溶剂	异丁烷、己烷、庚烷	环己烷或脂肪烃	无
共聚体	1-丁烯	α-烯烃(1-丁烯、1-己烯、1-辛烯)	1-己烯
移热方式	冷却水	冷溶剂	循环气体
催化剂	高活性铬系	Ziegler-Natta 催化剂	铬系、钛系催化剂
引发剂	烷基铝	烷基铝	烷基铝
分子量调节剂	氢气	氢气	温度
单程转化率/%	97	95	2～4
反应器型式	环管式和釜式	釜式	流化床
产品	密度范围：0.939～0.961g/cm³ 分子量分布相对窄，长支链分子少，主要用作吹塑、管材和导管	密度范围：0.92～0.97g/cm³ 分子量分布从宽到窄的各种聚乙烯产品	密度范围：0.942～0.961g/cm³ 产品可在较宽范围内调节，长支链分子比采用 Ziegler-Natta 催化剂时多，主要用作薄膜

4. 高密度聚乙烯生产工艺流程

图 5-2 是 Phillips 环管液相淤浆法乙烯聚合工艺流程示意图，包括原料预处理、催化剂淤浆制备与聚合反应、溶剂回收和粉料处理单元。

（1）原料预处理、催化剂淤浆制备与聚合反应

溶剂异丁烷、原料乙烯、共聚单体（α-烯烃，大多是 1-丁烯和 1-己烯）分别经过净化罐 1、2、3 进行净化处理后备用。所用催化剂的原料是乙氧基镁、四氯化钛和三乙基铝，经活化处理后用溶剂异丁烷稀释存入催化剂罐 4，搅拌形成催化剂淤浆。净化后的原料乙烯、共聚单体 1-丁烯和分子量调节剂的氢气与循环异丁烷（经循环异丁烷净化罐 17 处理）一起进预混器 6，控制单体质量浓度 3.3%，混合均匀后物料进管式反应器 5，催化剂储罐 4

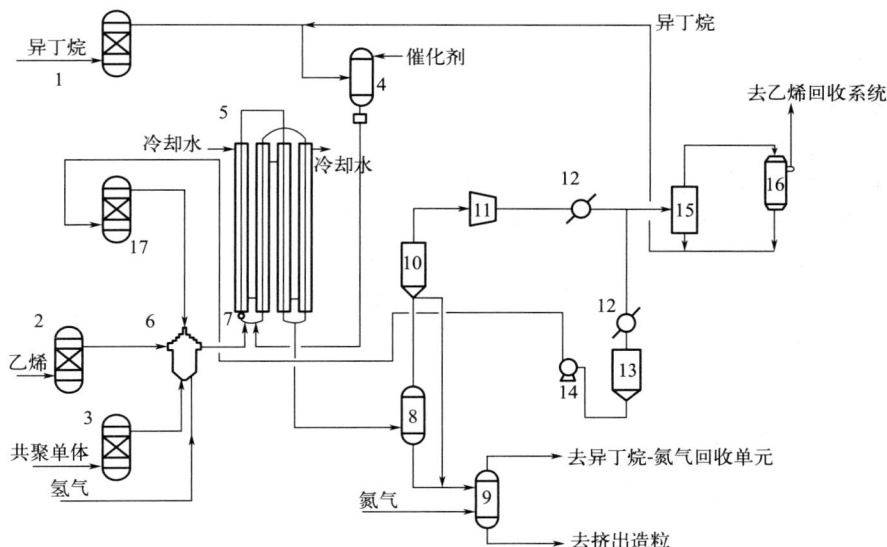

图 5-2　Phillips 环管液相淤浆法乙烯聚合工艺流程示意图

1,2,3—原料净化罐；4—催化剂罐；5—环管反应器；6—预混器；7—轴流泵；8—闪蒸罐；
9—净化干燥器；10—过滤器；11—压缩机；12—冷凝器；13—异丁烷储罐；14—泵；
15—重组分分离塔；16—轻组分分离塔；17—循环异丁烷净化罐

的催化剂由泵输送至反应器 5。反应器内乙烯在 75～85℃、3.0MPa 压力和催化剂引发作用下聚合生成聚乙烯粉末，为淤浆液状态。开启轴流泵 7 保持反应器内的浆液高速流动和均匀混合，强化相间的传质和传热，同时减少管壁黏挂沉淀物，反应热由夹套冷却水移出。

(2) 溶剂回收

聚合反应的聚乙烯粉末淤浆液从环管反应器 5 连续排出，经在线加热后进入闪蒸罐 8。闪蒸后，轻组分从闪蒸罐 8 顶部排出，经过滤器 10 分离夹带的粉末后进压缩机 11，加压后经冷凝器 12 降温冷凝。一部分冷凝液再经二次降温，低温冷凝液流入异丁烷储罐 13，经泵 14 加压后，经循环异丁烷净化罐 17 处理后回预混器 6 循环使用。另一部分冷凝液进重组分分离塔 15 进行气液分离，塔顶出来的物料进轻组分分离塔 16，从轻组分分离塔 16 塔顶分离出乙烯和乙烷轻组分，送乙烯回收系统；塔底出来的是纯度较高的异丁烷，与重组分分离塔 15 底部出来的异丁烷一起送至催化剂配置系统循环使用。

(3) 粉料处理

聚合物粉末从闪蒸罐 8 底部排出进入净化干燥器 9，在净化干燥器 9 内与加入的氮气混合，吹出残留的烃类杂质，排出的气体去异丁烷-氮气回收单元。从净化干燥器 9 底部出来的粉料输送到挤出造粒单元。

5.1.3　线性低密度聚乙烯生产工艺

线性低密度聚乙烯（LLDPE）密度 $0.914～0.931g/cm^3$，熔点 122～125℃，分子主链为线性结构，接近于 HDPE，无长支链，有短支链且数量远高于 HDPE，分子量分布及软化点温度范围比 LDPE 和 HDPE 的窄，挤出加工相对困难。在力学性能方面，刚性较大，撕裂强度、拉伸强度、耐冲击性、耐刺穿性、耐环境应力开裂性和耐蠕变性能均优于普通 LDPE，主要应用在农膜、薄膜、日用品、电线电缆等领域，其中薄膜用量约占总消费量的 70%。

LLDPE 是以乙烯和 α-烯烃（1-丁烯、1-己烯、1-辛烯）为原料，过渡金属为引发剂，按配位聚合反应机理聚合而得，实际为乙烯和 α-烯烃聚合的共聚物。由于同为配位聚合机理，操作条件等因素对反应过程的影响与高密度聚乙烯聚合反应相似，生产方法主要有气相法和淤浆法，很多企业采用微调工艺条件或改换催化剂等方式在 HDPE 和 LLDPE 产品之间切换。气相法具有气相单体一步合成、温度均匀易控、操作条件温和、无溶剂回收、工艺简单和适宜大规模生产等优势，工业装置运行较多，如 In-novene、Unipol 和 Spherilene 工艺。下面以中国某石化公司运行的 In-novene G 生产线性低密度聚乙烯（LLDPE）工艺为例进行介绍，流程如图 5-3 所示。

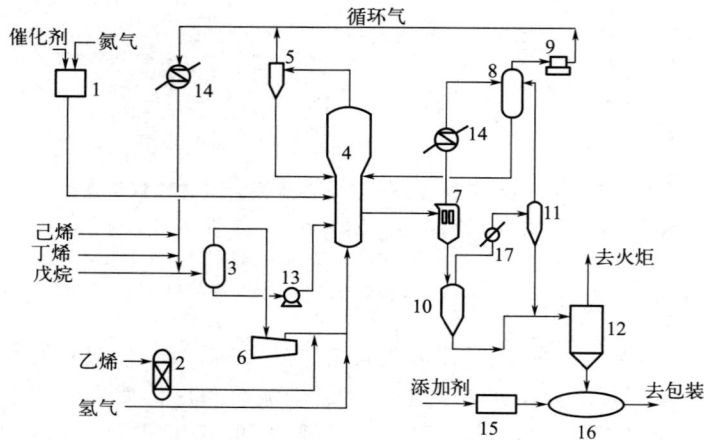

图 5-3 低压气相流化床 LLDPE 生产工艺流程图

1—催化剂注入系统；2—净化器；3—分离器；4—反应器；5—旋风分离器；6—压缩机；7—初级脱气仓；
8—分离器；9—循环压缩机；10—次级脱气仓；11—气固分离器；12—脱气仓；13—泵；
14—换热器；15—粉末给料机；16—挤压机；17—换热器

催化剂在氮气保护下经催化剂注入系统 1 进入反应器 4 的中部，原料乙烯经净化器 2 进行净化处理后进入反应器 4 底部。己烯、丁烯、戊烷和循环气一起进入分离器 3，分离出的气体经压缩机 6 加压至 2.5MPa 后与氢气及经乙烯净化器 2 来的乙烯混合进入反应器 4 底部，液相经泵 13 加压后也进入反应器 4 底部。在反应器 4 内，原料气体与 Ziegler-Natta 催化剂接触，控制反应器内温度 75～110℃，进行聚合反应。从反应器出来的气体经旋风分离器 5 进行气固分离，分离下来的细粉返回流化床反应器 4，气体经换热器 14 降温后进入分离器 3，循环利用。反应器 4 内生成的固体粉料经下部出料系统依次进入初级脱气仓 7、次级脱气仓 10 和脱气仓 12 三级脱气系统。从初级脱气仓 7 解析出的气体经换热器 14 冷却，再进分离器 8。分离器 8 顶部出来的气体经循环压缩机 9 加压后返回反应器 4 循环使用，分离器 8 底部出来的液体（戊烷等）返回反应器 4。从脱气仓 10 出来的气体经换热器 17 后进入气固分离器 11。气固分离器 11 底部固体粉料进入脱气仓 12，顶部气体回到分离器 8。从脱气仓 12 分离出的尾气去火炬，其底部的产品经粉末给料机 15 补加添加剂后进挤压机 16 挤压成型，然后去包装系统。

5.2 聚酯生产工艺

聚酯是主链上含有—C(O)O—酯基团的杂链聚合物，种类很多，包括脂肪族和芳香族、饱和和不饱和、线形和体形。已工业化的聚酯品种有线形芳族聚酯（如涤纶聚酯）、不饱和聚酯、线形饱和脂肪族聚酯等。它们的性质和用途各不相同，但其合成原理和路线大体相似。下面以涤纶聚酯为例介绍聚酯的生产工艺。

5.2.1 涤纶聚酯及其生产方法简介

涤纶聚酯是聚对苯二甲酸乙二醇酯（简称 PET）的商品名，无定形聚合体，其结构式如式(5-17)。PET 熔点 $255\sim265℃$，密度 $1.333g/cm^3$，玻璃化转变温度 T_g 为 $76℃$，特性黏数 （IV） 为 $0.6\sim0.65dL/g$，具有绝缘性能好、机械强度高、弹性耐皱性好、抗腐蚀、耐磨及吸水性低等优点，是理想的衣用织物材料，也可用作饮料瓶、电绝缘材料、轮胎帘子线、渔网、绳索等。

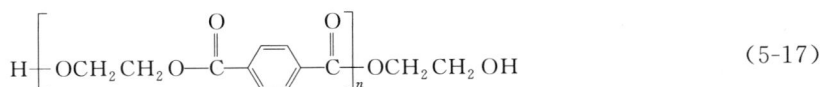

$$H\left[OCH_2CH_2O-\overset{O}{\overset{\|}{C}}-\text{⬡}-\overset{O}{\overset{\|}{C}}\right]_n OCH_2CH_2OH \tag{5-17}$$

聚酯由原料单体对苯二甲酸（PTA）和乙二醇（EG）经熔融缩聚反应得到，为使其聚合过程的混缩聚变为均缩聚，一般先用单体合成中间体对苯二甲酸二乙二醇酯（BHET）后，再进行 BHET 的均缩聚反应得到聚酯产品。熔融缩聚是指在单体和聚合物熔融温度以上进行的熔融态缩聚方法。

中间体 BHET 的合成方法有直接酯化法、酯交换法和环氧乙烷法。直接酯化法是将高纯度 PTA 与 EG 直接发生酯化反应生成 BHET。酯交换法是先用 PTA 和甲醇发生酯化反应，生成对苯二甲酸二甲酯（DMT）并将其精制，精制后的 DMT 再与 EG 进行酯交换反应生成 BHET。环氧乙烷法是 PTA 与环氧乙烷反应生成 BHET。上述三种方法中，直接酯化法在工艺技术、生产流程、自控水平、环境保护及原辅材料消耗等方面都具有显著的优势，逐步取代了酯交换法；而环氧乙烷法因环氧乙烷易开环生成聚醚，反应放热量大，且环氧乙烷存在易燃、运输及储存困难等缺点，未形成大规模生产。本节主要介绍直接酯化法生产 PET 的工艺。

5.2.2 直接酯化法 PET 生产工艺

1. 反应原理及其特点

直接酯化法生产 PET 是以高纯度 PTA 和 EG 为单体，采用熔融缩聚法，经酯化和缩聚两步反应制得 PET 的过程，属于逐步聚合。

(1) 酯化反应

PTA 与 EG 直接反应，生成 BHET 单酯和水。为了加快反应速率，一般加入催化剂质子酸或金属氧化物（如三氧化二锑，Sb_2O_3），其反应过程如下。

第一步，固体 PTA 溶于 EG 中或聚合物的混合物中。

$$\text{PTA（固体）}\longrightarrow\text{PTA（液体）}$$

第二步，溶解的 PTA 和 EG 在催化剂的作用下以式(5-18)生成 BHET 单酯。

$$HOC \underset{O}{\overset{}{|}} {-} \bigcirc {-} \underset{O}{\overset{}{|}} COH + H^+ （或 Me^{++}） \Longleftrightarrow HOC \underset{O}{\overset{}{|}} {-} \bigcirc {-} \overset{OH(Me^+)}{\underset{OH}{\overset{}{|}} C}^+ \quad \xrightarrow{HOCH_2CH_2OH}$$

$$HO \underset{O}{\overset{}{|}} C {-} \bigcirc {-} \overset{OH(Me^+)}{\underset{HOCH_2CH_2OH}{\underset{+}{\overset{}{|}}} C {-} OH} \Longleftrightarrow HOC \underset{O}{\overset{}{|}} {-} \bigcirc {-} \underset{O}{\overset{}{|}} C {-} OCH_2CH_2OH + H_2O + H^+ （或 Me^{++}）$$

（BHET 单酯） (5-18)

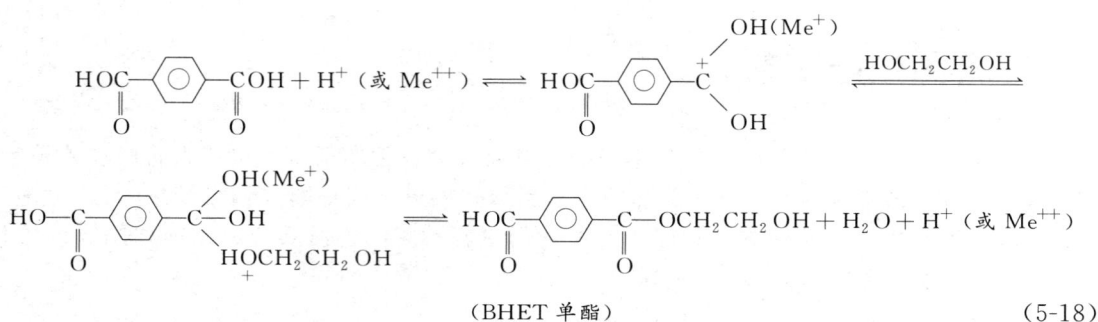

生成的 BHET 单酯再和另一个 EG 分子发生式(5-19) 的反应，即 BHET 单酯第二个羧基被酯化，生成 BHET 单体。

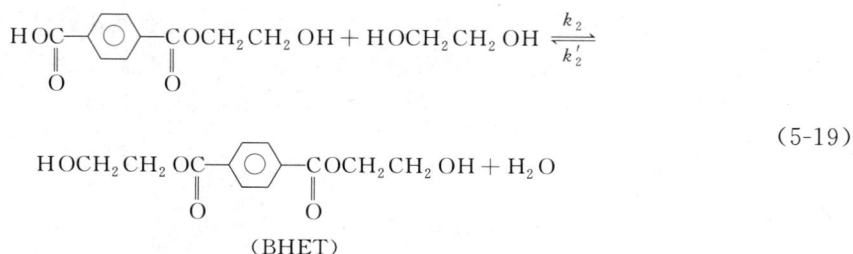

$$HOC \underset{O}{\overset{}{|}} {-} \bigcirc {-} \underset{O}{\overset{}{|}} COCH_2CH_2OH + HOCH_2CH_2OH \underset{k_2'}{\overset{k_2}{\rightleftharpoons}}$$

$$HOCH_2CH_2OC \underset{O}{\overset{}{|}} {-} \bigcirc {-} \underset{O}{\overset{}{|}} COCH_2CH_2OH + H_2O$$

（BHET） (5-19)

酯化过程总反应为式(5-20)。

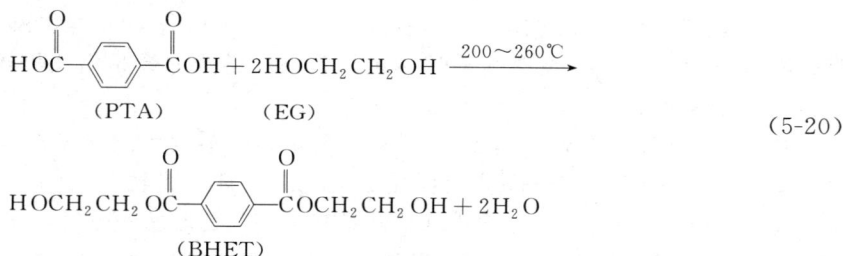

$$HOC \overset{O}{\overset{\|}{}} {-} \bigcirc {-} \overset{O}{\overset{\|}{}} COH + 2HOCH_2CH_2OH \xrightarrow{200\sim260℃}$$

（PTA） （EG）

$$HOCH_2CH_2OC \overset{O}{\overset{\|}{}} {-} \bigcirc {-} \overset{O}{\overset{\|}{}} COCH_2CH_2OH + 2H_2O$$

（BHET） (5-20)

实际反应体系中还会发生 BHET 单酯与 PTA、双酯与 PTA 或单酯与双酯间的反应，形成聚合度为 2～5 的聚体。以上过程是固体 PTA 首先在 EG 中溶解形成浆状物，形成固液非均相体系，然后在升温、催化剂条件下，PTA 和 EG 发生上述酯化反应。因为 PTA 的溶解速率远大于 PTA 和 EG 的酯化反应速率，故酯化反应是速控步骤。酯化反应是一个可逆平衡反应，平衡常数较小（不超 10），低酯化率时，酯化反应速率随 PTA 和 EG 浓度的增加而加快；当反应接近平衡酯化率时，反应速率快速下降。鉴于此，工业上为降低生产成本，常采用二段酯化。为了提高反应速率和转化率，应提高温度以增大 PTA 溶解度（浓度），同时及时将生成的水从体系中除去，促进反应的正向进行。另外，提高温度还有利于提高醇-羧酸型单体的反应活性，提高反应速率。

（2）BHET 缩聚反应

BHET 按反应式(5-21)进行逐步缩聚反应，是聚酯合成过程中的链增长反应。通过这一反应，BHET 单体与单体、单体与低聚物、低聚物与低聚物将逐步缩聚成 PET 和小分子 EG。该反应是可逆平衡反应，平衡常数小（平均为 4.9），反应速率慢；另外，反应物的质量传递和低分子产物的扩散都极大地影响着缩聚反应的进行。因此，提高温度有利于反应的进行。

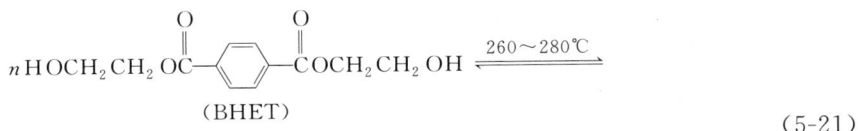

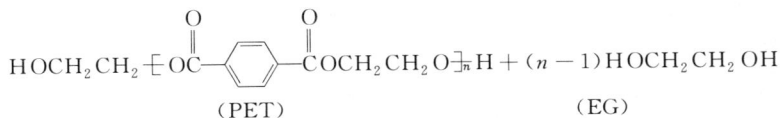

$$n\,\text{HOCH}_2\text{CH}_2\text{OC}\overset{\displaystyle O}{\|}\langle\text{C}_6\text{H}_4\rangle\overset{\displaystyle O}{\|}\text{COCH}_2\text{CH}_2\text{OH} \xrightleftharpoons{260\sim280℃}$$
$$\text{(BHET)}$$

$$\text{HOCH}_2\text{CH}_2\overset{}{\leftarrow}\text{OC}\overset{\displaystyle O}{\|}\langle\text{C}_6\text{H}_4\rangle\overset{\displaystyle O}{\|}\text{COCH}_2\text{CH}_2\text{O}\overset{}{\rightarrow_n}\text{H} + (n-1)\text{HOCH}_2\text{CH}_2\text{OH}$$
$$\text{(PET)} \qquad\qquad\qquad\qquad \text{(EG)}$$

(5-21)

（3）副反应

可能发生的副反应见式(5-22)和式(5-23)。因此，除水以外，二甘醇（DEG）和乙醛是主要的副产物。

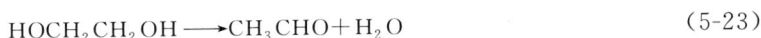

$$2\text{HOCH}_2\text{CH}_2\text{OH} \longrightarrow \text{HOCH}_2\text{CH}_2\text{OCH}_2\text{CH}_2\text{OH} + \text{H}_2\text{O}$$
$$\text{(DEG)}$$

(5-22)

$$\text{HOCH}_2\text{CH}_2\text{OH} \longrightarrow \text{CH}_3\text{CHO} + \text{H}_2\text{O}$$

(5-23)

综上所述，采用熔融缩聚法生产 PET 的过程中，一方面，PTA 和 EG 反应是速控步骤，反应温度应控制在单体和 PET 的熔融温度以上，同时应及时移出反应热和脱除生成的小分子副产物，促进反应向目标产物方向进行；另一方面，缩聚反应速率较慢，持续时间长，且随着缩聚反应的进行体系黏度增大，扩散速率也是聚合过程的又一控制因素，因此，生产 PET 的反应器应采用能强化传热传质的特殊装置。

2. 影响反应过程的因素

PET 的生产过程中，影响反应过程和产品质量的因素包括原料纯度及官能团配比、反应温度、反应压力、催化剂和稳定剂种类及其用量、搅拌速度及方式以及反应时间等。

（1）原料纯度及官能团配比

有些杂质不仅影响分子量大小，还会影响反应速率与产品分子结构，因此要严格控制原料纯度。从酯化反应看，PTA 和 EG 酯化反应的物质的量比为 1：2，但从最终产物 PET 的结构来看，PTA 和 EG 的物质的量为 1：1，所以原料 PTA 与 EG 的配比对反应速率、产品质量和原料消耗都有影响。体系中 EG 的含量越高，EG 醚化生成二甘醇（DEG）的副反应速率也越快，DEG 生成量越多，影响聚酯的耐热性和色泽，因此要求反应过程中 PTA 与 EG 的配比接近 1。降低 EG 的含量，酯化反应速率减慢，生产过程中由于酯化反应进行到一定程度后，缩聚反应也将同时发生，又将释放出 $n-1$ 个 EG 分子，可作为 EG 的补充。综合考虑，实际浆料配比中，PTA 与 EG 的物质的量比一般控制在 $1.0：1.0\sim1.0：1.2$ 之间。

（2）反应温度

对于可逆放热且平衡常数小的酯化反应和缩聚反应而言，适当降低温度对反应有利，但是，实际过程中需要考虑反应物的溶解性、反应速率和反应过程中物料的传质等因素，因此反应的温度应综合考虑。酯化反应初期，反应速率由 PTA 在 EG 中的溶解度决定，提高温度 PTA 在 EG 中溶解度，反应速率加快，但是温度过高，单体易分解，并使副产物二甘醇（DEG）生成量增大，降解反应明显加快，所以温度提高要适度。对于缩聚可逆平衡放热反应来说，高温下平衡常数减小，但反应速率提高，反过来其又影响平衡常数，兼顾反应体系物料的流动性和小分子副产物的顺利排出，反应温度既要高于聚合物熔化的温度（260～265℃），又要低于聚合物发生降解的温度（300℃），一般将温度控制在 270～285℃ 之间，反应前期控上限，反应中后期控下限。

(3) 反应压力

对于酯化反应，宜采用正压操作，使酯化反应的温度在常压 EG 沸点（195～198℃）以上，既可减少 EG 的蒸发，又能加速酯化反应，但反应压力太高会影响生成水的除去，导致醇解、水解或醚化副反应增加。实际生产中，采用两釜酯化流程，反应初期，由于 EG 的浓度较高，第一酯化釜控制压力在 0.15～0.18MPa（表压），反应中后期的第二酯化釜控制压力在 0.01～0.02MPa（表压）。对于缩聚反应，随着反应进行，介质黏度加大，流动性差，压力高使因缩聚释放出的 EG 扩散速度慢，低压缩聚利于 EG 的逸出，促进缩聚反应正向进行，增加产品聚合度和分子量。所以，工业上缩聚反应器一般采用多釜负压运行，常用蒸汽喷射泵或乙二醇喷射泵等调控反应器中的真空度。

(4) 催化剂和稳定剂

催化剂可提高反应速率，常用的催化剂有 Sb_2O_3 和 $Sb(Ac)_3$。适宜的催化剂浓度能达到明显提高反应速率的作用，但浓度过高会加快副反应速率，过量的锑金属离子留存产品中也会影响质量，Sb_2O_3 催化剂的浓度一般控制在 0.03%～0.05%（PTA 质量）。

稳定剂的作用是既可防止 PET 在合成过程中发生热降解，又可使缩聚反应速率下降，改善聚合过程和后加工过程的热稳定性。常用的稳定剂有磷酸三甲酯（TMP）、磷酸三苯酯（TPP）和亚磷酸三苯酯（TPPI）等，其用量在 1.25%（PTA 质量）左右。

(5) 反应时间

反应时间是影响聚酯产品酯化率和聚合度的主要因素之一。对于酯化反应，反应时间短，酯化率低，分子量达不到要求且分子量分布也不均匀；随着反应时间延长，酯化率提高，但如果反应时间太长，易使酯化过度且产品中副产物 DEG 含量明显上升。对于缩聚反应，物料反应时间与真空度、温度和催化剂浓度等相关，当其他因素不变时，反应时间主要取决于产量和对产品分子量的要求。

(6) 搅拌速度及方式

对于酯化反应，溶解在 EG 中的 PTA 的扩散不是速控步骤，但对于 PET 的缩聚反应，在熔融状态下进行，生成的小分子 EG 的逸出速度（扩散速度）对缩聚反应有较大的影响，强化搅拌和增大扩散面积有利于 EG 的蒸发，使缩聚反应易于向聚合度增大的方向进行。因此，缩聚釜尤其是终缩聚釜的结构形式在传热传质方面和强化搅拌方式需要特殊设计。

综上所述，充分考虑酯化和聚合反应慢、聚合物黏度大及持续时间长等特点，结合产品的要求，酯化釜可选用停留时间分布宽、带有搅拌和冷却盘管的釜式反应器；缩聚反应中后期选用带圆盘式或鼠笼式搅拌器的卧式聚合釜，使熔体既保持稳定的活塞流动，又在搅拌条件下其表面得到更新，并且部分物料附着在搅拌器表面，可进一步增大小分子副产物的蒸发面积，保证产品质量。

3. 直接酯化法生产 PET 工艺流程

直接酯化法生产聚酯有间歇和连续两种工艺，现以连续生产工艺为例介绍。连续生产工艺中，考虑到酯化和聚合两个反应的反应速率、放热量和物料黏度变化等因素，常用的工艺流程有五釜流程（两台酯化釜、三台缩聚釜）和三釜流程（一台酯化釜、两台缩聚釜）。五釜流程包括 PTA 输送和浆料配置、酯化和预缩聚反应、终缩聚反应、乙二醇的回收以及真空系统单元，工艺流程详见图 5-4。

(1) PTA 输送和浆料配置

原料 PTA 由料仓 1 送入浆料调配槽 2，原料乙二醇和催化剂按配比要求加入混配罐 17，

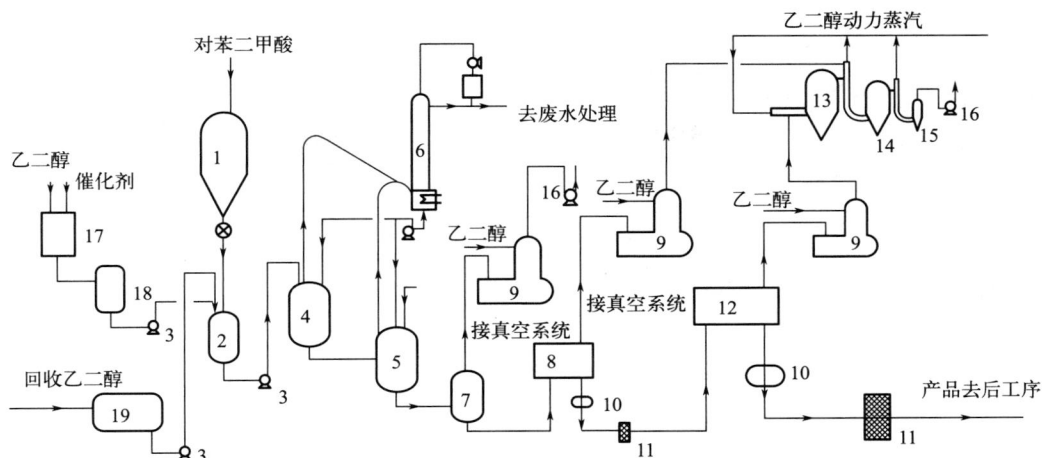

图 5-4　直接酯化法五釜工艺流程

1—PTA 料仓；2—浆料调配槽；3—浆料泵；4—第一酯化釜；5—第二酯化釜；6—乙二醇回收塔；
7—第一预缩聚釜；8—第二预缩聚釜；9—刮板冷凝器；10—齿轮泵；11—熔体过滤器；12—终缩聚釜；
13～15—乙二醇蒸气喷射泵；16—液环真空泵；17—混配罐；18—计量罐；19—回用乙二醇储罐

混合均匀后进计量罐 18，经浆料泵 3 输送至浆料调配槽 2，储罐 19 内的乙二醇经浆料泵 3 也输送至浆料调配槽 2 混合。

（2）酯化和预缩聚反应

混合均匀的浆料由浆料泵 3 送入第一酯化釜 4，用热媒加热控制釜温 240～250℃，压力 0.18MPa。当第一酯化釜的酯化率达 91% 左右时，料液从底部排出进入第二酯化釜 5，控制釜温 250～260℃，釜压 0.02MPa，酯化率达 96.5% 左右，酯化结束。从第二酯化釜 5 釜底出来的酯化产物靠压差依次进入第一预缩聚釜 7 和第二预缩聚釜 8 进行预缩聚反应，热媒控制釜温 260～280℃。经真空系统（刮板冷凝器 9 和液环真空泵 16）控制第一预缩聚反应器 7 的操作压力在 100mbar❶（表压）左右。通过刮板冷凝器 9、乙二醇蒸气喷射泵 14、15 和液环真空泵 16，控制第二预缩聚釜 8 的操作压力在 10mbar（表压）左右。

（3）终缩聚反应

从第二预缩聚釜 8 底部出来的预聚物经齿轮泵 10、预聚物熔体过滤器 11 后进入终缩聚釜 12，终缩聚温度控制 290℃，使熔体的特性黏度提高至约 0.68dL/g，反应结束时，聚合物酯化率约为 99.8%，聚合度约 100。通过刮板冷凝器 9、乙二醇蒸气喷射泵 13、14、15 和液环真空泵 16，控制终缩聚釜 12 压力在 1mbar（表压）左右，将溶解在聚合物熔体中的乙二醇和其他低沸点物质释放出来，使熔体聚合物达到质量指标要求。

完成终缩聚反应的聚合物熔体从终缩聚釜 12 出来经齿轮泵 10 输送至熔体过滤器 11，过滤后去后工序切粒或直接送去纺丝。

（4）乙二醇的回收

两个酯化釜顶部排出来的气相物（未反应的乙二醇和反应生成的水）进入乙二醇回收塔 6，重组分乙二醇自乙二醇回收塔 6 底部经浆料泵送回第一酯化釜 4 和第二酯化釜 5 中；乙二醇回收塔 6 塔顶蒸出物 98% 是酯化产物水，经塔顶换热器降温，部分冷凝液回流，其余

---

❶　1mbar＝100Pa。

的去废水处理系统。

5.3 丁苯橡胶生产工艺

丁苯橡胶（styrene butadiene rubber，简称 SBR）是最大的通用合成橡胶品种，占合成橡胶总量的 60% 左右，其物理力学性能、加工性能和制品使用性能接近于天然橡胶。是 1,3-丁二烯与苯乙烯的无规共聚体，结构如式(5-24)。丁苯橡胶按聚合体系分为乳液聚合丁苯橡胶（ESBR）和溶液聚合丁苯橡胶（SSBR），它们有着不同的制备方法、不同的产品特性和用途，现分别介绍其生产工艺。

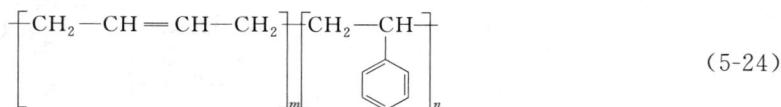

$$\left[CH_2-CH=CH-CH_2 \right]_m \left[CH_2-CH \right]_n $$

$$(5\text{-}24)$$

5.3.1 乳液聚合丁苯橡胶生产工艺

乳液聚合是借助乳化剂和机械搅拌，使单体分散在水中形成乳液，再加入引发剂引发单体聚合的过程。乳液聚合丁苯橡胶（ESBR）是以 1,3-丁二烯与苯乙烯两种单体为原料，在水中加入乳化剂将其分散成乳状液，由引发剂引发以自由基聚合反应制得。根据反应温度的不同，分为高温 ESBR 和低温 ESBR。高温 ESBR 是以过硫酸钾为引发剂，在 50℃下丁二烯与苯乙烯进行自由基乳液聚合得到，产品生产周期长，性能差。低温 ESBR 采用氧化-还原引发体系，在 5℃下丁二烯与苯乙烯进行自由基乳液聚合获得。低温 ESBR 中两种单体无规分布，有少量支化和交联结构，除力学强度稍差外，是综合性能较好的通用合成橡胶，主要用作汽车轮胎、制鞋和工业橡胶制品，用量约占乳液聚合丁苯橡胶产量的 80%。本节介绍低温 ESBR 生产工艺。

1. 低温乳液丁苯橡胶聚合反应

丁苯橡胶聚合体系由单体、引发剂、调节剂、分散介质、乳化剂和 pH 调节剂等组成。ESBR 由 1,3-丁二烯与苯乙烯单体采用低温乳液聚合，属于自由基共聚合反应机理，分为链引发、链增长、链转移和链终止四个步骤。首先由氧化-还原引发体系在水相中产生初级自由基，初级自由基与单体加成，形成单体自由基；单体自由基活性很高，无阻聚剂时进攻第二个单体分子的 π 键，形成新的自由基，如此循环实现链增长，此反应过程放热且速率极快；当转化率达到一定程度，向胶乳中加入终止剂结束聚合反应。聚合反应方程式如式(5-25) 所示，该反应具有聚合热大（为 60~100kJ/mol）、放热不均匀（高峰期放热量大）、反应速率快和后期黏度大等特点。

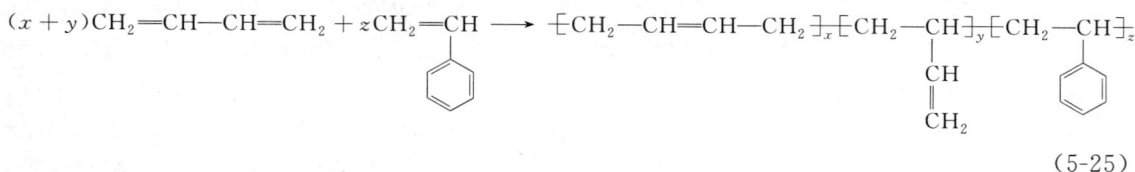

$$(x+y)CH_2=CH-CH=CH_2 + zCH_2=CH \longrightarrow \left[CH_2-CH=CH-CH_2 \right]_x \left[CH_2-CH \right]_y \left[CH_2-CH \right]_z$$

$$(5\text{-}25)$$

2. 低温乳液聚合过程主要影响因素

分析乳液聚合反应过程，从动力学角度上可分为加速、恒速和减速三个阶段，影响聚合速率的因素有反应温度、压力、单体纯度和配比、分散体系及引发体系等；另外乳液聚合体系是一热力学亚稳定状态体系，有产生乳胶粒凝聚现象的可能，凝聚物的形成与聚合工艺及其条件有关，衡量产品性能的参数有门尼黏度、结合苯乙烯含量、凝胶量等。

（1）聚合反应温度及压力

在聚合反应初期，提高聚合反应温度，氧化还原体系中引发剂还原产生高活性自由基并迅速形成自由基活性中心，进而加速形成单体自由基，可缩短聚合反应的诱导期，链增长速率加快，但过高的反应温度会导致引发剂分解速率常数增大，交联和支化反应速率加快。例如，反应温度从 5℃ 提高到 15℃ 时，交联反应速率和线性链增长速率之比将从 7.0×10^{-5} 增加到 9.4×10^{-5}，影响聚合物质量。低温聚合不易发生链转移，共聚物中含低聚物、支链、交联链少，聚合物质量好；另外，温度波动会引起聚合物分子量和分子量分布的变化，生产中需控制温度，及时移出反应热。综合以上分析，低温乳液聚合采用多釜串联设置时，操作中首釜温度控制在 7℃，其他釜控制在 5℃，波动范围不超 0.5℃。

从动力学角度考虑，在反应温度确定的条件下，提高压力能提高反应速率，工业上压力控制在 0.2～0.5MPa。

（2）单体的纯度和配比

苯乙烯中少量的二乙烯基苯会产生交联作用，产生不溶性凝胶，苯乙烯原料中含有少量的对叔丁基邻苯二酚阻聚剂，在进系统之前需用氢氧化钠溶液洗涤等方法脱除，丁二烯和苯乙烯单体的纯度分别提高到 99% 和 99.6% 以上。

丁二烯与苯乙烯的配比对聚合反应有影响，在 5℃ 条件下丁二烯和苯乙烯自由基共聚的竞聚率分别为 $r_1 = 1.38$ 和 $r_2 = 0.64$，丁二烯的竞聚率明显大于苯乙烯的竞聚率。在反应起始阶段，丁二烯消耗较快，随着反应的进行，苯乙烯单体的相对含量越来越高，丁二烯含量越来越低，共聚物的组成会随单体转化率的提高而不断改变，所以共聚时两种单体的配比必须设法控制和调节。丁二烯与苯乙烯的比例（单体质量配比）一般是 72/28，此比例下，单体转化率达到 60% 以前，共聚物中苯乙酸含量几乎不受转化率的影响，得到的丁苯橡胶中苯乙烯含量（质量分数）在 23.5% 左右，具有最佳的综合性能。

（3）分散体系

分散体系由分散介质水和乳化剂构成。乳化剂的种类和用量直接影响形成的胶粒直径、胶束数目及系统稳定性，进而影响聚合反应速率、聚合物分子量。如果水量过小，乳液浓度高，乳液不稳定，而且体系黏度大，影响系统的传热效率，不利于操作，因此水的用量一般为体系质量的 30%～60%。常用的乳化剂有亲水基团和亲油基团，其作用是使单体在乳液中稳定，在胶束中增溶，并对引发聚合反应起催化作用等。商品乳化剂多数是同系物的混合物而不是纯单一化合物，如十二烷基硫酸钠，其烷基链主要是十二烷基，也含有高于 C_{12} 和低于 C_{12} 的烷基。乳化剂用量对聚合反应速率有很大影响，增加用量，聚合反应速率加快，一般用量为单体质量的 0.2%～5.0%。

（4）引发体系

引发体系通常是水溶性的氧化还原体系，常用有机过氧化物（如过氧化氢二异丙苯、过氧化氢对孟烷）为氧化剂，亚铁盐为还原剂，甲醛次硫酸氢钠（俗称吊白块）为助还原剂，再加入乙二胺四乙酸（EDTA）钠盐为络合剂，引发剂用量一般为单体质量的 0.01%～0.2%。

（5）聚合终点的确定与控制

聚合反应的终点取决于共聚物组成及产物的门尼黏度，它们是产品质量控制的指标。由于丁苯橡胶中要求苯乙烯含量 23% 左右且组成均一，为此，当转化率达到 60% 左右时，向体系中加分子量调节剂正十二烷基硫醇或叔十二烷基硫醇、终止剂二硫代氨基甲酸钠及多硫化钠控制聚合终点。

（6）停留时间及乳胶粒子的粒径

乳液聚合中乳胶粒子的粒径与它在聚合釜中的停留时间有关，串联釜数量越多，停留时间分布函数越狭窄，工业生产中常采用8～12台聚合釜串联起来使胶粒粒径分布窄，有利于成核及提高转化率，进而控制共聚物组成（含苯乙烯为23％左右）和门尼黏度值。转化率提高，产物发生支链和交联的可能性增加，为了保证共聚物质量，同时考虑设备的最大生产能力，乳液聚合转化率控制在60％～70％，产品组成为均匀无规共聚物。

3. 乳液聚合丁苯橡胶生产工艺流程

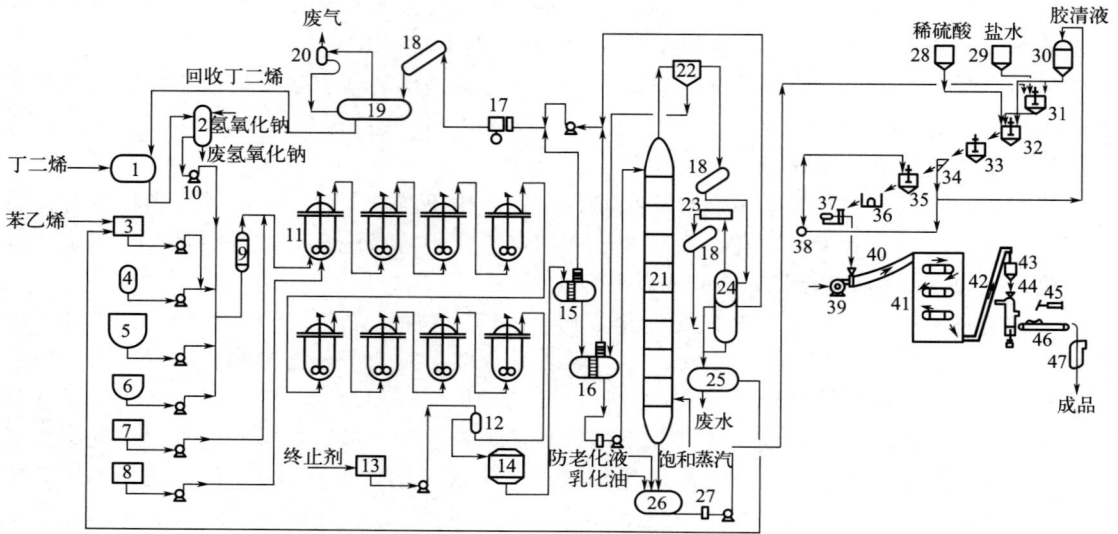

图 5-5　低温乳液聚合生产丁苯橡胶工艺流程

1—丁二烯原料储罐；2—阻聚剂脱除罐；3—苯乙烯原料储罐；4—调节剂计量罐；5—乳化剂储罐；6—去离子水槽；
7—活化剂计量罐；8—氧化剂计量罐；9—冷却器；10—泵；11—聚合釜；12—转化率调节器；13—终止剂计量罐；
14—缓冲器；15—第一闪蒸罐；16—第二闪蒸罐；17—压缩机；18—冷凝分离器；19—丁二烯中间储罐；20—洗气罐；
21—苯乙烯汽提塔；22—气液分离器；23—喷射器；24—升压分离器；25—苯乙烯倾析槽；26—混合槽；27—泵；
28—稀硫酸计量罐；29—盐水计量罐；30—胶清液中间罐；31—凝聚槽；32—第一胶粒皂化槽；33—第二胶粒皂化槽；
34—振动筛；35—胶粒洗涤槽；36—挤压脱水机；37—粉碎机；38—泵；39—鼓风机；40—气体输送管；
41—干燥箱；42—输送器；43—自动计量器；44—压胶机；45—金属检测器；46—传送带；47—包装机

对于强放热的低温乳液聚合反应，反应后温度会升高，为了维持合适的反应温度，需要在反应过程中不断移走热量，并采用多釜串联（一般由8～12台聚合釜），根据反应的进程分别调整第一釜加入引发剂与活化剂，在相当于转化率为15％、30％与45％的各釜中加入适量的分子量调节剂，而在聚合到60％时加入终止剂以结束反应。这种加料方式易于调节其乙烯基结构含量和结合苯乙烯的序列分布，可制备分子量分布峰多元化的聚合物产品，也易于实现活性聚合物的偶联支化、扩链及端基改性。生产工艺包括单体混合及助剂配制、聚合、单体回收、乳胶的掺混及后处理单元，其工艺流程如图5-5所示。

（1）单体混合及助剂配制

自丁二烯原料储罐1来的液化丁二烯首先进入阻聚剂脱除罐2，与浓度为10％～15％的NaOH水溶液于30℃下进行喷淋接触，脱除对叔丁基邻苯二酚等杂质。来自原料储罐3的苯乙烯与一定量的调节剂混合后进主管，与来自阻聚剂脱除罐 2 的丁二烯、来自乳化剂储罐 5 的乳化剂和来自水槽 6 的去离子水在主管内混合，随后进入冷却器 9 降温至 10℃，补入来自计量罐 7 的活化剂（包括还原剂、络合剂）后自第一聚合釜的底部进入聚合反应系统，来自计量罐 8 的氧化剂（过氧化物）则直接加入第一聚合釜釜底。

（2）聚合

聚合反应系统由 8～12 台聚合釜 11 串联组成，反应温度 5～7℃，操作压力 0.25MPa，总平均停留时间 8～10h，控制末釜聚合转化率为（60±2）%。由末聚合釜流出的胶乳进入转化率调节器 12，根据转化率测定数据、转化率要求和门尼黏度指标，用泵向转化率调节器 12 注入终止剂溶液，以终止聚合。从转化率调节器 12 流出的胶乳被卸入缓冲罐 14，然后送入单体回收单元的第一闪蒸罐 15。

（3）单体回收

在第一闪蒸罐 15 中，控制温度 22～28℃，压力 0.04MPa，闪蒸出大部分丁二烯，罐底排出的胶乳液经降压进入第二闪蒸罐 16，在 27℃、0.01MPa 条件下进一步闪蒸出残余的丁二烯。第一闪蒸罐 15 顶部出来的丁二烯进入压缩机 17，第二闪蒸罐 16 顶部出来的丁二烯经加压后也进入压缩机 17。经压缩机 17 加压液化后送到冷凝分离器 18，液化的丁二烯收集于丁二烯中间储槽 19，根据需要送回丁二烯原料储罐 1，与新鲜丁二烯混合后循环使用。丁二烯中间储槽 19 中的不凝气送至洗气罐 20，用煤油作吸收剂进一步吸收丁二烯，惰性气体排入大气。经第二闪蒸罐 16 除去丁二烯的胶乳，用泵输送至苯乙烯汽提塔 21 上部，经塔底通入的饱和蒸汽汽提脱出胶乳中苯乙烯及少量丁二烯低沸点物，由苯乙烯汽提塔 21 脱出的气体经气液分离器 22 把夹带的胶乳捕集下来送回第二闪蒸罐 16，苯乙烯汽提塔 21 塔顶温度控制在 50℃±0.2℃，压力约 12.5kPa（由气液分离器 22 和高压分离器 24 之间的喷射器 23 调控）。自气液分离器 22 出来的气体进入冷凝分离器 18，将大部分苯乙烯和水冷凝并送入升压分离器 24。升压分离器 24 中分离出的溶液流至苯乙烯倾析槽 25，分层后将上层苯乙烯送至苯乙烯原料储罐 3 循环利用。升压分离器 24 中未冷凝的气体与第二闪蒸槽 16 蒸出的丁二烯一起经加压后，进入压缩机 17 循环利用。

（4）掺混及后处理

脱除单体后的胶乳含胶粒 20% 左右，苯乙烯＜0.1%，自苯乙烯汽提塔 21 的底部进入混合槽 26，将防老化液和乳化油按配方规定量加入混合槽 26，与胶乳掺混并搅拌均匀，然后用泵 27 送入凝聚槽 31。自盐水计量罐 29 向凝聚槽 31 中加入 24%～26% 质量浓度的氯化钠盐水破乳，使胶乳离子凝集增大变成浓厚的浆状物，然后与 0.5% 稀硫酸混合后流入第一胶粒皂化槽 32，在剧烈搅拌下增大的胶乳粒子聚集为多孔形颗粒，然后再溢流到第二胶粒皂化槽 33，控制温度 55℃，完成乳化剂转化为游离酸的过程。从第二胶粒皂化槽 33 溢流出来的胶粒和胶清液经振动筛 34 进行过滤分离，湿胶粒进入胶粒洗涤槽 35，用振动筛 34 分离下来的胶清液和工业软水进行充分洗涤。余下的胶清液送入胶清液中间罐 30 循环使用。含水量为 50%～60%（质量分数）的物料经挤压脱水机 36 处理后，含水量可降至 10%～18%（质量分数），再经粉碎机 37 粉碎至 5～50mm 的胶粒，由气体输送管 40 送至干燥箱 41 进行干燥，使胶粒含水量＜0.1%。干燥后的胶粒由输送器 42 送入自动计量器 43 进行计量，由压胶机 44 系统压块成型，胶块通过金属检测器 45 后经传送带 46 进入包装机 47，包装后成品入库。

5.3.2　溶液聚合丁苯橡胶生产工艺

溶液聚合丁苯橡胶（SSBR）苯乙烯含量为 20%～30%，分子量为 30 万～40 万，丁二烯中 1,2-丁二烯占 30％～60％，具有线性度高、凝胶含量低、非橡胶成分少、分子量分布窄、耐磨性和抗湿滑能力好、弹性好、生热性低以及滚动阻力小等特点，是改进轮胎性能的好材料，用作高性能轮胎的生产。此外 SSBR 还有良好的透明性、压花性、颜料易分散性，也是胶鞋工业理想的原料。

1. 溶液聚合丁苯橡胶反应机理

SSBR 是以苯乙烯和丁二烯为单体原料，环己烷为溶剂，正丁基锂为引发剂提供碳负离子，引发两单体形成各自的活性中心，然后经链增长、链终止的阴离子聚合过程，其机理如下。

（1）链引发

正丁基锂按式(5-26)引发苯乙烯，按式(5-27)引发丁二烯，各自形成活性中心（仅考虑丁二烯 1、4 加成情况）。

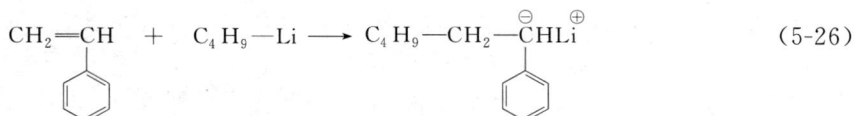

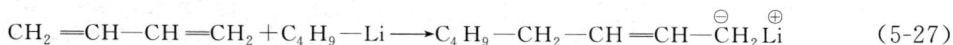

$$CH_2{=}CH{-}\bigcirc \quad + \quad C_4H_9{-}Li \longrightarrow C_4H_9{-}CH_2{-}\overset{\ominus}{C}H\overset{\oplus}{Li} \qquad (5\text{-}26)$$

$$CH_2{=}CH{-}CH{=}CH_2 + C_4H_9{-}Li \longrightarrow C_4H_9{-}CH_2{-}CH{=}CH{-}\overset{\ominus}{C}H_2\overset{\oplus}{Li} \qquad (5\text{-}27)$$

（2）链增长

仅考虑丁二烯 1、4 加成情况。经链引发反应产生的阴离子活性中心不断与单体加成进行链增长，链增长活性中心是自由离子和松紧程度不一的离子对。式(5-28)是单阴离子活性中心的链增长反应，单体插入离子对中间向一端增长。式(5-29)～式(5-31)是双阴离子活性中心的链增长反应。

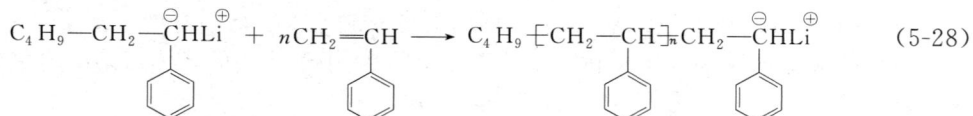

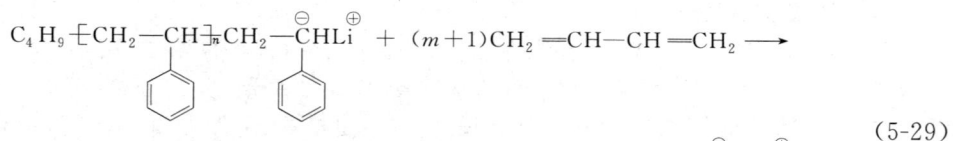

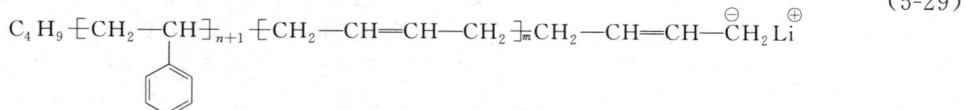

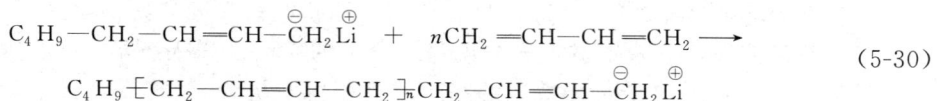

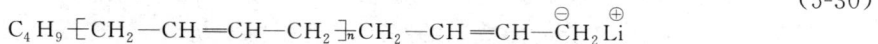

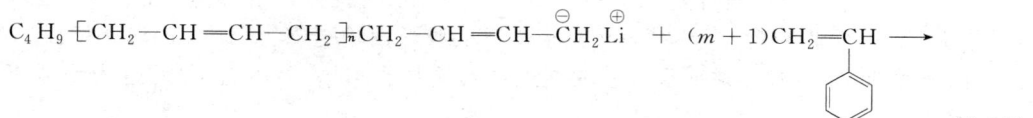

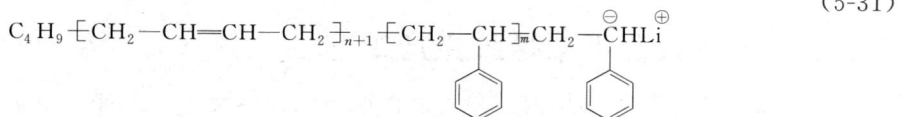

$$C_4H_9{-}CH_2{-}\overset{\ominus}{C}H\overset{\oplus}{Li} + nCH_2{=}CH \longrightarrow C_4H_9{\Big[}CH_2{-}CH{\Big]}_n CH_2{-}\overset{\ominus}{C}H\overset{\oplus}{Li} \qquad (5\text{-}28)$$

$$C_4H_9{\Big[}CH_2{-}CH{\Big]}_n CH_2{-}\overset{\ominus}{C}H\overset{\oplus}{Li} + (m{+}1)CH_2{=}CH{-}CH{=}CH_2 \longrightarrow$$

$$C_4H_9{\Big[}CH_2{-}CH{\Big]}_{n+1}{\Big[}CH_2{-}CH{=}CH{-}CH_2{\Big]}_m CH_2{-}CH{=}CH{-}\overset{\ominus}{C}H_2\overset{\oplus}{Li} \qquad (5\text{-}29)$$

$$C_4H_9{-}CH_2{-}CH{=}CH{-}\overset{\ominus}{C}H_2\overset{\oplus}{Li} + nCH_2{=}CH{-}CH{=}CH_2 \longrightarrow$$

$$C_4H_9{\Big[}CH_2{-}CH{=}CH{-}CH_2{\Big]}_n CH_2{-}CH{=}CH{-}\overset{\ominus}{C}H_2\overset{\oplus}{Li} \qquad (5\text{-}30)$$

$$C_4H_9{\Big[}CH_2{-}CH{=}CH{-}CH_2{\Big]}_n CH_2{-}CH{=}CH{-}\overset{\ominus}{C}H_2\overset{\oplus}{Li} + (m{+}1)CH_2{=}CH \longrightarrow$$

$$C_4H_9{\Big[}CH_2{-}CH{=}CH{-}CH_2{\Big]}_{n+1}{\Big[}CH_2{-}CH{\Big]}_m CH_2{-}\overset{\ominus}{C}H\overset{\oplus}{Li} \qquad (5\text{-}31)$$

（3） 链终止

阴离子聚合难发生链转移和链终止反应，为使聚合反应终止，加入终止剂 $SnCl_4$，反应如式(5-32) 和式(5-33)。

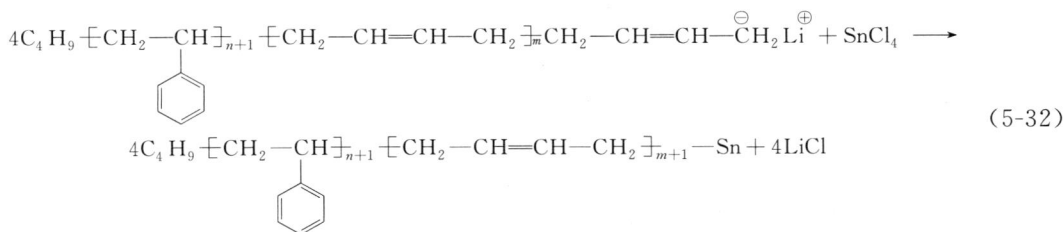

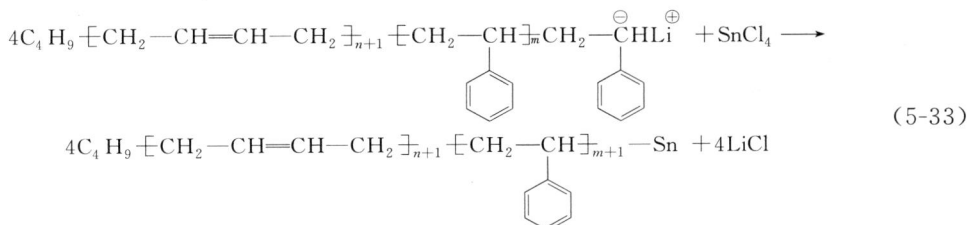

$$4C_4H_9 \underset{}{\left[CH_2-CH\right]_{n+1}} \left[CH_2-CH=CH-CH_2\right]_m CH_2-CH=CH-\overset{\ominus}{CH_2} \overset{\oplus}{Li} + SnCl_4 \longrightarrow$$

$$4C_4H_9 \left[CH_2-CH\right]_{n+1} \left[CH_2-CH=CH-CH_2\right]_{m+1} -Sn + 4LiCl \qquad (5\text{-}32)$$

$$4C_4H_9 \left[CH_2-CH=CH-CH_2\right]_{n+1} \left[CH_2-CH\right]_m CH_2-\overset{\ominus}{C}H\overset{\oplus}{Li} + SnCl_4 \longrightarrow$$

$$4C_4H_9 \left[CH_2-CH=CH-CH_2\right]_{n+1} \left[CH_2-CH\right]_{m+1} -Sn + 4LiCl \qquad (5\text{-}33)$$

以上聚合反应的总热效应是放热，反应剧烈时温升很大，反应在环己烷溶剂中进行，环己烷是传热介质，温升相对容易控制，同时体系的黏度较低，自加速现象推迟或易控制（控制适当的转化率），因此可选用结构简单的带搅拌的釜式反应器。

2. 影响溶液聚合反应过程的因素

（1） 单体纯度和浓度

单体纯度对阴离子聚合影响较大，单体中痕量的水、空气中的氧或二氧化碳都能与烷基锂反应生成活性低的羟基负离子，造成链增长反应难以继续进行。因此，要求单体丁二烯纯度＞99.5％和苯乙烯纯度＞99.6％，达不到此要求的单体需进行净化处理。溶液聚合过程反应速率快，且可达到很高的转化率。随着聚合反应的进行，聚合物的分子量不断增大，溶液黏度随之增高，会增加除去反应热、搅拌或加料的难度，一旦产生局部过热则很容易产生凝胶化。为此，聚合物的浓度不能过高，一般为 12％～15％，而且分子量不能过大，须将胶液黏度控制在 10～20Pa·s。

（2） 单体配比

在锂系引发体系中，由于丁二烯和苯乙烯的竞聚率相差悬殊，苯乙烯的聚合速率仅为丁二烯的 1/7，连续生产中通过控制加料速度及采取苯乙烯过量方式，降低丁二烯聚合反应速率，调整无规型比例。常用的配方是丁二烯：苯乙烯＝75：25。

（3） 引发剂浓度

常用烷基锂为引发剂，引发剂浓度不同会产生不同的活性种，将影响产品的结构。引发剂浓度低时，体系中单量体活性种比例高，有利于生成顺式 1,4-结构；引发剂浓度高时，缔合体活性种比例相应增加，有利于生成 1,2-结构。引发剂浓度高，共聚反应速率快。

（4） 无规试剂

添加无规试剂改变丁二烯的微观结构和活性种的性质，调节单体竞聚率，苯乙烯聚合活性提高后反应初期就能与丁二烯共聚得到无规共聚物，并使反应速率加快。但无规试剂的加入也能使聚丁二烯立构规整度下降，1,4-结构的含量减少，1,2-结构增加。常用的无规试剂有醚类、胺类、含磷化合物或碱金属烷氧基化合物（如叔丁氧基钾、叔丁氧基钠等）。

（5）偶联剂

常用的偶联剂是多功能基的化合物，如二乙烯基苯、二乙烯基萘、四氯化锡、己二酸二乙酯等，其中以 $SnCl_4$ 最为普遍。加入的偶联剂与活性锂封端的聚合物相联结，可以使部分分子链的分子量倍增，从而加宽分子量分布或提高分子链的支化度，改善 SSBR 的加工性能和冷流性。

（6）聚合温度

溶液聚合是放热反应，随着聚合温度的提高，自由碳负离子的浓度增加，活性中心增长速率常数增大，表观聚合速率随温度升高明显加快，单体转化率高，产品分子量分布加宽，但共聚物中 1,2-结构的含量和结合苯乙烯的量会随温度的提高而降低，不利于聚合。温度过低则会使聚合黏度急剧上升，聚合时间延长。调控聚合温度可以合成无规型和嵌段型两种类型的 SSBR，高温下聚合使产物产生支化结构，分子量分布加宽，可改善加工性能。工业生产中常把反应温度控制在 60～100℃。

（7）反应时间

为防止高转化率下发生的支化与交联反应，一般控制反应时间 7～12h，转化率 60%～70%，反应过快会造成传热困难。

3. 溶液聚合丁苯橡胶生产工艺流程

SSBR 生产工艺分为间歇聚合和连续聚合，间歇法聚合工艺的特点是生产灵活性大、品种的应变性强，适合小工厂；连续聚合工艺的特点是产品质量稳定、生产效率高、消耗低及反应过程易控制。两种工艺流程很相似，生产过程主要包括原料预处理、聚合液配置、聚合及凝聚处理和产品包装四个单元。图 5-6 是连续生产溶液聚合丁苯橡胶的工艺流程。

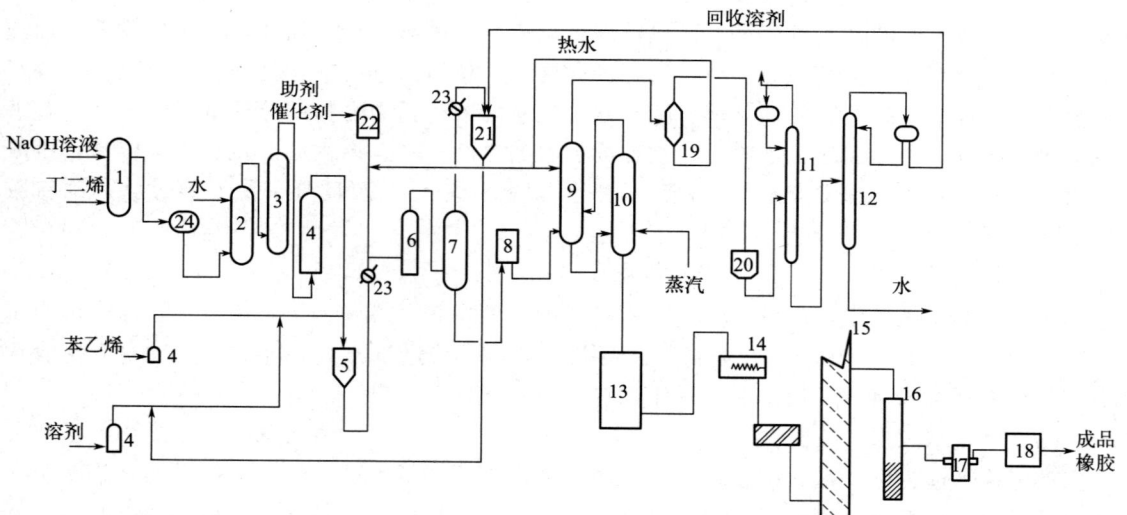

图 5-6 溶液聚合丁苯橡胶工艺流程图

1—碱洗塔；2—水洗塔；3—精馏塔；4—吸收干燥塔；5—混合配料罐；6—聚合釜；7—闪蒸塔；8—掺混罐；
9—第一凝聚塔；10—第二凝聚塔；11—脱轻组分塔；12—脱重组分塔；13—淤浆储罐；14—振动干燥器；
15—提升机；16—称重压块机；17—金属检测器；18—包装机；19—冷却分离器；20—湿溶剂储罐；
21—溶剂储罐；22—催化剂制备槽；23—冷却器；24—混洗器

（1）原料预处理

1,3-丁二烯原料首先送至碱洗塔 1，用质量分数为 10％的 NaOH 溶液洗去其中的阻聚剂，随后进入滗洗器 24 将碱液分离，再进入水洗塔 2 用除氧水洗去残余碱液，然后依次经精馏塔 3 和吸收干燥塔 4 脱除水分，达到要求后送入混合配料罐 5。苯乙烯进入吸收干燥塔 4 除去阻聚剂后，也送入混合配料罐 5。溶剂（环己烷）经吸收干燥塔 4 处理后，与苯乙烯混合一起进入混合配料罐 5。在混合配料罐 5 中，原料 1,3-丁二烯、苯乙烯和溶剂（环己烷）进行充分混合。催化剂和助剂（引发剂、无规剂等）加入催化剂配制槽 22 中配置成催化剂溶液备用。

（2）聚合及处理

混合配料罐 5 中的混合液经冷却器 23 降温至 10℃，和催化剂制备槽 22 来的催化剂溶液按一定比例加入聚合釜 6，釜内丁二烯和苯乙烯在催化剂的作用下，发生阴离子聚合反应，生成共聚物胶液，控制反应温度 40～85℃，转化率 80％～100％。离开聚合釜 6 的胶液首先进入闪蒸塔 7，脱出未反应的单体和溶剂，胶液质量浓度提高到 25％，然后进入掺混罐 8 进行充分掺混，以获得所需门尼黏度的产品。自闪蒸塔 7 塔顶出来的丁二烯、苯乙烯及部分溶剂环己烷，经冷却器 23 降温液化后进入溶剂储罐 21，作为回用溶剂循环使用。

（3）凝聚

掺混好的胶液经两级凝聚，首先进入第一凝聚塔 9，在分散剂的存在下被喷到温水中，水温控制在 85℃，在温水中凝聚出胶粒并脱除溶剂。水和溶剂环己烷从第一凝聚塔 9 塔顶蒸出，然后进冷却分离器 19。经分离，底部水相返回第一凝聚塔 9 循环使用，顶部油相去湿溶剂储罐 20，再分别经脱轻组分塔 11 回收丁二烯和脱重组分塔 12 回收溶剂，回收的溶剂进溶剂储罐 21 循环使用；水从脱重组分塔 12 底部排出送入水处理工序。胶料从第一凝聚塔 9 塔底排出进入第二凝聚塔 10，与第二凝聚塔 10 底部通入的蒸汽相遇，控制第二凝聚塔塔温 95～105℃，汽提出剩余溶剂，从第二凝聚塔 10 塔顶逸出进入第一凝聚塔 9 下部；脱除溶剂的胶料从第二凝聚塔 10 底部引出进入淤浆储罐 13。

（4）干燥包装

从淤浆储罐 13 来的胶粒进入振动干燥器 14 除去水分。干燥后的胶粒经提升机 15 提升到称重压块机 16，经称重和压块后，由金属检测器 17 自动送去包装机 18 包装即得成品。

─────────┤ 思考题 ├─────────

5-1　分别解释聚合物、结构单元、重复单元、单体和聚合度的概念。

5-2　"三大合成材料"是指哪三种材料？

5-3　自由基聚合的原理和特点有哪些？

5-4　哪些因素影响自由基的聚合？

5-5　简述低密度聚乙烯聚合机理。

5-6　低密度聚乙烯生产有哪些特点？

5-7　简述低密度聚乙烯的生产工艺。

5-8　比较溶液法、淤浆法和气相法合成聚乙烯的优缺点。

5-9　简述高密度聚乙烯聚合机理。

5-10　配位聚合有什么特点？

5-11　影响配位聚合的因素有哪些？

5-12　配位聚合的催化剂有哪些类型？

5-13　简述溶液缩聚的概念及溶剂的作用。

5-14 简述熔融缩聚的技术关键及主要影响因素。

5-15 聚酯纤维有几种合成工艺？各工艺有何特点？

5-16 影响直接酯化生产聚酯反应过程的因素有哪些？

5-17 试比较乳液聚合丁苯橡胶和溶液聚合丁苯橡胶的生产工艺及产品性能。

5-18 乳液聚合常用的溶剂有哪些？

5-19 影响低温乳液聚合丁苯橡胶的因素有哪些？

5-20 简述溶液聚合丁苯橡胶反应机理。

5-21 简述溶液丁苯橡胶生产工艺。

参考文献

[1] 卢江，梁辉．高分子化学．3版．北京：化学工业出版社，2021．

[2] 高春波．高分子合成工艺．北京：北京大学出版社，2021．

[3] 赵德仁，张蔚盛，向福如．高分子合成工艺学．3版．北京：化学工业出版社，2013．

[4] 黄仲九，房鼎业，单国荣．化工工艺学．3版．北京：高等教育出版社，2016．

[5] 刘向东．高分子化学．北京：化学工业出版社，2020．

[6] 朱志庆．化工工艺学．2版．北京：化学工业出版社，2017．

[7] 王久芬．聚物合成工艺．2版．北京：国防教育出版社，2013．

[8] 闫福安，刘少文．化学工艺学．北京：化学工业出版社，2013．

[9] 金茂筑．聚乙烯催化剂及聚合技术．北京：中国石化出版社，2014．

[10] 贺英．高分子合成与成型加工工艺．北京：化学工业出版，2013．

[11] 赵进．高聚物合成工艺学．北京：化学工业出版社，2013．

[12] 石油和化工工程设计工作手册编委会，化工装置工程设计手册：11．东营：中国石油大学出版社，2010．

[13] 王安晨，等．国内淤浆法聚乙烯的工艺概况．弹性体，2021，31（5）：84-88．

第6章

煤化工产品生产工艺

6.1 概述

中国是世界第一产煤大国,也是煤炭消费大国,截至 2022 年底,我国煤炭探明储量为 2070.12 亿吨,占世界煤炭总探明储量的 13%~14%,煤炭年消费量为 44.4 亿吨,在一次能源消费总量中占比高达 56.2%。基于我国"富煤、贫油、少气"的能源现状,发展煤炭深加工技术,研发煤炭深加工产品,替代部分以石油或天然气为原料的化工产品,对于改善能源结构,保证能源安全,提高资源利用效率具有重要意义。

6.1.1 煤的组成与性质

由于地质条件和成煤年代的差异,不同位置的煤处于不同转化阶段,最终形成的煤具有不同的煤化程度(煤阶),这导致它们在化学组成和物化性质上存在差异。

1. 煤的组成与结构特性

煤由有机质和无机物组成,有机质是煤的主要成分,由碳、氢、氧、氮、硫五种元素构成,其中的碳、氢、氧三种元素占总有机质的 95%;无机物是煤的次要成分,主要是矿物质和水,构成矿物质的元素有硅、铝、铁、钙、镁、硫等。不同煤种的组成如表 6-1 所示。由表可知,在煤所有元素中碳含量最高并随煤化程度的加深而提高,如泥炭<褐煤<烟煤<无烟煤(碳含量顺序);有机质中氢含量占 0.8%~7.0%,是煤的第二重要元素;氧含量占 2.7%~30.0%,是煤中反应性最强的元素;氮含量占 0.3%~2.5%;大多数煤的硫含量占 0.3%~2.0%,是煤处理过程的有害元素。工业上,以水分、灰分、挥发分和固定碳作为评价煤品质的主要指标。

从化学结构的角度看,煤主要是由多个脂环、芳环、氢化芳环和杂环(含有氧、硫、氮元素)等芳香核缩聚而成的大分子物质,在缩合芳香核上连接有烷基侧链、羧基、羰基、酚羟基、醚基和甲氧基等。芳环之间以各种桥键相连,主要是—CH_2—、—CH_2—CH_2—、—CH_2—O—、—O—、—S—、—S—S—等。煤的大分子结构骨架中还填充着含氧化合物和烃类的小分子,它们通过氢键、范德瓦耳斯力和弱络合键与煤分子骨架形成相互作用。煤分子结构中,不同基团热稳定性排序为:缩合芳香烃>芳香烃>环烷烃>烯烃>烷烃。此外,稠环芳烃环数越多自身越稳定,主体结构上相连的芳香环数目越多的侧链或共轭结构越弱的侧链越不稳定,侧链碳数越多越不稳定。基于此,煤在干馏过程中,不同温度时发生的物理化学变化也不相同，含有较多缩合芳香核的煤在高温下才能发生缩聚反应，形成焦炭和半焦；而芳香烃的支链和官能团等热稳定性不高的结构单元会不断裂解，形成挥发性的气体。这导致煤干馏过程及产物与加热升温速率密切相关。

表 6-1　不同煤种的组成与性质

项目		褐煤	烟煤						无烟煤
			长焰煤	气煤	肥煤	焦煤	瘦煤	贫煤	
组成	固定碳/%	60～77	77	82	85	88	90	91	93
	氧/%	15.0～30.0	13.0	10.0	5.0	4.0	3.8	2.8	2.7
	氢/%	4.5～6.6	4.0～6.0						0.8～4.0
	氮/%	1.0～2.5	0.7～2.2						0.3～1.5
	挥发分/%	45～58	43	41	33	25	16	15	10
	水分/%	10.0～30.0	10.0	3.0	1.5	0.9	0.9	1.3	2.3
	硫分/%	0.5～9	0.3～1.2	0.5～1.5	0.5～1.5	0.5～1.0	0.5～2.0	1.5～5.0	0.5～2.0
性质	坩埚序数 G	无黏结性	≤35	50～65	＞85	50～65	20～65	≤5	无黏结性
	发热量/(MJ/kg)	23.0～27.0	27.2～37.2						33.4～33.5
煤种储量占比/%		13.27	15.04	12.17	3.29	6.13	3.39	5.96	11.42

2. 煤的性质

煤的化学组成和结构决定了煤的物理性质、化学性质和工艺性质。物理性质是对煤质初步评价的基础，主要包括密度、机械强度、比热容、热导率、燃点、润湿性、孔隙率、电磁性质和光学性质等。煤的化学性质是指煤在一定条件下与其他物质发生反应的性能，如煤的燃烧、煤的气化和煤的加氢液化等，为煤炭转化与化学加工提供指导。煤的工艺性质是指煤在一定加工工艺条件下的转化过程中所呈现的特性，是评价煤质、合理利用煤炭资源以及选择适宜的工业用煤的重要指标，主要包括灰熔点、结渣性、发热量、黏结性、结焦性和反应性等。灰熔点是指将煤灰加热到熔融状态时所对应的温度，取决于煤灰的组成，在煤干馏和煤气化工艺中，灰熔点是焦炉和气化炉选型与操作的重要指标。结渣性是衡量煤在气化和燃烧过程中的灰渣是否会结块以及结块程度的指标，是影响煤气化炉排渣方式的重要因素之一。发热量（见表 6-1）是煤完全燃烧所产生的热量，是划分低阶煤变质程度的指标，也是评价动力用煤的主要参数。黏结性是指煤种在炼焦过程中形成的胶质体将自身或惰性物料黏结成块的能力。结焦性是衡量单种煤或配合煤制备出一定块度和强度的焦炭的能力。煤的反应性是指在一定温度条件下，煤与不同的气化介质（二氧化碳、水蒸气和氧气）相互作用的反应能力。

6.1.2　煤化工的范畴

煤化工主要是指利用化学方法将煤炭转化为气体、液体和固体产品或者半成品，而后进一步加工成化学品和能源产品的工业。不同的煤种适宜的加工方式也有不同，总的来讲，煤化工主要包括煤的干馏、煤的气化、煤的直接液化和煤的间接液化等过程，详见图 6-1。产品包括焦炭、半焦、煤焦油、煤气或合成气、燃料油等。此外，还有苯、萘、甲醇、氨、天然气、烯烃等化学品。

本章主要介绍煤干馏、煤气化和煤直接液化生产煤化工产品的基本原理和工艺流程。

煤 — 高温干馏 — 焦炭 — 燃料

焦炭 — 气化 → 合成气

焦炭 — 冶金还原剂

焦炭 — 石灰高温反应 → 电石 → 水合 → 乙炔

焦炉气：
- 氨 — 硫酸吸收 → 硫酸铵
- 粗苯 — 粗苯精制 → 溶剂油；苯、甲苯、二甲苯
- 硫化氢 — 吸收、再生 → 硫黄
- 净化焦炉煤气 — 甲烷化 → 燃气、天然气
- 净化焦炉煤气 — 甲烷蒸汽转化：
  - 甲醇合成 → 甲醇
  - 氨合成 → 合成氨
  - 费托合成 → 燃料油
  - 变换、提纯 → 氢气

煤焦油 — 蒸馏：
- 轻油 — 分离 → 粗苯
- 萘油 — 精制 → 精萘
- 洗油 — 分离精制 → 联苯、喹啉、吲哚、甲基萘
- 蒽油 — 分离精制 → 蒽醌、菲、咔唑
- 沥青 — 焦化 → 沥青焦
- 酚油 — 分离精制 → 苯酚、甲酚、二甲酚

煤 — 低温干馏 — 低温煤焦油 — 蒸馏（轻油、萘油、洗油、蒽油、沥青、酚油）

低温煤焦油 — 加氢 → 燃料油

煤气：
- 脱硫净化 → 工业、民用燃气
- 分离提纯 → 氢气

半焦 → 气化原料、炼铁还原剂、活性炭、型焦、电极材料

煤 — 气化 — 合成气/煤气：
- 燃气、制氢
- 炼铁还原剂
- 整体煤气化联合循环发电 → 电力
- 脱硫 — 变换 — 合成氨 → 氨
- 脱硫 — 部分变换 — 甲醇合成 → 烯烃、汽油
- 脱硫 — 部分变换 — 费托合成 → 燃料油与化学品

间接液化

煤 — 直接液化：
- 燃料油
- 化学品

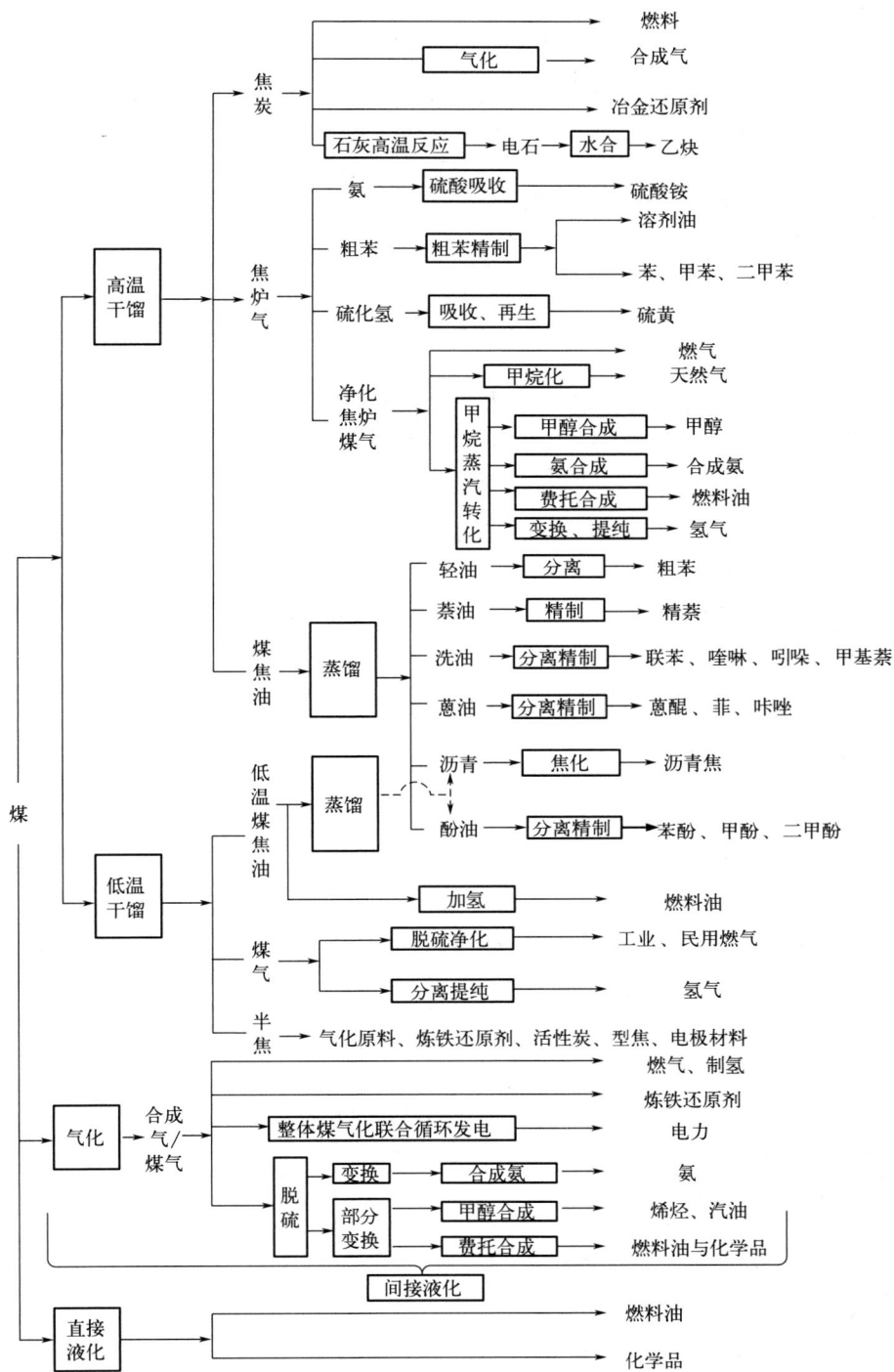

图 6-1　煤化工产品示意图

6.2 煤的干馏

煤的干馏是指在隔绝空气的条件下，将煤加热到一定温度，分别得到焦炭（或半焦）、煤焦油和煤气等产物的过程。该过程产品质量及产量与原料煤、干馏温度、加热速率等因素有关，干馏温度和加热速率不同，所发生的化学反应不同，所用生产装置也不同，因而构成了不同的生产工艺。煤的干馏属于煤的热加工，是以煤为原料生产化工产品的主要方法之一。

6.2.1 煤的干馏原理

1. 煤的热解过程及反应类型

煤在隔绝空气条件下加热到高温过程中，经历干燥脱气、黏结形成半焦、缩聚形成焦炭等阶段，发生热解、缩聚等一系列化学反应，详见图 6-2。因此，在煤干馏各阶段中，由于温度不同，所发生的化学反应也不相同，可归纳成下列三种反应类型。

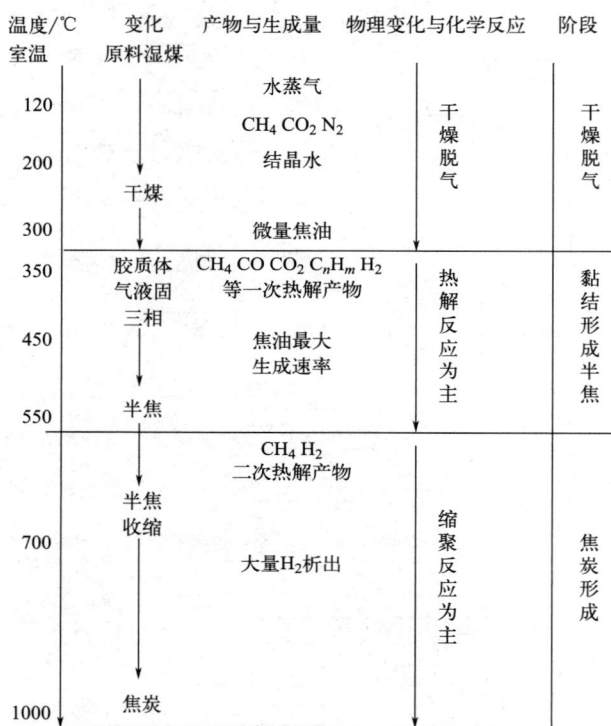

图 6-2 煤干馏过程示意图

(1) 热解反应

随着温度升高，煤结构中化学键断裂，发生以下四种类型的热解反应：

① 结构单元间的桥键断裂生成自由基　煤中芳香核间连接的桥键键能低，大约 300℃时容易断裂成自由基碎片，且随着温度升高，自由基碎片数量增加。自由基碎片不稳定，易进一步发生加氢和缩聚反应。

② 脂肪侧链热解　温度升高到约 700℃，煤中芳香核上连接的脂肪侧链受热易发生热解

反应，生成气态烃，比如甲烷、乙烷、乙烯等，是煤干馏中气态产物的主要来源。

③ 含氧官能团的热解　煤中含氧官能团根据裂解温度由低到高依次为羧基、羰基、含氧杂环和羟基，当温度超过200℃时羧基开始脱除，生成二氧化碳，300～400℃时甲氧基和乙基脱除，400℃左右时羰基热解为一氧化碳，500℃时含氧杂环发生断裂开环反应，超过700℃以上时羟基与大量氢气发生反应生成水。

④ 小分子化合物的热解　煤中以脂肪结构为主的小分子化合物受热分解后，可生成分子量更小的挥发性气态产物。

（2）二次反应

干馏得到的甲烷、乙烷、乙烯、苯系物等气态烃在析出过程中受到更高温度作用，会继续发生二次反应，包括裂解、脱氢、加氢、缩合和桥键反应，由此形成煤干馏的气态和焦油产品。二次反应主要有五种，如式（6-1）～式（6-13）所示。

① 裂解反应

$$CH_3CH_3 \longrightarrow CH_2=CH_2+H_2 \tag{6-1}$$

$$CH_2=CH_2 \longrightarrow CH_4+C \tag{6-2}$$

$$CH_4 \longrightarrow 2H_2+C \tag{6-3}$$

$$\tag{6-4}$$

② 脱氢反应

$$\tag{6-5}$$

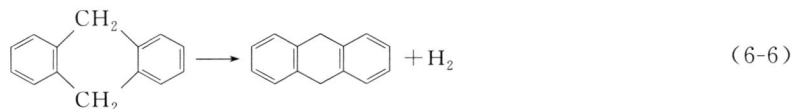
$$\tag{6-6}$$

③ 加氢反应

$$\tag{6-7}$$

$$\tag{6-8}$$

$$\tag{6-9}$$

④ 缩合反应

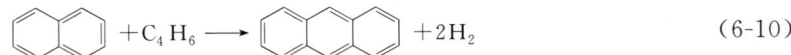
$$\tag{6-10}$$

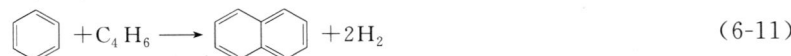
$$\tag{6-11}$$

⑤ 桥键分解

$$-CH_2-+H_2O \longrightarrow CO+2H_2 \tag{6-12}$$

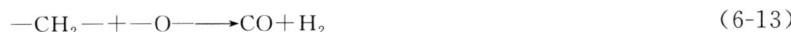
$$-CH_2-+-O- \longrightarrow CO+H_2 \tag{6-13}$$

（3）缩聚反应

煤干馏的前期以热解反应为主，中后期则以缩聚反应为主。主要的缩聚反应包括胶质体转化为半焦、半焦分解及残余物合并转化等。

式（6-14）是胶质体转化为半焦的缩聚反应，主要是热解产生的自由基的缩聚，这些反应在 $550\sim600℃$ 之前完成，所得产物是半焦。

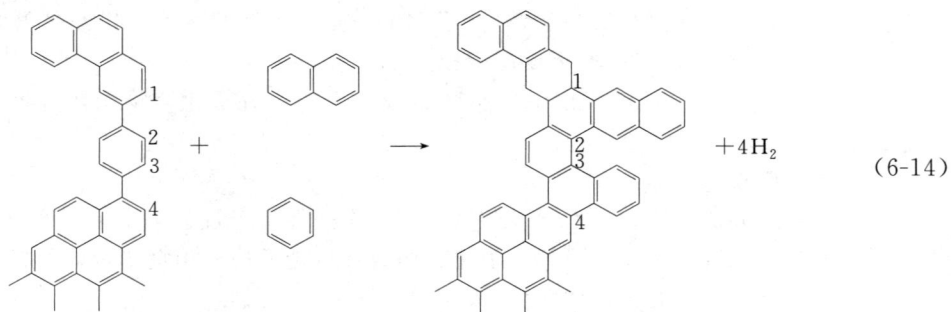

$$\text{（结构式）} + \text{（萘）} + \text{（苯）} \longrightarrow \text{（稠环产物）} + 4H_2 \tag{6-14}$$

式（6-15）是半焦分解所得残余物的缩聚反应，主要是芳香团簇脱氢，然后再相互合并或者与一次裂解产物苯、萘、联苯、乙烯等反应得到苯环数更多的芳香稠环化合物，这些反应在 $600\sim1000℃$ 逐步完成，最终产物是焦。

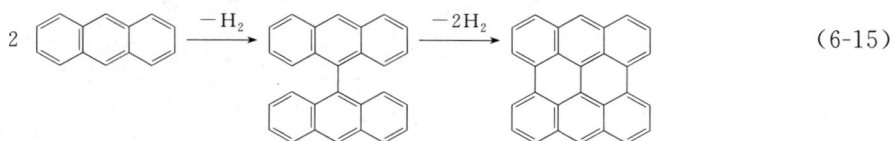

$$2\,\text{（蒽）} \xrightarrow{-H_2} \text{（联蒽）} \xrightarrow{-2H_2} \text{（稠环产物）} \tag{6-15}$$

式（6-16）是具有共轭双烯结构和不饱和键的化合物经互相加成得到多元环的反应。

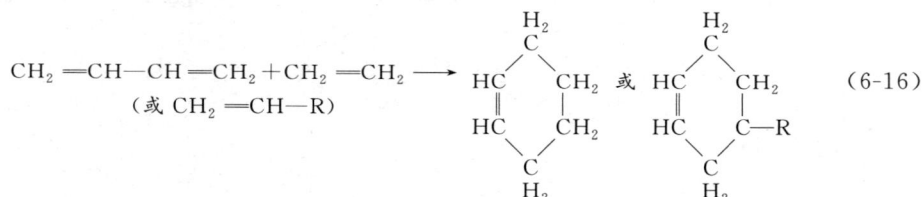

$$\begin{array}{c} CH_2=\!CH\!-\!CH=\!CH_2 + CH_2=\!CH_2 \longrightarrow \text{（环己烯）} \quad 或 \quad \text{（取代环己烯）} \\ （或\ CH_2=\!CH\!-\!R） \end{array} \tag{6-16}$$

煤干馏反应体系十分复杂，既有热解反应和脱氢反应，也存在缩聚和加氢反应，其中热解反应是吸热且分子数增多的反应，而缩聚反应和加氢反应是放热且分子数减少的反应；热解反应速率比较大，加氢反应速率较小。反应体系中既有平行反应又有连串反应，前期（约 $550℃$ 之前）以热解反应为主，后期（约 $550℃$ 之后）以缩聚反应为主，热解反应、加氢反应和缩聚反应还存在着竞争关系。焦炭和半焦是干馏的主产品。

2. 煤的干馏分类

根据加热终温不同，煤的干馏一般可分为三类，低温干馏（温度为 $500\sim700℃$）、中温干馏（温度为 $700\sim900℃$）和高温干馏（温度为 $900\sim1100℃$），目前，工业上常采用高温干馏和低温干馏进行加工。

(1) 高温干馏

煤的高温干馏是将焦煤、肥煤、气煤、瘦煤等炼焦煤配合（配煤），在隔绝空气的条件下加热到 $1000℃$ 左右，经过干燥、热解、熔融、黏结、固化与收缩产生焦炉煤气、煤焦油和焦炭气液固三相产品的过程，也称为高温炼焦，简称炼焦。炼焦过程中焦炭产率约为 78%，焦炉煤气产率为 $15\%\sim18\%$，煤焦油产率为 $2.5\%\sim4.5\%$。焦炭根据用途不同可以分为冶金焦、铸造焦、电石焦和气化焦，其中冶金行业消耗的焦炭占总焦炭产量的 90%。焦炭中碳含量为 $80\%\sim85\%$（质量分数），灰分为 $10\%\sim18\%$（质量分数），挥发分为 $1\%\sim$

3%（质量分数）。

（2）低温干馏

煤的低温干馏是指以褐煤、长焰煤和挥发性高的不黏煤等低变质煤为原料，在隔绝空气的条件下，加热到 $500 \sim 700 ℃$，生产半焦、低温焦油和煤气的过程。煤低温干馏中半焦产率为 $50\% \sim 70\%$、煤焦油产率为 $8\% \sim 25\%$，煤气产率为 $80 \sim 200 m^3/t$ 煤，半焦发热量高、孔隙发达、比电阻高，可用于清洁无烟燃料、气化原料、炼铁还原剂、电石原料、吸附剂等。低温焦油可以通过加氢转化为汽油、柴油，弥补石油资源的不足。煤气可以作为民用燃气燃烧或者作为原料合成化学品。

6.2.2 煤的高温干馏——焦炭生产

1. 焦炭生产基本过程

焦炭是将煤隔绝空气进行热加工所得，其原理如前所述。从煤到焦的热加工过程中必须经低温干燥脱除水分和中温煤热解反应（以吸热为主），此阶段均需外供较大的热量，且生成的焦炉煤气气量大，热值高；当温度升高至 $600 ℃$ 以上时，逐渐转为以缩聚反应为主，外供热量减少，煤气生成量降低。为保持炼焦时供热系统及生成煤气的稳定和连续，炼焦生产设备常选用多孔炭化室式的焦炉，使各炭化室内在同一时间分别进行煤的升温、热解和缩聚等过程，以均衡热量分配，达到连续生产的目的。炭化室内煤层结焦状态变化如图 6-3（a）所示，在炭化室内通过隔壁燃烧室炉墙向炭化室供热，在高温作用下，煤首先蒸发水分由湿煤层变成干煤层，然后继续升温依次经历胶质形成、半焦形成的中间过程，最后形成焦炭。距炉墙越近的煤料，承受温度高且时间长，形成焦炭用时短，而靠近炭化室中心的煤料，由于煤的导热能力差（尤其是胶质体），升温滞后，焦炭成熟晚，由此在炭化室煤料横截面上由炉墙向中心依次形成了焦炭层、半焦层、胶质层、干煤层和湿煤层，此为现代焦炉中煤的结焦特征。

当煤料的位置一定时，煤料的温度随着结焦时间的延长而逐渐升高，炭化室内各煤层温度随时间的变化如图 6-3(b) 所示。加煤前炉墙的温度约为 $1100 ℃$，湿煤加入炭化室，因煤中水分蒸发而吸收热量，致使炉墙温度迅速下降，1h 后，距炉墙 50mm 部位的煤水分蒸发

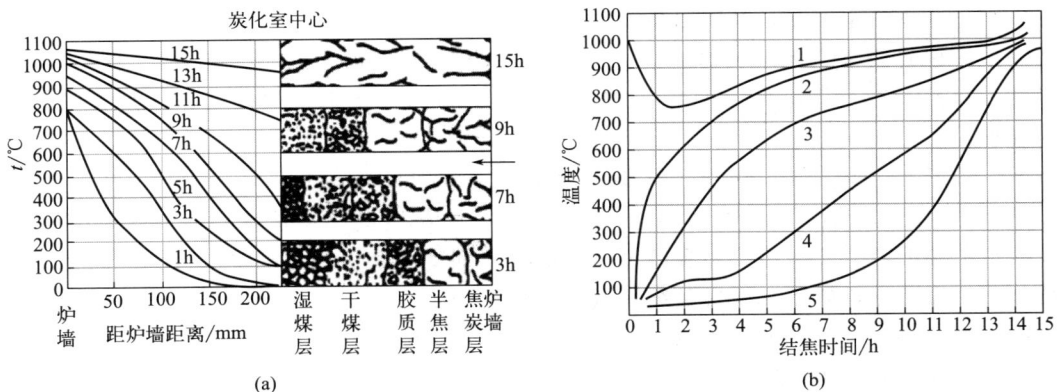

图 6-3　不同结焦时间下煤料各位置的温度与状态（a）和各层煤料的温度变化（b）

1—煤料外侧表面温度；2—靠近煤料外表面的煤料温度；3—外表面以内 50～60mm 处煤料温度；

4—外表面以内 130～140mm 处煤料温度；5—煤料中心部位的温度

完毕，形成干煤层；装煤 3～7h 后，靠近炉墙部位的煤已从胶质体变为半焦并形成少量焦炭；而远离炉墙的煤料仍处于湿煤、干煤的状态。如此由炉墙至炭化室中心方向，依次形成焦炭层、半焦层、胶质层、干煤层和湿煤层，这就是所谓的成层结焦。随着时间的延长，如在装煤约 11h 后，炭化室中心温度已升至近 400℃，煤层干燥不再蒸发吸热，炉料大部分已经形成焦炭，传热系数较大，此时炭化室中心升温加快。炭化室两侧胶质体逐渐移至炭化室中心处汇合，胶质体包围的体积缩小，膨胀压力达到最大，此压力将焦饼从中心推向两侧炉墙，从而形成焦饼中心上下直通的裂纹，称为焦缝。当煤料温度一定时，煤料距炉墙越近，升温速率越大，距离越远，升温速率越小。升温速率差异显著，导致靠近炉墙处的焦炭存在很多裂纹。

结焦过程中，在煤逐渐变成焦炭过程中，还会生成气态产物，逸出时自动选择阻力最小的途径，其逸出途径如图 6-4 所示。在结焦过程中，胶质体会在煤料的四周形成胶质层，形成膜袋。它不易透气，随着气体产生，逐渐膨胀，对炉墙施加压力。干煤层干馏产生的气态产物和胶质层内产生的少部分气态产物从胶质层内侧和顶部上行，经过炭化室顶部空间排出，这部分气态产物称为里行气，占结焦过程总气态产物的 10%～25%。胶质层内产生的大部分气态产物和半焦层内的气态产物穿过高温焦炭层裂缝，沿着焦炭和焦炉炉墙之间的缝隙向上汇聚到炭化室顶部空间，称为外行气，占结焦过程总气态产物的 75%～90%。干煤层、胶质层和半焦层产生的气态产物称为一次热解产物。他们在逸出的过程中，经过焦炭层、炉墙和炭化室顶部空间，受到高温作用发生热解反应产生二次热解产物，形成荒煤气，并在后续工序中进一步加工以充分利用资源。

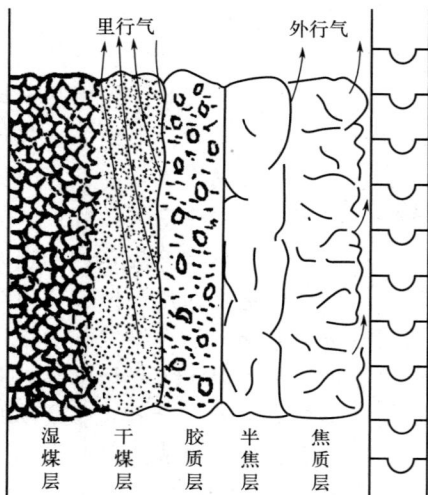

图 6-4　外行气和里行气的逸出途径

2. 焦炭生产影响因素

(1) 配煤及控制指标

焦炭是炼焦的主产品，其用途不同，质量标准略有不同，如冶金焦炭的质量标准（GB/T 1996—2017）要求二级焦炭中灰分≤13.5%，硫分≤0.8%，抗碎强度 M_{25}≥88.0%，耐磨强度 M_{10}≤8.5%。为此，工业上采用多种煤配合炼焦来提高焦炭质量，满足各用途对焦炭的要求。

炼焦用煤主要有焦煤、肥煤、气煤和瘦煤以及中间过渡性的煤种。它们各有不同的特性，在配煤中所起作用也不同。如：肥煤挥发分高，可以提高炼焦化学品的产率和煤气产率。但是肥煤炼焦时，形成横向裂纹，生产的焦炭强度不高。肥煤的黏结性比较高，可以与黏结性差的煤种配合使用。气煤黏结性低，能降低膨胀压力利于推焦，在炼焦中形成纵向裂纹，焦炭比较碎，煤气产率高。焦煤受热会形成热稳定性好的胶质体，单独炼焦会形成不易破碎且耐磨性好的大块焦炭。炼焦时原料中配入焦煤，可提高焦炭强度。瘦煤黏结性不高，但是能够提高焦炭强度，降低收缩程度，减少裂纹。瘦煤过多，焦炭易形成粉末状，不能炼出高质量的焦炭。此外，褐煤、长焰煤和贫煤没有黏结性，不能单独炼焦，可以少量地配入炼焦煤中使用。配煤组成及工艺性质影响焦炭质量，应严格控制水分、灰分、硫分、挥发分和黏结性。配煤水分增加，会减小焦炉中煤料的堆密度，增加含酚废水的排放量，延长结焦时间，一般要求水分控制在7%～10%。配煤灰分高，会导致焦炭灰分高，抗碎强度低、耐磨性差，一般生产冶金焦和铸造焦时，配煤灰分控制在7%～8%，生产气化焦时配煤灰分不能超过15%。炼焦时配煤中80%～90%的硫分留在焦炭中，可根据焦炭质量对硫含量的要求，控制配煤中硫分的上限。配煤挥发分高，可以提高化学品产率，同时也会降低焦炭的块度和强度，当配煤挥发分在25%～28%时，焦炭的气孔率和比表面积最小，当配煤挥发分在18%～30%时，焦炭耐磨强度和反应后的强度最佳。配煤黏结性指标的最适宜范围为：黏结指数为58～72，最大胶质层厚度为17～22mm，膨胀压力应该小于10～15kPa。

（2）操作条件

① 煤料细度和堆密度　将煤块破碎成一定粒度的煤颗粒，可以改善焦炭内部结构的均匀性。但是煤颗粒直径太小会降低煤胶质层的流动性，降低焦炭强度。常规炼焦时，粒度小于3mm的煤颗粒占总量的72%～80%，配型煤炼焦时，粒径小于3mm的煤颗粒占比在85%左右，捣固炼焦时粒径小于3mm的煤颗粒占比应大于90%。

增加入炉煤的堆密度，会使煤粒间隙减小，膨胀压力增大，造成炉墙损坏；配煤堆密度增加能改善煤的黏结性，导致胶质体层厚度增大，会改善焦炭质量，增加焦炭产量。一般顶装焦炉的堆密度为0.75g/cm^3，捣固焦炉的堆密度大于1.0g/cm^3。

② 干馏终温　干馏终温高低是影响产品数量和质量的关键，提高终温会促进裂解反应和二次反应的发生，如干馏终温从800℃提高到1000℃，焦炭产率从77%降低到72%，焦油收率从6.5%降低到3.5%，焦油中的沥青成分从30%增加到57%，煤气中氢含量增加，产品焦炭着火点约升高210℃，挥发分降低，机械强度升高。适宜的干馏终温为900～1050℃。

③ 干馏升温速率　随着干馏升温速率的增大，热解反应速率增大，气体开始析出温度和气体最大析出温度都向高温侧偏移，气体最大析出速率峰值增大，焦油产率增加。干馏升温速率增大，还能够扩大胶质体从软化到固化的温度范围，增加其流动性，从而改善煤的黏结性，有利于提高焦炭致密度。然而，干馏升温速率增大，对半焦收缩不利，会产生更多的裂纹。一般焦炉内升温速率控制为3℃/min。

④ 操作压力　操作压力升高，热解反应速率增大，因此煤干馏过程中，液体产物生成量和停留时间随着操作压力升高而增大，有利于润湿固体表面，形成胶质层，增大膨胀压力，提高焦炭强度。

⑤ 停留时间　停留时间增加，芳烃的缩聚反应速率增大，半焦中残留的挥发分减少，焦炭的氢碳比下降，焦油二次分解产生的苯和二甲酚含量增加，二次加氢反应速率增大，甲烷收率增加。

3. 炼焦主要设备——现代焦炉

焦炉是煤炼制焦炭的主要热工设备，操作温度高达1050℃，需要高强度供热。现代焦炉是指以生产焦炭为主要目的，炭化与燃烧供热分隔并带有蓄热室的炼焦炉，包括由多种耐火砖砌成的炉体和附属机械设备，图6-5是焦炉及焦炉机械示意图。焦炉炉体包括炭化室、燃烧室、蓄热室、炉顶区、斜道区、基础平台，通过烟道和烟囱相连，由此人们常称焦炉炉体由"三室两区一平台"组成。焦炉机械有加煤车、推焦车（捣固加煤推焦车）、导焦槽和熄焦车，被称为炼焦"四大机车"。现代焦炉基本结构大体相同，但装煤方式、供热方式和所使用的燃料不完全相同，按装煤方式分为顶装焦炉和捣固焦炉，按煤气供给方式不同分为侧喷式和下喷式。整座焦炉推焦车一侧为机侧，导焦槽一侧为焦侧。

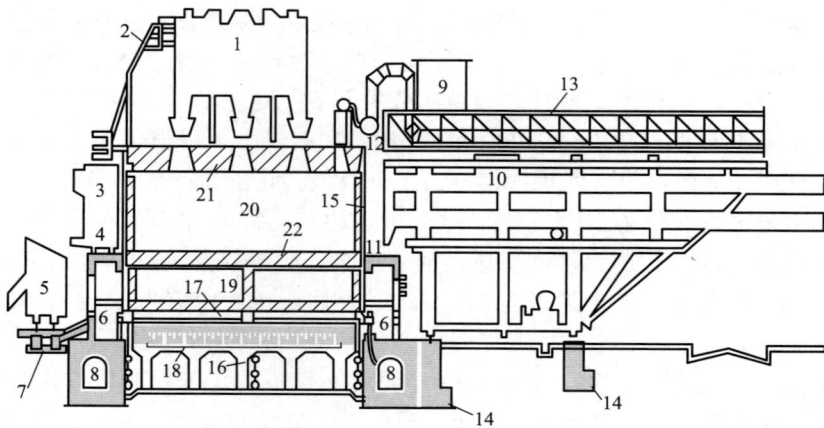

图 6-5　焦炉及焦炉机械示意图

1—装煤车；2—磨电线架；3—拦焦车；4—焦侧操作台；5—熄焦车；6—交换开闭机；7—熄焦车轨道基础；
8—分烟道；9—仪表小房；10—推焦车；11—机侧操作台；12—集气管；13—吸气管；14—推焦车轨道基础；
15—炉柱；16—基础构架；17—小烟道；18—基础顶板；19—蓄热室；20—炭化室；21—炉顶区；22—斜道区

　　图 6-6 为焦炉炉体内部结构示意图。炭化室是接受煤料并对煤料隔绝空气进行干馏得到焦炭的炉室。由硅质耐火砖材料砌筑而成，呈长方体形且带有锥度，焦侧比机侧宽 20～70mm。顶装焦炉的炭化室顶部设有加煤孔、荒煤气上升管孔，炭化室两端都装有炉门，炭化室内的装煤高度应该低于炭化室的高度。

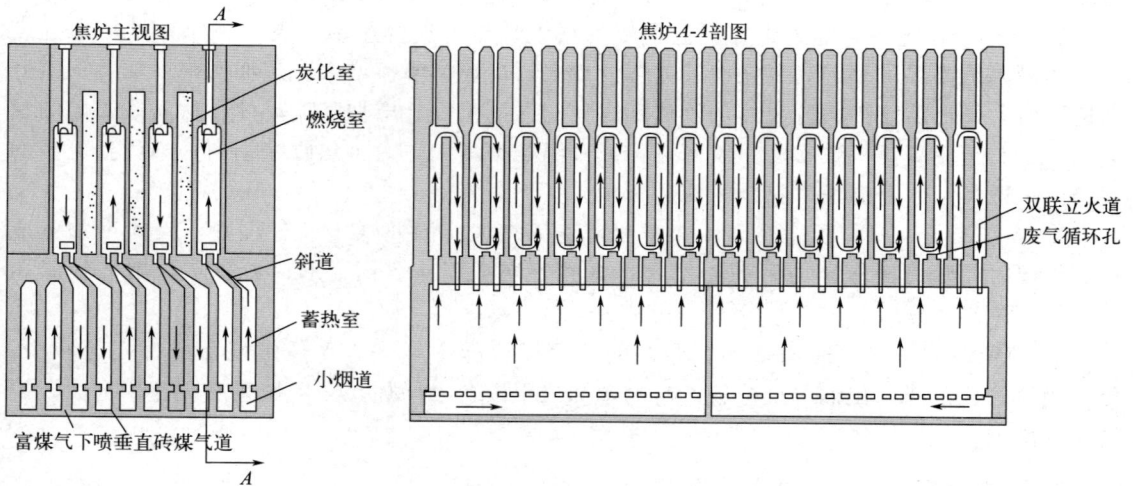

图 6-6　焦炉炉体内部结构示意图

　　燃烧室是燃烧煤气给炭化室供热的炉室，位于炭化室两侧，长度与炭化室相等，锥度与炭化室相反，高度略低于炭化室。燃烧室沿着长度方向用横墙分隔为多个垂直立火道，每个立火道底部分别有煤气和空气的入口，煤气和空气在立火道中燃烧放热，通过炉壁给炭化室供热，燃烧室数量比炭化室多一个。立火道始终分为两个不同的组，当其中一组火道中煤气和空气燃烧时，另一组立火道排出燃烧产生的废气，每间隔 20～30min，换向一次。

　　蓄热室是存蓄高温烟道气的热量，并将热量传递给入炉煤气和空气的炉室。它位于焦炉炉体炭化室和燃烧室的下部，顶部经过斜道与燃烧室相通，下部经过交换开闭器分别与烟道、贫煤气管道和烟囱相通。燃烧室内空气和煤气燃烧产生 1300℃ 高温烟道气，在流经蓄热室时，将其中的格子砖加热到高温。下一个周期，气流方向逆转，格子砖将自身存蓄的热量传递给流过的煤气和空气，使其温度达到 1000℃ 以上，进入燃烧室燃烧。

斜道是连通蓄热室和燃烧室的通道，位于蓄热室顶部和燃烧室底部之间，用于导入空气和煤气，并将其分配到每个立火道中，同时排出废气。

基础平台和烟道位于炉体的底部，基础平台支撑整个炉体、炉体设施和机械的重量。

目前，国内最大顶装焦炉炭化室高度为 7.65m（如山西美锦能源股份有限公司等，中冶焦耐工程技术有限公司设计），最大侧装捣固焦炉炭化室高度为 6.78m（如新泰正大焦化有限公司、山西阳光焦化集团有限公司等，中冶焦耐工程技术有限公司设计）；世界最大顶装焦炉炭化室高度为 8.4m（德国），有效容积 93m^3，单孔装湿煤量 79t，单孔产焦炭量 54t，世界最大侧装捣固焦炉炭化室高度为 7.3m。

4. 炼焦工艺流程

将焦煤、肥煤、瘦煤、气煤等煤种按照一定比例配合作为原料，经过高温干馏可以生产质量合格的焦炭。不同行业对焦炭的质量要求有所不同，所用原料和工艺条件也有所区别，下面介绍典型的焦炭生产工艺流程。

随着焦炭生产规模的大型化，焦炭生产企业基本上都实施焦化联产的运行模式，即除了生产焦炭外，还对焦油和粗煤气中的化学品进行回收，并对净化后的焦炉煤气进行深加工以提高其附加值。焦炭生产一般由备煤、装煤、炼焦、熄焦筛焦、化学品回收（见 6.2.4 小节"煤干馏化学品回收"）等工序组成，工艺流程框图见图 6-7 所示。

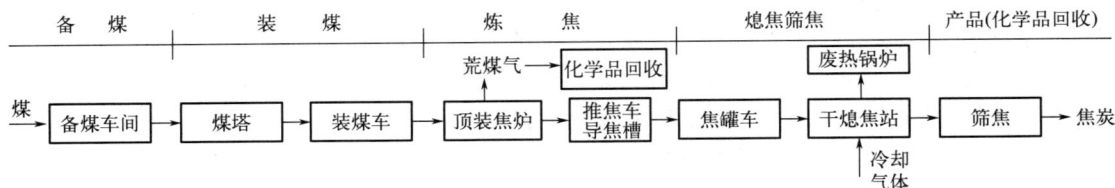

图 6-7　焦炭生产工艺流程框图

（1）备煤

备煤主要包括来煤接收、贮存、干燥、粉碎、倒运、配合和混匀等步骤，来煤接收后经过粉碎、筛分、倒运，按照一定的配比将不同煤进行混合，经皮带输送机送至煤塔，供后工序使用。

（2）装煤

对于顶装焦炉，装煤是由装煤车从煤塔取煤再移至焦炉对应的装煤炭化室，然后从炉顶通过炭化室装煤孔装入煤料。而捣固焦炉是将煤先在捣固站装入捣固车经捣固加压形成煤饼，再由捣固加煤推焦车送入炭化室。

（3）炼焦

炼焦是指加入炭化室的煤粉，在隔壁燃烧室供给的高温作用下，按照设定的升温速率、终焦温度和炼焦时间等条件开始煤的干馏，达到规定的指标后炼焦结束，打开机侧和焦侧炉门，由推焦车将成熟的焦炭经拦焦车推至熄焦车。

（4）熄焦筛焦

熄焦是将从炭化室推出的处于高温状态的火红焦炭迅速熄火冷却降温的工序。根据熄焦所用冷却介质的不同，分为湿法熄焦和干法熄焦。湿法熄焦是由熄焦车将焦炭送至熄焦塔中，以循环冷却水直接喷淋炽热红焦，熄火降温后送至晾焦台上晾焦至适宜温度和湿度，后经皮带输送机送至筛焦楼，破碎筛分成不同规格的焦炭成品。这种熄焦方法不可避免地会产生污水和废气，环境污染较为严重，已逐渐被淘汰。干法熄焦是将推焦车推出的红焦经导焦槽送入焦罐车的储罐内，再由焦罐车运送到干熄焦站用冷的循环惰性气体降温，降温后的焦炭由皮带输送机送入筛焦楼，筛分出粒径不同的焦炭成品；升温后的循环惰性气体经废热锅炉回收热量降温，而后循环利用。干法熄焦热量利用充分，基本不产生废气和污水，具有节能环保的优点，已逐步推广应用。

6.2.3 煤的低温干馏生产工艺

我国低阶煤剩余可采储量约为 523 亿吨，约占煤炭剩余可采总储量的 46%，但低阶煤易氧化，强度差，不易储存，目前大部分只能用于燃烧，资源利用效率和附加值有待提高。以褐煤等低阶煤为原料，通过低温干馏方式生产半焦（固体）、低温煤焦油（液体）和煤气（气体）等化学品，不用氢气和氧气，实现煤的部分液化和气化，是低阶煤提质利用的方法之一。

1. 低温干馏过程的影响因素

煤低温干馏过程主要受煤的煤化程度、操作条件和供热方式与干馏炉型的影响，进而不同程度地影响产品种类与质量。

（1）煤化程度

由于原料煤煤化程度不同，煤中组成元素所占的比例也有差异，从而导致低温干馏产物煤焦油、煤气和半焦的产率有所不同。高阶煤中碳元素含量高，氢、氧元素含量低，热解过程中半焦产率高，含氧烃类生成量少。此外，煤化程度不同的煤在分子结构方面相差较大，煤化程度增加，煤分子结构单元中的环数增加，侧链数量和官能团数量下降，使得煤的稳定性增加，有机质开始分解的温度提高，反应活性降低。从初始分解温度来看，褐煤煤化程度最低，对应初始分解温度也最低，随着煤化程度的提高，煤中的有机质初始分解温度升高。不同煤化程度煤的初始分解温度和低温干馏产品产率如表 6-2 所示，可见褐煤适用于低温干馏。

表 6-2　不同煤化程度的煤的初始热分解温度与低温干馏产品产率

项目		褐煤	烟煤						无烟煤
			长焰煤	气煤	肥煤	焦煤	瘦煤	贫煤	
初始分解温度/℃		160	170	210	260	300	320		380
低温干馏 600℃	半焦产率/%	61~75①	73~83②						
	煤气产率/%	6~22	6~17						
	焦油产率/%	4.5~23.0	0.5~20.0						
	热解水/%	2.5~12.5	0.5~9						

　　注：①为数据来源于昌宁褐煤、大雁褐煤和坎阿褐煤；②为数据来源于切矿长焰煤、神府长焰煤、铁法长焰煤、大同弱黏煤。

（2）操作条件

① 干馏终温和升温速率　干馏终温和升温速率是低温干馏过程中最重要的两个指标。干馏终温升高，一次裂解反应加快，煤裂解程度增大，残余的固体半焦减少，总挥发性产物

升高，煤气中的烃类减少，煤气热值下降；焦油产率减小，焦油密度增大，焦油中更稳定的沥青和多环芳烃增加，不稳定的酚和脂肪烃含量降低。适宜的干馏终温为 $500\sim650℃$。

升温速率增加反应发生和气体析出存在一定程度的滞后，导致气体开始析出温度和气体最大析出速率所对应温度都向高温偏移，能量供给强度增大，反应变得更加剧烈，煤化学键断裂速率加快，煤最大热解速率峰值增加，导致半焦产率降低，焦油产率增加，气体最大析出速率峰值同样增加，煤气产量稍有减少。因此，调节升温速率可以调整产品构成，当 $7℃/min$ 时液体油品产率最高。

② 干馏压力与气氛　压力升高，不利于煤气和焦油等产物脱离反应体系，促进了产物特别是焦油的二次反应，导致焦油产率下降，半焦和气态产物增加。压力升高后挥发物析出困难，导致液相产物相互作用力增强，促进了热缩聚反应，增加了半焦的强度。在氢气气氛下干馏，由于加氢反应能促使化学键断裂并可以快速饱和稳定形成的自由基，抑制了自由基重新缩聚反应的进行，因此只需要几秒就能产生更多的挥发性产物，明显提高甲烷收率，轻质油产率增加一倍，残余炭（半焦）产率明显下降。

③ 停留时间　煤炼焦过程中，停留时间增加，促进了二次反应中的芳烃缩聚反应、焦油二次裂解反应和二次加氢反应，降低了半焦中残留的挥发分，降低了焦油产量。增加了气态物尤其是甲烷的收率。

(3) 供热方式与干馏炉型

低温干馏供热方式有外热式、内热式等，低温干馏炉有移动床、流化床和气流床等类型。外热式低温干馏炉，煤料间接受热，传热效率低，加热不均匀，但是产生的煤气热值高，焦油中粉尘杂质少，半焦质量和粒度易于控制。内热式低温干馏炉，气体为热载体的半焦生产工艺中，煤料直接与被加热的气体热载体相接触，煤料受热均匀，传热传质速度快，焦油收率高，但煤气热值低，焦油中杂质较多；固体为热载体的半焦生产工艺中，煤料直接与固体载热体接触，生成的煤气不被稀释，热值较高。流化床、气流床传热传质效率高，生产能力大，因此现代低温干馏发展方向是开发内热式流化床或气流床的低温干馏炉。

2. 典型低温干馏工艺

低温干馏生产工艺流程框图如图 6-8 所示，包括筛煤洗煤、低温干馏、熄焦、烘干和筛分工序。

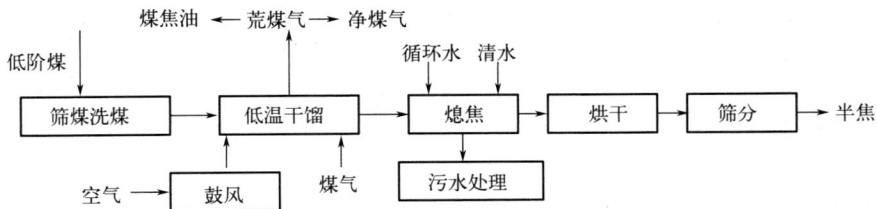

图 6-8　低温干馏生产工艺流程框图

低温干馏可以块煤或者粉煤为原料，代表性的外热式工艺主要有伍德炉工艺、考伯斯炉工艺；内热式气体载热体工艺主要有德国鲁奇工艺，美国 COED 工艺、LFC 工艺和 CCI 工艺，日本气流床粉煤快速热解工艺、中国 SJ 直立方炉干馏工艺；内热式固体热载体工艺主要有德国鲁奇-鲁尔工艺、美国 Toscoal 工艺、苏联 ETCH 粉煤快速热解工艺和中国大连理工大学开发的 D-G 工艺。其中，伍德炉和考伯斯炉生产工艺以煤气为主产品，而其他工艺以生产半焦为主要目的。本节分别介绍以煤气为主产品的低温干馏工艺和半焦为主产品的低温干馏工艺。

(1) 煤气为主产品的低温干馏工艺——考伯斯 (Koppers) 工艺

考伯斯炉是典型的外热式移动床低温干馏炉，其内部结构示意图如图 6-9 所示，主要由炭化室，上、下蓄热室，煤槽，焦炭槽和加热煤气管构成。它通过以下三种措施保证炭化室温度均匀：①采用直立火道上下交替加热的方式，使炭化室竖向温度均匀。②设置上、下蓄热室，用于回收废气热量。③部分回炉煤气从炉底进入炭化室，通过半焦层沿着炭化室上升，使炉内受热均匀。

考伯斯炉生产煤气的工艺流程如图 6-10 所示。为了保证炭化室中气体通畅，考伯斯炉以弱黏性块煤（小于 75mm）为原料。块煤从考伯斯炉炉顶进入炭化室 6，在狭长的炭化室中缓慢向下移动，回炉煤气在燃烧室立火道中燃烧，并通过炭化室壁供给炭化室煤料热量。煤料下移过程中，逐渐转化为半焦，与炉底回炉煤气换热，再经过蒸汽和水喷淋熄焦后进入焦炭槽，定期外排。干馏煤气经集气管 5 去热焦油分离器 4，经鼓风机 3 送去煤气冷却器 2。在轻油洗涤塔 1 中，将煤气中轻油吸收下来。部分煤气回炉作为炭化室 6 下部吹入气，冷却赤热焦炭，另一部分煤气回燃烧室立火道燃烧，其余煤

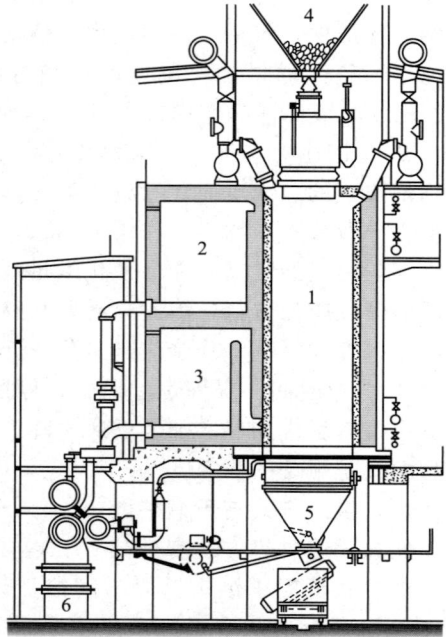

图 6-9　考伯斯炉结构示意图
1—炭化室；2—上部蓄热室；3—下部蓄热室；
4—煤槽；5—焦炭槽；6—加热煤气管

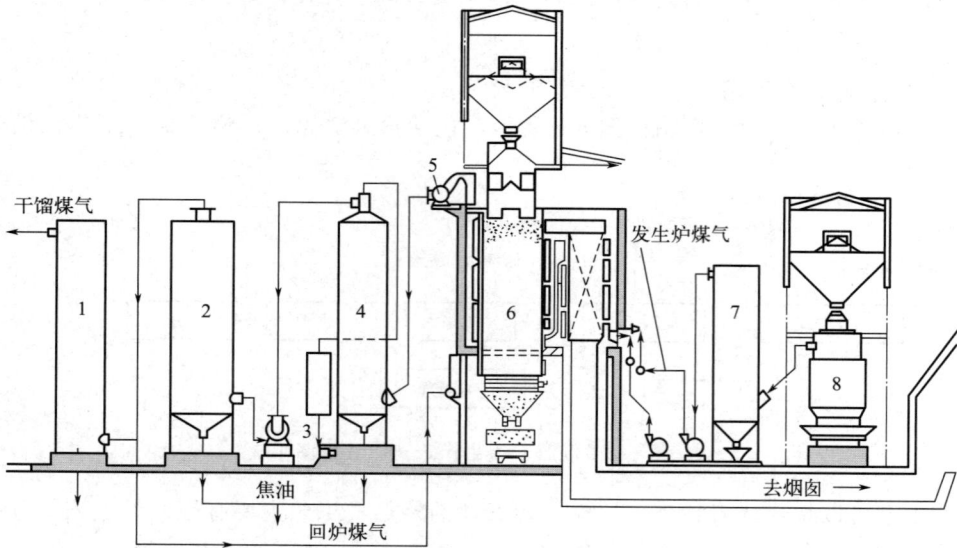

图 6-10　考伯斯炉生产煤气的工艺流程示意图
1—轻油洗涤塔；2—煤气冷却器；3—鼓风机；4—热焦油分离器；5—集气管；6—考伯斯炉炭化室；
7—煤气洗涤器；8—煤气发生炉

气净化后作为城市煤气外送。燃烧室立火道中产生的高温废气进入蓄热室加热其中的格子砖存蓄热量。此外，设置煤气发生炉 8 和煤气洗涤塔 7 产生并净化煤气，在开工或者煤气不足时为考伯斯炉燃烧室提供煤气燃料。

我国大连煤气公司曾引进考伯斯炉，以大同弱黏结性煤为原料（黏结性罗加指数为 4～5，干燥无灰基挥发分为 31%，粒度为 13～60mm），生产城市煤气，所得的煤气热值约为 16740kJ/m³，煤气产率为 0.35～0.40m³/kg 煤。

（2）半焦为主产品的低温干馏工艺

SJ 内热式直立方形低温干馏炉是我国三江煤化工研究所在复热立式干馏炉基础上研发的，目前已经发展到第五代装备，图 6-11 为 SJ 内热式直立方形低温干馏炉结构示意图，由炉顶煤仓、进料口、辅助煤仓、炉顶集气伞阵和推焦机和刮板等构成。它采用方形大空腔炉型，干燥段、干馏段没有明显的界线，用水熄焦，荒煤气和空气混合进入布气花墙燃烧，喷出高温废气作为气体热载体。与鲁奇三段炉相比，该干馏炉具有设备简单、易于操作、能耗低等优点，适合于以黏结性不大的块煤和型煤（粒径 20～120mm）为原料生产半焦。SJ 直立方形炉块煤低温干馏生产半焦工艺流程如图 6-12 所示。

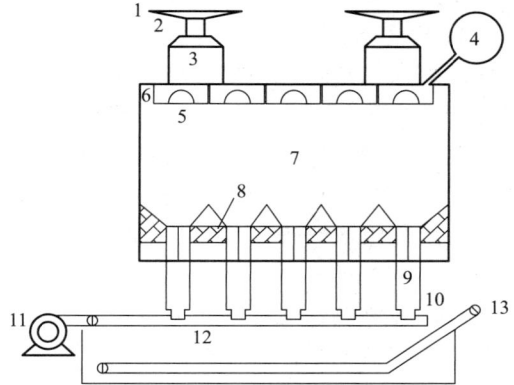

图 6-11　SJ 内热式直立方形低温干馏炉结构示意图

1—炉顶煤仓；2—进料口；3—辅助煤箱；4—集气管；
5—上升管；6—集气伞阵；7—干炉炉体；
8—布气花墙；9—排焦箱；10—导焦槽；
11—推焦机；12—熄焦池；13—刮板

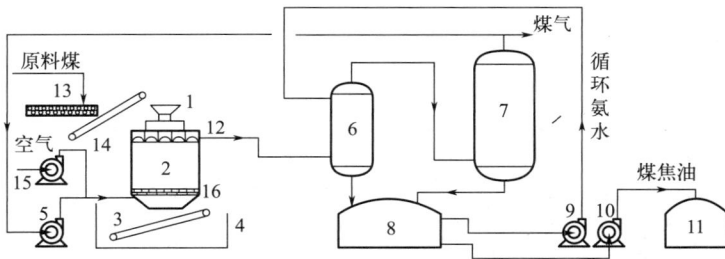

图 6-12　SJ 直立方形炉块煤低温干馏生产半焦工艺流程图

1—煤仓；2—干馏方炉；3—推焦刮板机；4—熄焦池；5—煤气鼓风机；6—文丘里管塔；7—旋流板塔；
8—氨水焦油澄清槽；9—循环氨水泵；10—焦油泵；11—焦油储罐；12—集气伞阵；13—圆辊筛；
14—皮带输送机；15—空气鼓风机；16—布气花墙

原料煤经过圆辊筛 13，筛分成粒度为 20～120mm 的煤料，经过皮带运输机 14，运至方炉顶部煤仓 1。块煤经过进料口，送入干馏方炉 2 内部，方炉炉顶温度为 80～100℃。原料煤进入方炉 2 后，与方炉 2 底部上行的高温煤气逆流接触，被预热到 100～150℃，而后下移与温度更高的气体热载体接触，温度升高到 650～700℃进行低温干馏。产生的半焦由炉底部经过水封冷却到 60℃，由推焦刮板机 3 排出，进入熄焦池 4。炉中干馏得到的荒煤气与加热燃烧废气，经过炉顶集气伞阵 12 收集，依次经过文丘里管塔 6、旋流板塔 7 等净化回收设备，一部分煤气外送，另一部分经过煤气鼓风机 5，与来自空气鼓风机 15 的空气混合，经过布气花墙 16 均匀喷入炉中燃烧，产生的燃烧废气上行，为煤料干馏提供热量。文丘里管塔 6、旋流板塔 7 底部排出的氨水和焦油进入氨水焦油澄清槽 8。澄清后上层氨水经过氨水循环泵 9 送至文丘里管塔顶部洗涤粗煤气，下层的焦油经过焦油泵 10 送至焦油储罐 11。

6.2.4 煤干馏化学品回收

煤干馏过程中，由于热解反应和二次反应的发生，析出的挥发性产物，称为荒煤气。由于干馏温度不同，高温干馏和低温干馏产生的荒煤气在产率和组成上差异较大，如表 6-3 所示。低温干馏产生的含氧化合物较多，煤中 35% 左右的硫分转移至气体中，焦油中含有长侧链的环烷烃和芳烃，酚馏分中含有复杂的烷基酚混合物。高温干馏时，煤气中氨含量为 $8\sim12g/m^3$，煤焦油中多含有多环芳烃和杂环化合物，酚馏分主要成分是酚、甲酚和二甲酚。高温干馏和低温干馏过程可以回收得到的化学品达数十种，高温干馏化学品回收的产率如表 6-4 所示，高温干馏荒煤气中除净煤气外，主要组分有水蒸气、焦油、苯系物、氨、硫化氢等，各组分组成如表 6-5 所示。净煤气中主要组分有氢气、甲烷和一氧化碳等，各组分体积分数如表 6-6 所示。可见，从荒煤气中不仅可以回收多种类型的化学品，而且净化后的煤气既可以燃烧供热，又可以作为生产氨、液化天然气和甲醇的原料。因此，为了实现资源的高效利用，焦炭和半焦生产企业均设有化学品回收工序。

表 6-3 干馏化学品产率与含量

产品产率	煤气(质量分数)/%	煤气量/(m³/t)	焦油(质量分数)/%	粗苯(汽油质量分数)/%	煤气主要组分含量/%		焦油主要组分含量/%			粗苯或汽油中烃含量/%		
					氢气	甲烷	酚类	碱类	萘类	不饱和烃	脂肪烃或环烷烃	芳烃
低温干馏	6~8	80~120	7~10	0.4~0.6	26~30	40~55	20~35	1~2	痕量	40~60	15~20	30~40
高温干馏	13~15	330~380	3~5	0.8~1.1	55~60	25~28	1~3	3~4	7~12	10~15	2~5	80~88

表 6-4 高温干馏化学品回收的产率

产品	焦炭	焦油	净煤气	粗苯	氨	硫化氢	氰化氢	吡啶类	化合水
产率/%	73~78	3.0~4.5	15~19	0.8~1.4	0.25~0.35	0.1~0.5	0.05~0.07	0.015~0.025	2~4

表 6-5 荒煤气成分组成表 （除净煤气外）

组成	水蒸气	焦油	粗苯	氨	硫化氢	氰化物	吡啶盐类	萘	氮
体积浓度/(g/m³)	250~450	80~120	30~45	8~16	6~30	1.0~2.5	0.4~0.6	8~12	2~2.5

表 6-6 净煤气成分组成表

组成	H_2	CH_4	重烃	CO	CO_2	O_2	N_2
体积分数/%	54~59	23~28	2.0~3.0	5.5~7.0	0.05~2.50	0.4~0.6	8~12

由以上分析可知，不同的煤在不同温度下干馏，所得荒煤气组分和含量差别很大，导致工业上加工处理的方式有所区别。现以炼焦工艺生产的荒煤气回收利用为例，介绍化学品预处理过程及回收工艺。

荒煤气化学品回收过程主要包括：荒煤气初步冷却、焦油氨水分离、煤气脱焦油除萘、硫回收、氨回收和粗苯回收等工序。根据煤气输送鼓风机的位置不同，可以将化学品回收工艺分为正压流程和负压流程，分别如图 6-13（a）和图 6-13（b）所示。两流程在工艺安排上除鼓风机位置不同外，降温程度和密封要求等也不同。正压流程在苯回收之前需要加设终冷工序降低煤气温度；正压流程气体输送时不易进入空气，密封要求不像负压流程那样特别严格；正压流程中煤气压力高，各组分分压较高，吸收推动力较大，管道和设备体积较小；由于鼓风机气体温度升高，正压流程适用于饱和器法生产硫酸铵的工艺。负压流程能耗低，流程短，为防止空气进入煤气中，对各处密封要求严格。本节主要介绍化学品回收的正压流程，分为荒煤气的预处理、硫的回收、氨的回收、苯的回收四个部分。

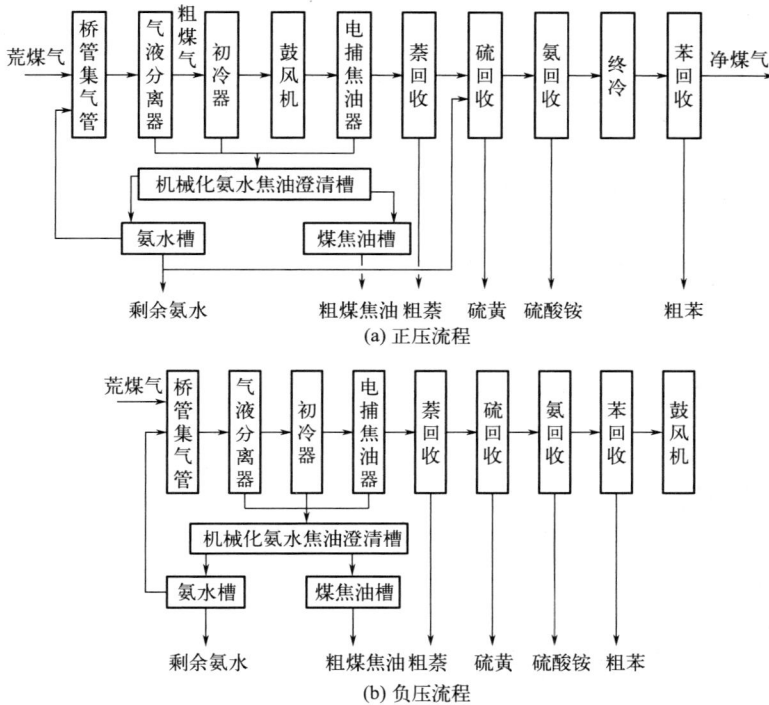

图 6-13　煤干馏化学产品回收总工艺流程框图

从炭化室顶部上升管排出的荒煤气通过降温，可以将其中含有的焦油、硫化物、氨、苯系物、萘、吡啶等化合物冷凝为液态，便于分离回收。为了避免在冷凝过程中这些物质与粉煤等灰尘结合，凝结在煤气输送管道内造成堵塞，工业上采用副产氨水过量喷洒冷激的方法实现荒煤气的快速降温，灰尘和冷凝下来的焦油被快速流动的氨水及时带走，以此来分离回收焦油。

（1）焦油回收工艺

出炭化室的荒煤气，在桥管和集气管中，通过大量热循环氨水喷洒直接降低煤气温度，然后再根据各组分密度差异使氨水、焦油和焦油渣分离。由于焦油和焦油渣两者分离难度大，工业上常用升高温度（80～85℃），用低沸点油（粗苯）稀释焦油，加压沉降、氨水洗涤、离心强化的方式促进其沉降分离过程。

图 6-14 为荒煤气焦油回收工艺流程图。煤在炭化室干馏过程中产生的 650～700℃ 的荒煤气从炭化室 1 顶部排出，进入上升管和桥管 2 汇集到集气管 3。在桥管和集气管中，采用

表压为 150～200kPa、温度为 70～75℃的热循环氨水通过喷头强烈喷洒，被喷成细雾状的氨水与荒煤气充分接触，吸收了荒煤气中 75%的热量，将煤气的温度降低到 80～90℃，热循环氨水温度升高至 74～80℃。热循环氨水喷洒量为 5～6m^3/t 煤，其中仅有 2%～3%汽化进入煤气中，剩余的过量氨水在集气管中带动冷凝下来的焦油流向气液分离器 4。

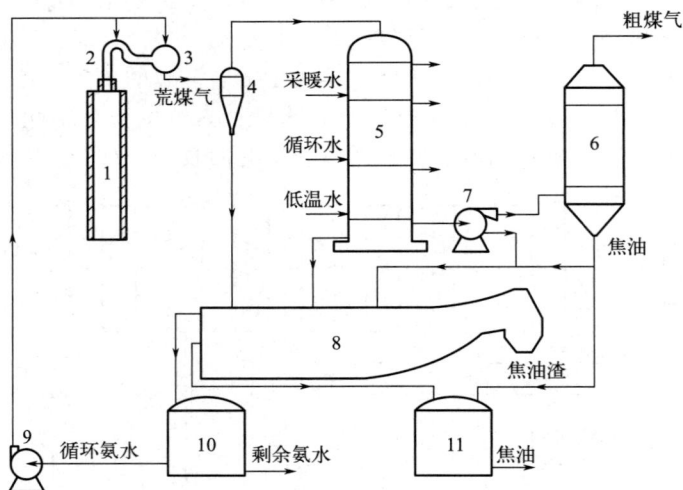

图 6-14 荒煤气焦油回收工艺流程图

1—焦炉炭化室；2—上升管与桥管；3—集气管；4—气液分离器；5—煤气初冷器；6—电捕焦油器；
7—煤气鼓风机；8—氨水焦油澄清槽；9—循环氨水泵；10—中间氨水储槽；11—中间焦油储槽

在气液分离器 4 中，煤气与氨水、焦油进行气液分离。分离后的煤气称为粗煤气，送后续初冷工序。分离下来的氨水、焦油和焦油渣进入氨水焦油澄清槽 8。

粗煤气进入煤气初冷器 5，煤气走管间，自上而下通过初冷器的三个冷却段。上段用 51℃的采暖水冷却，水温升高到 65℃，使粗煤气温度从 80℃降到 60℃。中段用来自凉水塔的温度为 25℃的循环水冷却，使粗煤气温度从 60℃降到 40℃，循环水温度升到 40～45℃，经凉水塔空冷降温后再循环使用。下段用 18℃低温水冷却，使粗煤气温度降至 20～25℃。三种温度不同的冷却水均走管程，他们分别从煤气初冷器 5 每段底部的管口进入并以"之"字形向上流动。在初冷器每段顶部均设置喷洒装置，连续喷洒含煤焦油的氨水，以清洗换热管外壁沉积的焦油和萘，同时吸收煤气中的部分萘。上中段的冷凝液从初冷器中部的隔断引出至氨水焦油分离器，下段冷凝液主要组成为轻质焦油，流到冷凝液槽，用于初冷器管外喷洒使用。进入煤气初冷器 5 的焦炉煤气中水蒸气含量为 50%，经过初步冷却煤气中 92%～95%的水蒸气被冷凝。

经过初冷工序的粗煤气中还残留焦油 2～5g/m^3，在鼓风机离心力作用下，焦油含量降低到 0.3～0.5g/m^3。煤气鼓风机 7 来的粗煤气以 1.0～1.8m/s 的流速，从下方管口进入电捕焦油器 6，向上流经多根管子，粗煤气中的焦油变成带电的质点，在电场作用下，移动到管内壁，沉积并被捕集，顺着管子内壁由电捕焦油器 6 下部出口排出汇流到氨水焦油澄清槽 8 或者中间焦油储槽 11 中。电捕焦油器的焦油去除效率达到 98%～99%，出口粗煤气中焦油含量为 0.05g/m^3。

在氨水焦油澄清槽 8 中经过 20～30min 的重力沉降，氨水焦油混合液分成三层，分别为上层氨水、中层粗焦油、下层焦油渣。下层的焦油渣沉淀由刮板排出槽外，中层的粗焦油流入中间焦油储槽11，可送到后续焦油加工工序。上层的氨水从上部溢流口流到中间氨水储槽10，与煤气初冷器5的冷凝液混合，经过循环氨水泵9加压，部分送回集气管3喷洒冷却荒煤气循环使用。

（2）硫的回收工艺

粗煤气中硫化氢含量 $6\sim30g/m^3$。硫化氢有毒有害，腐蚀设备，燃烧时产生二氧化硫污染环境，用煤气炼钢时会降低钢的质量，因此要尽早脱除。另外，用硫可生产含硫化合物（如硫膏、硫酸、硫氰酸钠），回收硫化氢将其转化成含硫产品有着重要的现实意义。

根据煤气用途不同，硫回收后对净化气中硫含量要求也不同。如用于合成气时硫含量要低于 $0.1mg/m^3$，城市煤气硫含量要低于 $20mg/m^3$，冶炼优质钢时煤气中硫含量要小于 $1mg/m^3$。回收硫的方法有：催化氧化氨法（HPF）、改良蒽醌法（ADA法）、栲胶法、萘醌法、氨水法和低温甲醇洗法等。其中，催化氧化氨法（HPF）在焦化厂回收粗煤气中的硫应用较多，本节主要介绍HPF催化氧化氨法回收硫工艺。

催化氧化氨法（HPF）回收硫主要包括吸收和再生两个反应。吸收过程发生的反应如式(6-17)～式(6-20)。再生时吸收液中的硫化铵和硫氢化铵被空气氧化成单质硫和氢氧化铵，如式(6-21)～式(6-23)等，单质硫经浮选从系统分离出来，使吸收液恢复吸收能力后循环使用。此过程中还伴随着硫氰酸铵、硫酸铵和硫代硫酸铵生成的副反应，见式(6-24)～式(6-26)。

吸收反应

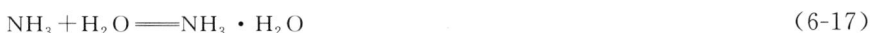

$$NH_3 + H_2O \Longrightarrow NH_3 \cdot H_2O \tag{6-17}$$

$$2NH_3 \cdot H_2O + H_2S \Longrightarrow (NH_4)_2S + 2H_2O \tag{6-18}$$

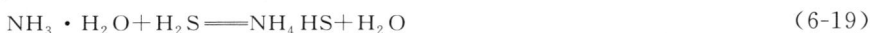

$$NH_3 \cdot H_2O + H_2S \Longrightarrow NH_4HS + H_2O \tag{6-19}$$

$$NH_3 \cdot H_2O + HCN \Longrightarrow NH_4CN + H_2O \tag{6-20}$$

再生反应

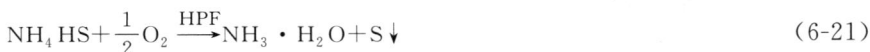

$$NH_4HS + \frac{1}{2}O_2 \xrightarrow{HPF} NH_3 \cdot H_2O + S\downarrow \tag{6-21}$$

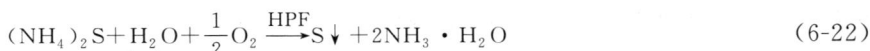

$$(NH_4)_2S + H_2O + \frac{1}{2}O_2 \xrightarrow{HPF} S\downarrow + 2NH_3 \cdot H_2O \tag{6-22}$$

$$(NH_4)_2S_x + H_2O + \frac{1}{2}O_2 \xrightarrow{HPF} S_x\downarrow + 2NH_3 \cdot H_2O \tag{6-23}$$

副反应

$$NH_4CN + (NH_4)_2S_x \xrightarrow{HPF} NH_4SCN + (NH_4)_2S_{x-1} \tag{6-24}$$

$$2NH_4HS + 2O_2 \xrightarrow{HPF} (NH_4)_2S_2O_3 + H_2O \tag{6-25}$$

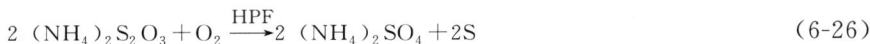

$$2(NH_4)_2S_2O_3 + O_2 \xrightarrow{HPF} 2(NH_4)_2SO_4 + 2S \tag{6-26}$$

HPF法所用的催化剂有对苯二酚（H）、双核酞菁钴磺酸铵（PDS）和硫酸亚铁（F），属多元催化。催化剂与氨构成硫回收液（脱硫液），其中各组分浓度如下：游离氨为 $4\sim5g/L$，对苯二酚（H）为 $0.1\sim0.3g/L$，双核酞菁钴磺酸铵（PDS）为 $8\sim12mg/L$，硫酸亚铁（F）为 $0.1\sim0.3g/L$。其中，对苯二酚能够促进脱硫反应发生，有利于提高硫回收的程度。双核酞菁钴磺酸铵中两侧双核的配位中心钴离子起脱硫主要作用，促进硫化铵的生成。硫酸亚铁的作用是消除硫回收液（脱硫液）中的气泡，提高对硫化氢的脱除能力。

HPF催化氧化氨法硫回收流程如图6-15所示。从鼓风冷却工序来的50℃的粗煤气，进入预冷塔1，用循环冷却水降温到30℃。预冷后的粗煤气进入硫化氢吸收塔4，与塔顶喷淋下来的脱硫液逆流接触发生反应以吸收粗煤气中的硫化氢、氰化氢。煤气中含有较高浓度的氨，会溶解在脱硫液中，以补充脱硫液中的碱源。脱硫后粗煤气含硫化氢约 $50mg/m^3$，送入氨回收工序。

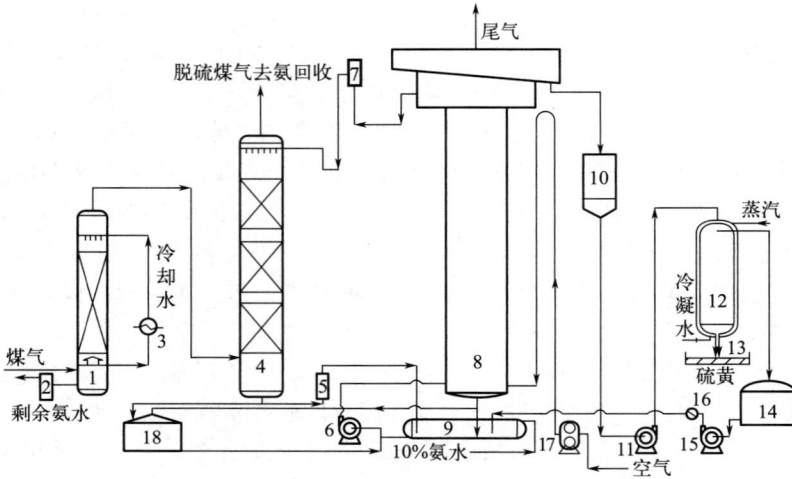

图 6-15　HPF 催化氧化氨法硫回收流程示意图

1—预冷塔；2—水封槽；3—预冷塔循环水冷却器；4—硫化氢吸收塔；5—液封槽；6—脱硫液循环泵；
7—液位调节器；8—再生塔；9—反应槽；10—硫泡沫槽；11—硫泡沫泵；12—熔硫釜；13—硫黄接收槽；
14—废液槽；15—清液泵；16—清液冷却器；17—鼓风机；18—事故槽

吸收了硫化氢、氰化氢的脱硫富液从塔底流出，经液封槽 5 进入反应槽 9，然后用脱硫液循环泵 6 送入再生塔 8，同时自再生塔 8 底部用鼓风机 17 通入空气，使溶液在塔内发生氧化反应，硫化物变成单质硫泡沫，溶液得以再生。再生后的溶液从塔顶经液位调节器 7 自流回硫化氢吸收塔 4 循环使用。

在再生塔 8 形成的单质硫泡沫被空气气泡携带向上运动，浮于再生塔 8 顶部扩大段，利用位差自流入硫泡沫槽 10，硫泡沫用硫泡沫泵 11 送入熔硫釜 12，经加热、脱水、熔融，最后排出液态硫黄至硫黄接收槽。熔硫釜 12 上口排出的清液依次经过废液槽 14、清液泵 15 和清液冷却器 16 返回反应槽 9，为避免不凝气和脱硫液盐类积累影响脱硫效果，系统中排出少量废液送往配煤工序，不凝性尾气外排。

（3）氨的回收工艺

在炼焦时，煤中的氮元素有 $40\%\sim50\%$ 会以氨的形式转入荒煤气中，浓度为 $8\sim12g/m^3$。回收粗煤气中的氨既可得到氨或含氨的产品，又可减少含氨废水的排放量，降低设备腐蚀和对环境的污染。因此，在粗苯回收前，需要将粗煤气中的氨含量降低到 $0.03g/m^3$ 以下。氨回收方法有两种：一是硫酸铵法——硫酸吸收粗煤气中的氨制硫酸铵，二是无水氨法——用磷酸吸收粗煤气中的氨制无水氨。这里介绍硫酸铵法。

硫酸铵法回收氨反应如式（6-27）所示：

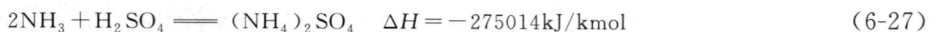

$$2NH_3 + H_2SO_4 \Longrightarrow (NH_4)_2SO_4 \qquad \Delta H = -275014kJ/kmol \qquad (6-27)$$

当硫酸过量时，与氨反应得到硫酸氢铵。

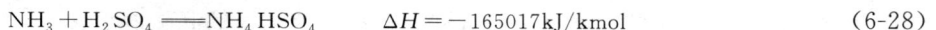

$$NH_3 + H_2SO_4 \Longrightarrow NH_4HSO_4 \qquad \Delta H = -165017kJ/kmol \qquad (6-28)$$

当溶液中游离硫酸的质量分数为 $1\%\sim2\%$ 时，主要生成硫酸铵，由于硫酸氢铵比硫酸铵溶解度大，硫酸铵会优先结晶出来。

硫酸铵法回收氨根据所用设备不同，分为鼓泡式饱和器法、无饱和器法和喷淋式饱和器法。其中，鼓泡式饱和器法流程复杂，设备多，阻力大，生成的硫酸铵晶粒小，易堵塞。无饱和器法用硫酸洗涤塔吸收粗煤气中的氨，克服了鼓泡式饱和器法工艺中易堵塞，晶体颗粒较小，阻力大的缺点。然而，其吸收和结晶分别在不同的设备中进行，设备多，流程复杂，结晶过程需要在真空下操作，且出口粗煤气中残留氨含量高达 $0.1g/m^3$，无法满足后续工序的要求。喷淋式饱和器法将酸洗吸收、结晶、除酸、蒸发集为一体，工艺简单，易于操作，克服了鼓泡式饱和器法的缺点，同时借鉴了无饱和器法硫酸母液循环量大的优点，促进了晶核的生长，所得硫酸铵结晶粒度大（0.7mm），是普遍采用的工艺，其工艺流程如图 6-16 所示。

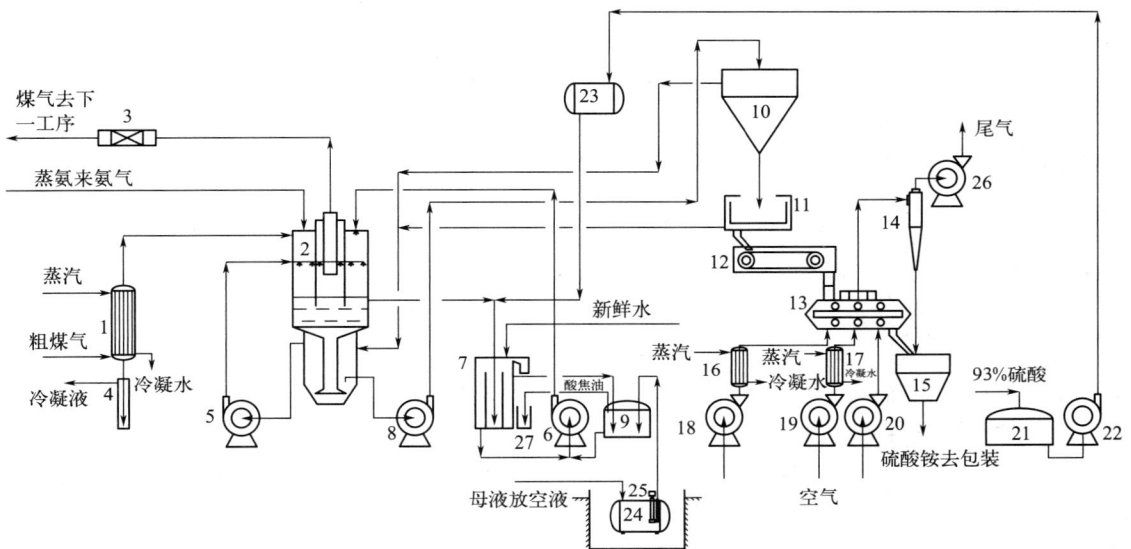

图 6-16 喷淋式饱和器法氨回收流程示意图

1—煤气预热器；2—饱和器；3—除酸雾器；4—水封槽；5—母液循环泵；6—小母液泵；7—满流槽；
8—结晶泵；9—母液储槽；10—结晶槽；11—离心机；12—皮带输送机；13—振动式流化床干燥机；
14—旋风除尘器；15—硫酸铵储斗；16,17—热风器；18,19—风机；20—冷风机；21—硫酸储槽；
22—硫酸泵；23—硫酸高位槽；24—母液放空槽；25—液下泵；26—尾气引风机；27—渣箱

来自硫回收工序的粗煤气在煤气预热器 1 中预热至 60～70℃ 以上，进入饱和器，在饱和器内部分成两股，分别从左右两个方向进入饱和器 2 本体上部外筒体和内筒体之间的环形室。每股粗煤气均经过数个喷洒吸收液的喷头吸收粗煤气中的氨。吸收液为游离酸度 3.5%～4% 的循环母液，利用母液循环泵 5 送入。然后，两股粗煤气汇成一股进入饱和器的后室，用来自小母液泵 6（二次喷洒泵）的母液进行二次喷洒，以进一步除去粗煤气中的氨。脱氨的粗煤气中含有的酸雾需要去除，内外套筒环隙以及内套筒类似于旋风分离器，可以起到去除酸雾的作用。经过硫酸母液喷淋的粗煤气从底部沿着切线方向进入外套筒，而后进入内套筒中心，最后经上部的出口管，经除酸雾器 3 进一步去除酸雾后进入下一工序。粗煤气经过氨吸收后氨含量为 $0.030～0.050g/m^3$，温度为 44～48℃。在饱和器 2 吸收氨的过程中，粗煤气温度降低，加热饱和器中的母液，使饱和器母液温度保持在 50～55℃，同时带出酸碱中和反应产生的水，维持母液酸度。

经喷淋吸收氨形成的结晶母液，通过降液管流入饱和器 2 下部的结晶区域底部，然后向上流动，带动晶核向上运动，并不断地搅拌母液，使硫酸铵晶核长大。含小颗粒硫酸铵结晶的母液由上部用母液循环泵 5 抽出送往饱和器 2 上段的两组喷洒箱内进行循环喷洒，大颗粒硫酸铵结晶沉积在饱和器 2 下部的结晶区域底部，当母液中结晶体积分数达到 25％时，启动结晶泵 8 将其抽送至结晶槽 10，然后在离心机 11 中分离，滤出母液后，再用热水洗涤结晶，以减少结晶表面上的游离酸和杂质。经离心分离和洗涤后的硫酸铵晶体由皮带输送机 12，送至振动式流化床干燥机 13，由来自热风机（18，19）在热风器（16，17）中加热后的热空气干燥，再经来自冷风机 20 的冷风冷却后进入硫酸铵储斗 15，然后称量、包装。结晶槽剩余的母液和离心分离出来的母液返回饱和器下段的结晶槽底部。

饱和器 2 的上段设满流管，用来维持饱和器 2 上部母液液面高度，并封住粗煤气，使粗煤气不能进入下段。满流管插入满流槽 7 中同样封住粗煤气，使粗煤气不能外逸。饱和器 2 满流口溢出的母液流入满流槽 7 内液封槽，再溢流到满流槽 7，然后用小母液泵 6 送至饱和器 2 的后室喷洒。生产过程中，母液中的硫酸有损耗，需要补加新鲜硫酸。由硫酸库送来的 90％～93％的浓硫酸送至硫酸储槽 21，再经硫酸泵 22 抽出送到硫酸高位槽 23 内，然后自流到满流槽 7，以维持母液酸度为 20％～30％。设备冲洗和加酸时，母液经满流槽 7 流至母液储槽 9，将上层的酸性焦油去除后，再用小母液泵 6 送至饱和器 2。酸性焦油进入焦油渣槽 27。母液放空液进入母液放空槽 24，经液下泵 25 送入母液储槽 9。此外，母液储槽 9 还可在饱和器 2 检修时作贮存母液之用。

（4）粗苯回收工艺

脱氨后的粗煤气中仍含有苯系化合物 $30\sim40g/m^3$，称为粗苯，主要含有苯、甲苯、二甲苯等组分，是当前苯类产品的重要来源之一。与来源于石油裂解和重整工序的石油苯相比，焦化粗苯纯度略低，粗苯中硫、氮、磷杂质含量稍高，影响其下游产品的质量。

粗苯回收一般用洗油吸收法，其原理是使用焦油蒸馏得到的洗油（230～300℃馏分）或者轻柴油与粗煤气充分接触，溶解粗煤气中的苯系物，形成含苯洗油（富油）。利用苯系物和洗油的沸点不同，将富油中溶解的苯系物蒸馏出来加以回收，脱苯后的洗油（贫油）循环利用。吸收是一个放热的物理过程，低温有利于增加吸收量，洗油吸收粗苯的适宜温度为低于 30℃，而粗煤气经过氨回收后温度为 50～60℃，因此在洗油脱苯之前，需要经过终冷工序将粗煤气温度降到 25～27℃之间。粗煤气终冷过程中有萘沉积出来，为了防止堵塞管道，粗煤气终冷采用两段直接接触传热模式。

粗煤气中粗苯回收流程如图 6-17 所示。经过氨回收后温度为 50～60℃的粗煤气进入横管式终冷器 4 上段，部分焦油来自焦油槽 1，经过焦油泵 2 加压从塔顶向下喷淋，与塔顶的粗煤气一起进入上段冷却器的管间，30℃循环水走横管内上行冷却粗煤气和焦油，粗煤气温度降低析出萘，萘被溶解到焦油中，跟随焦油下行。上段下行的粗煤气和焦油进入横管式终冷器 4 下段，来自焦油槽 1 的部分焦油经过焦油泵 2 加压从横管式终冷器 4 下段顶部喷淋而下，进入冷却器，下段冷却器中管内的冷却介质是 18℃低温冷冻水，粗煤气和焦油走管间，进一步冷却粗煤气，并洗涤煤气中的萘，使粗煤气的温度达到洗油脱苯的要求。塔底焦油经过焦油冷凝液泵 3 送入焦油处理工序。经终冷器 4 冷却到 25～27℃后的粗煤气，依次通过苯回收塔Ⅰ、Ⅱ（5，7），吸收粗苯后得到净煤气。温度为 27～30℃的贫油由新鲜洗油槽 10 用贫油泵 9 送往Ⅱ号苯回收塔 7 的顶部，沿着填料向下喷洒，与粗煤气逆向接触，然后经过油封流入塔底接受槽，由此用中间泵 8 送至Ⅰ号苯回收塔 5 的顶部。Ⅰ号苯回收塔底流出的粗苯含量约 2.5％的富油送至脱苯装置。脱苯后的贫油经冷却后再回到贫油槽 11 循环使用。吸收苯的富油再通过蒸馏的方式，将其中溶解的苯蒸出以回收粗苯，同时将富油再生为贫油循环利用。

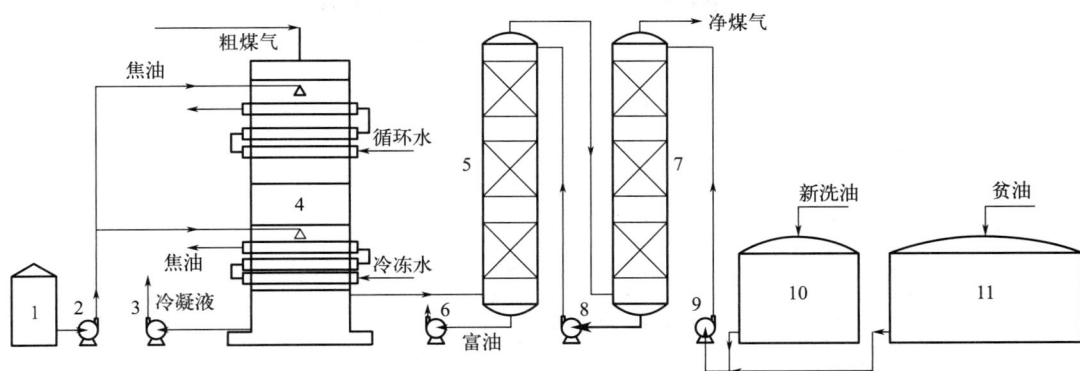

图 6-17 粗煤气中粗苯回收工艺流程示意图

1—焦油槽；2—焦油泵；3—焦油冷凝液泵；4—横管式终冷器；5—苯回收塔Ⅰ；6—富油泵；
7—苯回收塔Ⅱ；8—中间泵；9—贫油泵；10—新鲜洗油槽；11—贫油槽

6.3 煤的气化

煤气化是指以煤炭或焦炭为原料，以氧气（空气、纯氧、富氧空气）、水蒸气、氢气或二氧化碳为气化剂（气化介质），在高温和一定压力下，通过与气化剂的反应把煤中可燃成分转化为煤气的过程。煤气的主要组成为一氧化碳和氢气，并含有少量甲烷、二氧化碳等，可用作化工合成气、冶金行业还原气、工业燃气和民用燃气。

6.3.1 煤气的分类

按照煤气化过程中所用气化剂的不同，煤气可分为空气煤气、水煤气、混合煤气和半水煤气。空气煤气是以煤或焦炭为原料，以空气作为气化剂制得的煤气，空气煤气可燃组分少，发热量低，目前主要用于燃料气就近燃烧。水煤气是以煤或者焦炭作为原料，以水蒸气和纯氧为气化剂制得的煤气，水煤气中氢气和一氧化碳总含量可高达87%，特别适合用于生产基本有机化工产品的合成原料。混合煤气是以空气和水蒸气为气化剂反应生成的煤气，混合煤气中氢气和一氧化碳可燃性气体含量较高，热值稍高于空气煤气。半水煤气是以水蒸气和空气为气化剂生产的煤气，其中（$CO+H_2$）/N_2 比值接近3，主要用作合成氨的原料气。

表 6-7 是煤气分类表，列出了气化剂、煤气组成、低位发热值、用途等。

表 6-7 煤气分类表

项目		煤气类型			
		空气煤气	混合煤气	水煤气	半水煤气
气化剂		空气	空气和水蒸气	水蒸气和氧气	水蒸气和空气
体积分数	H_2/%	2.6	13.5	48.4	40.0
	CO/%	10.0	27.5	38.5	30.7
	CO_2/%	14.7	5.5	6.0	8.0
	N_2/%	72.0	52.8	6.4	20.6
低位发热值/(kJ/m³)		3762~4598	5016~5225	10032~11286	8778~9614
用途		燃料气	燃料气	主要用作合成气	合成氨原料气

6.3.2 煤气化原理

1. 煤气化基本反应

煤中主要是碳元素，因此煤气化基本反应主要考虑碳元素的反应。参与反应的物质可以是气化剂，也可以是过程中生成的中间产物。表6-8列出了煤气化反应方程式、反应热、平衡常数和反应速率、反应类型及反应名称等。

表 6-8　煤气化基本化学反应及其反应平衡常数、反应速率等的比较

反应方程式	反应热/ （kJ/mol）	反应平衡常数 （800℃）	反应平衡常数 （1300℃）	反应 速率	反应 类型	反应名称
$C+H_2O \Longrightarrow CO+H_2$	131.5	$7.97/atm^1$	$9.98 \times 10^3/atm^1$	适中	可逆	水蒸气气化
$C+CO_2 \Longrightarrow 2CO$	172.2	$7.65/atm^1$	$3.00 \times 10^3/atm^1$	相对慢	可逆	二氧化碳还原
$2C+O_2 \Longrightarrow 2CO$	-221.0	$1.40 \times 10^{18}/atm^1$	$4.50 \times 10^{16}/atm^1$	快	不可逆	部分燃烧
$C+O_2 \Longrightarrow CO_2$	-393.7	$1.80 \times 10^{17}/atm^0$	$1.50 \times 10^{13}/atm^0$	快	不可逆	燃烧
$C+2H_2 \Longrightarrow CH_4$	-74.9	$4.72 \times 10^{-6}/atm^{-1}$	$1.82 \times 10^{-3}/atm^{-1}$	慢	可逆	加氢气化
$2H_2+O_2 \Longrightarrow 2H_2O$	-484.2	$2.20 \times 10^{16}/atm^{-1}$	$4.50 \times 10^{10}/atm^{-1}$	快	不可逆	氢气燃烧
$2CO+O_2 \Longrightarrow 2CO_2$	-567.4	$2.40 \times 10^{14}/atm^{-1}$	$5.00 \times 10^9/atm^{-1}$	快	不可逆	一氧化碳燃烧
$CO+H_2O \Longrightarrow CO_2+H_2$	-41.2	$1.04/atm^0$	$0.33/atm^0$	适中	可逆	水煤气变换反应
$CO+3H_2 \Longrightarrow CH_4+H_2O$	-219.3	$5.92 \times 10^{-3}/atm^{-2}$	$1.82 \times 10^{-6}/atm^{-2}$	慢	可逆	甲烷化反应
$CH_xO_y=(1-y)$ $C+yCO+x/2H_2$	17.4*			快	不可逆	热裂解
$CH_xO_y=(1-y-x/8)$ $C+yCO+x/4H_2+x/8CH_4$	8.18*			快	不可逆	热裂解

注：* 对于长焰煤 $x=0.847$，$y=0.0794$。

煤气化的主反应包括：碳与水蒸气、二氧化碳的反应，均属于强吸热反应，它存在于各种煤气化过程中，对工艺条件和煤气组成有重要影响。副反应包括一氧化碳和二氧化碳分别与氢气发生的甲烷化反应，属于放热反应，对甲烷含量、氢含量、过程耗氧量有重要影响。其他反应包括碳的燃烧反应和部分氧化反应，属于放热反应，为吸热的气化反应供热。碳燃烧、水蒸气气化、二氧化碳还原、加氢气化反应均为气固相反应，符合"缩芯"反应动力学模型，除了提高本征速率外，促进气固相接触与传质、传热等也非常重要。裂解反应使化学键断裂，需要在高温下进行，且属于不可逆的快速反应，对煤气中焦油、酚含量有重要影响。

此外，煤中的硫和氮元素在气化过程中会生成硫化物和含氮化合物，如氧硫化碳、硫化氢、二硫化碳、氰化氢、氨和氮氧化物等。这些反应生成物特别是硫化氢会造成后续变换、合成工段催化剂中毒。氰化氢、氨和氮氧化物在反应系统中循环累积，降低合成气主要成分的分压，不利于反应进行。

2. 影响煤气化过程的因素

煤的气化是气固相反应，影响煤气化过程的因素有：温度、压力、汽氧比和煤粒径等。

（1）温度

煤气化为吸热反应，温度对气化反应影响显著，随着气化温度升高，煤中芳香环碳碳键变得活泼易断裂，裂解反应程度增加。热力学分析表明：碳与水蒸气反应为吸热反应，在总压为0.1MPa，温度超过900℃时，氢气和一氧化碳平衡含量接近等量，二氧化碳和甲烷平

衡含量接近于零。碳与二氧化碳反应为吸热反应，一氧化碳平衡含量随着温度升高而增加，二氧化碳平衡含量随之降低。温度升到 800~1000℃ 时，几乎所有的二氧化碳都转变为一氧化碳。因此，对于固定床加压气化而言，用于生产城市燃气时，一般气化层温度控制在 950~1050℃；生产合成气时，一般温度控制在 1200~1300℃。此外，气化温度受到煤灰熔点的制约，干法排渣的气化炉，气化温度不能高于煤的灰熔点，以防止排渣受阻。动力学分析表明：气化温度过低，不但降低气化反应速率，造成煤转化率降低，而且会造成煤灰变细，增大床层阻力。

（2）压力

根据热力学分析，压力增加，甲烷化反应平衡向正方向移动，不利于碳与水蒸气的气化反应，因此气相中的水蒸气、二氧化碳和甲烷含量增加，氢气和一氧化碳含量减少。因此如果想要得到氢气和一氧化碳含量高的水煤气，反应在低压高温条件下进行，如果想生产甲烷含量很高的高热值煤气，反应宜在低温高压条件下进行。

根据动力学分析，压力增加，气化剂分压增大，气化反应速率基本呈线性增加。但是压力很高时，再增加压力反应速率增大的幅度减少。另外，煤气化过程中不同反应的反应速率相差很大，煤热解反应速率相当快，可以在高温下瞬间完成，碳与氧气的燃烧反应比碳与水蒸气的气化反应快十万倍。煤热解产物焦炭的气化反应速率则要慢很多。碳与二氧化碳气化反应更慢。碳与氢气的反应最慢，仅为碳与二氧化碳反应速率的百分之一。因此气化过程中可以采用控制氧气和蒸汽分压的方法，促进气化反应进行。

此外，压力对煤的黏结性和结渣性均有影响。在 0.5~1.0MPa 范围内，压力增加，弱黏结性煤的黏结性先快速增大，随后趋于平缓；压力增加，气化剂体积减小，床层气体线速度降低，燃烧反应速率下降，热量释放减缓，导致结渣性随系统压力增加而减少。

（3）汽氧比

碳与水蒸气的反应是强吸热反应，所需热量由碳与氧的燃烧反应提供，氧气加入量直接影响蒸汽消耗。换言之，反应体系中蒸汽与氧气含量的配比（汽氧比）是控制反应温度的主要方法之一，即改变汽氧比，本质上是调节气化温度，实质上是影响制气强度。首先，增加蒸汽用量或减少氧气加入量，汽氧比增加，其结果是不利于碳燃烧反应，会减少燃烧反应放热量，致使气化炉内温度降低，碳转化率下降，且不利于气化等吸热反应，进而导致煤气中一氧化碳含量降低，二氧化碳和氢气含量升高，焦油中碱性组分含量下降，芳烃组分含量则显著增加，废水量也相应增加；加大氧气用量，碳燃烧反应加剧导致炉温升高，有利于气化反应的进行，会导致煤耗增加。其次，汽氧比的确定与原料煤煤化程度关系密切，随着煤化程度的增加，反应活性变差，应适当降低汽氧比，以升高反应温度，增大气化能力。另外，汽氧比高低还与气化炉形式有关，受气化炉排渣方式的制约，移动床气化炉干法排渣操作温度不能超过煤的灰熔点，保证灰不能熔融成液渣，以使气化炉正常操作，汽氧比一般控制高限；以水煤浆为原料的气流床气化炉高于其灰熔点的温度下与气化剂发生燃烧反应和气化反应，灰渣以液态形式排出气化炉，气化炉操作温度控制较高，因水煤浆为原料，反应需要热量高于蒸汽气化剂，氧气用量高，汽氧比控制下限。

（4）煤的粒径

煤气化是气固非催化反应，气化历程为：气体从气相扩散到固体颗粒外表面（外扩散），再进入微孔内部（内扩散），微孔内吸附、反应，吸附态的产物从固体表面脱附，产物通过颗粒内孔道扩散出来（内扩散），产物从颗粒表面扩散到气相中（外扩散）。总反应速率受反应速率和扩散速率的影响，煤的粒径大小是扩散速率的主要影响因素。因此，工业生产中，为尽量降低扩散对反应的影响，流化床反应器大多控制煤的粒径在 10mm 左右，气流床反应器大多控制煤的粒径在 $100\mu m$ 左右。对于使用块煤的移动床反应器，煤粒径一般控制在 $50\sim70mm$。

6.3.3　煤气化工艺

反应器是煤气化工艺的核心，煤气化工艺依据工艺中选用的反应器类型而进行分类，可分为移动床气化工艺、流化床气化工艺和气流床气化工艺，现分别介绍如下。

1. 移动床气化工艺

（1）移动床气化炉

移动床气化炉可用于生产空气煤气、混合煤气、半水煤气和水煤气，既可以用于生产工业燃气、民用燃气，也可以用于生产氨、甲醇、燃料油等化工产品的合成气。

煤气化反应为吸热反应，反应速率适中，需要大量热量供给来提高反应温度，保持气化反应连续进行，工业上常采用炉内燃烧部分煤炭的方式为气化反应供热。此供热方式在移动床气化炉中从下而上依次形成灰渣区、氧化燃烧区、气化区、干馏区和干燥区等区域，各区域温度也相差较大。图 6-18（a）是移动床气化炉内区域分布及温度变化图。煤料从气化炉顶部加入，以很慢的速度向下移动，气化剂由底部进入，煤料和气化剂逆流接触，气化剂中的氧和炉底的煤料发生氧化燃烧反应，放出热量，使气体和煤料温度升高，并在氧化燃烧区达到最高，为 1000℃ 左右。随着反应进行，煤料燃尽变为灰渣排出，灰渣层的温度为 $300\sim750℃$，可以预热进入的气化剂。随后，气化剂等气体上行进入气化区，发生气化反应，吸收热量，炉内温度降低到 $800\sim850℃$。气体继续上行进入干馏区，温度为 750℃ 左右，在此煤发生热解缩聚等反应，变为煤焦，并释放出焦油、酚、氢气、一氧化碳、二氧化碳、水蒸气、甲烷和乙烷等气体。在干燥区，下行的煤与上行的温度约为 700℃ 的煤气接触，蒸发水分，同时将煤气降温到 500℃ 左右离开气化炉。

碳与水蒸气和碳与二氧化碳的反应均为气固相非催化慢反应，为了提高煤气产率，需要提高反应温度或者延长反应时间，并平衡煤燃烧反应和气化反应的进度。此外，传热、传质对反应速率有重要影响。移动床以块煤为原料，由于粒径较大，气化剂与块煤表面接触，由外及里层层反应并在外层形成灰渣，气化剂内扩散速率较小，阻碍了气化剂与内层炭核的接触，移动床气化炉优点是具有气固相平推流的特性，反应区域界限清晰，温度分布可调，停留时间可控，煤气组成可调。因此，工业上以块煤为原料的煤气化过程选择移动床气化炉。移动床气化炉分为常压气化炉和加压气化炉。常压气化炉以固定层煤气炉（U.G.I. 炉）为代表炉型，曾经被我国小型氮肥厂广泛采用，但其原料仅限于无烟块煤，处理能力小，间歇操作，环境污染严重，已经逐步被淘汰。加压连续气化炉以鲁奇加压炉为代表炉型，具有原料适用性较宽，生产能力较大的优点。图 6-18（b）为第三代鲁奇炉内部结构示意图，由煤仓、煤锁、布煤器、搅拌器、炉体、炉箅、灰锁和夹套锅炉等构成。

（2）移动床气化工艺流程

图 6-19 为鲁奇移动床加压连续气化工艺流程示意图。为了使气体与煤料充分接触并在煤料中通畅流动，鲁奇移动床加压气化工艺所适用的煤种是长焰煤、褐煤和烟煤等不黏结性煤或者弱黏结性煤，并要求煤的粒度为 $6\sim50mm$，灰熔点 1200℃ 以上，灰分小于 25%，热稳定性大于 60%，抗碎强度大于 65%。该炉型采用干法排渣，所以受煤的灰熔点限制，操作温度一般选取为 $950\sim1150℃$。

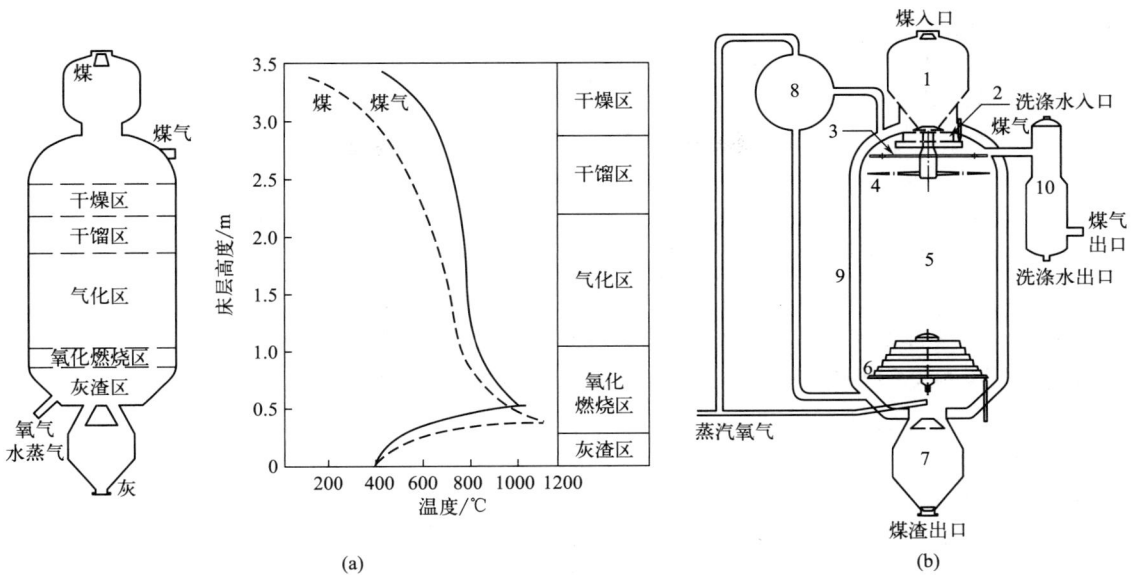

图 6-18　移动床气化炉区域分布及温度变化（a）和第三代鲁奇炉结构示意图（b）

1—煤仓；2—煤锁；3—布煤器；4—搅拌器；5—移动床气化炉炉体；6—炉箅；

7—灰锁；8—汽包；9—夹套；10—煤气洗涤器

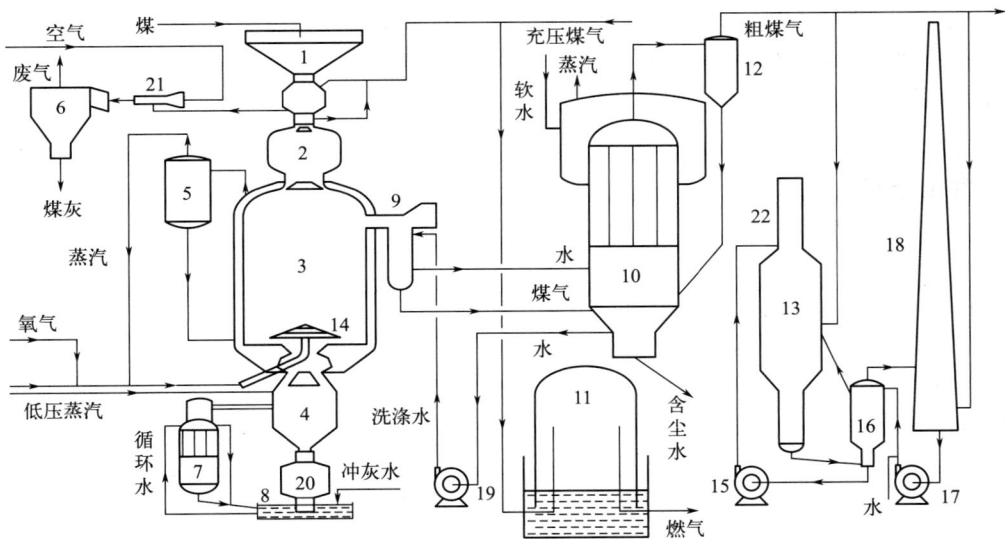

图 6-19　鲁奇移动床加压连续气化工艺流程示意图

1—炉顶煤仓；2—煤锁；3—鲁奇炉炉体；4—灰锁；5—汽包；6—旋风分离器；7—循环冷凝器；8—渣池；

9—出口洗涤器；10—废热锅炉；11—煤气柜；12—气液分离器；13—洗气塔；14—旋转炉箅；15—洗气塔泵；

16—分离器；17—水泵；18—烟筒；19—洗气泵；20—灰斗；21—空气引射器；22—热火炬

　　原煤经过破碎筛分后，取粒径为 5～50mm 的块煤，储存于炉顶煤仓 1 中，经过煤锁 2 上部的插板，块煤进入常压的煤锁 2 中。装满煤后用粗煤气或二氧化碳气体对煤锁 2 充压，直到其压力与气化炉内压力平衡，然后打开煤锁 2 底部的下料阀，煤料靠重力进入气化炉体 3。煤锁 2 清空后，关闭其底部下料阀，泄压抽真空，为下次进料做准备。煤锁泄压气体经过洗涤冷却，送煤气柜 11。

在气化炉内，随着气化反应的进行，煤料缓慢下移，依次经过干燥层、干馏层、气化层和氧化层，最后转化为灰渣。灰渣与来自气化炉底部的蒸汽与氧气混合气换热，冷却到300～400℃后，由转动炉箅14排入灰锁4。灰锁4为间歇操作，起到加压气化炉和常压外界之间的缓冲过渡作用。灰锁4装满后，关闭灰锁4与气化炉3之间的阀门，减压至常压，打开灰锁4底部阀门，将灰渣排入渣池8。

蒸汽和氧气混合气化剂从炉底部入口进入，经过转动炉箅14和灰渣层预热后均匀进入氧化层。由于碳与氧的燃烧反应远快于碳与水蒸气的气化反应，所以产生的燃烧热迅速为气化层供热，发生碳与水蒸气、二氧化碳的气化反应，生成粗煤气或粗合成气。气体继续上升到干馏层，将煤料干馏为半焦并产生含有焦油和蒸汽的富氢挥发性气体，而后继续上升到干燥层，去除煤料中的水分并预热干燥煤料，离开气化炉的粗煤气温度降低到480～700℃，由炉顶排出，然后经过出口洗涤器9降温至约203℃，进入废热锅炉10进一步冷却到约187℃，再经过气液分离器12送往下一工序。废热锅炉10底部排出的冷凝水经过洗气泵19返回出口洗涤器9。

该工艺由于采用较高的操作压力，热力学上有利于甲烷的生成，煤气中甲烷含量大于10%，因此消耗氢气较多，粗煤气中氢气体积分数约为38%，一氧化碳体积分数约为22%（无烟煤、2.4～2.8MPa时）。该炉型干法排渣，要求操作温度控制在煤的灰熔点之下，操作温度一般在950～1150℃之间，导致碳转化率不高，仅为88%～95%。甲烷的生成为放热反应，可以为气化反应提供能量降低耗氧量。为了弥补生成甲烷耗费的氢气并控制炉温，需要加大水蒸气用量，而气化压力升高又不利于水蒸气分解反应，导致蒸汽分解率只有38%～42%。该炉型炉顶温度和干馏区温度不高，焦油裂解反应进行不完全，因此煤气中焦油和酚的含量较高，其中焦油含量为1%，加之多余的蒸汽随煤气排出，导致大量化工废水的产生，环境治理负荷较高。

2. 流化床气化工艺

（1）流化床气化炉

流化床气化炉最初用来生产空气煤气、混合煤气，用于城市燃气，国内主要用于生产氨、甲醇、液体燃料等化工产品的合成气。

为了提高气化炉生产能力，并适应褐煤等高灰分劣质煤气化原料，充分利用粉煤资源，工业上开发了流化床气化炉。图6-20（a）是流化床气化炉浓相段和炉内温度分布示意图。相比于移动床气化炉，气化剂在流化床气化炉内既是流化介质，又作为反应原料。气化剂高速从底部进入气化炉，煤料从上部进入气化炉浓相段，气流的曳力作用使粒度小于10mm的煤料在炉内呈流化状态，从而煤与气化剂充分接触，促进传热、传质和化学反应。由于煤料颗粒小，比表面积大，进入炉内瞬间升温，使干燥、干馏、挥发分分解、焦油裂解、炭燃烧和气化反应等同空间进行，几乎没有严格的区域界限，反应比较充分。然而，受煤软化温度（1050～1150℃）限制，需要将炉温控制在850～900℃（常压温克勒流化床情况），因此碳转化率不高。由于传质传热充分，炉内整个床层的温度分布和物料组成均匀。相比于移动床气化炉，流化床炉内上部空间温度很高，高温下焦油裂解反应进行得比较充分，所以煤气中焦油含量较低。然而，流化床不易操作，气化产生的粗煤气夹带着未反应的炭和生成的灰分细颗粒均会从炉顶排出，因此需要设置飞灰循环回收系统，而大颗粒灰渣由气化炉底部排灰口排出。

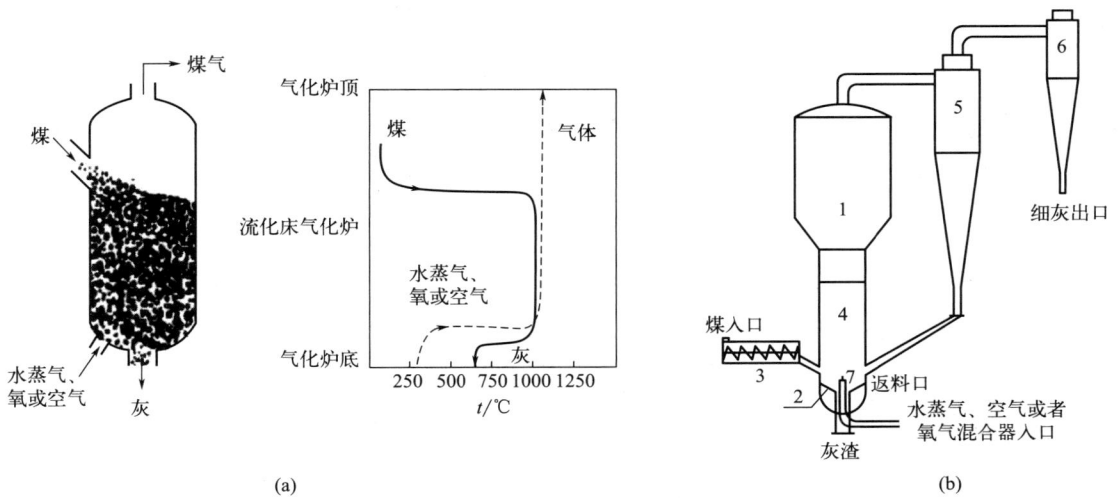

图 6-20　流化床气化炉浓相段示意图与炉内温度分布（a）和 ICC 灰熔聚流化床气化炉结构示意图（b）
1—气化炉稀相段；2—气体分布板；3—螺旋加煤机；4—气化炉浓相段；5—第一级旋风分离器；
6—第二级旋风分离器；7—中心射流管

典型的流化床气化炉包括：常压温克勒流化床气化炉、高温温克勒流化床气化炉、U-GAS 灰熔聚气化炉以及中国科学院山西煤炭化学所开发的 ICC（institute of coal chemistry）灰熔聚流化床气化炉等。

通过提高底部中心区域的温度，ICC 灰熔聚流化床气化炉将灰颗粒团聚起来并使之不断长大，使之最终不能被上升气流托举而掉落排渣，减少了常规流化气化炉碳带出量，提高了碳转化率。ICC 灰熔聚流化床气化炉结构示意如图 6-20（b）所示。它主要由炉体、螺旋加煤机和一、二级旋风分离器等构成。炉体是一个单段流化床，下部为浓相段（流化段）、上部为稀相段（扩大段），炉体底部设置气体分布板、中心射流管和环形管。气体分布板和环形管引入气化剂，强化与煤料接触，中心射流管喷出高浓度的氧气，借助煤和氧气燃烧反应产生局部高温（1200～1300℃），使煤灰部分熔融并使熔渣团聚成球下沉与煤料分离，两级旋风分离器分离煤粉和灰，除去煤气中的大部分粉尘。

（2）灰融聚气化工艺流程

图 6-21 为 ICC 灰熔聚流化床气化工艺流程。该工艺适用于粒径范围在 0～8mm 之间、水分小于 7% 的褐煤、长焰煤、不黏结烟煤、无烟煤。操作压力一般选择 1.0MPa，操作温度为 1050～1100℃。

该工艺流程如下：煤斗 1 中粒径为 0～30mm 的原料煤，经过皮带输送机 2，进入破碎机 3 破碎，由刮板输送机 4 送至筛分机 5 筛分成 0～8mm 后，进入烘干机 6 中，将其含水量降低到 5% 以下，依次经过运煤车 7、加煤斗 8、斗式提升管 9 送入炉顶的煤锁 10，经过中间平衡煤仓 11，由螺旋加料机 12，通过气力输送，将原料煤送入气化炉 13 浓相段上部。气化剂（空气、蒸汽和氧气）经过计量后分三路分别由设在底部的分布板、环形射流管和中心射流管进入气化炉 13。由分布板进入的气化剂主要作用是流化煤颗粒，从中心射流管进入的气化剂主要作用是形成气化炉底部中心局部高温，使灰团聚形成团粒。形成的灰渣团聚物，经过环形射流管、灰锁 14 和排灰斗 15 定期排出系统。在气化炉下部，煤料进行破黏、脱挥发分、气化、焦油裂解和灰渣团聚过程。当含灰的煤气上升到气化炉上部稀相段时，由于直径增大，气流速度降低，大部分的灰和未反应完全的半焦回落至反应器下部浓相段内继

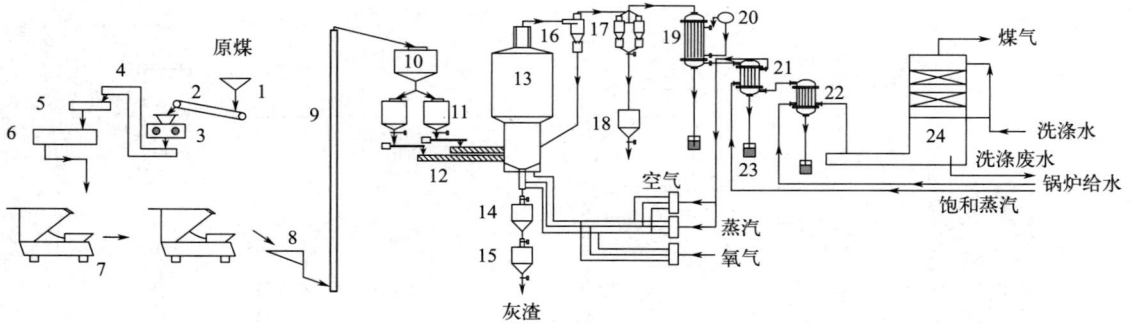

图 6-21 ICC 灰熔聚流化床气化工艺流程示意图

1—煤斗；2—皮带输送机；3—破碎机；4—刮板输送机；5—筛分机；6—烘干机；7—运煤车；8—加煤斗；
9—提升管；10—煤锁；11—中间平衡煤仓；12—螺旋加料；13—ICC 气化炉；14—灰锁；15—排灰斗；
16—一级旋风分离器；17—二级旋风分离器；18—二旋排灰斗；19—废热锅炉；20—汽包；
21—蒸汽过热器；22—脱氧水预热器；23—液封；24—洗气塔

续反应，少量的灰和半焦被带出气化炉。出气化炉的煤气进入两级旋风分离器，第一级旋风分离器 16 分离下来的热飞灰，由水蒸气吹入气化炉下部进一步反应，以提高碳转化率。第二级旋风分离器 17 分离下来的少量飞灰经过二旋排灰斗 18 排出气化系统，作为锅炉燃料再利用。炉上部出口热煤气经过废热锅炉 19、汽包 20、蒸汽过热器 21 和脱氧水预热器 22，经过液封 23，进入洗气塔 24，送往下一工序。气化炉灰渣经过灰锁和排灰斗外排。

3. 气流床气化工艺

气流床气化工艺在国外主要为整体煤气化联合循环发电厂（IGCC）的燃气轮机生产煤气，引进国内后经过改良，主要用于化工合成气的生产。

根据所用煤的进料相态不同，气流床气化工艺又分为干粉煤气流床气化工艺和水煤浆气流床气化工艺。其中德国 K-T 炉、荷兰 Shell 炉、德国 GSP 气化炉以及中国航天科技集团开发的航天炉等属于干粉煤气流床气化。美国通用-德士古水煤浆气化炉、中国华东理工大学开发的多喷嘴水煤浆气化炉和清华大学开发的晋华炉等为水煤浆气流床气化。

气流床气化炉由气化剂夹带粒度小于 $100\mu m$ 的煤粉或者水煤浆，通过炉顶的喷嘴并流高速向下喷入气化炉内，进行气化反应。气流床气化炉示意图和炉内温度分布如图 6-22 所示。为了提高碳转化率，气流床气化炉要求气化温度高，火焰中心温度高达 $2000\,^{\circ}\text{C}$，出炉

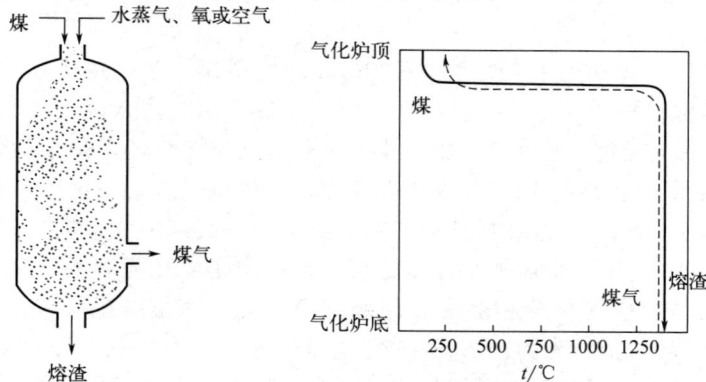

图 6-22 气流床气化炉示意图及炉内温度分布

气体温度也高达 1400～1700℃，气化强度很大，因此耗氧量大，要求气化剂中氧含量高，一般以纯氧和水蒸气为气化剂。此外，与移动床和流化床气化炉相比，气流床气化炉用煤粒径更小，炉中气流高速湍动，气化剂和煤料混合得以强化，并在高温作用下，瞬间起燃，迅速蔓延，停留时间很短（3～5s）就可以达到很高的碳转化率。由于高温下热力学限制，气流床气化工艺生成的甲烷极少，煤气中一氧化碳和氢气含量之和高达 80%～85%，焦油、硫化物、氮化物和氰化物完全转化，煤气中几乎不含有焦油和酚。气流床气化炉为保证灰渣熔融后以液态形式顺利排出，要求煤炭的灰熔点要低于 1400℃，并对炉壁抗渣性也提出了更高的要求。气流床工艺流程叙述见第 7 章 7.2.1 小节。

6.4　煤的液化

煤的液化实质上是通过化学加工手段将固体煤炭转化为汽油、柴油、煤油等液体燃料，同时制取芳香烃混合物以及乙烯、丙烯等化学品的过程。按照处理方法和工艺路线不同，煤液化可分为直接液化和间接液化。煤直接液化是指在较高温度、压力和有催化剂条件下，煤和溶剂与氢气反应使其裂解、加氢，转化为汽油、柴油、煤油等液体燃料，同时制取芳香烃混合物以及乙烯、丙烯等化学品的过程。煤间接液化是先把煤炭转化为合成气（一氧化碳和氢气的混合物），然后在催化剂的作用下合成为液体燃料的过程。本节主要介绍煤直接液化原理及工艺流程。

6.4.1　煤直接液化原理

与石油相比，煤的分子量大，在化学组成上具有氢含量低、氧含量高、H/C 原子比低、O/C 原子比高的明显差异。因此，要将煤炭转化为液态燃料，需要高温下使煤中芳烃间化学键断裂，再加入足够多的氢，稳定断裂后形成的自由基碎片，得到 H/C 原子比较高的、分子量较小的液态物质。

1. 煤直接液化化学反应

（1）热解反应

煤在加热到一定温度（300℃左右）时，化学结构中键能最弱的部位开始断裂，生成自由基碎片，随着温度进一步升高，煤中一些键能较高的部位也相继断裂，变为自由基碎片。式(6-29) 表示煤的热解反应。

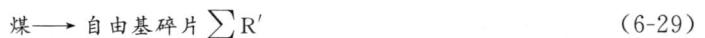

$$煤 \longrightarrow 自由基碎片 \sum R' \tag{6-29}$$

煤的化学结构中苯基醚键、碳氧键、甲基、亚甲基、硫醚键、二硫醚键、碳硫键，还有芳环支链的碳-碳键的键能较小，容易热断裂；芳香核中的碳-碳键、次乙基苯环之间相连接的碳-碳键解离能比较大，难以热断裂。煤直接液化（加氢液化）的实质是将煤结构中的化学键断裂，并在断裂处用氢来补位。

（2）加氢反应

如果体系中有足够氢存在，煤热解的自由基碎片与氢结合，生成稳定的小分子化合物，式(6-30) 为其反应通式。

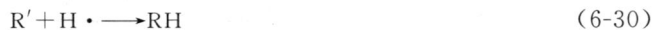

$$R' + H \cdot \longrightarrow RH \tag{6-30}$$

此外，煤分子结构中的碳-碳双键也可发生加氢反应。然而，煤本身具有稠环芳烃结构，稠环芳烃结构越密、分子量越大，加氢越困难。煤自身呈固体形态也阻碍了它与氢的相互作用。因此，加氢液化需要在溶剂中进行，溶剂可以起到氢传递作用。氢化的多环芳烃具有很强的供氢能力，如四氢萘（模拟煤液化循环溶剂）在反应过程中，能直接供给煤液化所需要的氢原子，它本身脱氢变成萘，萘又能与系统中的氢反应生成四氢萘，循环供氢，其反应如式(6-31)、式(6-32)所示。

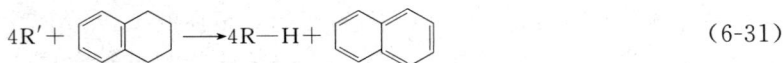

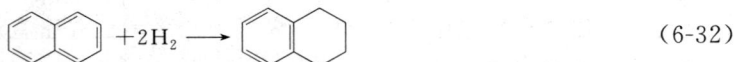

$$4R' + \text{[四氢萘]} \longrightarrow 4R-H + \text{[萘]} \tag{6-31}$$

$$\text{[萘]} + 2H_2 \longrightarrow \text{[四氢萘]} \tag{6-32}$$

(3) 氢气与氧、硫、氮等杂原子的反应

在氢气的作用下，煤有机质结构中的一些与氧、硫、氮相连的化学键也产生断链并和氢结合，分别生成水、硫化氢和氨等而被脱除。

(4) 缩聚反应

由于温度过高或供氢不足，煤自由基碎片、反应物分子或产物分子会发生缩聚反应，生成半焦或焦，使液化产率降低，如式(6-33)所示。

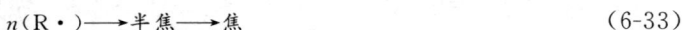

$$n(R\cdot) \longrightarrow 半焦 \longrightarrow 焦 \tag{6-33}$$

根据以上分析，煤直接液化过程中主反应为热解反应和加氢反应，副反应为缩聚反应和加氢裂化反应。热解反应是体积增大的快速吸热不可逆反应，它热解得到的自由基碎片在一定条件下会发生缩聚反应，生成半焦或者焦，降低液化产率。热解反应得到的自由基碎片是加氢反应的反应物，加氢反应是体积减小的热效应较大的放热反应，它与缩聚反应构成平行竞争反应。煤直接液化的目标产物燃料油为反应的中间产物，而过度热解和过度加氢裂化都会生成小分子的气态烃，降低油品产率。因此，热解反应和加氢反应都要求适当控制，既要多生成中间产物，又要避免中间产物过度加氢和过度热解。

2. 煤直接液化的反应历程

一般认为煤直接液化反应历程如图6-23所示。反应历程中AⅠ代表煤中有机质，AⅡ代表煤中小分子化合物，AⅢ代表煤中惰性组分。加氢液化时煤中AⅢ惰性组分基本上不转化，煤中AⅡ小分子化合物会生成液化油和少量气体，煤直接液化的主体是AⅠ煤中有机质。随着温度的升高，在溶剂、催化剂和高分压氢气存在下，煤开始在溶剂中溶胀形成胶体系统，煤局部溶解并发生煤有机质的裂解，产生自由基碎片，同时在煤有机质与溶剂间进行氢分配，于350~400℃生成前沥青质、沥青质含量很高的高分子物质，继续加氢反应可生成液体油产物。由此可见，煤液化反应以连串反应为主，加氢和缩聚为平行反应，沥青烯和前沥青烯是反应过程中的中间产物，它们转化为油的反应速率比较慢，需要高活性和高选择性的催化剂加快反应进行，同时提高油的选择性。副反应为自由基碎片的缩聚，生成半焦和焦炭，需要加以抑制。

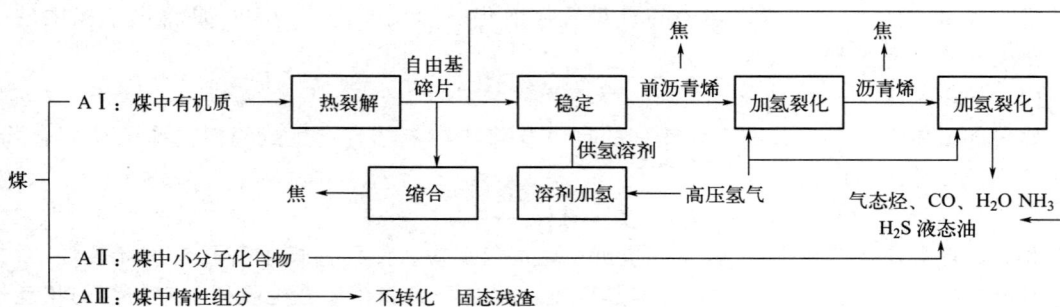

图6-23 煤直接液化主要反应历程

3. 煤加氢液化催化剂

在煤加氢液化过程中添加催化剂有两个作用：一是促进煤大分子的裂解，二是促进自由基碎片（中间产物沥青烯和前沥青烯）的加氢，从而提高反应速度，提高油的选择性和产率，改善油品质量。

煤直接液化催化剂按照元素组成分为铁系、镍钼和钴钼催化剂，包括以含有硫化铁或氧化铁的矿物或冶金废渣制得的铁催化剂，如天然黄铁矿、高炉飞灰、炼铝赤泥；以多孔氧化铝或分子筛为载体，以钴钼和镍钼为活性组分的负载型催化剂；人工合成的超细高分散铁系催化剂。在三种催化剂中超细高分散铁系催化剂活性最高，不但可以改善液化效率，减少催化剂用量，而且液化残渣以及残渣中夹带的油分也会下降，可以达到改善工艺条件、提高液化油收率等多重目的。

6.4.2　煤直接液化反应器与影响因素

1. 煤直接液化反应器

煤直接液化反应中的热解反应是吸热反应，加氢反应是较强的放热反应，整体上煤液化为放热过程，并要求在高温、高压和临氢条件下进行。煤液化过程属于气液固三相反应过程，首先，要求煤粉、固体催化剂与氢气均匀充分分散于煤浆中，保证催化剂催化活性的发挥，如果混合不均匀，煤料和催化剂沉底，部分物料停留时间过长，会导致反应器内结焦挂壁，并使过度加氢裂化副反应显著发生。其次，要求反应器具有良好的传热和温度调控能力，煤直接液化反应主产品为中间产物，沥青烯和前沥青烯转化为油的反应均为慢反应，既要求保证一定的停留时间，又要避免过度加氢裂化反应，因此温度、反应时间、氢气的供给对油品收率有显著影响。

神华集团两段催化煤直接液化工艺采用三相强制外循环悬浮床反应器，反应器内流动形式为全混流，空塔流速高，轴向、径向温度分布均匀，反应温度易于控制，停留时间可控，氢气浓度比较均匀，无须侧线冷激氢，产品性质稳定。此外，该类型的反应器气体滞留系数低，反应器液相利用率高，反应器内循环流动快，阻止了煤粉和催化剂在反应器中的沉积，减少了反应器内结焦。循环溶剂预加氢后供氢能力好，可有效阻止缩聚反应和结焦。神华集团两段催化煤直接液化工艺中三相强制外循环悬浮床反应器结构如图 6-24 所示。它为直立中空圆筒结构，油煤浆和氢气的入口位于反应器底部，产物出口在反应器顶部，外部设有循环泵可使催化剂和煤浆从反应器底部循环到反应器上部，并使氢气泡均匀分散于煤浆中反应。

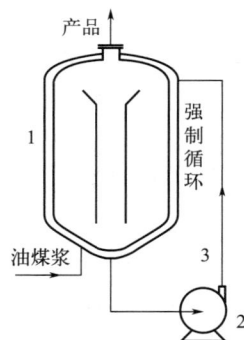

图 6-24　三相强制外循环
悬浮床反应器

1—液化反应器腔体；2—外循环泵；
3—外循环管

2. 影响煤直接液化的因素

影响煤直接液化的因素有：煤种与煤浆浓度、氢气加入量及其分压、反应温度与时间、气液比等。

(1) 煤种与煤浆浓度

煤种取决于煤化程度及有机质组成，主要影响煤的反应性。煤化程度越高的煤，挥发分含量低，液化反应越难进行；反之，越容易液化。通常挥发分大于 35% 的煤（主要有烟煤和褐煤）适合直接液化生产燃料油。用于直接液化的煤除对挥发分有要求外，对其他组成也有要求：灰分小于5％，氢含量大于5％，氧含量越低越好，其余杂原子含量越低越好，煤中惰性组分含量一般不超过20％。将煤研磨加工成煤浆，其浓度影响热解形成的自由基碎片的分散和稳定，浓度高会促进煤自由基碎片的缩聚反应，对形成油品不利，但为提高反应器处理量，煤浆浓度一般控制在质量分数为30％～55％。

（2）氢气加入量及其分压

氢气是煤直接液化过程中加氢反应和脱杂原子反应的原料之一。氢能够促进煤中碳-碳键断裂，导致芳香烃开环、脱烷基化反应发生，同时也会导致过度加氢裂化生成气态小分子化合物。煤液化消耗的氢气有40％～70％转入 C_1～C_3 气态烃，25％～40％用于脱除杂原子，而转入油品中的氢不多。因此，氢耗降低的潜力主要集中于避免过度加氢裂化，降低气态烃的生成，这可以通过缩短糊相加氢时间、维持适中的煤转化率以及选择高活性的催化剂，并采用分段加氢方法达到降低煤液化氢耗的目的。

煤加氢反应速率与氢气分压成正比，因此，煤直接液化在高温下进行时，必须采用较高的压力才能维持足够的氢分压，提高反应速率。最早的德国液化工艺压力控制在70MPa，后续德国 IGOR$^+$ 将压力降低到30MPa。随着催化剂技术的革新，当前液化压力已经降低到17～19MPa。

（3）反应温度

升高温度有利于煤的溶解、溶胀、热解和加氢，也有利于提高氢气传递速率和加氢反应速率，即可以增加煤的转化率，促进前沥青烯向油的转化。但反应温度过高，一方面，使反应速率过快，放出大量的反应热，容易造成温度失控；另一方面，促进中间产物的缩聚反应，气体和固体产物增加，液相油产率降低。一般情况下，温度在450℃左右时，煤的转化率和油收率最高。

（4）反应时间

煤加氢液化中间产物（沥青烯和前沥青烯）转化为油的反应速率较慢，煤加氢反应随着反应时间延长，有利于前沥青烯向苯可溶物和油转化，使煤的转化率增加，但是达到最高收率时，反应时间过长，会使加氢反应过度进行，转化为气态产物，液化油收率反而降低。目前工业上煤液化加氢反应时间控制在20～120min。

（5）气液比

气液比指标准状态下的气体（氢气、原料中的小分子与气态产物）体积流量和煤浆体积流量之比。气液比提高，降低了小分子液化油继续裂解的概率，并延长了大分子沥青烯和前沥青烯反应的停留时间，提高了液化油产率。气液比提高可以增加液相的返混程度，对液化反应有利。但是气液比过大会显著增大循环机的负荷，增加循环机能耗，减少液相空间，缩短液相停留时间。气液比一般控制在700～1000m^3/t。

6.4.3　煤直接液化工艺

根据直接液化反应器功能不同，煤直接液化工艺分为单段液化工艺和两段液化工艺。如美国氢煤法工艺（H-coal工艺）、德国液化粗油精制联合工艺（IGOR$^+$, integrated gross oil refining）、日本 NEDOL 工艺和日本 BCL 褐煤液化工艺都属于单段液化工艺。美国 CTSL（catalytic two stage liquefaction）和 HTI 液化工艺，我国神华集团有限公司开发的煤直接液化工艺属于两段液化工艺。另外，根据反应中是否需要使用催化剂，煤直接液化分为催化加氢液化工艺和非催化加氢液化工艺。比如溶剂精炼煤工艺（solvent refining of coal，简称 SRC 工艺）和供氢溶剂煤液化工艺（exxon donor solvent process，简称 EDS）均为非催化加氢液化工艺。煤直接液化工艺很多，分析工艺特点，其工艺过程无外乎由煤浆制备，加氢反应，液化油、气和残渣分离，液化油精制和循环溶剂加氢（必要时）等工序组成。下面以神华集团两段催化煤直接液化工艺为例介绍煤直接液化的工艺流程。

神华集团两段催化煤直接液化工艺流程如图 6-25 所示。以神华长湾烟煤为原料，将煤粉与催化剂和循环溶剂在煤浆制备罐 1 中混合，制成固含量为 45%～55% 的低黏度高浓度的煤浆，并与未反应的循环氢气混合后，经过煤浆加热炉 2 预热，依次经过第一液化反应器 3、第二液化反应器 4，在负载的纳米水合氧化铁催化剂作用下，在 455℃、17MPa 下加氢液化，生成不稳定的液化油。而后液化油经过液化粗油分离器 5，经减压蒸馏塔 6 蒸馏后，再经过粗油加热炉 7 加热后送到加氢稳定反应器 8 中进行加氢反应，产物经过加氢分离器 9 和加热炉 10 进入蒸馏塔 11 分离，分出轻油（小于 220℃）、中油（220～350℃）和塔釜循环溶剂。其中，塔釜循环溶剂循环回煤浆制备罐 1 用于煤浆制备，而塔顶轻油和塔中部中油，经过精制加热炉 12 加热后，依次经过加氢精制反应器 13 和加氢改质反应器 14，进行加氢精制、加氢裂化和重整反应，而后在产品塔 17 中精馏分离成石脑油、航空煤油和柴油馏分。第一液化反应器 3、第二液化反应器 4、加氢稳定反应器 8、加氢精制反应器 13 和加氢改质反应器 14 出口未反应的氢气汇合后循环回煤浆加热炉 2 的进口继续反应。

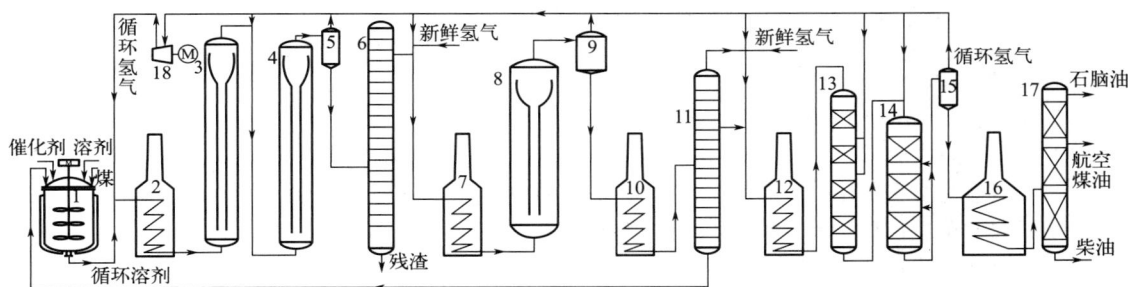

图 6-25　神华两段催化煤直接液化工艺流程图

1—煤浆制备罐；2—煤浆加热炉；3—第一液化反应器；4—第二液化反应器；5—液化粗油分离器；6—减压蒸馏塔；7—粗油加热炉；8—加氢稳定反应器；9—加氢分离器；10—加热炉；11—蒸馏塔；12—精制加热炉；13—加氢精制反应器；14—加氢改质反应器；15—改质分离器；16—蒸馏加热炉；17—产品塔；18—循环氢压缩机

6.5　整体煤气化联合循环发电

整体煤气化联合循环发电（integrated gasification combined cycle，IGCC）是煤等含碳原料与富氧气化剂反应产生中低热值的粗煤气，然后经过除尘、脱硫后，在燃气轮机中 1200℃ 下燃烧发电，排出约 600℃ 的燃烧乏气，加热锅炉给水产生过热蒸汽，推动蒸汽轮机发电的过程。整体煤气化联合循环发电系统由煤气化、煤气净化、燃气做功和蒸汽做功等工艺集成。

整体煤气化联合循环发电具有以下优点：（1）供电净效率高，如果将燃气轮机燃气进口温度从 1260℃ 提高到 1400℃，供电净效率有望达到 50% 以上。（2）节水环保，与常规燃煤火力发电相比，用水量仅为 50%～66%。可以实现二氧化碳大规模捕集利用，其脱硫效率高达 99%，排气中氮氧化物体积分数仅为 25×10^{-6}。（3）燃料适用范围广，气化炉适用于褐煤到无烟煤之间的煤种，也适于以石油焦和泥炭为原料，也可以生物质、废料和城市垃圾作为燃料。(4) 易于实现多联产。比如：2006 年中国科学院和兖矿集团共同开发建设了功率为 80MW 的 IGCC 发电并联产 24 万吨甲醇、20 万吨醋酸项目，发电煤耗降低 25.1%，SO_2 排放量降低 83.8%，NO_x 排放量降低 45.1%，CO_2 排放量降低 13.7%，总的能量利用率达到 57.2%。

然而，整体煤气化联合循环发电技术仍然存在以下问题亟待解决：(1) 它由化工系统和发电系统组成，复杂程度高，安全管理难度较大，单个单元的波动将会影响整体系统的可靠性和稳定性，应对电网调节的能力较弱。(2) IGCC 电站投资成本是常规电站的两倍以上，发电成本较高。但如果考虑常规发电技术用于碳捕集的成本，IGCC 技术在经济性上的不足会得到弥补。

思考题

6-1　煤的主要成分有哪些？

6-2　简述煤的主要结构特点。

6-3　煤的工艺性质的定义是什么？煤的工艺性质包括哪些内容？

6-4　煤的黏结性和结焦性是如何定义的？

6-5　煤化工的概念是什么？煤化工的范畴涵盖哪些领域？

6-6　煤的干馏定义是什么？如何进行煤干馏的分类？煤干馏可分为哪几类？

6-7　煤热解的主要过程是如何进行的？

6-8　煤热解可分为哪三类主要化学反应？

6-9　从原料、条件、过程和产品等角度，分析高温干馏与低温干馏的不同之处。

6-10　焦炭的主要分类是什么？焦炭的主要用途有哪些？

6-11　室式结焦的特征是什么？煤高温干馏（炼焦）的成层结焦的定义是什么？

6-12　煤高温干馏过程中的一次热解产物和二次热解产物的定义是什么？

6-13　炼焦为什么要进行配煤？

6-14　焦煤、肥煤、气煤和瘦煤在炼焦过程中的主要作用分别是什么？

6-15　配煤炼焦的主要工艺控制指标有哪些？

6-16　炼焦工艺的主要工序包括哪些？分析干法熄焦与湿法熄焦的过程及其优劣？

6-17　与倒焰焦炉和土法炼焦相比，现代焦炉的特点是什么？现代焦炉的主要结构由哪几部分组成？现代焦炉各部分的作用是什么？

6-18　低温干馏过程的主要影响因素有哪些？

6-19　低温干馏工艺的主要工序有哪些？

6-20　根据供热方式和载热体形式，低温干馏的炉型如何分类？简述 SJ 方炉连续内热式块煤低温干馏工艺流程。

6-21　低温干馏和高温干馏荒煤气成分有哪些相同和不同之处？高温干馏的荒煤气主要成分有哪些？

6-22　炼焦化学品回收工艺中正压流程的主要工序有哪些？硫回收、氨回收和粗苯回收的原理分别是什么？

6-23　煤气化的定义是什么？根据煤气化过程中所用气化剂不同，煤气分为哪四类？

6-24　煤气化过程的主要反应有哪些？

6-25　列举煤气化三种工艺及对应的三种类型的气化炉，从煤料粒径、炉内温度、炉内流动状态、煤气组成、排渣状态等方面对比各气化工艺的特点。

6-26　鲁奇加压气化工艺的主要流程是什么？

6-27 简述 ICC 灰熔聚气化工艺流程。说明为了提高碳转化率，相比常压温克勒气化炉，灰熔聚气化炉所做的改进。为什么灰熔聚气化炉能够提高气化过程中的碳转化率？

6-28 煤直接液化的定义是什么？煤直接液化的主要产品有哪些？

6-29 煤直接液化的主要反应有哪几类？

6-30 煤直接液化的影响因素主要有哪些？

6-31 煤直接液化的反应历程是什么？煤直接液化的反应催化剂有哪些种类？

6-32 简述我国神华集团煤直接液化工艺流程，并说明所用反应器的特点。

6-33 整体煤气化联合循环发电的定义是什么？它由哪些系统组成？与常规燃煤发电相比，整体煤气化联合循环发电具有哪些优点？

参考文献

[1] B 世界能源统计年鉴 2022. htts：//www. bp. com. cn/content/dam/bp/country-sites/zh _ cn/china/home/reorts/statistical-review-of-world-energy/2022/bp-stats-review-2022-full-reort _ zh _ resized. pdf.

[2] 中华人民共和国国家统计局 . 中国统计年鉴 2023. 北京：中国统计出版社，2023.

[3] 朱银惠，郭立达 . 煤化学 . 4 版 . 北京：化学工业出版社，2021.

[4] 申峻 . 煤化工工艺学 . 北京：化学工业出版社，2020.

[5] 鄂永胜，刘通 . 煤化工工艺学 . 沈阳：辽宁大学出版社，2015.

[6] 吴秀章 . 煤制低碳烯烃工艺与工程 . 北京：化学工业出版社，2014.

[7] 钱伯章 . 煤化工技术与应用 . 北京：化学工业出版社，2015.

[8] 唐宏青 . 现代煤化工新技术 . 2 版 . 北京：化学工业出版社，2015.

[9] 李青松 . 褐煤化工技术 . 北京：化学工业出版社，2014.

[10] 宋永辉，汤洁莉 . 煤化工工艺学 . 北京：化学工业出版社，2016.

[11] 郭树才，胡浩权 . 煤化工工艺学 . 3 版 . 北京：化学工业出版社，2012.

[12] 陈五平 . 无机化工工艺学：上册 合成氨尿素硝酸硝酸铵 . 3 版 . 北京：化学工业出版社，2002.

[13] 闫福安，刘少文 . 化学工艺学 . 北京：化学工业出版社，2013.

[14] 杜春华，闫晓霖 . 化工工艺学 . 北京：化学工业出版社，2016.

[15] 温福星 . 炼焦工艺 . 徐州：中国矿业大学出版社，2014.

[16] 张双全，吴国光 . 煤化学 . 徐州：中国矿业大学出版社，2019.

[17] 王永刚，周国江 . 煤化工工艺学 . 徐州：中国矿业大学出版社，2014.

[18] 何建平，李辉 . 炼焦化学产品回收技术 . 北京：冶金工业出版社，2006.

[19] 黄仲九，房鼎业，单国荣 . 化学工艺学 . 3 版 . 北京：化学工业出版社，2016.

[20] 马宝岐，张秋民 . 半焦的利用 . 北京：冶金工业出版社，2014.

[21] 王晓琴 . 炼焦工艺 . 3 版 . 北京：化学工业出版社，2015.

[22] 黄风林 . 碳一化工 . 北京：中国石化出版社，2015.

[23] 贺永德 . 现代煤化工技术手册 . 北京：化学工业出版社，2003.

第7章

合成气及其产品生产工艺

7.1 概述

　　合成气是指以 H_2 和 CO 为主要成分的混合气体，其中 H_2/CO 体积比随原料和生产方法的不同相差较大（0.5～3.0）。生产合成气的主要原料有煤、天然气和重质油等，图 7-1 是生产合成气的原料、方法及通过合成气制取下游产品（衍生物）的示意图。为叙述方便，本章将通过各种方法得到的含 H_2 和 CO 的气体统称为粗合成气，将经过净化（脱酸性气体）与调控（CO 变换与精制）后的气体称为合成气。本章重点介绍粗合成气生产、粗合成气净化与调控以及通过合成气制取重要化工产品及其衍生物（氨、尿素、甲醇、燃料油和天然气）的工艺流程。

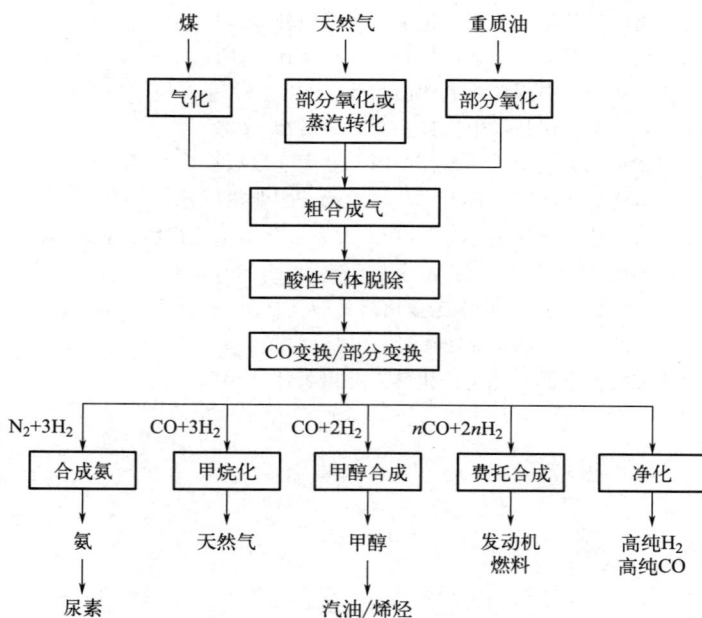

图 7-1　合成气生产的原料、方法及其产品、衍生产品的示意图

7.2 合成气的生产工艺

目前，工业上常用的合成气生产方法有煤气化法、天然气蒸汽转化法和重质油部分氧化法等。煤制合成气生产化工产品，符合我国"多煤、少油、缺气"的能源结构特点；重质油制合成气以石油炼制副产的重油或渣油为原料，可以使石油资源得到充分利用；而随着天然气民用的推广应用，以天然气为原料制合成气有逐渐减少的趋势。

7.2.1 煤气化制合成气工艺

煤气化制合成气是指以煤或煤焦为原料，以水蒸气和氧气为混合气化剂，在高温条件下制备粗合成气的过程，是煤炭转化为化工产品的基础。

1. 基本原理

煤与水蒸气发生气化反应的过程比较复杂，涉及高温下煤的热裂解、与水蒸气气化反应及为其提供反应热的氧化反应等，下面对煤气化过程中的反应及其特点进行讨论。

(1) 煤的热裂解反应

不同相态的煤加入气化炉，在高温下经干燥，再进行式(7-1)的有机质裂解反应。

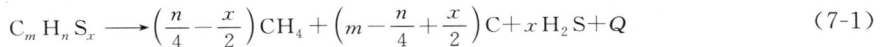

$$C_mH_nS_x \longrightarrow \left(\frac{n}{4}-\frac{x}{2}\right)CH_4 + \left(m-\frac{n}{4}+\frac{x}{2}\right)C + xH_2S + Q \tag{7-1}$$

反应特点是吸热快速。

(2) 碳与水蒸气气化反应

高温下，碳和水蒸气会发生式(7-2)～式(7-5)的反应，其中式(7-2)和式(7-3)是制取合成气的主反应，尽量控制式(7-5)反应的发生。

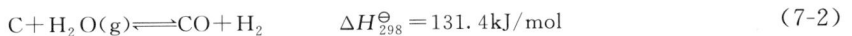

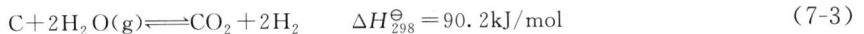

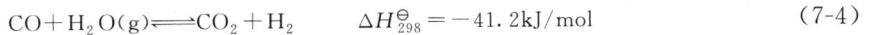

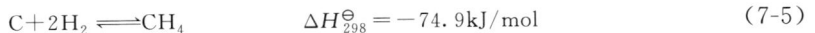

$$C + H_2O(g) \Longrightarrow CO + H_2 \qquad \Delta H_{298}^{\ominus} = 131.4kJ/mol \tag{7-2}$$

$$C + 2H_2O(g) \Longrightarrow CO_2 + 2H_2 \qquad \Delta H_{298}^{\ominus} = 90.2kJ/mol \tag{7-3}$$

$$CO + H_2O(g) \Longrightarrow CO_2 + H_2 \qquad \Delta H_{298}^{\ominus} = -41.2kJ/mol \tag{7-4}$$

$$C + 2H_2 \Longrightarrow CH_4 \qquad \Delta H_{298}^{\ominus} = -74.9kJ/mol \tag{7-5}$$

以上碳与水蒸气的总反应是吸热反应，体系中共有六个组分 C、H_2O、H_2、CO、CO_2 和 CH_4，由三个元素 C、H、O 构成，故独立反应数为3。一般可选择式(7-2)、式(7-4)及式(7-5)计算确定不同温度和压力条件下的系统平衡组成，如总压分别为 0.1MPa 和 2MPa 时，不同温度下的平衡组成如图7-2所示。

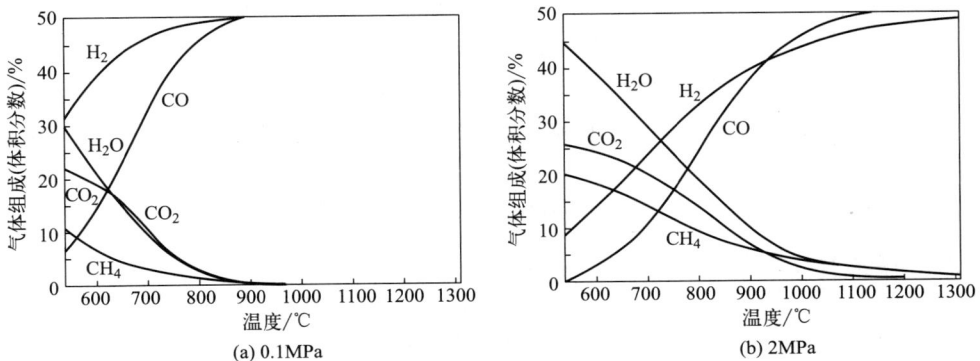

图7-2 0.1MPa (a) 和 2MPa (b) 下碳-水蒸气反应平衡组成随温度的变化

由图 7-2 可见，相同压力下，H_2 和 CO 平衡组成随反应温度升高逐渐增加，H_2O、CO_2 和 CH_4 的平衡组成随着温度升高而减少，故提高反应温度有利于 CO 和 H_2 的生成。从压力对反应的影响来看，在总压为 0.1MPa 下，温度超过 900℃ 时，水蒸气与碳反应达到平衡，H_2 和 CO 的量几乎相等，其他组分接近于零。而温度相同时，在 2MPa 压力下，气相中 H_2O、CO_2 和 CH_4 含量仍在 5% 以上，H_2 和 CO 的含量小于 35%。由此可见，针对体积增加的碳与水蒸气反应来说，降低压力有利于反应平衡向生成 CO 和 H_2 方向进行。

(3) 碳与氧气的反应

对于吸热的煤的热裂解和煤与水蒸气转化反应，需要有稳定的热量来源以维持热平衡并保持较高温度，工业上利用煤的燃烧（主要是碳与氧的反应）来提供反应所需热量，相关反应有：

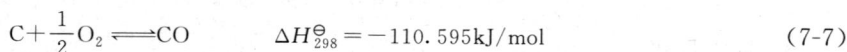

$$C + O_2 \Longleftrightarrow CO_2 \qquad \Delta H_{298}^{\ominus} = -393.770\text{kJ/mol} \qquad (7\text{-}6)$$

$$C + \frac{1}{2}O_2 \Longleftrightarrow CO \qquad \Delta H_{298}^{\ominus} = -110.595\text{kJ/mol} \qquad (7\text{-}7)$$

$$C + CO_2 \Longleftrightarrow 2CO \qquad \Delta H_{298}^{\ominus} = 172.284\text{kJ/mol} \qquad (7\text{-}8)$$

$$CO + \frac{1}{2}O_2 \Longleftrightarrow CO_2 \qquad \Delta H_{298}^{\ominus} = -283.183\text{kJ/mol} \qquad (7\text{-}9)$$

单独考虑煤与氧的反应体系，共有 C、O_2、CO、CO_2 四种物质，均由碳和氧两种元素构成，此系统的独立反应数应为 2，一般可选式(7-6) 和式(7-8) 计算平衡组成。

式(7-6) 是放热反应，平衡常数随温度的升高而减小，但在高达 1500K 时平衡常数仍然很大（6.290×10^{13}），可以看作不可逆反应。式(7-8) 碳与 CO_2 的反应是吸热反应，平衡常数随着温度升高而增大，因此高温对碳与氧气的反应也是有利的，且总过程为强放热。碳和氧气燃烧反应放出的热量与碳和水蒸气气化反应吸收的热量相匹配，是保证气化炉连续稳定运行的关键。工业上，氧气和水蒸气混合气化剂同时进入气化炉，两个反应偶合进行，维持气化反应的进行并实现连续化生产。

从以上热力学分析可知，提高温度对上述三类反应都是有利的，但从动力学角度分析，温度对反应速率的影响要相对复杂一些。对于气固多相反应，气体扩散到固体内表面和气固化学反应是两个串联过程，气化过程总速率取决于速率控制步骤。对于反应活性相对高的低阶煤，温度低于 900℃，反应速率较慢，化学反应是控制步骤；当温度高于 900℃，反应速率足够快，过程进入内外扩散控制区。对于焦炭，在 1200℃ 以上进入扩散控制区域。对于无烟煤，在 900~1200℃ 范围内属于动力学控制区，1200~1500℃ 范围内为过渡控制区，温度高于 1500℃ 时才转入扩散控制区。在化学反应控制区，提高温度可有效增大气化过程总速率；在内外扩散控制区，升温对总速率的加速效果不明显，应减小颗粒度和提高气流速率，以分别减小内外扩散阻力；在过渡控制区，应同时提高扩散和反应速率。

关于压力对煤气化反应的影响，虽然低压对生成 H_2 和 CO 热力学上是有利的，但提高压力可以增加气化剂的浓度，在一定范围内增大反应速率，另外提高压力也可以增加单位体积设备的生产强度。

综上所述，煤气化反应的适宜条件是高温、适当压力，同时采用小粒度的煤粉。

2. 反应器及操作条件

(1) 反应器

如第 6 章所述，煤气化炉有移动床、流化床和气流床等多种形式，由于均采用氧气（空气）和水蒸气混合气体为气化剂，以碳与氧的燃烧反应提供热量，三种煤气化炉均可实现超过 1000℃ 的高温操作，也可以根据需要采取加压操作，但由于三种气化炉中的气固流动状态不同，其操作温度和压力不同，特别是对煤粒度的要求大不相同。

移动床气化炉床层采用粒度为 20~70mm 的块煤，炉内高温反应区域温度约为 1100℃。为了减少煤热解时烃类气体的生成，提高 CO 和 H_2 含量，多以低挥发分、高强度的无烟煤为原料，存在煤颗粒大、比表面积小、内扩散困难等问题，反应速率较慢，单位体积反应器的生产强度较小。流化床气化炉采用粒度小于 10mm 的煤粉，与移动床气化炉相比，煤粉颗粒减小，气固接触面积增加，内扩散阻力减小，反应速率加快，反应器生产强度增加。由于颗粒在流化状态下运行，固态出渣，因此操作温度一般控制在 1000~1200℃，不超过所用煤的灰熔点，以免灰渣熔融相互黏结影响流化效果，造成反应不彻底，影响碳的转化率。气流床气化炉采用粒径 ≤100μm 的煤粉，液态出渣，炉内最高温度高达 1500~1600℃，高于煤的灰熔点，高温使得反应速率相当快，同时细小颗粒和较好的气流状态也可消除扩散对反应的影响，因此反应进行得很彻底，碳转化率可达 99%，碳的利用率很高。由此可见，气流床气化炉较好地满足了煤气化需要的高温、适当压力和小粒度粉煤的要求，在工业上得到了广泛的应用和推广。目前代表性气流床有多喷嘴对置式水煤浆气化炉和干煤粉航天炉（HT-L）等，两种气化炉均为圆筒形，结构相近，主体部件均包括喷嘴、燃烧室、激冷室或废热锅炉和排渣系统。

多喷嘴对置式水煤浆气化炉结构如图 7-3 所示，上部 1 为气化室，中部 2 为冷却洗涤室，下部为灰渣锁斗，在顶部设置单喷嘴 3 垂直向下，在上部侧壁设置多个喷嘴 6 均布于壳体且与壳体中心线垂直，以形成对置喷射或切向喷射。喷嘴为三通道的外冷式结构，中心走氧气，内环走煤粉，外环走冷却水。气化室 1 采用水冷壁结构（气化室内设置水冷壁，水冷壁盘管与锅炉循环泵相连，强制水循环）或耐火衬里 5，保护金属壳体设备不受高温损坏。中部有冷却洗涤水均布环 7。气化炉下部有破泡条 8 和粗合成气导管 9。

干煤粉航天炉结构如图 7-4 所示，气化炉燃烧室内设有水冷壁 4，水冷壁向火侧敷有一薄层耐火材料。激冷室为一承压空壳，其外径与气化炉燃烧室直径相同，上部设有激冷环。

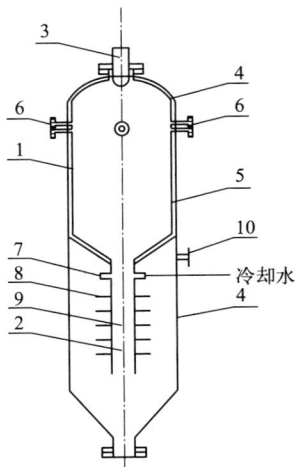

图 7-3　多喷嘴对置式水煤浆气化炉结构简图

1—气化室；2—冷却洗涤室；3—水煤浆+氧气喷嘴；

4—金属壳体；5—耐火衬里；6—水煤浆+氧气喷嘴；

7—冷却洗涤水均布环；8—破泡条；9—粗合成气导管；

10—粗合成气出口

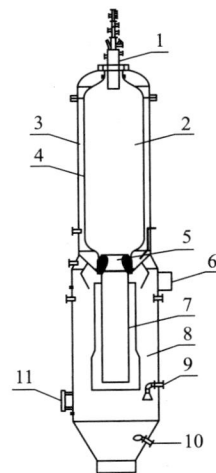

图 7-4　干煤粉航天炉结构简图

1—烧嘴；2—燃烧室；3—燃烧室环腔；

4—水冷壁；5—渣；6—粗合成气出口；

7—下降管；8—激冷室；9—黑水出口；

10—渣锁斗循环泵回收；11—人孔

(2) 煤气化操作条件

① 温度　从化学平衡角度分析，提高气化炉的温度，有利于反应正向进行，增大反应平衡转化率。气化炉温度通过碳与氧燃烧提供，提高氧碳比，CO_2 含量升高，导致有效气体成分下降；另外，气化温度过高，将对耐火材料腐蚀加剧，影响或缩短了耐火材料的寿命。气化温度的选择还与出渣方式有关，液态出渣时温度控制在煤的灰熔点以上，保证液态排渣的前提下，尽可能维持较低的操作温度；固态出渣时控制在煤的灰熔点以内。工业生产中，以水煤浆为原料的多喷嘴气化炉操作温度一般为 1200～1400℃，以干粉煤为原料的航天炉可以控制在 1400℃ 左右。

② 压力　提高压力对化学平衡不利，而从反应动力学和生产实际需求考虑，工业生产普遍采用加压操作，提高压力可以加快反应速率，增加反应物的浓度，提高气化效率；另外，对于以水煤浆为原料的气化工艺，加压有利于提高水煤浆的雾化质量，缩小气体体积，增大单炉气量，便于实现大型化生产。工业上多喷嘴对置式水煤浆气化炉工艺操作压力一般在 1.5～8.7MPa 之间。以干煤粉为原料的气流床航天炉工艺操作压力一般为 4MPa 左右。

③ 煤质　煤质对气化过程有直接的影响，影响煤质的因素主要包括固定碳含量、灰分含量、灰熔点、煤中晶体矿物质组成等。性能好的无烟煤有较高的含碳量、低黏度、良好的稳定性、低吸水率，灰熔点一般在 1200～1300℃，是制气首选。

④ 氧碳比　气化炉内加入氧气，发生碳与氧的氧化和部分氧化反应，以调节炉温。随着氧碳比的增加，碳燃烧量增多，热量增大，气化炉温度随之升高，同时，生成的 CO_2 量增加，碳转化率提高，但气化效率降低。氧消耗量与所用气化炉形式和排渣方式有关，液态排渣耗氧量（标准状态）为 $330～380m^3/1000m^3(CO+H_2)$，固态排渣耗氧量（标准状态）$260～320m^3/1000m^3$ $(CO+H_2)$。

3. 工艺流程

典型煤气化制合成气流程有 GSP 粉煤气化、Shell 粉煤气化、航天炉粉煤气化、Texaco 水煤浆气化、多喷嘴水煤浆气化和 Lurqi 块煤气化等，现以多喷嘴水煤浆气化和航天炉粉煤气化为例介绍煤制合成气工艺流程。

(1) 多喷嘴水煤浆气化制合成气工艺流程

多喷嘴水煤浆气化技术由我国华东理工大学、水煤浆气化与煤化工国家工程中心、中国华陆工程公司开发设计，在鲁南化肥厂建设了第一套加压多喷嘴对置式水煤浆气化装置。将煤粉研磨配置成具有流动性的浆液，浆液加压经喷嘴雾化与氧气、蒸汽一起喷入气化炉中，在炉内高温辐射下，煤中有机质热解、裂解，并开始进行一系列的碳燃烧（放热）和碳气化（吸热）反应，生成以 H_2 和 CO 为主成分、含有少量 CO_2 和 CH_4 的粗合成气。该工艺主要包括水煤浆制备及输送、气化、煤气冷却净化、渣水处理四大系统，流程如图 7-5 所示。

① 水煤浆制备及输送系统　将直径小于 10mm 的煤、水、氢氧化钠溶液、添加剂和石灰按一定比例送入磨煤机 1 内研磨混合，制备浓度为 71% 左右的水煤浆，存入煤浆槽 2，再由煤浆泵加压送入气化炉 3 内喷嘴处。

② 气化反应系统　把高压、纯度 99.6% 的氧送至喷嘴处与水煤浆充分混合，通过 4 个对称布置在气化炉上部同一水平面的喷嘴对喷，进入气化炉 3 燃烧室，在操作压力为 1.5～8.7MPa、操作温度为 1200～1400℃ 下相继发生碳与氧的燃烧或部分氧化反应和碳与水蒸气

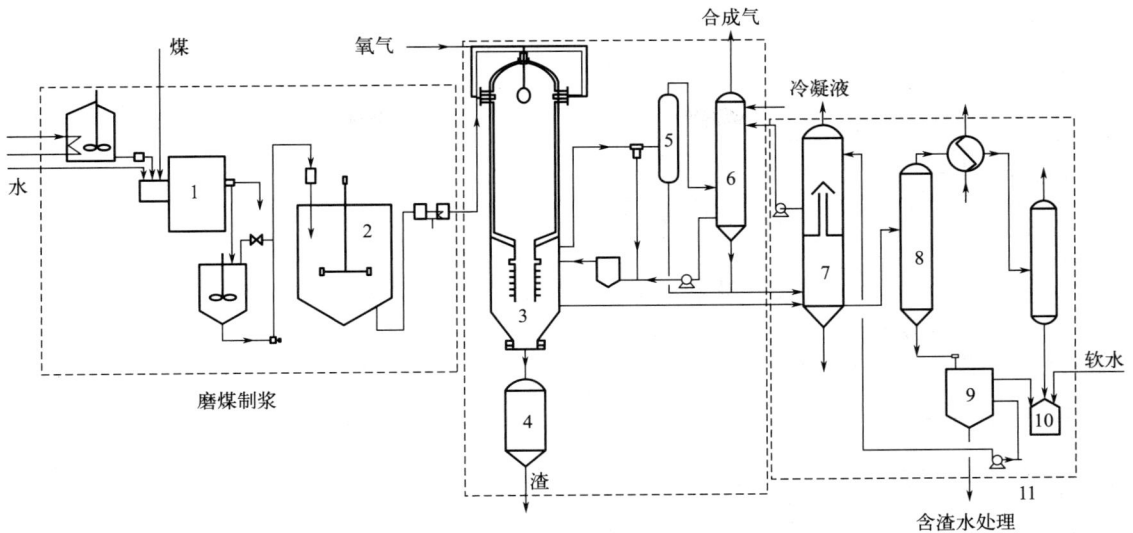

图 7-5 多喷嘴对置式气化炉工艺流程

1—磨煤机；2—煤浆槽；3—气化炉；4—灰锁斗；5—旋风分离器；6—水洗塔；7—蒸发热水塔；
8—真空闪蒸器；9—澄清槽；10—混合器；11—泵

的气化反应，前者反应为后者反应提供高温环境和反应热，生成以 CO 和 H_2 为主要有效成分的粗合成气。产生的粗合成气和熔渣经下降管进入气化炉 3 内冷却洗涤室，被水激冷洗涤后，与熔渣进行初步分离，并被水蒸气饱和后出气化室，炉渣经灰锁斗 4 排出。

③ 粗煤气冷却净化系统　高温粗合成气出气化室后，依次经旋风分离器 5、水洗塔 6 分别进行气固分离、水洗涤、净化降温，除去气体中夹带的灰尘并降温后进入后续工序。

④ 渣水处理系统　从水洗塔 6 出来的高浊度黑水进蒸发热水塔 7 和真空闪蒸器 8。蒸发热水塔由蒸发室与热水室组成，两者协同完成洗水热量回收。在蒸发室中使溶解于洗水中的酸性气、不凝性气逸出；在热水室中将逸出气体的热量进行回收，使返回系统的洗水升温。经过真空闪蒸器，进一步清除黑水中溶解的气体。经处理后的洗水，在澄清槽 9 分离黑渣后经泵 11 加压循环使用。

（2）粉煤气化制合成气工艺流程

北京航天石化技术装备工程公司开发的航天炉（HT-L）用于粉煤气化，打破了国外粉煤气化技术的垄断。下面以航天炉（HT-L）粉煤气化技术为例介绍粉煤气化特点及工艺流程。

航天炉气化工艺，具有煤种适应范围宽、高温气化、碳转化率高、煤气中有效气体（CO＋H_2）达 90％左右、甲烷含量低、氧耗低等特点。HT-L 粉煤气化工艺包括磨煤及干燥、加压及输送、气化及合成气洗涤、渣及灰水处理四个单元，工艺流程如图 7-6 所示。

① 磨煤及干燥　原料煤贮仓 1 中的煤进入磨煤机 3，磨成的煤粉（煤粉粒度分布为：90％以上粒径≤90μm；10％以内粒径≤5μm）经惰性气体发生器 4 干燥。然后，进入粉煤过滤器 5，经旋转卸料阀、纤维过滤器及粉煤螺旋输送机送至粉煤储罐 6。

② 加压及输送　粉煤依靠重力进入粉煤锁斗 7，经充气锥、充气笛管等设备向粉煤锁斗充惰性气体提压，当压力与粉煤给料罐 8 平衡时，粉煤通过重力落入粉煤给料罐 8，粉煤从粉煤给料罐 8 底部三个充气锥进入粉煤输送管线入气化炉 11。

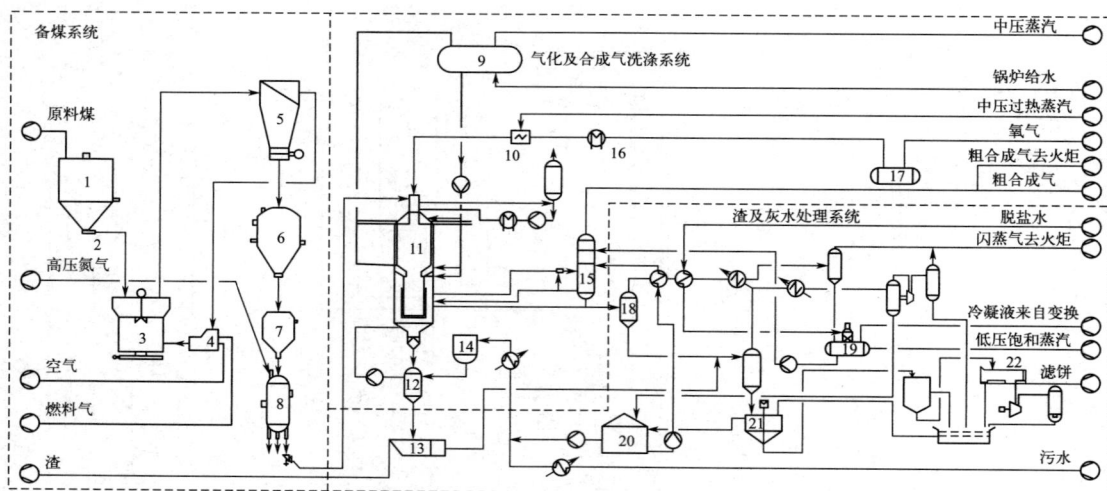

图 7-6　HT-L 干煤粉加压气化工艺流程简图

1—原料煤贮仓；2—称重给煤机；3—磨煤机；4—惰性气体发生器；5—粉煤过滤器；6—粉煤储罐；
7—粉煤锁斗；8—粉煤给料罐；9—中压汽包；10—汽包循环泵；11—气化炉；12—渣锁斗；13—捞渣机；
14—高压闪蒸罐；15—洗涤塔；16—氧气加热器；17—氧气缓冲罐；18—真空闪蒸罐；19—除氧器；
20—灰水槽；21—沉降槽；22—过滤机

③ 气化及合成气洗涤　加压的粉煤、预热氧气、蒸汽按一定比例通过烧嘴喷入气化炉 11 的燃烧室，在 4.0～6.5MPa 压力、1300～1750℃ 温度下发生气化反应，生成主要成分为 CO 和 H_2 的粗合成气。粗合成气及液态渣离开燃烧室，经激冷环和下降管进入激冷室水浴，然后进入文丘里洗涤器捕集灰尘，洗涤塔洗涤，送入下一工序。熔渣固化沉淀后通过渣锁斗 12 系统定期排出界区。

④ 渣及灰水处理　粗合成气洗涤黑水经高压闪蒸罐 14 和真空闪蒸罐 18 进行降温并除去溶解的气体，高压闪蒸得到的蒸汽用于加热除氧后的灰水；黑水进入沉降槽，加入絮凝剂以加速灰渣的絮凝沉降，底部灰浆经真空过滤成滤饼后装车外运。澄清的灰水从顶部溢流进入灰水槽 20，大部分循环使用，少量灰水通过废水冷却器冷却排到废水处理装置。

7.2.2　天然气蒸汽转化制合成气工艺

天然气是储存于地下的可燃气体，甲烷含量 95％ 以上，其余是其他碳氢化合物，主要用途有生产化工产品、作为民用燃料、燃烧发电等。天然气制合成气是利用天然气生产化工产品的重要途径之一。工业上天然气制合成气的方法有蒸汽转化法、部分氧化法、自热转化法和二氧化碳重整法等，其中天然气蒸汽转化法应用最广。本节重点介绍天然气蒸汽转化法制合成气的基本原理、主要设备和生产工艺等内容。

1. 基本原理

天然气除主成分甲烷外，还含有少量的低碳烃，它们参与反应时先裂解为甲烷，然后再经过甲烷蒸汽转化这一阶段，因此下面只讨论甲烷与水蒸气的转化反应。

（1）甲烷蒸汽转化反应及其特点

甲烷蒸汽转化过程，主要包括蒸汽转化反应和一氧化碳变换反应，即

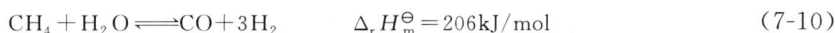

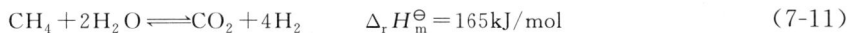

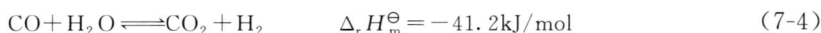

$$CH_4 + H_2O \Longrightarrow CO + 3H_2 \qquad \Delta_r H_m^\ominus = 206 kJ/mol \qquad (7\text{-}10)$$

$$CH_4 + 2H_2O \Longrightarrow CO_2 + 4H_2 \qquad \Delta_r H_m^\ominus = 165 kJ/mol \qquad (7\text{-}11)$$

$$CO + H_2O \Longrightarrow CO_2 + H_2 \qquad \Delta_r H_m^\ominus = -41.2 kJ/mol \qquad (7\text{-}4)$$

反应体系中有 CH_4、CO、CO_2、H_2 和 H_2O，物质数是 5，组成物质的元素为 C、H、O，因此体系独立反应数为 2。选取式(7-10) 和式(7-4) 为独立反应，式(7-11) 是式(7-10) 和式(7-4) 加和的结果。

在一定条件下，甲烷蒸汽转化过程中还可能发生下列析炭副反应：

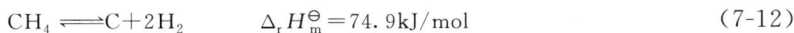

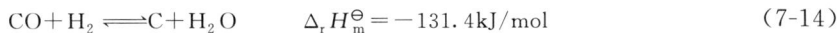

$$CH_4 \Longrightarrow C + 2H_2 \qquad \Delta_r H_m^\ominus = 74.9 kJ/mol \qquad (7\text{-}12)$$

$$2CO \Longrightarrow CO_2 + C \qquad \Delta_r H_m^\ominus = -172.5 kJ/mol \qquad (7\text{-}13)$$

$$CO + H_2 \Longrightarrow C + H_2O \qquad \Delta_r H_m^\ominus = -131.4 kJ/mol \qquad (7\text{-}14)$$

由以上反应式可知，甲烷蒸汽转化总反应是可逆、体积增大的强吸热反应，析炭副反应中，式(7-12) 甲烷裂解是吸热反应，式(7-13) 一氧化碳歧化和式(7-14) 一氧化碳还原反应是放热反应，高温有利于甲烷转化和甲烷裂解析炭，但不利于 CO 歧化析炭和还原析炭，因此，提高操作温度、加大水蒸气比例，有利于消炭；增大 H_2 和 CO_2 的分压，有利于抑制析炭。

（2）化学平衡及影响因素

在压力不太高的情况下，甲烷蒸汽转化式(7-10) 是吸热反应，平衡常数 K_{p10} 随温度的升高而急剧增大，即温度越高，平衡时 H_2 和 CO 的含量越高，甲烷的残余量越小。式(7-4) 为放热反应，平衡常数 K_{p4} 则随温度的升高而减小，即温度越高，平衡时 H_2 和 CO_2 的含量越少。因此，在高温下进行甲烷蒸汽转化反应时，CO 的变换反应竞争性较小，可以得到更高 CO 含量的目标产物。

根据甲烷转化时气体原始组成（水碳比，即水蒸气与甲烷分子之比）、温度和压力，由对应条件下的平衡常数 K_{p10} 及 K_{p4} 即可计算出转化气的平衡组成。图 7-7 是不同水碳比、温度和压力条件下，甲烷蒸汽转化气的平衡组成，从图中可以看出水碳比、温度和压力对反应平衡的影响，查到不同条件下转化气的平衡组成；反之，也可以根据转化气平衡组成，查出相应的反应条件。

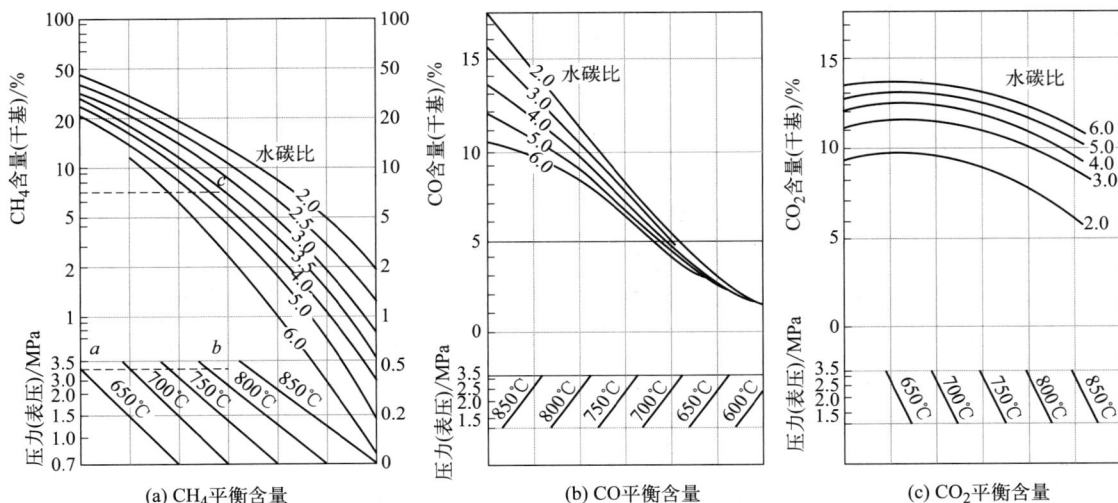

图 7-7　甲烷转化反应的平衡组成

① 水碳比　增加蒸气用量，有利于甲烷蒸汽转化反应向右移动，因此水碳比越高，甲烷平衡含量越低。例如，在 2MPa、800℃和水碳比为 2 时，甲烷平衡含量约 12%；水碳比提高到 4，甲烷平衡含量降到 4%；如果水碳比再提高到 6，则甲烷平衡含量仅有 2%。因此水碳比对甲烷平衡含量影响很大。

② 温度　对于可逆吸热的甲烷蒸汽转化反应，温度升高有利于反应正向进行，一般每升高 10℃，甲烷含量降低 1.0%～1.2%。例如，在 3MPa、水碳比为 3 的条件下，反应温度从 750℃升高到 850℃时，甲烷含量大约由 18%降低到 7%。

③ 压力　对于体积增大的甲烷蒸汽转化反应，提高压力，甲烷平衡含量也随之增加。例如，水碳比为 3、温度为 800℃时，当压力由 0.7MPa 提高到 3MPa 时，甲烷平衡含量由 2%增加到 12%。

（3）反应速率及其影响因素

甲烷蒸汽转化反应在没有催化剂时，即使在相当高的温度下反应速率也很慢。适宜的催化剂能加快反应速率，且催化剂活性越高，反应速率越快。影响反应速率的因素主要包括：

① 温度　温度升高，反应速率常数增大，反应速率也增大。

② 压力　总压增大，各组分的分压增加，对反应初期的速率提高很有利。另外，加压还可以使反应体积减小，提高了反应器单位体积的生产强度。

③ 组成　原料的组成由水碳比决定，水碳比过高时，虽然水蒸气分压高，但甲烷分压过低，反应速率不一定高；反之，水碳比过低时，反应物水蒸气分压小，反应速率也不会高，所以水碳比要适当。在反应初期，反应物 CH_4 和 H_2O 的浓度较高，反应速率快；到反应后期，反应物浓度较低，产物浓度较高，反应速率降低，需要提高温度来补偿。

④ 氢气浓度　动力学研究表明，反应气体中的氢气对反应有阻碍作用，因此反应初期速率快，随着反应进行，氢含量增加，反应速率会逐渐下降。

⑤ 内扩散　甲烷蒸汽转化反应是气固催化反应，反应物的扩散对反应具有一定的影响。在工业生产中，反应器内气流速率较快，外扩散影响可以忽略，但为了减小床层阻力，所用催化剂较大（>5mm），故内扩散影响较大。在 500℃左右时，内表面利用率为 30%；温度升高到 800℃时，内表面利用率仅有 1%，处于内扩散控制。因此，工业上一般通过将催化剂制成环状或车轮形或多孔球形，缩短内扩散路径，提高内表面利用率，从而提高表观反应速率。

（4）催化剂

甲烷蒸汽转化催化剂主要以镍为活性组分，高温烧结 α-Al_2O_3 或 $MgAl_2O_4$ 尖晶石等材料为载体，并添加氧化镁、氧化钾、氧化钙、氧化铬、氧化钛和氧化钡等助催化剂。其中，载体起到分散和稳定活性组分微晶的作用；助催化剂能够提高催化剂的活性、延长其寿命和增加抗析炭能力。出厂催化剂以氧化态（NiO）存在，使用前必须活化，将其还原成金属镍。催化剂在使用过程中活性组分镍晶粒经长期高温和气流作用，镍晶粒逐渐长大、聚集甚至烧结，致使表面积降低，或某些促进剂流失，都会导致其活性下降，此现象称为催化剂老化。原料气中的某些杂质如硫化物可以与催化剂发生反应生成硫化镍，导致催化剂完全失活，称为催化剂中毒。

2. 反应器及操作条件

（1）反应器

工业上甲烷蒸汽转化生产工艺要求粗合成气中甲烷含量降至 0.3%（干基），根据化学平衡计算，必须使反应温度达到 1000℃以上（实际反应温度会更高）才能满足此要求。但是，如此高温下反应管的材质无法耐受，以耐高温的 HK-40 合金钢为例，在 3MPa 压力下，要使反应炉管寿命达 10 年，管壁温度不得超过 920℃，其管内反应介质温度相应为 800～820℃。因此，将转化过程分为两段进行。第一段转化反应在列管式反应器中进行，管内装有催化剂，管间采用甲烷燃烧方式供热，称为一段转化炉，最高温度（出口处）控制在 800℃ 左右，出口残余甲烷在 10% 左右。第二段转化反应器为大直径的钢制圆筒，内衬耐火材料，可耐 1000℃ 以上高温，催化剂堆装在反应器内，称为二段转化炉。对于这种结构的固定床反应器，不能再用外加热的方式供热，工业上采用向二段转化炉内喷入氧气的方法实现 1000℃ 以上高温。即温度为 800℃ 的一段转化气绝热进入二段转化炉，补充蒸汽的同时喷入氧气，氧与一段转化气中的氢气和甲烷在二段转化炉空程处燃烧放热，反应气体温度升到 1100～1200℃，随后进入催化剂床层继续进行转化反应，可使二段炉出口处甲烷含量满足小于 0.3% 的要求。对于合成气用于生产氨的过程，向二段转化炉内喷入空气，氢气和甲烷燃烧提供热量的同时，也带入了合成氨所需的氮气。

① 一段转化炉　一段转化炉包括由若干根反应管与加热室组成的辐射段以及回收热量的对流段两部分。反应管竖排在炉膛内，管内装有镍催化剂，甲烷和蒸汽的混合气由上而下通过催化剂发生反应，所需热量由管外甲烷燃烧以辐射方式供给，反应器内传热与传质过程均存在。一段转化炉因烧嘴位置不同而分为顶部烧嘴炉、侧壁烧嘴炉、梯台炉和圆筒炉等。顶部烧嘴炉和侧壁烧嘴炉由辐射段和对流段组成，外壁用钢板承载压力，炉内壁衬耐火层承载高温。顶烧炉见图 7-8，其外形呈方箱形，烧嘴安装在炉顶，分布在转化炉的两侧，向下喷燃料燃烧放热。

② 二段转化炉　二段转化炉为一立式圆筒，结构示意如图 7-9 所示，炉顶部设有空气分布器，其下部的空程为燃烧区，最高耐受温度 1200℃；燃烧区下为催化剂区域，炉内铺设耐火衬里 5 和耐火球 8 蓄热，催化剂平铺在耐火球上面，操作温度为 1000℃ 左右。用炉外水夹套和炉内耐火衬里结构保护外壳不超温。壳体材质为碳钢。

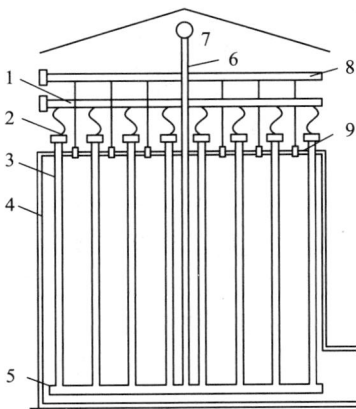

图 7-8　顶烧炉示意图

1—原料气管；2—上猪尾管；3—转化管；
4—辐射段；5—下集气管；6—上升管；
7—集气总管；8—燃料气管；9—烧嘴

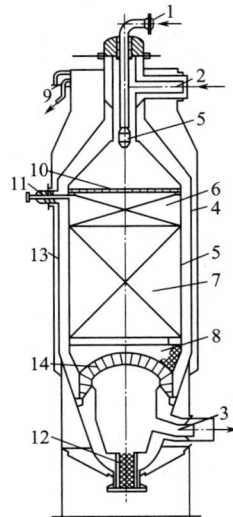

图 7-9　二段转化炉结构示意图

1—空气蒸汽入口；2—一段转化气入口；3—二段转化气出口；
4—壳体；5—耐火衬里；6—耐高温的铬基催化剂；7—转化催化剂；8—耐火球；9—夹套溢流水出口；10—六角形砖；
11—温度计套管；12—人孔；13—水夹套；14—拱形砌体

（2）操作条件

① 压力　适当提高压力可以改善传热系数和传热速率；气体压缩功与气体体积成正比，因此压缩原料气的压缩功低于压缩转化气的压缩功，能降低后续化工产品生产时的动力消耗（甲醇合成 5～15MPa，氨合成 15～30MPa）；通过锅炉升温产生高压蒸汽，比将低压蒸汽压缩到高压的成本要低。因此，工业上常在 3～4MPa 下加压操作。

② 温度　操作压力为 3.0MPa 的列管式一段转化炉，反应温度控制在 800℃ 左右，甲烷含量在 10% 左右；二段转化炉的出口温度根据二段操作压力、水碳比和出口残余甲烷含量来确定，例如压力为 3.0MPa、水碳比 3.5：1、残余甲烷含量小于 0.5% 时，出口温度控制在 1000℃。工业实际生产中，一、二段转化炉的实际出口温度都比出口气体组成相对应的平衡温度分别高出 10～15℃ 和 13～30℃。

③ 水碳比　水碳比是原料气的组成因素，对一段转化过程影响较大。高水碳比有利于降低甲烷平衡含量，也有利于提高反应速率，同时抑制发生析炭反应。但过高的水碳比，增加能耗，也增大系统的阻力，同时还会使二段转化喷入的氧气或空气量加大，并且还将增加后工序蒸汽冷凝的负荷。因此，在可能的条件下尽量降低水碳比。目前，工业上一段转化炉水碳比一般为 3.0：1，最低可降至 2.5：1。

④ 空速　空速是单位时间通过单位体积催化剂折合为标准状态下气体的体积。高空速有利于传热，降低炉管外壁温度，延长炉管寿命。当催化剂活性较高时，高空速可强化生产，提高生产能力。但空速过高，催化剂床层侧阻力增大，能耗增加。工业催化剂活性条件下，一段转化炉的空速（碳空速）一般控制在 1000～2000h^{-1}。

3. 工艺流程

各公司开发的甲烷蒸汽转化制合成气工艺类似，均包括原料气预热、一段转化、二段转化和余热回收利用工段。图 7-10 是日产 1000t 合成氨凯洛格（Kellogg）传统二段转化工艺流程。原料天然气首先在对流段 3 与烟道气换热升温至 350℃ 以上，然后进入钴钼加氢反应器 1，在压力 3.6MPa、温度 380℃ 条件下，将有机硫转化为 H_2S，然后进氧化锌脱硫罐 2，脱除硫化氢气体。脱硫后的天然气配入中压蒸汽达到一定的水碳比，进入一段炉高温对流段 3 加热到 500～520℃，然后送到一段炉辐射段 4 顶部总管。经总管均匀配入一段炉内的各反应管内，气体自上而下流经催化剂进行转化反应，反应热由管外天然气燃烧提供；离开反应管底部的转化气温度为 800～820℃，甲烷含量约为 9.5%，汇合于炉底集气管，再沿着集气管中间的上升管上升，继续吸收热量，使温度升到 850～860℃，经输气总管送往二段转化炉 5。

二段反应所需的水蒸气和空气经一段炉的对流段 3 经盘管预热到 450℃ 左右，进入二段炉顶部空气分布器与一段转化气汇合，在顶部空程燃烧区氢气燃烧放热，温度升到 1200℃ 左右，再通过催化剂床层继续进行甲烷转化反应。离开二段转化炉的高温转化气，温度约为 1000℃，残余甲烷含量在 0.3% 左右，高温转化气分别经第一、第二废热锅炉回收显热，温度降至 370℃ 左右送往后续工序。

7.2.3　重油部分氧化制合成气工艺

重油是石油炼制过程中的一种产品，以烷烃、环烷烃和芳香烃为主要成分，分子通式为 C_mH_n。重油制合成气是指重油和氧气进行部分氧化燃烧反应的同时，高温下重油及烃类发生热裂解，裂解产物与水蒸气发生转化反应，产生含少量 CO_2 和 CH_4 的粗合成气。

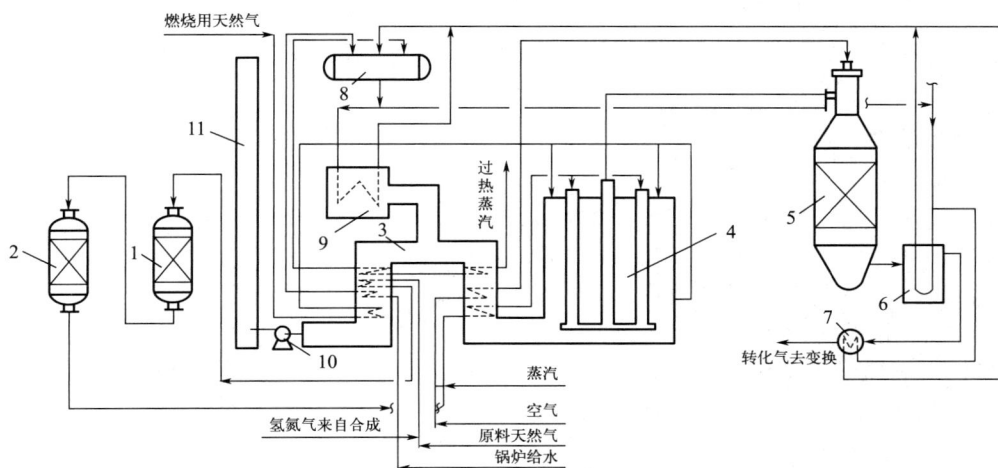

图 7-10　凯洛格甲烷蒸汽转化工艺流程

1—钴钼加氢反应器；2—氧化锌脱硫罐；3—对流段；4—辐射段（一段炉）；5—二段转化炉；
6—第一废热锅炉；7—第二废热锅炉；8—汽包；9—辅助锅炉；10—排风机；11—烟囱

1. 基本原理

重油部分氧化过程很复杂，包括重油雾化、雾滴同氧气和蒸汽的混合，在高温高压下发生各种反应。其中式(7-15)为重油气化、式(7-16)~式(7-18)为气态烃的氧化燃烧反应、式(7-19)为气态烃热裂解反应、式(7-20)和式(7-21)为气态烃与蒸汽反应以及式(7-10)和式(7-22)的其他反应。

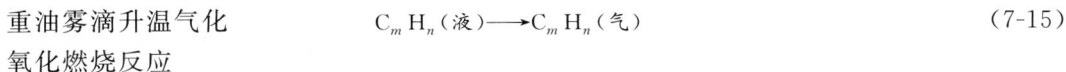

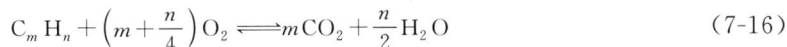

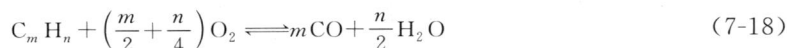

重油雾滴升温气化

$$C_m H_n (液) \longrightarrow C_m H_n (气) \tag{7-15}$$

氧化燃烧反应

$$C_m H_n + \left(m + \frac{n}{4}\right) O_2 \Longrightarrow mCO_2 + \frac{n}{2} H_2O \tag{7-16}$$

$$C_m H_n + \frac{m}{2} O_2 \Longrightarrow mCO + \frac{n}{2} H_2 \tag{7-17}$$

$$C_m H_n + \left(\frac{m}{2} + \frac{n}{4}\right) O_2 \Longrightarrow mCO + \frac{n}{2} H_2O \tag{7-18}$$

热裂解发生的反应

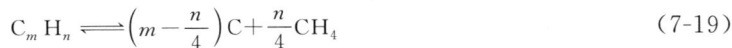

$$C_m H_n \Longrightarrow \left(m - \frac{n}{4}\right) C + \frac{n}{4} CH_4 \tag{7-19}$$

气态烃与蒸汽发生的转化反应

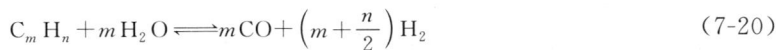

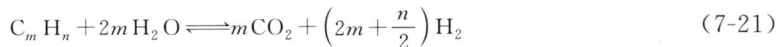

$$C_m H_n + m H_2O \Longrightarrow mCO + \left(m + \frac{n}{2}\right) H_2 \tag{7-20}$$

$$C_m H_n + 2m H_2O \Longrightarrow mCO_2 + \left(2m + \frac{n}{2}\right) H_2 \tag{7-21}$$

其他反应

$$C_m H_n + mCO_2 \Longrightarrow 2mCO + \frac{n}{2} H_2 \tag{7-22}$$

$$CH_4 + H_2O \Longrightarrow CO + 3H_2$$

$$CO + H_2O \Longrightarrow CO_2 + H_2$$

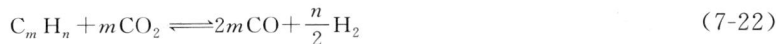

重油部分氧化燃烧反应［式(7-16)~式(7-18)］是快速不可逆反应，放出大量热量，且温度越高反应速率越快；重油雾滴升温气化、重油热裂解和气态烃与水蒸气的反应均为吸热

反应,氧化燃烧反应可为吸热反应提供所需热量,整个反应在 1300~1400℃ 的高温下持续进行。在上述反应中,式(7-10)和式(7-4)决定气化反应的最终平衡,其化学平衡和影响因素已在 7.2.2 小节介绍,此处不再详述。

2. 反应器及操作条件

(1) 反应器

重油部分氧化反应是一个非催化的高温快速反应,反应器的结构形式需满足高温操作的要求,工业上一般采用内空圆筒形反应器,如图 7-11 所示。为了避免各组分在炉内停留时间分布太宽,气化室的高/径比适当增大。炉内壁有四层衬里,从外向里分别是陶瓷纤维毡、厚隔热砖,轻质高铝砖和电熔刚玉砖。一般反应器出口温度控制在 1300~1400℃,反应器内燃烧区温度可高达 1800~2000℃。重油在进入反应器前为液体,油、氧、蒸气相际间的有效传热、传质以及足够大的气液接触面积是保证反应的前提。工业上采用雾化喷嘴的形式,将重油雾化为小雾滴的同时,与气化剂充分混合并快速气化,火焰中心温度可达 1600~1700℃。出燃烧室气体仍有一些未转化的碳和原料油中的灰分,在气化炉底部激冷室与一定温度的炭黑水接触,在此达到激冷和洗涤的双重作用。然后通过各洗涤器进一步清除微量的炭黑到 1mg/kg,最终进入后续工序。

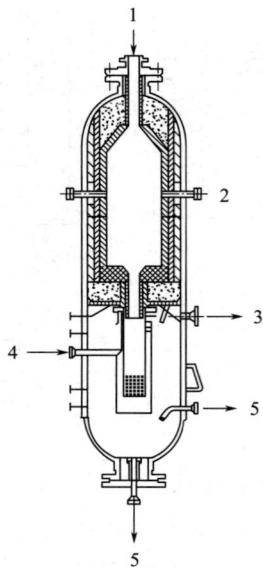

图 7-11 带激冷室的重油气化炉
1—喷嘴装入口;2—温度计;3—气体出口;
4—激冷室水入口;5—炭黑水出口

(2) 重油部分氧化操作条件

① 温度 烃类的完全燃烧和部分氧化反应为不可逆反应,温度越高反应速率越快。烃类转化和重油裂化是吸热反应,高温对反应平衡和速率均有利,所以重油气化过程的温度应尽可能高。但是反应温度过高,容易烧坏气化炉的耐火材料和喷嘴,此外,提高温度一般靠增加氧气用量实现,随着氧气用量增加,更多的重油或有效气体被烧掉,不仅增加了重油和氧气消耗,而且有效气体产率下降。因此,反应器出口温度控制在 1300~1400℃。

② 压力 重油部分氧化是体积增加的反应,从热力学分析,低压有利。而在气化炉操作温度下,甲烷和炭黑的蒸汽转化远未达到化学平衡,加压可增加反应物浓度,加快反应速率,提高喷雾效果,有利于降低气体中炭黑和甲烷含量,且可缩小设备尺寸和节省后续工序的气体输送动力消耗和提高气体中炭黑的洗涤效果,工业上一般操作压力为 2.0~4.0MPa。

③ 氧油比 氧油比对重油部分氧化时控制炉温及反应速率起至关重要的作用,理论氧油比为 0.81m³/kg,氧油比过低,炉内温度低,重油转化不完全,粗合成气中甲烷和炭黑含量高。氧油比过高,会增加重油和氧气消耗,降低有效气体产率,也容易烧坏喷嘴和耐火衬里。实际生产中,氧油比一般控制在 0.78~0.84m³/kg。

④ 蒸汽油比 水蒸气是反应物,增加其用量可抑制烃类热裂解,加快消碳反应速率,同时水蒸气与烃类的转化反应可提高 CO 和 H_2 含量;增加蒸汽油比,增大油与氧、水蒸气的接触面积,有利于重油的雾化。但水蒸气太多时,过量的水蒸气会带走热量,降低床层温度,因此蒸汽油比不能过高,一般控制在 0.3~0.6kg(蒸汽)/kg(油),加压气化时偏于下限。

3. 工艺流程

重油部分氧化法制粗合成气的工艺流程由五部分组成：原料的加压及预热、重油的气化、热量回收、水煤气洗涤和炭黑回收。按从高温裂解气冷却和回收热量的方式分为激冷和废锅两种流程。激冷流程更简单可靠，工业应用更广泛，下面以激冷流程为例进行介绍。图 7-12 是我国以重油为原料，年产 30 万吨合成氨厂的重油部分氧化激冷流程。原料重油和从炭黑回收工序返回的含炭黑的重油在油罐 1 混合，用蒸汽加热到 $180\sim190℃$，经油泵 2 加压至 10.5MPa 左右，再与 10MPa 左右的饱和蒸汽按比例混合，经喷嘴 3 的外环隙喷入气化炉 4。从空分工序来的氧气被加压到 9.7MPa 左右，经喷嘴 3 中心管喷入炉内。在压力为 8.7MPa、温度为 $1320\sim1380℃$ 的条件下，渣油进行部分氧化反应，生成粗合成气。从气化炉出来的粗合成气进入激冷室 5，直接与来自洗涤塔的热水接触，粗合成气由 1350℃ 左右迅速降温至 263℃ 左右，并被蒸汽所饱和，同时除去粗合成气中 80% 的炭黑。由激冷室出来的粗合成气再经两级文丘里洗涤器 6/7 和洗涤塔 8，用炭黑回收工序来的净化水进一步洗涤，使其中炭黑含量降到 $1mg/m^3$ 以下，送往下一工序。由文丘里洗涤器和洗涤塔出来的洗涤水汇集在洗涤塔底部，然后用水泵送入激冷室。从激冷室流出的炭黑污水送往炭黑回收工序。

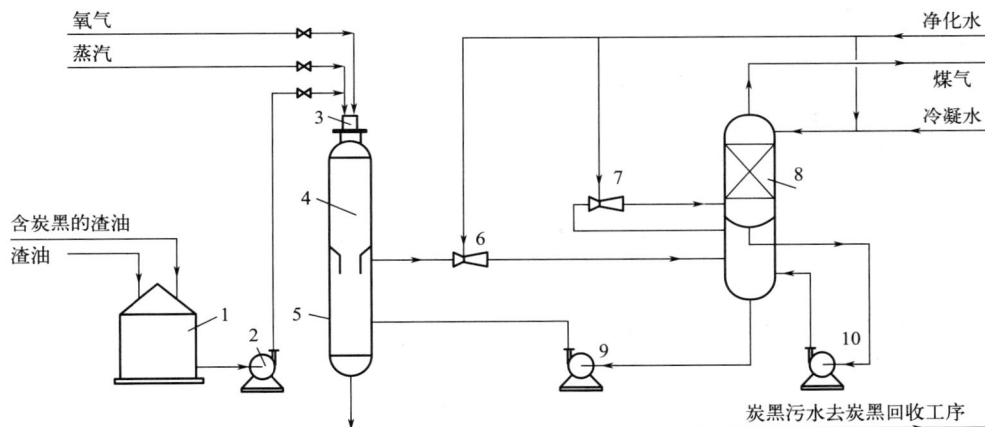

图 7-12　重油部分氧化激冷工艺流程

1—油罐；2—油泵；3—喷嘴；4—气化炉；5—激冷室；6、7—文丘里洗涤器；8—洗涤塔；9、10—水泵

7.3　粗合成气的净化与调控

粗合成气除含主成分 H_2、CO 以外，还含有硫化物、CO_2 和甲烷等组分。工业生产中硫化物可导致金属催化剂中毒，严重腐蚀金属设备。因此，粗合成气在进入后续工序之前需首先进行脱硫处理。因不同原料（煤、天然气、重油）所制得粗合成气含有的 H_2 和 CO 量差异很大，根据后续化工产品生产要求，需要调整合成气氢碳比（H_2/CO 分子比），如合成甲醇所用合成气氢碳比为 2:1，而合成氨所用的合成气需要将 CO 完全去除。工业上一般采用 CO 水蒸气变换的方法，通过调整变换率实现对合成气中 H_2 和 CO 含量的调控。CO_2 是粗合成气中除主组分以外含量最多的成分，CO 变换后，会产生更多的 CO_2。对于合成气来讲，必须脱除。

7.3.1 硫化物脱除

目前，工业脱硫方法按脱硫剂的物理形态可分为湿法脱硫和干法脱硫。湿法脱硫以溶液为脱硫介质，具有反应速率快、硫容大、脱硫液易再生、可循环使用、回收硫黄方便等特点，适合处理气量大、硫化氢含量高的场合；干法脱硫以固体物质作为脱硫介质脱除硫化氢或部分有机硫，脱硫效率较高、操作简便、净化度较高，用作精细脱硫。

1. 湿法脱硫

湿法脱硫根据吸收原理不同分为物理吸收法、化学吸收法和物理化学吸收法。物理吸收法是依靠吸收剂对硫化物的溶解作用进行脱硫，一般情况下所用脱硫吸收剂除了能够脱除硫化物外，还能脱除酸性气体 CO_2，该法在 7.3.4 小节中具体介绍。化学吸收利用脱硫剂与 H_2S 发生化学反应来达到除去 H_2S 的目的，如湿式氧化法中的醌-氢醌型脱硫剂、改良蒽醌二磺酸钠（ADA）法、双核酞菁钴磺酸盐（PDS）法和栲胶法，下面以栲胶脱硫法为例进行详细介绍。

（1）脱硫原理

栲胶脱硫是以碱性溶液（碳酸钠或氨水）为吸收介质，少量橡椀栲胶和少量偏钒酸钠作为催化剂的湿式二元氧化脱硫方法。栲胶主要成分是单宁，是以酚式结构（THQ 酚态）和醌式结构（TQ 醌态）存在的多羟基化合物。脱硫中，酚态栲胶被氧化成醌态栲胶，可将溶液中的 HS^- 氧化，析出硫单质，起载氧体的作用。

脱硫过程包括吸收、氧化和再生三个步骤，发生如下反应：

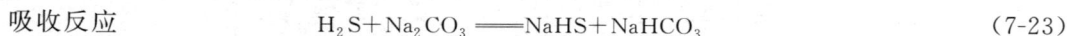

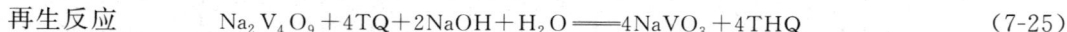

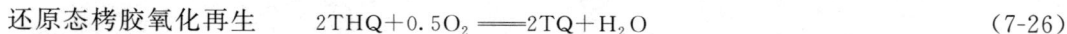

吸收反应 $\qquad\qquad H_2S + Na_2CO_3 =\!=\!= NaHS + NaHCO_3 \qquad\qquad$ (7-23)

氧化反应 $\qquad 2NaHS + 4NaVO_3 + H_2O =\!=\!= Na_2V_4O_9 + 4NaOH + 2S\downarrow \qquad$ (7-24)

再生反应 $\quad Na_2V_4O_9 + 4TQ + 2NaOH + H_2O =\!=\!= 4NaVO_3 + 4THQ \qquad$ (7-25)

还原态栲胶氧化再生 $\quad 2THQ + 0.5O_2 =\!=\!= 2TQ + H_2O \qquad\qquad$ (7-26)

重新生成碳酸钠 $\qquad NaOH + NaHCO_3 =\!=\!= Na_2CO_3 + H_2O \qquad\qquad$ (7-27)

总反应式 $\qquad\qquad H_2S + 0.5O_2 =\!=\!= S\downarrow + H_2O \qquad\qquad$ (7-28)

H_2S 吸收过程受温度影响较大，适当地提高温度，可以加速吸收和解吸的反应速率。但温度过高会导致 H_2S 的平衡分压增大而降低吸收推动力，造成吸收速率下降。由上式可知，脱硫剂需能充分氧化 H_2S，同时又能使脱硫后脱硫剂能被空气中的氧所再生。

（2）操作条件

① 溶液的总碱度和 pH 值　总碱度是 Na_2CO_3 与 $NaHCO_3$ 的浓度之和，溶液的 pH 值与总碱度有关。提高总碱度是提高溶液硫容量的有效手段，对吸收有利，但对再生不利。总碱度一般控制为 $20\sim35g/L$，栲胶脱硫液的 pH 值一般在 $8.5\sim9.2$。

② $NaVO_3$ 的含量　$NaVO_3$ 的含量取决于脱硫液的操作硫容，即富液中 HS^- 的浓度，一般以五氧化二钒（V_2O_5）计，控制其浓度在 $0.5\sim1.0g/L$。

③ 栲胶浓度　栲胶浓度与钒的浓度保持一定的比例，其比例值一般为 $1.1:1\sim1.3:1$。

④ 温度　通常吸收和再生在同一温度下进行，一般不超过 $45℃$。温度升高，吸收和再生速率都加快，但超过 $45℃$，生成 $Na_2S_2O_3$ 的副反应也加快。

⑤ 压力　提高吸收压力，气体净化度提高；提高设备生产强度，减小设备容积。但压力增大，氧在溶液中的溶解度增大，加快了副反应。因此，工业上一般采用常压至 3MPa 范围内。

⑥ 悬浮硫　吸收硫化氢后碱液的再生程度及单质硫的脱除程度对脱硫效率影响极大，其中脱硫液再生喷射器有利于气液传质过程，脱硫液以高速通过喷射器的喷嘴，气液接触面大、强化了传质，有利于单质硫的浮选，再生后的溶液中悬浮硫含量控制在 0.5g/L 以下。

（3）工艺流程

栲胶脱硫工艺如图 7-13 所示，粗合成气从脱硫塔 1 底部进入与脱硫塔顶喷淋的碱液逆流接触，脱硫后的气体从脱硫塔顶排出，经气液分离器 2 分离夹带的液沫后，送后工序。从脱硫塔底部流出的脱硫富液进入反应槽 3，用泵或靠系统压力将富液送至喷射器 4，与空气压缩机送来的空气强制混合一同进入浮选槽 5，将再生出来的硫泡沫浮选，再生溶液自流入溶液循环槽 6，经循环泵 7 加压输送至脱硫塔循环使用。从浮选槽 5 溢出的硫泡沫至硫泡沫槽 8，再通过重力流入熔硫釜 9。在熔硫釜中，向下流动的硫沫溶液逐渐被加热，黏度减小，溶液中微细的硫颗粒沉降到釜底部，被 0.4MPa 的蒸汽加热熔融，定期从底部排入模具中，冷却后得到硫黄块。分离硫颗粒后的清液经内筒从熔硫釜顶部流出，返回溶液循环槽，进行再利用。

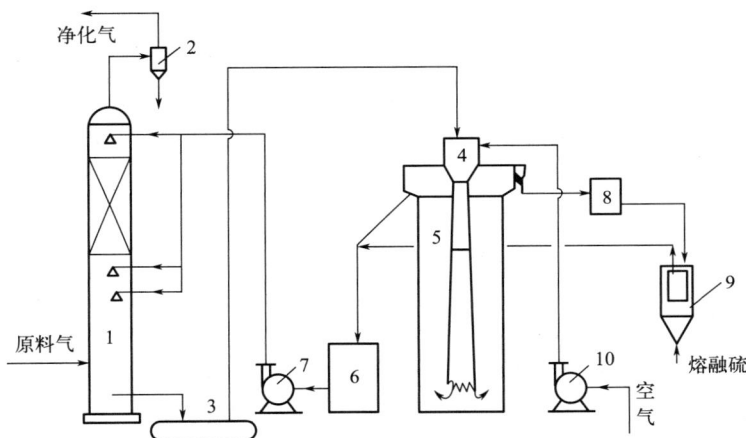

图 7-13　喷射氧化再生法脱硫工艺流程

1—脱硫塔；2—气液分离器；3—反应槽；4—喷射器；5—浮选槽；6—溶液循环槽；
7—循环泵；8—硫泡沫槽；9—熔硫釜；10—空气压缩机

2. 干法脱硫

干法脱硫分为吸附法和催化转化法，多用于硫含量较低的粗合成气的精脱硫。吸附法是利用固体吸附剂脱除气体中硫化物的方法，既能脱除无机硫，又能脱除少部分有机硫，常用的固体吸附剂有氧化铁、氧化锌、活性炭、分子筛等。催化转化法适用于有机硫的脱除，利用钴钼催化剂将气体中有机硫组分（COS、硫醇、噻吩、硫醚等）转化为 H_2S，然后，再用吸附剂去除无机硫，可将有机硫从 $(100 \sim 200)mL/m^3$ 降至小于 $0.1mL/m^3$。下面分别介绍钴钼加氢催化转化法和氧化铁法。

（1）钴钼加氢催化转化法

钴钼加氢催化转化是在钴钼催化剂作用下，控制温度 380℃，使绝大部分有机硫加氢转化为 H_2S，随后，再与干法吸附剂串联进一步脱除 H_2S 的过程。钴钼加氢催化剂以 Al_2O_3 为载体，负载氧化钴（CoO，Co 含量为 1%～6%）和三氧化钼（MoO_3，Mo 含量为 6%～13%），外观呈黑褐色，使用前需将其硫化才有活性。

催化剂硫化反应：一般以 H_2S 为硫化介质，发生式(7-29) 和式(7-30) 的反应，使氧化钴和氧化钼转化为有活性的硫化钴和硫化钼。

$$MoO_3 + 2H_2S + H_2 \Longrightarrow MoS_2 + 3H_2O \tag{7-29}$$

$$9CoO + 8H_2S + H_2 \Longrightarrow Co_9S_8 + 9H_2O \tag{7-30}$$

有机硫加氢转化为 H_2S 反应：式(7-31)～式(7-34) 分别为硫醇、硫醚、二硫化碳等加氢生成硫化氢。

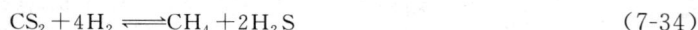

$$RSH + H_2 \Longrightarrow RH + H_2S \tag{7-31}$$

$$RSR' + 2H_2 \Longrightarrow RH + H_2S + R'H \tag{7-32}$$

$$C_4H_4S + 4H_2 \Longrightarrow C_4H_{10} + H_2S \tag{7-33}$$

$$CS_2 + 4H_2 \Longrightarrow CH_4 + 2H_2S \tag{7-34}$$

粗合成气中有机硫先经钴钼加氢催化转化为 H_2S，然后，再串联固体吸附剂（如氧化锌、活性炭等）脱除 H_2S。一般钴钼加氢有机硫催化转化法和氧化锌法联用可将有机硫从 $(100\sim200)mL/m^3$ 降至小于 $0.1mL/m^3$，达到精脱硫的目的。

(2) 氧化铁法

氧化铁脱硫剂是由铁屑或木屑、熟石灰拌水调制成以 Fe_2O_3 水合物为活性组分的吸附剂，与 H_2S 发生反应生成硫化铁（Fe_2S_3）达到脱硫目的；脱硫后的吸附剂可用氧化法使 Fe_2S_3 转化 Fe_2O_3 和 S，再经水合得以再生，反应原理见式(7-35)～式(7-37)。

主反应
$$2Fe(OH)_3 + 3H_2S \Longrightarrow Fe_2S_3 + 6H_2O \tag{7-35}$$

再生反应
$$2Fe_2S_3 + 3O_2 \Longrightarrow 2Fe_2O_3 + 6S \tag{7-36}$$

水合反应
$$Fe_2O_3 + 3H_2O \Longrightarrow 2Fe(OH)_3 \tag{7-37}$$

目前工业中应用最多的是 Fe_2O_3 常温脱硫和高温脱硫，常温氧化铁脱硫是可逆反应，最适宜温度 30℃，接触时间 100s，脱硫层内气体流速一般为 $7\sim10mm/s$，用蒸汽再生；近几年研制出的高温氧化铁脱硫剂中添加了氧化锰和氧化铜等促进剂，具有转化和吸收双功能，可使 RSH、RSR'、COS 和 C_2S 等有机物发生氢解作用转化成 H_2S 后被吸附，分别生成 Fe_2S_3、MnS 和 ZnS，适宜温度 $250\sim350℃$。总之，干法脱硫精度高，可将硫化物脱至 $0.1\sim0.5mL/m^3$。但脱硫设备组庞大，脱硫剂更换工作烦琐，再生耗能高，工业应用受限，因此，该法仅适用于对脱硫精度要求高的生产过程。

7.3.2 一氧化碳变换

一氧化碳变换是指在催化剂的作用下，一氧化碳和水蒸气反应生成氢气和二氧化碳的过程。通过变换反应可产生更多氢气，同时降低一氧化碳含量，用于调节 H_2/CO 比例，满足不同生产需要。

1. 基本原理

(1) 一氧化碳变换反应及其热力学分析

一氧化碳变换反应方程式为

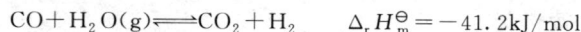

$$CO + H_2O(g) \Longrightarrow CO_2 + H_2 \qquad \Delta_r H_m^\ominus = -41.2kJ/mol$$

该反应为可逆放热等体积反应，反应热随着温度升高而减小。影响变换反应化学平衡的主要因素有温度、蒸汽用量和压力。

① 温度的影响 对于变换反应，平衡常数随温度的降低而增大，高温不利于一氧化碳平衡含量的降低，温度越低，CO 转化越完全，反应达到平衡时变换气中 CO 含量越少。

② 蒸汽用量的影响　增加蒸汽用量，可以使变换反应向生成 H_2 和 CO_2 的方向转移，提高变换率，但蒸汽用量过大，变换率增加并不显著，却增加了蒸汽消耗，同时还会使催化床温度难以维持。

③ 压力的影响　变换反应是等分子反应，反应前后气体体积不变。在目前的工业操作条件范围内，压力对反应的化学平衡无显著的影响。

（2）催化剂

无催化剂变换反应的反应速率很慢，采用催化剂，降低其反应活化能，使反应在不太高的温度下有足够快的反应速率和较高的转化率。目前工业上变换反应采用的催化剂有三大类。

① 铁系催化剂　铁系催化剂主成分为 Fe_2O_3，促进剂有 Cr_2O_3 和 K_2CO_3，使用前要还原成 Fe_3O_4 才有活性。使用温度范围为 $320\sim530℃$，称为中温或高温变换催化剂。由于操作温度较高，受化学平衡的影响，反应后气体中残余 CO 含量最低为 $3\%\sim4\%$。为了减少有害元素 Cr 的影响，国内开发出了无铬或低铬变换催化剂，如 B117 中变催化剂。

② 铜系催化剂　其主成分是 CuO，促进剂为 ZnO，稳定剂为 Al_2O_3，使用前要还原成细小微晶铜粒才具有活性。铜基催化剂使用温度范围为 $180\sim260℃$，称为低温变换催化剂。由于铜基催化剂活性高，当粗合成气中 CO 含量高时，应先经高温变换将 CO 降至 3% 左右，再串联铜基催化剂变换，反应后 CO 可降至 $0.2\%\sim0.3\%$，以防剧烈放热而烧坏铜基催化剂。另外，铜基催化剂对硫、氯杂质特别敏感，易中毒失活，所以气体中硫化物的总含量不得超过 $1mL/m^3$，氯化物应在 $0.03mL/m^3$ 以下。

③ 钴钼耐硫催化剂　其主成分是 Mo_2O_3、CoO，载体是 Al_2O_3，使用前需将其硫化为 MoS_2 和 CoS 才有活性。另外，反应中粗合成气必须含硫化物，否则易出现反硫化现象，导致催化剂活性下降。适用温度范围为 $160\sim500℃$，属于宽温变换催化剂，其特点是耐硫抗毒，使用寿命长。

（3）反应动力学及其影响因素

有催化剂存在时变换反应分两步进行：第一步，水分子首先被催化剂的活性表面吸附，并分解成吸附态的氧原子和氢分子，氧在催化剂表面形成氧原子吸附层，氢进入气相中；第二步，一氧化碳撞击到氧原子层时，即被氧化成二氧化碳，随后离开催化剂表面进入气相。不同催化剂，其动力学方程不同。例如：

铁铬系中温变换催化剂的本征动力学方程：

$$r = k_1 p^{0.5} \left[y(CO)y(H_2O) - \frac{y(CO_2)y(H_2)}{K_p} \right] \tag{7-38}$$

铜基低温变换催化剂的本征动力学方程：

$$r = k_1 p \left[y(CO)y(H_2O) - \frac{y(CO_2)y(H_2)}{K_p} \right] \tag{7-39}$$

钴钼系宽温耐硫变换催化剂宏观动力学方程：

$$r = k_1 y^{0.6}(CO)y(H_2O)y^{-0.3}(CO_2)y^{-0.8}(H_2) \left[1 - \frac{y(CO_2)y(H_2)}{K_y y(CO)y(H_2O)} \right] \tag{7-40}$$

式中，r 为瞬时反应速率；k_1 为正反应速率常数；p 为总压；K_p 和 K_y 为平衡常数；$y(CO)$、$y(CO_2)$、$y(H_2O)$、$y(H_2)$ 分别为 CO、CO_2、H_2O、H_2 的摩尔分数。

从动力学方程可知，影响变换反应速率的因素主要包括压力、水蒸气用量和温度等。

① 压力　加压可提高反应物分压，增加反应物之间的碰撞机会，加快反应速率。结果表明在 3.0MPa 以下，反应速率与压力的平方根成正比，压力再高，影响就不明显了。

② 水蒸气用量　水蒸气用量决定了水碳比（H_2O/CO 分子比），该水碳比对反应速率的影响规律与其对平衡转化率的影响相似。在水碳比低于 4 时，可使反应速率增长较快；水碳比大于 4 后，反应速率增长就不明显了。

③ 温度　对于可逆放热的变换反应，温度升高，反应速率常数增大，开始时反应速率增加，但随着温度升高，平衡常数减小，反应趋于平衡，反应速率变慢，因此对特定的催化剂和一定的气体组成，存在一个反应速率的最大峰值，与其对应的温度称为最佳温度。不同的气体组成对应着相对的最佳温度曲线，当催化剂和原料气组成一定时，最佳温度随转化率的升高而降低，如图 7-14 所示。最佳温度曲线与反应平衡曲线的关系也同时呈现在图 7-15 中。若操作温度随着反应进程能沿着最佳温度曲线由高温向低温变化，则整个过程始终处于最快的反应速率，即当催化剂用量一定时，可以在最短时间内达到较高的转化率；或者说达到规定的最终转化率所需的催化剂用量最少，反应器的生产强度最高。

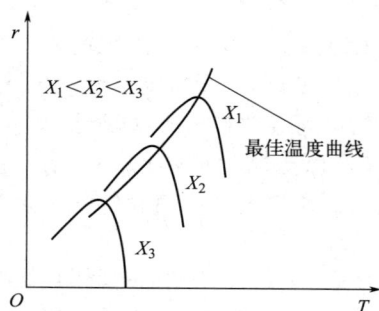

图 7-14　可逆放热反应速率与温度的关系

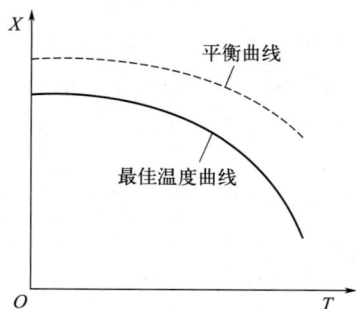

图 7-15　可逆放热反应的 T-X 关系

2. 反应器及操作条件

（1）反应器

对于气固催化反应，如果催化剂活性持续时间长、短时间内不需要再生，催化剂内扩散和传热效果好，采用大颗粒催化剂不出现颗粒内过热问题，应该首选结构和操作最简单的固定床反应器。一氧化碳变换反应具备这样的条件，铁系、铜系和钴钼系变换催化剂均可以连续使用 2～3 年，甚至更长，且可采用 4～9mm 的大颗粒，因此工业上一直采用固定床变换反应器。根据热力学和动力学分析，可逆放热的变换反应最佳状态应该是沿着图 7-15 所示的最佳温度曲线进行，因此随着反应的进行需要移热降温，工业上固定床变换炉的型式的区别就在于移热方式的不同。

① 段间换热绝热反应器

a. 段间间接冷却式多段绝热反应器。图 7-16（a）为反应气体引到热交换器进行间接换热降温的绝热反应器及操作温度线，在实际操作温度变化线 EFGH 中，图中 E 点是原料气入口温度，一般比催化剂的起活温度高 20℃，反应器第 I 段中为绝热反应，温度快速直线上升，当穿过最佳温度曲线后，与平衡曲线越来越近，反应速率明显下降，如继续反应到平衡曲线上 F' 点，需要时间较长，而且此时的平衡转化率并不高。因此当反应进行到 F 点时，将反应气体引出至段间冷却器进行降温，反应暂停，降温线是水平的 FG，转化率不变，G 点温度不应低于催化剂活性温度下限。然后再进入第 II 段反应，可以接近最佳温度曲线，以较高的反应速率达到较高的转化率。图 7-16（b）中虚线表示三段的操作曲线，说明当段数增多时，操作温度更接近最佳温度曲线。

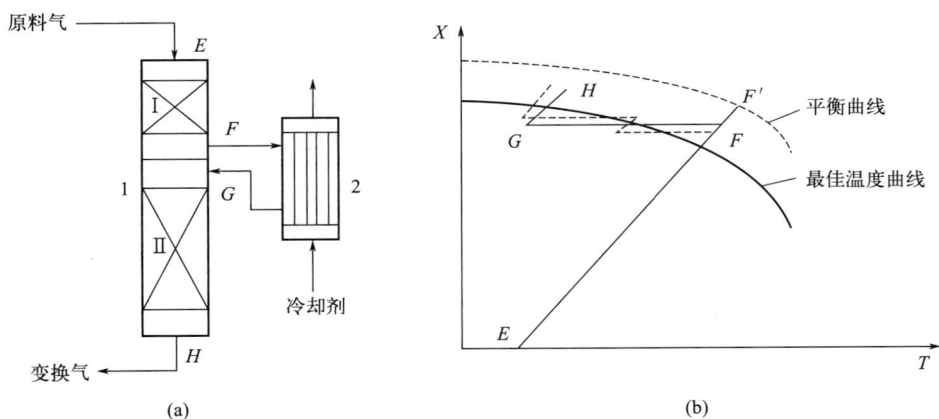

图 7-16　段间间接冷却式两段绝热反应器（a）及操作温度线（b）示意图

1—反应器；2—段间冷却器；*EFGH*—操作温度线

　　b. 原料气冷激式多段绝热反应器。图 7-17 是在段间向反应器内添加冷原料气进行直接冷激降温的变换炉型式及操作温度线，在操作温度变化线 *EFGH* 中，*FG* 是冷激线，冷激过程无反应，但因添加了冷原料气，二段反应物 CO 的初始浓度增加，CO 转化率相对降低。因此，在相同转换率要求条件下，需要增加催化剂用量。冷激式的流程简单，不需要换热器，原料气也有一部分不需要预热。

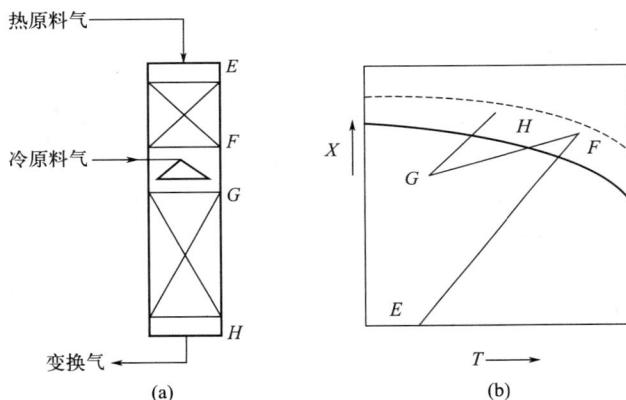

图 7-17　原料气冷激式两段绝热反应器（a）及操作温度线（b）示意图

　　c. 水蒸气或冷凝水冷激式多段绝热反应器。图 7-18 是采用反应物水蒸气为冷激剂，进行段间冷却降温的变换炉型及操作温度线。水蒸气比热容大，降温效果好；若用系统中冷凝水作冷激剂，水汽化吸热，潜热大于显热，冷却效果更好。用水蒸气或冷凝水作冷激剂，系统水碳比增高，对反应平衡和反应速率都有影响，因此，第 I 段和第 II 段床层的平衡曲线和最佳反应温度曲线是不连续的。冷激前后反应物 CO 的量没有改变，转化率不变，所以冷激线 *FG* 是一水平线。

　　以上三种变换炉均为多段式反应器，具体段数由水煤气中 CO 含量、要求的转化率、催化剂活性温度范围等因素决定。对于合成气用于生产甲醇、燃料油（如费-托合成制油）和甲烷等时需要 CO，气体中 CO 只需部分变换即可，此时变换炉的段数一般为 1～2 段，采用铁系中温变换催化剂，较高温度下反应速率快；合成气生产氨时，CO 需完全变换，变换炉

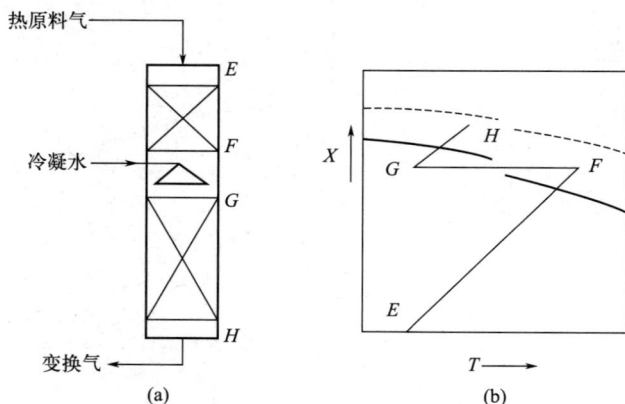

图 7-18 水冷激式两段绝热反应器示意图 (a) 及操作温度线 (b)

的段数一般为 3 段以上，甚至还需要在铁系催化剂中变换后串联低变，以尽可能降低变换气中的 CO 含量。

② 连续移热等温反应器　这是一种将换热管埋入催化剂床层内，通过管内水蒸发连续移热的变换炉型式，工业上俗称等温变换炉。与绝热变换炉相比，连续移热变换炉操作温度可以控制在最佳温度曲线附近，与平衡温度距离加大，平均反应速率增大，同等条件下催化剂使用量最少，操作温度在 $220\sim280℃$。图 7-19 是径向等温变换炉结构示意图，由外筒和催化剂框、双套管换热管组件及蒸汽汽包组成。粗合成气先进入催化剂筐与炉外筒间的环隙，径向穿过催化剂床层，发生 CO 变换反应，反应热被分布于催化剂床层中换热管内的水带出，反应后气体由中心管汇集送出变换炉。汽包内锅炉水由汽包底部进入变换炉水室，经薄管板分布进入各换热管的内套管，在重力作用下向下流动并与外套管内水汽换热升温，

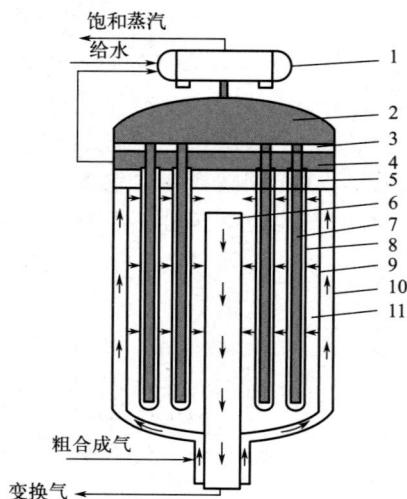

图 7-19　径向等温变换炉结构示意图

1—汽包；2—水室；3—薄管板；4—汽室；5—厚管板；6—中心管；7—内套管；8—外套管；9—径向筐；10—壳体；11—催化剂

到达底部后折流向上，经外套管吸收变换反应热水温提高后汇集于汽室，向上进入汽包，产生的蒸汽外送管网，水则循环进入变换炉。

（2）一氧化碳变换操作条件

影响变换反应的因素有温度、压力、水碳比（原料气中 H_2O/CO 的摩尔比）和空速等，确定适宜的操作条件是延长催化剂使用寿命、稳定生产的关键。

① 温度　变换反应温度的选择服从于所用催化剂的活性温度范围，反应开始温度一般应高于催化剂起始活性温度约 20℃，反应进程的温度应尽量沿着最佳温度曲线。对于采用低温变换催化剂的流程，为防止油污和水蒸气冷凝在催化剂上引起活性降低、床层阻力上升，反应温度的下限应根据气体中水蒸气含量来确定，需确保该温度高于系统压力下气体露点温度至少 30℃。随着催化剂使用时间延长，催化剂活性降低，操作温度应适当提高。

② 压力　压力对变换反应平衡没有影响，但加压有利于提高反应速率，减小反应器体积，但压力太高时效果不明显，能耗增加。一般中小型厂压力选取 0.8～1.8MPa，大型厂 3.0MPa。对于现行的加压气流床制合成气后续的一氧化碳变换反应过程，其操作压力要服从合成气制备装置的压力等级，一般在 4～8MPa。

③ 水碳比　增加水碳比，对反应平衡和反应速率均有利，能提高变换率，因此生产上均采用水蒸气过量。此外，过量水蒸气还可以抑制析炭和甲烷化等副反应发生，保证催化剂活性组分的稳定，起到热载体调节炉温的作用，使催化床的温升减小。但太高的水碳比会增加能耗。中温变换适宜的水碳比是 3～4，低温变换适宜的水碳比是 1.5～2.5。

④ 空速　空速的大小既决定催化剂的生产能力，又关系到变换率的高低。在保证一定变换率的前提下，催化剂活性好，反应速率快，可以采用较大的空速，充分发挥设备的生产能力。如果催化剂活性减弱，反应速率慢，空速太大，气体会因在催化剂层的停留时间太短，来不及反应而降低变换率，同时催化剂床层的温度也难以维持。操作压力的不同，空速不同，其范围在 600～1500h^{-1} 之间。

3. 工艺流程

工业上考虑反应热移出方式和所用催化剂，形成了不同变换工艺流程，包括中变工艺、低变工艺、中串低工艺。其中可根据转化率高低需要实施催化剂分段装填，构成多段段间换热的控温移热方式。工艺上常用的工艺流程有多段冷激的全中变流程、中-低-低流程、中串低流程、多段换热的全低变流程和连续移热全低变流程等。在此重点介绍多段变换中的全低变段间换热流程和连续移热流程。

(1) 全低变段间换热流程

图 7-20 所示为全低变设有饱和热水塔的流程，变换炉内分段装有钴钼耐硫变换催化剂。粗合成气首先进入饱和塔 1，气体与塔顶流下的热水逆流接触进行热量与质量传递，使粗合成气提温增湿。出塔气体进入气水分离器 2 分离夹带的液滴，并补充蒸汽使汽气比达到要求，混合气进入主热交换器 3，温度升至 180℃，进入变换炉 5 的 I 段。反应后温度升至

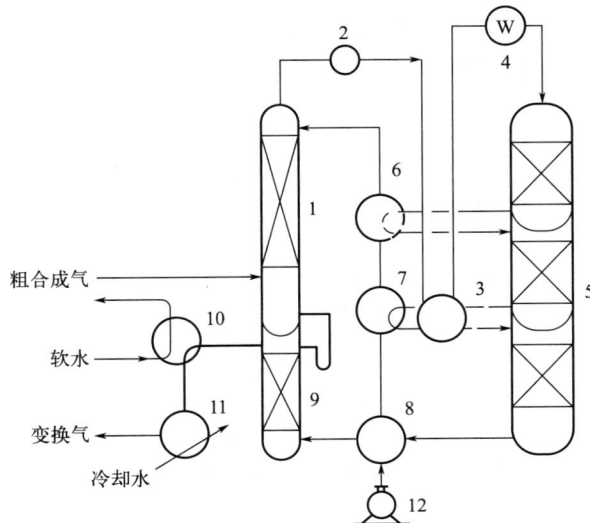

图 7-20　全低变段间换热工艺流程

1—饱和塔；2—分离器；3—主热交换器；4—电加热器；5—变换炉；6—段间换热器；7—第二水加热器；
8—第一水加热器；9—热水塔；10—软水加热器；11—冷凝器；12—热水泵

220℃左右出变换炉Ⅰ段，在段间换热器 6 与热水间接换热，而后进入Ⅱ段催化剂床层继续反应。反应后的气体出变换炉Ⅱ段，再与主热交换器 3 的粗合成气换热，继续进第二水加热器 7 降温后进入第Ⅲ段催化剂床层，反应后气体中 CO 含量降到 1%～1.5%（体积分数）离开变换炉 5。出变换炉的变换气经第一水加热器 8 回收热量后进入饱和热水塔 1 下部（热水塔），最后经软水加热器 10 换热，冷凝器 11 降温至常温后送后工序。

热水塔出来的水经循环水泵加压，依次经第一水加热器 8、第二水加热器 7、段间换热器 6 升温进入饱和热水塔 1 的上部，经塔内液体分布器均布于塔内，与塔内上升的低温粗合成气传质传热，降低温度后的水经"U"形管流至热水塔，再经热水塔液体分布器喷开与上升的高温变换气逆流接触，回收变换气中的热量，水温升高，循环使用。

上述三段变换炉主要用于合成氨中的一氧化碳变换过程，将粗合成气中的 CO 几乎全部变换为 H_2 和 CO_2。对于其他合成气产品，CO 变换率要求较低，可以设为单段或两段变换，并（或）通过改变空速和水气比，调控变换气中 CO 含量。变换率要求较低且粗合成气中水蒸气足够多时，可以不设饱和热水塔，通过加入少量水蒸气调节水碳比。

（2）连续移热变换工艺流程

连续移热变换工艺也称为等温变换，主要用于合成氨生产，其流程如图 7-21 所示。来自煤气化的高温粗合成气与来自管网的中压过热蒸汽混合，并喷入来自第一冷凝液分离器 10 的工艺冷凝水汽化调温，气体送入等温变换炉 2 下侧进入内外环隙，径向通过催化剂层，进行 CO 变换反应。反应热由蒸汽发生系统移出，汽包循环水由锅炉循环水泵 3 送入等温变换炉的换热管内，吸收了反应热的锅炉给水变为汽-水混合物返回汽包 4，经汽包分离出中压蒸汽去管网，水再入泵循环。等温变换炉 2 出口的变换气中 CO 干基摩尔分数（下同）为 1.48%。离开等温变换炉的变换气先后经过锅炉给水预热器 5、低压废锅 6、第一冷凝液分离器 10、脱盐水预热器 7、第二冷凝液分离器 11、生活水加热器 8、变换气水冷器 9 降温至40℃及第三冷凝液分离器 12 进行气液分离后，送往后工序。另外，第一冷凝液分离器排出

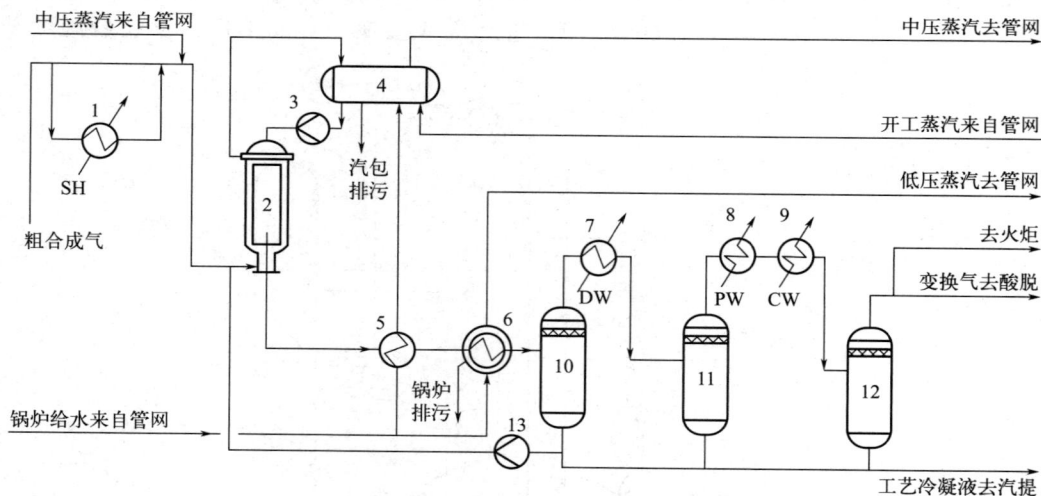

图 7-21　连续移热式 CO 变换工艺流程

1—开工加热器；2—等温变换炉；3—锅炉循环水泵；4—汽包；5—锅炉给水预热器；6—低压废锅；
7—脱盐水预热器；8—生活水加热器；9—变换气水冷器；10—第一冷凝液分离器；
11—第二冷凝液分离器；12—第三冷凝液分离器；13—工艺冷凝液泵

的部分工艺冷凝液经加压后返回变换炉入口，作为工艺补水，另一部分则与其他冷凝液分离器排出的工艺冷凝液合并送出，进行汽提处理。

7.3.3　二氧化碳脱除

经变换后的粗合成气中 CO_2 占比达 20% 以上，合成气用于氨合成或甲醇合成时均需要把 CO_2 脱除。工业上常用的脱除 CO_2 的方法为溶液吸收法，一类是循环吸收法，即溶液吸收 CO_2 后经再生塔解吸出来，再生后的溶液循环使用；另一类是联合吸收法，将吸收 CO_2 与生产产品联合进行，例如碳铵和联碱的生产过程。

循环吸收法根据吸收原理不同，分为物理、化学和物理化学吸收法三种。化学吸收法大多是用碱性溶液为吸收剂中和酸性气体 CO_2，采用加热再生，释放出溶液中的 CO_2，常用方法有氨水法、改良热钾碱法（如本菲尔特法）等。物理吸收法一般用水或有机溶剂为吸收剂，利用 CO_2 比 H_2 和 N_2 在吸收剂中溶解度大的特性除去 CO_2，再生依靠简单的闪蒸解吸和汽提放出 CO_2，通常有低温甲醇法、聚乙二醇二甲醚法（NHD 法）。物理化学吸收法兼有物理吸收和化学吸收的特点，如环丁砜法、甲基二乙醇胺法（MDEA 法）等。近年来，除吸收法外，变压吸附法（PSA 法）也得到了推广应用，变压吸附技术利用固体吸附剂在加压条件下吸附 CO_2，使气体得到净化，吸附剂通过减压再生，析出 CO_2。

本节主要以聚乙二醇二甲醚法（NHD 法）、碳酸钾法和固体吸附法（PSA 法）为例，介绍其脱碳原理、操作条件的选择以及其工艺流程。

1. 聚乙二醇二甲醚法（NHD 法）

聚乙二醇二甲醚（NHD）溶剂分子结构为 $CH_3—O—(C_2H_4O)_n—CH_3$，具有蒸气压低、挥发损失小、热稳定性好，不起泡、不降解、无副反应，对碳钢无腐蚀，无毒等特点。

（1）基本原理

硫化氢、二氧化碳在 NHD 溶剂中有一定溶解度，且溶解度随温度的降低而增大，同时氢气、氮气、一氧化碳、甲烷等有效气体在其中的溶解度较低。具有既能大量脱除二氧化碳，又能将硫化物脱除到微量，同时氢气、氮气、一氧化碳、甲烷等有效气体损失很少的特征。

（2）操作条件

① 压力　压力增大，CO_2 在 NHD 中的溶解度增大，吸收剂吸收能力增大，粗合成气中饱和水蒸气含量减少，提高气体净化度。但压力过高，设备投资、压缩机能耗增加。工业上一般选择的吸收压力为 1.6~7.0MPa。

② 温度　降低温度，CO_2 在 NHD 中的溶解度增大，又可以减少 H_2、N_2 等气体的溶解损失。升高温度，气体中饱和水蒸气增多，带入脱碳系统的水分增加，溶剂脱碳能力和气体的净化度降低。工业上一般 NHD 溶剂温度为 -5~-2℃。

③ 气液比　气液比是指单位时间进吸收塔的气体体积与进塔溶剂体积之比。当处理量一定时，气液比增大，所需溶剂量降低，输送溶剂能耗下降，但净化气质量变差，随气体带走的溶剂损失增大。生产中根据净化气质量要求调节适宜的气液比，一般为 6~15 之间。

（3）工艺流程

聚乙二醇二甲醚脱碳工艺流程如图 7-22 所示，变换气经气-气换热器 1 冷却后进入脱碳塔 3，与从塔顶喷淋下来的 NHD 溶剂进行逆流接触，气体中的 CO_2 被溶剂吸收，净化气从脱碳塔顶引出经气液分离器 4 分离液体后经气-气换热器回收冷量后送往后工序。

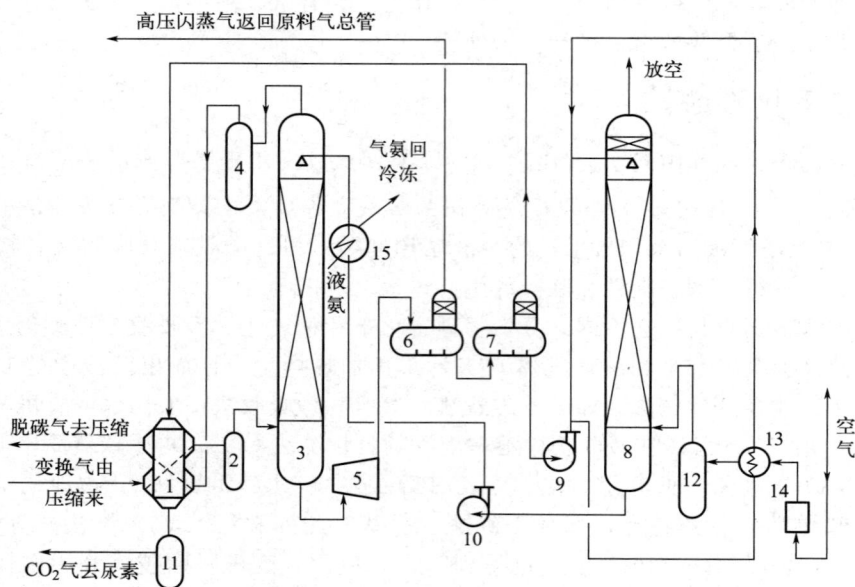

图 7-22　NHD 脱碳工艺流程

1—气-气换热器；2—气水分离器；3—脱碳塔；4—脱碳气液分离器；5—水力透平；6—高压闪蒸槽；
7—低压闪蒸槽；8—再生塔；9—富液泵；10—贫液泵；11—CO$_2$ 气液分离器；12—空气水分离器；
13—空气冷却器；14—空气鼓风机；15—氨冷凝器

从脱碳塔底部排出的富液经水力透平 5 回收能量并减压至 0.8MPa 左右送往高压闪蒸槽 6，由于高压闪蒸气中含 H$_2$、N$_2$ 较多，用循环压缩机加压后返回原料气总管。从高压闪蒸槽出来的溶剂经减压后送往低压闪蒸槽 7，闪蒸出高浓度的 CO$_2$（>98%）气体，经气-气换热器加热后再经 CO$_2$ 气液分离器 11 后送往尿素工序。从低压闪蒸槽出来的溶剂中由于还残留少量 CO$_2$，用富液泵 9 加压后送往再生塔 8 用 N$_2$ 或空气进行气提，气提后的贫液经贫液泵 10 加压、氨冷器 15 冷却降温后打入脱碳塔顶部。

2. 碳酸钾法脱碳原理

(1) 基本原理

碳酸钾水溶液脱除二氧化碳原理如式(7-41) 所示，利用反应的可逆性实现 CO$_2$ 的吸收和解吸。吸收阶段，反应正向进行。再生时碳酸氢钾受热分解，析出二氧化碳，溶液复原后循环使用。

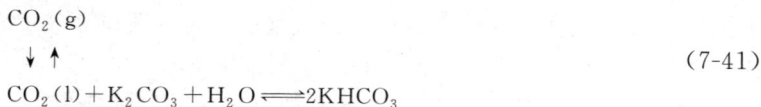

$$CO_2(g)$$
$$\downarrow\uparrow \tag{7-41}$$
$$CO_2(l) + K_2CO_3 + H_2O \rightleftharpoons 2KHCO_3$$

此反应在常温下很慢，没有工业应用的实际意义。把碳酸钾溶液加热到 $105\sim130℃$，加大溶液中碳酸氢钾的溶解度，加快了吸收二氧化碳的反应速率，进而提升其吸收能力，但在此温度下运行设备腐蚀严重，吸收速率仍不能满足生产要求，且净化度较低。因此，向热碳酸钾溶液中添加少量活化剂，催化 CO$_2$ 的吸收和解吸，加速吸收和再生过程，称为改良热钾碱法，根据活化剂种类不同，改良热钾碱法又分为本菲尔特法、复合催化法和空间位阻胺促进法等。

（2）操作条件

① 活化剂及浓度　添加活化剂可以改变CO_2与碳酸钾的反应机理，有效加快反应速率，加快吸收速率和降低反应温度。不同的活化剂其用量不同，如本菲尔特法中活化剂二乙醇胺（DEA）的含量为$2.5\%\sim5\%$。

② 碳酸钾浓度　溶液对CO_2的吸收能力受溶液中反应平衡的限制，提高碳酸钾的含量可以提高溶液对CO_2的吸收能力，同时也可以加快反应速率，吸收负荷相同时，溶液循环量可以减少。碳酸钾浓度的上限是其在系统温度下的溶解度，一般碳酸钾含量为$27\%\sim30\%$。

③ 压力　提高吸收压力可增加CO_2在溶液中的溶解度，加大溶液吸收的推动力，减少溶液循环量，从而缩小吸收设备的尺寸、提高气体净化度；但对于化学吸收，溶液的吸收能力主要受溶液中反应物的化学计量限制，压力的影响并不大，所以具体采用多大压力，主要由原料气体组成、要求的气体净化度以及后续的压力等来决定。例如以天然气为原料的合成氨流程中，吸收压力多为$2.7\sim2.8MPa$，以煤、焦为原料的合成氨流程中，吸收压力多为$1.0\sim2.0MPa$。再生压力越低，越有利于CO_2再生完全。

④ 温度　提高吸收温度可增大吸收系数，但会降低吸收的推动力。通常在保持足够推动力前提下，尽量将吸收温度提高到与再生温度相同或接近，以节省再生能耗。在两段吸收、两段再生流程中，半贫液的温度和再生塔中部温度几乎相等，为$110\sim115℃$，取决于再生操作压力；而贫液温度则根据吸收压力和所要求的净化气中剩余的CO_2含量来确定，通常为$70\sim80℃$。

（3）工艺流程

热钾碱法脱除CO_2的二段吸收二段再生工艺流程见图7-23，粗合成气从吸收塔1底部进入与从塔中部加入的半贫液逆流接触，脱除部分CO_2后经上升管进入吸收塔上段与塔顶加入的贫液接触，进一步脱除上升气中的CO_2，净化后的合成气从塔顶出来经气液分离器2分离出夹带的液滴后送后工序。

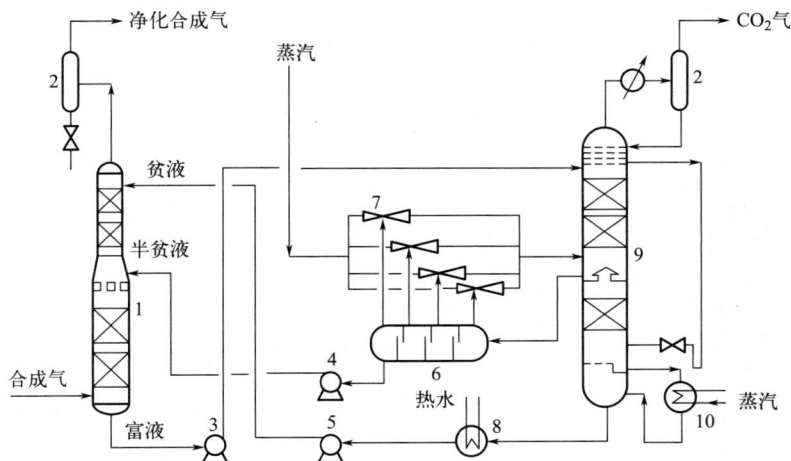

图7-23　节能型热钾碱法脱碳流程图

1—吸收塔；2—气液分离器；3—富液泵；4—半贫液泵；5—贫液泵；6—闪蒸器；
7—蒸汽喷射器；8—锅炉给水预热器；9—再生塔；10—再沸器

吸收CO_2后的富液经富液泵3输送至再生塔9顶部进行吸收液的再生，从再生塔中部引出半贫液至闪蒸器6，解吸出的CO_2与水蒸气共同进入再生塔9中部，降温后的半贫液经半贫液泵 4 送至吸收塔 1 中部，吸收粗合成气的 CO_2。再生塔 9 底部出来的是 CO_2 含量非常低的贫液，降温后经贫液泵 5 送至吸收塔顶部，可保证净化气的高度净化。再生塔塔底温度 120℃，由再沸器 10 加热。

3. 固体吸附法

固体吸附法根据操作条件又分变温吸附和变压吸附，在脱碳中变压吸附应用较为成熟。

变压吸附法（PSA）是指在一定压力下以多孔固体吸附剂对混合气体中某组分进行选择性吸附的过程，具有对特定气体的吸附量随压力增加而增大，随压力降低而减小的特性。PSA 用于吸附 CO_2 的吸附剂有活性氧化铝、碳分子筛、活性炭、硅胶或沸石分子筛等。目前，变压吸附法分离回收 CO_2 技术主要用于合成氨过程中变换气中 CO_2 的脱除和回收。

变换气在一定压力下通过吸附剂床层，其中相对高沸点组分 CO_2、CH_4、CO、H_2S 和部分有机硫等被选择性吸附，低沸点组分 H_2 和 N_2 不易被吸附而通过吸附剂床层，达到 H_2 和 N_2 组分和其他杂质组分分离的目的，脱除 CO_2 和其他微量杂质的氮氢混合气送入下一工序。PSA 脱碳技术流程简单，操作方便，设备无腐蚀，能耗低及运行费用低，净化度高，氢氮气中 CO_2 含量≤0.2%。该法能吸附大部分 CH_4、H_2S 和有机硫，脱碳后 CH_4 含量可降到 0.2%～0.4%，H_2S 含量可降至 $0.5mg/m^3$，有机硫除 COS 外可全部除去。

图 7-24 是 8 个吸附塔组成的变压吸附脱碳工艺流程。自前工序送来的 0.70MPa、25～40℃ 的变换气进入气水分离器 1，在气水分离器中分离气体中夹带的液体，再经原料气流量计计量后，进入由 8 个吸附塔及一系列程控阀组成的变压吸附系统（3 塔同时进气、6 次均压、抽真空解吸）。变换气自下而上通过 3 个正处于吸附状态的吸附塔，由其内部的吸附剂进行选择性的吸附，除氢、氮气以外的 CO_2 等杂质组分被吸附，塔顶获得较为纯净的氢、氮气，经计量后送入下一工序。其余 5 个吸附塔分别进行其他步骤的操作，8 个吸附塔交替循环工作，时间上相互交错，以此达到整体的连续操作。每个吸附塔依次经过吸附、顺放、6 次均压降、逆放、抽真空、6 次均压升、最终充压等 16 个操作步骤完成一个吸附循环。各塔在均压降过程中产生的顺放气（解吸气）进入回收系统。

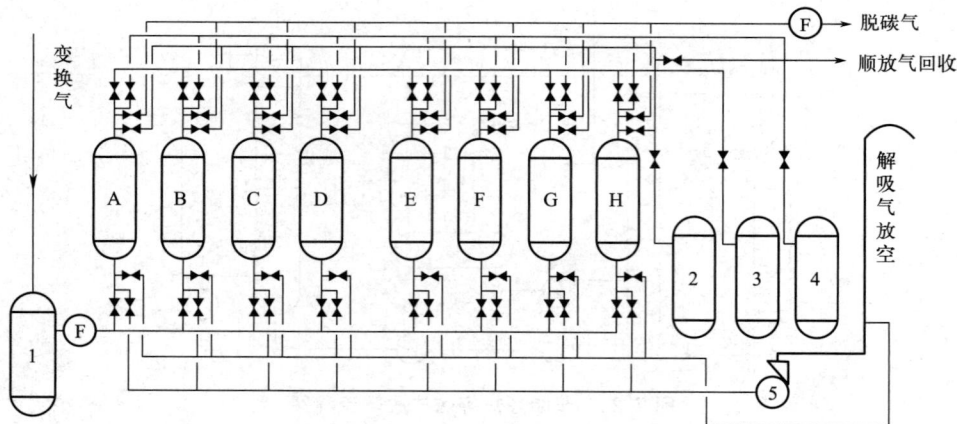

图 7-24　变压吸附法脱碳工艺流程

A～H—吸附塔（8 个）；1—气水分离器；2,3,4—均压罐；5—真空泵

7.3.4　同时脱硫脱碳工艺

针对粗合成气中含有酸性气体硫化氢和二氧化碳的特点，目前工业上采用同时脱除硫化物和二氧化碳的低温甲醇洗涤技术，以减少设备投资，降低生产成本。即以工业甲醇为吸收剂，利用其在低温下对粗合成气中的各组分气体溶解度的差异进行硫化氢和二氧化碳的脱除。

1. 基本原理

（1）吸收原理

甲醇对 CO_2、H_2S 和有机硫化物等酸性气体有较大的溶解能力，而 H_2、N_2 和 CO 在甲醇中的溶解度甚微，因而甲醇能从粗合成气中选择吸收 CO_2、H_2S 等酸性气体，H_2、N_2 和 CO 的损失很少。另外，压力升高、温度降低，二氧化碳和硫化氢在低温甲醇中（$-60 \sim -35℃$）的溶解度随温度降低而显著增大，而 H_2、N_2 和 CO 随温度的变化不大；再者，低温下甲醇蒸气压低，挥发损失少，因而所需的溶剂量较少，装置的设备也较小。该工艺气体净化度高，可将变换气中 CO_2 脱至小于 $10mL/m^3$，H_2S 小于 $0.1mL/m^3$。

（2）再生原理

溶解了一定量的 CO_2、H_2S、COS、CS_2 等气体后的甲醇，在减压加热的条件下，解吸出所溶解的气体，使甲醇得到再生，降温后循环使用。由于在一定条件下，H_2、N_2 等气体在甲醇中的溶解度最小，CO_2 次之，H_2S 最大，所以采用分级减压膨胀再生，可将 H_2、N_2 等气体首先从甲醇中解吸出来，予以回收；再适当控制再生压力，使大量二氧化碳解吸出来，硫化氢仍留在溶液中，最后再用减压、汽提或蒸馏等方法使硫化氢解吸出来。

2. 操作条件

（1）压力

吸收体系压力增大，可以提高甲醇中 CO_2 和 H_2S 的溶解度，但操作压力过高，增加输送动力，并对设备强度和材质要求高。实际设计中，可根据气化及后续工艺压力确定适宜的吸收操作压力。再生时压力越低越有利于 CO_2 和 H_2S 的解吸，实际工况大多选择多段减压闪蒸再生方式，解吸出溶解的少量氢气，分别再生出吸收的硫化氢和二氧化碳，同时达到各自回收的要求。

（2）温度

吸收体系的温度越低对 CO_2 和 H_2S 的溶解度越大，有利于吸收，同时低温时甲醇蒸气压较低，损失量较少。另外，$-30℃$ 时的甲醇黏度仍较小，易于操作。但温度过低，冷量损失大，能耗增加。对于低温甲醇洗法，操作温度一般控制在 $-30 \sim -70℃$。再生温度越高越有利于再生，其温度是再生压力条件下甲醇溶液的沸点。

（3）气液比

吸收塔的溶液量与进塔气体总量之比为气液比，降低吸收塔进液量可以降低能耗，但其净化能力降低，因此，应根据净化指标选择合适的气液比。

3. 工艺流程

低温甲醇溶液脱除硫化氢和二氧化碳可以在一个设备（洗涤塔）内完成，也可以在两个吸收塔内分别完成，流程设置取决于变换系统对原料气中硫化氢含量的要求，采用中低变催化剂的变换流程时对合成气脱硫要求严格，先用低温甲醇溶液脱硫，脱硫后进变换，在 CO

变换后再用低温甲醇溶液脱除二氧化碳，此工艺称为两步法吸收硫化氢和二氧化碳流程；采用耐硫变换催化剂的变换流程时对硫化氢净化度要求不高，可用低温甲醇溶液同时脱除变换后合成气中的 CO_2 和 H_2S，此工艺称为一步吸收硫化氢和二氧化碳流程。图 7-25 是一步法吸收 H_2S 和 CO_2 的低温甲醇法流程图，来自变换的原料气压力为 7.77MPa，温度为 40℃，为防止气体中的水蒸气在低温下结冰，气体中先注入少量甲醇，然后经换热器 6 降温到 −9℃左右进分离器 25，在分离器 25 中分离出冷凝液送甲醇-水蒸馏塔，气体即进入甲醇洗涤塔 1。

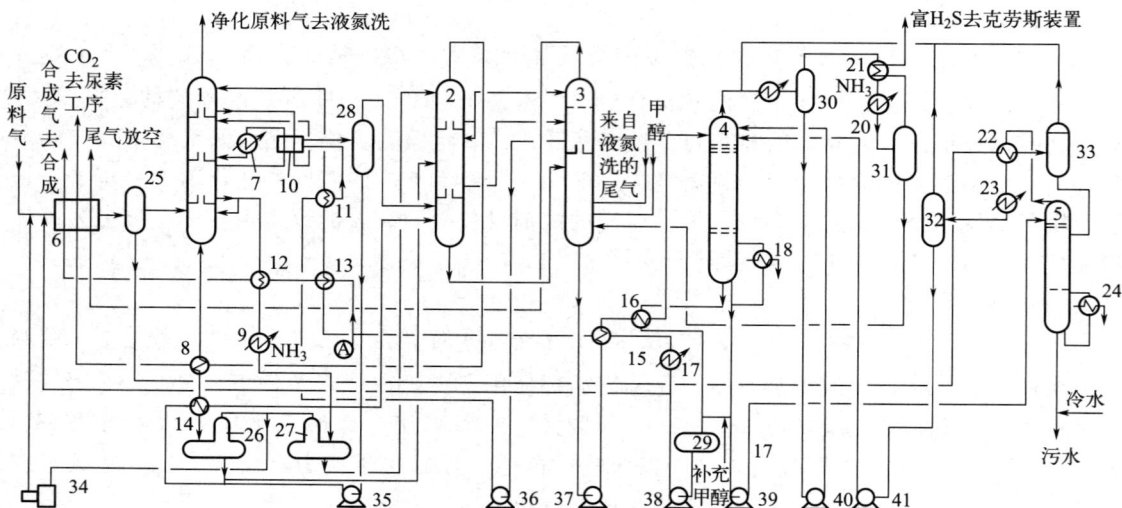

图 7-25　一步法吸收 H_2S 和 CO_2 的低温甲醇法流程图

1—甲醇洗涤塔；2—二氧化碳解吸塔；3—硫化氢浓缩塔；4—热再生塔；5—甲醇-水蒸馏塔；6~24—换热器；
25—分离器；26~33—闪蒸器；34—压缩机；35~41—泵；A—来自液氮洗的合成气

甲醇洗涤塔 1 分上、下两部分共四段。下塔脱硫段，用含 CO_2 的甲醇富液脱除变换气中的硫化物，使（H_2S+COS）<0.1mL/m³，脱除 H_2S 的同时也吸收少量 CO_2，溶液的温升较小。上塔三段，用于脱除 CO_2，使净化气中 CO_2 含量小于 10mL/m³。从甲醇洗涤塔上来已脱除 H_2S 的气体与塔顶加入再生彻底的低温（−57℃）甲醇贫液逆流接触，CO_2 被吸收，从塔顶出来的净化气送液氮洗工序。为及时移出吸收热，使 CO_2 的吸收得以有效进行，吸收过程中又两次将溶液引出，冷却至 −44℃。

吸收了 H_2S 的甲醇富液从洗涤塔 1 下塔排出，经换热器 8、14 将富液冷却至 −33℃，然后进闪蒸器 26，闪蒸回收氢气；吸收了 CO_2 基本不含硫化物的甲醇富液温度为 −11℃从上塔的底部引出，经氨冷器 12 和换热器 9 降温至 −33℃左右，经减压（约 2.3MPa）进闪蒸器 27 中闪蒸回收 H_2，两股回收的氢气经压缩机 34 加压送回原料气管线。从闪蒸罐 26 和 27 来的液体进一步分别减压（约 0.3MPa）再分别送入二氧化碳解吸塔 2 的中部和顶部，顶部闪蒸解吸出 CO_2 产品气。含硫的甲醇进中部解吸时释放出来的硫化氢用顶部加入的不含硫的甲醇吸收，以保证 CO_2 产品气中的硫含量<1mL/m³。

硫化氢浓缩塔 3 的作用是进一步除去溶解在甲醇中的 CO_2。从二氧化碳解吸塔 2 出来的甲醇靠自身压力进入硫化氢浓缩塔 3 下段上部，进一步用氮气汽提再生，解吸出溶解的硫化氢和二氧化碳；二氧化碳解吸塔 2 中部出来的甲醇溶液进入硫化氢浓缩塔的上塔下部，解吸出溶解的二氧化碳和硫化氢。为回收硫化氢用二氧化碳解吸塔上段送来的甲醇溶液（只含二氧化碳）吸收硫化氢。从硫化氢浓缩塔塔顶排出的含二氧化碳和氮气的气体经回收冷量后放空排放。

从硫化氢浓缩塔中部出来的溶液温度最低（$-62℃$），而且还含有约 20% 的 CO_2，可用于控制洗涤塔精洗段甲醇贫液的温度（到 $-57℃$）。回收冷量后溶液本身温度升高，再送二氧化碳解吸塔底部，进一步闪蒸解吸回收 CO_2。含硫的甲醇在硫化氢浓缩塔汽提再生时放出 H_2S，可用加入的不含硫的甲醇吸收，以使排放尾气中的硫含量达标。由硫化氢浓缩塔底部出来的溶液，用泵送出，经 2 个换热器回收冷量后进入热再生塔 4。

热再生塔 4 用于使甲醇彻底再生，同时分离出 H_2S。热再生塔底部设有再沸器，顶部设有冷却冷凝器。再沸器中用蒸汽加热使溶液沸腾，产生的甲醇蒸气用于汽提，使溶液彻底再生。塔底出来的甲醇贫液，一小部分送甲醇-水蒸馏塔 5 作为回流液，大部分经冷却后送洗涤塔顶部精洗段。塔顶出来的气体，经冷却、冷凝、分离后，液相甲醇用作回流液，而气相 H_2S 馏分回收冷量后可送往硫回收装置。甲醇-水蒸馏塔用于分离甲醇和水。塔底排出的废水基本上不含甲醇。塔顶出去的甲醇蒸气也可不经冷却，直接送往热再生塔 4 作为气体介质。系统中各换热器组成换热网络，以保证有关的操作条件并回收冷量，氨冷器用于补充冷量。

7.4 合成氨和尿素的生产工艺

7.4.1 合成氨原料气精制工艺

合成氨原料气的有效组成为 N_2 和 H_2，经过变换和酸性气体脱除工序后的气体中仍含有少量的 CO 和 CO_2 等，它们会导致氨合成催化剂暂时性中毒，工艺上要求把它们脱除到 $10mL/m^3$ 以下，这一过程称为合成气精制。合成氨原料气精制方法有液氮洗涤法、甲烷化法和高碳烃化法等。本节主要介绍液氮洗涤法和甲烷化法。

1. 液氮洗涤法

（1）基本原理

液氮洗涤法是一种深冷分离法，属于物理过程。合成氨原料气体进液氮洗涤之前，用分子筛吸附极性较大的微量二氧化碳和甲醇，非极性的氢气不被吸附，达到净化二氧化碳的目的；脱除了二氧化碳后的气体，用液氮在低温下将少量 CO、CO_2、Ar 和 CH_4 脱除，从而使合成气中 CO 和 CO_2 含量降至 $10mL/m^3$ 以下，甲烷和氩降低至 $100mL/m^3$ 以下。

影响液氮洗涤法的主要因素有：温度、压力和原料气成分等。洗涤液温度高吸收能力下降，温度低有利于净化，但冷量消耗大，能耗高，液氮洗涤装置适宜温度是 $-192℃$。在低温下原料气中甲醇、水和二氧化碳将凝结成固体，影响传热并堵塞管道及设备，因此原料气须先脱除水蒸气和二氧化碳等微量杂质。压力提高，CO 沸点升高，CO 在液氮中的溶解度增大，对吸收 CO 有利，但压力高对设备要求也高，氢的损失将会增大。设计流程原则是和氨合成等压，原料气不再另行加压。

（2）工艺流程

各种氮洗流程的主要区别在于洗涤操作压力、冷源的补充方法以及是否与空分装置联合。图 7-26 为日产 1000t 氨的氮洗空分联合流程，经过除尘的空气由离心压缩机加压到

0.57MPa，经氨冷却器 17 预冷到 5℃，再通过装有分子筛和硅胶的吸附器 18 把残余的 CO_2 和水分除去进入换热器 14，再去中压空分精馏塔。空气经过一次精馏后，塔顶可得压力为 0.51MPa、氧含量小于 $20mL/m^3$ 的纯氮，塔底为 35% 的富氧液体。

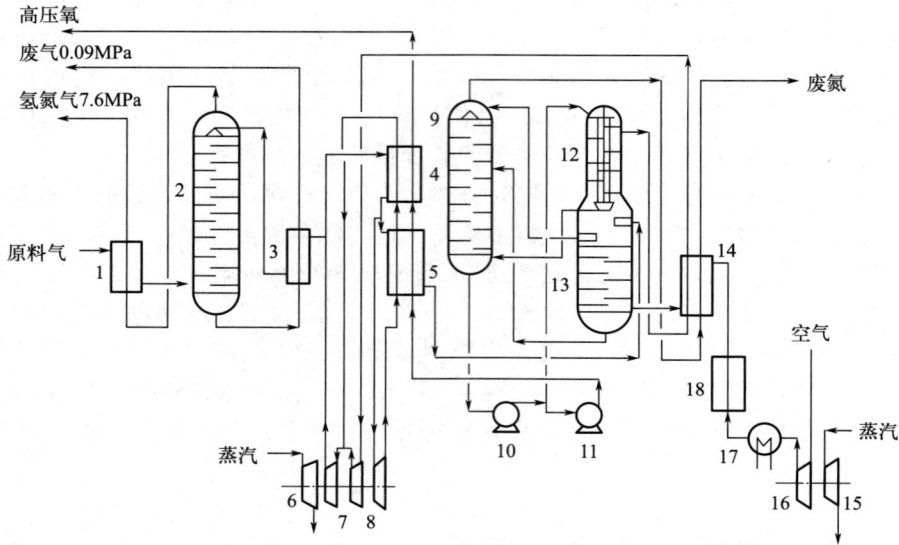

图 7-26　日产 1000t 氨的氮洗空分联合流程

1,3,4,5,14—换热器；2—氮洗塔；6,15—蒸汽透平；7,16—离心压缩机；8—透平膨胀机；9—低压空分精馏塔；
10,11—低压和高压液氧泵；12—冷凝蒸发器；13—中压空分精馏塔；17—氨冷却器；18—吸附器

富氧液体经过节流膨胀后加入低压空分精馏塔，在此得到的一部分液氧用低压液氧泵送到冷凝蒸发器管间，吸收管内侧氮蒸气冷凝热而气化；另一部分液氧再经高压液氧泵加压到 10.7MPa 通过换热器 5 和 4 回收冷量后作为产品氧气送出。

已经预处理的原料气在 5℃ 和 8.28MPa 压力下进入换热器 1，冷却到 $-190℃$，再去氮洗塔。塔顶有液氮加入，将原料气中的 CO、CH_4 和 Ar 等脱除后，即可得到 CO 含量在 $5mL/m^3$ 以下的氢氮混合气，塔底为含有 CO 的液氮。

在这个流程中液氮有三个作用：

① 作为除去 CO 等杂质的洗涤剂。

② 作为配制氢氮混合气的原料。

③ 冷冻量的主要补充来源。图 7-26 中可以看到从中压空分精馏塔所得纯氮经过离心压缩机加压到 8.16MPa，除一部分作为洗涤剂以外，另一部分先经换热器 4 冷却，然后在透平膨胀机 8 内膨胀至 2.25MPa 而获得冷量，于换热器 4、5 中冷却另一部分氮。

2. 甲烷化法

(1) 甲烷化法基本原理及特点

甲烷化是在催化剂作用下将合成气中含有的少量 CO 和 CO_2 与氢反应生成甲烷和水而达到精制的方法。主反应如式(7-42) 和式(7-43)，它们是甲烷蒸汽转化的逆反应。此法可将合成气中的碳氧化物总量脱至 $1×10^{-5}$（体积分数）以下。

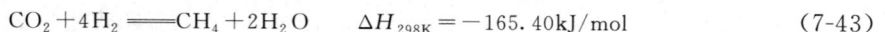

$$CO+3H_2 \Longrightarrow CH_4+H_2O \qquad \Delta H_{298K}=-206.24kJ/mol \qquad (7-42)$$

$$CO_2+4H_2 \Longrightarrow CH_4+2H_2O \qquad \Delta H_{298K}=-165.40kJ/mol \qquad (7-43)$$

甲烷化是体积缩小的反应，在一定温度下，提高压力，反应混合物中碳氧化物的平衡含量减少。甲烷化法所产生的 CH_4 对氨合成反应来说是惰性气体，含量高会降低有效气体氢气和氮气的分压，导致氨合成系统放空量增大。因此，该方法适用于脱碳后的氨合成原料气的精制，一般要求原料气中 $CO+CO_2<0.7\%$。

（2）催化剂

甲烷化反应系甲烷蒸汽转化反应的逆反应，所用的催化剂都是以镍为活性组分。为实现微量碳氧化物的转化，甲烷化反应需在较低温度下进行，为满足高活性要求，甲烷化催化剂中的镍含量要比甲烷蒸汽转化的高，一般为 $15\%\sim30\%$（以 Ni 计），有时还加入稀土元素作为促进剂。除预还原型催化剂外，甲烷化催化剂中的镍均以 NiO 存在，使用前需先以 H_2 或脱碳后的原料气还原。微量的硫、砷、卤素可使镍催化剂中毒，导致催化活性降低或失活。

（3）工艺流程

由计算可知，只需原料气中碳氧化物的含量在 $0.5\%\sim0.7\%$，甲烷化反应放出的热量就足以将进口气体预热到所需的温度（200℃以上）。因此，流程中只有甲烷化反应器、进出气体换热器和水冷却器，但考虑到催化剂升温还原以及原料气中碳氧化物含量的波动，尚需其他热源补充，按外加热量多少而分为两种流程，见图 7-27。

图 7-27（a）流程中原料气预热部分系由进出气换热器与外加热源（例如烃类转化流程用高变气或回收预热后的二段转化气）的换热器串联组成，该流程的缺点是开车时进出气换热器不能一开始就发挥作用，升温比较困难。图 7-27（b）流程则全部利用外加热源预热原料气，此反应器出来的气体用来预热锅炉给水。

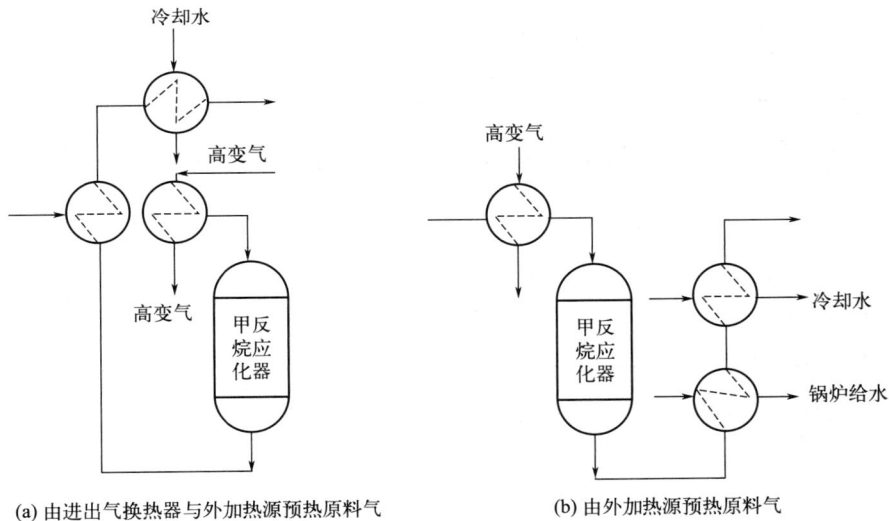

(a) 由进出气换热器与外加热源预热原料气　　　　(b) 由外加热源预热原料气

图 7-27　甲烷化法工艺流程图

7.4.2　合成氨生产工艺

氨在国民经济中占有重要地位，约有 80% 的氨用于制造化学肥料，20% 可以作为化工产品的原料。工业氨绝大部分来源于合成，统称合成氨，少部分来自炼焦副产物。合成氨是氢气和氮气在一定温度和压力及催化剂参与条件下制得的，精制后的合成气是目前氨合成原料的主要来源。用太阳能、风能等转为电能再电解水产生的"绿氢"生产"绿氨"也是合成氨的一个发展方向。本节介绍氨合成的基本原理及工艺流程。

1. 基本原理

(1) 氨合成反应及热力学分析

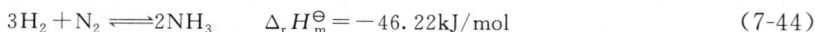

$$3H_2 + N_2 \rightleftharpoons 2NH_3 \qquad \Delta_r H_m^{\ominus} = -46.22\text{kJ/mol} \tag{7-44}$$

氨合成是放热、可逆、体积缩小和有催化剂参与的反应。其反应热与温度、压力有关，温度和压力越高，反应热越大。

常压下氨合成反应的平衡常数 K_p 为

$$K_p = \frac{p_{NH_3}}{p_{H_2}^{1.5} p_{N_2}^{0.5}} \tag{7-45}$$

式中，p_{NH_3}、p_{H_2} 和 p_{N_2} 为平衡状态下氨、氢、氮分压。

H_2、N_2、NH_3 三种组分组成的体系在高压下是非理想气体体系，高压下的平衡常数 K_p 不仅与温度、压力有关，还与体系组成有关，需用逸度来代替分压进行平衡计算。

$$K_f = \frac{f_{NH_3}}{f_{H_2}^{1.5} f_{N_2}^{0.5}} = \frac{r_{NH_3}}{r_{H_2}^{1.5} r_{N_2}^{0.5}} \times \frac{p_{NH_3}}{p_{H_2}^{1.5} p_{N_2}^{0.5}} = K_r K_p \tag{7-46}$$

式中，r_i、f_i 分别为平衡时各组分的逸度和逸度系数。

K_f 仅是温度的函数，随温度升高而减小。K_r 与温度和压力都有关，相同压力下，K_r 随温度的升高而增大；在同一温度下，随压力的增大而降低。K_f 和 K_r 都已知条件下，可根据公式(7-46)求得对应的 K_p，继而求出各组分的平衡分压或平衡浓度。

不同温度、压力下氨合成反应的平衡常数见表7-1。由此可见，降低温度，提高压力，平衡常数增大，反应向生成氨的方向移动。

表 7-1 不同温度、压力下氨合成反应的平衡常数

温度 /℃	压力					
	0.1MPa	10MPa	15MPa	20MPa	30MPa	40MPa
350	2.60×10^{-1}	2.98×10^{-1}	3.29×10^{-1}	3.52×10^{-1}	4.23×10^{-1}	5.14×10^{-1}
400	1.25×10^{-1}	1.38×10^{-1}	1.47×10^{-1}	1.58×10^{-1}	1.82×10^{-1}	2.11×10^{-1}
450	6.41×10^{-2}	7.13×10^{-2}	7.49×10^{-2}	7.90×10^{-2}	8.84×10^{-2}	9.96×10^{-2}
500	3.65×10^{-2}	3.99×10^{-2}	4.16×10^{-2}	4.34×10^{-2}	4.75×10^{-2}	5.23×10^{-2}
550	2.13×10^{-2}	2.39×10^{-2}	2.47×10^{-2}	2.56×10^{-2}	2.76×10^{-2}	2.99×10^{-2}

合成氨反应达到平衡时，混合气中 H_2、N_2、NH_3 及惰性气体（CH_4 和 Ar）的摩尔分数之和为1。若 $y_{H_2}^* / y_{N_2}^* = r$，则可推导出式(7-47)。

$$\frac{y_{NH_3}^*}{(1 - y_{NH_3}^* - y_{惰}^*)^2} = K_p p \frac{r^{1.5}}{(1+r)^2} \tag{7-47}$$

由此式即可求得平衡氨浓度 $y_{NH_3}^*$，式中 K_p 在高压下与压力和温度有关。当温度降低或压力增高时，K_p 增大，因而 $y_{NH_3}^*$ 增大。惰性气体的存在，会使平衡氨浓度明显降低。

当 $r = 3$ 时，上式可简化为：

$$\frac{y_{NH_3}^*}{(1 - y_{NH_3}^* - y_{惰}^*)^2} = 0.325 K_p p \tag{7-48}$$

由上式可知，氢氮比 r 对平衡含量有显著影响，如不考虑组成对平衡常数的影响，$r=3$ 时平衡氨含量具有最大值。考虑组成对平衡常数 K_p 的影响，具有最大 $y_{NH_3}^*$ 的氢氮比略小于 3，随压力而异，在 $2.68 \sim 2.90$ 之间。

综上所述，提高平衡氨含量的措施为降低温度，提高压力，保持氢氮比在 $2.68 \sim 2.90$ 范围，并减少惰性气体含量。

（2）动力学分析

氨合成反应的活化能很高，在无催化剂时反应几乎不发生。在适当的催化剂作用下，可以降低合成氨反应所需要的活化能，加快反应速率。

目前，铁基催化剂在合成氨催化剂中占主导地位，活性组分为 α-Fe，出厂时的主成分是三氧化二铁（Fe_2O_3）和氧化亚铁（FeO），此外还有结构性助催化剂三氧化二铝（Al_2O_3）、电子型促进剂氧化钾（K_2O）和氧化钙（CaO）等。催化剂使用前需要还原为 α-Fe，还原介质为氢气，载气为氮气。还原后的活性铁遇到空气会发生强烈的氧化反应，放出的热量能使催化剂烧结失去活性。因此，已还原的催化剂与空气接触之前要进行缓慢的氧化，使催化剂表面形成一层氧化铁保护膜。

在催化剂的作用下，氢气与氮气生成氨的反应属于气固催化反应，包括外扩散、内扩散和化学反应动力学等步骤。首先气相反应物氮气和氢气由气相主体扩散到催化剂外表面，其绝大部分自外表面向催化剂的毛细孔的内表面扩散，并在表面进行活性吸附。吸附态氮气离解出氮原子，然后逐步加氢，发生化学反应依次生成 NH、NH_2、NH_3，再由催化剂表面脱附后进入气相主体。其中，氮的活化吸附是控制步骤，是决定整个反应过程速率的关键。

工业反应器内实际的氨合成反应还需要考虑扩散对反应的影响。研究表明，工业操作条件下气体流速足以保证催化剂颗粒外表面的传递过程能够强烈进行，外扩散阻力可以忽略不计，但内扩散对反应速率有影响。在温度低于 380℃ 时，出口氨含量受催化剂粒度影响较小；超过 380℃ 后，出口氨含量受催化剂粒度影响显著，说明在氨合成的操作温度范围内（$400 \sim 500$℃）反应过程处于内扩散控制，因此应尽量减小催化剂的粒度。下面讨论影响氨合成反应速率的因素。

① 压力　从氨合成的反应机理可以得知，氮的吸附是控制步骤，其速率受到氮的分压影响，提高压力可增大氮的分压，有利于提高氮吸附速率，从而增大合成氨反应的速率。

② 温度　温度升高，加速了氮的活性吸附，同时又增加了吸附氮与氢的接触机会，合成氨反应速率加快。但是氨合成反应是一个可逆的强放热反应，与一氧化碳变换反应相似，温度对化学反应平衡和反应速率的影响是相互矛盾的，存在一个反应速率最佳温度曲线。反应过程应在催化剂活性温度范围内，尽可能沿着最佳温度曲线操作，使催化剂利用率最大化，氨产率最高。

③ 气体成分　原料气中惰性气体 CH_4、Ar 的存在降低了氢气和氮气的分压，从而降低反应速率，因此降低惰性气体含量，有利于提高反应速率。

④ 催化剂的活性　催化剂的活性是影响合成氨反应速率的关键因素之一，催化剂老化或中毒时，合成氨反应速率将减慢，甚至不能起到催化作用。

2. 操作条件及反应器

（1）操作条件

① 压力　在一定空速下，合成压力越高，出口氨浓度越高、氨净值（进、出合成氨塔氨含量之差）越高，合成氨产能越大。但压力越高气体压缩耗功也高，对设备材质和制造工

艺的要求也高。实践表明,合成压力在 13～30MPa 范围内是比较经济的。目前,我国中小型合成氨厂,生产中采用往复式压缩机,氨合成的操作压力为 30～32MPa;大型合成氨厂,采用蒸汽透平驱动的高压离心式压缩机,操作压力在 10～15MPa。

② 温度　理论上讲,氨合成反应按最佳温度曲线进行,反应速率最快,催化剂利用率最高,但实际生产中,受条件限制,不可能完全按照最佳温度曲线操作。例如,当进入合成塔的气体中初始氨含量为 4% 时,相应的最佳温度大于 600℃,就是说催化床入口温度应高于 600℃,这个温度已经超过了催化剂耐热温度(一般为 550℃),况且进入床层后的温度应逐渐降低,这显然是不可能的。所以,在催化床的前半段不可能按照最佳温度曲线操作,而是在气体温度达到催化剂起始活性温度的前提下(一般为 350～380℃)进入催化床,先进行一段绝热反应,靠自身的反应热升高温度,以达到最佳温度。

工业生产中,应严格控制催化床的两点温度,即床层进口温度(零米温度)和热点温度。零米温度应等于或略高于催化剂活性温度的下限,热点温度应小于催化剂使用上限。生产中,在催化剂使用后期,随着催化剂活性降低,应适当提高温度。工业上,氨合成操作温度应视催化剂型号而定,一般在 400～500℃ 范围内。

③ 合成塔进口气体组分　合成塔进口气体组成包括氢氮比、惰性气体含量和入塔氨含量。一般控制补充气体中甲烷含量小于 1%,循环气中甲烷含量小于 20%,氢氮比为 2.7～2.9,入塔氨含量小于 3.2%。

④ 空速　空速的选择涉及氨净值、合成氨塔生产强度、循环气量、系统压力降和反应热的合理利用等方面。一般操作压力为 30MPa 的中压法合成氨,空速在 20000～30000h^{-1} 之间,氨净值为 10%～15%。大型合成氨厂为充分利用反应热,降低功耗并延长催化剂使用寿命,通常采用较低的空速,如操作压力为 15MPa 的轴向冷激式合成氨塔,空速为 10000h^{-1},氨净值为 10%;而操作压力 26.9MPa 的径向冷激式合成氨塔,空速为 16200h^{-1},氨净值为 12.4%。

(2) 反应器

氨合成需要在高压、高温和催化剂存在的条件下进行,氢、氮对碳钢有明显的腐蚀作用。为适应氨合成反应条件,工业上氨合成塔通常由外筒和内件两部分组成,内件置于外筒内;铁系催化剂具有较好的氨合成反应活性,可采用较大粒度的催化剂,且在合成气净化符合要求的情况下,可以连续运行且保持反应活性 3 年以上,因此采用固定床反应器是最佳的选择,即内件中是装有催化剂的固定床。进入合成塔的合成气首先经过内件与外筒之间的环隙,温度较低的合成气起到隔离内件高温的作用,保证外筒始终处于低温,但将压力传递给外筒。因此,外筒主要承受高压,但不承受高温,可用普通低合金钢或优质低碳钢制成;内件承受高温,但不承受高压,可用薄钢板焊制。

氨合成是可逆放热反应,反应过程中需要及时移走反应热,使得反应在最佳温度曲线附近进行,但受到合成塔内件、外筒结构的影响,耐受高压的合成塔外筒壁不能焊接换热管,将反应气引出进行换热,所以移热过程只能在内件中进行。内件中不同的催化剂装填方式和换热方式就构成了不同的氨合成塔型式。根据换热方式,可分为换热管埋在催化床的连续换热式、多段绝热催化床段间间接换热式、多段绝热催化床段间原料气冷激换热式等;根据催化床内的气体流动方向,可分为轴向流动、径向流动和轴径向流动等多种形式。连续换热可以及时将热量移出,避免床层局部过热;原料气冷激可以减少换热器所占内件空间;径向反应器中气体流速慢,床层阻力降较小,可采用较小粒度的催化剂,以减小内扩散对反应速率的影响。

图 7-28 为 JR 型四段绝热轴径向氨合成塔的结构示意图，内件中设置四段催化剂层和三台换热器。催化剂层均为绝热层，分层装填气体不易偏流，层内无冷管，彻底消除了冷管效应。合成塔入口 100～120℃ 的气体，经内筒环隙加热到约 150℃ 进入合成塔底部换热器壳程，与反应后的约 450℃ 的气体进行换热，温度升到 300～320℃ 后经下中心管进入中部换热器壳程，与第三催化剂层出来的气体换热至 340～380℃，经上中心管上升进入第一催化剂层。出一层催化剂后的气体温度约 480℃，由 2♯冷副线将其降温到 420℃ 左右，进入第二催化剂层进行反应，温度升到约 475℃ 进入上部换热器管程，与来自 3♯副线导入的冷气体进行换热，温度降到约 430℃ 后进入第三催化剂层。出第三层催化剂温度约 470℃ 的气体，进入中部换热器管程与出底部换热器的气体进行换热，温度降到约 430℃。进入四段径向催化剂层反应，出第四层催化剂温度约 450℃ 的气体，进入底部换热器管内与入塔气体换热后，降到 300～320℃ 离开合成塔进入废热锅炉。

图 7-29 为立式轴向四段冷激式氨合成塔（凯洛格型）的结构示意图，该合成塔外筒为上小下大的瓶式圆筒，在缩口部位密封。内件包含四层催化剂筐、层间气体混合装置以及列管式换热器。气体由塔底封头接管进入塔内，向上流经内外筒环隙以冷却外筒。气体穿过催化剂筐缩口部分向上流过换热器与上筒体的环形空间，折流向上穿过换热器的管间，被加热到 400℃ 左右进入第一层催化剂。经反应后温度升至 500℃ 左右，在第一、二层间反应气与来自冷激气接管的冷激气混合降温，而后进入第二层催化剂。以此类推，最后气体由第四层催化剂层底部流出，而后折流向上穿过中心管与换热器的管内，换热后经波纹连接管流出塔外。

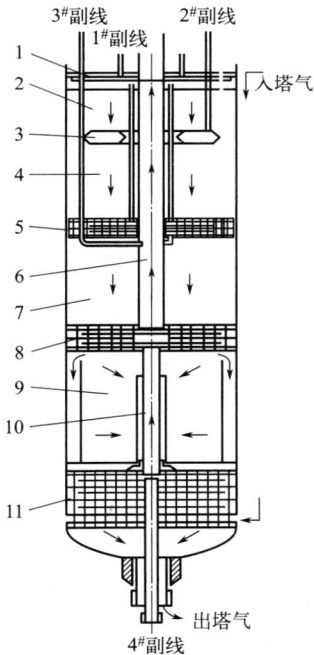

图 7-28　JR 型四段绝热轴径向
氨合成塔的结构示意图

1—小盖；2—一段催化剂层；3—菱形分布器；
4—二段催化剂层；5—上部换热器；6—上中心管；
7—三段催化剂层；8—中部换热器；9—四段催化剂；10—下中心管；11—底部换热器

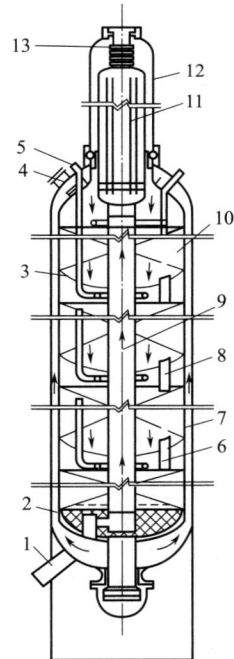

图 7-29　轴向冷激式氨合成塔图

1—塔底封头接管；2—氧化铝球；3—筛板；
4—人孔；5—冷激式接管；6—冷激管；7—下筒体；8—卸料管；9—中心管；10—催化剂筐；11—换热器；12—上筒体；13—波纹连接管

3. 工艺流程

氨合成工艺主要包括气体输送、预热、合成、分离和反应热回收利用等过程。因选用催化剂、内件结构、移热及热回收方式不同，工业上采用的氨合成操作条件也有差别，工艺流程各不相同。主要工艺流程有：美国凯洛格（Kellogg）流程、丹麦托普索流程、日本 NEC 流程、英国 ICI 公司 AMY 流程，以及国内南京国昌公司 GC 型低压合成工艺和沧州正元化工全径向大型合成塔工艺等。

本节以 JR3000 型三段绝热全径向大型氨合成塔工艺为例介绍合成氨的工艺流程，见图 7-30。来自净化合成原料气与循环气混合，经油分离器 11 后进入循环压缩机 10，加压后进热交换器 3 与反应后的热气换热，温度升至 133℃，送至氨合成塔 1，在氨合成催化剂作用下进行氨合成反应。出氨合成塔 1 的高温合成气经废热回收器 2 回收热量并经废热锅炉 9 产生高压蒸汽；降温后的气体再经热交换器 3 把热量传给进合成塔气体，温度从 150℃降至 85.6℃，接着送至水冷却器 4 进一步降温至 40℃，降温后合成气送至冷交换器 5 与来自高压氨分离器 8 的冷循环气换热，气体温度降至 28.4℃，再进一氨冷 6 继续降温至 14℃，再进入二氨冷 7，温度降至 -10℃，出二氨冷 7 的气液混合物经高压氨分离器 8 进行气液分离，气相回冷交换器 5 换热，回收冷量后重进循环压缩机 10 入口，循环使用。来自高压氨分离器 8 的液氨送入中压氨分离器 12，分离出的液氨与氨压缩来的液氨经氨加热器 13 换热后去产品氨球罐；从中压氨分离器出来的闪蒸气与来自净化氨合成原料气汇合回收氢气。

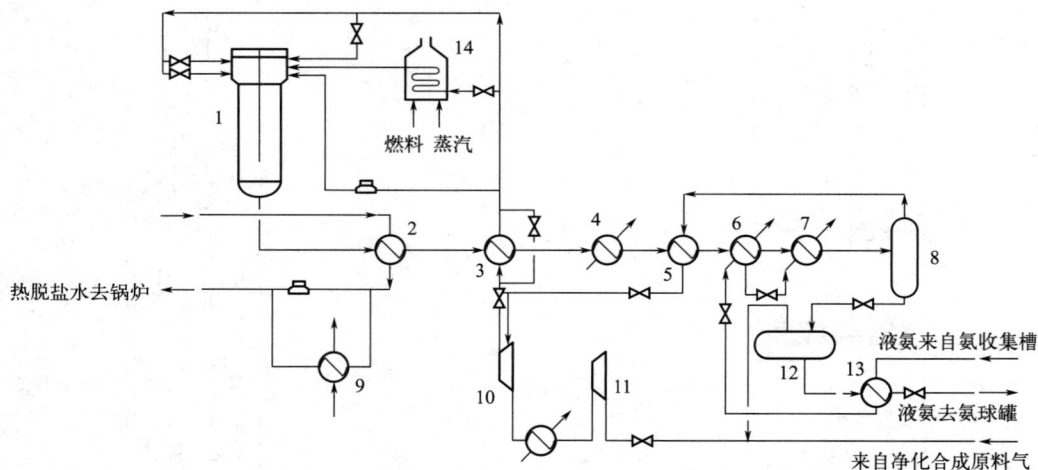

图 7-30　合成氨工艺流程图

1—氨合成塔；2—废热回收器；3—热交换器；4—水冷却器；5—冷交换器；6——氨冷；7—二氨冷；
8—高压氨分离器；9—废热锅炉；10—循环压缩机；11—油分离器；12—中压氨分离器；
13—氨加热器；14—开工加热炉

7.4.3　尿素生产工艺

我国合成氨产量位居全球第一，氨是氮肥（主要是尿素）生产的主要原料，全球氮肥的97％来自合成氨。尿素不仅是高效肥料，而且又是制造塑料、合成纤维和医药的原料，在制碱、石油炼制和橡胶工业等具有广泛的应用。

1. 基本原理

（1）主要反应

在一定温度和压力下，以 NH_3 和 CO_2 为原料发生反应合成尿素，见式(7-49)。

$$2NH_3 + CO_2 \rightleftharpoons NH_2CONH_2 + H_2O \tag{7-49}$$

NH_3 和 CO_2 合成尿素反应分两步进行：

① NH_3 和 CO_2 合成 NH_4COONH_2，见式(7-50)。

$$2NH_3(g) + CO_2(g) \rightleftharpoons NH_4COONH_2(l) \quad \Delta H = -100.50kJ/mol(167℃,14MPa) \tag{7-50}$$

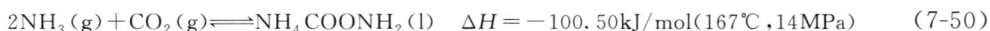

该反应是快速、可逆、强放热过程，且平衡转化率很高。

② 氨基甲酸铵脱水为 NH_2CONH_2，见式(7-51)。

$$NH_4COONH_2(l) \rightleftharpoons NH_2CONH_2(l) + H_2O(l) \quad \Delta H = 27.60kJ/mol(180℃) \tag{7-51}$$

该反应是慢速、温和吸热的可逆过程，需要在液相中进行，是反应的控制步骤，转化率一般在 $50\% \sim 70\%$。

（2）操作条件

① 温度　当氨碳比和水碳比一定，CO_2 平衡转化率只与温度有关。在操作条件范围内，平衡转化率随温度的升高而增大，但增大幅度逐渐变小。当到达某一温度后，CO_2 平衡转化率随温度的升高而下降，该温度称为极值温度 t_{opt}，在 $190 \sim 210℃$ 范围内。目前不同的尿素流程中采用合成温度为 $180 \sim 220℃$。

② 氨碳比　由化学平衡可知，当其他条件相同，提高进料的氨碳比，则 CO_2 平衡转化率增大。增加反应物 NH_3，必然会提高另一反应物 CO_2 的转化率。反之亦然。此外，过量 NH_3 还与反应的另一产物 H_2O 结合成 NH_4OH，更有利于尿素生成反应（甲铵水解）的进行。

③ 水碳比　水是尿素合成反应的产物之一，因此水分的加入总是不利于尿素的生成。水碳比每增加 0.1，转化率要下降 $1.5\% \sim 2\%$。水对尿素合成的不利作用随氨碳比的增加而有所减弱（即过量氨在一定程度可抑制水对平衡转化率的不利影响），并与温度关系不大。

④ 压力　在生产中需要保持系统处于液态，因此压力不得低于平衡压力。但由于惰性气体的存在，实际压力还要控制得更高一些。合成压力的高低直接影响压缩动力的消耗和有关设备的结构，工业上尿素合成的操作压力在 $13 \sim 24MPa$ 范围内。

⑤ 反应时间　延长反应时间有利于尿素合成反应趋近平衡。反应物料在合成塔内的名义停留时间为 $40 \sim 50min$。高温操作的合成塔的停留时间可以短一些，塔内设有挡板的合成塔，在较短的停留时间内也可以达到较高的转化率。

综上所述，平衡转化率随温度的升高、氨碳比的增大和水碳比的减小而增大，反应压力一般为 $13 \sim 24MPa$，停留时间为 $40 \sim 50min$。

2. 工艺流程

NH_3 和 CO_2 合成尿素反应为可逆的气液两相反应，以 CO_2 计的转化率为 $50\% \sim 70\%$。从物料平衡考虑，需要回收或利用未反应的原料；从能量平衡来讲，需要充分利用反应热量以降低能耗。工业上一般采用 CO_2 和 NH_3 气提的方法将未生成尿素的氨基甲酸铵（以下简称甲铵）进行分解，将溶解于反应液中的 NH_3 和 CO_2 气提出来。图 7-31 是二氧化碳气提法流程示意图，尿素合成主要包括 CO_2 压缩和脱氢、气提和合成、液氨升压、溶液循环、蒸发和造粒、工艺冷凝液处理等工序。

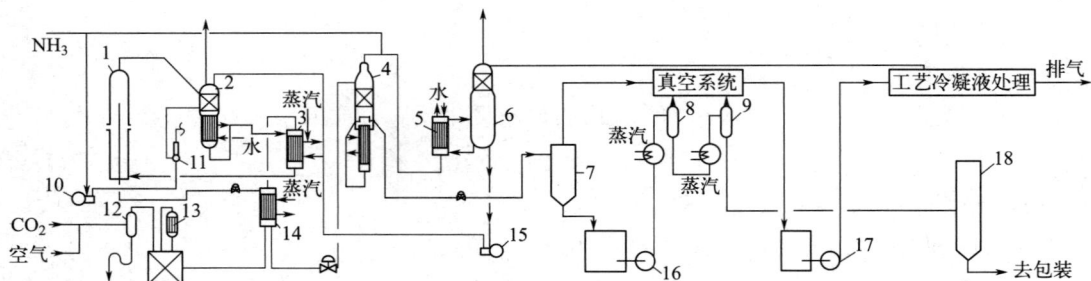

图 7-31　CO₂ 气提法尿素生产流程

1—合成塔；2—高压洗涤器；3—高压甲铵冷凝器；4—精馏塔；5—低压甲铵冷凝器；6—低压洗涤器；7—闪蒸槽；
8——段蒸发器；9—二段蒸发器；10—高压液氨泵；11—高压喷射器；12—CO₂ 压缩机；13—脱氢反应器；
14—CO₂ 气提塔；15—高压甲铵泵；16—尿液泵；17—工艺冷凝液泵；18—造粒塔

（1）CO₂ 压缩和脱氢

原料 CO₂ 气中先配入空气 4% 作为防腐剂之用，经 CO₂ 压缩机 12 压缩后，进脱氢反应器 13，将气体中少量氢经催化氧化而脱去，以防止可能发生的爆炸，然后进入 CO₂ 气提塔 14。

（2）气提和合成

CO₂ 气提塔为列管式换热器，气提时所需分解和汽化热由 2.45MPa 蒸汽提供。通过气提作用，合成反应液中相当大量未转化为尿素的 85% NH₃ 和 70% CO₂ 被气提出来。气提塔出来的气体进入高压甲铵冷凝器 3，同时原料液氨和循环甲铵液也一起进入高压甲铵冷凝器 3 进行气体冷凝、吸收和甲铵的合成反应，放出热量用以产生低压（0.45MPa）蒸汽。3 流出的气液混合物自流进入合成塔 1。从合成塔顶排出的气体进入高压洗涤器 2，用来自低压系统的甲铵液洗涤，以回收其中的 NH₃ 和 CO₂，然后放空，而甲铵液浓度得到进一步提高，然后流入高压甲铵冷凝器 3。合成塔 1 出口溶液进入 CO₂ 气提塔 14，被自下通入的 CO₂ 气进行气提。气提塔出口溶液减压至 0.25～0.35MPa，进入低压精馏塔 4。由于压力降低，NH₃ 和 CO₂ 被闪蒸出来，液体接着通过填料层的精馏作用将溶解的 NH₃ 和 CO₂，进一步加热分解并蒸出。

（3）液氨升压

原料液氨用高压液氨泵 10 加压至 15～16MPa，再作为动力通过高压喷射器 11 将来自高压洗涤器的甲铵液一起送入高压甲铵冷凝器 3。

（4）蒸发和造粒

离开精馏塔 4 的液体进入闪蒸槽 7，压力降到 0.45MPa，进一步闪蒸出 NH₃ 和 CO₂，得到尿素含量高于 72%。尿素经尿素泵 16 送入串联的一段蒸发器 8 和二段蒸发器 9，得到 99.7% 的尿素熔融物，送造粒塔 18 造粒，产品送包装。

7.5　甲醇及其衍生产品生产工艺

合成气是碳一化工最重要的基础原料，产品分布主要集中在含氧化合物，含氮化合物，液体燃料及烯烃、芳烃等基本有机化工原料四类。碳一化工是主要经甲醇或直接以合成气为原料制备多种产品的工艺，如甲醇制烯烃、甲醇制汽油和费-托合成制液体燃料、合成气制天然气工艺等。

7.5.1 甲醇生产工艺

甲醇是重要的化工产品和有机原料，其产量仅次于乙烯、丙烯和苯，居第四位，工业上由合成气制甲醇是其生产的主要方法之一。

1. 基本原理

（1）主要反应

$$CO + 2H_2 \longrightarrow CH_3OH \qquad \Delta H_{298K} = -90.80 kJ/mol \qquad (7-52)$$

$$CO_2 + 3H_2 \longrightarrow CH_3OH + H_2O \qquad \Delta H_{298K} = -49.50 kJ/mol \qquad (7-53)$$

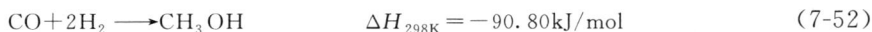

合成甲醇两个主反应式(7-52) 和式(7-53) 的特点是放热、可逆、体积减小以及有催化剂参与。

对该反应的影响因素如下。

① 温度　可逆放热甲醇合成反应也和变换反应一样存在最佳反应温度，应控制床层反应温度尽量接近最佳温度曲线，以求得到最大产率。同时，温度的选择也应在催化剂的活性温度范围内，铜基催化剂为 $220\sim280℃$，低于 $200℃$ 反应速率较慢，高于 $300℃$ 则催化剂失活快。随着催化剂逐渐老化，反应温度应逐步提高。

② 压力　合成甲醇是体积减小的反应，因而增加压力有利于加快反应速率，提高甲醇平衡产率，同等生产能力时可减小反应器体积和催化剂装填量，但提高压力会增加压缩能耗和设备投资，因此需要综合各项因素确定合理的操作压力。采用铜基催化剂时，对于单独生产甲醇的工艺过程，反应压力一般控制在 $5\sim10MPa$；对于合成氨生产中联产甲醇工艺，甲醇合成压力一般与后续的甲烷化（精脱 CO、CO_2）工序相同，一般为 $10\sim15MPa$。

③ 空速　从理论上讲，空速高时反应气体与催化剂的接触时间短，转化率相应降低，导致合成气中甲醇含量太低，增加产品分离的成本；而空速低时，转化率相应提高，副反应增加，降低合成甲醇的选择性和生产能力。因此适宜的空速很重要，工业上铜基催化剂的空速以 $10000h^{-1}$ 为宜。

（2）催化剂

合成甲醇的催化剂分为锌-铬催化剂和铜基催化剂。锌-铬催化剂主要成分为 $ZnO\text{-}Cr_2O_3$，需要在高温（$380\sim400℃$）和高压（$30MPa$）操作条件下进行，工艺动力消耗大，对材质要求严格，目前已很少有企业使用。铜基催化剂的大致组成为 CuO 60%-ZnO 30%-Al_2O_3 10%。CuO 经还原成为微晶铜（催化剂的活性中心）才有活性，ZnO 的加入可稳定活性中心，保持微晶铜的高度分散。铜基催化剂具有较高的活性和选择性，反应可在较低温度（$230\sim270℃$）和压力（$5\sim15MPa$）下进行。

2. 工艺流程

甲醇合成反应是强放热反应，反应器设计应满足能够及时带走催化剂床层反应热，防止催化剂因过热而降低活性的要求。根据反应热移出的方式不同，可以分为连续换热式和多段绝热式。连续换热式固定床反应器的结构形式与连续换热的氨合成塔相同，也采用内件、外筒型结构，适用于高压甲醇合成。多段绝热式固定床反应器的结构形式与一氧化碳变换反应器相同，也分为段间间接换热式和段间冷激式。

目前，合成气制甲醇有两种方式：联醇工艺和单醇工艺。联醇工艺是指一定压力下，将合成甲醇串联在合成氨之前，形成变换—脱碳—甲醇合成—气体最终净化—氨合成的生产工艺。该法具有设备少、流程简单、可调整产品结构、降低气体净化成本的特点，操作压力一般与前工序或后工序匹配。单醇工艺是指将合成气调制成 H_2/CO 为 $2.2\sim2.3$ 用于生产甲醇的过程。根据合成压力分类，甲醇合成又分为高压法、中压法和低压法。高压法在 30MPa 左右，适用于采用锌-铬催化剂的合成过程，该催化剂目前已不采用。中压法在 15MPa 左右，主要用于联醇工艺。低压法在 $5\sim10$MPa，适用于铜基催化剂的单醇工艺，低压操作可以降低设备压力等级，节省动力消耗。下面介绍低压单醇生产工艺流程。

低压法合成甲醇工艺流程见图 7-32，合成气经合成压缩机 1 压缩至 5MPa，与循环气混合后经循环压缩机 2 压缩，经换热器 4 预热至 $230\sim245$℃进入合成塔 3，另一股混合气直接作为合成塔冷激气，以控制催化剂床层的反应温度在 $230\sim270$℃。合成塔出口气含 $6\%\sim8\%$ 的甲醇，经冷却器 5 降温后进入气液分离器 6，底部分离出粗甲醇，顶部不凝气体中含有大量未反应的 CO 和 H_2，进入循环压缩机加压后作为循环气，少量放空以维持系统内惰性气体含量平衡。被冷凝的粗甲醇进入闪蒸罐 7 解吸出排放气，回收 H_2、CO、CO_2 等组分。闪蒸罐 7 底部出来后的液体依次进轻组分脱除塔 8 和精馏塔 10 精馏，分别在轻组分脱除塔 8 和精馏塔 10 塔顶部排出残余轻组分，在精馏塔 10 塔顶以下 $3\sim5$ 塔板处，引出产品甲醇，在加料板下 $6\sim14$ 块塔板处，引出乙醚及异丁醇等杂醇油，塔底排出水和杂质。

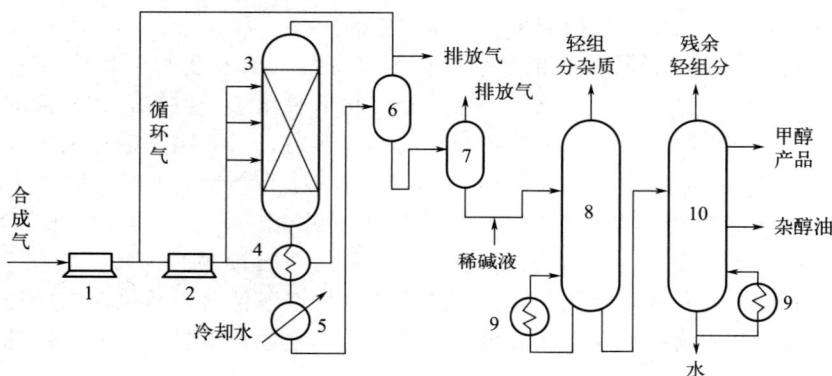

图 7-32 低压法合成甲醇工艺流程
1—合成压缩机；2—循环压缩机；3—合成塔；4—换热器；5—冷却器；6—分离器；
7—闪蒸罐；8—轻组分脱除塔；9—再沸器；10—精馏塔

7.5.2 甲醇制烯烃生产工艺

甲醇在高温和催化剂作用下可生成低碳烯烃，可以实现由煤、天然气和重油经合成气间接生产乙烯和丙烯等低碳烯烃，开辟非石油原料烯烃生产路线，具有重要的战略意义。甲醇制烯烃过程简称 MTO。

1. 基本原理
(1) 主要反应

$$2CH_3OH \longrightarrow C_2H_4 + 2H_2O \qquad \Delta H_{673.15K} = -16.35 kJ/mol （427℃） \qquad (7-54)$$

$$3CH_3OH \longrightarrow C_3H_6 + 3H_2O \qquad \Delta H_{673.15K} = -35.69 kJ/mol （427℃） \qquad (7-55)$$

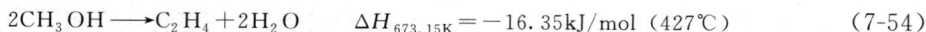

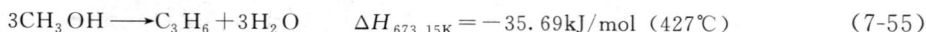

式（7-54）和式（7-55）两个反应均为放热反应，需在催化剂条件下进行。

该反应的具体特点如下。

① 温度　通过改变 MTO 反应温度，可显著改变甲醇的转化率、低碳烯烃的选择性和积炭速率。较高的反应温度有利于提高乙烯、丙烯产率，最佳的 MTO 反应温度在 400℃ 左右。

② 空速 空速对产物中低碳烯烃分布的影响远不如温度显著，过低和过高的空速都会降低产物中低碳烯烃的收率。此外，较高的空速会加快催化剂表面的积炭生成速率，加快催化剂失活。

③ 压力 甲醇制烯烃是体积缩小的反应，低压对生成烯烃有利，另外，压力可以改变反应途径中烯烃生成和芳构化反应速率，工业中通常选择常压作为反应的最佳条件。

④ 稀释剂 在反应原料中加入稀释剂，可以起到降低甲醇分压的作用，从而有助于低碳烯烃的生成。在反应中通常采用惰性气体和水蒸气作为稀释剂。

(2) 催化剂

目前，MTO 所用催化剂分为三大类：ZSM 沸石催化剂、SAPO-34 分子筛催化剂和 MTO-100 型分子筛催化剂。ZSM-5 沸石化学组成是 Al_2O_3 和 SiO_2，该催化剂的催化反应活性中心位于竖直型与曲折型孔交叉位置。该催化剂具有三维微孔道结构，热稳定性高、耐酸，但催化剂孔径大，副反应较多，乙烯、丙烯选择性较差。SAPO-34 分子筛催化剂是一种结晶磷硅铝酸盐，结构类似沸石，具有三维交叉孔道，属于方晶系。催化剂以 SAPO 原粉为活性基质，添加黏结剂和填充剂，并在适当温度下焙烧成最终产品。MTO-100 型分子筛催化剂是在 SAPO-34 基础上进行研发，其耐磨损性相似于或超过其他流化床催化剂，再生 450 次以上仍然维持甲醇转化的高活性和对乙烯、丙烯的高选择性。

2. 工艺流程

中国科学院大连化学物理研究所开发了 MTO 技术，命名为 DMTO 工艺，并实现了工业化推广应用。DMTO 工艺采用流化床反应器和流化床再生器组合，以实现催化剂微粉的反应-再生循环利用，流程如图 7-33 所示。工艺的前部分与催化裂化装置相似，包括反应再生、急冷分馏、气体压缩、烟气能量利用和回收、反应取热、再生取热等单元。工艺的后部分与管式裂解炉工艺的精制分离部分相似，包括碱洗、干燥、压缩、制冷、脱 C_2 塔、炔烃前加氢、脱 C_1 塔、C_2 分馏塔、脱 C_3 塔、C_3 分馏塔、脱 C_4 塔等单元。

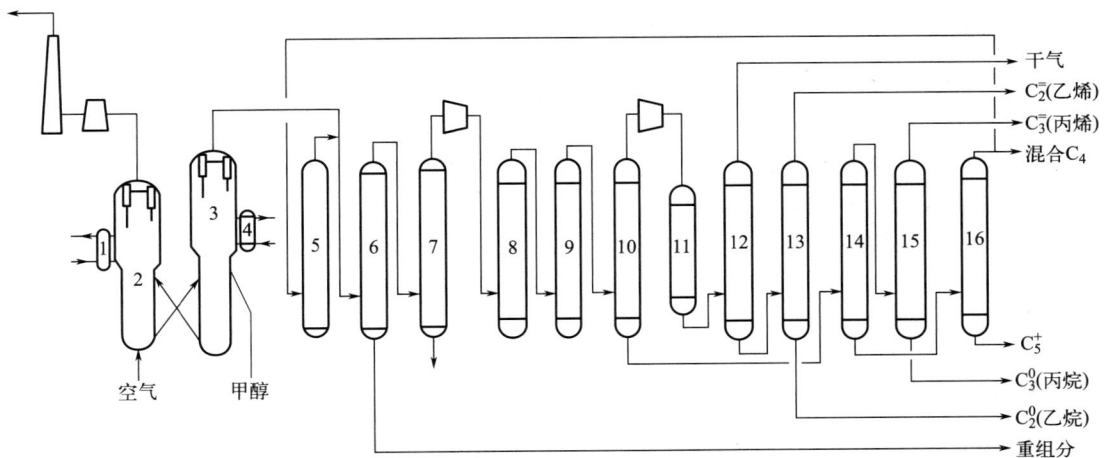

图 7-33 DMTO 工艺流程示意图

1—取热器；2—再生器；3—反应器；4—取热器；5—C_4 转化反应器；6—急冷塔；7—水洗塔；
8—碱洗塔；9—干燥塔；10—脱 C_2 塔；11—加氢反应器；12—脱 C_1 塔；13—C_2 分馏塔；
14—脱 C_3 塔；15—C_3 分馏塔；16—脱 C_4 塔

甲醇经进料泵升压，再经甲醇-蒸汽换热器、甲醇-反应气换热器、甲醇冷却器换热后进入反应器 3 中，在催化剂作用下发生反应。反应中积炭导致催化剂失活，失活催化剂将进入再生器 2 中进行再生后重复利用。自反应器出来的产品气体进入旋风分离器除去所夹带的催化剂，然后，经甲醇-反应气换热器降温后送至后部急冷塔 6，分离出重组分。其余组分依次进入水洗塔 7、碱洗塔 8 和干燥塔 9 对产品气体净化，最后，产品气体依次进入后续分馏分离设备进行分离或产品加工。

7.5.3 甲醇制汽油生产工艺

甲醇制汽油（methanol to gasoline，简称 MTG）工艺是指以甲醇为原料，在催化剂作用下，通过脱水、低聚和异构化等系列反应，将甲醇转化为 C_{11} 以下烃类油品（如汽油等）的过程。

1. 基本原理

甲醇制汽油的化学反应，可以简化看成甲醇脱水，用式(7-56) 表示：

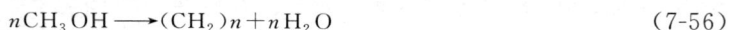

$$nCH_3OH \longrightarrow (CH_2)n + nH_2O \tag{7-56}$$

该反应为放热反应，按化学式计量可生成 44% 烃类和 56% 的水。在 ZSM-5 分子筛催化剂作用下甲醇首先生成二甲醚（CH_3OCH_3）和水，二甲醚和水再转化成轻烯烃，随后成为重烯烃，烯烃再经重整生成脂肪烃、环烷烃和芳香烃，但烃的碳原子数不大于 C_{10} 烃类油品。

该反应具有以下特点：

① 强放热反应　甲醇转化为烃类的总反应热约为 44.80kJ/mol，绝热温升可达 600℃。工业上采用气态低碳烷烃副产物大量循环，以稀释原料气，减小反应温升。实际生产中，循环气与原料气物质的量比高达 9∶1，催化床温升控制在 60℃。

② 催化剂参与　高效催化剂是该反应进行的关键，ZSM-5 分子筛具有两种相互交叉的孔道，孔道大小恰好适合生产在汽油沸程内的烃类，催化剂具有极好的选择性。在甲醇制汽油的反应中，ZSM-5 沸石与其他沸石相比不仅 C—C 键的形成能力强，而且活性下降也较慢。另外，ZSM-5 催化剂在 300℃时芳构化反应显著发生，到 380℃时产物中芳构化程度已很高。

2. 工艺流程

甲醇制汽油是强放热反应，在绝热条件下反应温度升高，必须移出生成的热量。目前，工业上甲醇制汽油主要采用固定床反应器，并由两个固定床反应器组成，第一个反应器中进行甲醇脱水生成二甲醚反应，第二个反应器中进行甲醇、二甲醚和水平衡混合物反应转化成烃类油品。在第二个反应器中，采用过程中产生的不凝气体为循环气，以高达 9∶1 的循环气与原料气配比，将反应放出的热量带出，来控制催化床层的反应温度。

工艺流程如图 7-34 所示，甲醇由甲醇泵 1 加压后与反应气体换热，被加热到 300℃ 左右进入第一反应器（二甲醚反应器）3，部分甲醇在 ZSM-5 催化剂作用下转化成二甲醚和水。离开二甲醚反应器的物料与来自分离器的循环气混合（体积比为 1∶7～1∶9），混合气自上而下进入第二反应器（转化反应器）4，使甲醇与二甲醚完全脱水，进一步发生低聚、重排转化成汽油馏分，反应操作压力为 2MPa，温度 343～410℃。出转化反应器的粗组分经废热锅炉回收热量后分为两部分，一部分经换热器 2 加热甲醇，一部分经换热器 6 加热循环压缩机出口的循环气，然后再经空冷 7 和水冷 8 进一步降低温度，进产品分离器 9 中进行汽油分离，分别得到不凝气体、粗汽油和水，不凝气体进循环压缩机加压循环使用。生成物中 C_1 和 C_2 极少，有少量的 C_3 和 C_4，80% 左右的产物是 C_5^+。

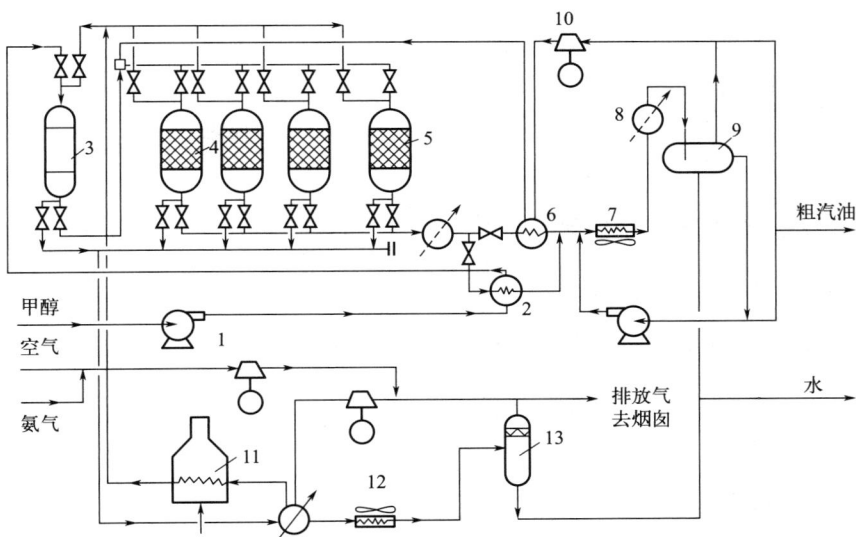

图 7-34　固定床反应器甲醇转化成汽油流程图

1—甲醇泵；2—换热器；3—二甲醚反应器；4—转化反应器；5—再生反应器；6—换热器；7—空冷；8—水冷器；
9—产品分离器；10—气体循环压缩机；11—再生炉；12—再生气冷却器；13—气液分离器

当反应产物中测定出含有甲醇时，表明催化剂活性已达不到要求，催化剂需要再生。再生的方法是通入热空气烧去催化剂表面上的积炭。工业化流程中一般并联四台转化反应器，正常工况下，三台运转，一台转化反应器 5 进行催化剂再生。

7.6　合成气制燃料生产工艺

7.6.1　费-托合成制液体燃料生产工艺

液体燃料热值高、运输简单、污染低，是国防、交通运输等行业内燃机燃料的首选。液化是将固体燃料（煤）、气体燃料（天然气）转化为液体燃料的过程，即是合成气（$CO+H_2$）经费-托（Fischer-Tropsch，简称 F-T）合成反应转化为石油类产品的过程。

1. 基本原理

F-T 合成反应是 CO 加氢和碳链延长的反应，在不同的催化剂和操作条件下，产物的分布也各不相同。

(1) F-T 合成主要反应

烷烃生成反应为式(7-57) 和式(7-58)：

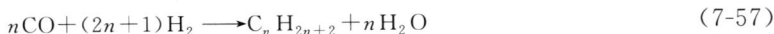

$$nCO+(2n+1)H_2 \longrightarrow C_nH_{2n+2}+nH_2O \tag{7-57}$$

$$2nCO+(n+1)H_2 \longrightarrow C_nH_{2n+2}+nCO_2 \tag{7-58}$$

反应产物是多组分烃类的混合物，其中的 n 通常是 $10\sim20$。当合成气中富含氢气时，有利于形成烷烃，且生成的烷烃大多数倾向于直链，适合作为柴油燃料。除了烷烃以外，当合成气中一氧化碳含量高时，会有烯烃、醇类和其他含氧有机化合物的生成。

烯烃生成反应为式(7-59) 和式(7-60)：

$$nCO+2nH_2 \longrightarrow C_nH_{2n}+nH_2O \qquad (7\text{-}59)$$

$$2nCO+nH_2 \longrightarrow C_nH_{2n}+nCO_2 \qquad (7\text{-}60)$$

生成醇醛类等含氧有机化合物的反应为式(7-61)和式(7-62)：

$$nCO+2nH_2 \longrightarrow C_nH_{2n+1}OH+(n-1)H_2O \qquad (7\text{-}61)$$

$$(n+1)CO+(2n+1)H_2 \longrightarrow C_nH_{2n+2}CHO+nH_2O \qquad (7\text{-}62)$$

当反应器中温度梯度大或使用碱性助催化剂时，催化剂上易积炭，降低催化剂活性。

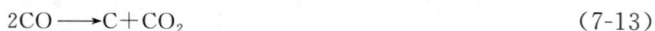

$$2CO \longrightarrow C+CO_2 \qquad (7\text{-}13)$$

F-T合成反应是放热、体积减小的反应，低温、高压有利于反应正向进行，能促进柴油燃料的生成。烷烃和烯烃的生成反应是主反应，可以认为是烯烃水蒸气转化的逆反应，且都是强放热反应；生成醇醛类等含氧有机化合物的反应为副反应；式(7-13)是积炭反应，能够在催化剂表面析出碳单质而导致催化剂失活。合成压力一般为0.5~3.0MPa，温度为200~350℃。

影响F-T合成反应有以下因素。

① 温度　F-T合成反应温度主要取决于所选用的催化剂。活性高的催化剂，适宜的合成温度范围窄。在合适的温度范围内，随温度升高，饱和烃含量降低，烯烃和醛的含量增加；中间产物的脱附增强，限制了链的生长反应，有利于生成低沸点组分。

② 压力　压力增加，产物中重组分和含氧有机物增多，产物的平均分子量也随之增加。提高压力，特别是增加氢气分压，反应速率加快。但压力太高，CO可能与主催化剂金属铁生成易挥发的碳基铁$[Fe(CO)_5]$，使催化剂的活性降低，寿命缩短。

③ 原料气组成　$(CO+H_2)$体积分数越高，反应速率越快，转化率增大，但放热量增多，易造成床层温度过高，一般控制在80%~85%。增大H_2/CO比，生成轻质产品的选择性提高，不饱和化合物减少，C_3和较高烃减少。合成气中的H_2/CO物质的量比要求在1.5~2.5，推荐值为1.85。

④ 空速　适宜的空速，可获得燃料油的最大收率。空速增加，通常转化率降低，产物变轻，并有利于烯烃的生成。

(2) 催化剂

F-T合成催化剂为多组分固体催化剂，主要有铁基催化剂和钴基催化剂。铁基催化剂又分为低温和高温铁基催化剂，在此主要介绍低温催化剂。低温铁基催化剂主组分为$\alpha\text{-}Fe_2O_3$，助剂有K_2O、CuO、SiO_2或Al_2O_3等，使用范围一般在220~250℃，主要反应产物为长链重质烃，经加工可生产优质柴油、汽油、煤油、润滑油等，同时副产高附加值的硬蜡；钴基催化剂为负载型催化剂，金属Co是费-托反应的活性组分，常用载体有SiO_2、Al_2O_3和TiO_2等，助剂有MgO。钴基催化剂活性高、积炭倾向低、寿命相对较长，可生成重质烃，且以支链饱和烃为主，深加工得到的中间馏分油燃烧性能优良。与铁系催化剂相比，钴系催化剂要贵得多，且只能用于低空速的固定床反应器。

2. 工艺流程

F-T合成反应放热量大，易导致催化剂床层局部温度过高，使烃类选择性降低，并引起催化剂结炭失活。因此，快速、有效转移大量的反应热，维持反应器温度的恒定，延长催化剂的使用寿命是选择反应器的关键。F-T合成的反应器有固定床反应器、流化床反应器和浆态床反应器，由于浆态床反应器中的液相具有良好的传热、传质效果，且可实现等温操作，因此在工业上得到了广泛的应用。

浆态床反应器属于气-液-固三相体系鼓泡型，结构如图 7-35 所示，其外壳为一圆筒，反应器内装有移热盘管、气体分布板和气体除沫器。反应器在 250℃、2.0～2.5MPa 条件下操作，合成气在由液体石蜡和颗粒状催化剂组成的浆液中鼓泡。经预热的合成气原料从反应器底部进入反应器，反应气体扩散进入由生产的液体石蜡和催化剂组成的浆液中，经液相扩散到悬浮的催化剂颗粒表面进行 F-T 合成反应，生成烃类产物和水，在气泡上升的过程中合成气不断地发生反应，生成更多的石蜡和烃类产物。反应产生的热由内置式冷却盘管取出并产生蒸汽。产品石蜡经液固分离排出反应器，未反应的气体经气液（固）分离装置除去夹带的液滴和细粒催化剂后从反应器上部离开。

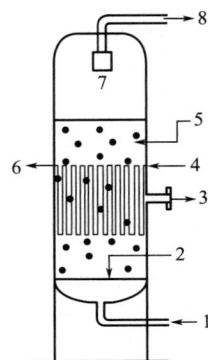

图 7-35　F-T 合成浆态床反应器

1—原料气入口；2—气体分布板；3—石蜡；
4—锅炉水；5—鼓泡浆液；6—水蒸气；
7—气体除沫器；8—气体产物

按反应温度的不同，F-T 合成分为低温（低于 280℃）和高温（高于 300℃）F-T 合成。低温 F-T 合成一般采用固定床或浆态床反应器，高温 F-T 合成一般采用流化床反应器。以下以浆态床低温 F-T 合成工艺为例进行介绍，流程如图 7-36 所示。F-T 合成浆态床反应器为鼓泡式气液固三相反应器，液体石蜡为溶剂，固体为细颗粒铁系催化剂，操作温度为 240℃。反应器内液体石蜡与催化剂颗粒混合成浆液，并维持一定液位，使反应器内具有较好的等温性能。合成气与循环气混合后进换热器 1，预热后从浆态床反应器 2 底部进入，在熔融石蜡和催化剂颗粒组成的浆液中鼓泡，在气泡上升过程中，合成气在催化剂作用下不断发生 F-T 合成反应，生成石蜡等烃类化合物。反应热由内置式冷却盘管与废热锅炉联合产生蒸汽取出，塔顶气体中随带的石蜡采用内置式分离器进行分离。从浆态床反应器 2 上部出来的气体经换热器 1 回收热量后进第一分离器 4 回收烃组分和水，获得的烃组分软蜡送往加氢裂化，气体进一步冷却降温后进第二分离器 6，液体进油水分离器 7，在油水分离器 7 内油水分离，废水去化学品处理，液体产品去蒸馏装置。第二分离器 6 顶部的气体经搜捕器 9 分离液滴后进循环压缩机 10 循环使用。

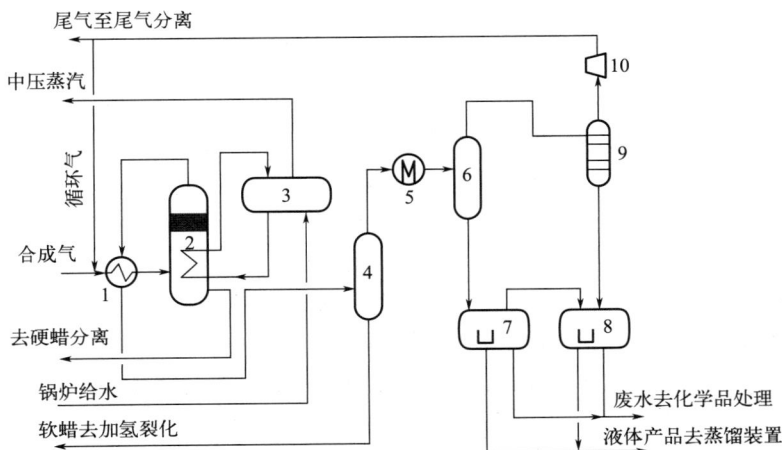

图 7-36　低温浆态床 F-T 合成工艺流程

1—换热器；2—浆态床反应器；3—废热锅炉；4—第一分离器；5—冷却器；6—第二分离器；
7—油水分离器；8—油水分离器；9—搜捕器；10—循环压缩机

7.6.2 合成气制天然气生产工艺

利用廉价的煤炭资源生产合成气，进一步制成天然气的工艺是提高能量利用率、解决我国天然气供需矛盾的重要途径。

1. 基本原理

CO 和 H_2 在一定温度、压力和催化剂下合成甲烷，常称甲烷化，是甲烷水蒸气转化的逆过程，生产的气体以 CH_4 为主。

（1）合成甲烷所涉及的化学反应

主反应见下式：

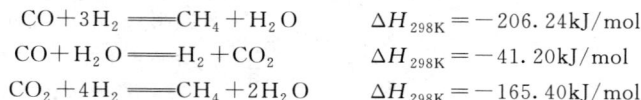

$$CO + 3H_2 \Longrightarrow CH_4 + H_2O \qquad \Delta H_{298K} = -206.24 \text{kJ/mol}$$
$$CO + H_2O \Longrightarrow H_2 + CO_2 \qquad \Delta H_{298K} = -41.20 \text{kJ/mol}$$
$$CO_2 + 4H_2 \Longrightarrow CH_4 + 2H_2O \qquad \Delta H_{298K} = -165.40 \text{kJ/mol}$$

（2）反应特点

① 温度　合成气制天然气的反应都是强放热、快速率的可逆反应，随温度升高反应平衡向左移动，降低温度对反应有利。在 200℃ 以上，生成甲烷的催化反应能达到足够高的反应速率，同时可减少低温时生成的挥发性羰基镍 Ni $(CO)_4$ 化合物，减少催化剂的流失。当压力不变而反应温度升高时，由于热力学平衡的影响，甲烷的含量将降低。要使反应进行完全，反应宜分步进行，第一步在尽可能高的温度下进行，以提高反应速率并合理利用反应热；第二步残余的 CO 加氢应在低温下进行，以便最大限度地进行甲烷化反应。

② 压力　合成气制天然气的反应是体积缩小的反应，在一定温度下，提高压力，反应混合物中碳氧化物的平衡含量减少，有利于反应平衡向右移动，增加产品收率。碳的氧化物的平衡含量与压力的平方成反比。同时，体系压力增大有利于提高反应速率。

③ 气体组成的影响　根据甲烷的元素组成，同时要求氢气含量略高，H/C 比要大于 4。气体净化程度要高，硫含量降低到 10^{-6}。

④ 催化剂参与　周期表中第 Ⅷ 族的所有金属元素都能不同程度地催化 CO 加氢生成 CH_4 的反应，工业甲烷化催化剂以镍为活性组分，常用的反应温度为 280~500℃，压力为 2~2.5MPa 或更高。

2. 工艺流程

合成气制天然气工艺分为浆态床和固定床工艺，工业上以绝热固定床甲烷化工艺为主，一般采用 3 个固定床反应器，前两个反应器为高温反应器，第三个反应器为低温反应器。CO 转化为 CH_4 的反应主要在前两个反应器内进行，两个反应器以串并联方式相连接。工艺流程见图 7-37，原料气首先进入脱硫槽 1 进行精脱硫，然后分成两股分别进入第一、第二反应器。在第一反应器 2 进口设有循环管线，以防止第一反应器超温。两个反应器出口处设有废热锅炉或换热器回收反应热，以提高热效率。从废热锅炉 5 出来的气体分成两股，一部分进第三甲烷化反应器 7，在低温操作条件下进一步合成甲烷，使合成天然气的甲烷含量达到需要的水平；另一部分进循环压缩机加压调节第一甲烷化反应器温度。

合成气制天然气工艺通过生产高压饱和蒸汽和预热原料气，回收甲烷化反应产生的热量；采用循环气冲稀反应物料，以控制反应器进口的温度，防止积炭，循环气流股的分割取决于所用催化剂的性能。为防止甲烷化催化剂中毒，要求原料气中硫化物的体积分数应小于 0.1×10^{-6}，变换气 H_2/CO 比值要求略大于 3。

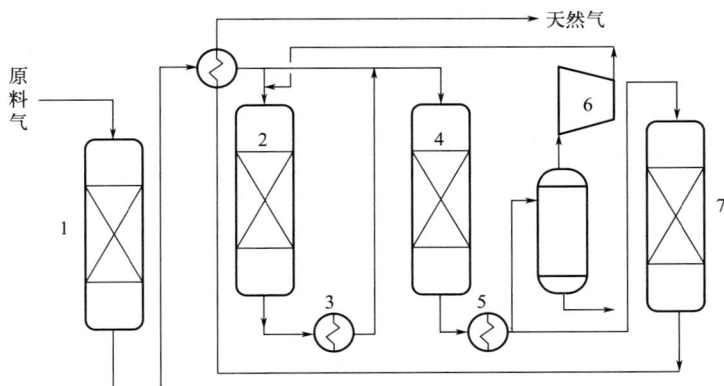

图 7-37　绝热固定床反应器甲烷化工艺流程

1—脱硫槽；2—第一甲烷化反应器；3—废热锅炉；4—第二甲烷化反应器；

5—废热锅炉；6—循环压缩机；7—第三甲烷化反应器

思考题

7-1　生产合成气的原料有哪些？合成气的生产方法有哪些？

7-2　什么是煤的气化？气化过程发生哪些主要的化学反应？

7-3　影响煤气化反应的主要因素有哪些？简述气化炉的类型和特点。

7-4　简述甲烷蒸汽转化的主要反应及其特点。

7-5　为什么甲烷蒸汽转化工艺分为两段？简述一段转化和二段转化过程发生的主要反应以及反应器特点。

7-6　从热力学和动力学角度分析，影响甲烷蒸汽反应的因素有哪些？

7-7　简述重油部分氧化制合成气的基本原理。

7-8　重油制合成气过程包括几个步骤？气化炉主要型式是什么，有何结构特点？

7-9　在合成气生产工艺中，为什么要对硫化物进行脱除？

7-10　工业上合成气脱硫的方法主要有哪些？简述其基本原理。

7-11　CO 变换反应的基本原理是什么？为什么要进行 CO 变换反应？

7-12　影响 CO 变换反应平衡的主要因素有哪些？

7-13　为什么可逆放热反应存在最佳反应温度？

7-14　CO 变换反应的反应器类型有哪些？分析不同操作条件对生产工艺的影响。

7-15　工业上合成气的脱碳方法有哪些？简述其基本原理。

7-16　合成气精制的主要方法有哪些？

7-17　简述甲烷化法的基本原理及其特点。

7-18　合成氨的反应有何特点？如何计算平衡常数？

7-19　影响平衡氨浓度的因素有哪些？

7-20　合成氨工业生产的催化剂主要有哪些？其主要组分和作用是什么？

7-21　目前工业广泛应用的合成氨塔是哪种类型？有何特点？

7-22　尿素合成的基本原理是什么？

7-23　合成气可用于生产什么化工产品以及其衍生物？

7-24　合成气制甲醇生产工艺的催化剂主要有哪些？其主要组分分别是什么？

7-25　什么是甲醇制烯烃？该生产工艺所用催化剂有哪些？

7-26 什么是甲醇制汽油？该生产工艺所用反应器类型有哪些？

7-27 费-托合成的合成原理是什么？

7-28 费-托合成制液体燃料生产工艺所用反应器类型有哪些？

7-29 合成气制天然气的基本原理是什么？

7-30 甲烷化催化剂的组成及活性组分是什么？

参考文献

［1］ 梁育德．从合成气生产化学品．北京：化学工业出版社，1991.

［2］ 曾之平，王扶明．化工工艺学．北京：化学工业出版社，2000.

［3］ 陈五平．无机化工工艺学（上册）．3 版．北京：化学工业出版社，2002.

［4］ 韩冬冰．化工工艺学．北京：中国石化出版社，2003.

［5］ 米镇涛．化工工艺学．2 版．北京：化学工业出版社，2005.

［6］ 郭树才，胡浩权．煤化工工艺学．2 版．北京：化学工业出版社，2012.

［7］ 徐绍平，殷德宏，仲剑初．化工工艺学．第二版．大连：大连理工大学出版社，2012.

［8］ 傅乘碧，沈国良．化工工艺学．北京：中国石化出版社，2014.

［9］ 吴秀章．煤制低碳烯烃工艺与工程．北京：化学工业出版社，2014.

［10］ 张巧玲，栗秀萍．化工工艺学．北京：国防工业出版社，2015.

［11］ 黄凤林．碳一化工．北京：中国石化出版社，2015.

［12］ 唐宏青．现代煤化工新技术．2 版．北京：化学工业出版社，2015.

［13］ 杜春华，闫晓霖．化工工艺学．北京：化学工业出版社，2016.

［14］ 宋永辉，汤浩莉．煤化工工艺学．北京：化学工业出版社，2016.

［15］ 张明．煤制合成天然气技术与应用．北京：化学工业出版社，2017.

［16］ 朱志庆，房鼎业．化工工艺学．2 版．北京：化学工业出版社，2017.

［17］ 程桂花，张志华，王洪安．合成氨．2 版．北京：化学工业出版社，2016.

［18］ 鄂永胜，刘通，贺凤伟．煤化工工艺学．北京：化学工业出版社，2015.

［19］ 申峻．煤化工工艺学．北京：化学工业出版社，2020.